中国 二十一世纪的园林之母

第三卷

CHINA

Mother of Gardens, in the Twenty-first Century

Volume 3

马金双　主编

Editor in Chief: MA Jinshuang

中国林业出版社

China Forestry Publishing House

内容提要

《中国——二十一世纪的园林之母》为系列丛书，记载今日中国观赏植物研究与历史以及相关的人物与机构，其宗旨是总结中国观赏植物资源及其现状，弘扬园林之母对世界植物学、乃至园林学和园艺学的贡献。全书拟分卷出版。本书为第三卷，共8章：第1章，中国松科油杉属；第2章，中国松科云杉属；第3章，中国姜科象牙参属；第4章，蔷薇科蔷薇属；第5章，陈俊愉院士；第6章，国家植物园（北园）；第7章，丽江高山植物园的发展史；第8章，吐鲁番沙漠植物园的创建与发展。

图书在版编目（CIP）数据

中国——二十一世纪的园林之母. 第三卷 / 马金双主编. -- 北京 : 中国林业出版社, 2023.9

ISBN 978-7-5219-2344-5

Ⅰ. ①中… Ⅱ. ①马… Ⅲ. ①园林植物—介绍—中国 Ⅳ. ①S68

中国版本图书馆CIP数据核字（2023）第178928号

责任编辑：张　华　贾麦娥
装帧设计：刘临川

出版发行：中国林业出版社
（100009，北京市西城区刘海胡同7号，电话83143566）
电子邮箱：cfphzbs@163.com
网址：www.forestry.gov.cn/lycb.html
印刷：北京雅昌艺术印刷有限公司
版次：2023年9月第1版
印次：2023年9月第1次
开本：889mm×1194mm　1/16
印张：36.75
字数：1100千字
定价：498.00元

《中国——二十一世纪的园林之母》
第三卷编辑委员会

园林之母

CHINA · 中国

编写说明

《中国——二十一世纪的园林之母》为系列丛书，由多位作者集体创作，完成的内容组成一卷即出版一卷。

《中国——二十一世纪的园林之母》记载中国观赏植物资源以及有关的人物与机构，其顺序为植物分类群在前，人物与机构于后。收录的类群以中国具有观赏和潜在观赏价值的种类为主；其系统排列为先蕨类植物后种子植物（即裸子植物和被子植物），并采用最新的分类系统（蕨类植物：CHRISTENHUSZ et al., 2011, 裸子植物：CHRISTENHUSZ et al., 2011, 被子植物：APG IV, 2016）。人物和机构的排列基本上以汉语拼音顺序记载，其内容则侧重于历史上为中国观赏植物做出重要贡献的主要人物以及研究与收藏中国观赏植物为主的重要机构。植物分类群的记载包括隶属简介、分类历史与系统、分类群（含学名以及模式信息）介绍、识别特征、地理分布和观赏植物资源的海内外引种以及传播历史等。人物侧重于其主要经历、与中国观赏植物和机构的关系及其主要成就；而机构则侧重于基本信息、自然地理概况、历史变迁、现状以及收藏的具有特色的中国观赏植物资源及其影响等。

全书不设具体的收载文字与照片限制，不仅仅是因为类群不一、人物和机构的不同，更考虑到其多样性以及其影响。特别是通过这样的工作能够使作者们充分发挥其潜在的挖掘能力并提高其研究水平，不仅仅是记载相关的历史渊源与文化传承，更重要的是借以提高对观赏植物资源开发利用和保护的科学认知。

欢迎海内外同仁与同行加入编写行列。在21世纪的今天，我们携手总结中国观赏植物概况，不仅仅是充分展示今日园林之母的成就，同时弘扬中华民族对世界植物学、乃至园林学和园艺学的贡献；并希望通过这样的工作，锻炼、培养一批有志于该领域的人才，继承传统并发扬光大。

本丛书第一卷和第二卷于2022年秋天出版，并得到业界和读者的广泛认可。2023年再次推出第三、第四和第五卷。特别感谢各位作者的真诚奉献，使得丛书能够在三年时间内完成五卷本的顺利出版！感谢各位照片拍摄者和提供者，使得丛书能够图文并茂并增加可读性。特别感谢国家植物园（北园）领导的大力支持、有关部门的通力协助以及有关课题组与相关人员的大力支持；感谢中国林业出版社编辑们的全力合作与辛苦付出，使得本书顺利面世。

因时间紧张，加之水平有限，错误与不当之处，诚挚地欢迎各位批评指正。

编者

2023年中秋

前言

中国是世界著名的文明古国，同时也是世界公认的园林之母！数千年的农耕历史不仅积累了丰富的栽培与利用植物的宝贵经验，而且大自然还赋予了中国得天独厚的自然条件，因而孕育了独特而又丰富的植物资源。多重因素叠加，使得我们成为举世公认的植物大国！中国高等植物总数超过欧洲和北美洲的总和，高居北半球之首，而且名列世界前茅。然而，园林之母也好，植物大国也罢，我们究竟有多少具有观赏价值或者潜在观赏价值（尚未开发利用）的植物，要比较准确或者可靠地回答这个问题，则是摆在业界面前比较困难的挑战。特别是，中国观赏植物在世界园林历史上的作用与影响，我们还有哪些经验教训值得总结，更值得我们深思。

百余年来，经过几代人的艰苦奋斗，先后完成《中国植物志》（1959—2004）中文版和英文版（*Flora of China*，1994—2013）两版国家级植物志和几十部省市区植物志，特别是近年来不断地深入研究使得数据更加准确，这使得我们有可能进一步探讨中国观赏植物的资源现状，并总结这些物种及其在海内外的传播与利用，辅之学科有关的重要人物与主要机构介绍。这在21世纪的今天，作为园林之母的中国显得格外重要。一方面我们要清楚自己的家底，总结其开发与利用的经验教训，以便进一步保护与利用；另一方面，激发民族的自豪感与优越感，进而鼓励业界更好地深入研究并探讨，充分扩展我们的思路与视野，真正引领世界行业发展。

改革开放40多年来，国人的生活水准有了极大的改善与提高，国民大众的生活不仅仅满足于温饱而更进一步向小康迈进，尤其是在休闲娱乐、亲近自然、欣赏园林之美等层面不断提出更高要求。作为专业人士，我们应该尽职尽责做好本职工作，充分展示园林之母对世界植物学、乃至园林学和园艺学的贡献。另一方面，我们要开阔自己的视野，以园林之母主人公姿态引领时代的需求，总结丰富的中国观赏植物资源，以科学的方式展示给海内外读者。中国是一个14亿人口的大国，将植物知识和园林文化融合发展，讲好中国植物故事，彰显中华文化和生物多样性魅力，提高国民素质，科学普及工作可谓任重道远。

基于此，我们组织业界有关专家与学者，对中国观赏植物以及具有潜在观赏价值的植物资源进行了总结，充分记载中国观赏植物的资源现状及其海内外引种传播历史和对世界园林界的贡献。与此同时，对海内外业界有关采集并研究中国观赏植物比较突出的人物与事迹，相关机构的概况等进行了介绍；并借此机会，致敬业界的前辈，同时激励民族的后人。

国家植物园（北园），期待业界的同仁与同事参与，我们共同谱写二十一世纪园林之母新篇章。

贺 然　魏 钰　马金双

2022年中秋

目录

Contents

Explanation

Preface

园林之母
China

01

-ONE-

中国松科油杉属

Keteleeria **of Pinaceae in China**

张嵘梅[1*] 王祎晴[2] 任宗昕[2]
（[1]昆明市园林科学研究所；[2]中国科学院昆明植物研究所）

ZHANG Rongmei[1*] WANG Yiqing[2] REN Zongxin[2]
([1]Kunming Institute of Landscape; [2]Kunming Institute of Botany, Chinese Academy of Sciences)

* 邮箱：453826511@qq.com

摘　要：油杉属是隶属于松科的东亚特有属，第三纪孑遗植物。中国是油杉属的特有中心和分布中心，有5种5变种。本章总结当前研究成果，对油杉属植物的分类分布、形态特征、园林价值、繁殖栽培和保护现状等进行综述。

关键词：松科　油杉属　分类　价值　繁殖　栽培　保护

Abstract: *Keteleeria* is an endemic genus of Pinaceae in East Asia. China is the diversity and distribution center of *Keteleeria* with 5 species and 5 varieties. In this chapter, we provide a comprehensive review of *Keteleeria* on their taxonomy, morphological characteristics, gardening value, propagation, cultivation and conservation status.

Keywords: Pinaceae, *Keteleeria*, Taxonomy, Value, Reproduction, Cultivation, Protection

张紫梅，王祎晴，任宗昕，2023，第1章，中国松科油杉属；中国——二十一世纪的园林之母，第三卷：001–021页.

1 油杉属

Keteleeria Carr., Rev. Hort. 37: 449 .1866. ——*Abietia* Kent, Veitch's Man. Conif. ed. 2. 485. 1900.

TYPUS：*K. fortunei* (A. Murray) Carr. (= *Picea fortunei* A. Murr., as "*fortuni*").

1.1　油杉属分类与系统位置

油杉属（*Keteleeria*）是隶属于松科（Pinaceae）的东亚特有属（王崇云 等, 2012）。由Carrière于1866年自冷杉属（*Abies*）中独立出来，并命名模式种——油杉［*K. fortunei* (Murr.) Garr. (*Picea fortunei* Murr.)］。传统分类学认为其与冷杉属的系统关系较近（郑万钧, 1978），并同属于松科中较晚分化出来的两个属（Li, 1992）。而树脂道分布方式研究则表明其与长苞铁杉属（*Nothotsuga*）的亲缘关系较近（Lin et al., 2000）。

油杉属内物种的分类地位多变，部分种经历了自新发表确立到被归并或降低分类地位的变化（林建勇 等, 2014）。长期以来，多数学者认为油杉属仅有3种，即油杉（*K. fortunei*）、铁坚油杉（*K. davidiana*）和云南油杉（*K. evelyniana*）（牟凤娟 等, 2012）。Flous于1936年在关于油杉属的专著中记载了9种，包括发现于越南北部的2个种（*K. dopiana*和*K. roulletii*），以及分布于中国的7个种，即油杉、铁坚油杉、江南油杉（*K. cyclolepis* Flous）、云南油杉、台湾油杉（*K. formosana* Hayata）、*K. chienpeii* Flous 和 *K. esquirolii* Levl.（Flous, 1936）。1978年出版的《中国植物志》第七卷确定本属世界共有11种1变种，其中中国有9种1变种，含1949年以来新增的4种，即海南油杉（*K. hainanensis*）（陈焕镛, 1963）、矩鳞油杉（*K. oblonga*）、柔毛油杉（*K. pubescens*）和黄枝油杉（*K. calcarea*）（郑万钧 等, 1975），越南有2种。同时，Flous在1936年发表*K. chienpeii*时，引证的两号标本有明显区别，应为两种，并分别将其订正为柔毛油杉和青岩油杉（*K. davidiana* var. *chienpeii*），*K. esquirolii*也被归并到铁坚油杉和云南油杉（Carriière, 1866）。

Silba将海南油杉、*K. roulletii*和*K. dopiana*归入云南油杉的变种，江南油杉、旱地油杉（*K. xerophila*）和矩鳞油杉归入油杉的变种，黄枝油杉、柔毛油杉归入铁坚油杉的变种，青岩油杉则归入铁坚油杉下的亚种（Silba, 1990, 2000, 2008; Li, 1997）。*Flora of China*（volume 4）确定中国仅5种4变种（Fu et al., 1999），即把青岩油杉和旱地油杉归并入铁坚油杉，把黄枝油杉和台湾油杉作为铁坚油杉的变种；认为江南油杉和矩鳞油杉是油杉的变种，将*K. dopiana*和蓑衣油杉（*K. evelyniana* var. *pendula*）归并入云南油杉（薛纪如，1983）。后来，威信油杉（*K. weixinensis*）（邓莉兰和张维谦, 2002）发表，但在之后的研究中不予认可（陈剑英, 2007）。《世界裸子植物的分类和地理分布》记载了4种（杨永 等, 2017），增加了台湾油杉；4种在我国均有分布，书中记录的国产2种为笔误。而《中国维管植物科属志》记录该属有3种，但未提供种名信息（李德铢 等, 2020）。

关于本属系统分类问题的意见目前尚未统一，且缺乏分子系统学的研究。因此，对于种的分类，本文采用*Flora of China*的意见，作5种处理。对于变种，鉴于蓑衣油杉独特的观赏价值和应用前景，将其作为云南油杉的变种处理，即在*Flora of China*所记载4变种的基础上，增加为5变种。综上，本文收录油杉属5种5变种。

1.2 油杉属形态特征、分布和资源状况

油杉属植物均为常绿乔木；树皮纵裂，粗糙；小枝基部有宿存芽鳞，叶脱落后枝上留有近圆形或卵形的叶痕；冬芽无树脂。叶条形或条状披针形，扁平，螺旋状着生，在侧枝上排列成两列，两面中脉隆起，上面无气孔线或有气孔线，下面有两条气孔带，先端圆、钝、微凹或尖，叶柄短，常扭转，基部微膨大；叶内有1～2个维管束，横切面两端的下侧各有1个靠近皮下细胞的边生树脂道。雌雄同株，球花单性；雄球花4～8个簇生于侧枝顶端或叶腋，有短梗，雄蕊多数，螺旋状着生，花丝短，花药2，药隔窄三角状，药室斜向或横向开裂，花粉有气囊；雌球花单生于侧枝顶端，直立，有多数螺旋状着生的珠鳞与苞鳞，花期时苞鳞大而显著，先端3裂，中裂明显，珠鳞形小，着生于苞鳞腹面基部，其上着生2个胚珠，受精后珠鳞发育增大。球果当年成熟，直立，圆柱形，幼时紫褐色，成熟前淡绿色或绿色，成熟时种鳞张开，淡褐色至褐色；种鳞木质，宿存，上部边缘内曲或向外反曲；苞鳞长及种鳞的1/2～3/5，不外露，或球果基部的苞鳞先端微露出，先端通常3裂，中裂窄长，两侧裂片较短，外缘薄，常有细缺齿；种子上端具宽大的厚膜质种翅，种翅几与种鳞等长，下端边缘包卷种子，不易脱落，有光泽；子叶2～4枚，发芽时不出土（郑万钧, 1978）。

中国是油杉属植物的特有和多样性分布中心，湖南、贵州、广西地区则是油杉属的现代分布分化和发展中心（左家哺, 1989）。本属主要生长于秦岭以南、雅砻江以东，长江下游以南及台湾、海南等海拔380～2 600m的温暖山地，现代分布种类数量由西向东逐渐递减。最新研究结果显示，油杉属的地理分布具有狭域和间断的特点，在云南、贵州、广西发育良好，温度和降水共同制约其潜在地理分布格局（麻璨璨 等, 2022）。

由于油杉属植物大多生长于交通方便的低海拔山区，人为砍伐破坏的情况普遍比较严重。目前除了云南油杉保存有一定面积的天然林外，其他种类均是零星残存分布或局部成片分布（牟凤娟 等, 2012），加之自身生物学特性及自然环境等综合因素的作用，使天然资源不断减少（符支宏, 2014）。

分种检索表

1a. 叶条状披针形或披针形；种鳞斜方状卵形或斜方形，先端钝或微凹 ………………………………………………………………………………………… 1. 海南油杉 *K. hainanensis*

1b. 叶条形；种鳞形状多变，先端全缘，具不规则细齿，或微凹。

2a. 种鳞扁圆形，长圆形或斜方形，最宽处位于中部或以上，先端全缘，截圆形或凸形；翅楔形；叶长1.5～4cm ………………………………………………… 2. 油杉 *K. fortunei*

2b. 种鳞形状多变，最宽处多位于中下部，极少数为中部，上部边缘具不规则细齿，微缺，或全缘，先端渐窄，向下反曲；翅近滚圆形；叶较长。

3a. 种鳞卵状斜方形，上部渐窄，向外反曲，具不规则细齿；叶较窄长，边缘不向下反曲，先端常具钝尖 ………………………………………… 3. 云南油杉 *K. evelyniana*

3b. 种鳞近心形、斜心形或卵形，先端钝，全缘或凹，极少具不规则细齿；叶常短，边缘稍下弯，先端钝或截形。

4a. 1～2年生小枝密被褐色短柔毛；种鳞黑褐色，五角状卵圆形，背面密被褐色短柔毛，先端凹 ……………………………………………………… 4. 柔毛油杉 *K. pubescens*

4b. 1～2年生小枝无毛或稍有短柔毛；种鳞黄褐色，形状多变，但非五角形，背面无毛，先端常下弯 ……………………………………………………… 5. 铁坚杉 *K. davidiana*

1. 海南油杉

Keteleeria hainanensis Chun & Tsiang, Acta Phytotax. Sin. 8 (3): 259. 1963. TYPUS: China, Hainan, Tungfang Hsien, 24 May. 1958, *Y. Tsiang 17237* (Holotype: PE).

识别特征：高达30m，胸径60～100cm；树皮淡灰色至褐色，粗糙，不规则纵裂；小枝无毛，1～2年生枝淡红褐色，3～4年生枝呈灰褐色或灰色，有裂纹；冬芽卵圆形。叶基部扭转列成不规则2列，条状披针形或近条形，两端渐窄，先端钝，通常微弯，稀较直，长5～8cm，宽3～4mm，上面沿中脉两侧各有4～8条气孔线，下面色较浅，有2条气孔带，无白粉；幼树及萌生枝的叶较长、较宽，长达14cm，宽达9mm，上面中脉两侧无气孔线（图1）；叶柄短，柄端微膨大呈盘状；横切面上面至下面两端有一层连续排列的皮下层细胞，两端角部2～3层，下面中部1层，稀上面近中部有少数皮下层细胞，树脂道边生，形较大。雄球花5～8个簇生枝顶或叶腋，长约7mm。球果圆柱形，熟时种鳞张开后通常中上部或中部较宽，中下部渐窄，长14～18cm，径约7cm；中部种鳞斜

图1　海南油杉（吴棣飞 摄）

方形或斜方状卵形，长约4cm，宽2.5～3cm，鳞背露出部分无毛，先端钝或微凹，两侧边缘较薄，微反曲；苞鳞长约为种鳞的一半，中部较窄，上部近圆形，中有长裂，窄三角形，长约2.5mm，两侧微圆，常有细缺齿；种子近三角状椭圆形，长14～16mm，径6～7mm，种翅中下部较宽，13～14mm，上部渐窄，先端钝，连同种子几与种鳞等长（郑万钧，1978）。

地理分布：仅在海南霸王岭山区顶部或山坡上部有分布，生于海拔1 000～1 400m的区域，是本属植物中分布最南端的种（陈焕镛，1963；王崇云 等，2012）。

生态习性和资源状况：阳性树种，幼苗生长对光照要求苛刻，往往幼苗数量极多，但死亡率也很高，林内天然更新不良。国家二级保护野生植物，世界自然保护联盟（International Union for Conservation of Nature，简称IUCN）濒危种（EN）。最大的海南油杉王高32m，胸径2.4m，冠幅约20m，树龄超过600年（陈焕镛，1963）。

2. 油杉

Keteleeria fortunei (A. Murray bis) Carrière, Rev. Hort. 37: 449. 1866. TYPUS: China, Fujian, Min River, Fuzhou, *R. Fortune* 52 (Lectotype: BM).

别名：海罗松、杜松、松语。

识别特征：高达30m，胸径达1m；树皮粗糙，暗灰色，纵裂，较松软；枝条开展，树冠塔形；1年生枝有毛或无毛，干后橘红色或淡粉红色，2～3年生时淡黄灰色或淡黄褐色，常不开裂。叶条形，在侧枝上排成两列，长1.2～3cm，宽2～4mm，先端圆或钝，基部渐窄，上面光绿色，无气孔线，下面淡绿色，沿中脉每边有气孔线12～17条（图2）；横切面上面至下面两侧边缘和下面中部有一层连续排列的皮下层细胞，两端角部2～3层；幼枝或萌生枝的叶先端有渐尖的刺状尖头，间或果枝之叶亦有刺状尖头。球果圆柱形，成熟前绿色或淡绿色，微有白粉，成熟时淡褐色或淡栗色，长6～18cm，径5～6.5cm；中部的种鳞宽圆形或上部宽圆下部宽楔形，长2.5～3.2cm，宽2.7～3.3cm，上部宽圆或近平截，稀中央微凹，边缘向内反曲，鳞背露出部分无毛；鳞苞中部窄，下部稍宽，上部卵圆形，先端3裂，中裂窄长，侧裂稍圆，有钝尖头；种翅中上部较宽，下部渐窄。花期3～4月，种子10月成熟（郑万钧，1978）。

地理分布：分布于福建南部、广东、广西、贵州、湖南南部、江西西南部、云南东南部、浙江西南部，生于海拔200～1 400m、气候温暖、雨量多、酸性土红壤或黄壤的地带。

生态习性和资源状况：阳性树种，喜暖湿气候。由于受自然环境以及人为砍伐等多种因素影响，目前天然种群已十分稀少，处于濒危状态，已被列入国家重点保护树种（高楠 等，2015）。

2a. 油杉（原变种）

Keteleeria fortunei* var. *fortunei

Picea fortunei A. Murray bis, Proc. Roy. Hort. Soc. London 2: 421. 1862. TYPUS: China, Fujian, Fuzhou, *R. Fortune 52* (Lectotype: BM).

识别特征：小枝叶痕不突出；叶厚，长2～3cm，宽2～4mm，边缘狭窄、平，或宽、外卷，先端钝。种鳞扁圆形、厚，先端截圆形、宽圆形或微凹。种翅上部最宽。

地理分布：分布于福建南部、广东南部、广西；生于海拔200～1 400m的山地阔叶林中。

生态习性和资源状况：阳性树种，喜温暖湿润气候，在酸性红壤或黄壤中生长良好。IUCN易危种（VU）。

图2 油杉（陈又生 摄）

2b. 江南油杉

Keteleeria fortunei var. ***cyclolepis*** (Flous) Silba, Phyto-logia 68: 35. 1990.

Keteleeria cyclolepis Flous, Bull. Soc. Hist. Nat. Toulouse 69: 402. 1936. TYPUS: China, Guangxi, Lingyun Hsien, 28 Jul. 1933, *N.S.Albert* and *H.C.Cheo 720* (Holotype: NY).

别名：浙江油杉。

识别特征：小枝叶痕不突出；叶薄，长1.5～4cm，宽2～4mm，先端圆钝或微凹，稀微急尖，边缘多少卷曲或不反卷（图3）；种鳞斜方形或斜方状圆形，种翅通常中部或中下部较宽（郑万钧，1978; Fu et al., 1999）。

地理分布：分布于广东北部、福建、广西东部和西北部、贵州、四川南部、江西西南部、云南东南部和浙江西南部，生于海拔300～1 400m的山地。

生态习性和资源状况：阳性树种，对环境热量要求较高（黄荣林 等，2016）。如果林下树荫常年遮盖，天然更新幼株光照不足，会过早消亡（张烨 等，2016）。近年来由于人为破坏，目前，江南油杉多以零星散生或孤立木形式存在（姜英 等，2016），成群落分布较少（李强 等，2019），天然林少见（余孟杨，2018）。此外，在以群落形式存在的群落中，由于结实丰歉年周期长、种子传播机理缺陷和环境因素的胁迫等，使大树和老树占很大比例，幼树和小苗较少，在天然更新方面存在障碍，为福建省重点保护树种（翁闲，2008）、国家三级保护野生植物（蒋燚 等，2014）。

2c. 矩鳞油杉

Keteleeria fortunei var. ***oblonga*** (W.C.Cheng & L.K.Fu) L.K.Fu & Nan Li, Novon 7: 261. 1997.

Keteleeria oblonga W.C.Cheng & L.K.Fu in W.C.Cheng & al., Acta Phytotax. Sin. 13(4): 82. 1975. TYPUS: China, Guangxi, Tianyang Hsien, 16 Apr. 1964, *Z.Z.Chen 54163* (Holotype: PE).

识别特征：小枝叶痕突出、深色（图4）。种鳞长圆形、较薄。

分布：仅在广西田阳、上思两县有零星分布，生于海拔400～700m的山地，数量较少（郑

图3　江南油杉（魏泽 摄）

图4　矩鳞油杉（徐晔春 摄）

万钧 等, 1975）。目前，在叫安乡与华兰乡交界处，公路桥东侧田边的低矮山坡有人工繁育的矩鳞油杉幼林（徐治平, 2013）。

生态习性和资源状况：阳性树种，IUCN极危种（CR）。

3. 云南油杉

Keteleeria evelyniana Masters, Gard. Chron., ser. 3, 33: 194. 1903. TYPUS: China, Yunnan, Jiangchuan, 1903, *A. Henry 11815* (Holotype: NY).

Keteleeria delavayi Tieghem in Bull. Soc. Bot. France 38: 412. 1891, nom seminud.; *K. dopiana* Flous, Trav. Lab. Forest. Toulouse 1 (2) 14:6. 1936; *K. evelyniana* var. *pendula* Hsüeh. Acta Phytotax. Sin. 21: 253. 1983.

识别特征：高达40m，胸径可达lm；树皮粗糙，暗灰褐色，不规则深纵裂，呈块状脱落；枝条较粗，开展；1年生枝干后呈粉红色或淡褐红色，通常有毛，2～3年生枝无毛，呈灰褐色，黄褐色或褐色，枝皮裂成薄片。叶条形，在侧枝上排列成两列，长2～6.5cm，宽2～3(3.5) mm，先端通常有微凸起的钝尖头（幼树或萌生枝之叶有微急尖的刺状长尖头），基部楔形，渐窄成短叶柄，上面光绿色，中脉两侧通常每边有2～10条气孔线，稀无气孔线，下面沿中脉两侧每边有14～19条气孔线；横切面上面中部有2～3层皮下层细胞，两侧至下面两侧边缘及下面中部有1层皮下层细胞，两端角部2～3层。球果圆柱形，长9～20cm，径4～6.5cm；中部的种鳞卵状斜方形或斜方状卵形，长3～4cm，宽2.5～3cm，上部向外反曲，边缘有明显的细小缺齿，鳞背露出部分有毛或几无毛；苞鳞中部窄；下部逐渐增宽，上部近圆形，先端呈不明显的3裂，中裂明显，侧裂近圆形；种翅中下部较宽，上部渐窄。花期4～5月，种子10月成熟（郑万钧, 1978）。

地理分布： 分布于贵州西部、四川西部、云南；生于海拔700～2 900m的山地和河流流域。

生态习性和资源状况： 阳性树种，喜暖，耐干旱、耐瘠薄（邢付吉, 2002），适生于酸性、中性土壤。

3a. 云南油杉（原变种）

Keteleeria evelyniana var. ***evelyniana***

别名： 杉松、杉松树、杉罗树、杉楠树等。

识别特征： 树干通直高大（图5）。球果圆柱形，直立，着生于当年生的枝上；中部的种鳞卵状斜方形或斜方状卵形，上部向外反曲，边缘有明显的细小缺齿；苞鳞中部窄；下部逐渐增宽，上部近圆形，先端呈不明显的3裂，中裂明显，侧裂近圆形；种翅中下部较宽，上部渐窄。

地理分布： 分布于云南、贵州西部及西南部、四川西南部安宁河流域至西部大渡河流域；生于海拔700～2 600m的地带。

生态习性和资源状况： 阳性树种，喜暖，耐干旱、耐瘠薄。IUCN近危种（NT）。常混生于云南松林中或组成小片纯林，亦有人工林。

3b. 蓑衣油杉

Keteleeria evelyniana var. ***pendula*** Hsüeh. Acta Phytotax. Sin. 21(3): 253, 1983. TYPUS: China, Yunnan, Huaning County, Pingdi, 15 Jan.1982, *C.J.Hsueh 823* (Typus: YNFC).

别名： 蓑衣龙树。

识别特征： 主干弯曲，木栓层不发达，枝条修长下垂（图6）；球果初时向上，成熟后下垂，果鳞先端显著外翻，背面具锈色微毛；苞鳞先端具3裂片，两侧浑圆，中间裂片较小而下陷，种子具膜质阔翅，种翅中部较宽。

地理分布： 仅分布于云南华宁县。

生态习性和资源状况： 产地仅有27株原生树，2006年入选《中华古树名木》，是全国珍稀古树名木树种（赵明荣 等, 2015）。

图5　云南油杉（李若游　摄）

图6 蓑衣油杉（龚洵 摄）

4. 柔毛油杉

Keteleeria pubescens W.C.Cheng & L.K.Fu in W.C.Cheng & al., Acta Phytotax. Sin. 13(4): 82. 1975. TYPUS：China, Guangxi, 20 Jun. 1928, *R.C.Ching 6187* (Holotype: PE).

别名：老鼠杉。

识别特征：树皮暗褐色或褐灰色，纵裂；1~2年生枝绿色，有密生短柔毛，干后枝呈深褐色或暗红褐色，毛呈锈褐色（图7）。叶条形，在侧枝上排列成不规则两列，先端钝或微尖，主枝及果枝的叶辐射伸展，先端尖或渐尖，长1.5~3cm，宽3~4mm，上面深绿色，中脉隆起，无气孔线，下面淡绿色，沿中脉两侧各有23~35条气孔线，干后边缘多少向下反曲；横切面上面有一层不连续的皮下层细胞，其下有少数散生皮下层细胞，两侧端及下面中部有一层连续的皮下层细胞。球果成熟前淡绿色，有白粉，短圆柱形或椭圆状圆

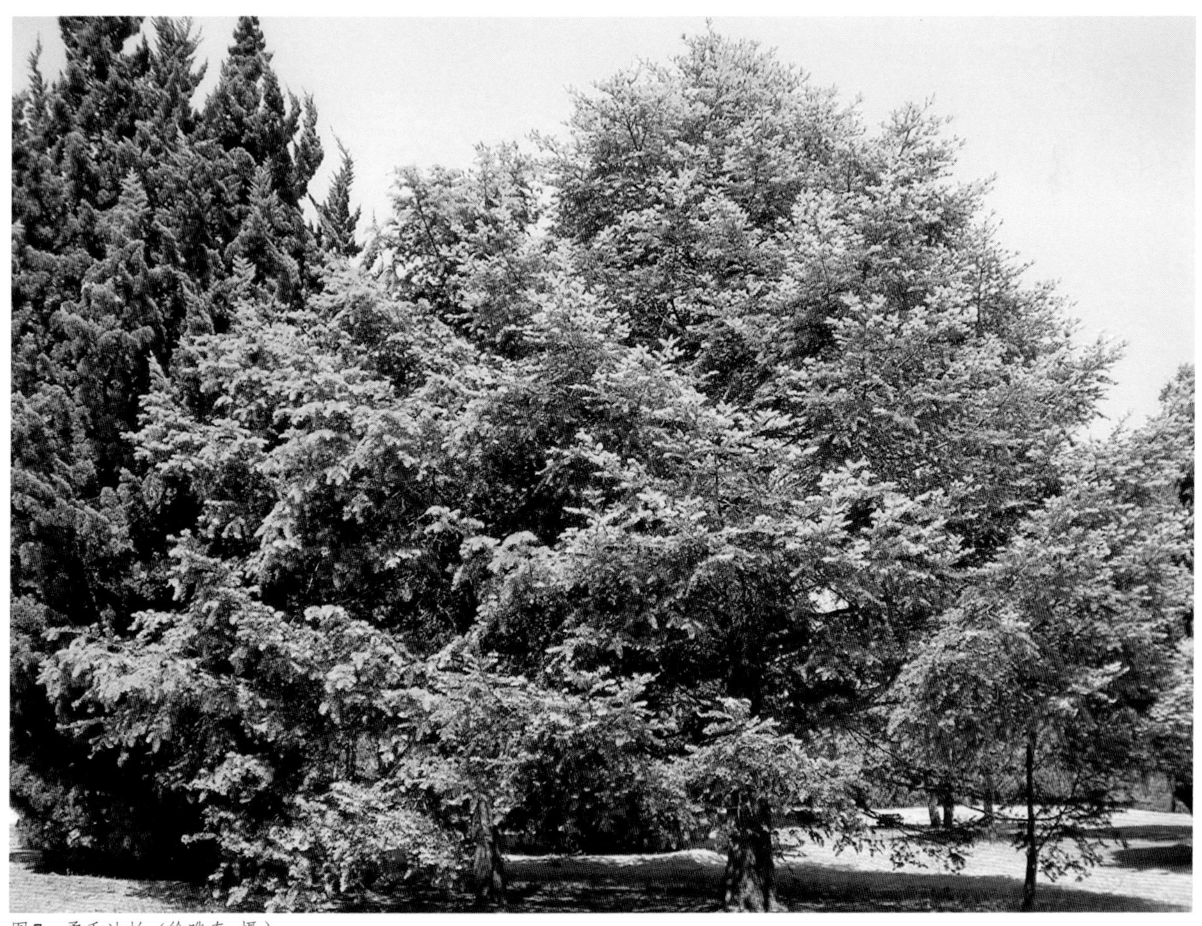
图7 柔毛油杉（徐晔春 摄）

柱形，长7～11cm，径3～3.5cm；中部的种鳞近五角状圆形，长约2cm，宽与长相等或稍宽，上部宽圆，中央微凹，背面露出部分有密生短毛，边缘微向外反曲；苞鳞长约为种鳞的2/3，中部窄，下部稍宽，上部宽圆。近倒卵形，先端三裂，中裂呈窄三角状刺尖，长约3mm，侧裂宽短，先端三角状，外侧边缘较薄，有不规则细齿；种子具膜质长翅，种翅近中部或中下部较宽，连同种子与种鳞等长（郑万钧，1978）。

地理分布：分布于广西北部、贵州南部（郑万钧 等，1975）；生于海拔600～1 000m的山地。

生态习性和资源状况：阳性树种，具有深根性，适应性强，耐干旱、瘠薄。多分布于中山顶部石质山地，种子繁殖发芽率不高，幼苗生长较慢，生长速度中等，是优良的多功能城市森林树种（廖德志 等，2009；雷超铭，2015）。第三纪孑遗植物，国家二级保护野生植物，IUCN易危种（VU）。

5. 铁坚杉

Keteleeria davidiana (Bertrand) Beissner, Handb. Nadel-holzk 424. 1891.

Pseudotsuga davidiana Bertrand, Bull. Soc. Philom. Paris, sér. 6, 9: 38. 1872; TYPUS: China, Sichuan, Lunganfu, 12 Feb. 1905, *A. David 36* (Holotype: P).

别名：岩杉、铁坚油杉。

识别特征：高达50m，胸径达2.5m；树皮粗糙，暗深灰色，深纵裂；老枝粗，平展或斜展，树冠广圆形；1年生枝有毛或无毛，淡黄灰色、淡黄色或淡灰色，2～3年生枝呈灰色或淡褐色，常有裂纹或裂成薄片；冬芽卵圆形，先端微尖。叶条形，在侧枝上排列成两列，长2～5cm，宽3～4.5mm，先端圆钝或微凹，基部渐窄成一短柄，上面光绿色，无气孔线或中上部有极少的气孔线，下面淡绿色，沿中脉两侧各有气孔线10～16条，微有白粉，横切面上面有一层不连续排列的皮下

图8　铁坚杉（刘军 摄）

层细胞，两端边缘2层，下面两侧边缘及中部1层；幼树或萌生枝有密毛，叶较长，长达5cm，宽约5mm，先端有刺状尖头，稀果枝之叶亦有刺状尖头。球果圆柱形，长8～21cm，径3.5～6cm；中部的种鳞卵形或近斜方状卵形，长2.5～3.2cm，宽2.2～2.8cm，上部圆或窄长而反曲，边缘向外反曲，有微小的细齿，鳞背露出部分无毛或疏生短毛；鳞苞上部近圆形，先端3裂，中裂、窄，渐尖，侧裂圆而有明显的钝尖头，边缘有细缺齿，鳞苞中部窄短，下部稍宽；种翅中下部或近中部较宽，上部渐窄；花期3月，种子10～11月成熟（郑万钧，1978）。

地理分布：分布于甘肃东南部、广西北部、贵州、湖北西部、湖南西南部、陕西南部、四川东南部、台湾和云南，生于海拔200～1 500m的山地和干热河谷。

生态习性和资源状况：阳性树种，喜温凉湿润的气候，耐低温，要求深厚肥沃、排水良好的中性或酸性砂质壤土。

5a. 铁坚杉（原变种）

Keteleeria davidiana var. ***davidiana***

识别特征：1年生枝条淡黄灰色或浅灰色；冬芽卵圆形；叶痕在小枝上突出不明显；种鳞先端狭窄（图8）。

地理分布：分布于甘肃东南部、广西东北部、贵州、湖北西部、湖南西南部、四川东南部和云南，生于海拔600～1 500m的山地和干热河谷。

生态习性和资源状况：阳性树种，初期稍耐荫蔽，之后需光性增强，对环境要求不苛刻，能在土壤瘠薄甚至岩缝中扎根生长发育。国家二级保护野生植物，还是培育中、大径材的理想树种之一，还能培育优雅的木本盆景（王伟铎和罗友刚，1999）。

5b. 黄枝油杉

Keteleeria davidiana var. ***calcarea*** (W.C.Cheng & L.K.Fu) Silba, Phytologia 68: 34. 1990.

Keteleeria calcarea W.C.Cheng & L.K.Fu in W.C.Cheng & al., Acta Phytotax. Sin. 13(4): 82. 1975. TYPUS: China, Guangxi, 31 Oct. 1954, *F.X.Deng 241* (Holotype: PE).

图9　黄枝油杉（周建军 摄）

别名：石山油杉、松柏木、山松、图松、陀松等。

识别特征：1年生小枝黄色；冬芽球形；叶痕在小枝上突出不明显；种鳞先端钝圆形（图9）。

地理分布：广西北部、贵州南部，生于海拔200～1 100m的石灰岩山地。

生态习性和资源状况：阳性树种，多生长于破碎化的石山环境中，第三纪孑遗植物。生境破坏与人为砍伐导致天然种群数量急剧减少，母树的减少以及种子天然萌发率低导致种群更新困难，种子萌发、幼苗以及幼树面临高强度的种间竞争压力和来自气候与生境的压力等，均加剧其生存压力（符支宏，2014）。目前，天然种群处于濒危状况，1991年被列入《中国植物红皮书》，2009年列入《广西壮族自治区第一批重点保护野生植物名录》（广西科学院和广西植物研究所，1991；谢伟玲，2016），IUCN濒危种（EN）。

5c. 台湾油杉

Keteleeria davidiana var. ***formosana*** (Hayata) Hayata, J. Coll. Sci. Imp. Univ. Tokyo 25(19): 221. 1908.

Keteleeria formosana Hayata, Gard. Chron., ser. 3, 43: 194. 1908. TYPUS: China, Taiwan, Nov. 1902, *N. Konishi* (Holotype: BM).

别名：油杉、牛尾松。

识别特征：小枝叶痕明显突出，深色（图10）。

地理分布：中国台湾，生于海拔300～900m的山地。

生态习性和资源状况：阳性树种，仅在台湾

图10 台湾油杉（孔繁明 摄）

北部坪林一带和南部大武山区400～700m的棱线或山坡上发现有天然群落，呈不连续破碎分布，是当地明令保护的稀有植物。国家二级保护野生植物，IUCN极危种（CR）。

2 油杉属植物的价值

油杉属是具有良好经济价值的重要植物资源，与人类的衣、食、住、行及工业生产密切联系。

2.1 观赏价值

油杉属植物树形高大笔挺，枝叶茂密浓绿，优雅美观，具有较高的观赏价值，同时具有良好的抗逆性，是优良的园林绿化树种，可作庭园树和行道树（林来官，1982；符支宏，2014）。较有代表性的如江南油杉，树姿雄伟，枝叶繁茂，树冠展开，枝条铺散，针叶短促，球果较大，适宜于园林、旷野栽培（蒋燚 等，2022）。又如柔毛油杉，树体呈塔形，树干通直圆满，叶色浓绿，给人以挺拔无畏、清新优美、青春常在之感（许永根和何友根，1991）。再如蓑衣油杉，主干常弯扭，枝条修长，像垂柳一样由顶端向下弯曲悬垂至地面，树体远望犹如农夫身披蓑衣，甚是好看。此外，由于本属植物可观叶、观干、观花、观果，在园艺方面也有应用，例如可培育油杉植株，并将其制作为盆景，提升其艺术性和观赏性。

2.2 食用价值

“民以食为天”，食物是人类生存最基本的物质条件之一。油杉属植物的个别种类，因能够为人类提供营养元素、承载区域民俗文化，而成为了独具地方特色的佳肴。云南油杉新发的嫩叶可以食用，且是云南各地人民群众喜爱的食品。食用时将嫩叶用沸水焯烫3～5分钟，冷却后，加入适量的佐料，如盐、花椒、油辣子、熟菜油、姜末、蒜末、味精、食用醋、红糖等凉拌。口感鲜美、爽口，开胃消食，降温避暑。也可将沸水焯烫后的嫩叶炒肉，鲜美营养（冯玉元，2004）。

2.3 原料价值

油杉属植物生长期长、病虫少，且对立地条件及经营管理要求不严，可充分发挥土地效应及降低成本，根据经营目的培植不同径级的木材（陈绍华和韦曾健，1979）。其木材大多具纹理直，材质重，硬度、干缩及强度适中，易干燥，较耐腐，切面光滑，油漆性能良好和不挠不裂等特点，可作为建筑、桥梁、家具、船舱、面板、农具等用材。还因树根含有胶质，民间常用于造纸胶料。此外，本属植物的种子富含油脂，还可作为油料植物。如云南油杉，就是集多种原料用途于一身的类群，木材富含树脂、结构细密、花纹美丽、耐水浸泡、抗腐性强等，为优良用材，种子含油率约为52.5%（左家哺，1989），可供制皂和作灯油润滑油原料用。

2.4 药用价值

我国是一个文明古国，地大物博，药用植物资源十分丰富。人们在寻找食物、接触和采集野生植物的过程中，发现油杉属植物可以用来防治疾病。如云南油杉的根、茎、叶、花、果及寄生肿大瘤状物（俗称天茯苓），均可入药，性平、味涩，具有消炎、解毒、收敛、接骨、滋补的功效，可医治小儿疮积、腹胀、疝气、骨折、外伤出血、烧伤、烫伤、油漆过敏和膝骨疼痛等疾病（冯玉元，2004）。又如黄枝油杉枝精油中所含的β-榄香烯对ECA、ARS腹水型移植动物肿瘤具有明显的抗肿瘤作用，对YAS和S180腹水型亦有疗效；β-石竹烯具有一定的平喘作用，为治疗老年慢性支气管炎的有效成分之一（何道航 等，2006；国家医药管理局中草药情报中心站，1986）。

2.5 生态价值

油杉属植物参与地球的能量转换、物质循环和信息流动，具有美化环境、改善环境质量等功能。如坐落于云南昆明东北郊的金殿名胜区，园内生长着云南油杉及其他类群天然林，不仅营造了优美的自然风景，而且使公园的负氧离子常年处于较高的水平（图11）。以2022年为例，年度

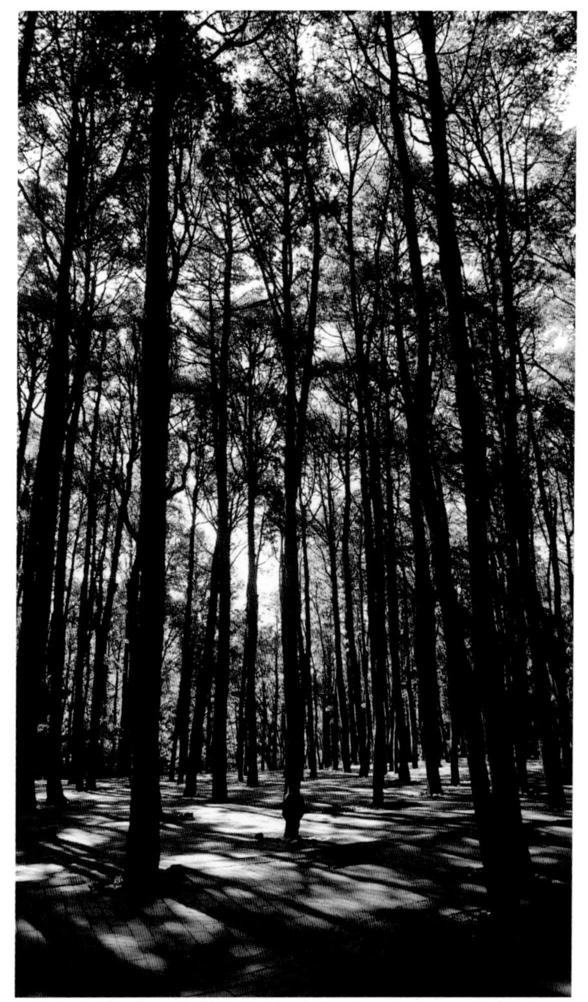

图11 昆明市金殿名胜区内的天然云南油杉林（李若游 摄）

最高值达4 971个/cm^3，平均值达2 222个/cm^3，成为昆明地区的"天然氧吧"。油杉主要分布于土层稀薄、土壤贫瘠石山，拥有较低PNMAX的光合生理特性而适应岩溶生境下正常生长的黄枝油杉（柴胜丰 等, 2015; 黄立铨, 1982）；适应性广、耐旱耐瘠薄、耐寒耐暑、抗病虫能力较强，甚至是完全裸露的石头山也可生长的油杉；群落优势明显，在生态文明建设、优化树种结构调整、森林质量提升、石漠化治理和森林景观建设等方面有巨大发展潜力的江南油杉（蒋燚 等, 2022）等，都有着重要的生态价值。另有研究表明，云南油杉林的凋落物现存总量及其营养元素总含量和总储量均较高，凋落物分解可为森林生态系统提供可持续利用的养分，在维持森林生态系统正常的物质循环和养分平衡方面起着重要作用（施昀希 等, 2018）。此外，油杉属植物还可与其他类群一起，共同发挥良好的生态效益，如华山松和油杉混交林有较适宜的土壤容重及孔隙状况，表层有机质，速效氮、钾含量较高，可以明显改善林地内土壤微生物状况和养分特征，提高土壤肥力，改善林地生态环境（陆梅 等, 2011）。同样，在对海南霸王岭热带天然林植物种群多样性进行研究后，表明海南油杉也是当地常绿林重要值较大的植物种类之一（胡玉佳和丁小球, 2000）。

2.6 文化价值

油杉属植物寿命长，部分植株在适宜的环境中生存并保留至今，成为古树名木。古树名木是"活文物"，是国家宝贵的自然资源，也是自然环境的重要组成部分，有很强的地域特色，对植物研究、林业生产和园林建设都意义重大。如神农架千年杉王——铁坚油杉、年逾600岁的云南漾濞富恒乡的古云南油杉、实为油杉的福州"听书松"等。又如台湾油杉与同为冰河时期孑遗植物的台东苏铁、台湾穗花杉和台湾海枣，虽经百万年的大自然洗礼，仍能够屹立不摇，合称"台湾四大奇木"。这些古树名木与自然和历史事件、历史名人和活动有关，有些还伴有传说轶闻，被誉为"城市文明的里程碑""有生命的纪念塔"，受到民间文艺、民情风俗以及文化史的研究专家学者的关注（徐炜和杨晓, 2005）。全国绿化委员会和中国林学会于2018年在全国组织开展了"中国最美古树"评选活动，最终有85株古树获此殊荣，其中的"最美油杉"和"最美铁坚杉"就为本属植物。关于油杉属的文学作品也比比皆是，如当代著名书法家钱绍武先生撰写了《杉王颂》，文曰："万木凋落，惟尔独盛，巍然屹立，郁郁青青，千年风雪，与尔无侵……"描述的就是历经了宋、辽、元、明、清等多个朝代，距今1 260余年的千年杉王（蔚培龙, 2011），对其所蕴含的风骨进行赞美。科普工作人员和非遗传承人也通过巧妙地构思和恰当地编辑，将云南油杉与当地文化进行融合，创作成具有浓郁地方特色儿童读物的文字描述和绘画插图的"主角"（李峻红 等, 2021）（图12、图13）。

2.7 其他价值

在开展研究和具体应用中，还发现油杉属植物具有众多的其他价值。如云南油杉林木阻燃性

图12 手绘云南油杉球果（张嵘梅 绘）

图13　手绘云南油杉林（唐晓华 绘）

较强，具有极强的抗火性（李世友 等, 2006）和耐火性，而且其针叶较短，落叶层密度大，树皮的地表枯落物层难以形成高强度的地表火，在进行森林防火时一般不必对云南油杉纯林采取特别措施（李世友 等, 2007）。此外，在对云南油杉瘿瘤进行解剖学和化学研究时发现，瘿瘤变化多端的微观构造特征可作为美学图案设计的原始素材，直接制成独特美观的家具制品和手工艺品，也可以运用计算机技术，使瘿瘤图案形式更加丰富，进一步增强装饰效果，应用于室内外装饰、家居用品以及工艺品的美饰设计（冉茂亚 等, 2021）（图14）。对福建深沪湾海底古森林和武汉市出土古木油杉的研究，不仅对该地区古森林主要树种的研究具有重要意义，而且能为研究木材的天然耐久性、耐候性等能力提供实物资料和科学依据（李平宇和李林, 2000; 王绍鸿 等, 2001; 杨家驹 等, 2003）。

图14　云南油杉树瘤（李若游　摄）

3 油杉属的海内外引种

油杉属植物多为中国特有的材用树种和观赏树种，1910年，威尔逊受阿诺德树木园之托，于第二次来中国出差期间，在湖北省巴东县的一条街上拍下*K. davidiana*的球果，以一个男人的形象为背景，展现其精致的细节（威尔逊，2022；林恩·帕克 等，2020）（图15）。自19世纪，英、美、意等国引种本属，于公园庭院中零星栽植（朱积余 等，1993）。经查阅文献得知，英国爱丁堡皇家植物园引种本属1种（武建勇 等，2013）。为保护天然林资源，同时解决工业生产用材，使经济和社会健康、持续发展，现代林业的研究热点和焦点由天然林培育逐渐转为人工林培育。我国多个省（自治区、直辖市）的研究机构和林场，对本属的有关类群开展了系统的作为用材树种造林研究。广西林业科学研究所从1957年开始对油杉属进行引种驯化试验，在完成本区油杉属物种资源调查和采种育苗试验基础上，于1980年对矩鳞油杉、云南油杉、江南油杉和油杉的人工生长情况和生长进程、不同物种生长比较，不同坡向、坡位、土壤和密度、苗木优劣、抚育情况对油杉生长的影响，纯林与混交林生长比较、病虫害情况调查等方面进行了研究并取得进展（朱积余 等，1993）。广西高峰林场也于1978年开始引种栽培油杉，并保留有较为完整的油杉和其他树种的混交林（卢立光和彭桂华，1992）。湖南省郴州南岭植物园和福建省来舟林业试验场分别对柔毛油杉和油杉开展扦插繁殖试验研究，探明影响插穗生根的因素，并指出油杉根插优于枝插（许永根和何友根，1991；郭志新 等，1995）；福建顺昌路马头国有林场于2000年开始对江南油杉进行种质资源收集和异地保存技术研究并取得阶段性成果（翁闲，2004）。

图15　铁坚油杉（引用自林恩·帕克，基里·罗斯-琼斯《邱园的故事》）

4 油杉属的栽培管理

4.1　繁殖

油杉属植物可采用播种和扦插的方式进行繁殖。对于播种繁殖，当每年10月下旬至11月中旬，球果由浅绿色转变为栗褐色时，用采种刀或高枝剪采下种鳞未开裂或轻微开裂的成熟球果，放在通风干燥处堆放3～5天，也可置于弱阳光下暴晒1～2天，待有种子的种鳞大部分裂开后，翻动或敲打球果使种子散出，收取的种子经揉搓去除种翅和空粒，可获得纯净种子（翁闲，2004）。对于播种繁殖来说，林木种子的优劣直接决定种苗的质量（杨淼淼 等，2020），因此，候选优树种子是繁殖工作的重要环节。种子可用干藏法或湿沙层积贮藏至翌年2～4月春播，最好能在播前进行催芽处理。容器育苗和圃地育苗均可，根据幼苗习性营造适生条件，播种后20～30天，苗基本出齐并长出真叶，之后做好水肥管理、病虫害防治、间苗移苗、中耕除草、遮阴等工作。对于树形高大、采种困难、母树开花结实少、种子发芽率低、繁殖速度慢的类群，也可采用扦插育苗，方法简便易行且繁殖速度快。以油杉为例，其扦插苗造林成活率和树高、地径的生长量略低于容器苗造林，但明显优于实生苗裸根和实生苗切根造林，林木生长量有逐渐接近容器苗造林的趋势。因此，在种源缺乏的情况下应建立油杉良种采穗圃，推广无性繁殖扦插育苗（张纪卯，1999）。

4.2 栽培

栽培方面的研究和造林实践，主要集中于江南油杉、铁坚油杉、油杉、云南油杉、柔毛油杉等几个类群。多项研究表明，在造林过程中要掌握好人工林的最适生长条件、把握好植株的生长规律，以获得最大效益。如江南油杉人工林在阳坡的生长优于阴坡、下坡优于中坡、上坡最低，斜坡优于平坡。因此，对于商品林的培育，应选择阳坡的中下坡位进行种植效果较好；而对于公益林的培育，可选择在中下坡的位置进行造林（刘菲 等，2017）。由于油杉树高的快速生长时期出现在第5～16年和第20～24年，此时可通过加强林分的集约经营，如及时抚育、加强水肥管理和科学间伐等措施，促进树高的快速生长，以获得更高的收获量（张璐颖 等，2013）；造林后第26年为胸径快速生长期，此时可以通过做好对林分密度的控制，适度间伐，加强养分水分管理，培育油杉大径级材人工林；当林龄达50年时，仍为材积快速增长的时期，为了改善林木生长环境，应结合森林经营目标和实际经营情况进行适度间伐，以获得林木材积的最大化（高楠 等，2015）。

4.3 病虫害防治

4.3.1 病害

枯梢病

病害多在春季发生，主要为中幼龄树感病，中龄树以侧枝感病多，幼龄树主梢、侧梢均有发生，轻则针叶枯黄，重则几乎每个春发主梢和侧梢均被病菌侵染，引起大量嫩梢枯死，对油杉属植物的生长造成很大威胁。病原是球壳孢目茎点菌属的一种（*Phoma* sp.）。此病原菌主要从当年春发新梢侵入，可能是前一年的秋梢及枯枝落叶为其越冬场所，翌年在适宜的温度湿度下为害。对于秋冬发现带病的枯枝落叶，应及时清除烧毁或埋入土中，减少病害的侵染来源。秋梢停止生长后，可喷0.5～1波美度的石硫合剂1次。开春后，喷1%的波尔多液、500～800倍的百菌清或500～800倍50%的退菌特，每半月1次，还可用65%的代森锌、50%的托布津、多菌灵或敌克松500倍液。

枝瘤病

病部出现近球形或扁球形瘤状肿大，常完全包围枝条，大小不等，最大的肿瘤直径可达20cm，表面粗糙，凹凸不平。初形成时呈灰绿色，随着肿瘤的增大和老化，逐渐转呈淡褐色至褐色。病枝肿瘤以上部表现瘦弱，针叶短小，逐渐枯萎死亡。病原是王氏油杉盘针孢。病部肿瘤的形成，是由于病原菌侵染后刺激受病组织反常增大的结果。结合抚育管理，在干旱季节将主干受害的幼树及时加以清除，对较大植株上染病的枝条也应加以清除，清除的病枝或主干应集中烧毁。在发病较多的幼林内，必要时可在春末夏初定期喷洒杀菌剂以保护健康幼树。中年以上的林地受枝瘤病的影响不大，不必采取防治措施（任玮，1989）。

丛枝病

主干顶端顶芽优势消失，其周围侧枝纷乱生出，形成丛枝，丛枝从上而下干枯死亡；由此造成植株长势衰弱，小蠹虫乘机侵入，最终植株整体死亡。病原为桑寄生科、槲寄生亚科、油杉寄生属植物，种子飞落于树杈间，初生根进入寄主皮层，成为皮层根；皮层根向内生成楔形吸根纵横延伸，经过木质部到达心材，向外抽发新植株，周而复始，持续产生新的寄生植株，雌株连年结果，又成为传播体。由于油杉寄生吸取寄主养分供其生存，寄主遭到伤害而产生病变。由于皮层根多年生，作为活组织埋生于寄主木栓层与形成层之间，人工只能清除根上部分，无法清除皮层根。因此，对于大树要砍去染病树枝；对于小树，染病后不能正常生长发育，应伐除。特别需要注意的是，清除的树枝和小树，须作焚烧处理。

4.3.2 虫害

黄卷蛾（*Archipis binigrata*）

枝梢害虫多发生于郁闭度低、向阳、开阔处的苗木或低龄树上，特别是生长不良或受其他病虫害为害而树势衰弱的低幼树。幼虫取食嫩梢针叶，吐丝将梢头嫩叶结成不太紧密的虫苞，藏身其中取食，并能转移为害。幼虫历期32～45天，蛹期15～20天，一年发生3代。应加强对幼树的抚育管理，增强树势，提高抗病虫能力。可以灯诱成虫及人工摘除虫苞，还可以用敌百虫、辛硫磷2 000～3 000倍液喷雾。

球果角胫象（*Shirahoshizo coniferae*）

球果害虫，取食球果量大，虫害暴发很有可能造成林业上重大的经济损失。在幼虫初孵时期，适当喷洒三氟氯氰菊酯、氯氰菊酯。还应加强种子检疫，用磷化铝熏蒸带有害虫的种子。9～30g药可以熏蒸1t种子，熏蒸3天。建立种子园和母树林，提高种子产量和质量，也是防治种子害虫的一个基础性措施。此外，创造适宜的条件，使天敌的生存不受到威胁也是防治害虫的一种方法（史庆伟 等，2017）。

思茅松毛虫（*Dendrolimus kikuchii*）

食叶害虫，1年发生1代，以四龄幼虫在林下植被上越冬。越冬幼虫于2月上旬开始取食，4月为暴食期，4月下旬老熟幼虫开始下树，在灌木上结茧化蛹，5月下旬成虫开始羽化，6月中旬至7月上旬为羽化盛期，7月上旬至8月上旬卵孵化，10月开始下树越冬。食叶害虫常常周期性大发生，应做好预测预报工作，特别是在冬季应该查清虫源，并赶在害虫暴食之前消灭之，以避免大发生到来。封山育林，搞好营林措施，创造有利天敌而不利于害虫的森林环境。还可以采用黑光灯诱杀成虫、人工采摘茧蛹等物理方法。在虫口密度不大时，招引益鸟，释放天敌，如苏云金杆菌、多角体病毒、赤眼蜂等，并创造适宜的环境，使天敌长期固定下来，将害虫抑制在阈值以下。在害虫密度过大时，必须应用化学防治，如灭幼脲等，将虫口密度降下去，再采用其他防治方法（武春生 等，1992）。

小蠹虫

致使树木长势逐渐衰弱直至死亡，树皮有虫洞出现，剥开树皮，树皮内面和木质部表皮有许多长短不一、弯曲或状若树杈的虫道。有成虫也有幼虫，密集处虫口密度可达7～10头/cm^2。或者树木色泽碧绿，长势旺盛，而主干中下部有虫洞出现，新鲜木质粉末从洞内不连续地掉出来，剥开树皮，见成虫取食韧皮部、形成层和木质部表层，幼虫静卧或缓慢蠕动。危害严重时树皮与木质部脱离，可导致林分整片死亡。害虫为小蠹虫，种类较多，难以定名。目前，对于小蠹虫的防治方法是将多数虫害木伐除，木材杀虫处理并定点存放；伐根剥下树皮后，喷施杀虫剂；将枝丫、树皮堆积焚烧。此前也曾进行过内吸性杀虫剂树干注射试验，但效果不佳。

5 油杉属的现状与保护

通过研究发现，导致油杉属植物濒危的主要原因有以下几点：一是分布海拔低，靠近居住区，人为过度砍伐情况严重；二是部分种类对生境条件的需求较为严格，生长需要较好的光照，种群竞争力较弱；三是生长缓慢，天然更新能力不良，一般每隔4~5年才结实1次，种子的大小年现象突出，球果中不育种子较多。目前，除了江南油杉、铁坚油杉和云南油杉三者的种群尚处于稳定型阶段，其他种类的种群均处于衰退型或残留型阶段，这些种群个体数量少，分布范围狭窄，物种正处于濒临灭绝的危险中。

鉴于油杉属植物目前的生存现状，亟待从人工繁育方面入手对其进行资源保护。深入探索种群与生境的相互关系、优势种群的种间关系、油杉种群在群落中的地位与作用、有关种群的濒危机制、天然群落的恢复与保护等关键问题，为现存种质资源的保护、种群的恢复、人工混交林的经营和管理等提供科学依据（符支宏，2014）。

对油杉属植物的保护工作应该着重做好以下几点：一是加强保护宣传，使周边居民正确认识有关类群的生态价值和当前所处状况的严峻性，增强保护意识，自觉维护当地的珍贵树种；二是加强就地保护研究，防止现有种群进一步遭受破坏（麻璨璨 等，2022）；三是加强天然林的人工管理和抚育，促进种群数量的恢复；四是加强迁地保护研究，进一步探索有关类群快速繁殖及人工造林技术，推动异地引种驯化；五是加强对有关类群生理生化、分子生物学、基因工程、遗传学等方面的研究，进一步发掘其深层价值以及其微观层次的濒危机理（符支宏，2014）；六是发挥好有关类群的优势，合理进行推广运用，实现优良的生态、社会和经济效益。

参考文献

柴胜丰，唐健民，杨雪，等，2015. 4种模型对黄枝油杉光和响应曲线的拟合分析[J]. 广西科学院学报，231(4):286-291.

陈焕镛，1963. 海南植物志资料(一)[J]. 植物分类学报，8(3): 259-278.

陈剑英，2007. 油杉属植物黄酮类化合物薄层层析研究[J]. 西南林学院学报，27 (3) : 37-40.

陈剑英，2007, 油杉属植物过氧化物同工酶研究[J]. 西南林学院学报(2): 46-49.

陈绍华，韦曾健，1979. 广西油杉物种的调查研究[J]. 广西林业科学 (1): 1-9.

邓莉兰，张维谦，2002. 云南油杉属一新种[J]. 西南林学院学报，22(2): 3-4.

冯玉元，2004. 云南油杉[J]. 云南林业，6: 21.

符支宏，2014. 桂林黄枝油杉种群生态学研究[D]. 桂林：广西师范大学.

高楠，肖祥希，何文广，等，2015. 50年生油杉人工林生长规律[J]. 广西林业科学，44(3): 219-224.

广西科学院，广西植物研究所，1991. 广西植物志[M]. 南宁：广西科学技术出版社.

国家医药管理局中草药情报中心站，1986. 植物药有效成分手册[M]. 北京：科学出版社.

郭志新，田野，张纪卯，1995. 油杉扦插育苗试验研究[J]. 河南林业科技，3: 43-44.

何道航，庞义，宋少云，等，2006. 黄枝油杉嫩枝中精油的化学成分研究[J]. 生物质化学工程，40(2): 8-10.

胡玉佳，丁小球，2000. 海南霸王岭热带天然林植物物种多样性研究[J]. 生物多样性，8(4): 370-377.

黄立铨，1982. 石山绿化优良树种——黄枝油杉[J]. 广西植物，2(2):103-104, 98.

黄荣林，何应会，蒋燚，等，2016. 广西江南油杉人工林生长与气象因子的关系[J]. 广西林业科学，45(3): 328-333.

姜英，蒋燚，黄荣林，等，2016. 广西江南油杉天然林种群分布特征[J]. 广西林业科学，45(3): 322-327.

蒋燚，刘菲，刘雄盛，等，2022. 珍贵乡土树种江南油杉种质资源保存评价及壮苗繁育体系构建技术[J]. 广西林业科学，51(1): 1-9.

蒋燚，王勇，刘菲，等，2014. 江南油杉种质资源与苗木繁殖研究动态与展望[J]. 广西林业科学(3): 302-305.

李德铢，陈之端，王红，等，2020. 中国维管植物科属志[M]. 北京：科学出版社.

李峻红，文斌，尹慧敏，等，2021. 古苑囿里的奇妙研学之旅[M]. 昆明：云南大学出版社.

李平宇, 李林, 2000. 福建海底古森林木材初探[J]. 东北林业大学学报, 28(4): 75-77.

李强, 黄荣林, 刘雄盛, 等, 2019. 广西南丹县江南油杉天然林群落结构特征[J]. 广西林业科学, 48(2): 183-188.

李世友, 李小宁, 李生红, 等, 2007. 3种针叶树种树皮的阻燃性研究J]. 浙江林学院学报, 4(2): 192-197

李世友, 金贵军, 周全, 等, 2006. 3种针叶树种树皮抗火性研究[J]. 浙江林业科技, 26(4): 6-9.

廖德志, 吴际友, 程勇, 等, 2009. 柔毛油杉无性系嫩枝秋季扦插繁殖试验[J]. 中国农学通报, 25(15): 91-94.

雷超铭, 2015. 古老的第三纪孑遗植物[J]. 广西林业, 1:39-40.

林恩 · 帕克, 基里 · 罗斯-琼斯, 2020. 邱园的故事[M]. 陈莹婷, 译. 上海: 上海文化出版社.

林建勇, 蒋燚, 梁瑞龙, 2014. 江南油杉及中国油杉属植物的形态特征识别[J]. 广西林业科学, 43(4): 431-434.

林来官, 1982. 福建植物志: 第1卷[M]. 福州: 福建科学技术出版社.

刘菲, 蒋燚, 韦烁星, 等, 2017. 广西江南油杉人工林生长与地形因子关系[J]. 广西林业科学, 46(6): 59-64.

卢立光, 彭桂华, 1992. 油杉引种栽培试验初报[J]. 广东林业科技, 3: 32-34.

陆梅, 卫捷, 韩智亮, 2011. 滇池西岸4种针叶林的土壤微生物与酶活性[J]. 东北林业大学学报, 39(6): 56-59.

陆梅, 卫捷, 张友超, 2011. 4种针叶林种的土壤养分与微生物特征[J]. 贵州农业科学, 39(5): 91-95.

麻璨璨, 李媛媛, 王海珍, 等, 2022. 油杉属植物的地理分布及潜在分布区预测[J]. 西北林学院学报, 37(4): 158-165.

牟凤娟, 戴兴芬, 李双智, 等, 2012. 油杉属植物研究动态[J]. 西部林业科学, 41(6): 92-99.

冉茂亚, 李有贵, 秦磊, 等, 2021. 云南油杉瘿瘤材构造与化学成分分析及应用[J]. 木材科学与技术, 35(3): 38-44.

任玮, 1989. 油杉枝瘤病的研究[J]. 西南林学院学报, 9(2): 136-140.

施昀希, 黎建强, 陈奇伯, 等, 2018. 滇中高原5种森林类型凋落物及营养元素储量研究[J]. 生态环境学报, 27(4): 617-624.

史庆伟, 廖聪宇, 赵秦龙, 等, 2017. 云南油杉球果角胫象生物学特性调查研究[J]. 林业科技情报, 49(1): 21-27.

王崇云, 马绍宾, 吕军, 等, 2012. 中国油杉属植物的生态地理分布于系统演化[J]. 广西植物, 32(5): 612-616.

王绍鸿, 俞鸣同, 唐丽玉, 等, 2001. 福建深沪湾海底古森林遗迹分布区全新世自然环境演变[J]. 第四纪研究, 21(4): 352-358.

王伟铎, 罗友刚, 1999. 铁坚杉树种植苗造林技术初报[J]. 湖北林业科技, 4: 5-6.

威尔逊, 2022. 中国: 世界园林之母 一位博物学家在华西的旅行笔记[M]. 胡启明, 译. 北京: 北京大学出版社.

蔚培龙, 2011. 神奇古树——神农架千年杉王[J]. 花卉盆景 · 花卉园艺, 12: 28-29.

翁闲, 2004. 江南油杉育苗技术[J]. 林业实用技术, 2: 22-23.

翁闲, 2008. 福建江南油杉天然种群分布规律研究[J]. 福建林业科技, 35(4): 12-14, 28.

武春生, 曹诚一, 杨光, 1992. 云南油杉的害虫种类及其治理[J]. 西南林学院学报, 12(1): 70-76.

武建勇, 薛达元, 赵富伟, 2013. 欧美植物园引种中国植物遗传资源案例研究[J]. 资源科学, 35(7): 1499-1509.

谢伟玲, 2016. 黄枝油杉遗传多样性、种子萌发和光合特性研究[D]. 桂林: 广西师范大学.

邢付吉, 2002. 云南油杉"百日苗"培育及人工栽培技术[J]. 林业调查规划, 27(增刊): 116-117.

徐炜, 杨晓, 2005. 试论城市中心区古树景观的保护与再生[J]. 福建热作科技, 30(2): 40-43.

徐治平, 2013. 俯瞰碧海 睥睨云天——"走进八桂丛林"之十万大山[J]. 广西林业, 5: 36-39.

许永根, 何友根, 1991. 柔毛油杉扦插繁殖试验研究[J]. 湖南林业科技, 1: 11-13.

薛纪如, 火树华, 1981. 我国油杉一新种——旱地油杉[J]. 云南植物研究, 3(2): 249-250.

薛纪如, 1983. 云南油杉一新变种[J]. 植物分类学报, 21(3): 253.

杨家驹, 齐国凡, 徐瑞瑚, 等, 2003. 武汉市出土古木油杉的研究[J]. 林业科学, 39(1): 173-176.

杨淼淼, 何文广, 陈文荣, 等, 2020. 江南油杉优树种子表型性状的多样性分析[J]. 福建林业科技, 347(4): 18-30.

杨永, 王志恒, 徐晓婷, 2017. 世界裸子植物的分类和地理分布[M]. 上海: 上海科学技术出版社.

余孟杨, 2018. 5年生江南油杉优树子代生长差异分析与选择[J]. 广西林业科学, 47(2): 205-208.

张纪卯, 1999. 油杉不同苗木造林试验[J]. 福建林学院学报, 19(1): 73-76.

张璐颖, 康永武, 林智勇, 等, 2013. 峦大杉人工林生长规律研究[J]. 福建林业科技, 40(3): 8-13.

张烨, 韦铄星, 蒋燚, 等, 2016. 27年江南油杉人工林天然更新及其幼苗生长特征[J]. 广西林业科学, 45(3): 334-337.

赵明荣, 黄海飞, 2015, 蓑衣油杉苗木繁殖技术[J]. 云南林业, 1: 66.

郑万钧, 1978. 中国植物志: 第七卷[M]. 北京: 科学出版社.

郑万钧, 傅立国, 诚静容, 1975. 中国裸子植物[J]. 植物分类学报, 13(4): 56-89.

朱积余, 韦曾健, 丘小军, 1993. 油杉属树种人工造林的试验研究[J]. 林业科学, 29(1): 67-71.

左家哺, 1989. 中国油杉属分布型与植物区系分区关系的模糊分析[J]. 中南林学院学报, 9(2): 199-205.

LI L C, 1992. Karyotype analysis of *Abies forrestii* with a discussion on the evolutional position of Abies (Pinaceae) [J]. Guihaia., 12(4): 325-330.

FU L K, LI N, MILL R R, 1999. Pinaceae[M]//Flora of China: Vol. 4. Beijing: Science Press; St. Louis: Missouri Botanical Garden Press.

LIN J X, LIANG E U, FAJON A, 2000. The occurrence of vertical resin canals in *Keteleeria* with reference to its systematic position in Pinaceae[J]. Bot. J. Linn. Soc., 134: 567-574.

FLOUS F, 1936. Rkvision du genre Keteleerh[J]. Eavaux du

Laborahire Forestier de Toulouse T., 2, 4(1): 1-76.

SILBA J, 1990. A supplement to the international genus of the Coniferae, Ⅱ[J]. Phytologia, 68(1): 7-78.

SILBA J, 2000. Variation geographic et populations isole de les gymnospermes rarissime[J]. J. Int. Conifer Preserv. Soc., 7(1): 17-40.

SILBA J, 2008. *Keteleeria davidiana* (Bertrand) Beissn. subsp. *calcarea* (W. C. Cheng & L. K. Fu) Silba, *Keteleeria davidiana* (Bertrand) Beissn. subsp. *chien-peii* (Flous) Silba, *Keteleeria davidiana* (Bertrand) Beissn. subsp. *pubescens* (W. C. Cheng & L. K. Fu) Silba, *Keteleeria evelyniana* Mast. subsp. *hainanensis* (Chun & Tsiang) Silba [J]. Journal of the International Conifer Preservation Society, 15 (2): 48-49.

LI N, 1997. Notes on Gymnosperms I. taxonomic treatments of some Chinese conifers[J]. Novon, 7 (3): 261-264.

致谢

国家植物园（北园）马金双博士、中国科学院昆明植物研究所马永鹏博士在本文撰写过程中给予热情的帮助和中肯的建议，中国科学院昆明植物研究所龚洵研究员、昆明市金殿名胜区李若游女士拍摄了精美的照片，在此一并表示衷心的感谢。

作者简介

张嵘梅，女，云南昆明人（1983年生），2005年本科毕业于云南大学生命科学学院，2008年硕士毕业于中国科学院昆明植物研究所植物分类学专业。现就职于昆明市园林科学研究所，2016年获得园林高级工程师职称。主要研究方向为植物分类、风景园林和植物科普教育。邮箱：453826511@qq.com。

王祎晴，女，河南滑县人（1997年生），2018年本科毕业于华中农业大学，2021年硕士毕业于中国科学院昆明植物研究所。现在中国科学院昆明植物研究所攻读博士学位，主要研究方向为苏铁属植物的物种分化和遗传多样性。邮箱：wangyiqing@mail.kib.ac.cn。

任宗昕，男，云南丽江人（1982年生），2005年本科毕业于云南大学生命科学学院，2010年博士毕业于中国科学院昆明植物研究所植物学专业。现就职于中国科学院昆明植物研究所，2015年获得副研究员职称。主要研究方向为传粉生态学、进化生态学和保护生物学。邮箱：renzongxin@mail.kib.ac.cn。

园林之
China

-TWO-

中国松科云杉属

Picea of Pinaceae in China

欧阳芳群[1*] 王军辉[2] 孙 猛[1] 李菁博[1] 邓军育[1]

[[1]国家植物园（北园）；[2]中国林业科学研究院林业研究所]

OUYANG Fangqun[1*] WANG Junhui[2] SUN Meng[1] LI Jingbo[1] DENG Junyu[1]

[[1]China National Botanical Garden (North Garden); [2]Research Institute of Forestry Chinese Academy of Forestry]

* 邮箱：ouyangfangqun@chnbg.cn

摘　要：云杉属（*Picea*）属于松科（Pinaceae），共44种，广布于北半球，亚洲是其分布和分化中心；其中中国有16种6变种。云杉属世代周期长，基因组庞大，杂合度高，种间生殖隔离不完全，存在广泛的杂交渐渗。叶绿体基因组揭示种间质体重组和网状进化。本章主要从云杉属的分类、系统进化、中国云杉主要观赏树种、海内外引种、保育研究、观赏价值、繁殖技术、栽培技术、园林配置和食用菌等10个方面进行了介绍。

关键词：松科　云杉属　杂交渐渗　叶绿体基因组　引种

Abstract: *Picea* is in the Pinaceae, about 44 species widespread in the northern hemisphere with Asia as its distribution and differentiation center, and among them 16 species and 6 variants in China. Spruces have long generation cycles with large genomes and high heterozygosity. Reproductive isolation between species may be incomplete, leading to extensive introgression hybridization. Their chloroplast genomes reveal interspecific recombination and reticular evolution. The classification of *Picea*, phylogenetic evolution, Chinese species, their domestic and foreign introduction, conservation research, ornamental value, propagative technique, cultivation techniques, garden configuration and edible fungi are introduced.

Keywords: Pinaceae, *Picea*, Introgression hybridization, Chloroplast genome, Introduction

欧阳芳群，王军辉，孙猛，李菁博，邓军育，2023，第2章，中国松科云杉属；中国——二十一世纪的园林之母，第三卷：023-071页.

“云杉”一词的来历并不容易考证。中国古代大致将现代植物学的云杉属、冷杉属植物称作“枞”，如晋代郭璞注释《尔雅》：枞，音踪。松叶柏身。今大庙梁材用此木。《尸子》所谓松柏之属，不知堂密之有美枞[1]。明代《本草纲目》将常见的现代植物学的裸子植物范畴大致分为松、杉、柏3类[2]。但是没有“云杉”一词。在清代《植物名实图考》众多配图中并没有符合云杉属形态特征的。在17—19世纪的日本草木著作中都没有“云杉”一词。19世纪日本学者学习近代西方植物学编著的植物著作中将云杉类植物称为“针枞”。1918年出版我国最早的现代植物学著作《植物学大词典》仿照日本著作旧例将*Picea*译作“针枞属”。笔者查到“云杉”一词最早出现在1916年松村任三编著的《植物名录》，将“云杉”作为*Picea asperata*的中文名。1923年商务印书馆出版的《高等植物学》、1937年静生生物调查所出版的《中国植物图谱》、1937年陈嵘编著的《中国树木分类学》均使用“云杉属”，并一直沿用至今。

林奈（Carl Linne, 1707—1778）1753年出版植物分类学巨著*Species Plantarum*中尚未建立云杉属，他将常见的欧洲云杉（*Picea abies*）收录入松属（*Pinus*），命名为*Pinus abies* L.（Linnaeus, 1753）。在1803年出版的*A Description of the Genus Pinus*中收录有5种云杉类植物*Pinus abies*、*Pinus alba*、*Pinus nigra*、*Pinus rubra*、*Pinus orientalis*（Lambert, 1803；图1），均来自欧洲和美洲大陆，并没有来自中国云杉类植物。

直到1842年由德意志植物学家迪耶特里克（Albert Gottfried Dietrich, 1795—1856）正式命名为云杉属（*Picea*）。*Picea*源自拉丁语Pix，本意为树脂（金春星，1989）。1855年法国植物学家卡里埃（Elie-Abel Carrière, 1818—1896）编著的针叶树植物专著*Traité Général des Coniféres*共收录*Picea*属植物15种。其中，包括产自西伯利亚的新疆云杉（*Picea obovata*）和雪岭云杉（*Picea schrenkiana*），产自日本的鱼鳞云杉（*Picea jezoensis*）、兴安鱼鳞云杉（*Picea ajanensis*）、日本云杉（*Picea polita*），以及产自喜马拉雅山的*Pinus khutrow*，但是尚未接触到世界云杉属植物分布中心川滇地区的物种（Carrière, 1855）。

自19世纪中期开始，法国传教士兼职植物

1 郭璞注．尔雅郭注[M]第二册．嘉庆六年影宋刊本．[出版地不详]：当涂彭万程．1801（嘉庆六年）．日本京都大学藏．
2 李时珍著．本草纲目（点校本）[M]．北京：人民卫生出版社，1975: 1913—1924.

图1 *A Description of the Genus Pinus* 收录的5种云杉属植物（从左至右依次为*Pinus abies*、*Pinus alba*、*Pinus nigra*、*Pinus rubra*、*Pinus orientalis*; 引自 Lambert, 1803）

采集家谭卫道（Jean Pierre Armand David, 1826—1900）、法尔热（Paul Guillaume Farges, 1844—1912）和赖神甫（Jean Marie Delavay, 1834—1895）开始在我国四川、云南等地连续多年进行细致的动、植物采集工作，首次采集大熊猫（*Ailuropoda melanoleuca*）、珙桐（*Davidia involucrata*）等中国特有的珍稀生物，也首次采集麦吊云杉（*Picea brachytyla*）。以"第一个打开中国西部花园的人"著称的威尔逊（Ernest Henry Wilson, 1876—1930）在云杉属物种资源收集、命名方面成就最大。据杨永等统计：全球云杉属植物共44种，中国分布22种，有7种为中国特有（杨永 等，2017）。其中有11种2个变种的模式标本是20世纪初威尔逊在中国西部采集的（表1），包括常见的青杆（*Picea wilsonii*），属于珍稀濒危物种的大果青杆（*P. neoveitchii*）和油麦吊云杉（*P. brachytyla* var. *complanata*），因此在云杉属植物分类颇有建树的英国植物学家马斯特斯（Maxwell Tylden Masters, 1833—1907）以威尔逊的姓氏作种加词命名青杆，以纪念威尔逊在云杉属物种采集方面的卓越贡献。

表1 20世纪初威尔逊在中国西部采集云杉属（*Picea*）模式标本列表

中文名	拉丁学名	命名人	模式标本	模式产地
云杉	*Picea asperata*	Masters	E.H.Wilson 3025	四川松潘
白皮云杉	*Picea aurantiaca*	Masters	E.H.Wilson 3029	四川康定
油麦吊云杉	*Picea brachytyla* var. *complanata*	Masters	E.H.Wilson 3031	四川泸定
黄果云杉	*Picea hirtella*	Rehder & E.H.Wilson	E.H.Wilson 2084	四川灌县
川西云杉	*Picea balfouriana*	Rehder & E.H.Wilson	E.H.Wilson 2057	四川康定
白杆	*Picea meyeri*	Rehder & E.H.Wilson	F.N.Meyer 22672	山西五台山
康定云杉	*Picea montigena*	Masters	E.H.Wilson 3027	四川康定
大果青杆	*Picea neoveitchii*	Masters	E.H.Wilson 2601	湖北西部
紫果云杉	*Picea purpurea*	Masters	E.H.Wilson 3026	四川松潘
鳞皮云杉	*Picea retroflexa*	Masters	E.H.Wilson 3030	四川康定
青杆	*Picea wilsonii*	Masters	E.H.Wilson 1897	湖北房县
裂鳞云杉	*Picea asperata* var. *notabilis*	Rehder & E.H.Wilson	E.H.Wilson 2068	四川灌县
大果云杉	*Picea asperata* var. *ponderosa*	Rehder & E.H.Wilson	E.H.Wilson 4068	四川灌县

云杉属（*Picea*），常绿木本植物，松科（Pinaceae），与松属（*Pinus*）和银杉属（*Cathaya*）亲缘关系最近（图2，Christenhusz et al., 2011; Lin et al., 2010; Ouyang et al., 2019）。云杉属主要形态结构：树冠塔形，枝轮生，小枝上有明显叶枕，小枝基部有宿存芽鳞，针叶螺旋状着生，球果下垂，种鳞宿存。云杉属基因组庞大，欧洲云杉（*Picea abies*, 19.6 Gb）、白云杉（*P. glauca*, 20.8 Gb），杂合度高，有效群体大，世代周期长，种间生殖隔离不完全（Birol et al., 2013; Nystedt et al., 2013; Ouyang et al., 2019），使得云杉属物种之间尤其是近缘种之间存在大量的祖先共享多态性位点，因此其物种间的分化不是十分彻底。比如塞尔维亚云杉（*P. omonika*）是分布在欧洲的，而黑云杉（*P. mariana*）和红云杉（*P. rubens*）是分布在美洲的，但是它们之间很容易杂交（Ledig et al., 2004）。分布在欧洲的欧洲云杉和亚洲的青海云杉（*P. crassifolia*）、粗枝云杉（*P. asperata*）之间也很容易杂交（Ouyang et al., 2019）。基于细胞质DNA片段、核基因序列以及花粉性状的研究表明，紫果云杉（*P. purpurea*）起源于丽江云杉（*P. likiangensis*）和青杆的自然杂交，是裸子植物中稀有的同倍体杂交成种案例（孙永帅, 2012）。

该属在我国现代地理分布格局与冷杉属（*Abies*）很相似，川西、滇西北是该属物种最大多样性的所在地区，尤其在川西地区最为集中，达11种之多，台湾地区是分布南界（应俊生, 1989）。该属树种在我国从东北向西南倾斜分布，跨越亚热带季风气候、温带季风气候、温带大陆性气候和高山气候4个气候区，地理分布差异受气候因素影响显著（李贺 等, 2012）。研究表明，限制我国云杉属树种地理分布的主要气候因子为最暖季最高气温和月均昼夜气温差，而导致各树种存在地理分布差异的主要驱动因子为年均气温变幅和最冷月最低气温。热量是影响云杉属等寒温性植物地理分布格局形成的主要原因和差异来源，降

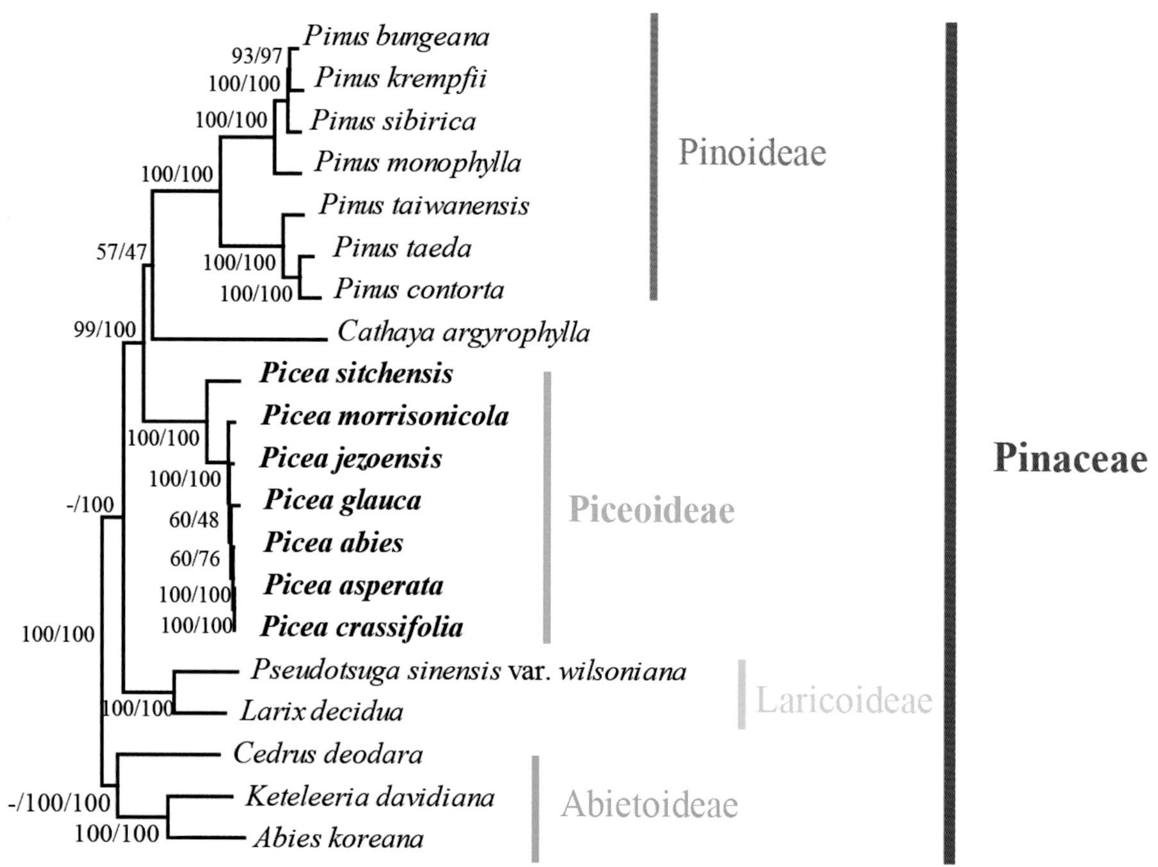

图2　20个松科叶绿体基因组的系统进化树（Ouyang et al., 2019）

水量在一定程度上只起到次要作用（张晓玮 等，2020）。

云杉属树种是北半球暗针叶林的主要组成部分，广布于北半球寒温带、温带高山和亚高山地区，常组成大面积纯林或与其他针叶树、阔叶树混生，组成全球最大的碳库，具有重要的生态价值和经济价值（中国森林编辑委员会，1997）。因其单位面积生长量高、材质优良、树形优美，已经成为了西欧、北欧、波罗的海沿岸、俄罗斯、加拿大等国家重要的用材树种和观赏树种（马常耕，1993）。

云杉还有着长寿的寓意，它虽然生长速度很慢，但生长能力很强，有着很长的寿命。2004年科学家在瑞典Fulufjallets国家公园进行树木普查时发现一株特别古老的云杉树，通过对其根部测定约9 500年树龄，可以说是全世界最古老长寿的树了，这棵树叫"欧洲云杉"，英文名字叫"Old Tjikko"，到现在还在不断地生长。云杉直立生长，具密生叶，象征步步高升、平步青云。是观赏园艺树种，其树形优美，绿化效果明显，尤其我国北方冬季花木凋零，唯有松柏树经受住严寒考验，四季常青。宋代释智圆的《寄石城行光长老》中"幽栖尘想绝，岩阁倚杉松。吟思禅中尽，霜髭病后浓。溪闲澄夜月，山静答秋钟。寂寞怀高趣，残阳独倚筇"中描写的"松"指的就是白杆云杉。"我闻松柏有本性，经春不荣冬不凋……凌空足有偃盖枝，讵无盘屈傲霜条……"就是清高宗皇帝乾隆冬季狩猎时赞赏云杉不畏严寒、傲然挺拔的精神。

1 云杉属系统分类

Picea A. Dietr., *Fl. Berlin* 1(2): 794, 19824. Type Species: *Picea rubra* A. Dietr.

全世界有44种云杉，广泛分布于亚洲、欧洲和北美洲。在欧亚大陆最北可达北纬72°，最南约达北纬22°；在北美西部分布于北纬24°~70°之间，在东部则分布于北纬35°~60°之间。我国是云杉属植物分布最多的国家，自然分布有22个种（杨永 等，2017）。大多数云杉属物种分布在低气温、高海拔的我国西部高山地区，如横断山、喜马拉雅山、天山、祁连山等，尤其分布在青藏高原和邻近的高山地区，是我国高山地区天然林的主要建群种和林线树种（中国科学院青藏高原综合科学考察队，1985；刘增力 等，2002）。台湾云杉（*P. morrisonicola*）仅分布在台湾，此分布范围是云杉属分布的最南界限，在此以南无论有无适应的地形地貌，都无云杉的分布（贾子瑞，2011）。我国云杉多数类群存在地理替代现象，例如青杆向西分布至甘肃、青海时逐渐被青海云杉所取代；向南分布时则被粗枝云杉所取代；林芝云杉（*P. likiangensis* var. *linzhiensis*）主要分布于我国西藏地区，在分布区北部3 500m以上地区则被川西云杉（*P. likiangensis* var. *rubescens*）所取代（中国森林编辑委员会，1997；刘增力 等，2002）。

最初，对云杉属内的分类研究仅仅基于形态学特征，经历了由针叶形态特征分类（Willkomm, 1887; Wright, 1955; Debazac, 1964; Gaussen, 1966; Pilger et al., 1960）过渡到生殖性状分类（Farjón, 1990）。1887年Willkomm以针叶形态特征将云杉属植物分为*Omorika*和*Eupicea*两个组；Liu（1982）根据球果鳞片形状、针叶形状和结构、枝条颜色等将云杉属分为2个亚属：鱼鳞云杉亚属（Subgen. *Omorika*）和云杉亚属（Subgen. *Picea*）。1990年，Farjón以球果性状（种鳞紧闭或者张开）作为第一分类性状，将云杉分为两个组：云杉组（Sect. *Picea*）和丽江云杉组（Sect. *Casicta*），云杉组种鳞紧闭，丽江云杉组种鳞张开。然后以针叶气孔线针叶菱形或扁平作为第二分类性状，将这2个组又各分成2个亚组，云杉组分为云杉亚组（Subsect. *Picea*）和麦吊云杉亚组（Subsect. *Omorikae*）。丽江云杉组分为锡加云杉亚组（Subsect. *Sitchensis*）和蓝云杉亚组（Subsect. *Pungentes*）（Farjón, 1990, 2010）。Schmidt（1989）也将云杉属划分为2亚属4组，分别为丽江云杉亚属（Subgen. *Casicta*）和云杉亚属。Farjón（1990, 2010）基本接受Schmidt的系统，只是将Schmidt系统中的亚属降级为组，组降为亚组。相对来讲，生殖性状不易受到环境的影响，因此以生殖性状作为分类学依据更为可靠。

近年来，通过扫描电镜观测云杉花粉形态，云杉属植物花粉均属于两气囊花粉，花粉体远极面与气囊过渡明显，形成帽檐。根据花粉体远极面表面纹理对云杉属14种植物进行分组：丽江云杉组和云杉组。丽江云杉组：体远极面纹理为大的、上下起伏的块状纹理，无颗粒状小球分布，包括丽江云杉和紫果云杉；云杉组：体远极面纹理为团块状凸起雕纹，有或无颗粒状小球分布，有黑云杉、塞尔维亚云杉、白云杉、青杄、红皮云杉、川西云杉、鳞皮云杉、粗枝云杉、青海云杉、白杄和欧洲云杉共12种（贾子瑞 等, 2014）。

研究发现分子系统学分类并不支持形态学分类，比如在Ran等（2006）的系统发育树上，最基部分支是北美的布鲁尔云杉（*P. breweriana*），随后是北美西部的北美云杉（*P. sitchensis*），其余种类构成3个分支。Lockwood等（2013）的分子系统学研究发现云杉属有3个主要分支，分支Ⅰ包括亚洲和欧洲的云杉，分支Ⅱ是源自北美的云杉，分支Ⅲ包括亚洲丽江云杉、紫果云杉、台湾云杉、青杄等11种云杉和北美的布鲁尔云杉。

《中国植物志》第七卷（郑万钧和傅立国，1978）分为3组，云杉组［白皮云杉（*P. aurantiaca*）、鳞皮云杉（*P. retroflexa*）等14种云杉］，丽江云杉组（丽江云杉和紫果云杉）和鱼鳞云杉组［鱼鳞云杉、长白鱼鳞云杉（*P. jezoensis* var. *komarovii*）、麦吊云杉和西藏云杉（*P. spinulosa*）］。*Flora of China*根据针叶横截面、气孔线分为两组，共介绍了*P. spinulosa*、*P. abies*等18种云杉（Fu and Li, 1999）。杨永等（2007）编写的《世界裸子植物的分类和地理分布》介绍云杉属44种，其中中国有22种，7种为中国特有，另有2种为引种栽培。这两本书都有欧洲云杉、粗枝云杉、麦吊云杉、青海云杉、缅甸云杉（*P. farreri*）、鱼鳞云杉、红皮云杉、丽江云杉、白杄、台湾云杉、大果青杄、新疆云杉、紫果云杉、雪岭云杉、长叶云杉（*P. smithiana*）、西藏云杉、青杄共17种。*P. torano*只在*Flora of China*里有，而《世界裸子植物的分类和地理分布》中没有提及该种。但书里还介绍了锡加云杉（*P. sitchensis*）、红云杉、鳞皮云杉、蓝云杉（*P. pungens*）、塞尔维亚云杉、东方云杉（*P. orientalis*）、虎尾云杉（*P. polita*）、大果云杉（*P. asperata* var. *ponderosa*）、科亚马云杉（*P. koyamae*）、林芝云杉、卢茨云杉（*P. lutzii*）、黑云杉、马氏云杉（*P. maximowiczii*）、墨西哥云杉（*P. mexicana*）、康定云杉（*P. montigena*）、裂鳞云杉（*P. asperata* var. *notabilis*）、芬兰云杉（*P. fennica*）、白云杉、萨哈林云杉（*P. glehnii*）、阿尔伯特云杉（*P. albertiana*）、阿礼国云杉（*P. alcoquiana*）［阿礼国云杉原变种（*P. alcoquiana* var. *alcoquiana*）、八岳云杉（*P. alcoquiana* var. *acicularis*）、赤石云杉（*P. alcoquiana* var. *reflexa*）］、白皮云杉、四川云杉（*P. austropanlanica*）、布鲁尔云杉、奇瓦瓦云杉（*P. chihuahuana*）、油麦吊云杉、恩氏云杉（*P. engelmannii*）。本书的编写参照最新的植物分类系统排列（Christenhusz et al., 2011）。

2 云杉属系统演化

云杉属起源于早白垩纪，经历了白垩-第三纪的灭绝事件和第四纪交替出现的冰期和间冰期，又经历了地球大陆板块的多次变迁，所以它有一个复杂的系统进化历程和迁移路线。云杉属的起源有东亚起源说（Wright, 1955; Nienstaedt and Teich, 1972）和北美起源说（Ledig et al., 2004）。北美起源说的证据是因该属最早的化石出现于美国东部和俄罗斯西伯利亚晚白垩世（中国科学院植物研究所，南京地质古生物研究所，1978; Florin, 1963），以及北美渐新世（Klymiuk and Stockey, 2012）。到了新近纪，该属化石普遍出现于欧洲、北美和日本等地（中国科学院北京植物研究所，南京地质古生物研究所，1978; Florin, 1963; 蒋雪彬 等，2000; Klymiuk and Stockey, 2012）。东亚起源说的证据是东亚是云杉属物种及形态多样性最高的地区。云杉属起源于亚洲也被一些古生物学的证据所支持。在我国的松辽盆地北部昌五地区发现了早白垩时期的拟云杉花粉化石（任延广 等，2003）。辽宁西部是我国中生代木化石最丰富的地区之一，尤其以侏罗-白垩纪最多。在辽宁省的西部发现了朝阳原始云杉型木（*Protopiceoxylon chaoyangense* Duan），时期是在侏罗-早白垩纪之间（段淑英，2000）。在辽宁抚顺发现古新世云杉化石（杜乃正，1982）。辽宁抚顺煤田是中外驰名的大型露天煤矿，在主煤层的下部，是一层厚达数十米的灰色凝灰岩层，包含着丰富的、大小不一的木化石，是一座火山灰掩埋的古森林残骸。鉴定内部结构发现，古森林包括松科的云杉，还有柏科（Cupressaceae）植物，当时这片森林生长在起伏不大的山地丘陵内，生态环境类似于我国现代四川、湖北一带的山区，距今约7 000万年的古新世。在云南金所煤矿褐煤中发现保存完好的中新世丽江云杉木化石（罗建蓉，2007）。

质体序列是植物系统研究及其进化的基石，早期是应用叶绿体基因片段（*trnC-trnD*、*trnT-trnF*）和线粒体基因片段（*nad5*）对云杉属种间进化关系进行研究（Ran et al., 2006）。北美西部的布鲁尔云杉和北美云杉位于最基部，其余的物种分为三支，其中第二支分为A和B两个亚支，北美物种的单倍型非常丰富，而欧亚的单倍型除了D和E没有其他的类型。北美的线粒体类型远远高于欧亚，所以结合叶绿体基因树和线粒体单倍型分布图，推测云杉属起源于北美（Ran et al., 2006）。Lockwood等（2013）认为云杉属起源于欧亚，而不是北美。贾子瑞通过花粉形态以及叶绿体DNA（cpDNA）和线粒体DNA（mtDNA）探讨云杉属的地理起源，发现云杉属最早起源于亚洲，它经历了两次独立的迁移。第一次，它的迁移路线是由亚洲到北美洲；时间可能发生在白垩-第三纪的大灭绝事件之前的白垩纪时期。第二次，它的迁移路线是由北美洲回迁到亚洲，再由亚洲到欧洲，时间可能发生在第三纪的中期（贾子瑞，2011）。

青藏高原支系，青藏高原及其周边地区是云杉属物种的一个次生分化中心，包括长叶云杉、雪岭云杉、西藏云杉、缅甸云杉、青杆、紫果云杉、丽江云杉和大果青杆。云杉属树种的进化史可能和青藏高原的隆升也存在着密切的联系。例如：丽江云杉复合体3个变种的物种形成可能与青藏高原在上新世的隆升紧密相关（Li et al., 2013）。此外，青藏高原的隆升和气候动荡可能导致物种发生了种群扩张回缩、种间发生基因流或者引起物种发生瓶颈效应（Meng, 2007）。利用819个对辐射分化的云杉属“青藏高原支系”物种进化历史进行了探讨，云杉属“青藏高原支系”的物种可能起源于亚洲的高纬度地区，随着青藏高原隆升带来的地理隔离和环境变化促进了云杉属在该地区发生辐射分化。研究还发现麦吊云杉和川西云杉的遗传组分复杂，可能为杂交起源（Shen et al., 2019）。

台湾云杉和青藏高原支系的物种亲缘关系近（Shao et al., 2019）。台湾云杉可能与青杆起源于一个共同祖先，台湾云杉是通过“祖先-派生”物种起源的方式从青杆分化而来的，大约是6.78个百万年，由于台湾岛与大陆的隔离分化而形成（邹嘉宾, 2016; Zou et al., 2013）。气候动荡和地貌变化是群体分化的驱动力，比如丽江云杉和青杆（Sun et al., 2014; Zou et al., 2013）；粗枝云杉和青海云杉（Bi et al., 2016）；丽江云杉和丽江云杉的两个变种林芝云杉和川西云杉（Li et al., 2013）。

同域分布的群体间杂交渐渗频繁，麦吊云杉的两个变种并非单系，二者之间形态上的相似很可能是基因渐渗的结果（Ru et al., 2016）；紫果云杉是丽江云杉和青杆杂交形成的同倍体杂交物种（Sun et al., 2014; Li et al., 2010）。同域分布的类群间存在广泛的线粒体基因渐渗（Ran et al., 2015），比如紫果云杉和丽江云杉（Du et al., 2011; Du et al., 2009）。研究表明，云杉属物种分化并非简单的二歧分化，而是在此过程中存在基因渐渗等导致的网状进化现象（封烁, 2016）。Sullivan等（2017）利用高通量测序技术分析了65份云杉属植物的质体基因组种间质体重组可能是系统发育不一致的原因。因此，种间高频基因流、双亲质体遗传和或不完全谱系筛选导致云杉属物种进化形成历史更加复杂。

云杉属物种的cpDNA是父系遗传，通过花粉传播物质；mtDNA是母系遗传，通过种子传播；核基因为双亲遗传，则通过花粉和种子来传播。3种基因组进化速率不同，其中核基因最快，叶绿体次之，线粒体最慢（Wolfe et al., 1987）。此外，3种基因组的基因流速度也不同，由于花粉的传播范围远远大于种子的传播范围，因此cpDNA的基因流速度明显大于mtDNA的基因流速度（Stine and Keathley, 1990）。3种基因组由于不同的遗传方式、不同的进化速率、不同的谱系筛选速率等，有可能得到不同的系统发育关系。相比于细胞器DNA，核基因具有更大的遗传变异，因此核基因能够更加详细地反映物种的群体动态变化历史（Hare, 2001）。基于核基因的种群遗传数据表明，紫果云杉的物种形成始于约130万年前最大冰期时，随后在75万年前更新世冰期出现了大规模的居群扩张（Sun et al., 2014）。在紫果云杉物种形成初期，一些杂交居群也可能产生了耐冬季低温相关的超亲性状，这些居群逐渐向青藏高原东北部高海拔低温区域扩张，随后在生态选择作用下与亲本种间逐步产生生态位分化。冬季低温和高土壤湿度是主导其与亲本种生态位分化的关键环境因子，紫果云杉现今占据了青藏高原东北部高纬度高海拔极端生境（王婧如 等, 2018）。假设未来气候变化与模型预测一致，气候变暖将有助于同倍体杂交物种紫果云杉分布范围的扩张，推测其在未来西部高山地区将发挥更高的经济价值和更重要的生态安全屏障作用（王婧如 等, 2018）。

Ran等（2010）评估了7个叶绿体基因片段（*matK*、*rbcL*、*rpoB*、*rpoC1*、*atpF-atpH*、*psbA-trnH*、*psbK-psbI*）来鉴定云杉，即便是把7个基因片段联合起来，在他们选取的34个云杉属物种中，也仅有18个（64.29%）能鉴定成功。究其原因，云杉属物种的叶绿体基因组进化速率比较慢，另外可能他们选取的这7个片段不是叶绿体基因组变异最大的片段。对云杉属65个树种或品种的叶绿体基因组分析发现，云杉叶绿体基因组平均长度121 885bp（±2 861bp），由5个较大的不重叠的scaffolds组成，包括了高度减少的两个反向重复序列和3个大的松科特异性重复序列（Sullivan et al., 2017）。云杉属树种的叶绿体基因组高度相似，在成对比较中平均97.9%的序列一致；基因也是保守的，包含了74个蛋白编码基因，36个tRNA基因和4个rRNA基因；在scaffolds中没有发现结构重排。基因*accD*、*chlN*和*ycf1*有Indels（Sullivan et al., 2017）。云杉叶绿体基因组序列多态性相对低（0.003），以长度为350bp滑窗筛选云杉叶绿体基因组高变区仅发现5个基因（*psbH*、*psbT*、*rpl23*、*ycf1*和*ycf2*）的多态性较高。其中，*ycf1*和*ycf2*两个基因变异最大，占所有编码序列多态性的57%（Sullivan et al., 2017)。

利用最大似然法基于65个云杉属树种的叶绿体基因组进行进化研究发现一共分为五大类：

①白云杉组“glauca”：北美恩氏云杉、白云杉和墨西哥云杉；②欧洲云杉组“abies”：欧洲云杉和亚洲东北类群为主（northeast Asian taxa）；③黑云杉组“mariana”：黑云杉和4个地理隔离分布的种（塞尔维亚云杉）、红云杉和鱼鳞云杉）；④丽江云杉组“likiangensis”：来自青藏高原和周围毗邻区的云杉种；⑤奇娃娃云杉组“chihuahuana”：代表该属的整个地理分布范围的多样化分枝。云杉属树种不同进化分支间存在渗透和重组形成嵌合叶绿体基因组，这或许能很好地解释早期基于叶绿体基因序列不一致的系统进化关系（Sullivan et al., 2017）。

粗枝云杉和青海云杉是我国特有的云杉属树种，属于同域物种，主要分布在青藏高原的东部，不过青海云杉的分布区更靠北，它不仅是我国西南和西北地区重要的造林树种，还是重要的生态

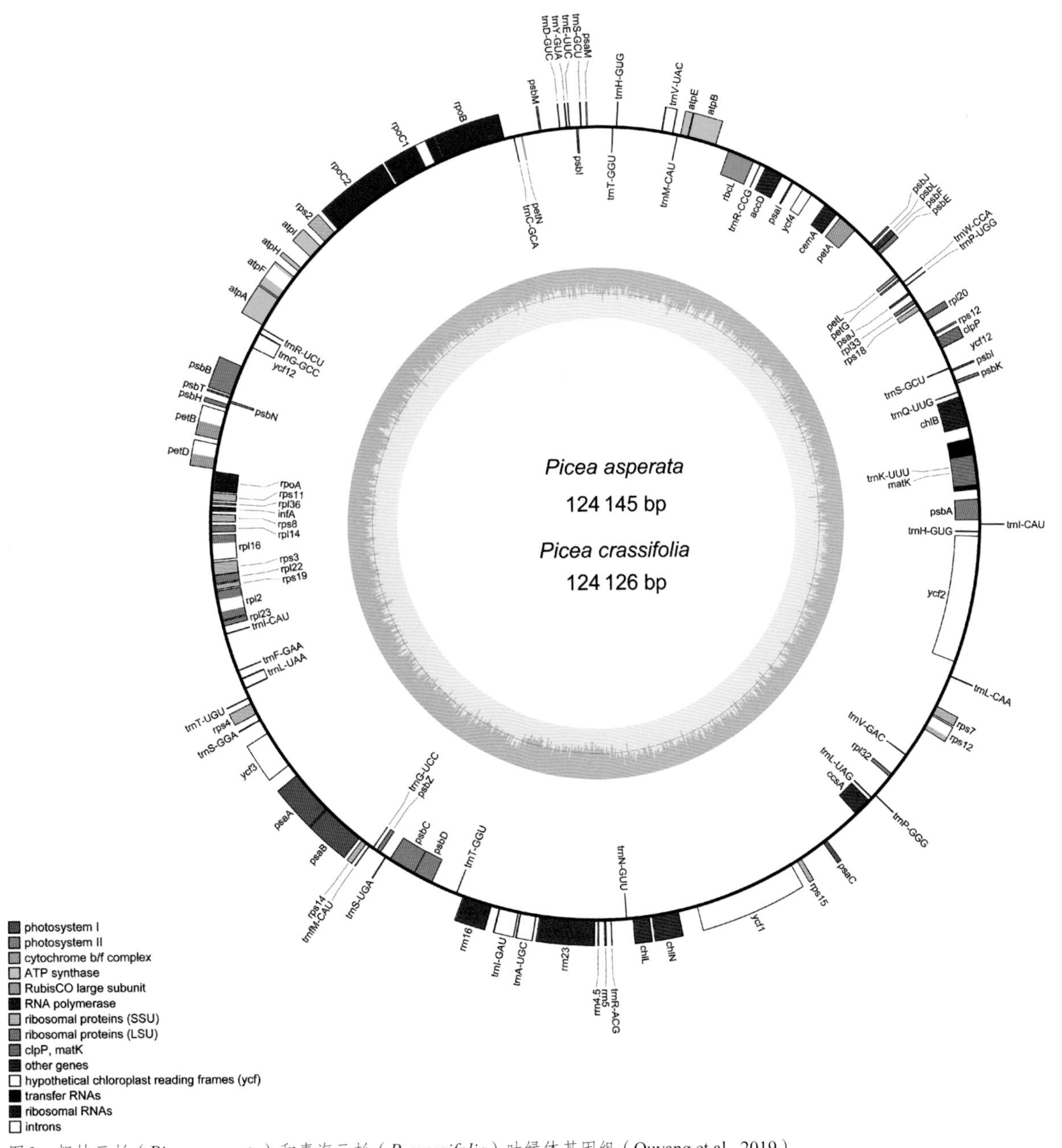

图3 粗枝云杉（*Picea asperata*）和青海云杉（*P. crassifolia*）叶绿体基因组（Ouyang et al., 2019）

树种。应用叶绿体DNA和核DNA研究表明，粗枝云杉和青海云杉具有很近的亲缘关系，然而线粒体DNA结果不然，欧洲云杉和它们的亲缘关系更近。和核基因组比较，质体组具有更低的突变率，更小的基因组和更小的有效群体。通过测定粗枝云杉和青海云杉的叶绿体基因组和已发表的欧洲云杉、台湾云杉等的叶绿体基因组进行比较分析，利用序列构建系统进化树来研究云杉及松科其他属树种的系统进化关系。

粗枝云杉叶绿体基因组124 145bp，青海云杉叶绿体基因组124 126bp，共有108个编码基因（图3）。通过对粗枝云杉、青海云杉、欧洲云杉和台湾云杉等的叶绿体基因组进行比较分析发现存在多个微结构变异，包括438个SNPs、95个indel、4个倒位和7个基因组高变区段（包括6个基因间区*psbJ-petA*、*trnT-psaM*、*trnS-trnD*、*trnL-rps4*、*psaC-ccsA*、*rps7-trnL*和1个编码基因*ycf1*）。利用最大似然法和简约法基于68个共有的质体基因、蛋白编码基因和保守基因将公共数据库的32个裸子植物物种分为5个主要的类群：①松科［松亚科（Pinoideae）、云杉亚科（Piceoideae）、落叶松亚科（Laricoideae）和冷杉亚科（Abietoideae）］；②南洋杉科（Araucariaceae）；③罗汉松科（Podocarpaceae）；④红豆杉科（Taxaceae）；⑤柏科（Cupressaceae）。各分支支持率大于90%，可靠性高。该研究成果为云杉属近缘物种、同域物种鉴定和关系研究提供了基础（Ouyang et al., 2019）。

3 中国云杉属主要观赏种类介绍

检索表

1. 叶四面的气孔线条数相等或近相等；横切面方形或菱形，高宽相等或宽大于高…………………………………………………………………………… 1 云杉组 Sect. *Picea*

  2. 小枝下垂，横切面高宽相等或宽大于高。

    3. 小枝基部的宿存芽鳞微反卷，芽鳞淡红褐色，微开展反卷，有树脂………………………………………………………………………… 1. 长叶云杉 *P. smithiana*

    3. 小枝基部的宿存芽鳞不反卷，芽鳞褐色，排列紧密，无树脂……………………………………………………………………………… 2. 雪岭云杉 *P. schrenkiana*

  2. 小枝不下垂。

    4. 横切面高大于宽(两侧扁)、四方形或扁菱形，小枝基部宿存芽鳞不反卷。

      5. 种鳞宽倒卵状五角形或斜方状卵形；芽鳞排列紧密，不开展……………………………………………………………………… 3. 大果青杆 *P. neoveitchii*

      5. 种鳞倒卵形。

        6. 芽鳞排列紧密，微开展，先端钝，少有树脂，球果中部种鳞先端圆………………

……………………………………………………………………… 4. 青杆 *P. wilsonii*

6. 冬芽芽鳞顶端不开展，球果中部种鳞先端凸起有细缺齿 ……………………………
……………………………………………………………… 5. 台湾云杉 *P. morrisonicola*

4. 横切面高宽相等或宽大于高，小枝基部宿存芽鳞通常反卷。

7. 针叶先端钝，冬芽微张开，无树脂 ………………………… 6. 青海云杉 *P. crassifolia*

7. 针叶先端尖，顶芽具树脂。

8. 冬芽的芽鳞不反卷。

9. 树皮灰褐色，2~3年生枝灰褐色；雄花绿色…………… 7. 粗枝云杉 *P. asperata*

9. 树皮深灰色，老枝渐变为灰色；雄花紫色 ………………… 8. 新疆云杉 *P. obovata*

8. 冬芽的芽鳞开展，反卷。

9. 针叶颜色蓝绿色 ……………………………………………………9. 白杄 *P. meyeri*

9. 针叶颜色绿色、墨绿色。

10. 树皮呈淡红褐色，1年生枝淡红褐色……………… 10. 红皮云杉 *P. koraiensis*

10. 树皮灰黑色，1年生枝全黄色或淡褐黄色………… 11. 鳞皮云杉 *P. retroflexa*

1. 叶四面的气孔线条数不相等或近相等；叶横切面扁平或菱形。

11. 叶横切面菱形，上（腹）面每边的气孔线条数较下（背）面多1倍 ……………………
…………………………………………………………… 2. 丽江云杉组 Sect. *Casicta*

12. 球果成熟前后种鳞不同色 ………………………………… 12. 丽江云杉 *P. likiangensis*

12. 球果成熟前后同色，呈紫黑色或淡红紫色，叶较短，先端钝 …………………………
……………………………………………………………………… 13. 紫果云杉 *P. purpurea*

11. 叶横切面扁平，上（腹）面有两条白粉气孔带，下（背）面无气孔线 …………………
……………………………………………………………3. 鱼鳞云杉组 Sect. *Omorika*

13. 冬芽圆锥形或卵状圆锥形，小枝不下垂，种鳞卵状椭圆形或菱状椭圆形 ……………
……………………………………………… 14. 鱼鳞云杉 *P. jezoensis* var. *microsperma*

13. 冬芽卵圆形或扁卵圆形，稀顶芽圆锥形；小枝下垂。

14. 球果种鳞近圆形 ………………………………………… 15. 西藏云杉 *P. spinulosa*

14. 球果种鳞倒卵形或斜方状倒卵形 …………………………16. 麦吊云杉 *P. brachytyla*

中国云杉属主要观赏种类介绍

1. 长叶云杉

Picea smithiana (Wall.) Boiss. FI. Orient. 5(2):700 (1884).

Pinus smithiana Wall., Pl. Asiat. Rar. 3: 24, Tab. 246 (1832); *Abies smithiana* (Wall.) Lindl., Penny Cyclop. 1:31 (1833). TYPE: India. *Himalayas,* Webb, Govan & Blinkworth *6063* (Lectotype: C; Khuraijam and Mazumdar, 2019).

识别特征：树皮呈暗灰色、淡褐色；1年生枝淡黄褐色，无毛；2~3年生枝灰褐色；基部宿存芽鳞开展反卷；冬芽圆锥形，芽鳞淡红褐色，开展反卷，有树脂；针叶刚长出时黄绿色，木质化后深绿色，辐射状排列，细长，直或微弯，先端渐尖，四面有白色气孔线；横切面菱形或微扁，1个树脂道；球果圆柱形，熟前绿色略带紫红色，熟后深褐色（图4）。

地理分布：分布在中国西藏南部吉隆等地，生长于海拔2 300~3 600m的地区。

图4　长叶云杉（A：整株；B：枝条；C：雌花；D：树干；E：雄花）（欧阳芳群、单增罗布 摄）

2. 雪岭云杉

Picea schrenkiana Fisch. & C.A.Mey., Bull. Sci. Acad. Imp. Sci. Saint-Pétersbourg 10:253, 1842. TYPE: Kazakhstan. *Dzhungarskiy Alatau, Songaria, Cljekirgo Pass, A.G. von Schrenk s. n.* (Lectotype: LE).

识别特征：树皮呈灰色，1年生枝淡褐黄色，2~3年生枝灰色；基部宿存芽鳞紧贴不反卷；冬芽宽圆锥形或圆球形，芽鳞褐色，排列紧密，无树脂；针叶绿色，近辐射状排列，直或微弯，先端渐尖，四面有气孔线（图5）；横切面菱形或微扁，1个树脂道；球果卵状矩圆形或圆柱形，熟前红褐色或黑紫色，熟后种鳞呈黄褐色。

地理分布：我国新疆天山地区有广泛的分布。雪岭云杉是第三纪森林植物的孑遗物种，是中亚山地的特有树种，分布于准噶尔阿拉套和中亚山地。

哈萨克斯坦的水下森林讲的就是雪岭云杉。哈萨克斯坦的水下森林——凯恩帝湖（Lake Kaindy）位于阿拉木图东南约129km，长400m，最大深度30m，海拔2 000m，是1911年Kebin地震造成山体滑坡而形成。雪岭云杉被淹没，水面之上露出光秃秃的树干。

3. 大果青杄

Picea neoveitchii Mast., Gard. Chron. Ser. 3, 33: 116, 1903. TYPE: China. Occident, W. Hupeh, ad alt. 5,520 ped; *E.H.Wilson 2601* (Holotype: BM).

识别特征：树皮灰色，裂成鳞状块片脱落；1年生枝较粗，淡黄、淡黄褐或微带褐色，无毛，基部宿存芽鳞不反卷；冬芽圆锥状卵圆形，紫褐色，具树脂，芽鳞排列紧密，不开展；针叶深绿色，微弯曲，四面有气孔线，先端渐尖；球果长圆状圆柱形或卵状圆柱形，熟前绿色，有树脂，熟时淡褐色或褐色，间或带黄绿色（图6）。

地理分布：我国特有树种，国家二级保护野生植物，产于湖北西部、陕西南部、甘肃天水及白龙江流域。

图5 雪岭云杉（A：整株；B：雪岭云杉林；C：顶芽）（A、B：王涛 摄；C：王美琴 摄）

图6 大果青杆（A：整株；B：枝条；C：树干；D：枝条）（高本望、鲜小军 摄）

4. 青杆

Picea wilsonii Mast., Gard. Chron. Ser. 3, 33:133, t. 56, 1903. TYPE: China. Hupeh, Fang, *E.H.Wilson, 1897* (Type: BM).

识别特征：树皮灰色或暗灰色，小枝基部宿存芽鳞紧贴，不开展。冬芽圆锥形，芽鳞微开展，先端钝，少有树脂。针叶绿，近辐射排列，直展，先端渐尖，横切面四棱形或扁菱形，1～2个树脂道。雄球花熟前绿色，熟后黄色，雌球花紫红色。球果卵状圆柱形，中部种鳞先端圆，熟前淡紫红色，熟时黄褐色或淡褐色，有树脂（图7）。

地理分布：我国特有树种，产于内蒙古、河北、山西、陕西、湖北、甘肃、青海、四川，海拔1 600～2 800m地带。

5. 台湾云杉

Picea morrisonicola Hayata, J. Coll. Sci. lmp. Univ. Tokyo 25 (19): 220, 1908. TYPE: China. Taiwan, Nanton, Chia-I Pref., Mt. Morrison [Yu-shan], *T. Kawakami et U. Mori. 2108* (Lectotype: TI).

识别特征：树皮灰褐色，小枝基部宿存芽鳞紧贴，不反卷。冬芽卵圆形，冬芽芽鳞顶端不开展。主枝之叶近辐射伸展，侧枝上面之叶直上伸展，两侧及下面之叶弯伸，针叶四棱状条形，常直伸或微弯，先端微渐尖，无明显的短尖头，横切面菱形，四面有气孔线。球果矩圆状圆柱形或卵状圆柱形，熟时褐色，稀微带紫色（图8）。

地理分布：我国台湾特有树种，产于中央山脉海拔2 500～3 000m地带（21° 55′ ～25° 8′ N）。

图7　青杆（A：整株；B：树干；C：顶芽；D：球果和种子）（夏梓绮、欧阳芳群 摄）

图8　台湾云杉（A：整株；B：枝条；C：雄花；D：球果）（引自 http://kplant.biodiv.tw/,Accessed 2023-09-07）

6. 青海云杉

Picea crassifolia Kom., Bot. Mater. Gerb. Glavn. Bot. Sada R.S.F.S.R. 4:177, 1923. TYPE: China. 14/26 Febr. 1800, declivitas meridionalis jugi a lacu Kuku-nor meridiem versus siti, in trajectu a monasterio Dulanchit versus Dabassun-gobi, 11-12,000', arbor 40-70 ped. alt. et 1 ped. crassa, fruct., *N. M. Przewalski s. n.;* 17 majo 1895, in montibus Karagaj-ula, 11-14,000', 37 lat. et 98,40' lg., non procul a loco praecedente; silvam effortmat, ster. *P.K.Kozlov* (Expeditio W.I.Roborowski) *s. n.* (Syntypes: LE).

识别特征：树皮灰色，裂成不规则鳞皮块状；当年生枝木质化后阳面橙黄色、红褐色；2年生枝基部宿存芽鳞反卷；冬芽微开张，宽圆锥形，无树脂；针叶微弯，先端钝，针叶刚长出时黄绿色，边缘有紫红色，秋季蓝绿色、蓝色；针叶四面有粉白色气孔线，横切面四菱形，有0～1个树脂道；球果圆锥状圆柱形或长圆状圆柱形，熟时红褐色（图9）。

地理分布：我国特有树种，分布于祁连山区、青海、甘肃、宁夏、内蒙古等地。适中地区是青海与甘肃接壤的祁连山山地，属于青藏高原的东北边缘地带。

7. 粗枝云杉

Picea asperata Mast., J. Linn. Soc. Bot. 37(262): 419-420, 1906. TYPE: China occident., prope Tibetam

图9　青海云杉（A：整株；B：树干；C：顶芽；D：球果）（A、B、D：祁生秀 摄；C：王美琴 摄）

in silvis prope Sung Pan, alt. 6 000 ~ 11 000 ped. *E.H.Wilson 3025* (Holotype: BM).

Picea asperata var. ***notabilis*** Rehder & E.H. Wilson, Pl. Wilson 2(1): 23. 1916. TYPE: China, Western Szech'uan, West of Kuan Hsien, Pan-lan-shan, forests alt. 2 600 ~ 3 800 m, June 1908, *E.H.Wilson 2068* (Typus: A).

Picea asperata var. ***ponderosa*** Rehder & E.H.Wilson, Pl. Wilson 2(1): 23. 1916. TYPE: China, Western Szech'uan, West of Kuan Hsien, Pan-lan-shan, forests alt. 3 000 ~ 3 300m, October 1910, *E.H.Wilson 4068* (Typus: A).

识别特征：树皮灰褐色，2~3年生枝灰褐色，具短柔毛或无毛，基部宿存芽鳞反卷；冬芽圆锥形，芽鳞反卷，有树脂；针叶刚长出时绿色或绿色伴有紫红色，成熟时绿色、蓝绿色；针叶直或微弯，先端微尖，四面有粉白色气孔线，横切面四菱形，1~2个树脂道；雄花绿色；球果卵状长椭圆形，熟前紫红色，熟时栗褐色（图10）。

地理分布：我国特有树种，分布于甘肃、陕西、青海、宁夏和四川。

8. 新疆云杉

别名：西伯利亚云杉。

Picea obovata Ledeb., Fl. Altaic. 4: 201, 1833.

图10　粗枝云杉（A：整株；B：枝条；C：雌花；D：球果）（A：马金双 摄；B、D：陈小红 摄；C：欧阳 摄）

TYPE: Russia. Altai Mts., *C.F. von Ledebour et al. s. n.* (Holotype: LE).

识别特征：树皮深灰色，1～3年生枝黄色或淡褐黄色，有较密的腺头短毛；老枝渐变为灰色，小枝基部宿存芽鳞的先端微卷。冬芽圆锥形，有树脂，淡褐黄色，芽鳞排列较密，小枝上面之叶向前伸展，小枝下面及两侧的叶向上弯伸，四棱状条形，先端有急尖的短尖头，横切面四棱形或扁菱形。雄花紫色。球果卵状圆柱形或圆柱状矩圆形，幼时紫色或黑紫色，稀呈绿色，熟前黄绿色常带紫色，熟时褐色（图11、图12）。

地理分布：分布于新疆阿尔泰山西北部及东南部海拔1 200～1 800m、弱灰化灰色森林土地带。俄罗斯和远东地区、蒙古也有分布。

9. 白杄

Picea meyeri Rehder & E.H.Wilson, C.S.Sargent (ed), Pl. Wilson. 2: 28, 1914. TYPE: China. Shanxi, Wutai Shan, temple of "Tchai-ling-lse", *F.N.Meyer 22672* (Holotype: A).

识别特征：树皮灰褐色，小枝基部宿存芽鳞反卷；冬芽圆锥形，黄褐色或褐色，微有树脂，芽鳞反卷；针叶绿色、蓝绿色，针叶微弯，先端钝尖或钝，四面有粉白色气孔线，针叶横切面四菱形，0～1个树脂道；球果圆柱形，幼果紫色，熟前绿色，熟时褐黄色。白杄球果中部种鳞先端有细缺齿（图13）。

地理分布：我国特有树种，产于山西、河北、内蒙古，北京庭园多有栽培。

9a. 沙地云杉（白杄变种）

Picea meyeri* var. *mongolica Bulletin of Botanical Research, Harbin 6(2): 153. 1986. Type: China: Nei Monggol: Baiyinaobao, 1 300m, 8 Dec.

图11 新疆云杉（A：整株；B：雄花；C：雌花；D：球果；E：树干）（鲜小军 摄）

图12 新疆云杉（新疆可可托海国家地质公园，张玉钧 提供）

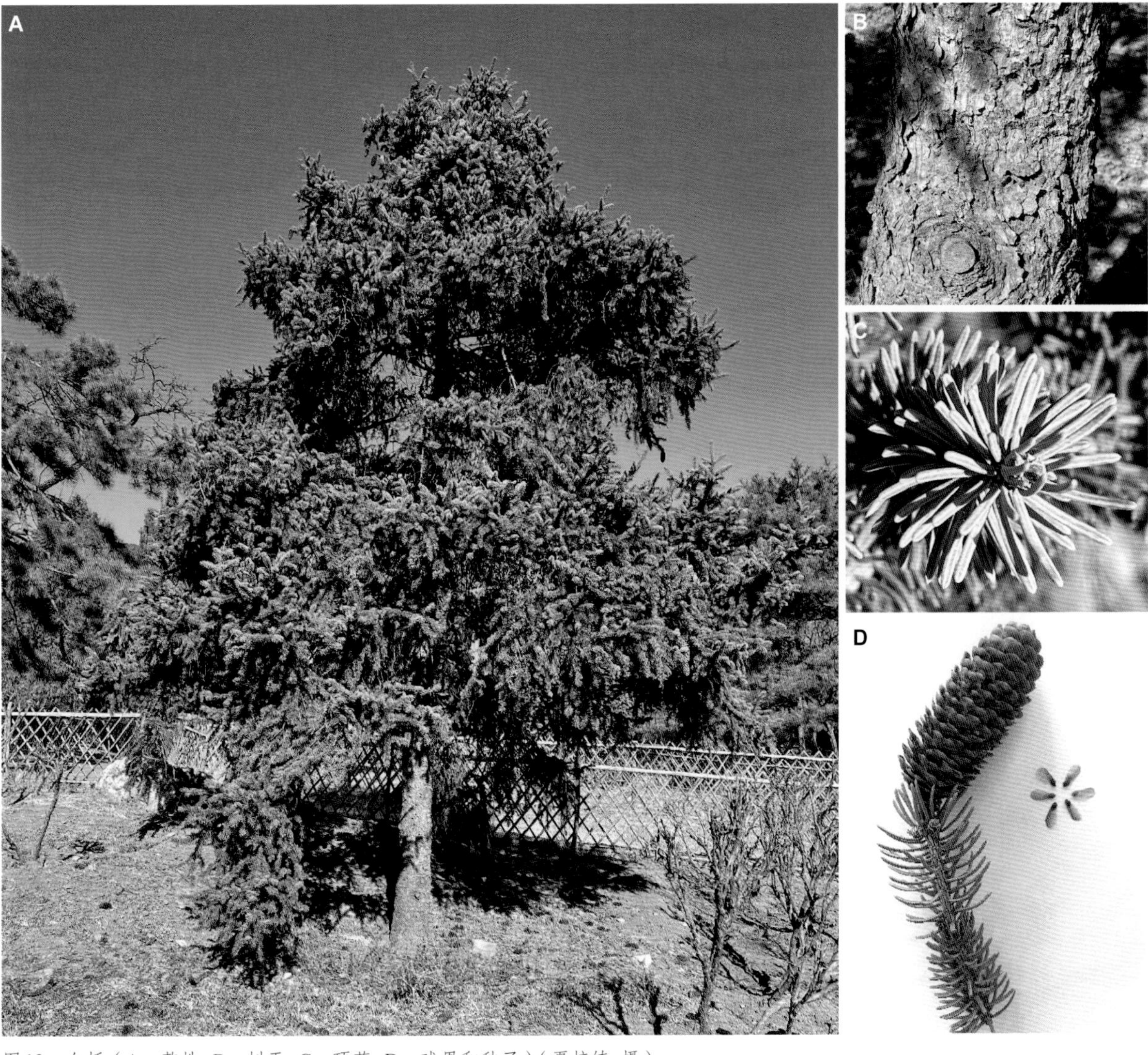

图13　白杄（A：整株；B：树干；C：顶芽；D：球果和种子）（夏梓绮 摄）

1984, *H.Q.Wu 84059* (Holotype: NEFI).

Picea mongolica (H.Q.Wu.) W.D.Xu. Bull. Bot. Res., Harbin 14(1): 59-68, 1994.

识别特征：树皮灰褐色，小枝基部宿存芽鳞开展、反卷；冬芽宽圆锥形，芽鳞深褐色，排列紧密，无树脂；针叶蓝绿色，近辐射状排列，直或微弯，先端渐尖，四面有白色气孔线，横切面菱形；球果卵状矩圆形或圆柱形，熟前红褐色或黑紫色，熟后黄褐色（图14）。

地理分布：沙地云杉原始林在世界上仅分布于内蒙古森林草原的西线南端与浑善达克沙地东缘之间的白音敖包和白音锡勒，分布范围较为狭窄（43° 30′ ~ 43° 36′ N, 117° 06′ ~ 117° 16′ E），形成了我国罕见的沙地森林草原（黄三祥, 2004）。

对于沙地云杉是不是一个独立的种，仍有不同的看法，比如《中国植物志》和*Flora of China*认为沙地云杉是白杄的变种（郑万钧和傅立国, 1978; Fu et al., 1999）。利用基因组原位杂交技术（GISH），用白杄和红皮云杉基因组DNA分别作探针与沙地云杉中期染色体进行杂交，分析3种云杉的亲缘关系，研究认为沙地云杉与白杄的亲缘关系较近，而与红皮云杉较远，首次阐明沙地云杉不是起源于白杄和红皮云杉的种间杂交（段国珍 等, 2108）。应用随机扩增多态性DNA（RAPD）技术对内蒙古沙地云杉、红皮云杉、白杄种群的遗传多样性研究分析发现，3种云杉聚为三大类，沙地云杉与白杄的亲缘关系较之与红皮云杉近，支持将沙地云杉划分为独立种（蔡萍 等, 2009）。

图14　沙地云杉（A：整株；B：针叶；C：枝条；D：树干）（A：王福德 摄，B、C、D：欧阳 摄）

10. 红皮云杉

Picea koraiensis Nakai, Bol. Mag. (Tokyo) 33: 195, 1919. TYPE: Korea, *V. Komarov 82* (syntypes: LE)., *T. Nakai s. n.* (Syntypes: Tl).

识别特征：树皮呈灰褐色或淡红褐色，小枝基部宿存芽鳞反卷；冬芽圆锥形，淡红褐色，微有树脂，芽鳞微开展，微反卷；针叶四棱状条形，近辐射状排列，针叶颜色绿、墨绿，先端突尖、微尖，针叶四面有气孔线，微有白粉，横切面四菱形，有1～2个树脂道；球果卵状圆柱形或长卵状圆柱形，熟前绿色、紫红色，熟时黄褐色（图15）。

地理分布：分布于我国东北大兴安岭、小兴安岭、吉林山区、长白山区、辽宁和内蒙古山区。朝鲜北部及俄罗斯远东山区也有分布。

11. 鳞皮云杉

Picea retroflexa Mast., The Journal of the Linnean Society. Botany., 37 (262): 420, 1906. TYPE: China. West Szechuan, ubi vulgaris prope Ta-chien-lu. *E.H.Wilson 3030* (Holotype: A).

识别特征：树皮灰黑色，1年生枝刚长出时黄绿色，木质化后黄褐色；2～3年生枝渐变灰色，

图15 红皮云杉（A：整株；B：雌花；C：顶芽；D：球果）（A、B：肇谡 摄；C、D：王美琴 摄）

小枝密生短柔毛，基部宿存芽鳞反卷；冬芽长圆锥形，芽鳞黄褐色，芽鳞开展，微有树脂；针叶绿色，近辐射状排列，直展或微弯，先端锐尖、渐尖，四面有粉白色气孔线，横切面四菱形，1~2个树脂道；球果圆柱状或圆柱状椭圆形，幼时紫红色，熟时褐色或淡褐色（图16）。

地理分布：我国特有树种，产于四川和青海东南部。

12. 丽江云杉

Picea likiangensis (Franch.) E. Pritz., Bot. Jahrb. Syst. 29: 217, 1900.

Abies likiangensis Franch., J. Bot. (Morot) 13: 257, 1899. TYPE: China. Yunnan, Likiang, *P.J.M. Delavay 1031* (Holotype: P).

识别特征：树皮呈暗褐灰色，浅裂；小枝基部宿存芽鳞紧贴不反卷；冬芽宽圆锥形或圆球形，芽鳞褐色，排列紧密，有树脂；针叶绿色、蓝绿色，近辐射状排列，直或微弯，先端突尖，上（腹）面每边有白色气孔线，下（背）面每边有不完整气孔线，稀无气孔线；横切面菱形或微扁，1个树脂道；球果卵状矩圆形或圆柱形，熟前红褐色或黑紫色，熟后黄褐色（图17）。

地理分布：我国特有树种，产于云南西北部、四川西南部，海拔2 500~3 800m。

图16 鳞皮云杉（A：整体；B：冬芽；C：新梢；D：球果；E：树皮）（A：国家植物园 摄；B、E：王美琴 摄；C、D：欧阳 摄）

12a. 林芝云杉（丽江云杉变种）

Picea likiangensis var. ***linzhiensis*** Cheng & L.K.Fu, Acta Phytotax. Sin. 13(4): 83, 1975. TYPE: China. Xizang, Linzhi, *G.X.Fu 676* (Holotype: PE).

Picea linzhiensis (Cheng & L.K.Fu) Rushforth, Int. Dendrol. Soc. Year Book 2007:48, 2008.

识别特征：树皮呈暗褐灰色，裂成不规则的薄片；1年生枝黄褐色，2～3年生枝灰色；基部宿存芽鳞开展反卷；冬芽卵状圆锥形，芽鳞褐色，排列紧密，开展反卷，有树脂；针叶绿色，近辐射状排列，直或微弯，先端突尖（与西藏云杉很像），背面两面有白色气孔线，正面无或个别的叶有1～2条不完全的气孔线；横切面菱形或微扁，0～2个树脂道；球果卵状矩圆形或圆柱形，熟前紫红色，熟后黄褐色（图18）。

地理分布：产于西藏东南部、云南西北部、四川西南部海拔2 900～3 700m地带。

12b. 川西云杉（丽江云杉变种）

Picea likiangensis var. ***rubescens*** Rehder & E.H. Wilson, C.S.Sargent, PI. Wilson. 2(1):31-32, 1916.

图17　丽江云杉（A：整株；B：树干；C：球果；D：雌花；E：雄花）（A：林秦文 摄；B、C：王美琴 摄；D、E：欧阳 摄）

图18　林芝云杉（A：整株；B：雌花；C：雄花；D：枝条与顶芽；E：树干）（A、E：单增罗布 摄；B、C：欧阳 摄；D：王美琴 摄）

图19 川西云杉（A：整株；B：树干；C：球果；D：主干顶芽；E：侧枝）（A、C：陈小红 摄；B、D：王美琴 摄；E：欧阳 摄）

TYPE: China. Szechuan, Tachienlu & neighbourhood, *E.H.Wiloson 2057* (Isotype:A).

识别特征：树皮呈灰褐色，裂成不规则的块片；1年生枝黄褐色，2~3年生枝灰色或微带黄色；基部宿存芽鳞反卷；冬芽圆锥形，芽鳞黄褐色，反卷，有树脂；针叶绿色，近辐射状排列，直或微弯，先端锐尖，叶上面有白色气孔线，叶下面每边常有3~4条完整或不完整的气孔线；横切面菱形或微扁，1~2个树脂道；球果卵状矩圆形或圆柱形，熟前紫红色；熟后黄褐色。本变种与丽江云杉的区别是1年生枝通常较粗，有密毛；球果通常较小，长4~9cm（图19）。

地理分布：产于四川西部和西南部、青海南部、西藏东部，海拔3 000~4 100m。

12c. 黄果云杉（丽江云杉变种）

Picea likiangensis var. ***hirtella*** (Rehder & E.H.Wilson) Cheng ex Chen, Taxon. Chin. Trees 40, 1937.

Picea hirtella Rehder & E.H.Wilson, C.S.Sargent (ed.), Pl. Wilson., 2: 32, 1916. TYPE: China. West of Kuan Hsien, Panlan Shan, *E.H.Wilson 2084* (Type: A).

识别特征：树皮呈灰褐色，深裂成薄片；1年生枝灰黄褐色，2~3年生枝灰色或微带黄色；基部宿存芽鳞紧贴不反卷；冬芽宽圆锥形或圆球形，芽鳞黄褐色，排列紧密，有树脂；针叶绿色、蓝绿色，近辐射状排列，直或微弯，先端突尖，四面有白色气孔线；横切面菱形或微扁，1个树脂道；球果卵状矩圆形或圆柱形，球果熟前绿黄色或黄色，熟时褐色（图20）。

地理分布：产于四川西部、西藏东部海拔3 000~4 000m地带。

13. 紫果云杉

Picea purpurea Mast., Journal of the Linnean Society. Botany, 37(262): 418, 1906. TYPE: China. Szechuan, Min River, Sung Pan, silvis ad Sung Pan prope Tibetam, *E.H.Wilson 3026* (Holotype: BM).

识别特征：树皮灰褐色，裂成不规则较薄的鳞状块片；小枝有密生柔毛，1年生枝淡褐黄色，2~3年生枝黄灰色或灰色；冬芽灰褐色，圆锥形，有树脂，芽鳞排列紧密，小枝基部宿存芽鳞的先端不反卷；针叶直，先端锐尖、渐尖，四面有白粉气

图20 黄果云杉（A：整株；B：新枝；C：树干；D：顶芽；E：雄花）（A：朱鑫鑫 摄；B、E：欧阳芳群 摄；C、D：王美琴 摄）

图21 紫果云杉（A：整株；B：枝条；D：球果）（A：徐晔春 摄；B、C：陈小红 摄）

孔线，横切面扁菱形，1个树脂道；球果圆柱状卵圆形或椭圆形，成熟前后同色，呈紫黑色或淡红紫色；种鳞排列疏松，中部种鳞斜方状卵形，边缘有细缺齿。花期4月，球果10月成熟（图21）。

地理分布：我国特有树种，产于四川、甘肃和青海。

14. 鱼鳞云杉

Picea jezoensis (Siebold & Zuccarini) Carriére, Trait Gén. Conif. 255.1855.

Abies jezoensis Siebold & Zuccarini, Fl. Jap. 2:19. 1842. TYPE: Japan. Jezo, Ex insula Jezo, *P F von Siebold, s.n.* (Lectotype: L0050745).

识别特征：幼树树皮暗褐色，老则呈灰色；1年生枝淡黄褐色，无毛或具疏生短毛，微有光泽，2～3年生枝微带灰色；小枝基部宿存芽鳞的先端反卷或开展。冬芽圆锥形，淡褐色、褐色，有树脂，芽鳞排列较疏松，通常向外开展或微反卷；针叶覆瓦状排列，微弯，先端微钝，上面有2条白粉气孔带，下面光绿色，无气孔（图22）；球果矩圆状圆柱形或长卵圆形，成熟前绿色，熟时褐色或淡黄褐色。

地理分布：在我国分布于黑龙江、吉林、内蒙古。俄罗斯（远东地区）、日本和韩国也有分布。

14a. 长白鱼鳞云杉（鱼鳞云杉变种）

Picea jezoensis var. ***komarovii*** (V.N.Vassil.) W.C.Cheng & L.K.Fu, Fl. Reipubl. Popularis Sin. 7: 161, 1978.

Picea komarovii V.N.*Vassil*., Botanicheskii Zhurnal (Moscow & Leningrad) 35(5): 504, f. 5, 7. 1950. TYPE: Manshuria. Ad trajectum Loc-Lin inter Jaludzian et Chundzian. 8 (21) Ⅺ 1897, legit *V.L.Komarov* (LE).

识别特征：与鱼鳞云杉的区别在于1年生枝黄色或淡黄色，间或微带淡褐色，无毛，球果较短，长3～4cm，中部果鳞菱状卵形（图23）。

地理分布：产于吉林东部及南部山区海拔600～1 800m，气候温寒、凉润、山地灰化土或棕色森林土地带。

15. 西藏云杉

Picea spinulosa (Griff.) A. Henry, Gard. Chron., Ⅲ, 39:219, 1906.

Abies spinulosa Griff., J. Trav. 259, 265, 1847; *Pinus spinulosa* (Griff.) Griff., Not. Pl. Asiat. 4:17, 1854. TYPE: Indian. Sikkim, Lachen River, Lachen, 1849, *J.D.Hooker s. n.* (Neotype: K; Designated by Farjón 2010).

识别特征：树皮呈褐灰色，裂成鳞状裂片；1年生枝淡褐黄色，无毛，2～3年生枝灰色；基部宿存芽鳞紧贴不反卷；冬芽卵圆形，芽鳞褐色，排列紧密，无树脂；针叶刚长出时黄绿色，成熟后绿色，近辐射状排列，直或微弯，先端突尖，

图22　鱼鳞云杉（A：整株；B：枝条）（周洪义 摄）

图23 长白鱼鳞云杉（A：整株；B：树干；C：球果；D：枝条）（A：周繇 摄；B：周欣欣 摄；C：陈彬 摄；D：李攀 摄）

四面有白色气孔线；横切面菱形；球果矩圆状圆柱形或圆柱形，具树脂，熟前紫色，熟后褐色（图24）。

地理分布：产于西藏南部海拔2 900～3 600m地带。不丹、印度、尼泊尔也有分布。

16. 麦吊云杉

又名麦吊杉、垂枝云杉。

Picea brachytyla (Franch.) E. Pritz., Bot. Jahrb. Syst. 29:216, 1900.

Abies brachytyla Franch., J. Bot. (Morto) 13:258, 1889. TYPE: China. Szechuan, *P. Farges 806*; Yunnan, *P.J.M. Delavay 4129* (Syntypes: P).

识别特征：树皮灰褐色，不规则厚片裂固着干上；大枝平展，小枝纤细下垂，黄褐色。小枝基部宿存芽鳞紧贴，不开展。冬芽卵圆形及卵状圆锥形，芽鳞排列紧密，褐色，先端钝；针叶亮绿色，上面两边有气孔线，下面无；球果矩圆形或圆柱形，熟前绿色，熟时褐色带紫（图25）。

地理分布：我国特有树种，产于湖北、陕西、四川、甘肃，生于海拔1 500～2 900m地带。江西庐山有栽培。

图24　西藏云杉（A：整株；B：雌花；C：雄花；D：球果；E：枝条）（A：陈又生 摄；B、D、E：欧阳 摄；C：王美琴 摄）

16a. 油麦吊云杉（麦吊云杉的变种）

Picea brachytyla var. ***complanata*** (Mast.) W.C. Cheng ex Rehder, Manual of Cultivated Trees and Shrubs 30. 1940.

Picea complanata Mast., Gard. Chron., Ⅲ, 39: 146, 1906. TYPE: China. Szechuan, *E.H.Wilson 3031* (*sheet No. 1*) (K? lectotype designated by Farjón 2010).

识别特征：与麦吊云杉的区别在于树皮淡灰色或灰色，裂成薄鳞状块片脱落；球果成熟前红褐色、紫褐色或深褐色（图26）。

地理分布：天然分布于云南西北部、四川西部及西南部、西藏东部及东南部，生于海拔2 000～3 800m地带。

图25 麦吊云杉（A：整株；B：枝条；C：球果）（A：陈又生 摄；B：林秦文 摄；C：喻勋林 摄）

图26 油麦吊云杉（A：整株；B：枝条；C：球果）（A、C：徐晔春 摄；B：朱鑫鑫 摄）

4 云杉属海内外引种及其历史

19世纪中期，法国传教士兼职植物采集家谭卫道等在我国四川、云南等地首次采集麦吊云杉。20世纪初，威尔逊在中国西部采集青杆、大果青杆、紫果云杉和油麦吊云杉等。

笔者根据美国针叶树协会网站https://conifersociety. org/conifers/、国际树木学会https://treesandshrubsonline.org/、植物系统网http://www.plantsystematics.org/、植物照片库http://phytoimages.siu.edu/和世界植物园网站：英国皇家植物园邱园（Royal Botanic Gardens, Kew）https://www.kew.org/；爱丁堡皇家植物园（Royal Botanical Gardens, Edinburgh）https://www.rbge.org.uk/；美国阿诺德树木园（Arnold Arboretum）harvard. edu；布鲁克林植物园（Brooklyn Botanic Garden）https://www. bbg. org/；芝加哥植物园（Chicago Botanic Garden）https://www.chicagobotanic.org/；密苏里植物园（Missouri Botanical Garden）https://www.missouribotanicalgarden. org/；欧洲韦斯佩拉树木园（Arboretum Wespelaar）https://arboretumwespelaar.be、卢布尔雅那植物园（Ljubljana Botanical Garden）https://www. visitljubljana.com/、德国柏林植物园（Botanischen Garten Berlin）https://www.bgbm.org/de、德国巴德-茨维什安的园林公园（Park der garten Die Gartenschau in Bad Zwischenahn）https://pflanzendatenbank.park-der-gaerten. de/，等列出了引种中国云杉的国家和栽植公园等信息（表3）。

表3　国外引种中国云杉一览表

引种中国云杉名录	引种国家	引种栽培机构	备注
粗枝云杉 *Picea asperata*	美国	阿诺德树木园（Arnold Arboretum）、美国国家植物园（United States National Arboretum）、比克尔豪普特植物园（Bickelhaupt Arboretum）、布鲁克林植物园（Brooklyn Botanic Garden）、芝加哥植物园（Chicago Botanic Garden）、纽约植物园（New York Botanical Garden）、康奈尔大学（Cornell University）	华盛顿州西雅图、纽约州罗彻斯特、加拿大安大略省也有栽培
	英国	西萨塞克斯郡的博德希尔（Borde Hill）花园、Dyffryn花园、爱丁堡皇家植物园（Royal Botanical Gardens, Edinburgh）	1910—1932年英国栽培
	德国	巴德-茨维什安的园林公园（Park der garten Die Gartenschau in Bad Zwischenahn）	
裂鳞云杉 *Picea asperata* var. *notabilis*	美国	阿诺德树木园	
麦吊云杉 *Picea brachytyla*	美国	阿诺德树木园、克里山植物园（Quarryhill Botanical Garden，现更名为Sonoma Botanical Garden）	加利福尼亚州也有栽培
	英国	爱丁堡皇家植物园、德文郡比克顿公园植物园（Bicton Park Botanical Gardens）、苏塞克斯、肯特、威尔特郡等都有较大的树木（treesandshrubsonline.org）	1901—1932年栽培；1985—2002年爱丁堡皇家植物园栽培
	新西兰	奥克兰植物园（Auckland Botanic Gardens）	
Picea brachytyla var. *brachytyla*; *Picea brachytyla* var. *complanata*	英国	爱丁堡皇家植物园	1980—2013年栽培
青海云杉 *Picea crassifolia*	美国	阿诺德树木园	
	英国	英国皇家植物园邱园（Royal Botanic Gardens, Kew）、爱丁堡皇家植物园	1980年爱丁堡皇家植物园栽培
	比利时	韦斯佩拉树木园（Arboretum Wespelaar）	

（续）

引种中国云杉名录	引种国家	引种栽培机构	备注
鱼鳞云杉 *Picea jezoensis*	美国	阿诺德树木园	
长白鱼鳞云杉 *Picea jezoensis* var. *komarovii*	美国	阿诺德树木园	
Picea jezoensis subsp. *jezoensis* var. *komarovii*	英国	爱丁堡皇家植物园	1995年栽培
红皮云杉 *Picea koraiensis*	美国	阿诺德树木园、芝加哥植物园	
	加拿大	温哥华UBC植物园（UBC Botanical Garden）	
	英国	爱丁堡皇家植物园	1979—1992年栽培
丽江云杉 *Picea likiangensis*	美国	阿诺德树木园、旧金山植物园（San Francisco Botanical Garden）、布鲁克林植物园	
	英国	爱丁堡皇家植物园、英国皇家植物园邱园	1911—2012年栽培
	比利时	韦斯佩拉树木园	
川西云杉 *Picea likiangensis* var. *rubescens* (*Picea balfouriana*)	美国	纽约植物园	
	英国	爱丁堡皇家植物园	1911—1992年栽培
	比利时	韦斯佩拉树木园	
	德国	巴德-茨维什安的园林公园	
Picea likiangensis var. *linzhiensis*；*Picea likiangensis* var. *montigena*	英国	爱丁堡皇家植物园	1992年栽培
康定云杉 *Picea likiangensis* var. *montigena*	美国	阿诺德树木园	
白杄 *Picea meyeri*	美国	阿诺德树木园、莫顿植物园（The Morton Arboretum）、芝加哥植物园	
	英国	爱丁堡皇家植物园	1931—1987年栽培
	丹麦	霍斯霍尔姆植物园（The Arboretum in Hørsholm – University of Copenhagen）	
台湾云杉 *Picea morrisonicola*	英国	波厄斯郡Stanage公园（Stanage Park, County Pois）、爱尔兰比尔城堡庄园（Biel Castle Estate, Ireland）、肯特贝奇伯里公园（Beckbury Park, Kent）、爱丁堡皇家植物园，萨塞克斯郡威克赫斯特镇也有栽培	1918年引种栽培
	比利时	韦斯佩拉树木园	
大果青杄 *Picea neoveitchii*	美国	阿诺德树木园	
紫果云杉 *Picea purpurea*	美国	阿诺德树木园、比克尔豪普特植物园	
	英国	德文郡比克顿公园植物园、爱丁堡皇家植物园	1980—1986年栽培
	德国	巴德-茨维什安的园林公园	
鳞皮云杉 *Picea retroflexa*	美国	莫顿植物园（The Morton Arboretum）	
	英国	温莎大公园（Windsor Grand Park）	20世纪Wilson引进栽培
雪岭云杉 *Picea schrenkiana*	美国	阿诺德树木园、道斯植物园（The Dawes Arboretum）、布鲁克林植物园	
	英国	爱丁堡皇家植物园	1980—1987年栽培
	比利时	韦斯佩拉树木园	
	德国	巴德–茨维什安的园林公园	
长叶云杉 *Picea smithiana*	英国	Scotland	1818年
	美国	美国国家植物园、旧金山植物园	

（续）

引种中国云杉名录	引种国家	引种栽培机构	备注
	加拿大	温哥华UBC植物园	
	德国	巴德-茨维什安的园林公园	
西藏云杉 *Picea spinulosa*	英国	威尔特郡波伍德的松果园（Pine orchard in Powood, Wiltshire）、德文郡比克顿公园植物园	19世纪中旬
	北约	克郡霍华德城堡也有栽培	
青杆 *Picea wilsonii*	美国	阿诺德树木园、道斯植物园（The Dawes Arboretum）、美国国家植物园、布鲁克林植物园，华盛顿西雅图也有栽培	
	英国	爱丁堡皇家植物园，萨塞克斯郡也有栽培	1926—2008年栽培
	比利时	韦斯佩拉树木园，爱尔兰也有栽培	
	德国	巴德-茨维什安的园林公园	
新疆云杉 *Picea obovata*		卢布尔雅那植物园（Ljubljana Botanical Garden）	
	英国	爱丁堡皇家植物园	2005年栽培

我国也开展了云杉的引种工作。青海云杉从青海引种到吉林、黑龙江、新疆，生长良好（张国连，1983；时英 等，1987；宋绍军 等，2011；沈银新和赵振坤，2006），树高生长与原产地相近。黑龙江引种栽培青杆至少有20年的历史，只要选择适宜的生长环境，青杆就可在黑龙江南部地区正常生长，表现出较强的适应性，在园林绿化上具有较高的推广价值（许家春 等，2004）；白杆在黑龙江、沈阳也引种成功（任步钧，1980）。引种研究发现，粗枝云杉生长快于国内其他乡土云杉树种（马常耕，1993）。内蒙古开展了云杉属13个种的引种研究，均在呼和浩特地区，适应性均表现较好，其中欧洲云杉和紫果云杉引种适应性为优，其次是白杆、红皮云杉、粗枝云杉、川西云杉、青海云杉、蓝云杉和鳞皮云杉；青杆、天山云杉（*Picea schrenkiana* var. *tianschanica*）、新疆云杉和白云杉适应性中等（刘禹廷，2016）。

我国对国外云杉已有较长的引种历史。最早引入欧洲云杉是辽宁省的熊岳树木园。文献记载熊岳树木园1926年从日本引进欧洲云杉种子播种育苗后定植于园内，20世纪50年代收获了种子并育苗，子代正常开花结实，表明欧洲云杉对辽宁的生态环境基本适应（张立功 等，1995）。江西省中国科学院庐山植物园、青岛植物园、南京中山植物园、杭州植物园和国家植物园（原北京市植物园），均有欧洲云杉引种栽培，生长良好。熊岳树木园1926年引种的1株66年生大树，胸径40cm，树高13.3m，长势很好。其上采种培育的第二代38年生平均树高13.5m，平均胸径29.5cm，明显优于红皮云杉，10年生以后欧洲云杉高生长比红皮云杉快约25%，胸径生长快约50%（张立功 等，1995）。甘肃小陇山1983年引种欧洲云杉的初步试验结果表明：欧洲云杉在小陇山林区气候和生境条件下能正常生长和开花结实。20年生的人工林平均树高8.70m，胸径11.43cm，单株材积0.051 00m^3；优势树高11.2m，胸径15.5cm，单株材积0.091 70m^3；最大树的树高达到11.60m，胸径达到18.3cm。未发现冻害和虫害、病害，具有较强的抗逆性和适应性。欧洲云杉在小陇山林区的生长优于乡土针叶树种油松（*Pinus tabuliformis*）、华山松（*P. armandii*）和同属青海云杉。内蒙古自治区林业科学研究院树木园引种的欧洲云杉生长量和生长势，均居该园引种的26种云杉之冠，14年生树高3.5m，10年生以后每年高生长60～80cm，红皮云杉14年生树高2.5m，10年生以后每年高生长50～60cm。吉林省蛟河市天南林场进行的引种苗期及栽培试验发现，黑云杉、白云杉具有明显的生长势和较强的适应性。在吉林临江的白云杉种源试验表明，来自五大湖-圣劳伦斯林区附近的几个种源生长最好，2年生苗高在20cm以上。黑云杉早年仅庐山植物园有过引种栽培，1980年以后在吉林、蛟河、伊春、呼和浩特、草河口、天水和伊犁相继引种栽培。在吉林四平2年生苗高、地径均显著大于红皮云杉，表现出速生特性，并能露地越冬（贾忠奎 等, 2002）。

北京市植物园［国家植物园（北园），下同］自1972年开始云杉属的引种工作，以种子或小苗引种不同产地的云杉约108种或品种，现在存活的云杉种或品种少，主要是蓝云杉、青杄和白杄，数量少但生长优良。2014年从甘肃省小陇山沙坝国家落叶松云杉良种基地引种了苗龄均为6年生的15种云杉属植物，每种云杉10株。目前共计保存11株，粗枝云杉1株、紫果云杉4株、青杄1株、白杄1株、鳞皮云杉2株和红皮云杉2株（许兴 等, 2016）。2020年又从该基地引种了15种云杉，当前生长良好。不过中国林业科学研究院林业研究所曾两次引种云杉树种，受夏季温室高温影响，大部分树种叶片发黄、脱落，即便有云杉当年存活，第二年未萌动继而未能存活。因此，云杉难以在北京推广的可能主要限制因素是夏季高温以及高温带来的干旱、高光照影响。国家植物园（北园）现保存的云杉种类有蓝云杉、塞尔维亚云杉、欧洲云杉、欧洲云杉和青海云杉杂交苗、红皮云杉、鳞皮云杉、林芝云杉、黄果云杉、东方云杉、沙地云杉、丽江云杉、川西云杉、青杄、雪岭云杉、紫果云杉、粗枝云杉和西藏云杉。国家植物园（南园）现保存的云杉种类有欧洲云杉、青海云杉、白云杉、红皮云杉、川西云杉、白杄、针枞（*P. polita*）、雪岭云杉、长叶云杉、青杄和西藏云杉。

内蒙古林科院树木园自20世纪60年代开始引入云杉属树种，先后引入22种1变种，分别栽植在种子植物区、沙生植物区、水生植物区和苗圃区等专业种植区。现成功引种栽植的有15种1变种1种待定（童成仁和刘平生, 2009）。其中13种云杉生长良好，分别是山西光帝山的白杄、内蒙古多伦青杄、长春红皮云杉、四川理县米亚罗粗枝云杉和紫果云杉、四川炉霍林场川西云杉和鳞皮云杉、熊岳树木园欧洲云杉、新疆天山云杉、内蒙古大青山青海云杉、加拿大白云杉、北京市植物园北美蓝粉云杉、新疆阿尔泰山西伯利亚云杉（刘禹廷, 2016）。

甘肃省小陇山林业实验局林业科学研究所从20世纪80年代开始引种欧洲云杉，目前已在我国首次全面多水平收集云杉属30多个种的种源、家系、无性系和杂种种质材料共计3 869份，形成了我国第一个云杉种质资源库。营建了包括3 869份种质的150hm^{2}云杉保存遗传评价林，已保存的云杉属种质资源丰富、遗传基础广，奠定了我国云杉遗传改良的坚实基础。建成了小陇山沙坝国家云杉种质资源库。

据新疆林业种苗总站对引入苗木的监测和乌鲁木齐市植物园的引种情况，新疆地区常见的云杉属植物主要有云杉、白杄、青杄、大果青杄、欧洲云杉、川西云杉、青海云杉、红皮云杉、西伯利亚云杉、雪岭云杉，我国有云杉属植物20种，新疆地区原产两种，其他种均为引进种。据文献记载，甘肃民勤沙生植物园至少引种栽培了4 种云杉属植物，呈现较好的生长势态，能适应民勤干旱荒漠气候环境。引自甘肃省小陇山林业科学研究所的蓝云杉，引自内蒙古克什克腾旗的沙地云杉和白杄，引自甘肃天祝的青海云杉（师生波 等, 2017）。青海大通东峡林场引种蓝云杉容器苗，引种效果好，生长良好，蓝云杉适应性强，保存率高（祁生秀, 2019）。辽宁清原1988年从美国引种白云杉、黑云杉和欧洲云杉播种苗，生长良好，具有较强的适应性（董健 等, 2007）。

三峡植物园（宜昌林业科学研究所）从1979年开始，先后收集和保存了云杉属16个种、46个种源、298个家系和553个无性系，共计897份种质资源；包括乡土云杉树种神农架大果青杄、白杄、麦吊云杉和引种的欧洲云杉。保存评价总造林面积110hm^2。造林地覆盖整个鄂西典型气候、地理条件区域，为鄂西山地云杉良种基地建设和持续遗传改良奠定了坚实基础。

江西省中国科学院庐山植物园的草花区有欧洲云杉，松柏区有麦吊云杉、鱼鳞云杉、丽江云杉、紫果云杉、长叶云杉，温室区有青杄（陈风杰, 2017）。松柏类植物与杭州植物园有着不解之缘，杭州植物园有不少松柏类植物的经典景观案例，在全国也享有一定声誉，其中最著名的景点就集中在分类区的裸子植物区。松科植物园有日本云杉（*Picea torano*）、黄杉（*Pseudotsuga sinensis*）及江南油杉（*Keteleeria fortunei*），株型高大，枝条稀疏通透，体现强烈的明快感（陈风杰，2017）。长白山国家级自然保护区是以保护森林生态为主的自然保护区，总面积19万hm^2，区域内森林景观多样，物种丰富，松柏类植物在其中占据着重要的地位。地下森林是长白山旅游景区内海拔最低的风景区，森林主要建群种为长白鱼鳞云杉、长白落叶松（*Larix olgensis*）、红松（*Pinus koraiensis*）等。长白山是高山植被和温带植被的宝库，分布植物达2 000多种，高山花园是以观赏花卉闻名的季节性景观，景色壮丽、规模宏大，很大程度上归功于松柏类植物所形成的景观骨架，主要由红皮云杉、长白鱼鳞云杉、臭冷杉（*Abies nephrolepis*）组成（陈风杰，2017）。

5 云杉属的保育研究

2021年发布的《国家重点保护野生植物名录》指出大果青杄是国家二级重点保护野生植物。杨永（2021）对中国裸子植物红色名录评估（2021版）的结果显示，大果云杉、康定云杉极危；长叶云杉、台湾云杉濒危；黄果云杉易危；林芝云杉和白杄云杉近危；粗枝云杉、麦吊云杉、油麦吊云杉、青海云杉、鱼鳞云杉、长白鱼鳞云杉、红皮云杉、丽江云杉、川西云杉、新疆云杉、雪岭云杉和青杄无危。

湖北西北部石家沟有约150株大果青杄大树，在甘肃焦罗村有6株大树，分布面积不超过10km²。此外，河南内乡宝天曼国家级自然保护区和陕南黄柏塬国家级自然保护区分别有3株和2株具有非典型球果特征的孤立木，重庆的大巴山老仙城可能还有1株。格西沟国家级自然保护区中保存有许多第三纪及其以前的古老植物，康定云杉就在这里幸存。早在20世纪50年代，康定云杉的分布数量就已十分稀少，70年代以后，几乎难见踪迹，80年代时期，印开蒲研究员在榆林乡寻找到一株康定云杉活体，然而惨遭砍伐。1995年甘孜藏族自治州林业科学研究所（简称甘孜州林科所）贺家仁教授在九龙县鸡丑山林场苗圃发现了一株康定云杉幼苗，但培育死亡。2009年10月，甘孜州林科所在雅江县发现了一个小型的康定云杉居群，此后随即采取保护行动，通过采集康定云杉种子在苗圃进行培育并移植野外，最终保存了几百株康定云杉幼苗。

火灾、森林采伐、病虫害和森林旅游等是干扰云杉林生长的几个因素。森林火灾是影响云杉林生长和更新的重要环境因子（王国宏，2107）。经历火灾后，云杉植被恢复时间尺度可持续500年之久。过度采伐和短周期轮伐等阻滞植被恢复进程，还影响森林土壤养分循环和细根生长（Smith et al., 2000）。延长轮伐周期（Cyr et al., 2009）甚至禁伐是森林保育的必要措施。同时应关注放牧干扰对森林更新的影响，人工更新时应选用50cm以上的大苗，以抵御放牧危害（王波，1991）。

气候变暖、青藏高原的隆升等也是影响云杉生长的重要因素。受气候变暖和亚热带树种的竞争的限制，台湾云杉仅分布在台湾岛中央山脉的狭长高山地带，是脆弱针叶树种，遗传多样性较低，30万~50万年前有效群体规模下降（Bodare et al., 2013）。凉水国家级自然保护区云杉死亡是由于全球气候变暖，温度升高导致永冻层融化北移，使云杉林地内出现低洼积水区，从而使云杉根部长期浸水，缺氧窒息，并导致云杉菌根的衰退，最终使云杉生长衰弱（高兴喜, 2000）。当前只有在吉隆藏布流域的沿河沟谷保存着大量的长叶云杉。据地质资料记载，在1 000万年前，这里分布着热带、亚热带的各种植物。西藏长叶松（*Pinus palustris*）、长叶云杉的分布面积远比现在多。随着喜马拉雅山体的不断上升，植物区系发生了变化，一些乔、灌木向南退缩。大自然经过千万年的演变，吉隆沟谷就形成了现在这样的植物区系，西藏长叶松、长叶云杉在这特殊的小气候环境里得以保存下来。

在云杉的保育研究中，保护好现存原始森林，防止盗伐；同时要加强人工辅助更新工作，适度浇灌以促进幼苗生长，或者如果采伐迹地内种源缺乏，进行人工补种或植苗（王国宏, 2107）。在其潜在分布区内，选择适宜的生境进行人工造林，要注重种源产地和造林地的气候条件，保障植被恢复和健康成长以恢复种群数量。在云杉林内建立动态监测的永久样地，深入揭示森林动态规律，预测未来发展趋势，提高管理和保育水平等有重要意义。此外，种苗供应不足可能是发展人工林的限制因素，还应加强云杉种苗繁育技术研究，比如扦插育苗技术、补光育苗技术、嫁接育苗技术等，克服繁育技术瓶颈。

6 云杉属树种的价值

6.1 观赏价值

云杉的观赏价值很高，不仅可以在园林上应用，还可人为打造各种形状盆栽室内观赏，亦可作为圣诞树装饰。

2020年我国迎来首批云杉属新品种，青海云杉和欧洲云杉各2个。青海云杉新品种权‘中云17号’和‘中云15号’（图27）。‘中云15号’和‘中云17号’是1974年在青海大通东峡林场鹞子沟发现，中国林业科学研究院、甘肃小陇山林业科学研究所、青海大通东峡林场培育的青海云杉新品种。‘中云15号’具有当年生枝颜色红褐，针叶上面颜色蓝绿、蓝灰绿，针叶长度短等特性。‘中云17号’具有当年生枝颜色橙黄，针叶上面颜色银蓝、蓝，针叶长度中、长等特性，观赏价值高。具有蓝云杉的蓝色的同时还具有青海云杉极强的适应性。

欧洲云杉新品种权‘中云1号’和‘中云2号’（图28）。‘中云1号’和‘中云2号’是2003年中国林业科学研究院自捷克引种、播种，2008年6月在甘肃省天水市秦州区娘娘坝镇白音村小陇山沙坝国家落叶松、云杉良种基地发现的欧洲云杉特异单株，经苗期测定、田间试验和评价选育而成的新品种。‘中云1号’具有当年生枝颜色红褐、芽鳞反卷程度微卷、基部宿存芽鳞反卷程度微卷等特性。‘中云2号’具有当年生枝颜色浅红褐、芽鳞不反卷、基部宿存芽鳞不反卷等特性。

6.2 经济价值

材质优良，生长快，适应性强，宜选为分布区内的造林树种。木材通直，切削容易，无隐性缺陷，可作电杆、枕木、建筑、桥梁用材；还可用于制作乐器、滑翔机等，是造纸的原料。云杉人工林有很高的经济价值（周德彰和肖阔前, 1989）。云杉针叶含油率0.1%～0.5%，可提取芳香油。树皮含单宁6.9%～21.4%，可提取，还可药用。

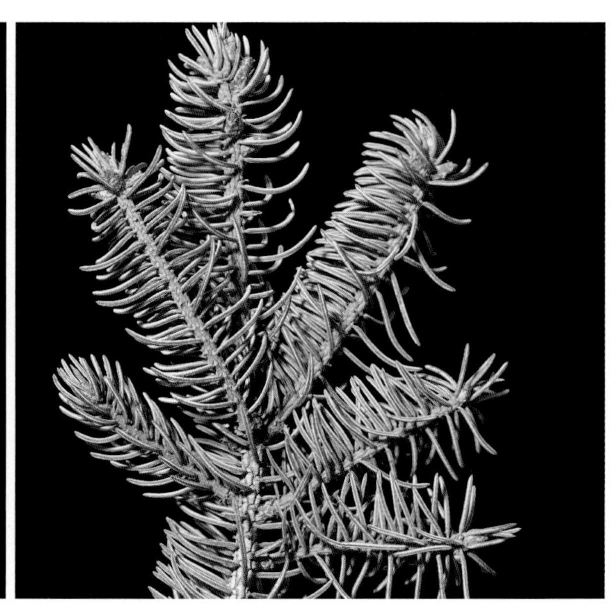
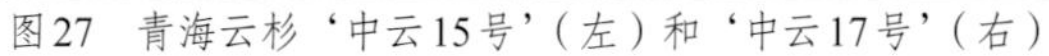

图27　青海云杉‘中云15号’（左）和‘中云17号’（右）

图28　欧洲云杉‘中云1号’（左）和‘中云2号’（右）

6.3　生态价值

云杉林是北半球北方森林和山地针叶林中的重要组成成分，广泛分布于北半球的中、高纬度地区的陆地区域。我国云杉林主要分布在东北、华北、西北、西南和台湾地区及高山地带，属于山地寒温性针叶林，具有维护生态平衡和环境保护的重要功能，对保障国家生态安全、生物多样性保育、维持碳平衡和经济建设具有重大意义（王国宏，2017）。

从生态、形象、经济和文化内涵上青海云杉被誉为“高原的脊梁”。青海云杉在长期演进过程中与高原寒冷干旱环境抗争生存，形成了稳定的、发育完善的高山天然林，是高原垂直森林植被演进的顶级群落，被誉为“祁连山的常青战士”。青海云杉与青海人民同时在高寒瘠薄严酷的环境中生存，象征了青海人特别能吃苦、忍耐、战斗、团结、奉献的高原精神。2015年7月24日，青海云杉被正式确定为青海省省树，成为青海的一张生态名片。粗枝云杉在长江、黄河上游区天然林保护和林业生态建设中发挥了不可或缺的重要作用。

7 云杉属树种的繁殖技术研究

7.1 实生育苗

云杉苗期和幼龄期生长缓慢，在我国当前云杉露地育苗一般是2~3年生换床移植，4~5年生或6~7年生出圃，育苗周期长、成本高、经济效益低。国内外在云杉补光育苗技术方面做了大量研究，具体从补光光源、补光时间、补光方式以及营养等方面研究，收到了较理想的结果，初步找出了适合多数云杉种生长的光源、光强和光周期的大致范围以及肥料配方，因此在温室夜间补光成为使云杉苗木生长达到预期高度的一个很重要的手段。在适宜的补光条件下，针叶树的苗高、地径、分枝数、干重和茎单元等显著增加。在不适宜的补光条件下，籽苗容易形成顶芽和促进休眠导致生长停止。

Steven等（1993）研究发现延长光照时间能防止针叶树种的休眠并能促进树木的高生长。如果在生长季节不补充光照，树木的高生长就会停止。青海云杉温室内1年生补光苗的苗高已超过传统露地苗圃3年生苗，种苗比常规育苗制度提前3~4年出圃（张守攻 等，2005）。光周期对欧洲云杉苗木生物量的影响是极显著的，全质量是对照的164%~429%。随着光强的增加和光源与苗木距离的缩短，苗木生长性状各指标呈渐增的趋势。试验还证明，在光强很弱的情况下，对苗木的生长也起一定的作用（杨海浴和允慧玲，2006）。王志涛（2006）在温室内对白云杉进行补光育苗试验表明，生长期补光育苗能显著地促进苗木的高生长，补充光照后，苗高是对照的3.05倍。为了解光照处理下不同种源苗木的性状表现，建立高效的黑云杉补光育苗技术体系，用日光灯、日光色镝灯和碘钨灯3种光源对10个引自加拿大的种源容器苗进行了补光处理试验。结果表明，光照处理可以抑制苗木休眠，促进其持续生长，日光灯午夜补光8小时处理135天的种源苗高可达对照的5.47倍。光源对苗木生长、枝条和根系分布有显著影响，日光色镝灯的处理效果最好，日光灯更经济方便。用日光灯补光时，以午夜补光8小时的苗木生长最好。苗木性状存在种源与光源的极显著互作效应，说明黑云杉种源在适应光环境上存在较大差异。应重视引种试验的种源选择，在补光育苗中根据种源选择合适光源，以期达到最佳育苗效果（欧阳芳群 等，2010）。同样，欧洲云杉不同种源对补光的响应差异显著，种源间在生长素、赤霉素、玉米素及比值、儿茶酸、对羟基苯甲酸及总酚酸差异显著，且生长最高的种源具有显著性高的生长素和赤霉素，第1年补光结束后测定的生长素、赤霉素分别和第2年的苗高、新梢长呈极显著正相关，表明补光处理下苗木生长素和赤霉素含量是促进欧洲云杉苗生长及种源间差异的主要生理因素，研究提高不同种源生长素和赤霉素水平的补光育苗措施，有助于建立各种源的高效补光育苗技术体系，提高不同种源苗木的培育水平（欧阳芳群 等，2016）。类似的，家系对补光的响应也不一样。温室夜间补光有效促进青海云杉苗期生长，研究以9株青海云杉优树的自由授粉家系播种苗为试验材料，进行了不同家系和补光处理的对比试验，结果表明生物量和矿质元素含量显著受家系、补光及其互作效应影响。通过补光青海云杉家系的地上部干质量和地下部干质量均显著优于对照，分别是对照的2.01倍和1.54倍。高生长速率对应更低的氮磷比，7月补光处理下的氮磷比（7.71）显著低于对照（9.05）。氮磷比主要受P含量的影响，P含量与地上部干重呈显著负相关。因此补光促进苗木生长，“稀释”更多的P来合成RNA和蛋白质，那么补光育苗过程中增施磷肥是必要的。家系遗传分化及家系对光照时间改变的表型可塑性共同作用导致青海云杉不同家系的生物量和矿质元素含量对补光的响应不同，可以通过对比选育出适应补光环境的家系，这让在补光条件下选育苗期速生型优良家系成为一种可能（欧阳芳群 等, 2014）。

用3年生欧洲云杉苗白天接收自然光照，夜间用单色蓝光（460nm）、单色红光（660nm）、单色远红光（730nm）和复合光（对照，红：远红：蓝=7：1：1）的LED灯日落后补光12小时，共计90天。光质显著影响欧洲云杉生长和光合参数，单色红光处理下苗高、地径和当年生长量分别比对照高出2%、10%和12%，蓝光和远红光处理下则低于对照。夜间补充单色红光促进欧洲云杉生长，红光处理下苗木具有最高的净光合速率（Pn），比对照处理高10%；而蓝光、远红光处理比对照低33%和22%。1,5二磷酸核酮糖羧化酶（Rubisco）和磷酸烯醇式丙酮酸羧化酶（PEPC）分别是C3和C4光合路径中的关键酶，红光处理下苗木的PEPC/Rubisco比值（0.581）是最高的，约是蓝光处理下的4倍，PEPC和Rubisco的活性直接影响了Pn。光质能引起PS Ⅱ和PS Ⅰ的光吸收不平衡和随后两个光系统间的电子传递。红光处理下J点的相对可变荧光（VJ）和K点的相对可变荧光（Wk）显著低于对照，捕获的激子将电子传递到电子传递链中超过QA的其他电子受体概率（ψo）和电子传递量子产额（φEo）则显著高于对照。和对照相比，红光促进欧洲云杉生长，而蓝光和远红光抑制欧洲云杉生长，伴随着一系列生理变化，且这个过程受基因表达调控，这种调控和欧洲云杉补充红光后改变了光敏色素稳定状态（PSS）有关（Ouyang et al., 2021）。

转录组研究揭示内源激素和次生代谢物相关基因参与该过程调控。蓝光与红光下的针叶转录组分析获得了2 926个差异基因。KEGG分类揭示了2 926个差异基因中主要来源于代谢途径（29%）、次生代谢产物的生物合成（20.49%）、激素信号转导（8.39%）等。关于激素信号转导，AUXIN-RESISTANT1 (AUX1)，AUX/IAA，生长素诱导基因，早期生长素反应基因［(auxin response factor (ARF) and small auxin-up RNA (SAUR)］都在蓝光下上调，可能和蓝光下具有较高的IAA水平有关。DELLA and phytochrome-interacting factor 3 (PIF3)，负向调节GA信号也在蓝光下上调，可能和蓝光下具有较低的GA水平有关。光质还通过影响次生代谢来影响内源激素合成和代谢。蓝光促进苯丙素生物合成，苯基丙氨酸代谢、黄酮类生物合成、黄酮和黄酮醇生物合成，这些KEGG路径中大部分基因在蓝光下上调。因此，红光可能通过调节GAs生物合成促进茎干延长。而蓝光可能促进欧洲云杉黄酮、木质素、苯丙素等与植物防御有关的次生代谢物生物合成和代谢，从而降低了初级代谢（Ouyang et al., 2015a）。

7.2 扦插繁殖

超级基因型的无性繁殖是无性系林业的基础，集中种植能创造较大的遗传增益。随着科学技术的发展，扦插繁殖作为一种最典型、简便和经济实用的无性繁殖技术，在云杉无性系林业研究中，云杉属树种已成为针叶树种中无性系林业发展最快且最有成效的树种。采穗母株生理年龄、采穗部位、插穗营养体积、外源激素、生根基质等多种因素影响云杉扦插生根效率。穗条长度、穗条直径、穗条长度和直径的互作效应显著影响欧洲云杉生根效果。直径为0.3~0.4cm和长度为9~12cm的穗条获得较高的生根效率。外源激素类型显著影响所有生根性状。IBA处理的生根性状适度地高于对照，而NAA处理的生根性状显著低于对照，NAA可能是欧洲云杉扦插生根的抑制剂（Ouyang et al., 2015b）。

欧洲云杉扦插30天后已有55%的穗条形成愈伤组织，50天愈伤组织全部形成，50~75天为愈伤组织分化生根的高峰期，生根率达到90%，平均生根数为10.7。扦插后至37天，IAA和ZT/GA_3降低，分别降低28.79%和52.35%；GA_3、ZT/IAA和GA_3/IAA升高，分别增加55.02%、32.78%和67.97%。扦插后37~45天为愈伤组织形成期，IAA和GA_3降低，分别降低25.75%和40.91%；ZT/GA_3、ZT/IAA和GA_3/IAA升高，分别增加39.32%、23.75%和20.41%。不定根诱导期（45~67天）IAA、ZT/GA_3升高，IAA由61.7ng/100g增加至79.8ng/100g，

ZT/GA_3增加13.84%；而GA_3、ZT/IAA、GA_3/IAA降低，分别降低16.27%、24.86%、35.26%。扦插后至67天，ZT的含量约为80ng/100g，67～72天以29.97%速率降低，降低为55.6ng/100g。对羟基苯甲酸在愈伤组织形成前（37天前）呈升高的趋势，由2.23ng/100g增加至7.19ng/100g。当进入不定根形成期，对羟基苯甲酸含量呈逐渐减少的趋势，减少至4.16ng/100g。儿茶酸和总酚酸含量在欧洲云杉枝插生根过程中均呈降低的趋势。在欧洲云杉扦插生根过程中，内源激素和多酚类物质的此消彼长共同影响促进愈伤组织分化和不定根的形成。不定根诱导期IAA含量升高，而GA_3、ZT和多酚类物质降低是促进插穗生根的重要原因。因此IAA是促进不定根形成的主要内源激素，GA_3和ZT以及多酚类物质是不定根形成的抑制剂（欧阳芳群 等, 2015）。

7.3 嫁接繁殖

采用髓心形成层贴接法嫁接。国内云杉嫁接有《青海云杉嫁接繁育技术》（DB63/T 1450—2015）《云杉嫁接育苗技术规程》（DB22/T 2569—2016）等技术规范。

2014年有文献报道了用红皮云杉做砧木、蓝云杉为接穗的蓝云杉异砧嫁接繁殖技术（郭颖波，2014）。2022年国家植物园专业技术人员用蓝云杉做砧木，欧洲云杉为接穗，成功嫁接，为云杉属树种的种质资源收集保存提供了保障（图29）。

图29　国家植物园云杉属树种嫁接

7.4 体细胞胚胎发生技术

针叶树最早开始体细胞胚胎发生技术是在1985年，欧洲云杉的未成熟胚中诱导产生了体细胞胚并且获得了再生植株（Hakman et al., 1985）。之后，有白云杉（Hakman et al., 1988）、川西云杉（王军辉 等, 2013）、粗枝云杉（张建伟 等, 2014a）等10多个云杉种开展了体细胞胚胎发生技术研究。中国林业科学研究院王军辉老师课题组以粗枝云杉未成熟合子胚为材料，建立了稳定和高同步化的粗枝云杉体细胞胚胎发生和植株再生体系；通过转变体细胞胚发生方式，以解决胚性愈伤组织增殖后期体胚发生能力显著降低的问题；通过确立的不依赖外界环境的体细胞胚萌发前的干化标记，以显著提高体细胞胚的生根能力；同时，以不同干化时间处理的体细胞胚为材料，通过形态观察、生理测定及iTRAQ技术的应用，揭示干化处理促进粗枝云杉体细胞胚萌发的调控机制。

粗枝云杉最适合的体胚发生和植株再生体系包括诱导条件：最佳的球果采集日期为6月12～26日，平均诱导率（53.79%±17.17%）～（64.22%±34.28%），最高95%以上；1/2LM培养基，附加2.2mg/L 2, 4-D+1.1mg/L 6-BA；最佳增殖体系为：1/2LM+1.1mg/L 2,4-D+0.825mg/L 6-BA；静置细胞体积和液体培养基体积比1∶7, 9～12天变浑浊，可增加4倍以上；体细胞胚分化和成熟体系：1/2LM+26mg/L ABA+50g/L PEG4000+1g/L AC+30g/L 蔗糖+4g/L凝胶，平均分化500个/g（FW）以上；萌发条件：1/4LM+20g/L 蔗糖+6g/L 凝胶+2g/LAC。粗枝云杉愈伤组织在增殖后期体细胞胚的分化能力显著降低，转变愈伤组织增殖方式和体细胞胚分化培养方式有利于体细胞胚发生能力的提高。采用液体悬浮增殖取代半固体增殖更有利于胚性的保持。在增殖后期，首选的体细胞胚发生方式为“液体增殖–滤纸分化”，其次为“块状增殖–块状分化”，最后是“块状增殖–滤纸分化”。

采用“滤纸容器法”的干化方式更适用于云杉体细胞胚的干化处理；随着干化时间的延长，体细胞胚不断增粗、胚轴不断伸长、胚根变红、胚轴和子叶变绿，胚逐渐变得健壮。干化处理14天后能够获得最高的萌发率；且干化处理能够普遍促进体细胞胚的萌发。以健壮的绿色子叶、胚轴及红色胚根为体细胞胚高萌发能力的标记，能够普遍获得高的萌发率（平均83.63%）和较好的萌发质量。

干化处理过程中，伴随水分含量的变化，体细胞胚的干物质积累逐渐降低；ABA含量总体呈降低趋势；IAA含量逐渐升高；作为重要的胁迫响应物质，H_2O_2的含量逐渐升高，说明干化处理的实质是一种水分胁迫；干化处理促进体细胞胚向萌发所需的状态转变，即促进形态成熟向生理成熟转变。采用iTRAQ技术，共鉴定得到2 774个蛋白，其主要涉及代谢过程、细胞过程及刺激响应等过程，并执行催化活性和编码等功能（张建伟, 2014, 2014a, 2014b, 2014c）。水通道蛋白TIP2-1、防御相关蛋白、抗氧化蛋白促进了云杉体胚从形态成熟向生理成熟转变；在弱光下诱导光合作用相关蛋白表达促进体胚萌发（Jing et al., 2017）。干化后粗枝云杉体胚脂质总量增加，组分显著变化，磷脂酸是响应干化的关键脂质。PaPLDα催化PA含量提高是粗枝云杉体胚干化过程中响应水分缺失，调节生理状态为萌发创造条件的主要途径之一（Ling et al., 2022）。

8 云杉属树种的栽培技术

8.1 云杉大苗移栽技术

云杉大苗移栽一般选择春季休眠期，成活率高。如果采取了完善的移栽技术，初冬也可以进行移栽。苗木选择健壮、树形丰满、生长旺盛且无病虫害和机械损伤的苗木。苗木应带土球挖掘、包装和运输，要保证树坨足够大，尽量多带土，保持根系完整。用无纺布和草绳将树坨绑好。根据土球大小来定种植穴的大小。一般在土球尺寸基础上加大树穴直径40～50cm，深度加深15～40cm。挖掘种植穴的时候上层的土壤和中下层的土壤分开放置，以便后期填土。土壤以富含有机质的中性或微酸性土壤为宜。栽植前首先要在穴底铺好有机肥，随后将苗木土球轻轻垂直放入穴内，立直并调整好观赏面，将种植土分层回填踏实。定植一周内浇3次透水，第一次在栽后24小时内浇；之后为了促进根系生长，要在土干后再浇水，并浇透水（孙进录，2019; 尹红和杜艳强，2004）。

8.2 云杉大树养护和管理技术

“三分栽，七分管”，移植云杉大树需要用科学的方法养护管理，才能保证大树移栽的成活率。云杉为肉质根，怕涝，浇水次数不宜太多。养护时可以采用浇灌与喷淋相结合的方式进行，返青水、保活水、冻水必须浇透，生长水以对植物主干和枝叶喷淋为主，以浇灌根部为辅。特别要避免草坪草漫灌对其造成危害（邓如意 等，2013）。因此，云杉种植地要灌溉良好，保证水源，同时也要排水通畅、避免水涝等（王立生和彭俊，2017）。要做好中耕松土工作，以防止土壤板结，土壤保持良好的透气性有利于云杉根系萌发生长（杨再兵 等，2015）。树大招风，新移栽的云杉大树需要作支柱，正三角桩最有利于树体稳定，防止大风和倾倒。施肥有利于树势恢复，大树移植初期，根系吸收肥力低，宜采用根外施肥，用尿素、硫酸铵、磷酸二氢钾等速效性肥料配制成浓度为0.5%～1%的肥液，半个月施1次。根系萌发后可进行土壤施肥，薄肥勤施，慎防伤根（杨再兵 等，2015）。入秋后要控制氮肥施用量，增加磷肥和钾肥，提高树木木质化程度，提高自身抗寒能力。此外，入冬寒潮来临前，采用覆土、地面覆盖、设立风障等方法保护树体，做好保温防寒工作。云杉也怕夏季高温和日灼，因此，在绿化中对新移栽的云杉采用遮阴网遮阴，按照树体高度，搭设架子，用铁丝捆绑，防止被风刮坏（王立生和彭俊，2017）。北京夏季天气酷热，国家植物园（北园）苗圃地引种云杉采取遮阴网遮阴，云杉属树种保存率90%以上。在病虫害防治方面，坚持以防为主，勤检查，一旦发生病情，对症下药，及时防治。

8.3 云杉造林技术

8.3.1 造林地选择及混交林营造

基于云杉的生长习性与特点，其适宜种植在土层深厚、土质疏松、土壤呈中性或微酸性的阴坡或半阴坡（周伟，2022）。云杉可营造混交林，与桦树、杨树和刺槐均可以混生，但注意不能和落叶松造混交林。在云杉的造林作业中，要根据当前的土壤条件和生长条件，仿造自然林的生长环境，采取带状混交、团块状混交、行间混交等不同的混交方式造林（井绪忠，2018）。

8.3.2 造林密度

根据立地条件确定云杉的造林密度。对于山区或山地来说，造林密度应尽量大，通常行距为1.2～1.5m，株间距为0.8～1.0m，种植密度为

450～700株/亩。若造林地的立地条件良好，则将行距控制在1.0～2.0m，植株间距应该控制为1.0～1.5m，种植密度控制在300株/亩（周伟，2022）。

8.3.3 造林方式

目前云杉造林的方式以植苗造林为主，春天和秋天均可以造林。为提升云杉造林的成活率，云杉苗木的高度控制在15cm左右，基径大于3mm，需确保顶芽完整、根系发达。

在云杉造林时，可优先使用穴栽法，穴面的边长控制在30～40cm，深度控制在20～30cm。云杉不能种植太深，应超出原土标线2～3cm（周伟，2022）。

8.3.4 抚育管理

云杉播种完成后应做好培土、扶苗和除草工作。在造林地的云杉抚育管理中，要加强管理力度，防止人为或动物破坏云杉幼苗的情况。

8.3.5 病虫害防治

云杉的造林管理工作中，病虫害防治十分关键。目前，云杉造林管理中的常见病害有根腐病、叶枯病、茎枯病、赤枯病、紫纹羽病；常见虫害有松天牛、松毒蛾、袋蛾、蚜虫、介壳虫等。这些病害和虫害均会对云杉的生长质量和成活率造成很大的影响，在防治时应将化学药剂、生物防治、物理防治等技术相结合，实施综合防治（周伟，2022）。

9 云杉属树种的园林配置

云杉树形端正，枝叶茂密，苍翠可爱，是庭园绿化观赏树种，在园林应用中可孤植、片植，也可作绿篱，亦可盆栽作为室内观赏树种。丽江云杉、白杄本身就是彩叶植物（周桃龙，2021）。云杉属于垂直方向的植物，具有明显的垂直向上性，为植物空间提供了垂直感和高度感，造成竖直方向视线的焦点，有深沉、静谧、庄严、肃穆的气氛。

基于北京市植物园松科资源的实地调查统计，综合考虑植物观赏价值、生态习性和抗性等因素，确定15个评价指标，建立松科植物资源层次分析评价模型。应用这一模型对松科植物资源的园林应用综合价值进行评价，结果表明蓝云杉、红皮云杉、辽东冷杉（*Abies holophylla*）、北美乔松（*Pinus strobus*）、欧洲赤松（*Pinus sylvestris*）、花旗松（*Pseudotsuga menziesii*）、红松（*Pinus koraiensis*）等14种松科植物的园林应用价值较高。深入分析松科植物观赏特性及园林应用形式，对评价值高的蓝云杉、红皮云杉、青杄等10种植物予以重点推荐（吴菲等，2013）。

城市公园绿化观赏效果和艺术水平的高低，在很大程度上取决于植物的选择和配置。暗绿色的云杉实际上是具有常年开花效果的常绿针叶树，选择色度对比大的种类进行搭配效果更好。比如柔枝红瑞木（*Cornus stolonifera*），云杉和柔枝红瑞木配置，春夏季柔枝红瑞木有绿色的树叶，其红色的树干是视觉焦点，秋季又变为深褐色树叶与白色的果实，在云杉的衬托下，特点被突出，冬季柔枝红瑞木只剩下红色树干，与云杉的绿色产生强烈的对比，有较好的观赏价值，使居民产生心理上的暖意，有较好的效果，比单独用一种落叶树好得多（山丹，2012）。

云杉和月季（*Rosa chinensis*）也可搭配，云杉深灰色的叶子和月季的红花组成十分鲜艳的对比色调。莲花山旅游区城市绿地园林植物中大量应用了红皮云杉，比如管委会道路外侧，与樟子松（*Pinus sylvestris*）、红瑞木（*Cornus alba*）、东北杏（*Prunus mandshurica*）、山楂（*Crataegus pinnatifida*）、紫叶李（*Prunus cerasifera*）、金叶榆（*Ulmus pumila*）、暴马丁香（*Syringa reticulata* subsp. *amurensis*）和白三叶（*Trifolium repens*）以丛植或群植的方式紧密地栽植在一起，形成春花秋实的四季景观（杨欣，2017）。在张掖市城市公园，云杉主要与垂柳（*Salix babylonica*）、中华红叶杨（*Populus* 'Zhonghua Hongye'）、桦树（*Betula*）、丁香（*Syringa oblata*）、连翘（*Forsythia suspensa*）、黄刺玫（*Rosa xanthina*）、八宝景天（*Hylotelephium erythrostictum*）、金娃娃萱草（*Hemerocallis fulva* 'Golden Doll'）、草坪等组成乔–草或乔–灌–草等配置模式（滕玉风等，2020）。群植白桦（*Betula platyphylla*）时可搭配红皮云杉、白杄、侧柏（*Platycladus orientalis*）等常绿乔木点缀，既在树的形态上有所变化，季节更替时色彩也不会过于单一；搭配栽植山楂、王族海棠（*Malus* 'Royalty'）与红皮云杉，结合水蜡（*Ligustrum obtusifolium*）绿篱，起到空间隔离的作用（王雨薇，2018）。云杉有着独特的圆锥形树形，能够在植物组团中起到突出作用，丰富植物景观、增加植物层次，并且遮蔽落叶植物分枝点以下的疏漏空间。北京居住区绿化常选用的云杉有青杄、白杄和红皮云杉。需要注意的是，如果小型组团中使用了不止一棵云杉树，那么每棵云杉的规格最好有所区别，如两棵云杉采用一大一小的形式进行搭配，以打破常绿植物的生硬感（李晶然，2015）。北京市植物园建园初期就栽植有云杉，主要是青杄、白杄和蓝云杉，布置在树木园银杏松柏区、月季园、木兰园等地。其中，木兰园4株青杄分别植于水池四个角隅的草坪之中，总体布局整齐；树木园的蓝云杉的针叶呈蓝绿色，色彩奇特，植于群落南端路边，既有迎宾之意，又使群落重心平稳，不至于过多地向银杏（*Ginkgo biloba*）和油松倾斜（王澜，2013）。

此外，云杉还可以形成常绿针叶植物组合，云杉环绕圆柏（*Juniperus chinensis*）种植，适于公园正门和平坦场地的装饰，形成灰绿和墨绿的单色调。云杉在北京园林中还应用了对植和片林。对植，即将树木对称植于景物之前。片林，即以乔木为主仅杂有少量灌木、丛木，施行成片绿化的园林种植方式。在片林中使用的树种应注意与灌木形成层次，使景观在视觉上更加丰富。不过云杉种植太靠近园路可能会影响到游人游园（郑子昂和闵瑞，2018）。应注意，云杉和垂榆（*Ulmus pumila* 'Tenue'）不宜搭配在一起，云杉枝条向上伸展，而垂榆枝条向下伸展，从枝条习性上差异太大，不协调。云杉也不能与李（*Prunus salicina*）混栽，云杉与李混栽后容易发生云杉球果锈病，感病球果提早枯裂，使种子产量和质量降低，严重影响云杉的天然更新和采种工作（周学勤，2010）。

园林建筑植物景观配置中可以运用云杉。比如红皮云杉，在白色的欧式建筑的前面植红皮云杉篱，白色和绿色形成对比，凸显欧式建筑（徐岩岩，2006）。办公建筑周围植物景观评出的最佳植物配置是红皮云杉–杜松（*Juniperus rigida*）–樟子松；文化建筑周围植物配置，最佳的植物景观之一有糖槭（*Acer saccharum*）–丁香–红皮云杉–茶条槭（*A. tataricum*）；宗教建筑周围植物配置最佳的植物景观之一有银中杨（*Populus alba* × *P. Berolinensis*）–梓树（*Catalpa ovata*）–红皮云杉和糖槭–红皮云杉–水蜡配置模式。红色的教堂建筑在植物和白雪的映衬下，格外雄伟挺拔，冬季的植被披上雪白的外衣，与建筑交相辉映，美轮美奂，是北方冬季特有的景观效果（宋云龙，2006）。乌鲁木齐的别墅区通过在住宅建筑棱角处以红皮云杉结合红瑞木、水蜡、红王子锦带（*Weigela florida* 'Red Prince'）、刺玫（*Rosa davurica*）等带状修剪的绿篱来弱化建筑物生硬外立面，层次丰富且密实的灌木带配合塔形的云杉破除了建筑边缘和墙角处的棱角感，使建筑更好地融入植物景观之中。宅旁绿地适宜的模式：黄金树（*Catalpa speciosa*）+山桃（*Amygdalus davidiana*）+ 红皮云杉–欧洲丁香（*Syringa vulgaris*）+秋英（*Cosmos bipinnatus*），此模式观赏价值极佳。春季可观山桃，夏秋可观黄金树与秋英，入冬可观红皮云杉，使得住宅窗前四季有景。白桦+红皮云杉–金叶榆+水蜡+红王子锦带+红叶小檗（*Berberis thunbergii* var. *atropurpurea*），此模式适宜结合微地形成组种植于建筑与建筑之间，疣枝桦/白桦的白色树皮、红皮云杉的绿色针叶和下层色彩丰富的灌木层交相辉映，美不胜收。小叶白蜡（*Fraxinus bungeana*）+红皮云杉–珍珠梅（*Sorbaria sorbifolia*）+水蜡+红叶小檗的模式适宜种植在建筑物边角处，以削弱建筑物棱角，柔化建筑外立面（郑尧，2015）。云杉还可以应用于石庭中，以云杉为主景，以较小的一两块景石铺之，植物本身多形态突出，或具雕塑感，或极入画（孙玉果，2007）。随着引种驯化高山植物的原理与栽培方法不断完善，为模拟自然高山景观需要，云杉、雪松（*Cedrus deodara*）、冷杉（*Abies fabri*）等也被培育成匍地类型，如英国爱丁堡皇家植物园的岩石园的矮小垫状的裸子植物，这将是我国植物园岩石园景观发展方向（胡文芳，2005）。

在园林配置时，一定要对当地的干燥多风、日照强烈等因素引起足够的重视，才能因地制宜地营造丰富的仿生群落景观（刘智能 等，2016）。首次全面调查拉萨市绿化现状，林芝云杉是骨干树种之一，林芝云杉对海拔高度不敏感，被普遍用作庭院景观树、行道树及绿篱，但对强光、干燥多风的环境适应性差，长势普遍不良，因此不适宜作上层景观树（刘智能 等，2016）。天山云杉为喜阴树种，多生长在气候湿润的阴坡、半阴坡河谷、山谷和坡地上，乡土性极强，一些别墅区由于养护较为到位，所植天山云杉呈现出的叶色极其翠绿，观赏性极强。天山云杉是雪岭云杉的变种，天山云杉的抗旱性、抗寒性比雪岭云杉具有优势，而且天山云杉在后期维护中比雪岭云杉更容易。雪岭云杉为喜阴树种，多生长在气候湿润的阴坡、半阴坡河谷、山谷和坡地上。其观赏性比新疆云杉更优，但需要一定的海拔才能存活。

10 云杉属树种的食用菌及其他用途

通过对太行山南部大型真菌资源野外实地考察发现，白蘑科（Tricholomataceae）大杯伞（*Clitocybe maxima*）、杯伞（*C. fragrans*）、洁丽小姑（*Mycena pura*）夏秋两季生于云杉林内地上，雷蘑（*C. gigantea*）夏秋两季单生或丛生于云杉林内草地上或草原上，形成蘑菇圈，地下产生菌核，紫丁香蘑（*Lepista nuda*）秋季散生或丛生于云杉林内地上。肉色香蘑（*L. irina*）夏秋两季发生于云杉林内草地上，常形成蘑菇圈。红鳞口蘑（*Tricholoma vaccinum*）单生或丛生于云杉林内地上，夏秋两季大量发生。蜜环菌（*Armillaria mellea*）秋季生于云杉林内的朽木上或树根基部，群生或丛生。马鞍菌科（Helvellaceae）类丛耳（*Wynnella silvicola*）夏秋两季发生于云杉林内地上，群生。羊肚菌科（Morohellaceae）黑脉羊肚菌（*Morchella angusticeps*）生于云杉、冷杉等林地上，群生，杨树林或灌木丛中发生量大。以上都是可食食用菌（王云 等，2007）。祁连山自然保护区大型真菌资源调查研究发现黄地勺菌（*Spathularia flavida*）等120余种菌类夏秋季生长在青海云杉林中，大部分是可以食用的（桂建华，2010）。云杉乳菇复合群（*Lactarius deterrimus* complex）是一类以云杉属植物为主要共生树种的极为近缘的物种，分布于北温带地区，这一复合群的物种均为食用菌。该复合群的*L. deterrimus*、*L. fennoscandicus*、*L. hengduansis*、*L. pseudohatsudake*在欧洲和中国西南地区被大量采食（王振，2021）。

用云杉木屑栽培榆黄磨（*Pleurotus citrinopileatus*）、金针菇（*Flammulina velutipes*）和平菇（*Pleurotus ostreatus*）菌株，其菌丝生长较快，生物转化率较高。与只能用阔叶树栽培食用菌的传统观点有出入，可成为利用木材加工剩余物和开发食用菌栽培原料的新途径（魏志艳和杨小兵，2009）。云杉乳菇复合群的物种是欧亚温带和中国西南亚高山–高山云杉林下重要的外生菌根菌，对于维持暗针叶林生态系统的稳定有重要作用。若能采用近缘的松乳菇（*L. deliciosus*）和红汁乳菇（*L. hatsudake*）的菌根合成和栽培方法，将菌丝接种于云杉幼苗对这类食用菌进行人工栽培，则会提高人工云杉林的经济价值和维持森林系统的稳定（王振，2021）。

筛选和鉴定云杉菌根真菌，对云杉育苗及种群恢复具有重要意义。从沙地云杉根段筛选获得8株菌根真菌，经ITS基因测序比对，分属于镰刀菌属（*Fusarium*）、皮伞属（*Mycetinis*）等5属，其中皮伞属为优势菌属，接种菌株*Mycetinis* sp. YSF2等发现具有较强的促生能力，这些菌株可储备为保育和人工栽培沙地云杉的菌种资源（张胜男 等，2021）。雪岭云杉是天山森林的建群种，在中国北方针叶林中占有重要地位。雪岭云杉森林中菌根真菌共21种，隶属于2门6纲10目12科14属（杜海燕 等，2019）。秦岭辛家山林区云杉共生的外生菌根真菌有37个不同类型，分属于10科14属，其中丝伞盖属（*Inocybe* sp.）是优势类群，厌味红菇（*Russula nauseosa*）是优势种（耿荣 等，2015）。

云杉不仅具有极佳的观赏性，而且其在生长过程中可以产生大量的挥发性物质，主要包括萜烯类、醇类、酯类、醛类等，对细菌、真菌和放线菌都有一定程度的影响。萜烯是云杉影响菌类生长的最主要活性成分。因月份不同挥发性物质的组成呈现出不同的规律，云杉对细菌的抑制效果最强，平均抑制率为70%，对放线菌的抑制效果次之，平均抑制率为29%，云杉挥发性物质对真菌没有抑制效果反而有一定程度的促进作用，平均促进率为37%（宿炳林，2015）。戚继忠等（2000）研究部分园林植物清除空气中细菌的能力，定量得出红皮云杉、油松等都具有较高的除菌率。

参考文献

蔡萍，宛涛，张洪波，等，2009. 沙地云杉与近缘种红皮云杉和白扦遗传多样性的RAPD分析[J]. 中国农业科技导报，11(6): 102-110.

陈风杰，2017. 松柏类植物景观调查研究[D]. 杭州：浙江农林大学.

邓如意，于响，刘利英，等，2013. 彩叶树种云杉的栽培与园林应用[J]. 现代农村科技 (12): 49.

董健，于世河，陆爱君，等，2007. 云杉引种及优良种-种源选择的研究[J]. 辽宁林业科技 (5): 1-3.

杜海燕，常顺利，宋成程，等，2019. 天山雪岭云杉森林菌根真菌多样性及其影响因子[J]. 干旱区研究，36(5): 1194-1201.

杜乃正，1982. 抚顺煤田中的木化石[J]. 化石 (3) : 4.

段国珍，白玉娥，伊如汉，等，2018. 沙地云杉与其近缘种间的GISH分析[J]. 西北植物学报，38(2): 35-41.

段淑英，2000. 中国东北辽宁省西部几种中生代化石木[J]. 植物学报，42(2): 207-213.

封烁，2016. 云杉属网状物种多样化的研究[D]. 兰州：兰州大学.

高兴喜，2000. 凉水自然保护区云杉死亡原因初步研究[D]. 哈尔滨：东北林业大学.

耿荣，耿增超，黄建，等，2015. 秦岭辛家山林区云杉外生菌根真菌多样性[J]. 微生物学报，55(7): 905-915.

桂建华，2010. 祁连山自然保护区大型真菌资源调查研究[D]. 兰州：甘肃农业大学.

郭颖波，邢涛，屈直，2014. 蓝云杉异砧嫁接繁殖技术[J]. 吉林林业科技，43(1): 54-58.

黄三祥，2004. 沙地云杉生态学特性及引种研究[D]. 北京：北京林业大学.

胡文芳，2005. 中国植物园建设与发展[D]. 北京：北京林业大学.

贾忠奎，马履一，王小平，2002. 北美白云杉、黑云杉在中国的引种研究[J]. 江西农业大学学报(自然科学版)，24(3): 340-345.

贾子瑞，2011. 云杉属系统与进化学研究[D]. 北京：中国林业科学研究院.

贾子瑞，王军辉，张守攻，等，2014. 云杉属花粉形态的电镜扫描研究[J]. 林业科学，50(5): 49-61.

蒋雪彬，李建民，高廷玉，等，2000. 云杉的演化史及分布状况[J]，林业勘查设计(1): 30-31.

李贺，张维康，王国宏，2012. 中国云杉林的地理分布与气候因子间的关系[J]. 植物生态学报, 36(5): 372-381.
李晶然, 2015. 北京市居住区园林植物景观研究[D]. 北京: 北京林业大学.
金春星, 1989. 中国树木学名诠释[M]. 北京: 中国林业出版社: 249.
井绪忠, 2018. 青海云杉育苗栽培及造林管理技术[J]. 现代园艺(4): 34-35.
刘禹廷, 2016. 呼和浩特市几种云杉属树种引种适应性研究[D]. 呼和浩特: 内蒙古农业大学.
刘增力, 方精云, 朴世龙, 2002. 中国冷杉、云杉和落叶松属植物的地理分布[J]. 地理学报, 57(5): 10.
刘智能, 潘刚, 张红锋, 等, 2016. 拉萨市园林植物调查与应用研究[J]. 云南农业大学学报: 自然科学版, 31(4): 670-680.
罗建蓉, 2007. 两种裸子植物化石木和古墓中胡杨的化学研究[D]. 大理: 大理学院.
马常耕, 1993. 世界云杉无性系林业发展现状[J]. 世界林业研究, 6(5): 24-31.
欧阳芳群, 张守攻, 王军辉, 等, 2010. 补光处理对黑云杉不同种源苗木生长的影响[J]. 北京林业大学学报, 32(5): 82-87.
欧阳芳群, 王军辉, 贾子瑞, 等, 2014. 补光对青海云杉家系幼苗生物量和矿质元素的影响[J]. 林业科学, 50(11): 188-196.
欧阳芳群, 付国赞, 王军辉, 等, 2015. 欧洲云杉扦插生根进程中内源激素和多酚类物质变化[J]. 林业科学, 51(3): 155-162.
欧阳芳群, 蒋明, 王军辉, 等, 2016. 补光对欧洲云杉苗木生长的生理影响研究[J]. 北京林业大学学报, 38(1): 50-58.
祁生秀, 2019. 蓝云杉引种区域化试验研究初报[J]. 青海农林科技(2): 101-105.
任步钧, 1980. 白杆云杉引种驯化成功[J]. 林业科技(2): 12.
任延广, 万传彪, 乔秀云, 等, 2003. 松辽盆地北部昌五地区沙河子组孢粉组合[J]. 吉林大学学报, 33(4): 407-411.
山丹, 2012. 呼和浩特市综合公园植物景观季相研究[D]. 呼和浩特: 内蒙古农业大学.
沈银新, 赵振坤, 2006. 青海云杉幼树在北疆平原移栽成功的要点[J]. 新疆林业(5): 28.
时英, 靳紫宸, 高一林, 等, 1987. 青海云杉引种试验阶段报告[J]. 吉林林业科技(1): 10-12.
松村任三, 1916. 植物名录[M]. 东京: 丸善株式會社, 昭和, 4-5.
孙玉果, 2007. 沈阳北陵公园植物景观研究[D]. 乌鲁木齐: 新疆农业大学.
宋绍军, 崔崧, 王承义, 2011. 光照条件对绿化树种青海云杉引种的影响[J]. 中国林副特产(2): 24-25.
宋云龙, 2006. 哈尔滨市欧式建筑周围植物配置的评价[D]. 哈尔滨: 东北林业大学.
师生波, 刘克彪, 张莹花, 等, 2017. 民勤沙生植物园4种云杉属植物光化学特性的趋同适应[J]. 生态学报, 37(15): 5029-5048.
孙进录, 2019. 试论云杉大苗移栽技术[J]. 现代园艺(1): 51-52.
滕玉风, 占玉芳, 鲁延芳, 等, 2020. 张掖市城市园林植物群落结构与配置模式研究[J]. 现代园艺, 43(17): 4.
童成仁, 刘平生, 2009. 呼和浩特树木园云杉属(*Picea*)引种及评估[J]. 内蒙古林业科技, 35(2): 37-43.
王波, 1991. 天山西部林区云杉林更新种畜害的研究[J]. 北京林业大学学报(4): 67-73.
王国宏, 2017. 中国云杉林[M]. 北京: 科学出版社.
王澜, 2013. 北京植物园北园植物景观研究[D]. 杭州: 浙江农林大学.
王立生, 彭俊, 2017. 青海云杉移栽及养护管理技术[J]. 新疆农业科技(6): 47.
王婧如, 王明浩, 张晓玮, 等, 2018. 同倍体杂交物种紫果云杉的生态位分化及其未来潜在分布区预测[J]. 林业科学, 54(6): 10.
王军辉, 李青粉, 张守攻, 2013. 川西云杉体细胞胚胎发生与植株再生方法[P]. 北京: CN102771393A.
王云, 杨晋明, 刘宏伟, 等, 2007. 太行山(南部)大型真菌资源调查[J]. 山西师范大学学报(自然科学版), 21(4): 75-78.
王雨薇, 2018. 嫩江平原滨水园林植物配置及应用[D]. 哈尔滨: 东北农业大学.
王振, 2021. 云杉乳菇复合群菌种培养及遗传背景分析[D]. 长春: 吉林农业大学.
王志涛, 2006. 白云杉补光育苗试验[J]. 林业科技, 31(5): 10-12.
魏志艳, 杨小兵, 2009. 云杉木屑培养食用菌的研究[J]. 中国食用菌, 28(4): 23-24.
吴菲, 王广勇, 赵世伟, 等, 2013. 北京植物园松科植物综合评价及园林应用研究[J]. 中国农学通报, 29(1): 213-220.
许家春, 邵海燕, 李殿波, 2004. 优良绿化树种青杆云杉引种栽培技术[J], 中国林副特产, 3(3): 24.
许兴, 陈燕, 王广勇, 等, 2016. 运用Logistic方程确定几种云杉属植物的耐热性[C]// 中国植物学会. 2016年中国植物园年会论文集(19): 191-196.
徐岩岩, 2006. 哈尔滨居住区植物景观评价[D]. 哈尔滨: 东北林业大学.
杨海浴, 允慧玲, 2006. 补充光照对欧洲云杉苗木生长的影响[J]. 甘肃林业科技, 31(1): 26-28.
杨欣, 2017. 莲花山旅游区城市绿地园林植物调查及景观评价[D]. 长春: 吉林农业大学.
杨永, 2021. 中国裸子植物红色名录评估(2021版)[J]. 生物多样性, 29: 1599-1606.
杨永, 王志恒, 徐晓婷, 2017. 世界裸子植物的分类和地理分布[M]. 上海: 上海科学技术出版社.
杨再兵, 尤利, 马蓉, 2015. 移植云杉大树的养护与管理技术[J]. 现代园艺(18): 39.
应俊生, 1989. 中国裸子植物分布区的研究(1)——松科植物的地理分布[J]. 中国科学院大学学报, 27(1): 27-38.
尹红, 杜艳强, 2004. 红皮云杉大树的移植[J]. 现代园林(11): 33.
张国连, 1983. 青海云杉引种简报[J]. 吉林林业科技(2): 68.
张建伟, 2014. 粗枝云杉体胚发生和萌发前的干化调控机制[D]. 北京: 中国林业科学研究院.
张建伟, 王军辉, 李青粉, 等, 2014a. 云杉未成熟合子胚诱导体细胞胚胎发生[J]. 林业科学, 50(4): 39-46.

张建伟, 王军辉, 马建伟, 2014b. 粗枝云杉胚性愈伤组织增殖后期的体胚发生方式转变[J]. 植物生理学报, 50(2): 197-202.

张建伟, 王军辉, 张守攻, 等, 2014c. 粗枝云杉体细胞胚萌发前的干化标记[J]. 林业科学, 50(7): 31-36.

戚继忠, 由士江, 王洪俊, 等, 2000. 园林植物清除细菌能力的研究[J]. 城市环境与城市生态, 13(4): 3.

宿炳林, 2015. 云杉挥发性物质的抑菌效果研究[J]. 山东林业科技, 45(5): 62-64.

张立功, 张闯令, 赵恒军, 1995. 欧洲云杉引种研究[J]. 河北林果研究, 10(2): 122-126.

张胜男, 杨制国, 袁立敏, 等, 2021. 沙地云杉菌根真菌的鉴定及其促进作用[J]. 内蒙古林业科技, 47(3): 1-6.

张守攻, 王军辉, 刘娇妹, 等, 2005. 青海云杉强化育苗技术研究[J]. 西北农林科技大学学报(自然科学版), 33(5): 33-38.

张晓玮, 王婧如, 王明浩, 等, 2020. 中国云杉属树种地理分布格局的主导气候因子[J]. 林业科学, 56(4): 11.

中国科学院北京植物研究所, 中国科学院南京地质古生物研究所《中国新生代植物化石》编写组, 1978. 中国新生代植物(中国植物化石, 第三册)中国新时代植物[M]. 北京: 科学出版社.

中国科学院青藏高原综合科学考察队, 1985. 西藏森林[M]. 北京: 科学出版社.

中国森林编辑委员会, 1997. 中国森林: 第一卷[M]. 北京: 中国林业出版社.

郑尧, 2015. 乌鲁木齐市别墅区植物造景研究[D]. 乌鲁木齐: 新疆农业大学.

郑万钧, 傅立国, 1978. 中国植物志: 第七卷[M]. 北京: 科学出版社.

郑子昂, 闵瑞, 2018. 北京松柏植物的景观应用[J]. 农村经济与科技, 29(11): 5.

周德彰, 肖阔前, 1989. 云杉人工林生长量及经济效益的预测[J]. 四川林业科技, 10(1): 9.

周桃龙, 2021. 松科彩叶植物种质资源[J]. 河南林业科技, 41(4): 30-34.

周伟, 2022. 论云杉育苗栽培及造林管理技术[J]. 广东蚕业, 56(6): 90-92.

周学勤, 2010. 不宜混栽的树种[J]. 农家之友(6): 49.

邹嘉宾, 2016. 云杉属物种界定和物种形成研究[D]. 兰州: 兰州大学.

BODARE S, STOCKS M, YANG JC, et al, 2013. Origin and demographic history of the endemic Taiwan spruce (*Picea morrisonicola*) [J]. Ecology and Evolution, 3(10):3320-3333.

CARRIERE E A, 1853. Traité Général des Coniféres[M]. Paris: Chez l'Auteur, Rue de Buffon, 53, et dans les principales librairies agricoles.

CHRISTENHUSZ M J M, REVEAL J L, FARJON A, et al, 2011. A new classification and linear sequence of extant gymnosperms [J]. Phytotaxa 19: 55-70.

CYR D, GAUTHIER S, BERGERON Y, et al, 2009. Forest management is driving the eastern north American boreal forest outside its natural range of variability [J]. Frontiers in Ecology and the Environment, 7(10):519-524.

LOCKWOOD J, ALEKSIC J, ZOU J, et al, 2013. A new phylogeny for the genus *Picea* from plastid, mitochondrial, and nuclear sequences [J]. Molecular Phylogenetics & Evolution, 69(3): 717-727.

BI H, YUE W, WANG X, et al, 2016. Late Pleistocene climate change promoted divergence between *Picea asperata* and *P. crassifolia* on the Qinghai–Tibet Plateau through recent bottlenecks [J]. Ecology and Evolution, 6(13): 4435-4444.

BIROL I, RAYMOND A, JACKMAN S D, et al, 2013. Assembling the 20 Gb white spruce (*Picea glauca*) genome from whole-genome shotgun sequencing data[J]. Bioinformatics, 29(12): 1492-1497.

CARRIÈRE E A, 1855. Traité général des conifères[M]. Paris : E. A. Carrière.

DEBAZAC E F, 1964. Manuel des Conifères [M]. ENGREF, Nancy.

DU F K, PENG X L, LIU J Q, et al, 2011. Direction and extent of organelle DNA introgression between two spruce species in the Qinghai-Tibetan Plateau[J]. New Phytologist, 192(4): 1024-1033.

DU F K, PETIT R J, LIU J Q, 2009. More introgression with less gene flow: chloroplast vs. mitochondrial DNA in the *Picea asperata* complex in China, and comparison with other conifers[J]. Molecular Ecology, 18 (7): 1396-1407.

FARJON A, 1990. Pinaceae: drawings and descriptions of the genera *Abies*, *Cedrus*, *Pseudolarix*, *Keteleeria*, *Nothotsuga*, *Tsuga*, *Cathaya*, *Pseudotsuga*, *Larix* and *Picea* [M]. Koeltz Scientific Books, Königstein, Germany.

FARJON A, 2001. World Checklist and Bibliography of Conifers [M]. Royal Botanic Gardens, Kew, England.

FARJON A, 2010. A Handbook of the World's Conifers. Leiden, Netherlands [M]: Brill Academic Publishers: 1-1073.

FLORIN R, 1963, The distribution of conifer and taxad genera in time and space[J]. Acta Horti Bergiani, 20: 121-312.

FU L, LI N, ELIAS T S, 1999. Flora of China: 4 [M]. Beijing: Science Press, & St. Louis: Missouri Botanical Garden.

GAUSSEN H, 1966. Les gymnosperms actuelles et fossiles. Fasc. Ⅷ. Genres *Pseudolarix*, *Keteleeria*, *Larix*, *Pseudotsuga*, *Pitiytes*, *Picea*, *Cathaya*, *Tsuga*[J]. Toulouse: Faculte des Sciences.

HAKMAN, FOWKE L C, ARNOLD V, et al, 1985. The development of somatic embryos in tissue cultures initiated from immature embryos of *Picea abies* (Norway Spruce) [J]. Plant Science, 38(1):53-59.

HAKMAN I, ARNOD S V, 1988. Somatic embryogenesis and plant regeneration from suspension cultures of *Picea glauca* (White spruce) [J]. Physiologia Plantarum, 72(3):579-587.

HARE M P, 2001. Prospects for nuclear gene phylogeography [J]. Trends in Ecology & Evolution, 16(12):700-706.

JING D L, ZANG J W, XIA Y, et al, 2017. Proteomic analysis of stress-related proteins and metabolic pathways in *Picea asperata* somatic embryos during partial desiccation [J]. Plant Biotechnology Journal, 15(1):27-38.

KHURAIJAM J S, MAZUMDAR J, 2019. An updated checklist of Indian Western Himalayan gymnosperms and lectotypification of three names [J]. Journal of Threatened Taxa, 11(9):14204-14211.

KLYMIUK A A, STOCKEY R A, 2012. A lower cretaceous (Valanginian) seed cone provides the earliest fossil record for *Picea* (Pinaceae) [J]. American Journal of Botany, 99(6):1069-1082.

LAMBERT A B, 1803. Description of the Genus *Pinus* [M]. London: J. White.

LEDIG F T, HODGSKISS P D, KRUTOVSKII K V, et al, 2004. Relationships among the spruces (*Picea*, pinaceae) of southwestern north America[J]. Systematic Botany, 29(2): 275-295.

LI L, ABBOTT R J, LIU B B, et al, 2013. Pliocene intraspecific divergence and Plio-Pleistocene range expansions within *Picea likiangensis* (Lijiang spruce), a dominant forest tree of the Qinghai-Tibet Plateau[J]. Molecular Ecology, 22(20): 5237-5255.

LI Y, STOCKS M, HEMMILA S, et al, 2010. Demographic histories of four spruce (*Picea*) species of the Qinghai-Tibetan Plateau and neighboring areas inferred from multiple nuclear loci [J]. Molecular Biology and Evolution, 27(5):1001-1014.

LIN C P, HUANG J P, et al, 2010. Comparative chloroplast genomics reveals the evolution of Pinaceae genera and subfamilies [J], Genome Biology Evolution, 2(1): 504-517.

LING J, XIA Y, HU J W, et al, 2022. Integrated Lipidomic and Transcriptomic Analysis Reveals Phospholipid Changes in Somatic Embryos of *Picea asperata* in Response to Partial Desiccation [J]. International Journal of Molecular Sciences, 23(12):6494. https://doi.org/10.3390/ijms23126494.

LINNAEUS C, 1753. *Species Plantarum* [M]. Holmiae: Impensis Laurentii Salvii, 1002.

LIU T S, 1982. A new proposal for the classification of the genus *Picea* [J]. Acta Phytotaxonomica et Geobotanica, 33:227-244.

MENG L, YANG R, ABBOTT R J, et al, 2007. Mitochondrial and chloroplast phylogeography of *Picea crassifolia* kom. (Pinaceae) in the Qinghai-tibetan plateau and adjacent highlands [J]. Molecular Ecology, 16(19): 4128-4137.

NIENSTAEDT H, TEICH A H, 1972. The genetics of white spruce, USDA [M]. Forest Service Research Paper.

NYSTEDT B, STREET NR, WETTERBOM A, et al, 2013. The Norway spruce genome sequence and conifer genome evolution [J]. Nature, 497: 579-584.

OUYANG F Q, MAO JF, WANG J H, et al, 2015a. Transcriptome Analysis Reveals that Red and Blue Light Regulate Growth and Phytohormone Metabolism in Norway Spruce [*Picea abies* (L.) Karst.][J]. PLoS ONE, 10 (8): e0127896.

OUYANG F Q, WANG J H, LI YU, 2015b. Effects of cutting size and exogenous hormone treatment on rooting of shoot cuttings in Norway spruce [*Picea abies* (L.) Karst.][J]. New Forests, 46: 91-105.

OUYANG F Q, OU Y, ZHU T Q, et al, 2021. Growth and Physiological Responses of Norway Spruce [*Picea abies* (L.) H. Karst)] Supplemented with Monochromatic Red, Blue and Far-Red Light [J]. Forests, 12(2):164.

OUYANG F Q, HU J W, Wang J C, et al, 2019. Complete plastome sequences of *Picea asperata* mast., *P. crassifolia* kom. and comparative analyses with *P. abies* (L.) Karst. and *P. morrisonicola* Hayata [J]. Genome, 62(5): 317-328.

PILGER R, ENGLER A, HARMS H, et al, 1960. Gymnospermae [M]. Engelmann.

SMITH K, COYEA M R, MUNSON A, 2000. Soil Carbon, Nitrogen, and Phosphorus stocks and dynamics under disturbed black spruce forests [J]. Ecological Applications, 10(3): 775-788.

RAN J H, WEI X X, WANG X Q, 2006. Molecular phylogeny and biogeography of *Picea* (Pinaceae): implications for phylogeographical studies using cytoplasmic haplotypes[J]. Molecular Phylogenetics & Evolution, 41(2): 405-419.

RAN J H, WANG P P, ZHAO H J, et al, 2010. A test of seven candidate barcode regions from the plastome in *Picea* (Pinaceae) [J]. Journal of Integrative Plant Biology, 52(12): 1109-1126.

RAN J H, SHEN T T, LIU W J, et al, 2015. Mitochondrial introgression and complex biogeographic history of the genus *Picea* [J]. Molecular Phylogenetics & Evolution, 93:63-76.

RU D, Mao K, LEI Z, et al, 2016. Genomic evidence for polyphyletic origins and interlineage gene flow within complex taxa: a case study of *Picea brachytyla* in the Qinghai-Tibet Plateau[J]. Molecular Ecology, 25(11):2373-2386.

SCHMIDT P A, 1989. Beitrag zur systematic und evolution der gattung *Picea* A. Dietr. [J]. Flora, 182:435-461.

SHAO CHENG-CHENG, SHEN TING-ING, JIN WEI-TAO, et al, 2019. Phylotranscriptomics resolves interspecific relationships and indicates multiple historical out-of-North America dispersals through the Bering Land Bridge for the genus *Picea* (Pinaceae) [J]. Molecular Phylogenetics and Evolution, 141(106610):1-12.

SHEN T T, RANA J H, WANG X Q, 2019. Phylogenomics disentangles the evolutionary history of spruces (*Picea*) in the Qinghai-Tibetan Plateau: Implications for the design of population genetic studies and species delimitation of conifers[J]. Molecular Phylogenetics and Evolution, 141(106612):1-13.

STEVEN K O, KENT L E, 1993. Photoperiod extension

with two types of light Sources: Effects on growth and development of conifer species [J]. Tree Planters' Notes, 44(3):1-7.

STINE M, KEATHLEY D E, 1990. Paternal inheritance of plastids in Engelmann spruce x blue spruce hybrids[J]. Journal of Heredity, 81(6): 443-446.

SULLIVAN A R, SCHIFFTHALER B, THOMPSON S L, et al, 2017. Interspecific plastome recombination reflects ancient reticulate evolution in *Picea* (Pinaceae)[J]. Molecular Biology and Evolution, 34(7): 1689-1701.

SUN Y, ABBOTT R J, LI L, et al, 2014. Evolutionary history of purple cone spruce (*Picea purpurea*) in the Qinghai-Tibet Plateau: homoploid hybrid origin and Pleistocene expansion [J]. Molecular Ecology, 23(2):343-359.

WILLKOMM M,1887. Forstliche Flora. Von Deutschland and Oesterreich [M]. Ed. 2. Leipzig: C. F. Mintersche Verlagshandlung.

WOLFE K H, LI W H, SHARP P M, 1987. Rates of nucleotide substitution vary greatly among plant mitochondrial, chloroplast, and nuclear DNAs [J]. Proceedings of the National Academy of Sciences of the United States of America, 84(24): 9054-9058.

WRIGHT J W, 1955. Species crossability in spruce in relation to distribution and taxonomy[J]. Forest Science, 1(4):319-349.

ZOU J, SUN Y, LI L, et al, 2013. Population genetic evidence for speciation pattern and gene flow between *Picea wilsonii*, *P. morrisonicola* and *P. neoveitchii* [J]. Annals of Botany, 112(9):1829-1844.

致谢

特别感谢国家植物园（北园）马金双研究员、崔夏硕士、郝强博士；中国林业科学研究院马常耕研究员；西南林学院欧阳硕士；甘肃省小陇山林业科学研究所安三平教授级高级工程师、王美琴高级工程师、鲜小军高级工程师、马建伟所长、蒋明主任、胡勐鸿高级工程师、王丽芳高级工程师；青海大通东峡林场祁生秀主任、蔡启山场长、王今生研究员；黑龙江省林业科学研究所王福德研究员；湖北三峡植物园管理处（宜昌市林业科学研究所）祁万宜和高本旺所长等提供的帮助。

作者简介

欧阳芳群（女，湖南长沙人，1982年生），吉首大学学士（2005），北京林业大学硕士（2008），北京林业大学博士（2015）；2008—2011年在凯迪阳光生物能源投资有限公司工作；2015—2020年中国林业科学研究院博士后；2020年4月至今在北京市植物园［国家植物园（北园），下同］工作。主要从事云杉等园林植物遗传育种、逆境生理研究。

王军辉（男，河南郏县人，1972年生），北京林业大学学士（1995），北京林业大学博士（2000）；2000—2002年中国林业科学研究院博士后；2000年至今在中国林业科学研究院工作，研究员；主要从事云杉、楸树遗传育种研究。中国林学会树木引种驯化专业委员会常委，中国林学会林木遗传育种分会委员。

孙猛（男，北京人，1981年生），北京农学院学士（2003）；2007年至今在北京市植物园工作，高级工程师；主要研究方向为新优苗木引种与推广工作，参与多项北京市公园管理中心（司局级）课题并获奖。

李菁博（男，北京人，1980年生），中国农业大学植物保护本科（2003），中国农业大学植物病理学硕士（2006），中国科学院大学科学史专业博士（2019），自2006年至今在北京市植物园工作，2008年任工程师，2013年任高级工程师，从事园林植物栽培养护管理工作，并开展珍稀濒危植物保护和相关科普宣传。

邓军育（女，北京人，1981年生），2000年至今在北京市植物园工作，高级技师；主要研究方向新优苗木繁育工作，参与多项北京市公园管理中心（司局级）课题并获奖。

园林之母
China

03

-THREE-

中国姜科象牙参属

***Roscoea* of Zingiberaceae in China**

余天一*
（北京）

YU Tianyi*
(Beijing)

* 邮箱：yty0101@sina.com

摘　要：本章介绍了姜科象牙参属的形态特征、系统分类研究，新编写了象牙参属中国分布种的检索表，记载了分布于中国的共16种（以及2变种）象牙参属植物，包含这些种的描述、分布、区分特征、分类讨论和园艺应用，简单总结了象牙参属植物的园艺应用和栽培要点。

关键词：象牙参属　姜科　园艺应用

Abstract: This chapter introduces the morphology, taxonomy and systematic studies of genus *Roscoea* (Zingiberaceae), devised a new key for Chinese *Roscoea* species, records a total of 16 species (with 2 varieties) of *Roscoea* distributed in China, including description, distribution, distinguishing characteristics, taxonomic discussion and horticultural use of these species, and gives a brief of horticultural uses and cultivation notes of all *Roscoea* species.

Keywords: *Roscoea*, Zingiberaceae, Horticultural use

余天一，2023，第3章，中国姜科象牙参属；中国——二十一世纪的园林之母，第三卷：073-117页.

1 象牙参属系统和分类概述

1.1　象牙参属特征

象牙参属（*Roscoea*）隶属于姜科（Zingiberaceae），所有种都是多年生宿根草本植物（图1），地上部分1年生，地下有极短的根茎和肉质根，肉质根粗壮，纺锤形或椭圆形（图2）。叶片互相重叠，有时形成莲座状、披针形或长圆形，基部常常无叶柄而有叶鞘。花序为总状花序或穗状花序，顶生，藏在叶丛中或者高于叶丛，花序梗不明显或者可以明显被观察到，在全年的生长过程中常常会逐渐变长。苞片膜质，通常为绿色，每一苞片内有花1朵，苞片在果期宿存。花萼长管状，膜质，通常为半透明的浅棕色、淡红色或淡黄色，顶端2裂或者3裂，藏于苞片之中或者部分伸出苞片之外。

图1　藏象牙参的全株

图2　大理象牙参的根茎和肉质根

图3 紫花象牙参的花，示花管、花冠上裂片、花冠侧裂片、侧生退化雄蕊、唇瓣、雄蕊（包括药室和药隔延长及附属物）和雌蕊

花冠漏斗形，花管细长，顶端有3枚裂片，上方的1枚直立，较大，兜状，两侧的较狭，平展或下弯；唇瓣大，下弯，2裂，裂片边缘常常微凹，有时裂片顶端明显2裂。侧生退化雄蕊花瓣状，直立，长圆状匙形，通常短于上花冠裂片。雄蕊的花丝短，花药室线形，两枚雄蕊的花药紧贴在一起，花药隔于基部延伸成距状，药隔延长及附属物形态各异（图3）。子房3室，圆柱形或椭圆形；胚珠多数，叠生；花柱线形，柱头漏斗状，具缘毛，从两枚雄蕊的贴生花药中间伸出。蒴果圆柱形或棒状，迟裂或微裂成3爿，果皮膜质；种子卵形，具假种皮，假种皮边缘撕裂状或鸡冠状。

象牙参属分布于中国、尼泊尔、印度、巴基斯坦、孟加拉国、不丹和缅甸，主要分布在喜马拉雅山脉和横断山脉，印度的卡西山地（Khasi Hills）和缅甸的钦山（Chin Hills）也有分布。所有种都生活在山地环境中，分布海拔在1 000～5 000m之间。象牙参属是姜科分布海拔最高的类群，也是耐寒性最好的类群，大部分种生活在冬季有降雪的环境中，少数种可以分布到冰缘带（图4、图5）。

图4 大理象牙参生境

图5　早花象牙参生境

1.2　象牙参属系统与分类研究

象牙参属

Roscoea Sm., Exotic Botany 2:97, pl. 108, 1806.
Type species: *Roscoea purpurea* Sm.

象牙参属（*Roscoea*）于1806年发表，属名是为纪念主要研究姜科和近缘植物类群的利物浦植物园创始人威廉·罗斯科（William Roscoe, 1753—1831）。19世纪早期，英国植物学家首先对分布于尼泊尔和印度的象牙参属种进行采集和研究，到了19世纪晚期，中国的象牙参属植物开始被西方植物研究者关注；法国的植物采集者德拉维（赖神甫）（Père Jean-Marie Delavay, 1834—1895）对云南的象牙参属植物进行采集，随后由弗朗西斯·加涅潘（François Gagnepain, 1866—1952）对这些标本进行研究、描述和发表，此时也开始有受英国人委托的西藏植物采集者开始在西藏采集象牙参属植物标本。

20世纪早期，在中国境内活动的西方植物猎人变得更多，他们的足迹也扩张到喜马拉雅山脉和横断山脉的更多地区。福里斯特（傅礼士）（George Forrest, 1873—1932）、金登 沃德（Frank Kingdon-Ward, 1885—1958）、洛克（Joseph Rock, 1884—1962）、汉德尔-马泽蒂（Heinrich von Handel-Mazzetti, 1882—1940）和施奈德（Camillo Schneider, 1876—1951）都采集了大量的象牙参属种的标本，有多个种以他们采集的标本为模式标本，也有不同的种以他们的名字命名。近年来中国的植物学家也开始研究象牙参属植物，描述和发表了多个象牙参属新种，如童绍全（1992）描述和发表的昆明象牙参（*R. kunmingensis*），以及罗明华等（2007）描述和发表的苍山象牙参（*R. cangshanensis*）。

《中国植物志》记载了象牙参属共有15个种，有12个种及1变种在中国分布（吴德邻 等，1981）。*Flora of China*对《中国植物志》的象牙参属进行了修订（Wu & Larsen, 2000），记载了象牙参属共有18个种，13个种在中国有分布，其中8个种是中国特有种。

对于象牙参属整个属的系统和分类研究比较

少，而且开始得很晚。Jill Cowley首次依据当时可以获得的材料对整个象牙参属进行全面的分类研究，于1982年发表（Cowley, 1982）。在这之后Jill Cowley参加了3次对中国西南地区的科学考察，随后依据新的资料，再次对象牙参属进行了整理和修订，于2007年出版了象牙参属专著*The Genus Roscoea*，其中记载了象牙参属共有20个种（不包括变种、亚种和变型），其中中国分布有15个种（Cowley, 2007）。

对象牙参属的系统学研究于2000年前后开始。Ngamriabsakul等人基于形态学数据和nrITS基因序列对姜花族（Hedychieae）不同类群特别是象牙参属进行系统发育分析，发现象牙参属是一个单系群，它的姐妹群是距药姜属（*Cautleya*）。象牙参属所有种可以分为两个分支（Clade）——喜马拉雅支（Himalayan Clade）和中国支（Chinese Clade），喜马拉雅支主要分布于喜马拉雅山脉，中国支主要分布于横断山脉。在喜马拉雅支和中国支之间，有一个地理间隔，被称为“雅鲁藏布间隔”（Brahmaputra Gap）。Ngamriabsakul同时还对象牙参属的3个物种和距药姜属的1个物种进行了染色体研究（Ngamriabsakul & Newman, 2000; Ngamriabsakul, 2001, 2004）（图6、图7）。

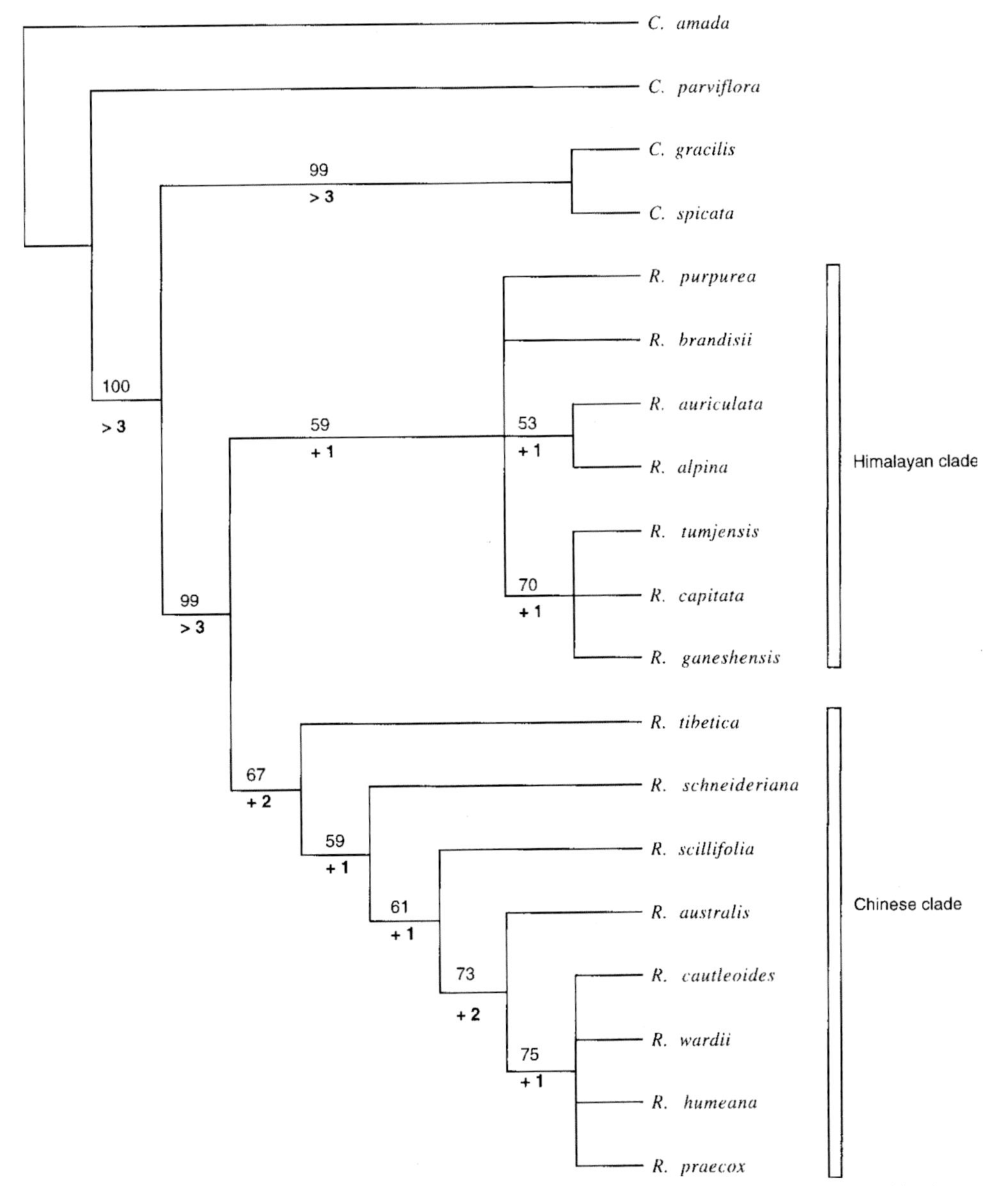

图6 基于15个象牙参属物种和4个外类群物种的ITS1和ITS2序列构建的5个最简约树组合而成的严格一致树，标注了象牙参属的喜马拉雅支和中国支，引自*Phylogeny and disjunction in **Roscoea** (Zingiberaceae)*（Ngamriabsakul & Newman, 2000）

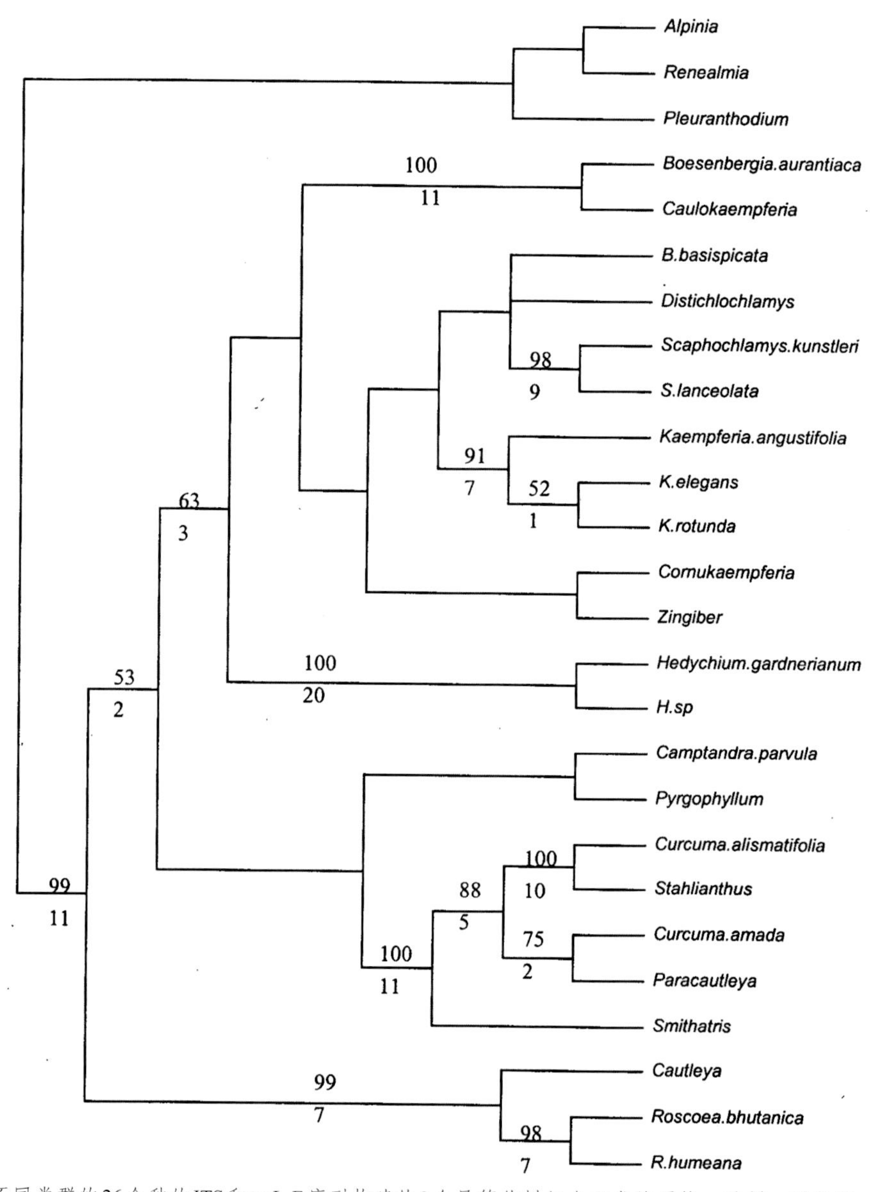

图7　基于姜科不同类群的26个种的ITS和trnL-F序列构建的2个最简约树组合而成的严格一致树，引自 *The Systematics of the Hedychieae (Zingiberaceae), with Emphasis on **Roscoea** Sm.*（Ngamriabsakul, 2001）

赵建立（2012）对于象牙参属的系统进化和谱系地理学研究，进一步探索了象牙参属的系统分类和生态分布。研究记载了象牙参属共有21个种。以nrITS基因序列建立的系统发育树和基于3个基因的联合系统发育树都以高支持率支持象牙参属分为2个组，即喜马拉雅组和中国组。研究验证了喜马拉雅支和中国支之间"雅鲁藏布间隔"确实存在，并且还发现喜马拉雅支有多个种［图杰象牙参（*R. tumjensis*）、不丹象牙参（*R. buthanica*）、耳叶象牙参（*R. auriculata*）］是杂交形成的，其中耳叶象牙参可能是来自紫花象牙参（*R. purpurea*）和高山象牙参（*R. alpina*）的杂交种。随后Zhao等（2017）人开展了象牙参属种级的初步系统发生研究，探索了象牙参属物种的形成过程，以此探讨喜马拉雅山脉和横断山脉物种形成和适应环境的机制（图8、图9）。Li等（2019）对象牙参属的生态学研究再次验证了地理间隔的存在导致了象牙参属两支分隔两地的分布格局。

Du等（2012）对属于中国支的大花象牙参（*R. humeana*）和早花象牙参（*R. cautleyoides*）的杂交的研究，发现了大花象牙参和早花象牙参两种间存在杂交带，且形成了杂交个体。赵建立等

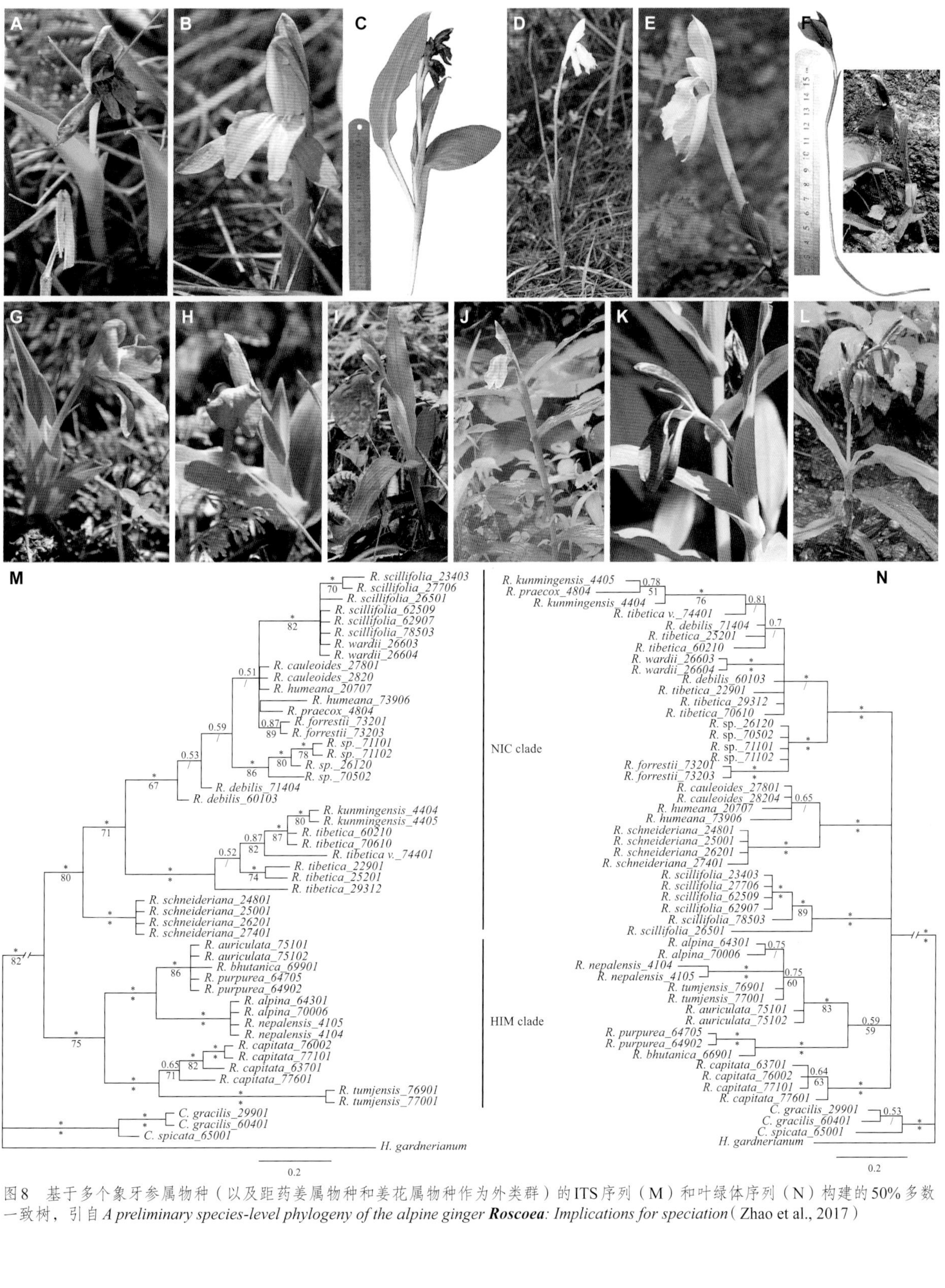

图8　基于多个象牙参属物种（以及距药姜属物种和姜花属物种作为外类群）的ITS序列（M）和叶绿体序列（N）构建的50%多数一致树，引自*A preliminary species-level phylogeny of the alpine ginger **Roscoea**: Implications for speciation*（Zhao et al., 2017）

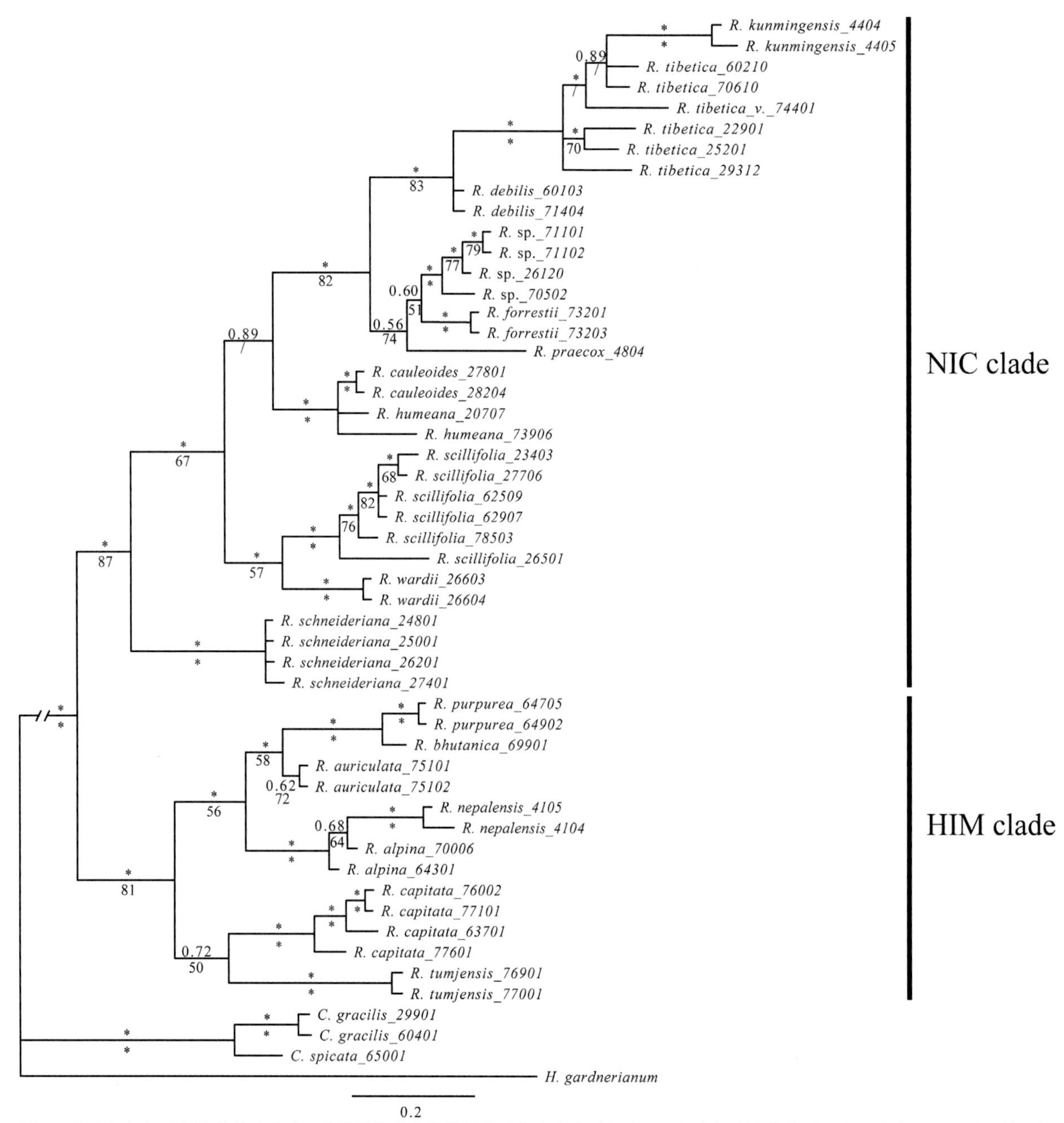

图9　基于多个象牙参属物种（以及距药姜属物种和姜花属物种作为外类群）的ITS序列和叶绿体序列组合而成的50%贝叶斯树，标注了喜马拉雅支（HIM clade）和北中南半岛支（NIC clade），引自*A preliminary species-level phylogeny of the alpine ginger **Roscoea**: Implications for speciation*（Zhao et al., 2017）

（2013）对于这两个种的杂交的形成进行了进一步研究，发现了基因树和种树完全不一致，两个种间不存在显著的遗传分化，种间可能发生了基因渐渗。

Zhu等（2019）对大花象牙参进行了叶绿体全基因组测序和分析，建立了基于叶绿体基因组的姜目Zingiberales的系统发育树（图10）。

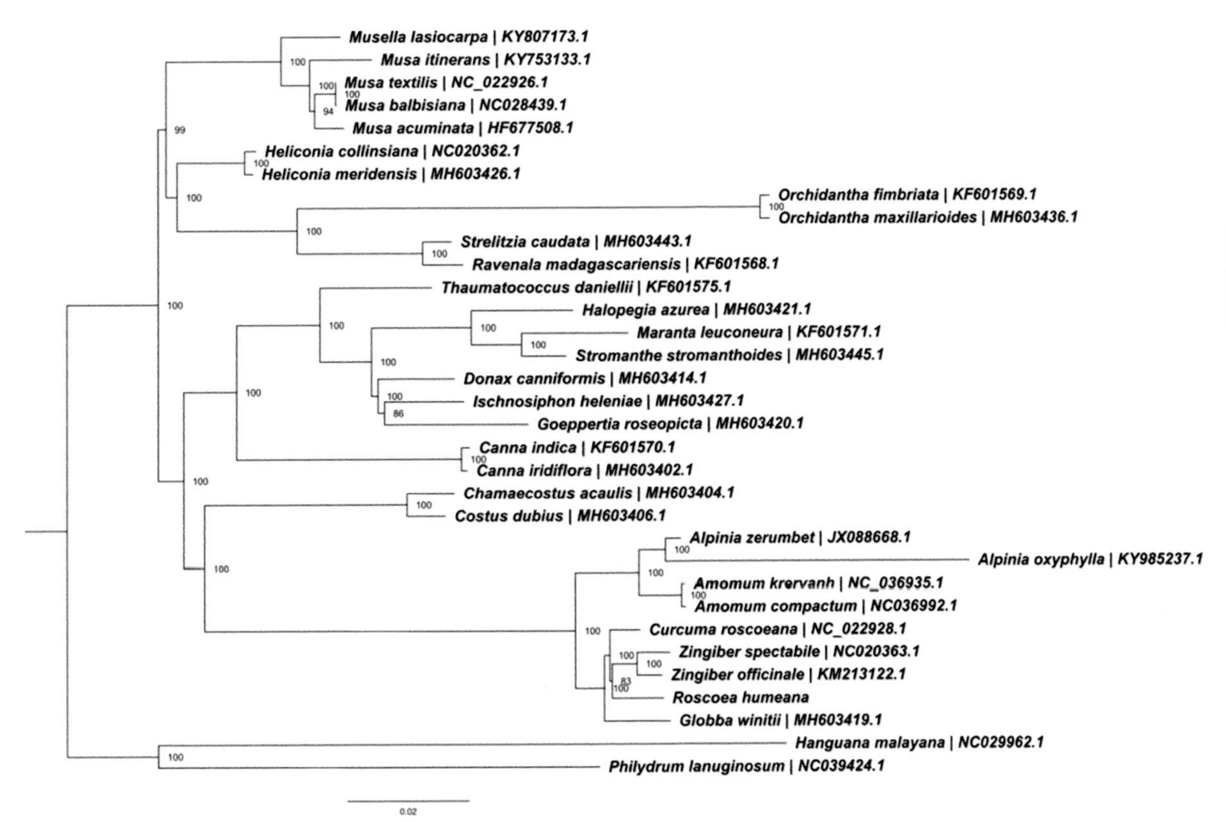

图10　基于31个姜目物种（以及两个鸭跖草目物种作为外类群）的叶绿体基因组序列构建的系统发生树，引自*The complete chloroplast sequence of* ***Roscoea humeana*** *(Zingiberaceae): an alpine ginger in the Hengduan Mountains, China*（Zhu et al., 2019）

2 象牙参属种类介绍

中国象牙参属植物检索表

1 药隔延长及附属物顶端明显膨大成球形，侧生退化雄蕊向外的一侧底部到中部具有明显的翼状突起 ……………………………………………………………7. 无柄象牙参 *R. schneideriana*

1 药隔延长及附属物顶端尖或钝，不明显膨大成球形，侧生退化雄蕊向外的一侧没有明显突起 …………………………………………………………………………………………… 2

2 花序和花序梗在花期刚开始时可能部分藏于叶丛中，在花期中后期完全伸出叶丛 …… 3

3 花较小，唇瓣仅长1～2cm，花管不明显伸出苞片及萼片… 8. 绵枣象牙参 *R. scillifolia*

3 花较大，唇瓣长于2.5cm，花管明显伸出苞片及萼片 ………………………………… 4

4 花序梗不伸出叶丛，植株全部叶片基部具耳状突出 …… 4. 耳叶象牙参 *R. auriculata*

4 花序梗明显伸出叶丛，叶片基部没有明显耳状突出 ……………………………… 5

5 正常叶（3）6～9枚，萼片不伸出苞片，药隔延长及附属物顶端渐尖，分布于西藏 ………………………………………………………………………… 3. 头花象牙参 *R. capitata*

5 正常叶1～5枚，萼片伸出苞片，药隔延长及附属物顶端钝，分布于云南及四川… 6

6 叶片基部明显缢缩成叶柄状，侧生退化雄蕊长度往往超过花冠背裂片的2/3 …… ……………………………………………………………… 13. 长柄象牙参 *R. debilis*

6 叶片基部不缢缩成叶柄状，侧生退化雄蕊长度往往短于花冠背裂片的2/3 … 7

7 花期刚开始时叶片往往未完全展开，花序轴明显 … 14. 先花象牙参 *R. praecox*

7 花期刚开始时叶片往往已展开，花序轴藏于苞片内 …………………………… ………………………………………………………… 9. 早花象牙参 *R. cautleyoides*

2 花序和花序梗在花期始终不完全伸出叶丛 ………………………………………… 8

8 植株低矮，数枚叶片在花期时紧贴在一起 ……………………………………… 9

9 几乎没有地上茎，花管比苞片长但一般不达到苞片的2倍长，侧生退化雄蕊一般长于花冠背裂片长度的1/2 ……………………………… 12. 藏象牙参 *R. tibetica*

9 几乎没有地上茎或者有短而明显的地上茎，花管是苞片的约2倍长或更长，侧生退化雄蕊一般短于花冠背裂片长度的1/2 …………………………………………10

10 苞片极小，仅长0.3～1cm，不伸出叶丛，叶片两面光滑，唇瓣基部有脉但不为白色 ……………………………………………………… 1. 高山象牙参 *R. alpina*

10 苞片较大，长3.5～5.5cm，伸出叶丛，叶片背面有毛，唇瓣基部有白色脉纹…… ……………………………………………………………6. 苍白象牙参 *R. wardii*

8 植株较高，茎明显伸出地面，数枚叶片在花期时互相离开一段距离 …………11

11 开花植株正常叶通常5～8枚，药隔延长及附属物顶端尖 …………………… …………………………………………………………2. 紫花象牙参 *R. purpurea*

11 开花植株正常叶通常1～4枚，药隔延长及附属物顶端钝 ……………………12

12 唇瓣基部具爪处无白色脉纹，分布于西藏 ………………………………… ………………………………………………………… 5. 不丹象牙参 *R. bhutanica*

12 唇瓣基部具爪处有白色脉纹（黄色花和白色花类型不明显），分布于云南及四川 13

13 花萼明显长于苞片 ………………………… 10. 大花象牙参 *R. humeana*

13 花萼略短于苞片到略长于苞片 ………………………………………… 14

14 花较小，唇瓣仅长1.6～2.1cm……………… 15. 昆明象牙参 *R. kunmingensis*

14 花较大，唇瓣长度一般等于或大于2.5cm ………………………………… 15

15 花期刚开始时叶片有时藏于地面以下，有时已经生长出来但尚未展开 … ………………………………………………… 14. 先花象牙参 *R. praecox*

15 花期刚开始时叶片常常已经展开 ………………………………… 16

16 花较小，花冠背裂片长1.5～2.5cm，唇瓣长2.5～3.5cm ……………… ………………………………………… 16. 苍山象牙参 *R. cangshanensis*

16 花较大，花冠背裂片长2.5～4cm，唇瓣长3～4cm ………………… ……………………………………………11. 大理象牙参 *R. forrestii*

中国分布的象牙参属种类简介

1. 高山象牙参

Roscoea alpina Royle, Ill. Bot. Himal. Mts. 1: 361. 1839. Type: India, Simla to Fagu, *V.V.Jacquemont 1024* (Isosyntypes K, LIV).

株高6～20cm。茎基部有鞘叶2～3枚，正常叶在花期刚开始时1～2枚，完全成熟时可达到6枚，叶舌长约0.5mm，叶片长圆状披针形或线形，2.5～30cm×1.3～3.5cm，无毛，基部近圆形，顶端渐尖。花序几乎没有花序梗，完全藏于叶丛中。花序上一次开放1～2朵花；苞片长3～10mm；花萼长5.5～7.5cm，顶端具2齿；花深紫色、淡紫色或白色；花管露出花萼之外，长而纤细，花冠背裂片直立，圆形，略呈兜状，顶端具尖，1.3～2.2cm×1.1～2.4cm，侧裂片狭长圆形，1.3～2.2cm×0.3～0.7cm；侧生退化雄蕊直立，6～12cm×4～8mm；唇瓣楔状倒卵形，1.4～1.6cm×1～2cm，顶端2裂，裂片边缘波浪状；花药白色或米黄色，药室长5～6mm，药隔延长及附属物长1.5～2mm。蒴果长2.5～3.5cm。种子近立方体，近中部稍缢缩。花期5～8月（图11、图12）。

图11　高山象牙参生境（西藏亚东）

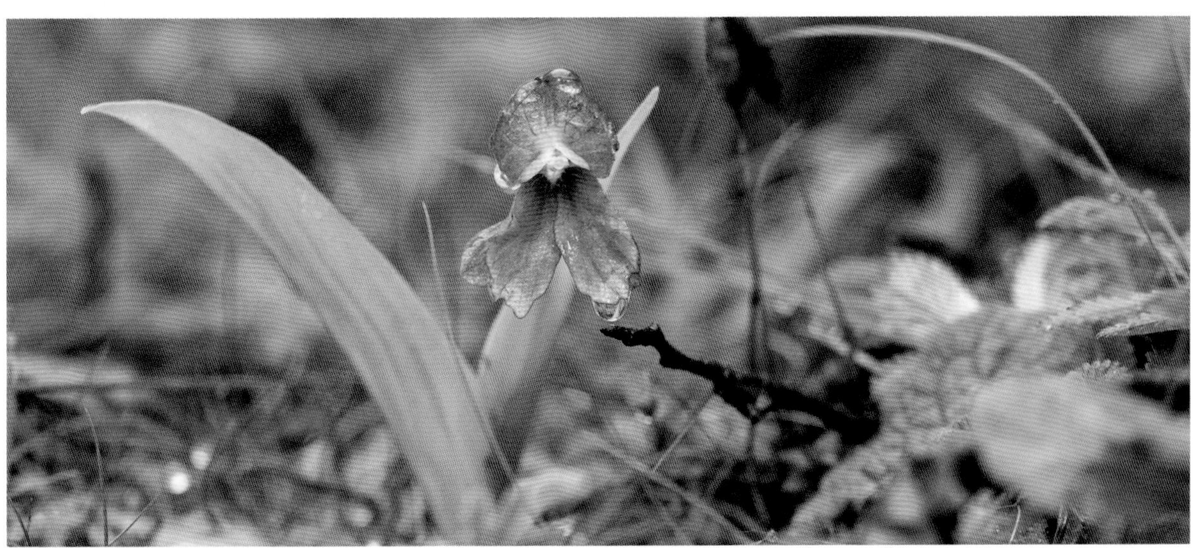

图12　高山象牙参的花（西藏亚东）

地理分布：生于针叶林、针阔混交林、杜鹃灌丛或草甸，喜生长于灌丛及宿根草本植物下，或者林间开阔地，或者低矮草丛中，海拔2 000～4 300m。国内分布于西藏南部的亚东县、定结县、聂拉木县、吉隆县等地；国外分布于不丹、印度、缅甸、尼泊尔。

主要识别特征：植株矮小，通常仅10～20cm，花序一直不伸出叶丛，唇瓣比侧花冠裂片略长或者等长，侧生退化雄蕊仅为中央裂片的1/2长或更短，药隔延长及附属物略向下弯曲，顶端渐尖。

注释：仅分布于喜马拉雅山脉中段至西段，《中国植物志》第十六卷第二分册记载此种产于云南及四川是错误的，可能来源于错误鉴定。

高山象牙参分布海拔和生境广泛，适应多种不同的环境，但是较少引入栽培，邱园已经有栽培，耐寒性较好，可以在英国露地栽培或盆栽观赏（Cowley, 2007）。

2. 紫花象牙参（象牙参）

Roscoea purpurea Sm., Exotic Botany 2: 97 t. 108. 1806. Type: Nepal, Narainhetty, *J. Buchanan s.n.* (Holotype LINN, Isotypes BM, LIV).

株高12～55cm。根簇生，膨大呈纺锤状。茎基部有鞘叶2～3枚，正常叶4～8枚，披针形或长圆形，4～25cm × 0.8～5.5cm，底部的正常叶基部略呈耳状，上部的正常叶基部耳状突出不明显，无叶柄，有叶鞘，叶舌长约1mm。花序顶生，近头状，几乎无总花梗，半隐于顶部叶片中，只露出上面的一部分；苞片长圆形，长4～5cm；花萼长5～8.8cm，上部一侧开裂，顶端具2齿；花紫色、蓝紫色、白色带紫色或红色；花管较萼管长或等长；花冠背裂片直立，狭椭圆形，顶端渐尖略呈钩状，3～6cm × 1～2.8cm，侧裂片狭椭圆形，3.3～6.5cm × 0.3～1.2cm；侧生退化雄蕊倒卵形，长2～4cm；唇瓣3.5～6.5cm × 2～5cm，深2裂，裂片边缘波浪状，有时再2裂；药室线形，长7～15mm，稍弯曲，药隔延长及附属物长9～25mm。花期6～7月（图13、图14）。

地理分布：生于针叶林、针阔混交林或草甸，常生长在较为空旷草本植物不多的松林下、灌丛

图13　紫花象牙参生境（西藏吉隆）

图14　紫花象牙参的花（西藏吉隆）

中、高草丛中或者林缘的开阔草坡上，有时也生长在石缝中，海拔1 520 ~ 3 100m。国内分布于西藏南部的聂拉木县、吉隆县等地；国外分布于印度、尼泊尔和不丹。

主要识别特征：植株底部的正常叶基部略呈耳状，上部的正常叶基部不凸出，或者具有不明显的耳状凸出；花序梗不伸出叶丛，花序从花期开始到结束都只露出上部的一部分（图15）；药隔延长及附属物白色，向上弯曲，顶端渐尖。

注释：紫花象牙参仅分布于喜马拉雅山脉，《中国植物志》第十六卷第二分册记载此种产于云南是错误的，可能来源于标本的错误鉴定。

紫花象牙参在欧洲的栽培历史悠久，自1841年开始在英国爱丁堡皇家植物园栽培（Cowley, 2007），现在是欧洲和北美植物园和花园中最容易见到的象牙参属物种，经常被栽培于组合花境或岩石园中（图16）。在英国可以见到很多品种，其中一些品种来自于特殊色型的野生种群，如*R.*

图15 紫花象牙参花期结束的状态（邱园栽培）

图16 紫花象牙参花期状态（邱园栽培）

图17　紫花象牙参品种*Roscoea purpurea* 'Red Gurkha'（邱园栽培）

purpurea 'Red Gurkha'，这是一个花鲜红色、叶鞘和苞片具红色脉纹的品种，来自尼泊尔的布里根德格（Buri Gandaki）河谷分布的野生种群（图17），还有一些品种是人为选育品种或者种内杂交品种，如 *R. purpurea* 'Brown Peacock'、*R. purpurea* 'Nico'、*R. purpurea* 'Peacock'、*R. purpurea* 'Peacock Eye'（Cowley, 2007）。

3. 头花象牙参

Roscoea capitata Smith, Trans. Linn. Soc. 13: 461. 1822. Type: Nepal, *N. Wallich 6529* (Holotype K; Isotypes BM, CGE, E, G, K).

株高30～50cm，直立或略倾斜。茎基部有鞘叶1～3枚，正常叶片3～9枚，线形或披针形，6～34cm × 0.9～4.5cm，龙骨状，基部狭窄，顶端渐尖。花序头状，花密集；花序梗长5～10cm；苞片披针形，长4～4.5cm；花萼长约2.5cm，沿脉具短柔毛，一边开裂，顶端具2齿；花紫色；花管短于花萼，花冠背裂片长圆形，兜状，顶端具尖，1.5～2.6cm × 0.8～1.2cm，侧裂片狭长圆形，1.9～2.6cm × 0.4～0.7cm；侧生退化雄蕊匙形，长约2cm；唇瓣长圆形或楔形，浅裂至其长度的约1/4，裂片边缘有微凹，2～3cm × 0.8～2cm；花药乳白色，药室长约5mm；药隔延长及附属物白色，先上弯再下弯，长约1cm。子房粉红色。蒴果棒状，长约2.5cm。花期7～8月（图18、图19）。

地理分布：生于开阔草坡、潮湿沟谷、石质山坡或碎石崖壁上，海拔1 200～2 600m。国内分布于西藏南部的聂拉木县、吉隆县等地，国外分布于尼泊尔。

主要识别特征：和其他喜马拉雅支象牙参区别非常大，有明显的郁金香型的头状花序，花序远高于叶丛；花管短于萼片和苞片，不伸出花序；药隔延长及附属物白色，先上弯再下弯，顶端渐尖。

注释：仅分布于喜马拉雅山脉中部，在西藏的聂拉木县和吉隆县有分布，比紫花象牙参的分布海拔总体更低，两者分布海拔在某些地区可能略有重叠但是生境不同。

多次引入欧洲栽培，在邱园可以见到的头花

图18　头花象牙参植株（西藏吉隆）

图19　头花象牙参生境（西藏吉隆）

图20　头花象牙参（邱园栽培）

象牙参于1992年引进，目前生长良好（Cowley, 2007）（图20）。在原产地可以生长于光照和水分条件完全不同的环境中，推测在栽培中也可以适应半阴到全日照的环境。

4. 耳叶象牙参

Roscoea auriculata K. Schumann, Engler, Pflanzenr. 20 (IV. 46): 118. 1904. Type: Sikkim, 2250-3000 m, *J.D.Hooker & T. Thomson s.n.* (Holotype B, destroyed). Sikkim: Lachen, 3 050 m (10 000 ft.), 1 June 1849, *J.D.Hooker s.n.* (Neotype K，fide Cowley, 1982.)

株高20～40cm。鞘叶1～2枚，正常叶3～10枚；叶鞘绿色或有时带紫色；叶片披针形，7.5～20cm × 2～2.5cm，无毛，基部耳状，抱茎，顶端渐尖。花序具数朵花，一次开放1～2朵；花序梗藏于叶鞘中。苞片线形，2～2.5cm，膜质，绿色；花萼长5～8cm，一侧开裂，顶端具2齿，具缘毛；花紫色，花管长于花萼，长6.5～8cm；花冠背裂片倒卵形至宽椭圆形，兜状，顶端具尖，2.8～3.7cm × 1.5～2.8cm；侧裂片椭圆形或狭长圆形，2.3～3.8cm × 0.6～1.2cm；侧生退化雄蕊直立，白色或略带紫色，镰形，长约2cm，具短爪；唇瓣反折，倒卵形，长约4.5cm × 3cm，顶端2裂；雄蕊花丝长3～4mm，花药长5～7mm，药隔延长及附属物长6～8mm。蒴果长2～3cm。种子棕色。花期6～8月（图21、图22）。

地理分布：生于路边陡坡、石质山坡、林间空地，海拔2 130～4 880m，国内分布于西藏南部的亚东县、定结县、聂拉木县（？）等地，国外分布于尼泊尔、印度和不丹。

主要识别特征：底部和上部的正常叶的基部都具有明显的耳状凸出（图23）；花序在花初开时几乎完全藏于顶端叶片中，随后逐渐伸出，花期即将结束时几乎完全伸出，花序梗一直藏在叶丛中不伸出；花管一般长于花萼或偶尔等长；药隔延长及附属物黄色，平伸，顶端钝。

注释：耳叶象牙参仅分布于喜马拉雅山脉中部。《中国植物志》及*Flora of China*记载分布于聂拉木县（吴德邻 等, 1981; Wu & Larsen, 2000），

图21 耳叶象牙参花期初期（爱丁堡皇家植物园栽培）

图22 耳叶象牙参花期末期（邱园栽培）

图23　耳叶象牙参叶基耳状凸出示意（爱丁堡皇家植物园栽培）

但是聂拉木县的标本记录很有可能是紫花象牙参的错误鉴定，依据邱园标本馆（K）记录及Jill Cowley的鉴定结果以及植物智网站的照片记录分布于亚东县，依据植物智网站的照片记录还分布于定结县。耳叶象牙参可能是紫花象牙参和高山象牙参的杂交种（赵建立, 2012）。

耳叶象牙参在欧洲栽培广泛，有多个品种，可以适应半阴到全日照的环境，人为栽培下花期长，可以从6月持续到9月。目前，大理市梦橙花园也有栽培，生长良好。

5. 不丹象牙参

Roscoea bhutanica Ngamriab., Edingburgh J. Bot. 57(2): 271-278. 2000. Type: Bhutan, Bumthang Distr., Bumtang Chu, Byakar, wooded valley above Lami Gompa, 3050 m, 12 June 1979, *A.J.C. Grierson & D.G.Long 1826* (Holotype E).

株高7～22cm。鞘叶2～4枚，正常叶2～6枚，4～30cm×1～5cm，基部略呈耳状，数枚叶片基部聚生在一起。花序完全藏于叶丛中，一次开放1朵花。苞片长圆形至匙形，长4.5～8cm，顶端尖，部分伸出叶丛；花萼与苞片等长或略短，顶端具2齿；花紫色；花冠背裂片倒披针形，顶端具尖，2～3cm×1.1～1.3cm，侧裂片狭长圆形，2.4～2.8cm×0.4～0.6cm；唇瓣略向下弯曲，倒卵形，2.5～3.2cm×1.6～2cm，顶端几乎不裂或者2裂至长度的一半，基部没有白色脉纹；侧生退化雄蕊匙形，长1.6～1.9cm；花药白色，药室长6～7mm，药隔延长及附属物平伸，顶端不裂或2裂；子房长1～1.7cm；花柱粉白色，柱头白色；种子有具浅裂的假种皮（图24）。

地理分布：生于松林、开阔草坡、草甸或林间空地中，海拔2 130～3 510m，国内分布于西藏南部的亚东县、错那县（？）；国外分布于不丹。

主要识别特征：植株低矮，叶片聚集成丛，但是叶鞘明显露出地面，在花期刚开始时叶片较小，还没有完全伸展开，随后会继续生长；花序一直藏于叶丛中，只露出苞片的上部分；唇瓣略长于花冠侧裂片或等长，顶端不裂或2裂，基部没有白色条纹；药隔延长及附属物平伸。

注释：仅分布于喜马拉雅山脉，在中国分布于西藏亚东县，依据植物智网站的照片记录，错那县勒布沟生长的象牙参属植物可能也属于这个物种，需要进一步研究。

不丹象牙参可能是紫花象牙参和高山象牙参的杂交种（赵建立, 2012）。

6. 苍白象牙参

Roscoea wardii Cowley, Kew Bull. 36(4): 768-770. 1982. Type: India, Assam, The Chu Valley, 2740m, July 1950, *F. Kingdon Ward 19623* (Holotype BM).

植株高14～30cm。鞘叶3～4枚，正常叶2～3枚，叶舌1～2mm，叶片椭圆形，先端锐尖或渐尖，背面具柔毛，7～8cm×1.7～4.5cm。花序藏于叶丛中不伸出，仅苞片的上部分露出叶丛，花序梗不明显，一次开放1～2朵花。苞片浅绿色，3.5～5cm，顶端渐尖；花深紫色；花萼3.3～4.5cm，顶端具2齿；花管露出花萼及苞片，长4～8cm；花

图24　不丹象牙参的模式标本照片，保存于爱丁堡皇家植物园标本馆（E）

图25　苍白象牙参（西藏察隅，方杰 提供）

冠背裂片宽卵圆形，2～3.2cm×1.3～2.5cm；侧裂片长圆形到线状长圆形，长1.7～3.4cm；侧生退化雄蕊椭圆形，长1.6～2cm；唇瓣反折，倒卵形，2.2～4.5cm×1.6～4.5cm，深2裂，每个裂片基部具有3道略微突起的白色斑纹，裂片先端边缘波浪状微缺，有时再浅2裂；花药白色，药室6～9mm，药隔延长及附属物淡黄色，平伸，长5～8mm；子房1～1.2cm；花柱紫色；柱头白色。蒴果未见。种子未见。花期5～8月（图25、图26）。

地理分布：生于桦林或杜鹃林下灌丛、草甸、开阔草坡、林缘草坡，海拔2 440～3 960m。国内分布于西藏东南部察隅县和云南西北部贡山独龙族怒族自治县，国外分布于印度和缅甸。

主要识别特征：植株低矮，叶片在地面附近集中生长，叶片背面具毛，花序不伸出叶丛，仅苞片上部分、萼片和花露出叶丛，花序梗不明显，与高山象牙参和藏象牙参相似，但花有区别，苍白象牙参的花冠背裂片宽大，宽卵圆形，长度为退化雄蕊的1.5～2倍，宽度也为两枚退化雄蕊的1.5～2倍，唇瓣比花冠侧裂片长或者等长，唇瓣两枚裂片基部各有3条白色脉纹。

注释：苍白象牙参仅分布于独龙江（伊洛瓦底江）上游，在国内仅分布于西藏察隅县到云南贡山独龙族怒族自治县独龙江乡，分布狭窄，但是在这一片地区高海拔草甸和林缘草坡较为常见。

此处的描述是基于模式标本及原产地的野生植株。Jill Cowley于*The Genus Roscoea*书中记载了栽培于邱园的“苍白象牙参”的活体植物，书中苍白象牙参的图版和描述大部分都基于这些栽培植株（图27）。英国绝大部分名称为“苍白象牙参”的栽培植株都来源于邱园的这些栽培植株，而这些活体植物最初的来源不明，据作者推测可能是来自金登 沃德采集的种子，并且与金登 沃德采自印度阿萨姆邦的标本*Kingdon Ward* 19623相关联，以此份标本作为模式标本。但是这份标本与邱园引种的活体植物很可能不是同一个物种，

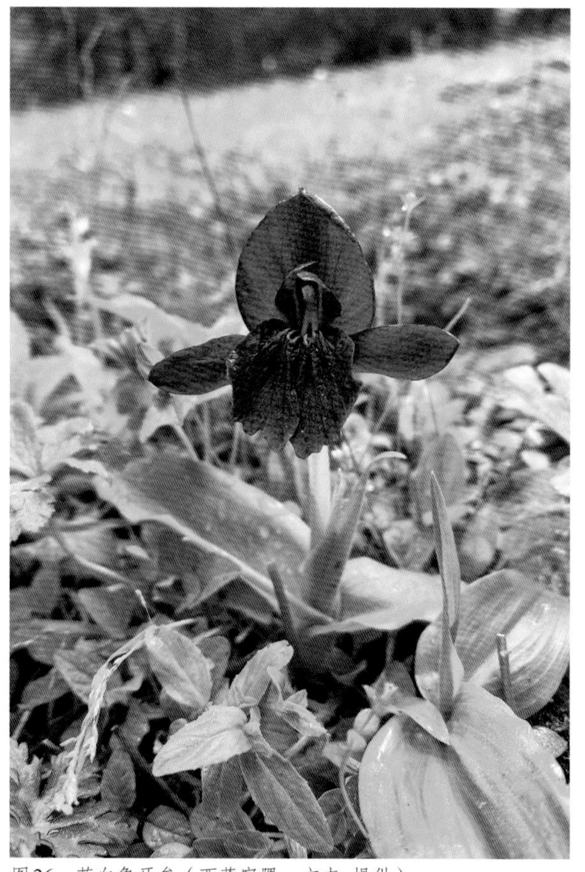

图26　苍白象牙参（西藏察隅，方杰 提供）

苍白象牙参的模式标本中的植株较为低矮，茎不伸出地面或仅伸出一点，叶片背面有毛，花管远长于苞片，盛花期时花序不伸出叶丛，花序梗不明显，而邱园栽培的个体植株较为高大，茎明显伸出地面，花管仅略长于苞片和萼片，花序在刚开花时就伸出最上一枚叶片，花序梗明显。邱园引种的个体更接近于深紫色型的早花象牙参（*R. cautleyoides*），很可能来源于云南或者四川。

7. 无柄象牙参

Roscoea schneideriana (Loes.) Cowley, Kew Bull. 36(4): 762. 1982. Type: China, Yunnan, on limestone slopes near Lichiang, 2 800m, July 1914, *C.K.Schneider 1770* (Holotype B, presumed destroyed; Isotypes G, K, US).

R. yunnanensis Loes. var. *shneideriana* Loes. in Notizbl. Bot. Gart. Berlin-Dahlem 8: 600. 1923.

植株高9～45cm。鞘叶3～4枚，正常叶2～7枚，叶片在每年的生长初期形成莲座叶丛，随后逐渐拉开距离；叶舌长约0.5mm；叶片狭披针形

图27　苍白象牙参（邱园栽培，实际可能是早花象牙参）

至线形，通常镰刀形，5～22cm×0.4～2cm，无毛，先端锐尖或渐尖。花序具花序梗，花期开始时花序梗不明显，随后花序逐渐伸出叶丛，花期即将结束时花序大部分伸出叶丛，花序梗亦可能伸出叶丛；苞片椭圆形，长3.3～7cm，最下一枚苞片基部形成管状；花紫色或白色，通常一次开花一朵；花萼长3～4cm，先端具2齿；花管长4～4.5cm；花冠背裂片椭圆形，1.7～3.5cm×0.25～1.2cm，先端具细尖；侧裂片线状长圆形，2～3.5cm×0.3～0.5cm。侧生退化雄蕊倒卵形至菱形，1.5～2.5cm×0.4～0.7cm，向外的一侧底部到中部具有翼状突起，唇瓣不反折，倒卵形，1.8～3.5cm×1～2.5cm，顶部2半裂至其全长的1/2；裂片边缘微缺；花药白色带淡黄色，药室长6～9mm；药隔延长及附属物淡黄色，顶端球形，长8～9mm。柱头漏斗状，具钩。花期7～8月（图28）。

地理分布：生于松林、针阔混交林、高山栎灌丛、石灰岩质山坡、潮湿牧场、林缘草坡、路边土坡，分布于云南西北部及四川南部，中国特有种。

主要识别特征：植株在花期开始时非常低矮，随后逐渐变高，林下阴暗环境的植株长得更高；叶片狭长披针形；花序在花期开始时完全藏于叶丛中，仅有苞片上部分露出，随后逐渐伸出叶丛，在花期即将结束时花序梗可能露出最顶部叶片（图29、图30）；退化雄蕊和花冠背裂片几乎等长，藏于兜状的背裂片之中，向外的一侧底部到中部具有翼状突起；唇瓣明显比花冠侧裂片长；药隔延长及附属物淡黄色，顶端球形。

注释：此种在滇西北广泛分布，是云南丽江市、大理白族自治州和迪庆藏族自治州中高海拔（2 500～3 500m）极为常见的种，和其他象牙参属种，如先花象牙参、早花象牙参、大花象牙参和藏象牙参经常有分布重叠。花色多变，最常见为紫色，也可偶尔见到浅粉色、白色、深红色的居群和个体（图31）。无柄象牙参分布海拔较低，一些居群生长于干热河谷的山坡上，耐热性相较于其他象牙参属种可能更好。现在英国已经引种栽培（Cowley, 2007）。

8. 绵枣象牙参

Roscoea scillifolia (Gagnep.) Cowley, Kew Bull.

图28　无柄象牙参生境（云南大理）

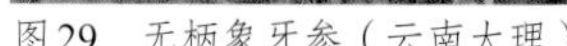
图29　无柄象牙参（云南大理）

图30　无柄象牙参（云南丽江）

图31　无柄象牙参（云南香格里拉）

36(4): 765-766. 1982. Type: China, Yunnan, Han-Hay-Tze sur le Hee-chan-men, 2 800m, June 1888, *J.M.Delavay 3283* (Lectotype P; Isotypes CAL, K).

R. capitata Sm. var. *scillifolia* Gagnep. in Bull. Soc. Bot. France 48: LXXIV. 1901. published in 1902.

株高10～25cm。鞘叶最多3枚，正常叶1～5枚；叶舌长2～3mm；叶片披针形至线形，11～21cm × 1.5～2cm，下部叶片有时镰形，先端钝至锐尖。花序具花序梗，花期开始时部分藏于叶丛中，或全部伸出最上一枚叶片，随后逐渐伸长，盛花期到花期结束时花序梗明显伸出叶丛；苞片绿色，2.6～5cm × 1.2～3cm，最下一枚苞片基部形成管状包裹花序，花期开始不久后开裂；花黑紫色、淡紫色、粉红色或白色，一次开1～2朵花；花萼浅棕色，长1.5～2.1cm，顶端具2或3齿；花管长1.6～3cm；花冠背裂片椭圆形，1.4～2cm × 6～10cm；侧裂片线状长圆形，1.3～2cm × 0.8～1.2cm；唇瓣2浅裂或2深裂，1.3～2cm × 0.8～1.2cm，有时裂片顶端具微缺。花药白色；药室长5～6mm，药隔延长及附属物长1～1.5mm。种子椭圆形或近三角形。花期6～8月（图32、图33）。

地理分布：开阔潮湿的山地牧场，海拔2 740～3 350m。分布于云南西北部，中国特有种。

主要识别特征：植株矮小；叶片狭长披针形；花序在花期开始时可能部分藏于叶丛中，但是很快会伸出叶丛，花期中期到末期时花序可能高于所有叶片，花序梗明显；果期时果序依然形成头状，花序轴几乎不发育；最下一枚苞片在花期刚开始时为管状，包裹其他苞片和花，随后开裂；花极小，唇瓣上翘，比花冠侧裂片略短或等长；花管几乎不伸出萼片。

注释：绵枣象牙参在欧洲植物园中常见栽培，是温带海洋性气候环境中最容易栽培的象牙参属物种之一，栽培植株容易自播，在邱园栽培的绵枣象牙参已经开始逸生。欧洲常见栽培的有多个花色的色型，其中浅粉色花的类型经常被错误标注为*R. alpina*。

据Jill Cowley（2007）推测绵枣象牙参可能已经野外灭绝，在曾经有标本记录的大理白族自治

图32　绵枣象牙参（邱园栽培）

图33　绵枣象牙参（邱园栽培）

州和丽江市都已有近100年没有标本采集记录。本文作者和其他象牙参属研究者在迪庆藏族自治州重新发现了绵枣象牙参的野生居群，分布非常狭窄，亟待保护。

9. 早花象牙参

Roscoea cautleyoides Gagnepain, Bull. Soc. Bot. France 48: lxxv. 1902. Types: China, Yunnan, Hee-chan-men, 11 July 1883, *J.M.Delavay 231* (Syntype P); China, Yunnan, Hee-chan-men, 11 July 1883, *J.M.Delavay 92* (Syntype P, Tracing K).

株高15~55cm。鞘叶3~4枚，有时具有红色脉纹或者基部红色，有时密被柔毛；叶舌长约1mm；正常叶披针形或线形，5~40cm×1.5~3cm，两面有白霜，背面无毛或具贴伏短柔毛，基部狭窄，先端钝到锐尖。花序在花期刚开始时完全露出或者部分露出最上一枚叶片，花序梗在花期刚开始时明显伸出叶丛或者不露出最上一枚叶片，随后花序逐渐伸出叶丛，盛花期时花序完全伸出最上一枚叶片，花序梗明显；苞片绿色，有时顶部带红色，有时全部为红色，管状，长4~6cm；一次开放一朵至数朵花，紫色或黄白色，很少出现淡粉色，花萼长3~5.6cm，一侧分裂至中部，顶端具2齿；花管长3~3.5cm，花冠背裂片倒心形到倒卵形，2~3.8cm×1.1~2.7cm，略呈兜状，顶端楔形或者具尖；侧裂片长圆形至椭圆形，2.4~3.5cm×0.5~1.3cm。侧生退化雄蕊倒卵形至菱形，长1.2~1.8cm，在黄色型花中为黄色，在白色略带黄色型花中为白色或者白色带有紫色脉纹，在紫色型花中为白色微染紫色；唇瓣反折，倒卵形，2.5~4cm×2.3~3.5cm，2裂，裂片边缘皱波状。花药线形，药室白色，长约5mm，药隔延长及附属物黄白色，长4~6mm。蒴果长圆形，长1.5~3.5cm。种子椭圆形或近三角形。花期5~8月。

地理分布：生于松林、矮小灌丛、林缘、草甸、高草丛、岩石山坡，海拔2 000~3 500m。分布于云南西北部和四川西南部，中国特有种。

主要识别特征：植株较高大；在花期刚开始时叶片可能尚未展开，花序包裹在筒状的叶片之中，之后花序逐渐伸出最上一枚叶片，花序梗在花期刚开始时可能不明显，之后明显伸出叶丛，花序上经常同时开多朵花；花冠背裂片通常比唇瓣短。

注释：早花象牙参自20世纪初被发表之后自云南被引入欧洲园林，之后在欧洲及北美植物园中广泛栽培。目前园林中栽培的有多种色型，不同色型的花期略有不同。早花象牙参在温带海洋性气候下栽培较为容易，对光照、温度、土壤和水分条件要求不苛刻，经常被栽培于岩石花园、高山花园、宿根植物花境中，或作为盆栽观赏。

早花象牙参可以分为2个类型，此处描述的是基于模式标本所属的类型。其中一个类型（模式标本所属的类型）“晚花型”分布于滇西北到川西南，自云南的大理白族自治州至丽江市广布，一直分布到四川凉山彝族自治州，此类型的叶片正面及背面、花序梗和苞片明显具有白霜，花期自7月初开始至9月，花有2种色型：一个类型为紫色花，颜色多变，自浅紫色到深紫色，唇瓣每个裂片的基部具有白色脉纹；另一个类型为白色略带黄色花，有时退化雄蕊略带紫色斑，两种色型有时混生在一起，混生的区域偶尔出现两种色型的杂交个体（图34至图36）。基于采自丽江玉龙雪山的模式标本发表的粉叶象牙参（*Roscoea glaucifolia* F.J.Mou）应该被处理为早花象牙参的异名，属于早花象牙参的“晚花型”（Mou et al., 2015）（图37）。

另一个类型“早花型”分布于云南丽江市，在玉龙雪山极为常见，此类型的叶片和花序上没有明显的白霜，花期自5月底6月初开始至7月，此类型亦有2种色型：一种色型为深紫红色花，偶尔出现暗铜红色花，唇瓣每个裂片的基部具有黄白色斑块；另一种色型为黄色花，黄色型和紫色型有时会生长在一起，但是很少出现杂交。早花象牙参“早花型”和大花象牙参的分布有海拔差异，但是在部分区域有分布重叠，两个物种混生在一起的区域可以观察到两种的杂交个体（图38至图40）。

欧美园林中栽培的植株，有早花型的黄色型和紫色型，以及晚花型的紫色型（图41、图42）。欧洲植物园和花园中经常可见栽培的一个早花象

图34　早花象牙参晚花型紫色型（云南大理）

图35　早花象牙参晚花型黄白色型（云南大理）

图36　早花象牙参晚花型黄白色型和紫色型杂交个体（云南大理）

图37　早花象牙参晚花型紫色型（云南丽江）

图38 早花象牙参早花型黄色型（云南丽江）

图39 早花象牙参早花型紫色型（云南丽江）

图40 早花象牙参早花型黄色型和紫色型生长在一起（云南丽江）

图41　早花象牙参晚花型紫色型（邱园栽培）

图42　早花象牙参早花型黄色型（邱园栽培）

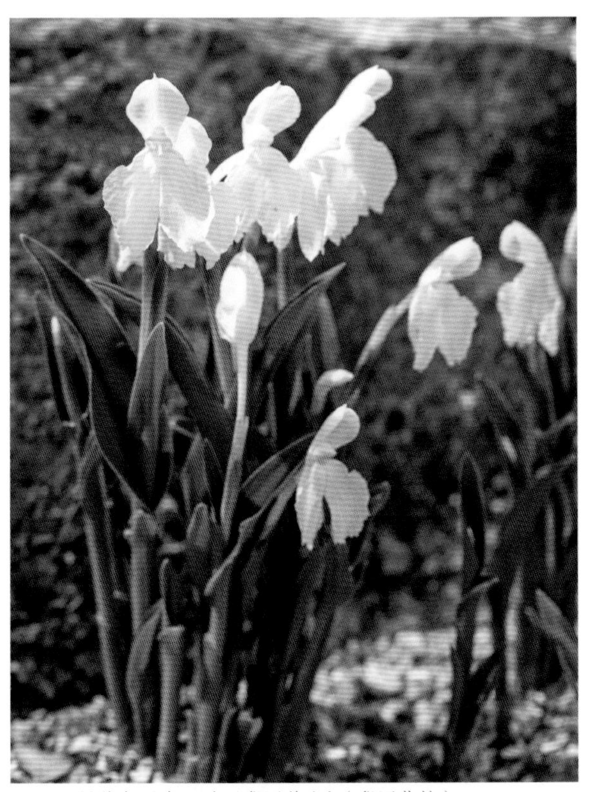

图43　早花象牙参品种‘邱园美人’（邱园栽培）

牙参的品种‘邱园美人’（*R. cautleyoides* ‘Kew Beauty’）（图43），由时任邱园岩石园助理园长George Preston自栽培的早花象牙参的自播实生苗中选育（Cowley, 2007）。这个品种的花比绝大部分早花象牙参的类型和品种更大，花冠背裂片明显也比来自其他早花象牙参的类型和品种宽大，很有可能是早花象牙参和大花象牙参的杂交后代。

9a. 毛早花象牙参

Roscoea cautleyoides var. ***pubescens*** (Z.Y.Zhu) T.L.Wu, Novon. 7: 441. 1997. Type: China, Sichuan, Xichang, 2 000m, *J.L.Zhang 195* (Holotype EMA).

R. pubescens Z.Y.Zhu in Acta Phytotax. Sin. 26(4): 315-316. 1988.

与原变种的区别在于叶鞘和叶片背面密被绒毛。

地理分布：生于草地，海拔约2 000m，分布于四川攀枝花市及凉山彝族自治州西昌市。

10. 大花象牙参

Roscoea humeana I. B. Balfour & W.W.Smith, Notes Roy. Bot. Gard. Edinburgh. 9: 122. 1916. Type: China, Yunnan, cult. R.B.G. Edinburgh from seeds collected by George Forrest (E).

株高13~25cm。鞘叶3~4枚，正常叶1~2枚，有时3枚；叶舌长约2mm；叶片宽披针形或卵状披针形，10~30cm×3~6cm，无毛，先端锐尖。花序具花序梗，藏于叶丛中，被叶鞘包围，花期结束时不伸出最上一枚叶；苞片披针形，通常远短于花萼。一次开放1至多朵花，花色多变，紫色、粉色、白色或黄色。花萼狭管状，长10~14cm，先端偏斜，2裂。花冠筒稍长于花萼；花冠背裂片宽卵形，3~4cm×2.5~3cm，基部直立，狭窄，兜状，先端圆形，具细尖；侧裂片倒披针形，3~3.5cm×2.8~3.5cm；侧生退化雄蕊在紫色型、粉色型和白色型花中为白色微染紫色，在黄色型花中为黄色，倒披针形，长1.5~1.7cm。唇瓣反折，倒卵形，通常小于花冠的背裂片，比花冠侧裂片略短或者几乎等长，2~4.5cm×2.8~3.5cm，顶部2裂至近基部，裂片边缘常有凹缺；花丝长约5mm；花药白色，长约1.2cm；药隔延长及附属物黄色，长6~8mm。花柱长约10mm；柱头具柔毛。子房圆筒状，长约1cm，蒴果长圆形，约2.5cm×5cm。花期4~7月（图44）。

地理分布：草甸，林缘草坡，石灰岩质山坡，碎石堆，石灰岩崖壁，海拔2 900~3 800m。分布于云南西北部和四川西南部，中国特有种。

主要识别特征：植株较为低矮，茎粗壮，正常叶片通常仅1~3枚，叶片在花期刚开始时不显著，刚刚开始发育，随后逐渐变长变宽，到果期时会变得极为宽大；花序不伸出叶丛，有时苞片完全不露出叶丛，有时苞片仅露出上部分，萼片远比苞片长；花冠背裂片宽大，通常比唇瓣更宽大，退化雄蕊长度为背裂片的1/2或不足；唇瓣一般较小，比花冠侧裂片短或几乎等长。

注释：此种是在欧洲和北美极受欢迎的象牙参

图44　大花象牙参（云南丽江）

图45　大花象牙参（邱园栽培）

属种类，被园艺学家称赞为“象牙参属最优秀的物种”（Cowley, 2007）。在欧洲和北美园林中栽培的大花象牙参有多个色型，紫色、浅粉色和白色的类型来自云南丽江，黄色型来自四川木里（图45至图47）。在温带海洋性气候下栽培较为容易，可以栽培于树荫下或开阔全日照的岩石园，亦可盆栽观赏。现已选育出大量品种，如自原种中选育出的深紫色品种*R. humeana* 'Inkling'。

分布狭窄，仅产于云南丽江市玉龙雪山及四川省凉山彝族自治州。在玉龙雪山分布比早花象牙参范围更狭窄，与早花象牙参分布重叠的区域可以观察到大量杂交个体（图48、图49）。

图46　大花象牙参黄色型花期初期（邱园栽培）

图47　大花象牙参黄色型花期中期（邱园栽培）

图48　大花象牙参和早花象牙参的杂交个体，黄色型（云南丽江）

图49　大花象牙参和早花象牙参的杂交个体，紫色型（云南丽江）

11. 大理象牙参

Roscoea forrestii Cowley, Kew Bull. 36 (4): 775-776. 1982. Type: China, Yunnan, Tali range, 3 050m, July 1913, *G. Forrest 11726* (Holotype L; Isotypes BM, E).

株高17～35cm。鞘叶3～5枚，有时微染红色。正常叶1～3枚；叶舌2～3mm；叶片长圆状卵形至披针形，6.5～13cm×2～5cm，无毛或略被短柔毛，先端钝至锐尖。花序具很短的花序梗，被叶鞘包围；苞片浅绿色，长度短于或等于花萼，先端钝；花萼微染粉红色，长5～13cm，顶端具2或3齿；花紫色、浅紫色、黄色或黄白色，花管通常远长于花萼，充分露出花萼，长5～12.5cm；花冠背裂片宽椭圆形，2.5～4cm×1.5～2.5cm，先端具细尖；侧裂片线状长圆形至椭圆形，2.6～4cm×5～10mm；侧生退化雄蕊斜倒卵形至菱形，1.1～2.5cm×7～11mm，具短爪；唇瓣反折，倒卵形，3～4.1cm×2.1～3cm，通常2裂到中部以下；裂片边缘通常具微缺；花药奶油色，药室长5~8mm；药隔延长及附属物黄色，长5~9mm；子房长1～5cm；柱头白色。种子球状或近立方形。花期5～8月（图50）。

地理分布：生于矮竹林和灌丛之间、崖壁的岩间缝隙、陡峭多岩石山坡；海拔2 000～3 400m，分布于云南西北部和四川西南部。

主要识别特征：植株较为低矮，茎粗壮；叶片仅1～3枚，较大，叶鞘明显；花序不伸出叶丛，仅苞片上部分、萼片和花伸出叶丛，花期刚开始时苞片亦可能不伸出叶丛；萼片比苞片略短、近等长或者略长；花较大，花管较长，远伸出萼片，唇瓣远大于花冠背裂片。

注释：在云南，自大理白族自治州至昆明市北部广泛分布，主要分布在宾川县、宁蒗彝族自治县和禄劝彝族苗族自治县，在少数地区为地被层和岩壁的优势种。花色有紫色、浅紫色、黄色、黄白色等多种颜色，同一地区不同色型的植株经常生长在一起，不同色型之间偶尔会产生杂交个体（图51、图52）。在鸡足山经常和昆明象牙参（*R. kunmingensis*）、藏象牙参（*R. tibetica*）生长在一起，不同种间可能存在杂交现象，可以见到疑似不同物种之间的杂交后代。

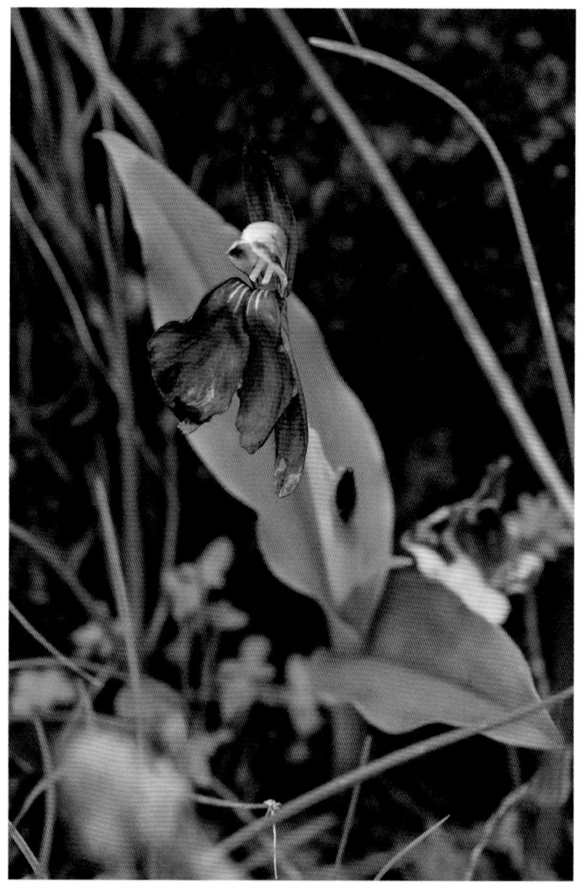

图50　大理象牙参（云南大理）

Jill Cowley在*The Genus Roscoea*中引用的大理象牙参的照片和绘图可能是错误的，据记载照片和绘图参考的植株来自丽江玉龙雪山干河坝，此地据实地考察尚未发现大理象牙参的野生居群。照片和绘图中的这个类型可能是大花象牙参和早花象牙参的杂交个体，这个杂交个体的后代在欧洲多个植物园中栽培，名称大多被错误标注为*R. forrestii*。

12. 藏象牙参

Roscoea tibetica Batalin, Mém. Acad. Imp. Sci. Saint Pétersbourg. 14: 183. 1895. Type: China, between Ta-tsien-lu and Batang, Litang distr. Between Ma-geh-chung and Hokou, June 1893, V.A.*Kachkarov s.n. (Iter G.N.Potanini)* (Holotype LE).

株高5～15cm。鞘叶3～4枚，正常叶1～5枚，

图51　大理象牙参黄白色型和紫色型生长在一起（云南大理）

03

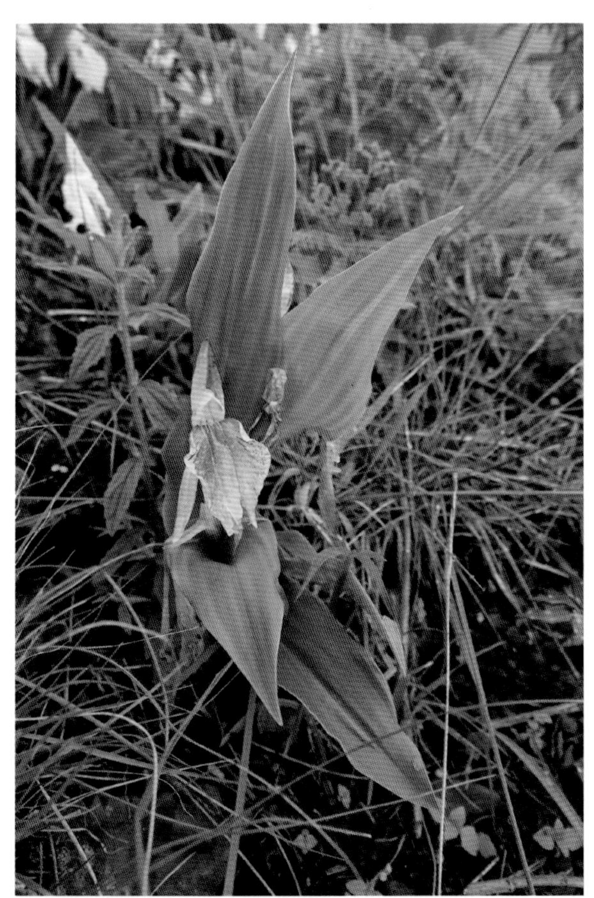
图52　大理象牙参黄白色型和紫色型的杂交个体（云南大理）

形成莲座叶丛；叶舌不明显，长约0.5mm；叶片椭圆形，近基部最宽，2～6cm×1～2.5cm，先端钝到锐尖，毛被不明显或明显有柔毛。花序藏于叶丛中，仅苞片上部分、萼片和花露出叶丛；苞片椭圆形，2.2～4cm；花紫红色或蓝紫色；花萼浅棕色，有时具斑点，长3～4cm，顶端具3齿；花管长4～5cm；花冠背裂片长圆形，兜状，1.5～1.7cm×0.3～0.65cm，先端具细尖；侧裂片披针形，1.5～1.8cm×0.4～0.5cm。侧退化雄蕊长圆形，长1～1.3cm。唇瓣稍反折，倒卵形，1.4～2.5cm×0.8～1.8cm，通常深裂至全长的1/2或更多。花药奶白色，药隔延长及附属物黄色，长3～7mm；子房圆筒状，长约1.5cm。花期6～8月（图53、图54）。

地理分布：生于松林、灌丛、高山草甸；2 400~3 800m。国内分布于西藏东南部、四川西部、云南北部和贵州西部，国外分布于不丹和印度。

主要识别特征：植株低矮，叶片形成莲座状，下部叶片的叶鞘不明显露出地表；花序不伸出叶

图53　藏象牙参的花（云南丽江）

图54　藏象牙参植株生境（云南丽江）

丛，没有明显花序梗，苞片仅露出上部分，花小，形态和颜色多变，花管通常明显长于萼片，花冠背裂片较短，退化雄蕊长度约为背裂片的2/3或更长，唇瓣完全展开后通常比背裂片更大。主要分布于云南及四川，在滇西北到川西分布非常广泛，在西藏仅分布于藏东南。

注释：藏象牙参分布广泛，形态极为多变，种内可能有多个不同的类型，其中可能有隐存种存在。经常与其他象牙参混生，于大理苍山与昆明象牙参（*R. kunmingensis*）、苍山象牙参（*R. cangshanensis*）分布有重叠，于大理鸡足山与昆明象牙参、大理象牙参（*R. forrestii*）混生，于丽江玉龙雪山与早花象牙参（*R. cautleyoides*）分布有重叠。

藏象牙参在欧洲栽培不多，已有的栽培记录表明藏象牙参是一个适应性很强的种，在树荫下和全日照环境都可以生长良好，林下阴暗处和开阔岩石园都可以种植，也可以盆栽观赏（Cowley, 2007）（图55）。丽江高山植物园可见藏象牙参，在松林树荫下生长开花良好。

13. 长柄象牙参

Roscoea debilis Gagnepain, Bull. Soc. Bot. France. 48: 76. 1902. Type: China, Yunnan, “Lang-ngy-tien”, Aug. 1899, *Liétard in Ducloux 688* (Holotype P).

株高10 ~ 60cm。鞘叶2 ~ 3枚，有褐色斑。正常叶片3 ~ 4枚；叶舌棕色，长1 ~ 2mm；叶片长圆形、椭圆形或披针形，9 ~ 2.2cm × 1.5 ~ 4cm，背面无毛或有短柔毛，基部狭窄形成叶柄状，先端锐尖到渐尖。花序有时具明显的花序梗，露出叶鞘一部分；苞片披针形，长3.5 ~ 5.5cm，先端钝。花1 ~ 3朵一起开放，紫色、紫红色或白色；花萼2.7 ~ 3.5cm，顶端具2齿。花管长3.5 ~ 7.5cm；花冠背裂片椭圆形，2.2~3.8cm × 1~1.6cm，顶端具细尖；侧裂片椭圆形至线状长圆形，2.2~3.5cm × 1~1.6cm；侧生退化雄蕊倒披针形，长约2.5cm，具爪。唇瓣稍反折，在喉部有白色脉纹，倒卵形，2.3 ~ 3.5cm × 1.4 ~ 3cm，包括5 ~ 6mm的爪，顶端狭2裂。花药弯曲，药室6 ~ 9mm；药隔延长及附属物

图55　藏象牙参（爱丁堡皇家植物园栽培）

淡黄色，长7～9mm；子房长1～1.5cm。花期6～8月（图56至图59）。

地理分布：生于草地、牧场、松林、针阔混交林；海拔1 600～2 400m。国内分布于云南；国外分布于缅甸。

主要识别特征：此种植株较为高大，叶片宽大，一般比早花象牙参的叶片更宽，基部明显收缩成叶柄状；花序具有花序梗，在叶片外明显可见，花期刚开始时花序可能部分藏于叶丛中，随后逐渐伸出叶丛；花一般比早花象牙参更小，经常一次开多朵花，花冠背裂片较短，侧生退化雄蕊约为花冠背裂片的2/3长或者更长。主要分布于滇西北以南，临沧、腾冲、大理、蒙自、昆明等地均有标本和观测记录（Cowley, 2007）。

注释：长柄象牙参已经被引入欧洲栽培，但是名称常错误标注或者标注为异名（如标注为*R. blanda*）。栽培环境下习性未知。

14. 先花象牙参

Roscoea praecox K. Schumann, Engler, Pflanzenr. 20 (IV. 46): 122. 1904. Type: China, Yunnan, Mengtze, 1525 m, *A. Henry 11117* (Isotypes E, K).

植株高7～30cm。鞘叶4～5枚，具棕色脉，边缘透明，先端钝。正常叶在花期刚开始时未出土，或在花期之前即开始生长，1～4枚；叶舌明显没有隆起。花序在花期刚开始时即伸出叶丛，亦可能一直藏于叶丛中，花序梗在花期刚开始时藏于叶丛中或不出土，花期中后期常常伸出叶丛；苞片浅黄色至绿色，披针形，长4～6.5cm。花1～3朵一起开放，紫色或白色；花萼长3～4.5cm，顶端具2齿。花管自花萼中露出0.5～3cm，最长达到7cm；花冠背裂片椭圆形至披针形，顶端具有钩状尖，2.5～3.5cm×0.9～1.8cm；侧裂片狭长圆形，2.6～3cm×0.4～0.6cm。侧生退化雄蕊菱形，长

图56　长柄象牙参正模式标本，保存于法国国家自然历史博物馆标本馆（P）

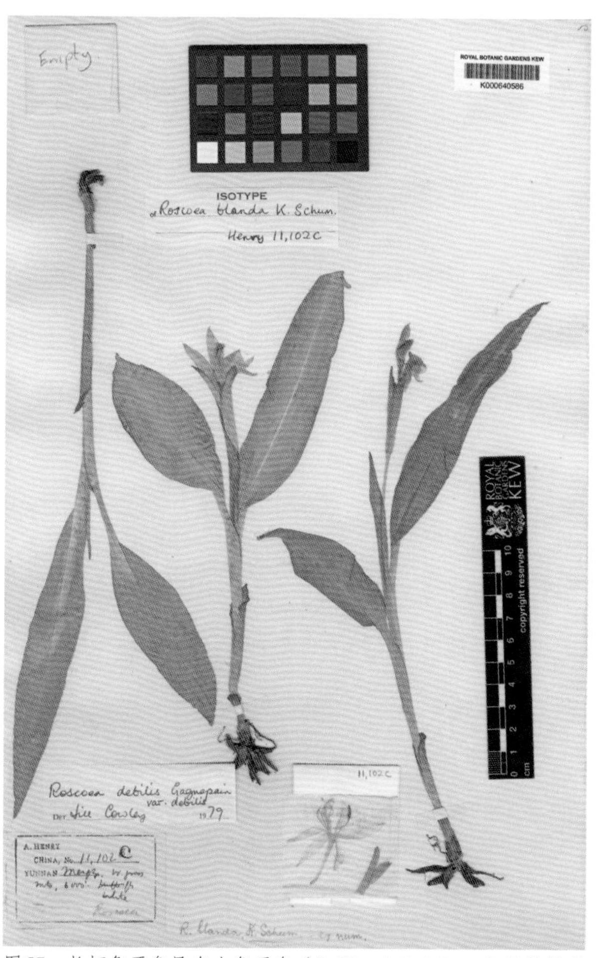

图57　长柄象牙参异名白象牙参（*R. blanda* K.Schum.）的等模式标本，保存于邱园标本馆（K）

图58　长柄象牙参花期初期（云南昆明，赵新杰 提供）

图59　长柄象牙参花期初期（云南昆明，赵新杰 提供）

2.5 ~ 4cm，基部狭窄形成爪。唇瓣反折，倒卵形，2.5~4cm × 1.5~2cm，包括长约7mm的爪，顶部2裂，裂片超过唇瓣全长的1/2，每个裂片在爪处具有2 ~ 3条白色脉纹，裂片边缘有时具微缺。花药乳白色；药室长0.55 ~ 1cm，药隔延长及附属物淡黄色，长0.7 ~ 1cm。花期4 ~ 9月。

地理分布：生于松林、灌木丛、开阔草坡、岩缝间；海拔1 520 ~ 2 500m。分布于云南北部和四川西南部，中国特有种。

主要识别特征：植株低矮，花较大，花期开始时间非常早，通常先花后叶，花期刚开始时叶片尚未钻出地面或者钻出地面但还没有展开；唇瓣宽大，通常长于花冠背裂片，基部具爪处有白色脉纹。

注释：先花象牙参在云南分布广泛，从丽江一直分布到昆明，在丽江分布海拔比大花象牙参及早花象牙参更低，四川西南部靠近云南边界也有分布。

先花象牙参有2个类型，2个类型的区别在栽培时依然可以观察到（Cowley, 2007）。一个类型“早花型”在花期刚开始时苞片、萼片和花先出土，花序大部分藏于地面以下，叶片可能在花期刚开始时藏于地面以下，或者与花序同时开始生长，花序从花期开始到结束一直不伸出叶丛，花期5 ~ 7月（图60、图61）；另一个类型“晚花型”

图60　先花象牙参早花型（云南丽江）

图61　先花象牙参早花型（邱园栽培）

图62　先花象牙参晚花型（邱园栽培）

叶片和花序同时出土，开花时花序伸出叶丛，叶片在花期刚开始时即伸出地面但是尚未展开，花期6～9月（图62、图63）。

先花象牙参自20世纪90年代起自滇东和滇西北引入欧洲栽培，花期非常早且持续时间长，栽培时最早可在4月开花（Cowley, 2007），开花较晚的类型花期可以一直持续到秋季。

15. 昆明象牙参

Roscoea kunmingensis S.Q.Tong, Bull. Bot. Res., Harbin. 12: 248. 1992. Type: China, Yunnan, Kunming, 2200 m, 25 May 1990, *S.Q.Tong 42425* (Holotype KUN).

株高8～12cm。鞘叶约4枚；正常叶1～3枚，在花期刚开始时尚未展开，叶舌长约3mm；叶片披针形或狭披针形，8～20cm × 2.5～4.2cm，无毛，先端渐尖或具短尖。花序具1或2朵花，一直不伸出叶丛；花序梗极短，藏于叶丛中；苞片管状，长0.5～3.5cm，在花期刚开始时藏于叶丛内，开花后可能达到8cm长，先端渐尖，具2齿；花萼管状，长2.5～3cm，顶端具2齿，白色带淡黄色；花管长3.5～4cm；花冠背裂片长圆形，1.5～2cm × 0.6～0.8cm；侧裂片线状长圆形，比背裂片窄；侧生退化雄蕊狭倒卵形至楔形，长约1.4cm。唇瓣反折，倒卵状楔形，1.6～2.1cm × 1～1.5cm，先端深2裂，在爪的位置有明显的白色脉纹，每个裂片有3道脉纹。花药的药室长约4mm；药隔延长及附属物淡黄色，长约3mm；子房圆筒状，3～3.5cm × 0.6～0.7cm。种子倒卵形，直径约3.5mm。花期5～7月（图64、图65）。

地理分布：生于松林、灌丛、林缘开阔草坡、岩缝，海拔2 100～3 200m，分布于云南北部、四川西南部、贵州西部，中国特有种。

主要识别特征：植株非常矮小；开花时叶片尚未展开，鞘叶和正常叶一起卷曲成筒状，苞片和萼片藏于叶片之中，花先伸出叶丛，随后叶片展开，苞片和萼片露出，但是花序始终不伸出叶丛，不同于藏象牙参在开花时叶片已经摊开为莲座状；花极小，花冠背裂片短，仅比侧生退化雄蕊略长。

注释：昆明象牙参在云南广泛分布在大理至

图63　先花象牙参晚花型（云南大理，赵新杰 提供）

图64　昆明象牙参（云南昆明，白汉庭 提供）

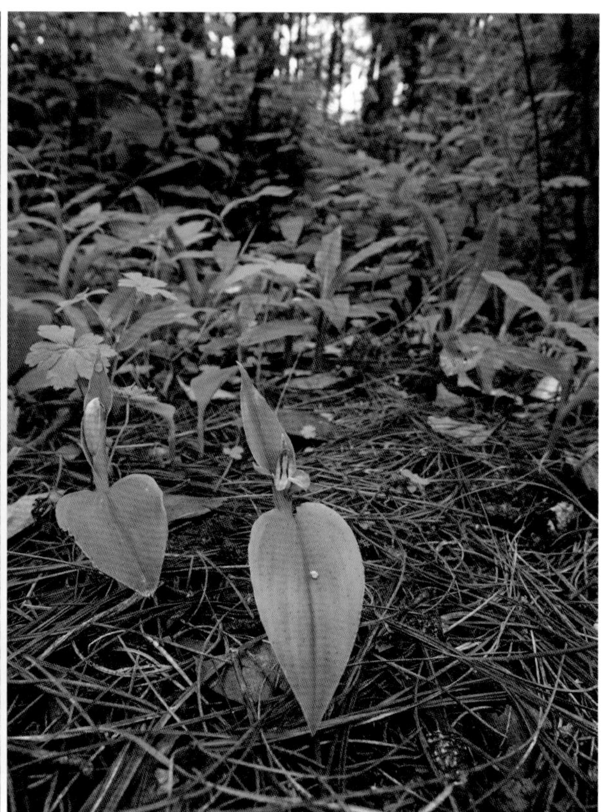

图65　昆明象牙参（云南大理）

昆明的中高海拔（2 100～3 200m）山地，在四川分布于凉山彝族自治州，在贵州分布于六盘水市。在苍山与苍山象牙参（*R. cangshanensis*）混生，在鸡足山与藏象牙参（*R. tibetica*）、大理象牙参（*R. forrestii*）混生，在昆明与先花象牙参（*R. praecox*）、长柄象牙参 *R. debilis* 分布有重叠。

昆明象牙参在欧洲已有栽培（Cowley, 2007），但是栽培相关信息非常少。昆明象牙参的分布广泛，海拔范围广，适应各种不同的生境，是适应性非常强的种，推测可以栽培在树荫下到全日照的各种不同环境。

15a. 延苞象牙参

Roscoea kunmingensis var. ***elongatobractea*** S.Q.Tong, Bull. Bot. Res., Harbin. 12: 249. 1992. Type: China, Yunnan, Kunming, alt. 2100m, in sylvis, 21 VI 1990, *S.Q.Tong 42427* (Holotype KUN).

与原变种的区别在于叶较宽，宽达4.2cm，苞片较长，2.5～3.5cm，花后明显延长，达8cm。

地理分布：海拔约2 100m，分布于云南昆明市。

16. 苍山象牙参

Roscoea cangshanensis M.H.Luo, X.F.Gao & H.H.Lin, Acta Phytotaxonomica Sinica 45 (3): 296-300. 2007. Type: Yunnan, Dali, Cang Shan, alt. 2 600m, under pine forest, streamside, 2005-07-25, *M.H.Luo 5017* (Holotype EMA; Isotype PE).

多年生草本，高22～30cm。鞘叶3～4枚，膜质，管状，具明显的深绿色纵条纹。叶1～4枚，披针形或线状披针形，长2～24cm，宽1.5～2.5cm，叶片基部狭缩成叶柄状，顶端渐尖或短渐尖，两面无毛。叶舌近半圆形，长约1.5mm，无毛。穗状花序具2～3花，花序梗隐藏在叶鞘内。花紫红色或淡紫色。苞片长5～15mm，顶端渐尖，黄绿色，膜质，无毛。花萼管状，长5.5～7cm，顶端具2齿，除顶部黄绿色外其余白色，无毛。花管长10～12.5cm，顶部紫色，其余白色；花冠裂片近等长，背裂片长圆形，1.5～2.5mm × 8～12mm，顶端具短尖头；侧裂片线状长圆形，1.5～2.5mm × 3～4mm，顶端全缘。

唇瓣反折，倒卵状楔形，2.5～3.5cm×2.5～3.0cm，基部收缩成具白色条纹的柄，深裂成2裂片，每个裂片再2裂。侧生退化雄蕊倒卵形，长约1.2cm。花药室长约6mm，白色，药隔延长及附属物淡黄色，长约3mm。子房圆柱状，长约1.2cm。花柱线形，白色，无毛；柱头白色，具睫毛。花期7～8月（图66、图67）。

地理分布：生于松林、灌丛、林缘土坡或草坡、石缝，海拔2 600m左右，分布于云南西北部。

主要识别特征：形态较为多变，花序一直不伸出叶丛，苞片完全不露出或只露出上部分，花管较长，长度是萼片的约2倍，使得花朵远伸出叶丛。唇瓣裂片边缘具有明显的凹缺，有时裂片再2裂，裂片基部具爪处各有3条白色脉纹。花冠裂片和唇瓣上经常有脉纹，侧生退化雄蕊白色带有紫斑或紫色带有深紫色斑。

注释：苍山象牙参在苍山中海拔广布，形态（如正常叶数量、叶片长度和宽度、花管长度、唇瓣大小、花管背裂片和侧裂片大小）极为多变。苍山除苍山象牙参之外还有多个象牙参属物种分布，包括昆明象牙参（*R. kunmingensis*）和藏象牙参（*R. tibetica*），苍山象牙参有可能是自然杂交种。苍山周边的山系如鸡足山、马耳山也可以观察到近似苍山象牙参的象牙参属植物，很有可能也属于这个种。

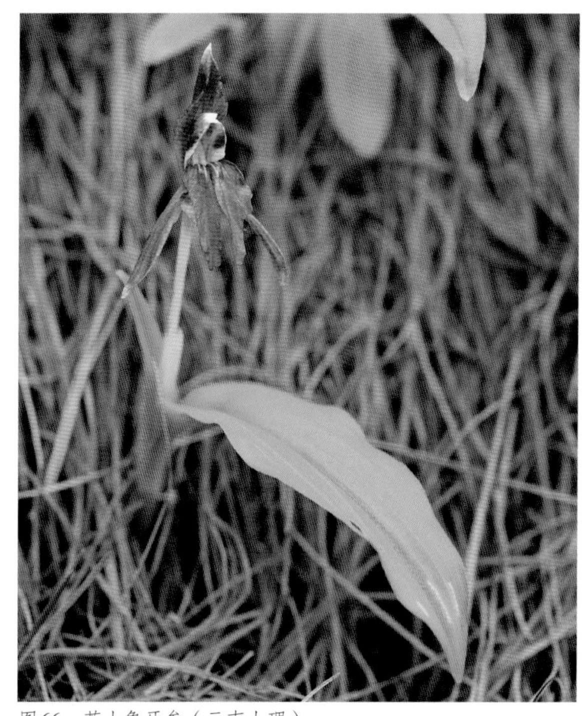

图66　苍山象牙参（云南大理）

苍山象牙参已经引入欧洲栽培，英国Rare Plants苗圃记载苍山象牙参为一强健的种，具有匍匐茎，喜好腐殖土，可以适应半阴至全日照的环境，耐寒性好，在英国可露地过冬。

图67　苍山象牙参（云南大理）

3 世界园林应用及栽培管理

3.1 象牙参属植物世界园林应用概况

具体种的引种栽培概况如前文所述。象牙参属植物是姜科植物中习性非常特殊的一支，大部分姜科植物原产于亚热带至热带低到中海拔地区，喜好夏季高温多雨、冬季温和没有严寒的气候，不耐0℃以下低温，而象牙参属所有种都分布在亚热带的中高海拔地区，喜好夏季温和湿润的气候，冬季可以耐受低温，可以栽培在和其他大部分姜科植物完全不同的环境里，因为其较为耐寒的习性，象牙参属植物被广泛栽培在欧洲和北美的园林中。

象牙参属自19世纪初期开始被欧洲和北美的植物猎人采集，但是带回欧洲的主要是标本，直到19世纪中期到末期，欧洲开始有活体的象牙参属植物栽培。这些象牙参主要是喜马拉雅支象牙参，引自印度和尼泊尔，如卡西象牙参（*R. brandisii*）、紫花象牙参（*R. purpurea*）和耳叶象牙参（*R. auriculata*）（Cowley, 2007）。自20世纪初期开始，中国横断山脉的象牙参属物种开始被欧洲植物猎人采集，但是直到20世纪末期才有多种横断山脉原产的象牙参的活体被引入欧洲和北美栽培观赏（Cowley, 2007）。

20世纪末期英国出现了一个象牙参属杂交种贝氏象牙参（*R.×bessiana*），据推测这个杂交种是早花象牙参和耳叶象牙参的杂交种（Cowley, 2007）。这个杂交种的花期很早，和早花象牙参类似，花被为黄色或白色底，上面有紫色斑点，有时可以在秋季二次开花，在英国园林中应用广泛（图68）。

在英国象牙参属物种目前依然被认为是奇特或具有异域风情的植物，较少在私人花园中栽培，但是在植物园和皇家园艺学会花园中已经栽培广泛。在英国，象牙参属植物经常和其他温带

图68　早花象牙参和耳叶象牙参的杂交种贝氏象牙参（邱园栽培）

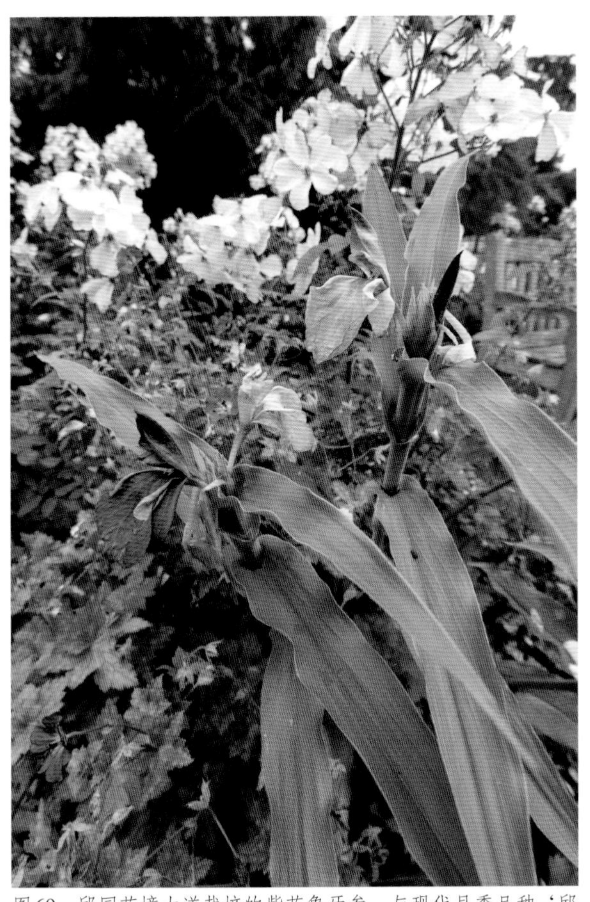

图69 邱园花境大道栽培的紫花象牙参，与现代月季品种‘邱园’（*Rosa* ‘Kew Gardens’）栽培在一起

和亚热带宿根植物栽培在一起，或者栽培在岩石园中，或与其他姜科较耐寒的类群如距药姜属（*Cautleya*）、姜花属（*Hedychium*）、山姜属（*Alpinia*）的物种和品种栽培在一起。

邱园（英国皇家植物园邱园）是目前世界上收集象牙参属物种最多的植物园，象牙参属植物主要保存在高山植物苗圃（Alpine Nursery）和岩石园（Rock Garden）中，高山植物苗圃中的象牙参经常会在戴维斯高山冷室（Davies Alpine House）展示，除此之外林荫园（Woodland Garden）栽培了早花象牙参（*R. cautleyoides*）及大花象牙参（*R. humeana*），花境大道（The Great Broad Walk Borders）栽培了紫花象牙参（*R. purpurea*）（图69），阿吉厄斯进化园（Agius Evolution Garden）栽培了耳叶象牙参（*R. auriculata*）。

爱丁堡皇家植物园也收集了多种象牙参属物种，如今可见的种包括早花象牙参、藏象牙参、图杰象牙参（*R. tumjensis*）、南方象牙参（*R. australis*）等，主要栽培于林缘半阴处的泥炭土或腐殖土中（图70）。

英国皇家园艺学会威斯利花园栽培了多个

图70 爱丁堡皇家植物园栽培的南方象牙参

象牙参属种类和品种，主要栽培在巴特斯顿山（Battleston Hill）和异域花园（Exotic Garden）中，同时也有多个物种收藏在高山植物苗圃中，开花时会拿到高山展览冷室中展示，其中标注为早花象牙参的植株是早花象牙参和大花象牙参的杂交后代。在异域花园中象牙参属植物和多种来自中国喜马拉雅山脉和横断山脉的姜科植物如距药姜属红苞距药姜的品种'克鲁格金丝雀'（*Cautleya spicata* 'Crug Canary'）以及姜花属的园艺品种'德文奶油'（*Hedychium*'Devon Cream'）栽培在一起（图71）。

美国的加州大学植物园栽培了来自亚洲的很多姜科植物，其中有多种象牙参属植物，保存至今的包括大花象牙参（*R. humeana*）[错误标注为早花象牙参（*R. cautleyoides*）]、紫花象牙参（*R. purpurea*）[（错误标注为先花象牙参（*R. praecox*）]等（金文驰，2013）。

3.2 国内引种栽培情况

中国目前很少有植物园引种栽培象牙参属植物。丽江高山植物园和香格里拉高山植物园的园区内有野生的象牙参属植物，丽江高山植物园的园区内和园区周围分布有早花象牙参、大花象牙参、早花象牙参和大花象牙参的杂交后代以及藏象牙参。香格里拉高山植物园的园区内和园区周围分布有无柄象牙参（*R. schneideriana*）和藏象牙参。香格里拉高山植物园还栽培了疑似大理象牙参，此种为来自云南其他地区的象牙参属物种。华南国家植物园（前为中国科学院华南植物园）据记载收集了4种象牙参（耳叶象牙参、早花象牙参、大花象牙参、藏象牙参），其中耳叶象牙参有易于繁殖的记录（熊秉红 等, 2017）。2022年华南国家植物园温室群景区的高山/极地植物室展示了大理象牙参。

3.3 象牙参属植物栽培管理

象牙参属植物在英国已经有超过180年的栽培历史（Cowley, 2007）。据英国园艺家Richard Wilford描述，大部分象牙参属物种如果栽培在室外时喜好半阴的环境，如果栽培在全日照环境，夏季过强的日照会让叶片卷曲，温度过高时花朵可能无法正常打开；如果栽培在全阴环境，象牙参属植物的植株可能徒长而变得更弱。室内栽培象牙参时需要良好的通风，夏季需要部分遮阴，冬季需要避免霜冻。在合适的环境下露地栽培的象牙参仅需要极低的维护，并且可以生长多年（Cowley, 2007）。

象牙参属物种的根部对水分比较敏感，喜好排水良好但是可以保持潮湿的土质，喜好pH中性的土壤，对酸性土或者碱性土没有要求。夏季是象牙参属的生长期，此时象牙参需要大量水分，不能让土壤干透，喜欢土壤一直保持潮湿但不积水，不喜欢阳光暴晒导致土壤快速升温。冬季为象牙参属的休眠期，土壤长期积水会导致象牙参属的根和根茎腐烂（Cowley, 2007）。

象牙参可以在休眠期分株，盆栽象牙参可以在冬季分株，地栽象牙参最好在秋季地上部分没有消失之前分株，分株时需要保留芽点，尽量不破坏肉质根，肉质根损伤会对第二年的生长有影响（Cowley, 2007）。

象牙参的种子最好在收获种子的当年秋季就播种，存放时间更长的种子发芽时间会更长，也有可能不能发芽。播种后放在较低温度的环境中，不能让土壤干透，种子一般在早春发芽，尽量在当年分株，长得过大的植株在分株时容易被破坏。种播的实生苗一般在1～4年后开花（Cowley, 2007）。

在英国栽培的象牙参属植物，开花最早的是早花象牙参、大花象牙参和先花象牙参，在4月底至5月初即可开花，如果夏季温度较为凉爽湿润，部分早花物种可以在秋季二次开花（Cowley, 2007）。喜马拉雅支象牙参开花更晚，多种喜马拉雅支象牙参的花期都可以自夏季持续到秋季。据作者观察，紫花象牙参、耳叶象牙参和加尼甚象牙参（*R. ganeshensis*）的花期都可以自7月持续至9月，少数植株花期可以持续至10月（图72、图73）。

象牙参属植物可以应用在花境中，和其他

图 71 英国皇家园艺学会威斯利花园内的异域花园栽培的玻氏象牙参

图 72　先花象牙参，花期可持续至秋季（邱园栽培）

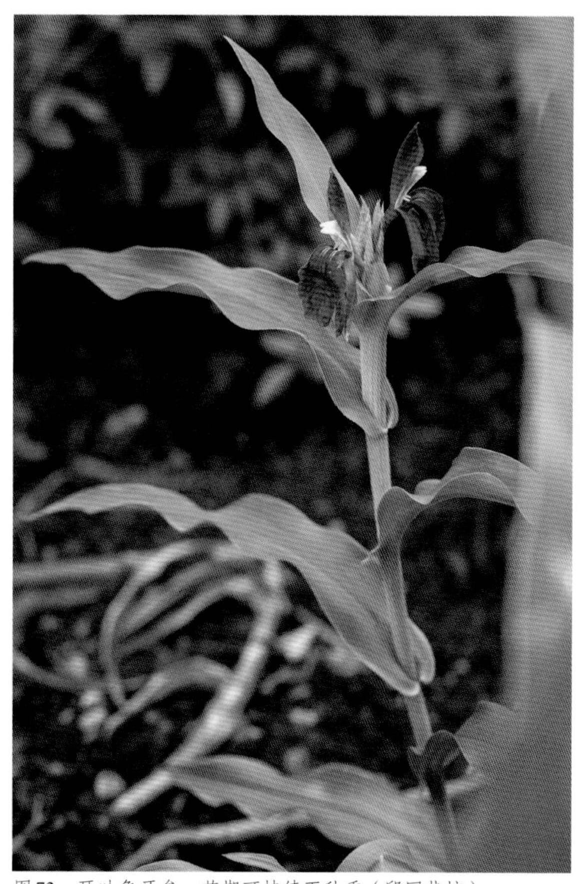

图 73　耳叶象牙参，花期可持续至秋季（邱园栽培）

植物一起栽培，但是尽量选择植株较为高大的种类，如紫花象牙参、耳叶象牙参、早花象牙参等（Cowley, 2007）。小型的种类容易被其他宿根植物遮盖，所以更适合单独种植或者种植在岩石园中。

参考文献

罗明华，万怀龙，林宏辉，2007. 中国象牙参属植物的分布及药用资源 [J]. 中国野生植物资源，27(5):35-37,41.

罗明华，高信芬，祝正银，等，2007. 中国云南象牙参属（姜科）一新种——苍山象牙参 [J]. 植物分类学报，45(3):296-300.

金文驰，2013. 小园大乾坤——加州大学植物园 [J]. 生命世界 (5):66-77.

赵建立，2012. 姜科象牙参属系统进化与谱系地理学研究 [D]. 西双版纳：中国科学院西双版纳热带植物园.

赵建立，夏永梅，李庆军，2013. 象牙参属两物种种间差异的维持机制 [C]// 生态文明建设中的植物学：现在与未来——中国植物学会第十五届会员代表大会暨八十周年学术年会论文集——第 1 分会场：系统与进化植物学：121.

钟玉玲，2017. 姜科植物景观园规划设计 [D]. 广州：仲恺农业工程学院.

童绍全，1992. 中国姜科象牙参属小志 [J]. 植物研究 (3):247-253.

吴德邻, 1981. 中国植物志：第十六卷 第二分册[M]. 北京：科学出版社.

吴征镒, 陈书坤, 1997. 云南植物志：第8卷[M]. 北京：科学出版社.

熊秉红, 禹玉华, 李素文, 等, 2017. 中国姜科野生资源的收集繁育与应用[J]. 中国野生植物资源, 36(5):53-57,74.

COWLEY J, 1982. A revision of Roscoea (Zingiberaceae)[J]. Kew Bulletin, 36(4):747-777.

COWLEY J, 2007. The genus Roscoea[M]. UK: Royal Botanic Gardens, Kew.

DU G H, ZHANG Z Q, LI Q J, 2012. Morphological and molecular evidence for natural hybridization in sympatric population of *Roscoea humeana* and *R. cautleoides* (Zingiberaceae)[J]. Journal of Plant Research, 125:595-603.

FAN Y L, LI Q J, 2012. Stigmatic fluid aids self-pollination in *Roscoea debilis* (Zingiberaceae): a new delayed selfing mechanism[J]. Annals of botany, 110(5):969-975.

LI D B, OU X K, ZHAO J L, et al, 2020. An ecological barrier between the Himalayas and the Hengduan Mountains maintains the disjunct distribution of *Roscoea*[J]. Journal of Biogeography, 47(2):326-341.

LI L, ZHANG J, LU Z Q, et al, 2020. Genomic data reveal two distinct species from the widespread alpine ginger *Roscoea tibetica* Batalin (Zingiberaceae)[J]. Journal of Systematics and Evolution, 59(6):1232-1243.

KANLAYANAPAPHON C, NEWMAN M, 2000. Phylogeny and disjunction in *Roscoea* (Zingiberaceae)[J]. Edinburgh Journal of Botany, 57:39-61.

MOU F J, CAO M, HU X, 2015. *Roscoea glaucifolia* (Zingiberaceae), a New Species from Yunnan, China[J]. Journal of Japanese Botany, 90:147-152.

NGAMRIABSAKUL C, 2001. The Systematics of the Hedychieae (Zingiberaceae), with Emphasis on *Roscoea* Sm.[D]. Edinburgh: The University of Edinburgh.

NGAMRIABSAKUL C, 2004. A Chromosomal Study of *Roscoea* and *Cautleya* (Zingiberaceae): phylogenetic implications[J]. Walailak Journal of Science and Technology, 1(2):70-86.

NGAMRIABSAKUL C, NEWMAN M, 2000. A new species of *Roscoea* Sm. (Zingiberaceae) from Bhutan and southern Tibet[J]. Edinburgh Journal of Botany, 57(2): 271-278.

WU T L, LARSEN K, 2000. Zingiberaceae[M]// WU Z Y, RAVEN P H eds. Flora of China. Beijing: Science Press; St. Louis: Missouri Botanical Garden Press, 24: 322-377.

ZHAO J L, ZHONG J, FAN Y L, et al, 2017. A preliminary species - level phylogeny of the alpine ginger *Roscoea*: Implications for speciation[J]. Journal of Systematics and Evolution, 55(3):215-224.

ZHAO J L, PAUDEL B R, YU X Q, et al, 2021. Speciation along the elevation gradient: Divergence of *Roscoea* species within the south slope of the Himalayas[J]. Molecular phylogenetics and evolution, 164:107292.

ZHU X F, YU X Q, ZHAO J L, 2019. The complete chloroplast sequence of *Roscoea humeana* (Zingiberaceae): an alpine ginger in the Hengduan Mountains, China[J]. Mitochondrial DNA Part B, 4(1):1398-1399.

致谢

感谢马金双老师对本文撰写和修改的指导和帮助，感谢王博、赵新杰、郑海磊、方杰、白汉庭提供中国分布的象牙参属植物的照片以及分布、形态与生态相关信息。

作者简介

余天一（北京人，1996年生），2018年本科毕业于北京林业大学环境设计系，2019年硕士毕业于英国皇家植物园邱园与玛丽女王大学，专业为植物和真菌的分类、多样性和保护，硕士期间研究项目为婆罗洲茜草科（Rubiaceae）弯管花属（*Chassalia*）分类修订，主要关注茜草科弯管花属的分类，以及姜科（Zingiberaceae）象牙参属（*Roscoea*）的分类和园艺应用。现为自由职业，主要绘制植物科学画、翻译植物学相关书籍及撰写科普文章。

本章所有照片，除署名外，均为作者拍摄。

园林之母
China

04

-FOUR-

蔷薇科蔷薇属

***Rosa* of Rosaceae**

邓　莲*　李菁博
［国家植物园（北园）］

DENG Lian*　LI Jingbo
[China National Botanical Garden (North Garden)]

* 邮箱：denglian@chnbg.cn

摘 要：蔷薇属植物广泛分布于北半球寒温带至亚热带地区，全世界约200种，具有观赏、食用、药用、香料用等多种经济价值；由蔷薇属植物反复杂交、长期选育而成的现代月季品种群色、形、香、姿俱佳，四季开花不绝，被誉为“花中皇后”。中国蔷薇属植物种类丰富，栽培历史悠久。本章对蔷薇属植物的演化、分类，中国原生蔷薇属植物的分布、观赏性、近代海外传播，现代月季演化及品种等方面进行总结，阐述中国蔷薇属植物在园林应用中做出的重要贡献及潜在价值。

关键词：蔷薇属　现代月季　分类　传播　演化　育种

Abstract: The genus *Rosa* L. comprises about 200 species widely distributed throughout the temperate and sub-tropical habitats of the northern hemisphere. Roses are economically important as ornamental plants, foods, medical products, and perfumes. Modern roses which were formed by hybridizing and long-term breeding of the genus *Rosa*, have excellent color, shape, fragrance, and posture. Modern roses are regarded as the Queen of Flowers. China is rich in *Rosa* species, and has a long history of rose cultivation. In this chapter, important contributions and potential values of *Rosa* in China were explained from the following five aspects, the phylogeny and taxonomy of *Rosa*, the distribution and ornamental of *Rosa* in China, the recent overseas spread of *Rosa* from China, the main ornamental species in China, the history of modern roses and rose varieties.

Keywords: *Rosa*, Modern rose, Classification, Overseas spread, Phylogeny, Breeding

邓莲，李菁博，2023，第4章，蔷薇科蔷薇属；中国——二十一世纪的园林之母，第三卷：119-293页.

蔷薇属（*Rosa*）隶属于蔷薇科（Rosaceae A.L. Jussieu）蔷薇亚科（Subfam. Rosoideae Focke），为直立、蔓延或攀缘灌木。多数被有皮刺、针刺或刺毛，稀无刺，有毛、无毛或有腺毛。叶互生，奇数羽状复叶，稀单叶；小叶边缘有锯齿；托叶贴生或着生于叶柄上，稀无托叶。花单生或呈伞房状，稀复伞房状或圆锥状花序；萼筒（花托）球形、坛形至杯形，颈部缢缩；萼片5，稀4，开展，覆瓦状排列，有时呈羽状分裂；花瓣5，稀4，开展，覆瓦状排列，白色、黄色、粉红色至红色；花盘环绕萼筒口部；雄蕊多数分为数轮，着生在花盘周围；心皮多数，稀少数，着生在萼筒内，无柄极稀有柄，离生；花柱顶生至侧生，外伸，离生或上部合生；胚珠单生，下垂。瘦果木质，多数稀少数，着生在肉质萼筒内形成蔷薇果；种子下垂。染色体基数$x=7$（谷粹芝，1985）。

全世界蔷薇属约有200种，广泛分布亚、欧、北非、北美各洲寒温带至亚热带地区（谷粹芝，1985）。约有一半的种分布在亚洲，四分之一的种分布于欧洲或北美（Fougere-Danezan et al., 2015）。南非、澳大利亚及新西兰没有本土的野生蔷薇，香叶蔷薇（*R. rubiginosa* L.）、狗蔷薇（*R. canina* L.）等种类在部分地区为归化植物（Brichet, 2003）。

1 蔷薇属演化及分类

1.1 蔷薇属的演化

蔷薇属进化较早，有5 000多万年的历史，曾广泛分布在现今的北美洲和亚洲。蔷薇属花粉、叶片或果实的化石出现在北半球始新世至上新世的地层中（Su et al., 2016）。最古老的蔷薇属植物化石*R. germerensis* Edelman 1975见于始新世，距今55.8—48.6Mya，发现于北美爱达荷州；发现于中国辽宁抚顺古城子组的楔基蔷薇（*R. hilliae* Lesquereux 1883）距今45—51Mya（Fougere-Danezan et al., 2015）。

此外，蔷薇属植物化石见于美国俄勒冈州Bridge Creek的渐新世、欧洲及日本的新近纪、中国云南的中新世等（DeVore & Pigg, 2007; Su et al., 2016）。中国蔷薇属化石仅有叶，见于抚顺始新统和山东山旺中新统，此外尚见于甘肃、新疆的库车组上新世植物群（崔金钟 等, 2019）。楔基蔷薇化石为奇数羽状复叶的顶生小叶，产中国辽宁抚顺，古城子组，始新世；产中国吉林永吉三官地，水曲柳组，新近纪（崔金钟 等, 2019）。山旺蔷薇（*R. shanwangensis* Hu et Chaney 1940）化石产中国山东临朐，山旺组，中新世（崔金钟 等, 2019）；其叶片特征与现在的小果蔷薇（*R. cymosa*）老叶相似（王国良, 2021）。Su等（2016）报道并命名了一个发现于中国云南省文山盆地的蔷薇属叶化石 *R. fortuita* T Su et Z K Zhou；与大部分仅具有单个小叶片的蔷薇属化石不同，这份化石具有完整的复叶，是中国第一份具有完整叶片的蔷薇属化石。

分子研究表明，蔷薇科分化出的时间为大约77.4Mya；蔷薇亚科分化出的时间约为51.9Mya；与蔷薇属关系最为密切的属为金露梅属和草莓属，与蔷薇属的分歧时间分别为约30Mya和约34Mya；蔷薇属的起源时间大约在30Mya（周玉泉, 2016）。演化过程中，蔷薇属主要沿着两个不同的方向进行分化，逐渐分为两支：一支以卡罗来纳组和桂味组为代表；另一支以金樱子组、硕苞组、小叶组、月季组和合柱组为代表。其中，桂味组、卡罗来纳组类群与蔷薇属其他类群在大约13.4Mya分开；约8.3Mya桂味组、卡罗来纳组形成，2.8—3.1Mya分开。位于中国西南地区的芹叶组类群与其他类群分开的时间大约是10.1Mya，组下种间分化的时间为大约4.0Mya；木香组、金樱子组、硕苞组、小叶组等的亲缘关系较近，其中木香组与其他类群分开的时间是2.2—3.2Mya，金樱子组和硕苞组与其他类群分开的时间大约是2.3Mya和2.2Mya。月季组、合柱组类群形成的时间较晚，大约在1.9Mya形成；狗蔷薇组形成的时间大约为2.0Mya（图1）。

蔷薇属植物在历史上可能曾经历过较大范围

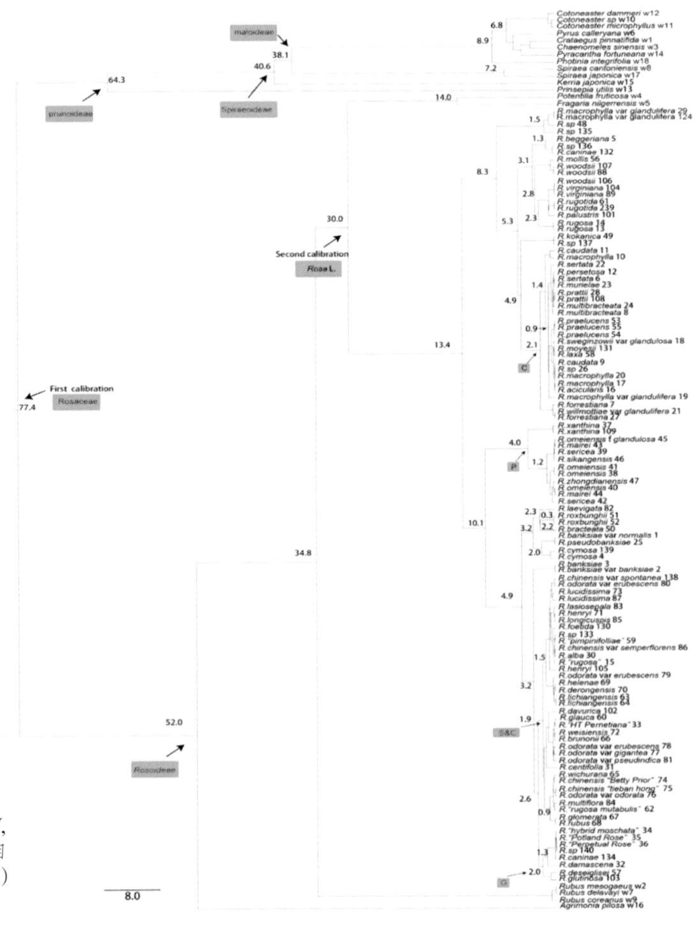

图1　根据五个叶绿体基因联合分析（*pabA-trnH, trnL-F, atpF-atpH, rpl16, rbcl*），所构建的蔷薇属及其相关类群的时间分化图，图中数字代表分化时间（Mya）（周玉泉, 2016）

的灭绝事件，现今的蔷薇属物种是一类较为年轻的物种，形成发生在末次冰河期之后（DeVore & Pigg, 2007），起源大多只有3—4Mya（周玉泉，2016）。亚洲蔷薇属植物在演化过程中起着重要作用，虽然美洲有古老的蔷薇属植物化石，但其芹叶组分支和桂味组分支的种类均起源于亚洲，是13.4Mya从亚洲再次扩张形成；欧洲合柱组种类在约30Mya由亚洲扩张形成；欧洲桂味组蔷薇种类为（距今）2.5—0.6Mya由亚洲扩张演化而成（Fougere-Danezan et al., 2015）。

蔷薇属内遗传变异小、系统发育分辨率较差、叶绿体和核基因系统发育研究结果常存在矛盾，表明杂交是蔷薇属植物进化的强大动力（DeVore & Pigg, 2007）。

1.2 蔷薇属分类

1753年林奈在*Species Plantarum*中根据果实形状对一些蔷薇属植物进行了分类。1811年Willdenow介绍了蔷薇属植物的皮刺以及腺毛的存在和形式，并作为分类学的相关特征。不同分类系统中蔷薇属植物种类数量不同（表1）。目前，国际上常采用的是Alfred Rehder（1863—1949）（1927、1940）及Wissemann（2003）根据形态学制定的蔷薇属分类系统。

表1　16—19世纪不同分类系统中的蔷薇数量（Wissemann, 2003）

分类系统	物种数
Gessner (1561)	10种
Dodonaeus (1569, 1616)	10种
Lobelius (1581)	11种
Gerard (1597)	16种
Spigelius (1633)	16种
Elsholz (1663)	15种
Welsch (1697)	18种
Salmon (1710)	12种和32个品种
Linnaeus (1735)	12种
Linnaeus (1772)	10种
Forsyth (1794)	28种
Laicharding (1794)	31种
Willdenow (1811)	34种
Smith (1819)	57种
Trattinnick (1823)	24系，多于200种
Seringe (1825)	146种
Lindley (1830)	101种，约300异名
Reichenbach (1832)	77种，约200异名
Döll (1855)	114种，约200异名
Déséglise (1877)	15组，狗蔷薇组有329种

1.2.1 Alfred Rehder（1940）

Rehder（1940）分类系统中将蔷薇属分为4个亚属：

单叶蔷薇亚属Subgenus *Hulthemia* (Dumort.) Focke 1888（含1种，*R. persica* Michx. ex Juss. 1789）。

欧洲蔷薇亚属Subgenus *Eurosa* Focke 1888（含69种）。欧洲蔷薇亚属分为10个组：芹叶组Sect. *Pimpinellifoliae* (DC.) Ser. 1825、法国蔷薇组Sect. *Gallicanae* (DC.) Ser. 1825、狗蔷薇组Sect. *Caninae* (DC) Ser. 1825、卡罗来纳组Sect. *Carolinae* Crépin 1891、桂味组Sect. *Cinnamomeae* (DC.) Ser. 1825、合柱组Sect. *Synstylae* DC.1813、月季组Sect. *Indicae* Thory 1820、木香组Sect. *Banksianae* Lindl. 1820、金樱子组Sect. *Laevigatae* Thory 1820、硕苞组Sect. *Bracteatae* Thory 1820。

沙蔷薇亚属Subgenus *Hesperhodos* Cockerell 1913（含1种，*R. stellata* Wooton 1898）。

小叶蔷薇亚属Subgenus *Platyrhodon* (Hurst) Rehd. 1940（含1种，*R. roxburghii* Tratt. 1823）。

1.2.2 《中国植物志》（谷粹芝，1985）

收录两个亚属——单叶蔷薇亚属和蔷薇亚属，共82种（中国原产78种，欧洲或西亚原产4种）。在Redher（1940）系统基础上进行了以下调整：①将欧洲蔷薇亚属（Subgenus *Eurosa*）更名为蔷薇亚属（Subgenus *Rosa*）；②将小叶蔷薇亚属降为蔷薇亚属中的小叶组（Section *Mierophyllae* Crépin 1889）；③将法国蔷薇组（Section *Gallicanae*）更名为蔷薇组（Section *Rosa*）；④将月季组学名改为（Section *Chinenses* DC.）；⑤芹叶组分为两系：五数花系（Ser. *Spinosissimae* Yu et Ku）和四数花系［Ser. *Sericeae* (Crépin) Yu et Ku］；⑥桂味组分为三系：脱萼系（Ser. *Beggerianae* Yu et Ku）、宿萼大叶系（Ser. *Cinnamomeae* Yu et Ku）和宿萼小叶系（Ser. *Webbianae* Yu et Ku）（谷粹芝，1985）。

调整后的蔷薇属分类系统为：

单叶蔷薇亚属（含1种，*R. persica*）。

蔷薇亚属Subgenus *Rosa*（含81种，其中中国原产77种，欧洲和西亚原产4种）。蔷薇亚属包括9组：木香组、硕苞组、月季组、桂味组、金樱子组、小叶组、芹叶组、蔷薇组、合柱组。芹叶组分为2个系：五数花系和四数花系。桂味组分为3个系：脱萼系、宿萼大叶系和宿萼小叶系。小叶组收录3种：缫丝花*R. roxburghii* Tratt. 1823、贵州缫丝花*R. kweichowensis* Yu et Ku 1981、中甸刺玫*R. praelucens* Byhouwei 1927。

1.2.3 Wissemann（2003）

Wissemann（2003）在Redher（1940）系统上进行了修改，将欧洲蔷薇亚属Subgenus *Eurosa*更名为蔷薇亚属Subgenus *Rosa*；将法国蔷薇组Sect. *Gallicanae*更名为蔷薇组Sect. *Rosa*。调整后的蔷薇属分类系统由4个亚属组成：

单叶蔷薇亚属（含1种，*R. persica*）。

蔷薇亚属Subgenus *Rosa*（约184种）。蔷薇亚属分为10个组：芹叶组、蔷薇组、狗蔷薇组、卡罗来纳组、桂味组、合柱组、月季组、木香组、金樱子组、硕苞组。狗蔷薇组分为6个亚组：Subsect. *Rubrifoliae* Crépin 1892、Subsect. *Vestitae* H. Christ 1873、Subsect. *Trachyphyllae* H. Christ 1873、Subsect. *Rubigineae* H. Christ 1873、Subsect. *Tomentellae* H. Christ 1873、Subsect. *Caninae* (DC.) Christ 1873。

沙蔷薇亚属（含2种，*R. stellata*、*R. minutifolia* Engelmann 1882）。

小叶蔷薇亚属（1种，*R. roxburghii*）。

1.2.4 *Flora of China*（Gu & Kenneth, 2003）

*Flora of China*收录2个亚属——单叶蔷薇亚属和蔷薇亚属，共95种，其中中国原产94种、非中国原产1种［重瓣异味蔷薇（*R. foetida* var. *persiana*）］。有研究表明，白玉山蔷薇（*R. baiyushanensis*）是锈红蔷薇变种（*R. rubiginosa* var. *rubiginosa*）（李丁男和张淑梅，2019），因此，*Flora of China*收录中国原产蔷薇应为93种。与《中国植物志》相比，*Flora of China*中收录的中国原产蔷薇种类增加了15种，贵州刺梨（*R. kweichowensis*）、昆明蔷薇（*R. kunmingensis*）、单花蔷薇（*R. uniflorella*）、岱山蔷薇（*R. daishanensis*）、琅琊蔷薇（*R. langyashanica*）、米易蔷薇（*R. miyiensis*）、德钦蔷薇（*R. deqenensis*）、泸定蔷薇（*R. ludingensis*）、得荣蔷薇（*R. derongensis*）、商城蔷薇（*R. shangchengensis*）、中甸蔷薇（*R. zhongdianensis*）、羽萼蔷薇（*R. pinnatisepala*）、赫章蔷薇（*R. hezhangensis*）、城口蔷薇（*R. chengkouensis*）、双花蔷薇（*R. sinobiflora*），均为中国特有种。蔷薇亚属分为8个组：木香组、硕苞组、月季组、桂味组、金樱子组、小叶组、芹叶组、合柱组。

1.2.5 近年来的分类学研究

随着分子生物学研究技术的应用，蔷薇属分类方面有新的观点。有研究认为不应单独列出单叶蔷薇亚属、沙蔷薇亚属、小叶蔷薇亚属，应将其并入蔷薇亚属（Jan et al., 1999; Wissemann & Ritz, 2005; Qiu et al., 2013; Fougere-Danezan et al., 2015; Liu et al., 2015）。卡罗来纳组应与桂味组合并（Wissemann & Ritz, 2005; 周玉泉，2016）。狗蔷薇组是一个单系类群（Wissemann & Ritz, 2005）。芹叶组可能是多源的，其中一些种与桂味组关系较近（Wissemann & Ritz, 2005）；密刺蔷薇、腺叶蔷薇和异味蔷薇与该组其他种的系统关系较远（周玉泉，2016）；位于中国西南地区的芹叶组类群为单系类群（周玉泉，2016）。月季组与合柱组关系密切（Wissemann & Ritz, 2005; 王开锦，2018）。如果除去唯一一个分布在欧洲的合柱组蔷薇*R. arvensis*后，其他合柱组蔷薇可聚合为单系类群（Matsumoto et al., 2000）。金樱子组和硕苞组与木香组系统关系较近（周玉泉，2016）。

Meng et al.（2001）基于叶绿体基因及单拷贝核基因的分析认为，单瓣月季花可能是‘月月红’

的首个杂交亲本，且野蔷薇、香水月季也参与了杂交事件。大马士革蔷薇（*R. damascena*）是天然杂交而成，其亲本为（*R. moschata* × *R. gallica*）× *R. fedschenkoana*（Rusanov et al., 2005）。绢毛蔷薇和峨眉蔷薇无论在植株或是花粉形态，还是种皮表面特征方面都存在明显的连续性，但两者在大多数情况下又有一定的区别，且两者的地理分布也有所不同，应将峨眉蔷薇处理为绢毛蔷薇的变种（韦筱媚 等, 2008）。丽江蔷薇（*R. lichiangensis* T.T.Yu & T.C.Ku）是川滇蔷薇（*R. soulieana*）和粉团蔷薇（*R. multiflora* var. *cathayensis*）的天然杂交种（Zhu & Gao, 2015）。无籽刺梨（*R.* ×*sterilis* S.D.Shi）起源于长尖叶蔷薇与缫丝花的天然杂交，长尖叶蔷薇和缫丝花分别为其母本和父本（邓亨宁 等, 2015）。中甸刺玫应从小叶组移至桂味组（王开锦, 2018）。李丁男和张淑梅（2019）通过外部形态对照研究比对，认为白玉山蔷薇（*R. baiyushanensis* Q.L.Wang）与原产欧洲的锈红蔷薇（*R. rubiginosa* L.）没有本质区别，认为白玉山蔷薇是锈红蔷薇变种 *R. rubiginosa* var. *rubiginosa*。粉蕾木香（*R. pseudobanksiae* T.T.Yu & T.C.Ku）是单瓣白木香（*R. banksiae* var. *normalis*）与粉团蔷薇的天然杂交种（Zhang et al., 2020）。绣球蔷薇（*R. glomerata*）与小叶组的中甸刺玫（*R. praelucens*）有密切的亲缘关系（Chen et al., 2022）。

目前，蔷薇属分类尚未完全修订。正如 Wissemann & Ritz（2005）所指出的：我们对蔷薇属进化与系统发育的认识仍在初期，且有的研究结果不一致。蔷薇属庞大的表型特性、基因型、生态变异和进化过程中的可塑性（如杂交），限制了该属的分类修订。

1.3 著名蔷薇属分类专家

1.3.1 林德利

林德利（John Lindley, 1799—1865）是英国19世纪最著名的植物学家之一，他是英国皇家学会会员，作为植物学家的同时还是园艺学家、才华出众的植物画家。林德利出身于园艺世家，因其非凡的植物学才智，得到了班克斯爵士（Sir Joseph Banks, 1743—1820）和邱园主任胡克爵士（Sir William Jackson Hooker, 1785—1865）的提携开始植物学研究。

1820年他编著的《蔷薇属植物画谱》（*Monographia Rosarum: A Botanical History of Roses*）出版。在该书中他一共记录了76种蔷薇属植物，其中13种是由其命名的新种，包括来自中国的黄刺玫（*R. xanthina*）、复伞房蔷薇（*R. brunonii*）、缫丝花（*R. microphylla*）等。该书收录19幅绘刻精美的植物画，均由林德利本人绘制。林德利自1822年开始担任英国皇家园艺学会助理秘书长，主管切尔西花园和植物采集工作。1829年开始他成为伦敦大学学院（University College, London）植物学专业主席，直至1860年退休。

林德利终生致力于对植物分类和自然系统的研究，长期担任植物学期刊 *Botanical Register* 和园艺学期刊 *The Gardeners' Chronicle* 编辑和主编。其著述颇丰，包括经典著作 *Theory and Practice of Horticulture*（1842）和 *The Vegetable Kingdom*（1846）等。19世纪中期，我国首次引进西方近代植物学，由李善兰等翻译编印的《植物学》就是主要以林德利编著《植物学基础》（*The Elements of Botany*）为蓝本。

1.3.2 克雷潘

克雷潘（François Crépin, 1830—1903）是19世纪比利时著名的植物学家，曾担任梅斯植物园的主任。作为植物分类学家，其在蔷薇属植物分类研究方面颇有建树，一生共命名蔷薇属内组、种、变种等类群共148个，其中包括原产中国的陕西蔷薇（*R. giraldii*）、西北蔷薇（*R. davidii*）和川滇蔷薇（*R. soulieana*）等物种。其蔷薇属专著 *Description de deux roses et observations sur la classification du genre Rosa* 于1868年出版。

1.3.3 萨金特

萨金特（Charles Sprague Sargent, 1841—1927）出生于波士顿富商家庭，1862年从哈佛生物学专业毕业后从军参加"南北战争"。1865年萨金特退伍后，游历欧洲三年，1868年秋回国从事园艺业经营并继续研习植物学。1873年萨金特被任命为新建的阿诺德树木园首任主任，全面主持树木园的规划设计、建园，全身心投入于植物引种和植物学研究，直至1927年病逝。

为中国植物学界所熟知的萨金特最主要成就是其主编的3卷本《威尔逊采集植物志》（*Plantae Wilsonianae*, 1911, 1916, 1917），记录了主要由威尔逊采集的我国中西部木本植物3 356个种和变种，其中很多新种、新变种由萨金特、雷德尔和威尔逊鉴定、命名。该书是当时研究中国木本植物最广博的参考书，至今对我国植物分类学研究具有重要参考价值。该书记载原产中国的蔷薇属植物约40种及众多变种、变型。

1.3.4 雷德尔

雷德尔（Alfred Rehder, 1863—1949）出身于德意志的园艺世家，19世纪末赴美国学习，随后在阿诺德树木园从事植物学研究。雷德尔曾协助萨金特和威尔逊编撰《威尔逊采集植物志》，其一生中共命名植物1 400余种，发表植物学论文1 000余篇。他的代表著作《北美栽培耐寒乔灌木手册》（*Manual of Cultivated Trees and Shrubs Hardy in North America : Exclusive of The Subtropical and Warmer Temperate Regions*）于1927年首刊，1940年第二版出版，至今仍是北美木本植物研究的必备工具书。该书共收录蔷薇属植物72种，其中记载有27种自然分布于中国（Rehder, 1927; Rehder, 1940）。

1.3.5 俞德浚

俞德浚（1908—1986），园艺学家、植物分类学家、植物园专家、中国科学院学部委员。俞德浚长期从事植物学考察、采集及分类研究，编辑出版了《中国果树分类学》（俞德浚，1979），为果树种质资源的开发利用及引种栽培奠定了基础。作为世界著名的蔷薇科植物分类专家，曾担任《中国植物志》编辑委员会的第三任主编，并编辑了《中国植物志》第三十六卷、三十七卷、三十八卷，记载了中国的蔷薇科植物共计61属873个种及200多个变种。他是北京植物园（现国家植物园，下同）的主要创建者，并长期担任植物园主任。他先后参加了国内10多个植物园的建园规划，为我国植物园事业做出了重大贡献（中国科学技术协会，1995）。

俞德浚和谷粹芝对蔷薇属的分类系统和演化作了详细探讨、研究，发表蔷薇属新系7个、新种21个、新变种19个、新变型5个（表2）。

表2 俞德浚及其团队命名的蔷薇属类群

学名	中文名
合格发表新系 7 个	
Rosa ser. Beggerianae T.T.Yu & T.C.Ku	脱萼系
Rosa ser. *Brunonianae* T.T.Yu & T.C.Ku	全缘托叶系
Rosa ser. *Cinnamomeae* T.T.Yu & T.C.Ku	宿萼大叶系
Rosa ser. *Multiflorae* T.T.Yu & T.C.Ku	齿裂托叶系
Rosa ser. *Spinosissimae* T.T.Yu & T.C.Ku	五数花系
Rosa ser. *Webbianae* T.T.Yu & T.C.Ku	宿萼小叶系
Rosa ser. *Sericeae* (Crép.) T.T.Yu & T.C.Ku	四数花系
合格发表新种 21 个	
Rosa chengkouensis T.T.Yu & T.C.Ku	城口蔷薇
Rosa daishanensis T.C.Ku	岱山蔷薇
Rosa deqenensis T.C.Ku	德钦蔷薇
Rosa derongensis T.C.Ku	得荣蔷薇
Rosa duplicata T.T.Yu & T.C.Ku	重齿蔷薇
Rosa kwangtungensis T.T.Yu & Tsai	广东蔷薇
Rosa kweichowensis T.T.Yu & T.C.Ku	贵州缫丝花
Rosa lichiangensis T.T.Yu & T.C.Ku	丽江蔷薇
Rosa lioui T.T.Yu & Tsai	刘氏蔷薇
Rosa ludingensis T.C.Ku	泸定蔷薇
Rosa miyiensis T.C.Ku	米易蔷薇
Rosa pseudobanksiae T.T.Yu & T.C.Ku	粉蕾木香
Rosa sikangensis T.T.Yu & T.C.Ku	川西蔷薇
Rosa taronensis T.T.Yu	求江蔷薇
Rosa tibetica T.T.Yu & T.C.Ku	西藏蔷薇
Rosa uniflora T.T.Yu & T.C.Ku	单花合柱蔷薇
Rosa weisiensis T.T.Yu & T.C.Ku	维西蔷薇
Rosa zhongdianensis T.C.Ku	中甸蔷薇
Rosa pinnatisepala T.C.Ku	羽萼蔷薇
Rosa shangchengensis T.C.Ku	商城蔷薇
Rosa sinobiflora T.C.Ku	双花蔷薇

（续）

学名	中文名
合格发表新变种 19 个	
Rosa chinensis var. *spontanea* (Rehder & E.H.Wilson) T.T.Yu & T.C.Ku	单瓣月季花
Rosa beggeriana var. *lioui* (T.T.Yu & Tsai) T.T.Yu & T.C.Ku	毛叶弯刺蔷薇
Rosa caudata var. *maxima* T.T.Yu & T.C.Ku	大花尾叶蔷薇
Rosa cymosa var. *puberula* T.T.Yu & T.C.Ku	毛叶山木香
Rosa giraldii var. *bidentata* T.T.Yu & T.C.Ku	重齿陕西蔷薇
Rosa koreana var. *glandulosa* T.T.Yu & T.C.Ku	腺叶长白蔷薇
Rosa laxa var. *mollis* T.T.Yu & T.C.Ku	毛叶疏花蔷薇
Rosa longicuspis var. *sinowilsonii* (Hemsl.) T.T.Yu & T.C.Ku	多花长尖叶蔷薇
Rosa macrophylla var. *glandulifera* T.T.Yu & T.C.Ku	腺叶大叶蔷薇
Rosa multiflora var. *alboplena* T.T.Yu & T.C.Ku	白玉堂
Rosa × *odorata* var. *erubescens* (Focke) T.T.Yu & T.C.Ku	粉红香水月季
Rosa omeiensis var. *paucijuga* T.T.Yu & T.C.Ku	少对峨眉蔷薇

（续）

学名	中文名
Rosa saturata var. *glandulosa T.T.Yu & T.C.Ku*	腺叶大红蔷薇
Rosa sertata var. *multijuga* T.T.Yu & T.C.Ku	多对钝叶蔷薇
Rosa soulieana var. *microphylla* T.T.Yu & T.C.Ku	小叶川滇蔷薇
Rosa willmottiae var. *glandulifera* T.T.Yu & T.C.Ku	多腺小叶蔷薇
Rosa willmottiae var. *glandulosa* T.T.Yu & T.C.Ku	腺毛小叶蔷薇
Rosa sweginzowii var. *stevensii* (Rehder) T.C.Ku	毛瓣扁刺蔷薇
Rosa kwangtungensis var. *plena* T.T.Yu et T.C.Ku	重瓣广东蔷薇
合格发表新变型 5 个	
Rosa kwangtungensis f. *plena* T.T.Yu & T.C.Ku	重瓣广东蔷薇
Rosa laevigata f. *semiplena* T.T.Yu & T.C.Ku	重瓣金樱子
Rosa omeiensis f. *glandulosa* T.T.Yu & T.C.Ku	腺叶峨眉蔷薇
Rosa rubus f. *glandulifera* T.T.Yu & T.C.Ku	腺叶悬钩子蔷薇
Rosa sericea f. *glandulosa* T.T.Yu & T.C.Ku	腺叶绢毛蔷薇

2 中国原生蔷薇属植物介绍

中国是蔷薇属植物最大的宝库（Brichet, 2003）。*Flora of China*中收录蔷薇属植物95种（Gu & Kenneth, 2003）。其中，重瓣异味蔷薇为栽培种，白玉山蔷薇被证实是锈红蔷薇变种*R. rubiginosa* var. *rubiginosa*（李丁男和张淑梅, 2019），其他93种均在中国有自然分布。以全世界200种蔷薇计算，中国原生蔷薇属植物约占世界总数的46.5%；其中65种为中国特有种，即全世界约32.5%的蔷薇属植物仅在中国有分布。将变种作为一个独立的分类单元进行统计，*Flora of China*共收录127种（或变种）。

中国原生蔷薇分布广泛，各地均有分布。蔷薇种类最多的区域为四川，分布59种（或变种），即全国约46.5%的蔷薇种（或变种）在四川有分布；其次为云南，分布45种（或变种）；陕西分布28种（或变种）；甘肃分布25种（或变种）；湖北分布20种（或变种）；贵州、西藏各分布19种（或变种）；福建、新疆、浙江各分布13种（或变种）；台湾分布12种（或变种）；广西、河南各分布10种（或变种）；安徽、吉林、江西各分布9种（或变种）；广东、辽宁、山西各分布8种（或变种）；河北、江苏各分布7种（或变种）；黑龙江、湖南各分布6种（或变种）；青海、内蒙古、山东各分布5种（或变种）；宁夏分布2种（或变种）；海南分布1种。

中国蔷薇属植物的水平分布范围为18.89°~ 53.04° N，75.13°~ 133.56° E，垂直分布范围为3.08 ~ 5 455.02m；其中，在26.19°~ 34.29° N区域内物种呈现出较高的物种丰富度，在99.10 °~ 108.47 ° E区域内物种丰富度达到最大值；蔷薇属植物在水平方向上最适分布区主要为我国西南横断山区及四川盆地周边的山脉；垂直方向上，中国蔷薇属植物物种丰富度峰值出现在956.46 ~ 3 518.60m范围内（王思齐和朱章明，2022）。

中国原生蔷薇的生境多为山坡、林下、林缘、溪边、灌丛等，少数种类（如光叶蔷薇、单花合柱蔷薇、玫瑰）分布于海边。

蔷薇属分组检索表（Gu & Kenneth, 2003）

1a. 单叶，无托叶；花单生；花瓣黄色 …………………… Ⅰ. 单叶蔷薇亚属 Subgen. *Hulthemia*

1b. 复叶，有托叶；花单生或多数；花瓣颜色多样，白色、黄色、粉色或红色 ………………………………………………………………………… Ⅱ. 蔷薇亚属 Subgen. *Rosa*

2a. 萼筒扁球形；瘦果着生在基部突起的花托上；花柱离生，不外露 ………………………………………………………………………… 1. 小叶组 Sect. *Microphyllae*

2b. 萼筒球形至坛形，稀扁球形；瘦果着生在萼筒壁及基部；花柱离生或合生，外露或不外露。

3a. 托叶离生或近离生，早落。

4a. 小枝有绒毛；小叶7 ~ 9，托叶篦齿状；花单生或2 ~ 3朵集生，有大型篦齿状苞片；花柱微外露 …………………………………………… 2. 硕苞组 Sect. *Bracteatae*

4b. 小枝无毛；小叶3 ~ 5，托叶有齿或钻形；花单生或多朵，有小苞片；花柱不外露。

5a. 花梗和萼筒密被腺刺；花大、单生；花瓣白色；托叶有齿 ………………………………………………………………………… 3. 金樱子组 Sect. *Laevigatae*

5b. 花梗和萼筒无腺毛；花小，多朵成伞房花序；花瓣黄色或白色；托叶钻形 ………………………………………………………………………… 4. 木香组 Sect. *Banksianae*

3b. 托叶贴生于叶柄，宿存。

6b. 花柱外露，离生或合生，稍短于或近等长于雄蕊。

7a. 花柱离生，稍短于雄蕊；小叶常3 ~ 5 ………………… 5. 月季组 Sect. *Chinenses*

7b. 花柱合生，约与雄蕊等长；小叶5 ~ 9 ………………… 6. 合柱组 Sect. *Synstylae*

6b. 花柱离生，不外露或稍外露，短于雄蕊。

8a. 花单生，稀数朵，无苞片 ………………………… 7. 芹叶组 Sect. *Pimpinellifoliae*

8b. 花多朵成伞房花序或单生，具苞片 ………………… 8. 桂味组 Sect. *Cinnamomeae*

蔷薇属分种检索表（主要根据花部特征）

——基于Gu & Kenneth（2003）稍作修改

1a. 单叶，无托叶；花单生；花瓣黄色 ………………………………… 1. 单叶蔷薇 *R. persica*

1b. 复叶，有托叶；花单生或多数；花瓣颜色多样，白色、黄色、粉色或红色。

2a. 萼筒扁球形；瘦果着生在基部突起的花托上；花柱离生，不外露。

3a. 小叶两面有短柔毛；花柱离生；花瓣红色；花直径8～9cm … 2. 中甸刺玫 *R. praelucens*

3b. 小叶无毛；萼片羽裂；花瓣浅红色、粉色或白色；花直径2.5～6cm。

4a. 花瓣淡红色或粉色；花单生，或2～3朵集生，直径4～6cm … 3. 缫丝花 *R. roxburghii*

4b. 花瓣白色；花7～17朵成伞房花序，直径2.5～3cm … 4. 贵州刺梨 *R. kweichowensis*

2b. 萼筒球形至坛形，稀扁球形；瘦果着生在萼筒壁及基部；花柱离生或合生，外露或不外露。

5a. 托叶离生或近离生，早落。

6a. 小枝有绒毛；小叶7～9，托叶篦齿状；花单生或2～3朵集生，有大型篦齿状苞片；花柱微外露 ………………………………………………… 5. 硕苞蔷薇 *R. bracteata*

6b. 小枝无毛；小叶3～5，托叶有齿或钻形；花单生或多朵，有小苞片；花柱不外露。

7a. 花梗和萼筒密被腺刺；花大、单生；花瓣白色；托叶有齿 ………………………………………………………………………… 6. 金樱子 *R. laevigata*

7b. 花梗和萼筒无腺毛；花小，多朵成伞房花序；花瓣黄色或白色；托叶钻形。

8a. 伞形花序或伞房花序；萼片全缘 ……………………………7. 木香花 *R. banksiae*

8b. 复伞房花序；萼片羽裂 ………………………………… 8. 小果蔷薇 *R. cymosa*

5b. 托叶贴生于叶柄，宿存。

9b. 花柱外露，离生或合生，稍短于或近等长于雄蕊。

10a. 花柱离生，稍短于雄蕊；小叶常3～5。

11a. 灌木；小叶3～5；托叶边缘有腺毛；花4～5，稀单生，淡香或无；萼片常羽裂；果卵圆形或梨形 ……………………………………… 9. 月季花 *R. chinensis*

11b. 藤本；托叶无腺毛或仅在离生部分边缘有腺；花1～3，香；萼片全缘或稍有缺刻；果扁球形、梨形或倒卵形。

12a. 小枝疏生钩状皮刺；小叶5～9；花瓣粉色、黄色或白色；花1～3朵，直径5～10cm，浓香；果扁球形 …………………………10. 香水月季 *R. odorata*

12b. 小枝有皮刺和刺毛；小叶3（5）；花瓣紫红色；花单生，直径3～3.5cm；果梨形或倒卵形 ……………………………… 11. 亮叶月季 *R. lucidissima*

10b. 花柱合生，约与雄蕊等长；小叶5～9。

13a. 托叶篦齿状或边缘有不规则锯齿。

14a. 小叶3或5（或7）。

15a. 小叶常3，卵状披针形；花瓣粉色或白色 ………………………………………………………………… 12. 银粉蔷薇 *R.anemoniflora*[1]

1 银粉蔷薇花瓣白色或粉色（Gu & Kenneth, 2003）。

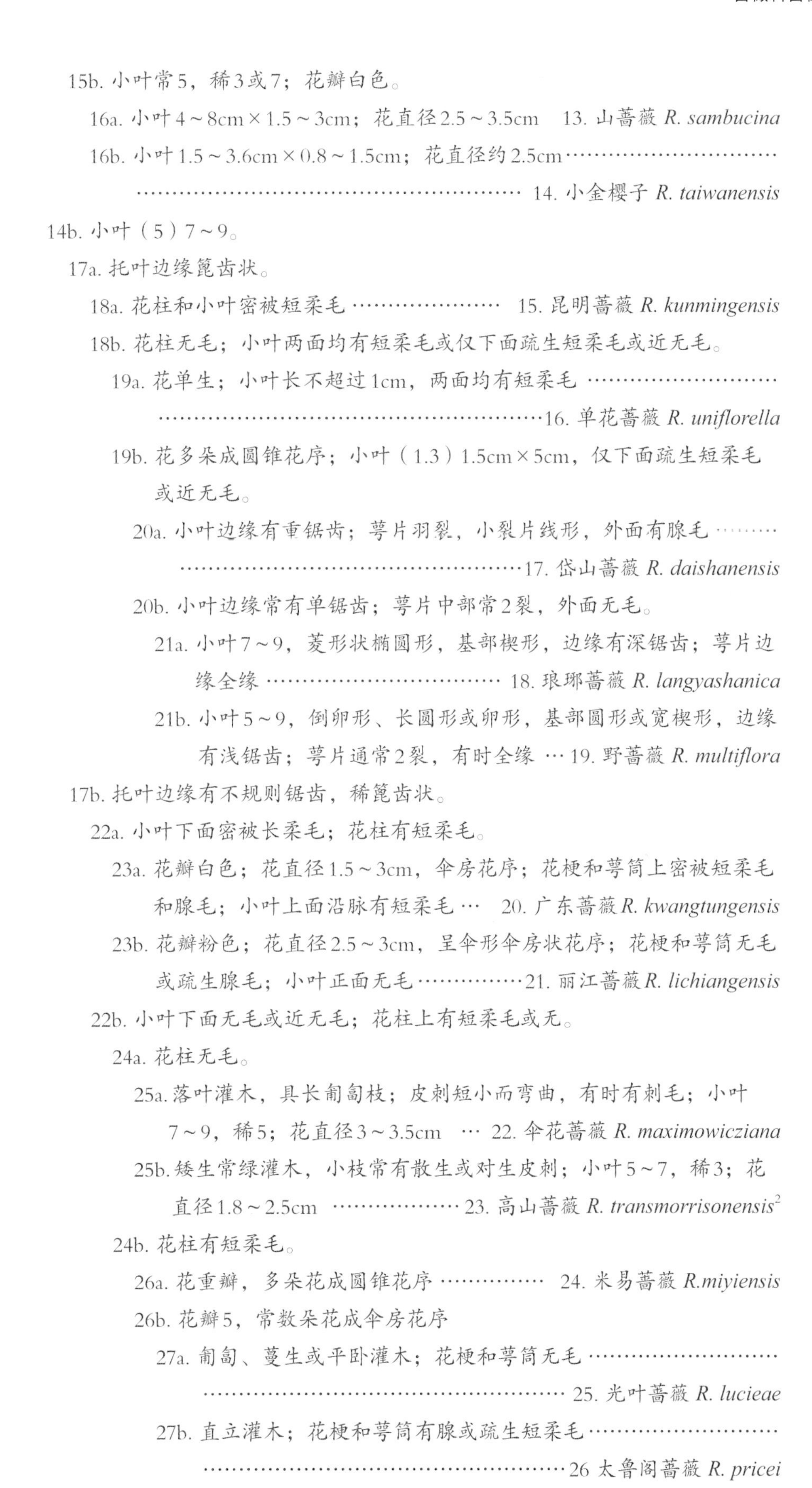

15b. 小叶常5，稀3或7；花瓣白色。

16a. 小叶4～8cm×1.5～3cm；花直径2.5～3.5cm　13. 山蔷薇 *R. sambucina*

16b. 小叶1.5～3.6cm×0.8～1.5cm；花直径约2.5cm……………………………………………………………………………… 14. 小金樱子 *R. taiwanensis*

14b. 小叶（5）7～9。

17a. 托叶边缘篦齿状。

18a. 花柱和小叶密被短柔毛………………… 15. 昆明蔷薇 *R. kunmingensis*

18b. 花柱无毛；小叶两面均有短柔毛或仅下面疏生短柔毛或近无毛。

19a. 花单生；小叶长不超过1cm，两面均有短柔毛……………………………………………………………………16. 单花蔷薇 *R. uniflorella*

19b. 花多朵成圆锥花序；小叶（1.3）1.5cm×5cm，仅下面疏生短柔毛或近无毛。

20a. 小叶边缘有重锯齿；萼片羽裂，小裂片线形，外面有腺毛…………………………………………………………17. 岱山蔷薇 *R. daishanensis*

20b. 小叶边缘常有单锯齿；萼片中部常2裂，外面无毛。

21a. 小叶7～9，菱形状椭圆形，基部楔形，边缘有深锯齿；萼片边缘全缘……………………………… 18. 琅琊蔷薇 *R. langyashanica*

21b. 小叶5～9，倒卵形、长圆形或卵形，基部圆形或宽楔形，边缘有浅锯齿；萼片通常2裂，有时全缘 … 19. 野蔷薇 *R. multiflora*

17b. 托叶边缘有不规则锯齿，稀篦齿状。

22a. 小叶下面密被长柔毛；花柱有短柔毛。

23a. 花瓣白色；花直径1.5～3cm，伞房花序；花梗和萼筒上密被短柔毛和腺毛；小叶上面沿脉有短柔毛… 20. 广东蔷薇 *R. kwangtungensis*

23b. 花瓣粉色；花直径2.5～3cm，呈伞形伞房状花序；花梗和萼筒无毛或疏生腺毛；小叶正面无毛……………21. 丽江蔷薇 *R. lichiangensis*

22b. 小叶下面无毛或近无毛；花柱上有短柔毛或无。

24a. 花柱无毛。

25a. 落叶灌木，具长匍匐枝；皮刺短小而弯曲，有时有刺毛；小叶7～9，稀5；花直径3～3.5cm … 22. 伞花蔷薇 *R. maximowicziana*

25b. 矮生常绿灌木，小枝常有散生或对生皮刺；小叶5～7，稀3；花直径1.8～2.5cm ……………… 23. 高山蔷薇 *R. transmorrisonensis*[2]

24b. 花柱有短柔毛。

26a. 花重瓣，多朵花成圆锥花序…………… 24. 米易蔷薇 *R.miyiensis*

26b. 花瓣5，常数朵花成伞房花序

27a. 匍匐、蔓生或平卧灌木；花梗和萼筒无毛…………………………………………………………………………… 25. 光叶蔷薇 *R. lucieae*

27b. 直立灌木；花梗和萼筒有腺或疏生短柔毛…………………………………………………………………………26 太鲁阁蔷薇 *R. pricei*

2 高山蔷薇在《中国植物志》中暂归为芹叶组，但 *Flora of China* 中记录其花柱合生，故应属合柱组。

04

13b. 托叶全缘，常有腺毛。

28b. 小叶两面有短柔毛或仅下面有短柔毛。

29a. 小叶质地较厚，上面皱，下面密被灰白色短柔毛，叶脉突起 ……………………………………………………………………27. 绣球蔷薇 *R. glomerata*

29b. 小叶质地较薄，上面不皱，下面疏生短柔毛或沿脉密生短柔毛。

30a. 小叶常5；萼片常全缘 ………………………… 28. 悬钩子蔷薇 *R. rubus*

30b. 小叶7～9，花序下方小叶片少；萼片常羽裂。

31a. 近伞形花序 ……………………………………29. 卵果蔷薇 *R. helenae*

31b. 复伞房花序 ………………………………… 30. 复伞房蔷薇 *R. brunonii*

28b. 小叶无毛或在叶下面沿脉疏生短柔毛。

32a. 小叶革质，有光泽，下面无毛或疏生短柔毛；花瓣外面有绢毛。

33a. 小叶5～9，3～7cm×1～3.5cm；萼片0.8～1.2cm，两面有腺毛；伞房花序 ………………………………………………… 31. 长尖叶蔷薇 *R. longicuspis*

33b. 小叶3～5，7～12cm×3～6cm；萼片1.5～2cm，两面密被白色绒毛、无腺；复伞房花序 ………………………… 32. 毛萼蔷薇 *R. lasiosepala*

32b. 小叶非革质，无光泽；花瓣外面无毛。

34a. 小叶3～5。

35a. 小叶3.5～9cm，下面无腺，边缘具单锯齿… 33. 软条七蔷薇 *R. henryi*

35b. 小叶小于2.5cm，下面有腺，边缘具重锯齿。

36a. 小叶8～15mm，先端圆钝或楔形；花单生或2～3朵集生 ……………………………………………………… 34. 重齿蔷薇 *R. duplicata*

36b. 小叶12～25mm，先端急尖或短渐尖；花5～10朵成伞房花序 ………………………………………………………35. 维西蔷薇 *R. weisiensis*

34b. 小叶（5）或7（或9）。

37a. 小叶下面有腺，较大。

38a. 小叶倒卵形，7～10mm×5～8mm，边缘具重锯齿，锯齿先端具腺 ……………………………………………… 36. 德钦蔷薇 *R. deqenensis*

38b. 小叶卵形、椭圆形或卵状长圆形，较大，边缘具单锯齿或重锯齿，锯齿无腺[3]。

39a. 小叶长圆状卵形或披针形，4～7cm；花梗长2～3cm …………………………………………………… 37. 腺梗蔷薇 *R. filipes*

39b. 小叶椭圆形或卵形，3～6cm；花梗1.5～1.8cm……………………………………………………… 38. 泸定蔷薇 *R. ludingensis*

37b. 小叶下面无腺，较小。

40a. 小叶5（或7）；花柱无毛 …………… 39. 得荣蔷薇 *R. derongensis*

40b. 小叶常7；花柱有短柔毛。

41a. 花梗较长，2～2.5cm，花梗与萼筒外面具腺 ……………………………………………………40. 商城蔷薇 *R. shangchengensis*

3 泸定蔷薇小叶边缘为重锯齿（Gu & Kenneth, 2003）。

41b. 花梗较短，不超过1cm，与萼筒、萼片常无毛，偶有腺 ………
……………………………………………… 41. 川滇蔷薇 *R. soulieana*

9b. 花柱离生，不外露或稍外露，短于雄蕊。

42a. 花单生，稀数朵，无苞片。

43a. 花瓣和萼片均为5。

44a. 花枝上有浓密针刺和皮刺，稀无针刺。

45a. 小叶边缘有重锯齿，下面有腺 ………………………… 42. 腺叶蔷薇 *R. kokanica*

45b. 小叶边缘有单锯齿，或在同一株上既有单锯齿也有重锯齿，下面无腺点。

46a. 小叶7～11（15），椭圆形、倒卵状椭圆形或长圆状椭圆形………………………
…………………………………………………………… 43. 长白蔷薇 *R. koreana*

46b. 小叶7～9，稀5或11，长圆形、长圆状卵形、近圆形、卵形或椭圆形。

47a. 小叶长圆形、长圆状卵形或近圆形，1～2.2cm；花直径2～6cm；果黑色或棕黑色，近球形 ……………………………… 44. 密刺蔷薇 *R. spinosissima*

47b. 小叶卵形或椭圆形，5～18mm；花直径1.5～2cm；果深红色，椭圆形或卵状长圆形 …………………………………………………… 45. 刺毛蔷薇 *R. farreri*

44b. 花枝仅有皮刺，很少有针刺。

48a. 花瓣白色、粉色或红色。

49a. 小叶（7）9～11；花瓣粉色或红色；花梗无毛，有时有腺毛 …………………
………………………………………………………… 46. 细梗蔷薇 *R. graciliflora*

49b. 小叶11～13；花瓣白色；花梗无毛，但疏生腺毛………………………………
……………………………………………………… 47. 秦岭蔷薇 *R. tsinglingensis*

48b. 花瓣黄色。

50a. 小叶有重锯齿，下面有腺；小叶9～15，稀7；花瓣黄色或黄白色；花直径2.5～4cm ………………………………………………48. 樱草蔷薇 *R. primula*

50b. 小叶有单锯齿，下面无腺。

51a. 小叶5～9，近圆形、倒卵形或椭圆形，无毛，叶上半部分边缘有锯齿、近基部全缘 ……………………………………… 49. 宽刺蔷薇 *R. platyacantha*

51b. 小叶5～13，卵形、椭圆形、倒卵形或近圆形，有短柔毛或无毛，叶基部到先端均有锯齿。

52a. 小叶卵形、椭圆形或倒卵形，无毛，边缘有锐锯齿或全缘；花直径4～5.5cm；枝条基部有时有针刺 ……………………50. 黄蔷薇 *R. hugonis*

52b. 小叶宽卵形或近圆形，稀椭圆形，下面疏生短柔毛，边缘有钝锯齿或圆锯齿；花直径3～4（5）cm；枝条基部没有针刺 ……………………………
……………………………………………………… 51. 黄刺玫 *R. xanthina*

43b. 萼片和花瓣4。

53a. 小叶下面有短柔毛或至少边缘有重腺齿。

54a. 小叶长圆形或倒卵形，下面有腺，上面无毛或有柔毛；果近球形，外面有腺 …
……………………………………………………… 52. 川西蔷薇 *R. sikangensis*

54b. 小叶倒卵形，正面密被短柔毛，下面无毛，仅沿脉有腺；果倒卵形，外面无腺
…………………………………………………53. 中甸蔷薇 *R. zhongdianensis*

53b. 小叶下面无腺，边缘有单锯齿。

55a. 果梗膨大。

56a. 小叶7~9（13），长圆形或长圆状倒卵形，下面无毛，仅在近先端边缘有锯齿；花瓣淡黄色；果橘黄色，倒圆锥形 ……………………54. 求江蔷薇 *R. taronensis*

56b. 小叶9～17，长圆形或椭圆状长圆形，下面无毛或沿中脉有短柔毛，叶从基部到先端边缘均有锯齿；花瓣白色；果红色或黄色，倒卵形或梨形 ………………………………………………………………… 55. 峨眉蔷薇 *R. omeiensis*

55b. 果梗不膨大。

57a. 小叶两面无毛，7～11，长圆形或宽倒卵形；果梨形或倒卵形 ……………………………………………………………… 56. 玉山蔷薇 *R. morrisonensis*

57b. 小叶下面密被短柔毛，5～13，卵形、倒卵形或长圆状倒卵形；果球形、倒卵形或倒卵球形。

58a. 小叶7～11（13），卵形、倒卵形或倒卵状长圆形，上面无毛，下面有绢毛；果球形或倒卵形，直径8～15mm…………………… 57. 绢毛蔷薇 *R. sericea*

58b. 小叶5～9（11），长圆状倒卵形，两面均有绢毛；果倒卵球形，直径约1cm ……………………………………………………… 58. 毛叶蔷薇 *R. mairei*

42b. 花多朵成伞房花序或单生，具苞片。

59a. 果实成熟时萼筒顶部与萼片脱落。

60a. 皮刺钩状；花多朵成伞房花序或圆锥花序；果球形 …… 59. 弯刺蔷薇 *R. beggeriana*

60b. 皮刺直立；花1～4朵；果近球形、梨形或椭圆形。

61a. 小枝常有皮刺和刺毛；小叶下面有短柔毛；花瓣白色 …… 60. 腺齿蔷薇 *R. albertii*

61b. 小枝常只有皮刺，稀具刺毛；小叶下面无毛或沿脉有短柔毛；花瓣紫红色或粉色。

62a. 小叶7～15，长圆形或椭圆形，下面沿脉有短柔毛，边缘常有单锯齿；果卵形或椭圆形 ……………………………………………… 61. 铁杆蔷薇 *R. prattii*

62b. 小叶7～9，椭圆形、倒卵形或近圆形，下面无毛，边缘常有单锯齿或在上半部有重锯齿；果近球形 ……………………………… 62. 小叶蔷薇 *R. willmottiae*

59b. 果实成熟时萼筒顶部和萼片不脱落。

63a. 小叶约1.5cm或更小，先端常钝；花单生或数朵成伞房花序。

64a. 苞片2或3或更多，近圆形、卵形或卵圆形，先端圆钝或急尖。

65a. 小叶片边缘有重锯齿；小苞片近圆形或卵形。

66a. 萼片羽裂；小叶片常5，稀7，下面密被腺毛… 63. 羽萼蔷薇 *R. pinnatisepala*

66b. 萼片不裂；小叶5～7，稀9，下面疏生短柔毛或腺毛……………………………………………………………………… 64. 滇边蔷薇 *R. forrestiana*

65b. 小叶边缘有单锯齿；小苞片卵形或宽卵形。

67a. 伞房花序或圆锥花序，花直径3～5cm；小叶7～9… 65. 多苞蔷薇 *R. multibracteata*

67b. 花单生，直径2～2.5cm；小叶常5，稀3或7……………66. 短角蔷薇 *R. calyptopoda*

64b. 苞片常1，稀2，卵形，先端短渐尖。

68b. 花梗短，常8～15mm；小叶下面有柔毛或疏生短柔毛。

69a. 小叶片常7～9，近圆形、倒卵形或椭圆形，下面有柔毛，边缘有锐锯齿；花瓣粉色；花梗有腺毛 ……………………………… 67. 陕西蔷薇 *R. giraldii*

69b. 小叶3～5，菱状卵形或长圆形，下面疏生短柔毛，边缘有钝锯齿；花瓣白色，开花前为粉色；花梗近无毛 ………………………… 68. 粉蕾木香 *R. pseudobanksiae*

68b. 花梗较长，15～30mm；小叶无毛或下面沿脉有短柔毛。

70a. 小叶下面有腺点，5～7，长圆形，边缘有重锯齿；花瓣白色；花单生，直径3.5～4cm；果卵球形，无毛 ………………………… 69. 西藏蔷薇 *R. tibetica*

70b. 小叶下面无腺点，5～11，椭圆形至倒卵形或近圆形，边缘有单锯齿；花瓣粉色、紫红色或白色；花1至数朵，直径2～5cm；果近球形或卵球形。

71a. 小叶7～15，宽椭圆形或卵状椭圆形，无毛；花瓣粉色或紫红色；花1～3朵，直径2～3.5cm ………………………… 70. 钝叶蔷薇 *R. sertata*

71b. 小叶5～9，近圆形、倒卵形或宽椭圆形；花瓣粉色或白色；花1～4朵，直径3～5cm。

72a. 花瓣粉色；花直径3.5～5cm；果近球形或卵球形，无毛，疏生腺点；小叶下面沿脉有短柔毛 ………………………… 71. 藏边蔷薇 *R. webbiana*[4]

72b. 花瓣白色；花直径3～4cm；果长圆形或卵圆形，密被腺毛；小叶无毛 ………………………… 72. 腺果蔷薇 *R. fedtschenkoana*

63b. 小叶1.5～7cm，先端常急尖；花多朵，稀数朵，呈伞房花序，稀单生。

73a. 花多朵成伞房花序。

74a. 萼片羽裂；小叶5～9，下面常有腺、无毛或沿脉有短柔毛，边缘通常有腺，重锯齿 ………………………… 73. 刺梗蔷薇 *R. setipoda*

74b. 萼片不裂；小叶3～11，下面有柔毛，近无毛或无毛，边缘有单锯齿，或有单锯齿和重锯齿。

75a. 小枝有皮刺和针刺；小叶7～9，下面有柔毛，边缘有单锯齿；花瓣红色；伞房花序 ………………………… 74. 全针蔷薇 *R. persetosa*

75b. 小枝通常仅有皮刺，有时几乎无皮刺；小叶3～11，下面有短柔毛、近无毛或无毛，边缘有单锯齿或也有重锯齿；花瓣粉色或红色；伞形花序或伞房花序。

76a. 小叶3～5（7），下面有短柔毛或无毛，边缘有重锯齿，或者兼有重锯齿和单锯齿 ………………………… 75. 伞房蔷薇 *R. corymbulosa*

76b. 小叶7～11，下面无毛、近无毛或密被短柔毛，叶下部有全缘或有锯齿。

77a. 小叶下面无毛或近无毛；花瓣红色。

78a. 小叶3～10cm，从基部到先端边缘均有锯齿；花梗长1.5～4cm，密被腺毛，稀无毛；花直径3.5～6cm ………………………… 76. 尾萼蔷薇 *R. caudata*

78b. 小叶1～2.5cm，中部以下全缘；花梗长1.5～3cm，无毛或疏生腺毛；花直径2～3.5cm ………………………… 70. 钝叶蔷薇 *R. sertata*

77b. 小叶下面密被短柔毛，至少沿脉有短柔毛；花瓣粉色。

79a. 花柱外露，比雄蕊稍短；果梗有腺毛，有时有柔毛… 77. 西北蔷薇 *R. davidii*

79b. 花柱稍外露，比雄蕊短很多；果梗无毛，稀具腺毛 … 78. 拟木香 *R. banksiopsis*

73b. 花单生或数朵成伞房花序。

80a. 托叶下方没有皮刺。

---

4 藏边蔷薇叶下无毛或沿脉疏生短柔毛（Gu & Kenneth, 2003）。

81a. 小枝和皮刺有绒毛；小叶质地厚，叶面皱 ………………………… 79. 玫瑰 *R. rugosa*

81b. 小枝和皮刺无毛；小叶质地较薄，不皱。

82a. 小叶下面有腺点；刺直立、细；果扁球形或卵球形。

83a. 小叶7～9，下面有白霜，长圆形或宽披针形，边缘有单锯齿或重锯齿；果扁球形或卵球形 ……………………………………………… 80. 山刺玫 *R. davurica*[5]

83b. 小叶5～9，下面无白霜，卵形或椭圆形，边缘有重锯齿；果卵球形……………………………………………………………… 81. 赫章蔷薇 *R. hezhangensis*

82b. 小叶下面无白霜、无腺；皮刺直立、细，有时无刺；果椭圆形或长圆形。

84a. 小叶下面无毛，边缘部分为重锯齿；花梗长1.5～2cm ……………………………………………………………… 82. 尖刺蔷薇 *R. oxyacantha*

84b. 小叶下面有柔毛或粗毛，边缘有单锯齿或锐重锯齿；花梗长2～4cm。

85a. 小叶下面有柔毛，边缘有单锯齿；花梗长2～3.5cm ……………………………………………………………… 83. 刺蔷薇 *R. acicularis*

85b. 小叶下面有棕色粗毛，边缘有锐重锯齿；花梗长3～4cm ……………………………………………………………… 84. 川东蔷薇 *R. fargesiana*

80b. 托叶下方有皮刺。

86a. 皮刺弯曲；小叶7～9，下面无毛或有柔毛；花瓣白色或粉色；花（1）3～6；花梗具腺 ……………………………………………………………… 85. 疏花蔷薇 *R. laxa*

86b. 皮刺直立或无；小叶7～11，下面无毛、近无毛或有短柔毛；花瓣粉色或红色；花单生至数朵；花梗有腺毛或无。

87a. 小叶下面无毛或近无毛。

88a. 小叶7，卵形或卵状披针形，长2.5～6.5cm；花瓣深红色；花常单生。花梗长15～25（30）mm，常无毛 ……………………………………86. 大红蔷薇 *R. saturate*

88b. 小叶7～9（11），椭圆形或卵形，长1～3cm；花瓣粉色；花1～3朵；花梗长5～30mm，密被腺毛或无毛。

89a. 花梗长5～10mm，密被腺毛；小叶1～3cm，先端急尖或钝；花直径2～5cm …………………………………………………… 87. 美蔷薇 *R. bella*

89b. 花梗长1.5～3cm，无毛，稀有腺毛；小叶长0.6～2.5cm，先端圆、钝或急尖；花直径2～3.5cm ……………………………………… 70. 钝叶蔷薇 *R. sertata*

87b. 小叶下面有短柔毛，至少沿脉有短柔毛。

90a. 小叶5，稀7或3，上面无毛，下面有短柔毛或具腺，边缘具重锯齿；花瓣粉色；花单生或数朵，直径2.5～3cm；花梗长1.5～3cm……… 88. 城口蔷薇 *R. chengkouensis*

90b. 小叶7～13，上面无毛，下面疏生短柔毛，无腺，边缘有单锯齿或重锯齿；花瓣白色、粉色或红色；花2朵或数朵；花梗长1～4cm。

91a. 花2朵集生；花梗短于1cm；托叶宽大，镰刀状…… 89. 双花蔷薇 *R. sinobiflora*

91b. 花通常多于2朵；花梗长1～4cm；托叶较短，非镰刀状。

92a. 萼片羽裂，常有腺毛。

93a. 枝条上有皮刺和针刺；小叶7～11，长2～5cm，边缘有重锯齿，稀单锯齿；

---

5 山刺玫果扁球形或卵球形（Gu & Kenneth, 2003）。

花瓣粉色；花直径3～5cm ……………………… 90. 扁刺蔷薇 *R. sweginzowii*

93b. 枝条上仅有皮刺；小叶7～13，长1～5cm，边缘常有单锯齿；花瓣深红色；花直径4～6cm ……………………………………………………… 91. 华西蔷薇 *R. moyesii*

92b. 萼片全缘或羽裂，无腺毛。

94a. 花瓣白色或粉色；小枝有皮刺和针刺；小叶9～15，椭圆形或长圆形，长1～4.5cm，下面沿脉有短柔毛，边缘有单锯齿；花直径2～3cm ………………………………………………………………………………………92. 西南蔷薇 *R. murielae*

94b. 花瓣玫红色或红色；小枝密被刺毛或疏生皮刺或无皮刺；小叶7～11，椭圆形、卵状椭圆形或长圆形，下面无毛、疏生短柔毛或密被柔毛，边缘有单锯齿，稀重锯齿；花直径2.5～5cm。

95a. 小枝通常密被刺毛；小叶7～9（11），椭圆形或卵状椭圆形，长1.2～3cm，下面无毛或疏生短柔毛，边缘有单锯齿，稀重锯齿；花直径2.5～3cm；花梗和萼筒无毛 …………………………………… 74. 全针蔷薇 *R. persetosa*

95b. 小枝通常疏生皮刺或无皮刺；小叶9～11，长圆形或椭圆状卵形，2.5～6cm，下面密生柔毛，边缘有单锯齿；花直径3.5～5cm；花梗和萼筒密被腺毛，稀无毛 ………………………… 93. 大叶蔷薇 *R. macrophylla*

蔷薇属检索表（主要根据枝叶的特征）（Gu & Kenneth, 2003）

1a. 单叶，无托叶；花单生；花瓣黄色 …………………………………… 1. 单叶蔷薇 *R. persica*

1b. 复叶，有托叶；花单生或多数；花瓣颜色多样。

2a. 托叶离生，脱落。

3a. 小叶5～9，椭圆形或倒卵形；托叶篦齿状；花瓣白色；花单生，或2～3朵簇生，直径4.5～7cm；苞片大，条裂，外面密被绒毛 ……………… 5. 硕苞蔷薇 *R. bracteata*

3b. 小叶3～5（7），椭圆形、卵形、椭圆状卵形、倒卵形或长圆状披针形；托叶篦齿状或非篦齿状；花瓣颜色多样；花单生，或数朵成伞形花序或伞房花序；苞片小或无。

4a. 小叶3（或4），椭圆状卵形或倒卵形，无毛；花瓣白色；花单生，直径5～10cm；花梗及萼筒密被腺毛 ……………………………………………… 6. 金樱子 *R. laevigata*

4b. 小叶3～5（7），椭圆形、卵形或长圆状披针形；花瓣黄色或白色；花1～3朵，直径1.5～2.5cm；花梗及萼筒常光滑。

5a. 伞形花序或伞房花序，萼片全缘 …………………………7. 木香花 *R. banksiae*

5b. 复伞房花序，萼片有羽状裂片 ………………………… 8. 小果蔷薇 *R. cymosa*

2b. 托叶与叶柄合生，不脱落。

6a. 托叶篦齿状或边缘有不规则锯齿；花柱合生，伸出萼筒外。

7a. 托叶篦齿状。

8a. 花柱有毛；花5～7朵，排成伞房花序；小叶下面密被绒毛状短柔毛 ……………………………………………………………………… 15. 昆明蔷薇 *R. kunmingensis*

8b. 花柱无毛；花单生或多数，呈圆锥花序或伞房花序；小叶片下面被短柔毛或绒毛状短柔毛。

9a. 花单生；小叶5～7，倒卵形或宽椭圆形 ……………16. 单花蔷薇 *R. uniflorella*

9b. 花多朵排成圆锥花序；小叶5～9，菱形状椭圆形、倒卵形、长圆形或卵形。

10a. 小叶5～7，边缘有重锯齿；萼片有羽状裂片，裂片披针形，外面密被腺毛……………………………………………………17. 岱山蔷薇 *R. daishanensis*

10b. 小叶5～9，边缘有单锯齿，偶有重锯齿；萼片全缘或2裂，外面无腺毛。

11a. 小叶7～9，菱形状椭圆形，基部楔形，边缘具深锯齿；萼片全缘………………………………………………………… 18. 琅琊蔷薇 *R. langyashanica*

11b. 小叶5～9，倒卵形、长圆形或卵形，基部圆形或宽楔形，边缘具浅锯齿；萼片具2个裂片或全缘 ……………………………… 19. 野蔷薇 *R. multiflora*

7b. 托叶边缘有不规则锯齿。

12a. 小叶3～5，卵状披针形、长圆状披针形、长圆形或长圆状倒卵形；花单生，或4至多朵排成伞房花序。

13a. 小叶卵状披针形或长圆状披针形；花单生或排成伞房花序 ………………………………………………………………… 12. 银粉蔷薇 *R. anemoniflora*

13b. 小叶长圆形至长圆状倒卵形；花4朵至多朵成伞房花序 ………………………………………………………………………… 13. 山蔷薇 *R. sambucina*

12b. 小叶（5）7～9，椭圆形、长圆形、卵形或倒卵形，无披针形；花数朵排成伞房花序。

14a. 小叶片下面密被长柔毛；花柱有短柔毛。

15a. 小叶5～9，上面沿中脉有短柔毛；花瓣白色或红色；花直径1.5～3cm；花梗和萼筒密被短柔毛和腺毛 ……………… 20. 广东蔷薇 *R. kwangtungensis*

15b. 小叶3～5（7），上面无毛；花瓣粉红色；花直径2.5～3cm；花梗和萼筒光滑，稀疏生腺毛……………………………… 21. 丽江蔷薇 *R. lichiangensis*

14b. 小叶背面无毛或近无毛；花柱无毛或有短柔毛。

16a. 小叶7～9，稀5，先端急尖或渐尖，下面沿脉有短柔毛；花柱无毛；果卵球形 ……………………………………… 22. 伞花蔷薇 *R. maximowicziana*

16b. 小叶5～7，稀9，先端圆钝或急尖，下面无毛或疏生短柔毛；花柱有短柔毛；果球形或近球形。

17a. 小叶椭圆形、卵形或倒卵形；萼筒及萼片外面近无毛 ………………………………………………………………………… 25. 光叶蔷薇 *R. luciae*

17b. 小叶卵形或长圆形；萼筒外面有带腺刚毛；萼片两侧有带腺刚毛………………………………………………………………… 26. 太鲁阁蔷薇 *R. pricei*

6b. 托叶全缘；花柱离生，稀合生。

18a. 小叶3～5（7）。

19a. 小叶边缘有重锯齿。

20a. 小叶无毛或下面沿脉有短柔毛。

21a. 小叶卵状长圆形或椭圆形，长2.5～6cm，先端急尖或圆钝；花瓣红色；花多朵成伞房花序，直径2～2.5cm；花柱离生，显著外伸 ………………………………………………………………75. 伞房蔷薇 *R. corymbulosa*

21b. 小叶倒卵形或椭圆形，长0.8 ～ 1.5cm，先端圆钝或截形；花瓣淡黄色或白色；花1 ～ 3朵集生，直径约1cm；花柱合生，稍外伸 ……………………

…………………………………………………… 34. 重齿蔷薇 R. duplicate

20b. 小叶下面疏生短柔毛或腺毛。

22a. 小叶3～5；花柱合生，外露；花瓣白色；花直径约1.5cm，花多朵成伞房花序 ……………………………………………… 35. 维西蔷薇 *R. weisiensis*

22b. 小叶5（7）；花柱离生，稍外露。

23a. 小叶椭圆形、长圆形或卵形，长15～35mm；花单生或数朵；萼片长圆状披针形，全缘，外面有短柔毛 ………… 88. 城口蔷薇 *R. chengkouensis*

23b. 小叶倒卵形或长圆形，长5～11mm；花2或3朵集生，稀单生；萼片三角状披针形，有羽状裂片，外面无毛 …… 63. 羽萼蔷薇 *R. pinnatisepala*

19b. 小叶边缘有单锯齿，稀混有少量重锯齿。

24a. 老枝有皮刺、针刺或刺毛。

25a. 小叶5～7（9），厚，上面皱，下面被绒毛；小枝和皮刺上有绒毛；花瓣紫红色或白色；花1～3朵；果深红色，扁球形 …………… 79. 玫瑰 *R. rugosa*

25b. 小叶3～7，薄，上面不皱、无毛，下面有短柔毛或仅沿中脉有短柔毛；小枝无毛或近无毛；花瓣粉色或紫红色；花1～3朵或8～12朵。

26a. 花瓣粉红色；小叶3～7；果红色，梨形或长椭圆形，有颈 ………………………………………………………… 83. 刺蔷薇 *R. acicularis*

26b. 花瓣紫红色；小叶3（5）；果紫色，倒卵球形或梨形，无颈 ……………………………………………………………… 11. 亮叶月季 *R. lucidissima*

24b. 老枝有皮刺，无针刺和刺毛。

27a. 小叶下面多少被毛。

28a. 小叶3～5，长小于1.5cm，边缘锯齿圆钝；花3～5朵成伞房状；花瓣白色，未开时粉红色；花柱离生 ………… 68. 粉蕾木香 *R. pseudobanksiae*

28b. 小叶3～7，长大于2cm，边缘锯齿尖锐；花多朵成复伞房状；花瓣白色；花柱合生。

29a. 小叶5～7，两面有短柔毛，长圆形或长圆状披针形；小枝密被短柔毛；果紫褐色，卵球形 ………………………… 30. 复伞房蔷薇 *R. brunonii*

29b. 小叶3～7，上面无毛，长圆形至卵形或披针形；小枝无毛或疏生短柔毛；果橘红色或红色，近球形。

30a. 小叶5～7，上面皱，下面密被灰白色短柔毛、叶脉突起，长圆形或长圆状倒卵形；果橘红色 …………………27. 绣球蔷薇 *R. glomerata*

30b. 小叶3～7，下面光滑，上面仅中脉突起，长圆状卵形、披针形或卵状椭圆形至倒卵形；果红色。

31a. 小叶5～7，下面有腺，近无毛，长圆状卵形或披针形，先端渐尖 ……………………………………………… 37. 腺梗蔷薇 *R. filipes*

31b. 小叶（3）5，下面无腺，密被短柔毛，卵状椭圆形或倒卵形，先端尾状渐尖或急尖 ……………………… 28. 悬钩子蔷薇 *R. rubus*

27b. 小叶下面无毛。

32a. 直立灌木。

33a. 小叶（5）7（9），椭圆形或倒卵形，长1～3cm，先端圆钝或急尖；花

柱合生；果卵球形，橘红色 ………………… 41. 川滇蔷薇 *R. soulieana*

33b. 小叶3～5（7），倒卵形或宽卵形至卵状长圆形，长0.9～6cm，先端渐尖或圆钝；花柱离生或合生；果卵球形至梨形或球形至倒卵状球形，红色或红褐色。

34a. 小叶宽卵形至卵状长圆形，长2.5～6cm，先端渐尖；花柱离生；果红色，卵球形至梨形 ………………………… 9. 月季花 *R. chinensis*

34b. 小叶倒卵形，9～15mm×6～10mm，先端圆钝；花柱合生；果球形或倒卵球状球形，红褐色 ……………… 39. 得荣蔷薇 *R. derongensis*

32b. 攀缘藤本。

35a. 花1～3朵；花柱离生。

36a. 小叶5～9，椭圆形或卵形，先端急尖或渐尖；花瓣黄色、粉色或白色；萼片全缘；果扁球形 ……………………10. 香水月季 *R. odorata*

36b. 小叶3（5），长圆状卵形或长椭圆形，先端尾状渐尖或急尖；花瓣紫红色；萼片全缘或稍有缺刻；果梨形或倒卵形 ……………………………………………………………… 11. 亮叶月季 *R. lucidissima*

35b. 花多数成伞房花序或复伞房花序；花柱合生。

37a. 小叶5～9，稀3，革质，长3～7cm；花瓣外面有短柔毛；花多朵成伞房状花序 ……………………………… 31. 长尖叶蔷薇 *R. longicuspis*

37b. 小叶3～5，纸质或革质，长3.5～12cm；花瓣外面无毛或有短柔毛；花多朵成伞房花序或复伞房花序。

38a. 小叶纸质；花瓣外面无毛；花5～15朵成伞房花序 …………………………………………………………… 33. 软条七蔷薇 *R. henryi*

38b. 小叶革质；花瓣外面有短柔毛；花多朵成复伞状花序 ……………………………………………………………… 32. 毛萼蔷薇 *R. lasiosepala*

18b. 小叶在（5）7以上。

39a. 小叶长度超过2cm。

40a. 小叶边缘有重锯齿。

41a. 小枝有皮刺和刺毛。

42a. 小叶7～9，长圆形或宽披针形，下面有短柔毛和腺点，先端急尖或圆钝；花瓣深粉色；果近球形或卵球形；成熟时萼片宿存 ……………………………………………………………… 80. 山刺玫 *R. davurica*

42b. 小叶5~7，卵形、椭圆形或倒卵形，下面有短柔毛、无腺点，先端圆钝，稀急尖；花瓣白色；果梨形或椭圆形；成熟时萼片脱落 ……………………………………………………………… 60. 腺齿蔷薇 *R. albertii*

41b. 小枝只有皮刺，无针刺和刺毛。

43a. 小叶下面有短柔毛或近无毛。

44a. 皮刺直、粗壮；小叶7～9，长圆形或椭圆形，下面近无毛，先端圆钝或急尖 ………………………… 82. 尖刺蔷薇 *R. oxyacantha*

44b. 皮刺宽、扁；小叶7～11，椭圆形或卵状长圆形，下面有短柔毛，先端急尖、稀圆钝 ……………………… 90. 扁刺蔷薇 *R. sweginzowii*

43b. 小叶下面有短柔毛或近无毛，有腺。

45a. 小叶5～9；花数朵成伞房花序；花柱离生，稍外露 ……………………………………………………………………………… 73. 刺梗蔷薇 *R. setipoda*

45b. 小叶通常7；花数朵成伞房圆锥花序；花柱合生，外露 ……………………………………………………………………………… 38. 泸定蔷薇 *R. ludingensis*

40b. 小叶边缘有单锯齿。

46a. 小叶下面无毛或近无毛。

47a. 小枝皮刺弯曲。

48a. 小叶5～9，宽椭圆形或椭圆状倒卵形；花数朵或多朵，稀单生；花瓣白色，稀粉色；果红色或暗紫色，近球形，成熟时萼片脱落 ……………………………………………………………………………… 59. 弯刺蔷薇 *R. beggeriana*

48b. 小叶7～9，椭圆形、长圆形或卵形、稀倒卵形；花（1或）3～6朵；花瓣白色或粉色；果红色，长圆形或卵球形，成熟时萼片宿存 ……………………………………………………………………………… 85. 疏花蔷薇 *R. laxa*

47b. 小枝皮刺直立。

49a. 老枝有皮刺，有时密被刺毛。

50a. 小枝密被针刺；花梗长1.2～3cm …………… 74. 全针蔷薇 *R. persetosa*

50b. 小枝通常仅有皮刺；花梗较短，长5～10mm……… 87. 美蔷薇 *R. bella*

49b. 老枝只有皮刺，通常无刺毛。

51a. 皮刺宽、扁、散。

52a. 花瓣红色；花多朵成伞房花序；萼片尾状、叶状；花梗和萼筒常有腺、稀光滑 ………………………………… 76. 尾萼蔷薇 *R. caudata*

52b. 花瓣白色；花多朵成复伞房状；萼片有羽裂；萼筒外面有刺 ……………………………………………………………………………… 4. 贵州刺梨 *R. kweichowensis*

51b. 皮刺细直，稀少刺或无刺。

53a. 小叶9～15，椭圆形或长圆形，先端急尖或短渐尖；花瓣白色；花梗长2～4cm ……………………………… 92. 西南蔷薇 *R. murielae*

53b. 小叶7～9（15），卵形、长椭圆形或卵状披针形，先端急尖、渐尖或圆钝；花瓣粉色或深红色；花梗长1.5～3cm。

54a. 小叶7～15，卵形或长椭圆形，先端急尖或圆钝；花瓣粉色；花单生或数朵，直径2～3.5cm；萼片、花梗和萼筒常光滑 ……………………………………………………………………………… 70. 钝叶蔷薇 *R. sertata*

54b. 小叶7（9），卵形或卵状披针形，先端渐尖或急尖；花瓣深红色；花单生，稀2～3朵，直径3.5～5cm；花梗和萼筒常无毛或疏生腺毛 ……………………………………… 86. 大红蔷薇 *R. saturate*

46b. 小叶下面有短柔毛或沿中脉侧脉有短柔毛。

55a. 花多数成伞房花序。

56a. 花梗和萼筒光滑；小叶7～9，卵形或长圆形、稀长椭圆状卵形；花瓣粉色；花柱离生 ……………………………………… 78. 拟木香 *R. banksiopsis*

56b. 花梗和萼筒具腺毛；小叶5～9，长圆状卵形、卵状披针形或卵形；花瓣粉色或白色；花柱离生或合生。

57a. 花瓣粉色；花柱离生，稍外露 ………………… 77. 西北蔷薇 *R. davidii*

57b. 花瓣白色；花柱合生。

58a. 小叶（5）7～9，长圆状卵形或卵状披针形，长2.5～4.5cm…………………………………………………………29. 卵果蔷薇 *R. helenae*

58b. 小叶5～7，卵形至长圆状卵形，长1.5～3.6cm ……………………………………………………………… 14. 小金樱子 *R. taiwanensis*

55b. 花单生，稀2～3朵。

59a. 花梗和萼筒常有腺毛，稀无毛。

60a. 小叶7～13，卵形、长椭圆形或长圆状卵形，先端急尖或圆钝；花瓣深红色；萼片常有羽裂；果橘红色或紫红色，长圆状卵球形或卵球形，长可达5cm ……………………………91. 华西蔷薇 *R. moyesii*

60b. 小叶9～11（13），长圆形或椭圆状卵形，先端急尖，稀圆钝；花瓣红色；萼片全缘；果深红色，长圆状卵球形或长卵球形，长1.5～3cm …………………………………………93. 大叶蔷薇 *R. macrophylla*

59b. 花梗和萼筒无毛。

61a. 小叶长圆形或宽披针形，下面常有腺，先端急尖或圆钝 ……………………………………………………………… 80. 山刺玫 *R. davurica*

61b. 小叶卵形或卵状披针形或长圆状披针形，下面无腺。

62a. 小叶卵形或卵状披针形，先端渐尖或急尖；花单生，稀2朵，花梗长1.5～2.5cm ……………………………… 86. 大红蔷薇 *R. saturate*

62b. 小叶卵状披针形或长圆状披针形，先端渐尖或尾状渐尖；花2朵，花梗长0.5～1cm………………………… 89. 双花蔷薇 *R. sinobiflora*

39a. 小叶长度小于1.5（2）cm。

63a. 小叶边缘有重锯齿。

64a. 小叶下面无毛、无腺；枝条有皮刺、针刺或刺毛；小叶（5）7～9（11），近圆形或长圆状卵形；花单生，或2～3朵集生；花瓣黄色、白色或粉色；果近球形，黑色 ……………………………44. 密刺蔷薇 *R. spinosissima*

64b. 小叶下面有短柔毛或腺；枝条有皮刺，有时有针刺和刺毛；小叶5～15，长圆形、倒卵形、卵形或椭圆形；花1～5朵；花瓣白色、黄色、粉色或红色；果倒卵球形或近球形，红色或红褐色。

65a. 枝条有皮刺、针刺和刺毛。

66a. 小叶7～9（13），长圆形或倒卵形，两面密被短柔毛，下面有腺；花瓣4，白色；果红色，近球形 …………… 52. 川西蔷薇 *R. sikangensis*

66b. 小叶5～13，卵形、椭圆形、倒卵形或长圆形，下面有短柔毛，上面无毛；花瓣5，白色或黄色；果红色、深紫色或红褐色，球形、近球形或倒卵形。

67a. 小叶11～13，椭圆形或长圆形；花瓣白色；果红褐色，倒卵形 ……………………………………………… 47. 秦岭蔷薇 *R. tsinglingensis*

67b. 小叶5～9，长圆形、卵形、椭圆形或倒卵形；花瓣白色或黄色；果红色或深紫色，球形或近球形。

68a. 小叶长圆形，下面有腺；花有苞片；花瓣白色；果红色，球形 ……………………………………………… 69. 西藏蔷薇 *R. tibetica*

68b. 小叶卵形、椭圆形或倒卵形，下面有腺或短柔毛；花无苞片；花瓣白色或黄色；果深紫色，近球形 …… 42. 腺叶蔷薇 *R. kokanica*

65b. 枝条只有皮刺，无针刺和刺毛。

69a. 小叶两面有毛或仅下面有毛。

70a. 小叶下面有棕色绒毛密被叶脉，椭圆形或长圆状椭圆形 ……………………………………………………… 84. 川东蔷薇 *R. fargesiana*

70b. 小叶两面有短柔毛，小叶卵形或椭圆形；花3～5朵成伞房花序，有3～5个苞片 ……………………………… 81. 赫章蔷薇 *R. hezhangensis*

69a. 小叶下面无毛或近无毛。

71a. 小叶先端急尖或圆钝。

72a. 小叶（7）9～15，椭圆形、椭圆状倒卵形或长椭圆形，下面有腺，边缘有钝锯齿；花瓣黄色；果黑褐色，近球形 ………………………………………………………48. 樱草蔷薇 *R. primula*

72b. 小叶9～11，卵形或椭圆形，下面有短柔毛或无毛，边缘有锐锯齿；花瓣粉色；果红色，倒卵形 …… 46. 细梗蔷薇 *R. graciliflora*

71b. 小叶先端圆钝或截形。

73a. 萼片和花瓣4；小叶倒卵形，下面无腺或仅沿脉有腺 ……………………………………………53. 中甸蔷薇 *R. zhongdianensis*

73b. 萼片和花瓣5；小叶卵形或倒卵形，下面疏生腺或无腺。

74a. 花柱离生，稍外露；小叶5～7（9），近圆形、卵形或倒卵形，下面无或有时有腺毛 ……………… 64. 滇边蔷薇 *R. forrestiana*

74b. 花柱合生，外露；小叶常7，倒卵形，下面疏生腺毛 …………………………………………………… 36. 德钦蔷薇 *R. deqenensis*

63a. 小叶边缘有单锯齿，稀部分有重锯齿。

75a. 小叶下面无毛，幼时有稀疏短柔毛，后完全脱落。

76a. 枝条具皮刺、针刺和刺毛。

77a. 小叶7～11，椭圆形或卵形，近基部全缘；花瓣粉红色；果亮红色 ………………………………………………………… 45. 刺毛蔷薇 *R. farreri*

77b. 小叶5～13，近圆形至卵形、椭圆形或倒卵形，基部到先端有锐锯齿；花瓣白色或黄色；果褐色或紫红色。

78a. 小叶（5）7～9（11），近圆形或长圆状卵形；花瓣白色、粉色或黄色；果黑色 ……………………………………44. 密刺蔷薇 *R. spinosissima*

78b. 小叶5～13，卵形、椭圆形或倒卵形；花瓣黄色；果紫红色 ………………………………………………………………50. 黄蔷薇 *R. hugonis*

76b. 枝条仅有皮刺，无针刺和刺毛。

79a. 刺细、直；花柱离生。

80a. 小叶9～15，基部至先端均有锯齿，椭圆形、长圆形或倒卵形，先

端多急尖；花瓣粉红色；果密被针刺 ……… 3. 缫丝花 *R. roxburghii*

80b. 小叶5～13，近基部全缘，椭圆形、卵圆状椭圆形、近圆形、长圆形或宽倒卵形，先端多圆钝或截形；花瓣粉色或白色；果无毛或有腺体。

81a. 枝条上常有成对皮刺；小叶7～11（13），长圆形或宽倒卵形；花瓣白色；果红色 ……………………… 56. 玉山蔷薇 *R. morrisonensis*

81b. 枝条上疏生皮刺；小叶5～11，椭圆形、卵状椭圆形或近圆形、倒卵形或宽椭圆形；花瓣粉色；果红色或淡红色。

82a. 小叶7～15，椭圆形或卵状椭圆形；花梗长1.5～3cm；果深红色，卵球形 ………………………………… 70. 钝叶蔷薇 *R. sertata*

82b. 小叶5～9，近圆形、倒卵形或宽椭圆形；花梗1～1.5cm；果淡红色，近球形 ………………………… 71. 藏边蔷薇 *R. webbiana*

79b. 刺基部膨大；花柱合生，外露。

83a. 花柱合生，外露。

84a. 小叶通常7，倒卵形或长圆形；花2或3朵聚生，单瓣 ……………………………………………………… 40. 商城蔷薇 *R. shangchengensis*

84b. 小叶5～7，椭圆形、稀长圆形；花重瓣，10～15朵成圆锥花序 ……………………………………………… 24. 米易蔷薇 *R. miyiensis*

83b. 花柱离生，稍外露。

85a. 小叶基部到先端均有锯齿。

86a. 皮刺直立；小叶7～13，宽卵形或近圆形、稀椭圆形，边缘有钝锯齿；花瓣黄色；果紫褐色；果成熟时萼片宿存 ……………………………………………… 51. 黄刺玫 *R. xanhina*

86b. 皮刺弯曲；小叶5～9，宽椭圆形或椭圆状倒卵形，边缘有锐锯齿；花瓣白色或浅粉色；果初熟时红色，后变为黑紫色；果成熟时萼片脱落 ……………………… 59. 弯刺蔷薇 *R. beggeriana*

85b. 小叶近基部全缘。

87a. 枝条上常有对生皮刺；小叶7～11，长圆形或宽倒卵形，先端截形；花瓣4，白色；果红色，无毛 ……………………………………………… 56. 玉山蔷薇 *R. morrisonensis*

87b. 枝条上疏生皮刺；小叶5～9，近圆形或卵形，先端圆钝；花瓣5，黄色或白色，稀粉色；果深红色或紫褐色，外面有腺毛或无毛。

88a. 小叶5～7，近圆形、倒卵形或长圆形；花瓣黄色；花无苞片；果无毛 ………………………… 49. 宽刺蔷薇 *R. platyacantha*

88b. 小叶（5）7（9），近圆形或卵形；花瓣白色，稀粉色；花有苞片；果密被腺毛 ………… 72. 腺果蔷薇 *R. fedtschenkoana*

75b. 小叶下面或在中脉有短柔毛。

89a. 枝条有皮刺，有时密被针刺和刺毛。

90a. 小叶从基部到先端均有锯齿。

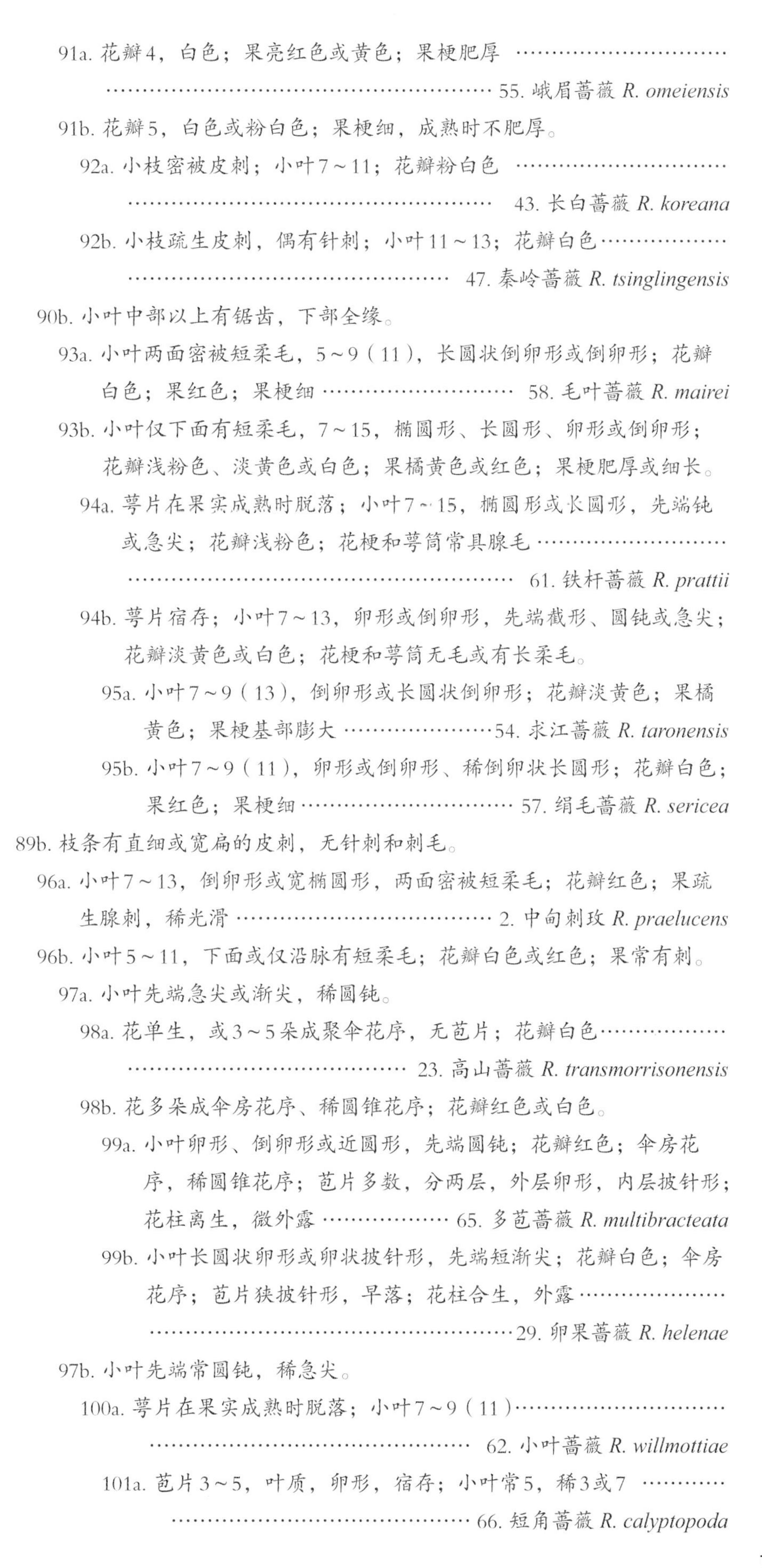

91a. 花瓣4，白色；果亮红色或黄色；果梗肥厚 …………………………………………………………………… 55. 峨眉蔷薇 *R. omeiensis*

91b. 花瓣5，白色或粉白色；果梗细，成熟时不肥厚。

92a. 小枝密被皮刺；小叶7～11；花瓣粉白色 ………………………………………………………………… 43. 长白蔷薇 *R. koreana*

92b. 小枝疏生皮刺，偶有针刺；小叶11～13；花瓣白色……………………………………………………… 47. 秦岭蔷薇 *R. tsinglingensis*

90b. 小叶中部以上有锯齿，下部全缘。

93a. 小叶两面密被短柔毛，5～9（11），长圆状倒卵形或倒卵形；花瓣白色；果红色；果梗细 ……………………… 58. 毛叶蔷薇 *R. mairei*

93b. 小叶仅下面有短柔毛，7～15，椭圆形、长圆形、卵形或倒卵形；花瓣浅粉色、淡黄色或白色；果橘黄色或红色；果梗肥厚或细长。

94a. 萼片在果实成熟时脱落；小叶7～15，椭圆形或长圆形，先端钝或急尖；花瓣浅粉色；花梗和萼筒常具腺毛 ……………………………………………………………… 61. 铁杆蔷薇 *R. prattii*

94b. 萼片宿存；小叶7～13，卵形或倒卵形，先端截形、圆钝或急尖；花瓣淡黄色或白色；花梗和萼筒无毛或有长柔毛。

95a. 小叶7～9（13），倒卵形或长圆状倒卵形；花瓣淡黄色；果橘黄色；果梗基部膨大 ……………………54. 求江蔷薇 *R. taronensis*

95b. 小叶7～9（11），卵形或倒卵形、稀倒卵状长圆形；花瓣白色；果红色；果梗细 ………………………… 57. 绢毛蔷薇 *R. sericea*

89b. 枝条有直细或宽扁的皮刺，无针刺和刺毛。

96a. 小叶7～13，倒卵形或宽椭圆形，两面密被短柔毛；花瓣红色；果疏生腺刺，稀光滑 ……………………………… 2. 中甸刺玫 *R. praelucens*

96b. 小叶5～11，下面或仅沿脉有短柔毛；花瓣白色或红色；果常有刺。

97a. 小叶先端急尖或渐尖，稀圆钝。

98a. 花单生，或3～5朵成聚伞花序，无苞片；花瓣白色………………………………………………… 23. 高山蔷薇 *R. transmorrisonensis*

98b. 花多朵成伞房花序、稀圆锥花序；花瓣红色或白色。

99a. 小叶卵形、倒卵形或近圆形，先端圆钝；花瓣红色；伞房花序，稀圆锥花序；苞片多数，分两层，外层卵形，内层披针形；花柱离生，微外露 ……………… 65. 多苞蔷薇 *R. multibracteata*

99b. 小叶长圆状卵形或卵状披针形，先端短渐尖；花瓣白色；伞房花序；苞片狭披针形，早落；花柱合生，外露 ……………………………………………………………29. 卵果蔷薇 *R. helenae*

97b. 小叶先端常圆钝，稀急尖。

100a. 萼片在果实成熟时脱落；小叶7～9（11）……………………………………………………………… 62. 小叶蔷薇 *R. willmottiae*

101a. 苞片3～5，叶质，卵形，宿存；小叶常5，稀3或7 ……………………………………………… 66. 短角蔷薇 *R. calyptopoda*

101b. 苞片1～2，膜质，卵状披针形，脱落稀宿存；小叶7～9。

102a. 小叶从基部到先端均有锯齿；花瓣粉色；花梗长不超过1cm；果卵球形；皮刺短……………67. 陕西蔷薇 *R. giraldii*

102b. 小叶近基部全缘；花瓣淡红色；花梗长1～1.5cm；果近球形；皮刺长，淡黄色 ……………71. 藏边蔷薇 *R. webbiana*

2.1 单叶蔷薇

Rosa persica Michaut ex Juss, Genera Plantarum: 452, 1789. Type: Perse, 1785, *A. Michaux* (P) - *Rosa berberifolia* Pallas, Nova Acta Academiae Scientiarvm Imperialis Petropolitanae 10: 379, t. 10, 1792. - *Hulthemia berberifolia* (Pallas) Dumortier, Notice sur un Nouveau Genre de Plantes 13, 1824.

识别特征：低矮铺散灌木，株高30～50cm。单叶。花单生，直径2～2.5cm；花瓣黄色，基部有紫红色斑点。果实近球形，直径约1cm，紫褐色，无毛，密被针刺，萼片宿存。花期5～6月，果期7～9月（图2）。

地理分布：分布于中国新疆，生于山坡、荒地或路旁干旱地区，海拔120～550m；伊朗至中亚、阿富汗西部也有分布。

利用：国家二级保护野生植物（国家林业和草原局 等, 2021）。单叶蔷薇具有旱生植物的典型结构（惠俊爱, 2014），耐旱，耐寒。最早的单叶蔷薇杂交品种‘Rosa Hardii’出现在法国巴黎的卢森堡花园（Luxembourg Gardens）。1836年Cels发表了关于‘Rosa Hardii’的描述，称其由卢森堡花园园长M. Hardy利用*R. clinophylla*与单叶蔷薇杂交培育而成（图3）。20世纪60年代，苏格兰的Alec Cocker将从伊朗获得的单叶蔷薇种子分享给英国的Jack Harkness，二人开始利用单叶蔷薇进行月季育种。Harkness研究发现单叶蔷薇的繁殖较为困难，种子萌发率低，且不容易扦插或嫁接，直至80年代，Harkness得到了一些杂交植株（Harkness, 1977）。1986年Harkness登录了单叶蔷

图2 单叶蔷薇果实（邓莲 摄）

图3 'Rosa Hardii' (Annales de flore et de pomone: ou journal des jardins et des champs 4: pl 46, 1836)

薇杂交品种'Euphrates'，这引起了其他育种者的关注。之后，许多育种者利用单叶蔷薇进行杂交，Christopher Warner培育出'Tiger Eyes' 'Eyes on Me' 'For Your Eyes Only'；James Peter培育出'Eyes for You'；Interplant公司推出巴比伦眼睛系列（Babylon Eyes Roses），如'Cream Babylon Eyes' 'Sunshine Babylon Eyes'等（Young & Schorr, 2007）。

2.2 中甸刺玫

Rosa praelucens Bijhouwei, Journal of the Arnold Arboretum 10: 97, 1929. Type: China, Yunnan, Chungtien plateau (Now: Zhongdian, Shangri-la), lat. 27° 30′ N, alt. 2 700 ~ 3 000m, July 1914, *G. Forrest 12996* (E).

识别特征：灌木，株高2 ~ 3m。枝粗壮，紫褐色，散生粗壮弯曲皮刺。小叶7 ~ 13，连叶柄长5 ~ 13（20）cm；小叶片上下两面密被短柔毛，下面在叶脉及边缘密被长柔毛；小叶柄和叶轴密被绒毛和散生小皮刺。花单生，基部有叶状苞片；花梗长3 ~ 6cm，密被绒毛和散生腺毛；花直径（5）8 ~ 9cm；萼筒扁球形，外被柔毛和稀疏皮刺；花瓣5，红色。果实扁球形，绿褐色，外面散生针刺；萼直立，宿存。花期6 ~ 7月（图4、图5）。

地理分布：中国特有种。分布于云南（中甸），

图4 中甸刺玫花（海仙 摄）

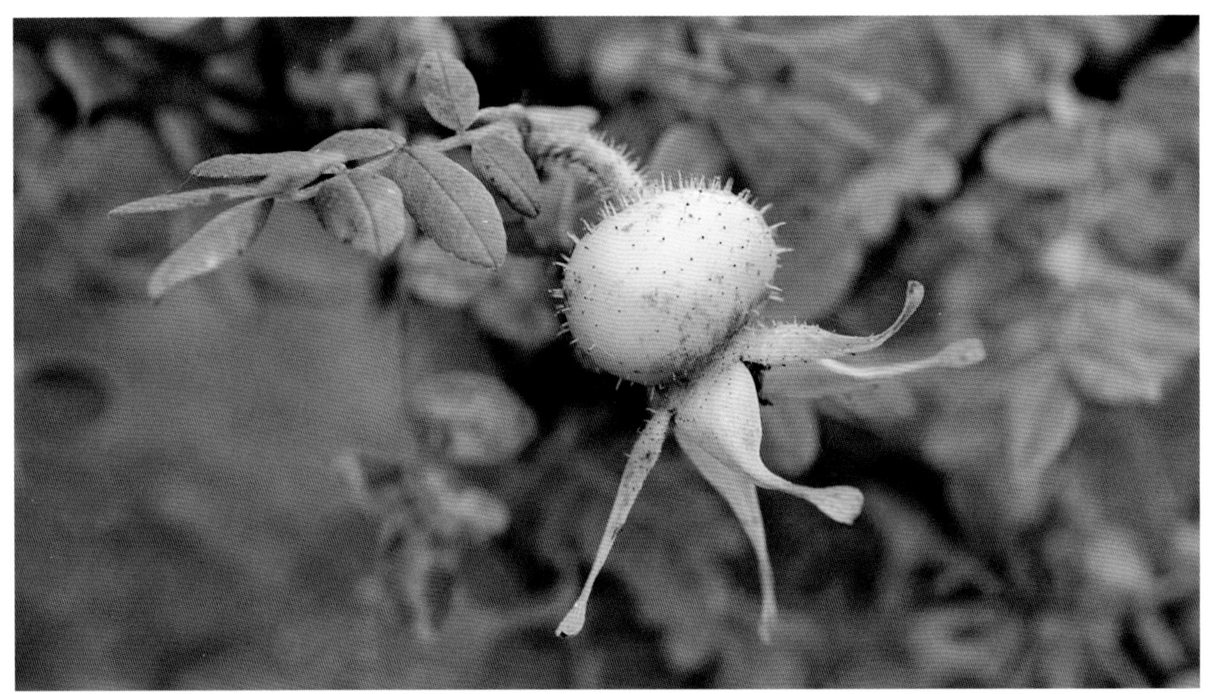

图5 中甸刺玫果实（朱鑫鑫 摄）

多生于向阳山坡丛林中，海拔2 700～3 000m。

利用：国家二级保护野生植物（国家林业和草原局 等，2021）。中甸刺玫花大色艳，观赏价值高；是一种具有开发利用前景的食果植物资源（何永华 等，1997）；是蔷薇属中唯一的十倍体野生种（王开锦，2018）；较耐低温（邓菊庆 等，2013）；抗蚜虫（范元兰 等，2021）；抗黑斑病（郭艳红 等，2021）；在月季育种中有很好的应用前景。李树发 等（2012）选育出两个中甸刺玫品种'格桑红'和'格桑粉'。

2.3 缫丝花

Rosa roxburghii Trattinnick, Rosarum Monographia 2: 233, 1823. - *Rosa microphylla* Roxburgh ex Lindley, Syntype: China, *W. Roxburgh* (K?); *N. Wallich 692* (K); not Roxburgh 1814.

识别特征：开展灌木，株高1～2.5m。树皮灰褐色，呈片状剥落。小叶9～15，连叶柄长5～11cm。花单生或2～3朵，生于短枝顶端；花直径5～6cm；花瓣5，淡红色或粉色。蔷薇果扁球形，密被针刺。花期3～7月，果期8～10月（图6、图7）。

地理分布：分布于中国安徽、福建、甘肃南部、广西、贵州、湖北、湖南、江西、陕西南部、四川、西藏、云南、浙江，多生向阳山坡、沟谷、路旁以及灌丛中，海拔500～2 500m；日本也有分布。

利用：缫丝花（刺梨）是一种药食两用的野生水果，富含糖、维生素、胡萝卜素、有机酸以及20多种氨基酸、10余种对人体有益的微量元素，含有抗癌物质和SOD抗衰老物质（史官清，2021）；其富含维生素，有"维C之王"的美誉（陈永宽，1982）。贵州省是首个把野生刺梨开发成大规模栽培果树的省份，截至2020年，贵州省刺梨种植面积超过13.3万hm^2，挂果采摘面积约6万hm^2（贵州省统计局，2020）。

20世纪初，育种者利用缫丝花与玫瑰、大叶蔷薇杂交（Krüssmann, 1981）。德国坦陶公司（Rosen Tantau）创始人坦察乌（Mathias Tantau senior, 1882—1953）以'Baby Chateau'为母本，以缫丝花为父本杂交得到3个丰花月季品种，分别为TANTAU'S TRIUMPH（'Cinnabar'）、'Floradora'和'Käthe Duvigneau'。这些杂交子代中没有出现缫丝花的典型特征，如树皮呈片状剥落、小叶数量多、蔷薇果密被针刺等特征。人们一度猜疑它们的父本不是缫丝花。但德国Wulff（1954）向育种家Mathias

图6 单瓣缫丝花果实（邓莲 摄）

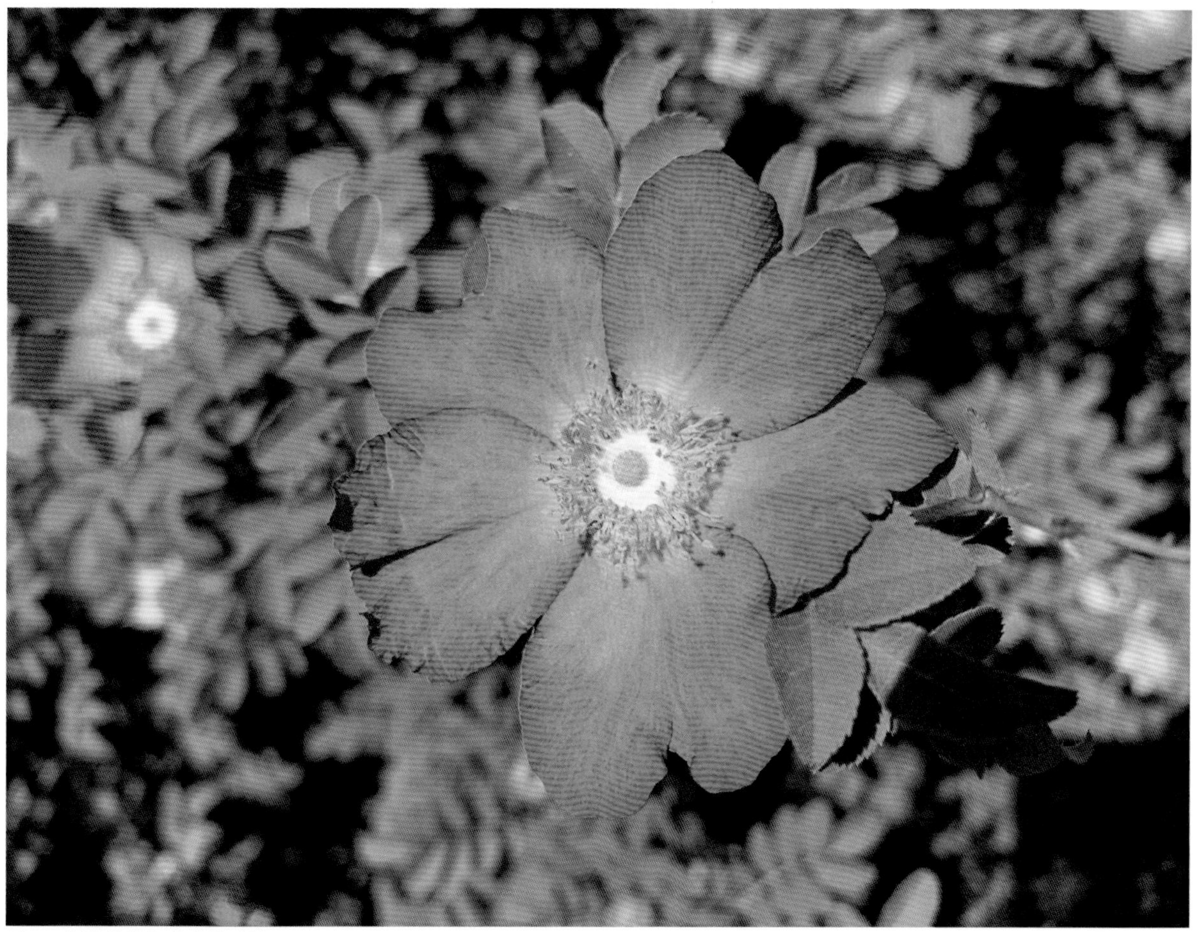

图7 单瓣缫丝花（邓莲 摄）

Tantau本人进行了确认。随后，这3个缫丝花的杂交后代继续被用于月季育种，如'Baby Chateau'的杂交后代有'People' 'Red Favorite'；'Floradora'的杂交后代后'Queen Elizabeth' 'Red Cascade' 'White Angel'等（Young & Schorr, 2007）。

黄莹等（2022）研究了2020年8月24日以前公开的120个国家、地区和组织的刺梨相关专利数据发现，刺梨育种环节相关专利主要分布在中国、美国和德国；美国康奈德派尔（The Conard-Pyle Co.）公司研制了适宜盆栽的缫丝花品种，英国大卫·奥斯汀月季公司（David Austin Roses ltd.）培育了11个景观品种，中国刺梨品种培育主要集中在无籽、高产属性（黄莹 等, 2022）。

2.4 贵州刺梨（贵州缫丝花）

Rosa kweichowensis T.T.Yu & T.C.Ku, Bulletin of Botanical Research 1(4): 17, 1981. Type: China, Guizhou, Qingzhen Xian, 28 May 1936, *S.W.Teng 90392* (PE).

识别特征：常绿或半常绿攀缘小灌木。小枝无毛，有短扁皮刺。小叶7~9，连叶柄长5~10cm；小叶片椭圆形、倒卵形或卵形，1.5~3.5cm×0.8~2.0cm，边缘有锐锯齿，两面无毛；托叶离生部分披针形，最后脱落。花7~17朵，成复伞房状花序；花梗长0.7~1cm，总花梗和花梗外被柔毛；花直径2.5~3cm，萼筒扁圆形，萼筒和萼片外面近无毛，密被针刺；萼片5，有不规则羽状裂片；花瓣5，白色；花柱离生。果未见。花期5~6月。

地理分布：中国特有种，分布于贵州（清镇附近），生疏阴下。

2.5 硕苞蔷薇

Rosa bracteata J.C.Wendland, Botanische Beobachtungen: 50, 1798. Type: Cultivated in Herrenhausen, habitat in China, *J.C.Wendland* (B).

识别特征：铺散常绿灌木，株高2~5m，有长匍匐枝。小枝粗壮，紫褐色，密被黄褐色柔毛，混生针刺和腺毛。小叶5~9，连叶柄长4~9cm；小叶片革质，上面无毛、深绿色、有光泽，下面颜色较淡；托叶大部分离生，呈篦齿状深裂，密被柔毛。花单生或2~3朵集生；直径4.5~9cm；花梗长不到1cm，密生长柔毛和稀疏腺毛；有数枚大型宽卵形苞片；萼筒外面密被黄褐色柔毛和腺毛；花瓣白色或黄白色。果球形，密被黄褐色柔毛。花期5~7月，果期8~11月（图8、图9）。

地理分布：分布于中国福建、贵州、湖南、江苏、江西、台湾、云南、浙江，生长在溪边、灌丛、路旁、混交林，海平面至海拔300m；日本也有分布。

利用：18世纪末，硕苞蔷薇传入欧洲，也被称为"Macartney Rose"。1917年英国（原文误作"美国"）Paul用其与重瓣黄香水月季杂交，育成单瓣淡黄色、花直径达8~10cm、整个夏季都开花的品种**美人鱼**（'Mermaid'）（黄善武, 1994）。

2.6 金樱子

Rosa laevigata A. Michaux, Flora Boreali-Americana (Michaux) 1: 295, 1803. Type: U S, Georgia (cultivated?), *A. Michaux* (P).

识别特征：常绿攀缘灌木，株高可达5m。小叶革质，通常3，稀5，连叶柄长5~10cm；小叶片椭圆状卵形、倒卵形或披针状卵形，上面亮绿色、无毛；托叶披针形，早落。花单生于叶腋，直径5~7cm；花梗和萼筒密被腺毛，随果实成长变为针刺；花瓣白色；花柱离生。果实梨形、倒卵形、稀近球形，紫褐色，外面密被刺毛，萼片宿存。花期4~6月，果期7~11月（图10）。

地理分布：中国特有种，分布于安徽、福建、广东、广西、贵州、海南、湖北、湖南、江苏、江西、陕西、四川、台湾、云南、浙江，喜生于向阳的山野、田边、溪畔灌木丛中，海拔200~1 600m。

利用：金樱子在我国南方多地有较广泛的分布（傅立国, 2012）。其果实膨大可食用，富含丰富的营养物质和活性成分。由于金樱子具有多种保健功能，已被列入《可用于保健食品的物品名单》（卫生部, 2002），在医药和保健食品行业极具

图8　硕苞蔷薇茎叶、花苞（邓莲 摄）

图9　硕苞蔷薇（周达康 摄）

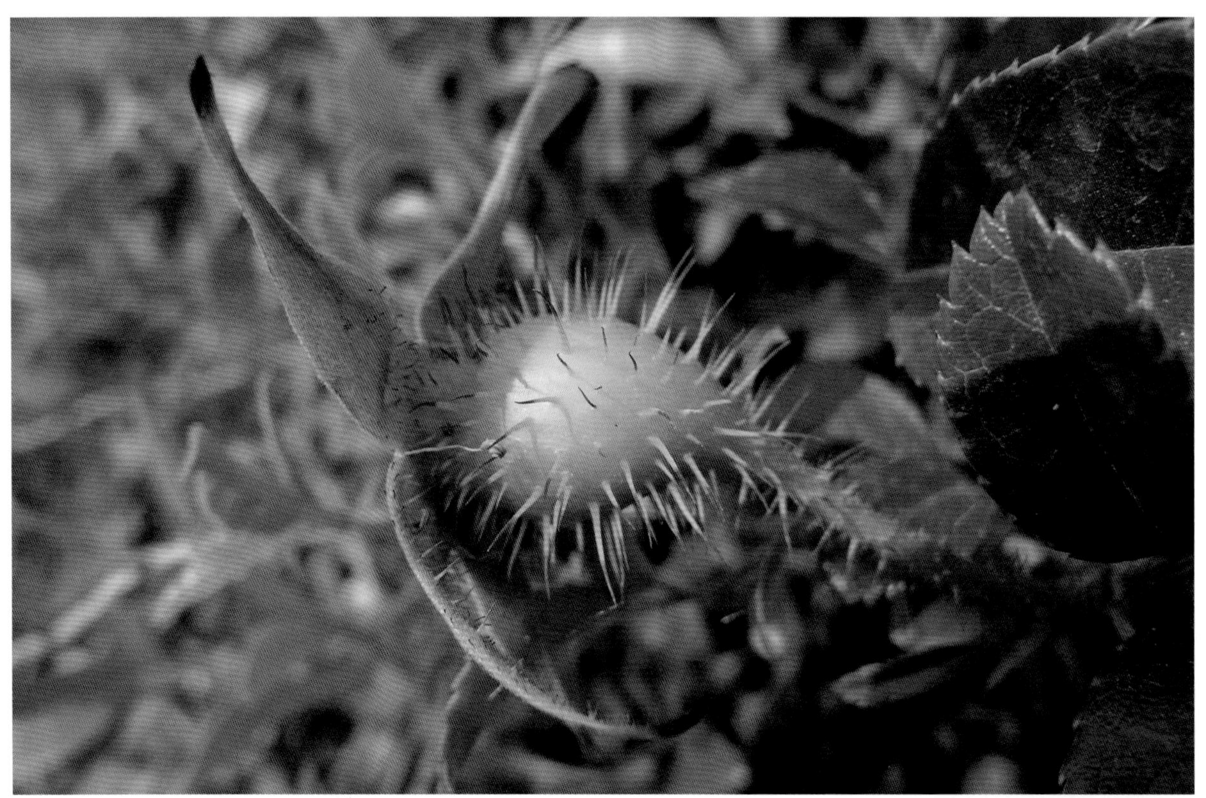

图10 金樱子果实（周达康 摄）

研发价值。

金樱子抗寒性不强，但在温暖地区生长旺盛。在美国，金樱子被称为“切罗基玫瑰（Cherokee Rose）”。1803年，其命名之初甚至被认为是美国本土植物（参见4.1.4金樱子的采集和命名）。1916年金樱子被评为“佐治亚州州花（Georgia State flower）”。虽然金樱子在美国的栽培历史很长，但Walker & Werner（1997）对24份材料进行同工酶及RAPD分析后发现，金樱子在美国主要为无性繁殖，没有归化。

金樱子杂交育种较为困难，美国Fleet（1908）以金樱子为母本与多个月季品种或蔷薇进行杂交，很多子代在1~2个生长季后死亡，且存活子代几乎都没有遗传金樱子的特征（带钩的皮刺和狭窄、具有光泽的叶片）。金樱子的杂交品种较少，有‘Anemone’‘Silver Moon’（Young & Schorr, 2007）。Walker & Werner（1997）的分子研究结果表明，‘Anemone’是金樱子的杂交后代，但‘Silver Moon’与金樱子无亲缘关系。

2.7 木香花

Rosa banksiae W.T.Aiton, Hortus Kewensis (ed. 2) 3: 258, 1811. Type: China, introduced by William Kerr in 1807.

识别特征：攀缘小灌木，株高可达6m。小叶3~5，稀7，连叶柄长4~6cm；小叶椭圆状卵形或长圆披针形，上面深绿色、无毛，下面淡绿色、中脉有柔毛；托叶线状披针形，早落。多朵花成伞形花序或伞房花序，花直径1.5~2.5cm，花瓣5，半重瓣或重瓣，花黄色或白色；萼片卵形，先端长渐尖，全缘。蔷薇果橙色或黑褐色，球形至卵球形，萼片脱落。花期4~5月，果期8~10月。该种有两个变种：木香花（原变种）（*Rosa banksiae* var. *banksiae*），重瓣或半重瓣，无香（图11）；单瓣木香花（*Rosa banksiae* var. *normalis*），单瓣，有香味或无。

地理分布：中国特有种，分布于甘肃、贵州、河南、湖北、江苏、四川、云南，生长在山坡灌丛、溪边、路旁；在中国栽培广泛。

图11　木香花（原变种）（邓莲 摄）

利用：木香花植株高大，繁花如瀑，是重要的园林植物。苏州拙政园内的一白一黄两株木香花，树龄均为100多年（王国良，2008）。北京颐和园南湖岛月波楼前有2株木香，据估计有100多年的树龄，为名园古树，既有生物学价值，也有活的历史文化价值（赵晓燕，2018）。木香早在1807年就被引种至英国。世界上现存最大的一株木香是美国亚利桑那州的“旅馆木香”，它的母株枝条由一位矿工的妻子从英格兰带到美国。“旅馆木香”至今已有130多岁，树高近3m，树冠直径达12m，覆盖面积大于80m²，每到春季，数以百万计的白色花朵怒放枝头，非常壮观（王国良，2021）。

木香花种内变异大。陈玲等（2010）对云南5个天然居群样本的15个表型性状开展多样性研究，结果表明木香花表型性状在居群间和居群内存在广泛的变异。王国良（2021）经过长期调查与收集，发现木香花的野生种类远超前人记载，其野生类型中既有有刺的，也有无刺的；既有单瓣的，也有重瓣的；既有青心的，也有淡黄心的。

木香花的香气具有开发价值。李淑颖和姚雷（2013）对2种木香花进行自然香气成分分析与香型评价，认为白木香花的自然香气属于果香花香型，甜醇饱满，层次丰富，有浓郁的类似茉莉花的头香感觉，具有潜在的香料开发价值；黄木香花的自然香气更偏重强烈的辛香药草香气息，兼具淡淡的水果味，可搭配应用于芳香保健园林。

已报道的木香花的杂交利用较少，杂交子代有'Hybride di Castello'（商品名Ibrido di Castello）、'Ragionieri' 'Purezza' 'RIPlila'（商品名Lila Banks）等，杂交亲本多为单瓣木香花（Young & Schorr, 2007）。我国韩禧等（2020）研究认为以白花黄心木香为母本杂交结实率较高。

2.8 小果蔷薇

Rosa cymosa Trattinnick, Rosarum Monographia 1: 87, 1823. - *Rosa microcarpa* Lindley, Syntype: Chinæ, Provincia Canton, *G. Macartney* (BM).

识别特征：攀缘灌木，株高2～5m。小枝圆柱形，有钩状皮刺。小叶3～5，稀7；连叶柄长5～10cm；小叶片卵状披针形或椭圆形，革质，两面均无毛，上面亮绿色；托叶膜质、线形，早落。花多朵成复伞房花序；花直径2～2.5cm，花梗长约1.5cm；萼片常有羽状裂片；花瓣白色。果球形，直径4～7mm，红色至黑褐色，萼片脱落。花期5～6月，果期7～11月。

地理分布：分布于中国安徽、福建、广东、广西、贵州、湖北东部、湖南、江苏、江西、陕西南部、四川、台湾、云南、浙江，生于开阔的山坡、溪边、路旁、丘陵地，海拔200～1 800m；老挝、越南也有分布。

利用：小果蔷薇是"树状月季"的常见砧木。

2.9 月季花

Rosa chinensis Jacquin, Observationum Botanicarum 3: 7, t. 55, 1768. Type: Observationum Botanicarum 3: t. 55, 1768.

识别特征：直立灌木，株高1～2m。小叶3～5，稀7，连叶柄长5～11cm，小叶片边缘有锐锯齿，两面近无毛，上面暗绿色、常带光泽，下面颜色较浅，2.5～6cm × 1～3cm。花4～5朵集生，稀单生，直径4～5cm；花梗长2.5～6cm；萼片卵形，先端尾状渐尖，有时呈叶状，边缘常有羽状裂片，稀全缘；花瓣重瓣至半重瓣，红色、粉红色至白色；花柱离生，约与雄蕊等长。果卵球形或梨形，直径1～2cm，红色，成熟时萼片脱落。花期4～9月，果期6～11月。有3个变种：单瓣月季花（*R. chinensis* var. *spontanea*），花多单生，单瓣（图12）；月季花（原变种）（*R. chinensis* var. *chinensis*），花重瓣或半重瓣，红色、粉色或白色；紫月季花（*R. chinensis* var. *semperflorens*），花重瓣或半重瓣，深红色或深紫色。

地理分布：中国特有种，原产贵州、湖北、四川，广泛栽培于各地。

利用：单瓣月季花为国家二级保护野生植物（国家林业和草原局 等, 2021）。月季花及其品种四季开花不断，'月月粉'［Old Blush（图13）、Parsons' Pink China］、'月月红'（Slater's Crimson China）等品种对现代月季育种产生了颠覆性的影响；紫月季花的矮生品种'Rouletii'（又称*R. semperflorens minima* Lawrence）为现代月季提供了最小的花朵（Shepherd，1978），是微型月季的主要亲本。

图12　单瓣月季花（邓莲 摄）

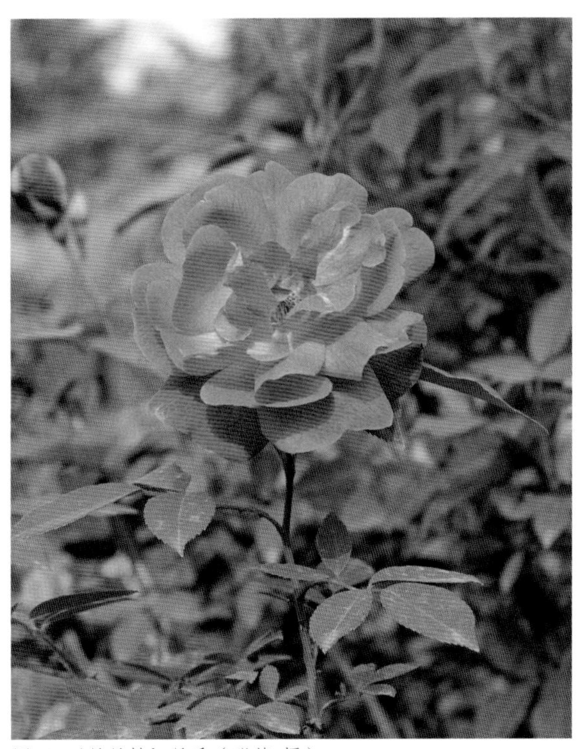

图13 ‘月月粉’月季（邓莲 摄）

2.10 香水月季

Rosa odorata (Andrews) Sweet, Hortus suburbanus Londinensis: 119, 1818. - *Rosa indica* var. *odorata* Andrews, Roses: or a Monograph of the Genus Rosa 2: 77, 1828 [1810]. Type: Andrews, Roses 2: t. 77, 1828 [1810].

识别特征：常绿或半常绿灌木，攀缘或蔓生，有长匍匐枝。有散生而粗短钩状皮刺。小叶5～9，连叶柄长5～10cm；小叶片革质，2～7cm × 1.5～3cm，两面无毛。花单生或2～3朵集生，直径5～8cm；花梗长2～3cm，无毛或有腺毛；萼片披针形、全缘，稀有少数羽状裂片；花瓣5，重瓣或半重瓣，白色或带粉红色、黄色、橙色，芳香；花柱约与雄蕊等长。蔷薇果呈压扁的球形，稀梨形，外面无毛，果梗短。花期6～9月。有4个变种：大花香水月季（*R. odorata* var. *gigantea*），花单瓣，乳白色；橘黄香水月季（*R. odorata* var. *pseudoindica*），花重瓣，黄色或橘黄色；香水月季（原变种）（*R. odorata* var. *odorata*），花重瓣，白色或带粉红色；粉红香水月季（*R. odorata* var. *erubescens*），花重瓣，粉红色。

地理分布：分布于中国云南，江苏、四川、浙江等地有栽培，海拔1 400～2 700m；缅甸、泰国、越南也有分布。

利用：大花香水月季为国家二级保护植物（国家林业和草原局 等, 2021）。**彩晕香水**月季（‘Hume's Blush Tea-scented China’）与**淡黄香水**月季（‘Parks' yellow Tea-scented China’）是现代月季育种中的关键性杂交亲本之一，为现代月季演化提供了茶香、大型花、多样花色及大型植株等特性（Krüssmann, 1981; 张佐双和朱秀珍, 2006; 李晋华 等, 2018）。19世纪初，英国和法国没有黄色的品种，桔黄香水月季受到重视和欣赏（柳子明, 1964）。部分粉红香水月季为三倍体，可作为重要的育种中间材料（蹇洪英, 2010）。

2.11 亮叶月季

Rosa lucidissima H. Léveillé, Repertorium Specierum Novarum Regni Vegetabilis 9: 444, 1911. Type: China, Kouy-Tcheou (Now: Guizhou), Pin-Fa (Now: Pinba, Anshun), 13 April 1903, *P. Cavalerie 990* (E).

识别特征：常绿或半常绿攀缘灌木。小枝粗壮，皮刺基部扁，有时密被刺毛。小叶通常3，极稀5；连叶柄长6～11cm；小叶片长圆状卵形或长椭圆形，4～8cm × 2～4cm，先端尾状渐尖或急尖，两面无毛，上面颜色深绿、有光泽，下面苍白色；托叶仅顶端分离。花单生，直径3～3.5cm，花梗短，长6～12mm，花梗和萼筒无毛或幼时微有短柔毛，无苞片；萼片先端尾状渐尖，全缘或稍有缺刻；花瓣紫红色，花柱紫红色、离生。果实梨形或倒卵球形，常呈黑紫色，平滑，果梗长5～10mm。花期4～6月，果期5～8月（图14）。

地理分布：中国特有种，分布于贵州、湖北、四川，多生于山坡杂木林中或灌丛中，海拔400～1 400m。

利用：国家二级保护植物（国家林业和草原局 等, 2021）。

图14　亮叶月季（黄江华 摄）

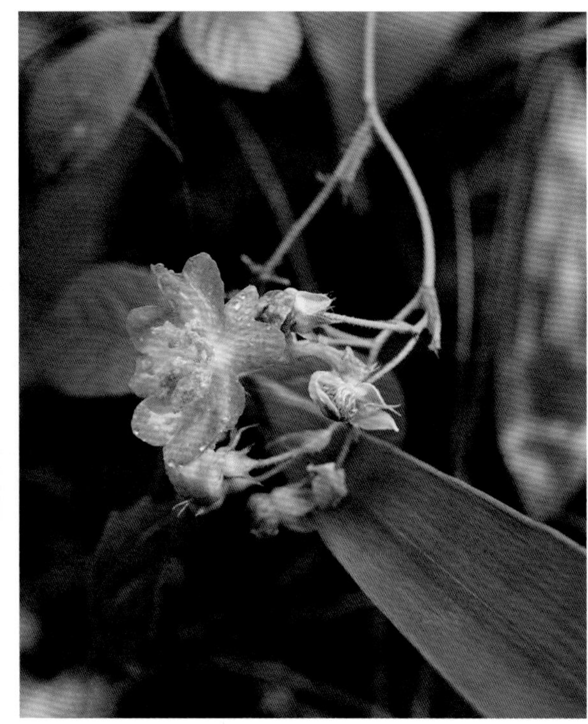

图15　银粉蔷薇（陈炳华 摄）

2.12　银粉蔷薇

Rosa anemoniflora Fortune ex Lindley, The Journal of the Horticultural Society of London 2: 316, 1847. Type: China, in the gardens of Shanghai, cultivated in Society's Garden, *R. Fortune 61* (S).

识别特征：攀缘小灌木。小枝细弱，紫褐色，无毛；散生钩状皮刺和稀疏腺毛。小叶3，稀5，连叶柄长4～11cm；小叶片卵状披针形或长圆披针形，2～6cm×0.8～2cm，先端渐尖，边缘有细锐锯齿，下面苍白色、中脉突起，两面无毛；托叶狭，离生部分披针形。花单生或呈伞房花序，稀伞房圆锥花序；花直径2～2.5cm，花梗1～3.5cm，无毛，有稀疏腺毛；萼片5，披针形，全缘，花后反折；花瓣5，粉红色或白色；花柱合生。蔷薇果卵球形，直径约7mm，紫褐色，无毛。花期3～5月，果期6～8月（图15）。

地理分布：中国特有种，分布于福建，多生于山坡、荒地、路旁、河边等处，海拔400～1 000m。

利用：国家二级保护植物（国家林业和草原局等，2021）。

2.13　毛叶山蔷薇

Rosa sambucina var. ***pubescens*** Koidzumi, Botanical Magazine (Tokyo) 31: 130, 1917. Syntype: China, Taiwan, Mt. Arisan, Yaoliping, Shuicheliao, 23 April 1913, *B. Hayata & I. Tanaka* (TI); China, Taiwan, Mt. Arisan, Yaoliping, Fenchiku, 27 March 1914, *B. Hayata & I. Tanaka* (TI).

识别特征：攀缘灌木。小枝紫褐色，无毛，皮刺稀疏。叶连叶柄长7～16cm，小叶5，有时3，近革质，长圆形至披针形，4～8cm×1.5～3cm，两面无毛；托叶离生部分披针形。顶生伞房花序，花4至数朵，苞片披针形，全缘或具2个裂片；花直径2.5～3.5cm；花梗2～3cm，具短柔毛、腺毛；花瓣5，白色或粉色；花柱合生。蔷薇果红色或黑色，椭圆形，直径1cm。

地理分布：中国台湾，阔叶林，海拔1 500～1 700m。

2.14　小金樱子

Rosa taiwanensis Nakai, Botanical Magazine

(Tokyo) 30: 238, 1916. Syntype: China, Taiwan, Pachina, 12 May 1896, *Numani et Ueno 44* (TI); Taiwan, Byolitsu, March 1896, *Y. Tashiro 5* (TI); China, Taiwan, Tantasha, 19 April 1909, *U. Mori* (TI).

识别特征：攀缘灌木。小枝纤细，皮刺散生，钩状。叶连叶柄长5～15cm；小叶5～7，椭圆形或卵形，1.5～3.6cm × 0.8～1.5cm，两面无毛或沿中脉疏生短柔毛；托叶离生部分三角形至线形。花多数，伞房花序，直径2.5cm；花梗长约1cm；苞片线形；萼片5，全缘或偶有小的线形裂片；花瓣5，白色；花柱合生，长于雄蕊。蔷薇果红色，球状，直径0.6～0.8cm。

地理分布：中国台湾，山地，海拔2 500m以下。

2.15 昆明蔷薇

Rosa kunmingensis T.C.Ku, Bulletin of Botanical Research 10(1): 10, 1990. Holotype: China, Yunnan, Kunming, alt. 2 300m, April 1937, *C.W.Wang 62942* (PE).

识别特征：小灌木，高约3m。小枝粗壮，红褐色，无毛，被腺毛；皮刺散生，粗壮。小叶7～9，连叶柄长6～8cm；小叶片椭圆形或倒卵状长圆形，1.2～2.5cm × 0.6～1.4cm，先端急尖，边缘有锐锯齿，上面深绿色、近无毛或散生柔毛，下面淡绿色、密被柔毛；托叶大部分贴生于叶柄，边缘篦齿状。花5～7朵，呈伞房状；花梗长1.7～2.3cm，密被腺毛；萼片5，先端长尾尖，有1～2对裂片；花瓣5，白色；花柱合生，有毛。蔷薇果未见。

地理分布：中国特有种，分布于云南（昆明）。

2.16 单花蔷薇

Rosa uniflorella Buzunova, Novon 4(3): 209, 1994. Holotype: China, Zhejiang, Daishan Xian, *L.C.Chiu & R.L.Lu 9605* (PE).

识别特征：小灌木。老生小枝褐色或紫褐色，有明显条纹，近无毛；小枝弯曲，灰褐色；有短扁、散生或对生皮刺。小叶5～7，连叶柄长2.5～3.5cm；小叶片倒卵形或宽椭圆形，0.7～1.0cm × 0.5～0.7cm，先端急尖或钝，边缘有三角形单锯齿或近重锯齿，上面深绿色、有散生柔毛，下面淡绿色、被柔毛、沿叶脉更密；托叶大部贴生于叶柄，篦齿状。花单生；花梗长不到1cm，有稀疏柔毛和腺毛；苞片2～3枚；花直径2～2.5cm；萼片5，披针形，全缘或偶有分裂，萼筒和萼片外面密被腺毛；花瓣5，白色；花柱合生，无毛。蔷薇果未见。

地理分布：中国特有种，分布于浙江（岱山高亭岭），生于海滨向阳处。

2.17 岱山蔷薇

Rosa daishanensis T.C.Ku, Bulletin of Botanical Research 10(1): 11, 1990. Holotype: China, Zhejiang, Daishan Xian, 6 May 1979, *L.C.Chiu et R.L.Lu 9603* (PE).

识别特征：攀缘灌木，高1m。小枝细弱，近无毛；皮刺短，基部稍膨大。小叶片通常7，连叶柄长5.5～7cm，小叶片倒卵长圆形或椭圆形，1.3～2cm × 0.9～1.5cm，先端急尖，边有重锯齿，上深绿色、近无毛，下面色淡、沿中脉有疏腺毛和极疏柔毛或近无毛；托叶大部分贴生于叶柄，篦齿状。花8～12朵，排成圆锥状，花梗长0.5～1.0cm，被腺毛；花直径2.0～2.5cm；萼片5，披针形，先端长渐尖，外面密被腺毛；花瓣5，白色；花柱合生，无毛（图16）。果实未见。

地理分布：中国特有种，分布于浙江（岱山）。

2.18 琅琊蔷薇

Rosa langyashanica D.C.Zhang & J.Z.Shao, Acta Phytotaxonomica Sinica 35: 265, 1997. Type: China, Anhui, Chuxian, Langyashan, Nantianmen, alt. 150m, margin of forest, 25 May 1991, *J.Z.Shao 90801* (PE).

识别特征：灌木，高2～3m。小枝有直或稍弯的皮刺。小叶（7）9枚，连叶柄长5～9cm，小叶片椭圆形，边缘有较深的尖锐锯齿，偶有重锯齿

图16　岱山蔷薇（陈远山 摄）

和锐裂，下面灰白色，两面无毛；托叶与叶柄完全合生。复伞房花序顶生，常有5～9朵花；花梗长2～3.5cm，被稀疏腺毛；花直径2～3cm；萼片全缘，卵状披针形；花瓣粉红色；花柱合生，无毛。蔷薇果卵球形，无毛。花期5月，果期6～7月。

地理分布：中国特有种，分布于安徽（滁州）。

2.19　野蔷薇

Rosa multiflora Thunberg, Systema Vegetabilium ed. 14 (J A Murray): 474, 1784. Type: Japan, *UPS-THUNB 12168* (UPS).

识别特征：攀缘灌木。小叶5～9，有时3，连叶柄长5～10cm。小叶片倒卵形、长圆形或卵形，上面无毛，下面有柔毛；边缘有尖锐单锯齿，稀混有重锯齿；托叶篦齿状，大部分贴生于叶柄。花多朵、排成圆锥状花序，花瓣白色或粉色，花柱合生、无毛。蔷薇果近球形，直径0.6～0.8cm，红褐色或紫褐色，有光泽，无毛，萼片脱落（图17）。包含2个变种：野蔷薇（原变种）（*R. multiflora* var. *multiflora*），花瓣白色，直径1.5～2cm；粉团蔷薇（*R. multiflora* var. *cathayensis*），花瓣粉色，直径4cm。

地理分布：分布于中国安徽、福建、甘肃南部、广东、广西、贵州、河北南部、河南、湖南、江苏、江西、陕西南部、山东、台湾、浙江，生长在山坡、灌丛或河边，海拔300～2 000m；日本、朝鲜也有分布。

利用：野蔷薇的利用非常广泛，常见于绿化中，常作为砧木进行月季嫁接或树状月季嫁接，可用作篱笆（Shepherd, 1978），同时也是现代月季育种中的一个重要亲本。自1804年起，来

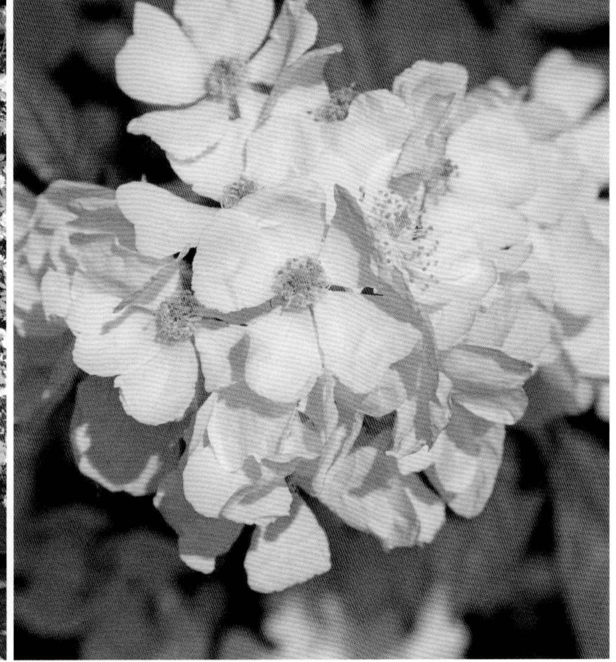
图17　野蔷薇（邓莲 摄）

自中国和日本的野蔷薇应用于欧洲及美国的月季育种中（Krüssmann, 1981），参与了藤本月季（Climber）、丰花月季（Floribunda）、小姐妹月季（Polyantha）、杂交玫瑰（Hybrid Rugosa）、杂交麝香蔷薇（Hybrid Musk）等类群的育种。吴高琼（2019）研究表明粉团蔷薇与中国古老月季享有共同的遗传背景，其在中国古老月季的形成过程中可能有较大贡献。

2.20 广东蔷薇

Rosa kwangtungensis T.T.Yu & H.T.Tsai, Bulletin of the Fan Memorial Institute Biology 7: 114, 1936. Type: China, Kwangtung, Tingwushan, 4 May 1928, *W.Y.Chun 6293* (IBSC).

识别特征： 攀缘小灌木，有长匍匐枝。枝暗灰色或红褐色，无毛；小枝有短柔毛，皮刺小，基部膨大，稍向下弯曲。小叶5～7，连叶柄长3.5～6cm；小叶片椭圆形、长椭圆形或椭圆状卵形，1.5～3cm × 0.8～1.5cm，先端急尖或渐尖，基部宽楔形或近圆形，边缘有细锐锯齿，上面暗绿色、沿中脉有柔毛，下面淡绿色、被柔毛，沿中脉和侧脉较密；托叶离生部分披针形，边缘有不规则细锯齿，被柔毛。顶生伞房花序，直径5～7cm，有花4～15朵；花梗长1～3cm，密被柔毛和腺毛；花直径1.5～3cm；萼片5；花瓣5，白色；花柱合生，有毛。蔷薇果球形，直径7～10mm，紫褐色，有光泽，萼片最后脱落。花期3～5月，果期6～7月（图18）。

地理分布： 中国特有种，分布于福建、广东、广西，多生于山坡、路旁、河边或灌丛中，海拔100～500m。

利用： 国家二级保护植物（国家林业和草原局等，2021）。

2.21 丽江蔷薇

Rosa lichiangensis T.T.Yu & T.C.Ku, Bulletin of Botanical Research 1(4): 14, 1981. Type: China, Yunan, Lijiang, 28 May 1939, *R.C.Ching 20418* (as *20481*, PE).

识别特征： 攀缘小灌木，高约2m。小枝

图18　广东蔷薇（邓莲 摄）

细弱，散生短粗、稍弯曲的皮刺。小叶3～5，连叶柄长3～5cm；小叶片椭圆形或倒卵形，1～2.3cm×0.5～1.3cm；先端急尖或圆钝，边缘有尖锐单锯齿，上面无毛，下面有稀疏柔毛或近无毛、叶脉突起；托叶大部贴生于叶柄，全缘。花2～4朵排成伞形伞房状；花梗长1～1.5cm，无毛或有少数腺毛；花直径2.5～3cm；萼筒和萼片外面无毛或有少数腺毛；萼片5，卵状披针形，常有1～2对带形小裂片；花瓣5，粉红色；花柱合生，有毛。蔷薇果未见。

地理分布：中国特有种，分布于云南西北部。

2.22 伞花蔷薇

Rosa maximowicziana Regel, Trudy Imperatorskago S.-Peterburgskago Botaniceskago Sada 5(2): 378, 1878. Type: Mandshuria austra-orientalis, 1860, *C.J.Maximowicz* (K).

识别特征：小灌木，具长匍匐枝。皮刺短小、弯曲，有时有刺毛。小叶7～9，稀5，连叶柄长4～11cm，小叶片卵形、椭圆形或长圆形，1.5～3（6）cm×1～2cm，上面深绿色、无毛，下面色淡、无毛或在中脉上有稀疏柔毛；托叶边缘有不规则锯齿和腺毛。花数朵成伞房状；苞片长卵形；萼片全缘，有时有1～2裂片；萼筒和萼片外面有腺毛；花直径3～3.5cm；花梗长1～2.5cm，有腺毛；花瓣5，白色或带粉红色，花柱合生、伸出、无毛。果实卵球形，直径0.8～1cm，黑褐色，有光泽，萼片在果熟时脱落。花期6~7月，果期9月（图19、图20）。

地理分布：分布于中国辽宁、山东，多生于路旁、沟边、山坡向阳处或灌丛中；朝鲜、俄罗斯（远东）也有分布。

利用：伞花蔷薇的杂交利用较少，杂交品种有 'Skinner's Rambler' 'Tom Maney' 'Gulliver's Glow'，多为攀缘月季或灌丛月季（Young & Schorr, 2007）。

图19 伞花蔷薇（邓莲 摄）

图20　伞花蔷薇果实（邓莲 摄）

2.23　高山蔷薇

Rosa transmorrisonensis Hayata, Icones Plantarum Formosanarum 3: 97, 1913. Type: China, Taiwan, Mt. Morrison, *U. Mori.* (TI).

识别特征：矮生常绿灌木。小枝无毛，常有散生或对生皮刺，小叶5～7，稀3；小叶片椭圆形或长圆形，0.5～2.5cm×0.2～1.5cm，先端圆钝至急尖或平截，边有尖锐锯齿，有时有稀疏腺毛，上面近无毛，下面在中脉上有短柔毛；托叶大部分连于叶柄，边缘有腺毛。花单生或3～5朵成聚伞花序，直径1.8～2.5cm；花梗长约1.5cm，有腺毛；萼片5，外面被柔毛和腺毛；花瓣5，白色，长约1cm，宽6～8mm；花柱合生，无毛或近无毛。蔷薇果近球形，直径约6mm（图21）。

地理分布：分布于中国台湾，海拔2 400m以上；菲律宾也有分布。

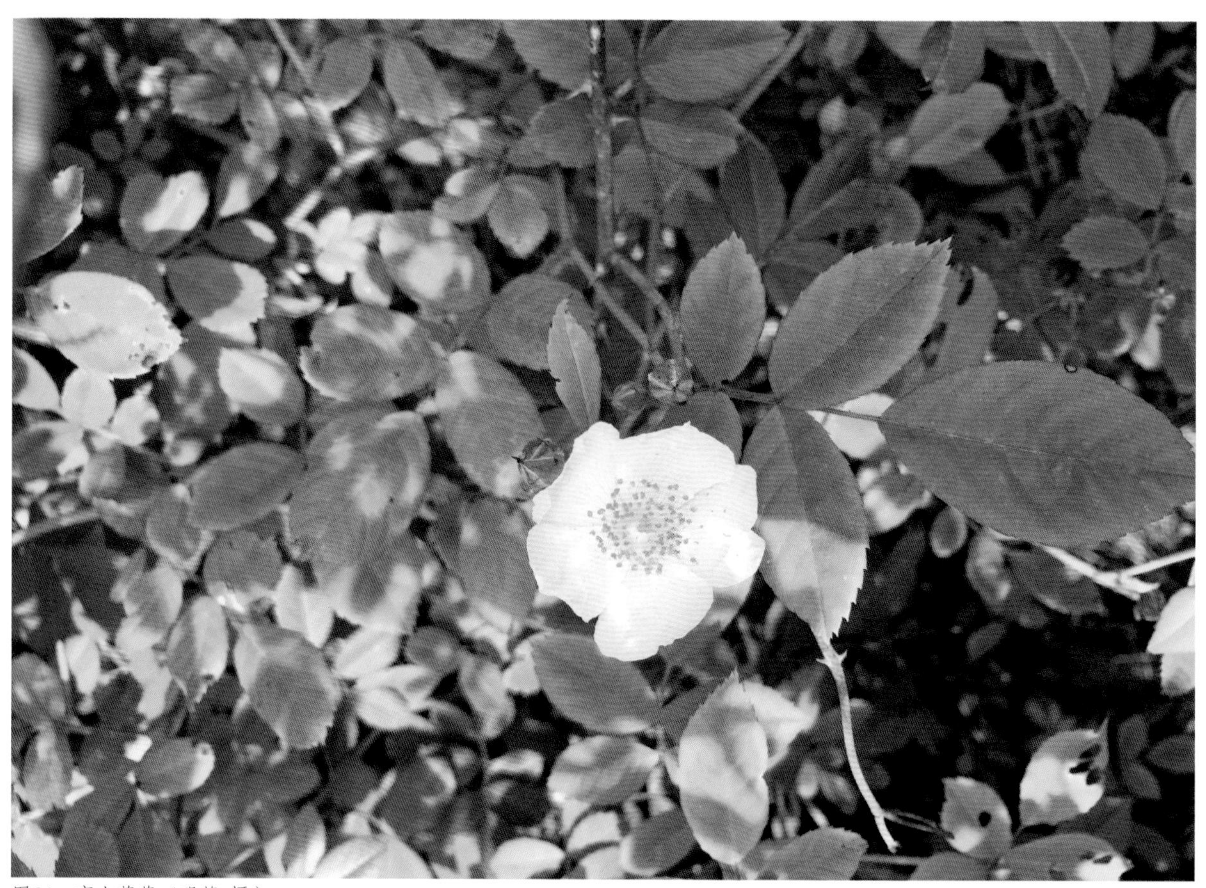

图21　高山蔷薇（邓莲 摄）

2.24 米易蔷薇

Rosa miyiensis T.C.Ku, Bulletin of Botanical Research 10(1): 9, 1990. Holotype: China, Sichuan, Miyi, alt. 1 700m, 16 April 1960, *sine nomine collectoris 124* (PE).

识别特征：小灌木，高1～2m。小枝红褐色，无毛，被腺毛；皮刺粗短，微弯曲。小叶5～7，连叶柄长5.5～9cm；小叶片椭圆形，稀长圆形，2～3.5cm×1.2～2.2cm，边缘具单锯齿或近重锯齿，上面深绿色，下面黄绿色，两面均无毛；托叶边缘有不规则齿。花重瓣，直径2.7～3cm，有10～15朵花，排成圆锥状；花梗长2～3cm，密被腺毛；萼筒倒卵形，近无毛或有极疏腺毛；萼片卵状披针形，先端渐尖；花瓣白色；花柱合生、有毛。蔷薇果未见。

地理分布：中国特有种，分布于四川（米易）。

2.25 光叶蔷薇

Rosa lucieae Franchet & Rochebrune ex Crépin, Bulletin de la Société Royale de Botanique de Belgique 10: 324, 1871. Type: Nippon (Japan), Jokohama (Yokohama), 1866—1871, *P.A.L. Savatier* (P). - *R. wichuraiana* Crépin, Bulletin de la Société Royale de Botanique de Belgique 25: 189, 1886.

识别特征：匍匐灌木，株高3～5m。小叶5～7，稀9，连叶柄长5～10cm；小叶片椭圆形、卵形或倒卵形，上面暗绿色、有光泽，下面淡绿色，两面均无毛；托叶大部分贴生于叶柄，离生部分披针形。花多朵成伞房状花序；花直径2～3cm；花瓣白色或粉红色，有香味；花梗长6～10mm，幼时疏生短柔毛，不久脱落；花柱合生、有毛。果实球形或近球形，紫黑褐色，有光泽，有稀疏腺毛；果梗有较密腺毛，萼片最后脱落。花期4～7月，果期10～11月。有2个变种：光叶蔷薇（原变种）（*R. lucieae* var. *lucieae*）、粉花光叶蔷薇（*R. lucieae* var. *rosea*）。

地理分布：分布于中国福建、广东、广西、台湾、浙江，生长于海边悬崖、海岸的石灰岩上，海拔0～500m；日本、朝鲜、菲律宾也有分布。

利用：光叶蔷薇有长匍匐枝，叶片光亮，花朵较密，抗黑斑病（Drewes-Alvarez, 2003）、白粉病（华晔 等, 2013）。自1893年开始被园艺工作者应用于月季育种（Shepherd, 1978），是现代月季中藤本月季（Climber）及蔓生月季（Rambler）的重要亲本之一，是科德斯月季（Hybrid Kordesii）的主要亲本（Krüssmann, 1981），也是很多丰花月季（Floribunda）、小姐妹月季（Polyantha）或杂交茶香月季（Hybrid Tea）的祖先（Shepherd, 1978）。利用光叶蔷薇杂交育成的月季品种很多，如 'American Pillar' (1902)、'Dr. W. van Fleet' (1910)、'City of York' (1945)等。

2.26 太鲁阁蔷薇

Rosa pricei Hayata, Icones Plantarum Formosanarum 5: 58, 1915. Type: China, Taiwan, Tappansha, Holisha, ad 6 000 ped. alt., September 1912, *R. Prich* (TI).

识别特征：直立灌木。小枝黄褐色，近无毛，皮刺散生，弯曲，有时有刚毛，具腺。叶连叶柄长5～8cm；托叶离生部分三角形，边缘有带毛细锯齿；小叶5～7，卵形至椭圆形，1～2cm×0.6～0.8cm，两面无毛，上半部分具单锯齿。花单生或数朵花成聚伞花序，直径1.5～2cm；花梗长0.8～1.5cm，具柔毛和腺毛；萼片5，反折，全缘，边缘有腺毛；花瓣5，白色；花柱合生，有毛。蔷薇果未知。

地理分布：中国台湾，海拔1 500～2 000m。

2.27 绣球蔷薇

Rosa glomerata Rehder & E.H.Wilson, Plantae Wilsonianae 2: 309, 1915. Type: China, western Szechuan, southeast of Tachien-lu, thickets, alt. 1 800～2 300m, October 1908, *E.H.Wilson 1306* (A).

识别特征：铺散或攀缘灌木。小叶5～7，稀3或9，连叶柄长10～15cm；小叶片长圆形或长圆倒卵形，4～7cm×1.8～3cm，上面深绿色、有明

04

图22　绣球蔷薇（田乾福 摄）

显褶皱，下面淡绿色至绿灰色、密被长柔毛；托叶离生部分全缘。伞房花序，密集多花，直径4～10cm；总花梗长2～4cm，花梗长1～1.5cm，总花梗、花梗和萼筒密被灰色柔毛和稀疏腺毛；花直径1.5～2cm；萼片全缘；花瓣5，白色或粉红色；花柱合生。果实近球形，直径0.8～1cm，橘红色，有光泽。花期7月，果期8～10月（图22）。

地理分布：中国特有种，分布于贵州、湖北、四川、云南等地，生山坡林缘、灌木丛中，海拔1 300～3 000m。

2.28　悬钩子蔷薇

Rosa rubus H. Léveillé & Vaniot, Bulletin de la Société Botanique de France 55: 55, 1908. Type: China, Kouy-tchéou (Now, Guizhou), Route de Pin-yang, 12 May 1899, *L. Martin 2603* (E).

识别特征：匍匐或攀缘灌木，株高5～6m。小枝通常被柔毛，老时脱落；皮刺短粗弯曲。小叶5或3，连叶柄长8～15cm；小叶片卵状椭圆形、倒卵形或圆形，长3～6（9）cm×2～4.5cm，上面深绿色、通常无毛或偶有柔毛，下面密被柔毛或有稀疏柔毛；托叶离生部分全缘有腺毛。花10～25朵，呈圆锥状伞房花序；花梗长1.5～2cm，总花梗和花梗均被柔毛和稀疏腺毛，花直径2.5～3cm；萼筒球形至倒卵球形，外被柔毛和腺毛；萼片全缘；花瓣5，白色；花柱合生。果近球形，直径8~10mm，猩红色至紫褐色，有光泽。花期4~6月，果期7～9月（图23）。

地理分布：中国特有种，分布于中国安徽、福建、甘肃南部、广东、广西、贵州、河北南部、

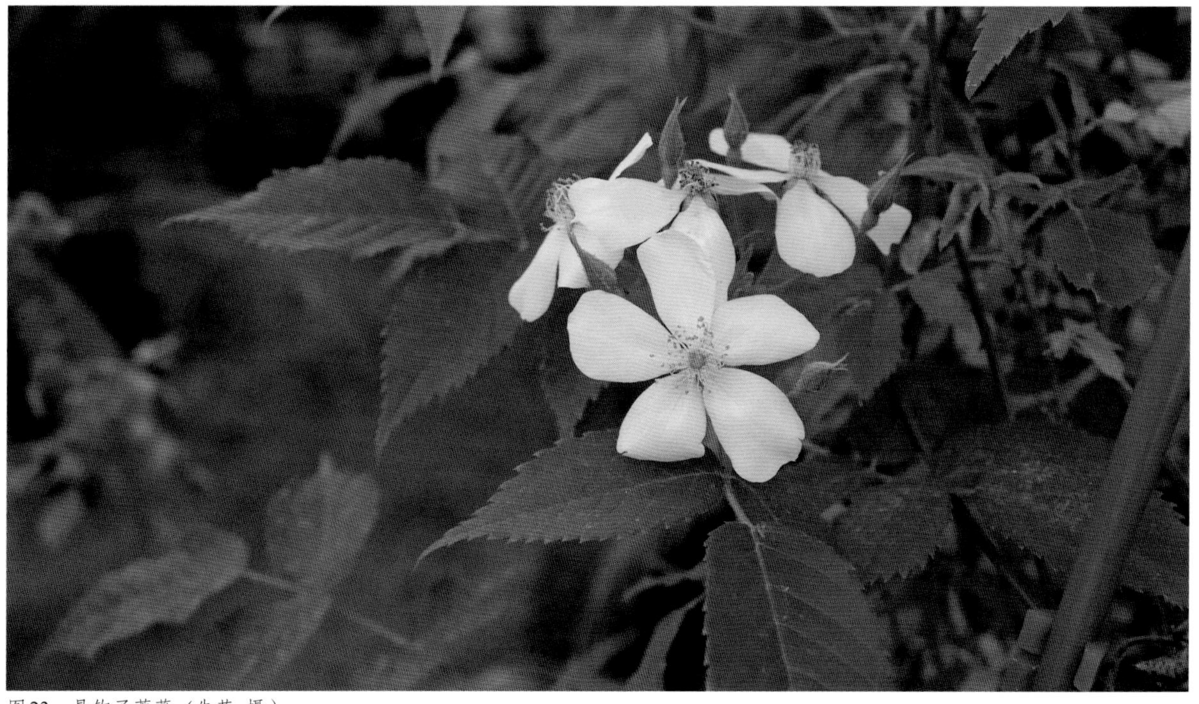

图23　悬钩子蔷薇（朱莹 摄）

河南、湖南、江苏、江西、陕西南部、山东、台湾、浙江，多生山坡、路旁、草地或灌丛中，海拔500～1 300m。

2.29 卵果蔷薇

Rosa helenae Rehder & E.H.Wilson, Plantae Wilsonianae 2: 310, 1915. Type: China, western Hupeh, Patung Hsien, thickets, alt. 600 ～ 1 300m, June 1907, *E.H.Wilson 431* (K).

识别特征：铺散灌木，长匍枝可达9m。枝条紫褐色，当年生小枝红褐色，无毛；皮刺短粗。小叶（5）7～9，连叶柄长8～17cm，小叶片长圆卵形或卵状披针形，长2.5～3.5（4.5）cm×1～2.5cm，边缘有锐锯齿，上面无毛、深绿色，下面淡绿色、有毛、沿叶脉较密。托叶离生部分耳状，边缘有腺毛。顶生伞房花序，部分近伞形，直径6～15cm；花梗长1.5～2cm，密被柔毛和腺毛；萼筒卵球形、椭圆形或倒卵球形，外被柔毛和腺毛；萼片卵状披针形，常有裂片；花瓣5，白色，有香味；花柱合生。果实卵球形、椭圆形或倒卵球形，直径8～10mm，深红色，有光泽。花期5～7月，果期9～10月（图24、图25）。

地理分布：分布于甘肃、贵州、湖北、陕西、四川、云南，多生于山坡、沟边和灌丛中，海拔800～3 000m；泰国、越南也有分布。

利用：卵果蔷薇的杂交子代有‘Aksel Olsen’‘Helene Marechal’‘Longfard’‘Red Robin’‘Rosalita’等（Young & Schorr, 2007）。

2.30 复伞房蔷薇

Rosa brunonii Lindley, Rosarum Monographia: 120, t. 14, 1820. Syntype: Nepalia, 18 April 1802, *Buchanan* (BM); 1819, *N. Wallich* (BM).

识别特征：攀缘灌木，株高4～6m。小枝幼时有柔毛，皮刺弯曲。小叶通常7，近花序小叶常为5或3，连叶柄长6～9cm；小叶片长圆形或长圆披针形，3～5cm×1～1.5cm，上面微被柔毛、稀无毛，下面密被柔毛；托叶离生部分披针形。花多朵排成复伞房状花序；花梗长2.8～3.5cm，被柔毛和稀疏腺毛；花直径3～5cm；萼筒倒卵形，外被柔毛；萼片披针形，先端渐尖，常有1～2对裂片；花瓣5，白色；花柱合生。果卵形，直径约1cm，紫褐色，有光泽，无毛。花期6月，果期7～11月（图26、图27）。

地理分布：分布于中国四川、西藏、云南，多生于林下或河谷林缘灌丛中，海拔1 900～2 800m；不丹、印度北部、缅甸、尼泊尔、巴基斯坦也有分布。

图24 卵果蔷薇花（周达康 摄）

图25 卵果蔷薇叶片（周达康 摄）

图26 复伞房蔷薇手绘图（Ros. Monogr.. t. 14, 1820）

图27 复伞房蔷薇（邓莲 摄）

利用：麝香蔷薇（*R. moschata*）和复伞房蔷薇是近缘种，在育种中，二者常相互关联（Krüssmann, 1981）。在园艺分类中，复伞房蔷薇的一部分杂交子代，如'Paul's Himalayan Musk Rambler' 'Toni Thompson's Musk'被归为杂交麝香蔷薇（Hybrid Musk）；一部分杂交子代，如'Wickwar' 'Orange Blossom'被归为灌丛月季（Young & Schorr, 2007）。

2.31 长尖叶蔷薇

Rosa longicuspis Bertoloni, Memorie della Accademia delle Scienze dell' Istituto di Bologna 11: 201, t. 13, 1861. Type: India, Khusia, 17 June 1830, *J.D.Hooker & T. Thomson* (K).

识别特征：攀缘灌木，高1.5~6m。皮刺短粗、钩状。小叶革质，7~9，近花序的小叶常为5，连叶柄长7~14cm；小叶片卵形、椭圆形或卵状长圆形，稀倒卵状长圆形，长3~7（11）cm ×1~3.5（5）cm，两面无毛，上面有光泽；小叶柄和叶轴均无毛；托叶离生部分披针形，无毛，常有腺毛（图28、图29）。花多数，排成伞房状；花梗长1.5~3.5cm，有腺毛；花直径3~4（5）cm；萼筒外被稀疏柔毛；萼片全缘或有羽裂片，两面有稀疏柔毛；花瓣5，白色，外面有绢毛；花柱合生。果实倒卵球形。直径1~1.2cm，暗红色。花期5~7月，果期7~11月。包含2个变种：长尖叶蔷薇（原变种）（*R. longicuspis* var. *longicuspis*），小叶7~9，伞房花序；多花长尖叶蔷薇（*R. longicuspis* var. *sinowilsonii*），小叶5（或7），花30朵以上成复伞房花序。

地理分布：分布于中国贵州、四川、云南，生丛林中，海拔400~2 700m；印度北部也有分布。

利用：长尖叶蔷薇杂交利用较少，'Wedding Day'是长尖叶蔷薇与华西蔷薇的杂交子代（Young & Schorr, 2007）。

图28 长尖叶蔷薇（邓莲 摄）

图29 长尖叶蔷薇手绘图（Mem. Reale Accad. Sci. Ist. Bologna. 11: t. 13, 1861.）

2.32 毛萼蔷薇

Rosa lasiosepala F.P.Metcalf, Journal of the Arnold Arboretum 21: 274, 1940. Type: China, Kwangsi, Chu Feng Shan, 30 li S.W. of Shan Fang, N. Luchen, June 2, 1928, *R.C.Ching 5854* (A).

识别特征：攀缘灌木，高约10m。小枝粗壮，紫褐色，有棱，无毛，散生短粗、钩状皮刺。连叶柄长17~25cm；小叶革质，通常5，近花序小叶常为3，极稀为7；小叶片革质，椭圆形、稀卵状长圆形，7~12cm×3~6cm，边缘有尖锐锯齿，两面无毛；小叶柄和叶轴均无毛；托叶大部贴生于叶柄，离生部分卵状披针形，以后脱落。花多数成复伞房状；花梗长2.5~4cm，总花梗和花梗均密被短柔毛；花直径3~4cm；萼片披针形，长1.5~2cm，反折，萼筒和萼片内外两面均密被柔毛；花瓣5，白色，外面有稀疏柔毛；花柱合生。蔷薇果近球形或卵球形，直径1.8~2.3cm，紫褐色，有稀疏柔毛，萼片最后脱落。花期5~7月，果期7~11月。

地理分布：中国特有种，分布于广西，生于山谷或山坡疏密林中以及路旁、水边等处，海拔900~1 800m。

2.33 软条七蔷薇

Rosa henryi Boulenger, Annales de la Société Scientifique de Bruxelles Serie B 53: 143, 1933. Type: Sina, Su-chuen orient, *A. Henry* (BR?, G?).

识别特征：灌木，高3~8m。小枝有皮刺或无刺。小叶通常5，近花序小叶片常为3，连叶柄长9~14cm；小叶片长圆形、卵形、椭圆形或椭圆状卵形，单锯齿，3.5~9cm×1.5~5cm，两面均无毛；托叶离生部分全缘。花5~15朵，呈伞形伞房状花序；花直径3~4cm；花梗和萼筒无毛，有时具腺毛；萼片全缘，有少数裂片；花瓣5，白色；花柱合生。果近球形，直径8~10mm，成熟后褐红色，有光泽，果梗有稀疏腺点。花期4~7月，果期7~9月（图30、图31）。

地理分布：中国特有种，分布于安徽、福建、

图30　软条七蔷薇花苞（邓莲 摄）

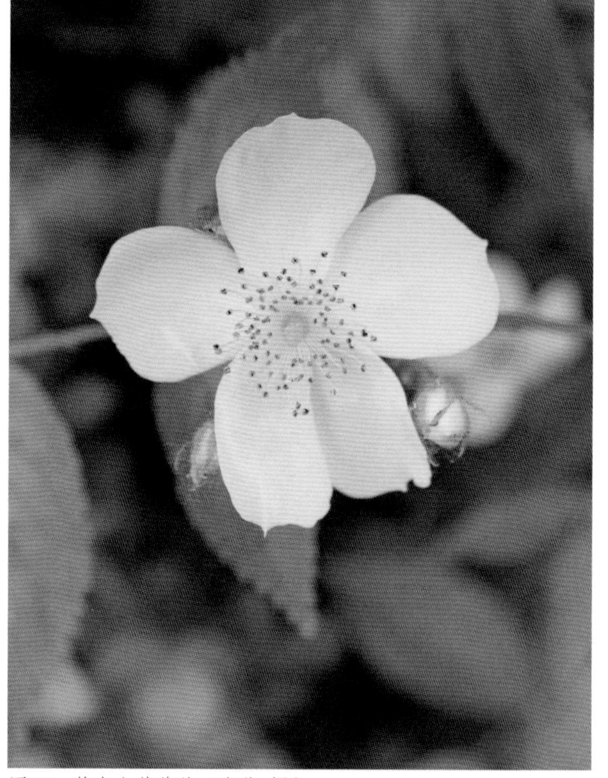
图31　软条七蔷薇花（张蕾 摄）

广东、广西、贵州、河南、湖北、湖南、江苏、江西、陕西、四川、云南、浙江等地，生于山谷、林边、田边或灌丛中，海拔1 700～2 000m。

2.34　重齿蔷薇

Rosa duplicata T.T.Yu & T.C.Ku, Acta Phytotaxonomica Sinica 18: 501, 1980. Type: China, Xizang, Markam Xian（芒康县）, alt. 2 400～2 600m, 3 June 1976, *Qing-Zang Exped. 11713* (PE).

识别特征：灌木，高1.5～2m。小枝幼时紫褐色，后灰棕色，皮刺稀，淡黄色。叶3～5，连叶柄长2～2.5cm；小叶倒卵形至椭圆形，0.8～1.5cm × 0.5～0.8cm，无毛，背面具腺，边缘重锯齿。花单生或2～3朵簇生，直径约1cm；花梗0.5～1.0cm；苞片未知。萼片5，卵状披针形，全缘。花瓣5，淡黄色或白色。花柱合生。蔷薇果紫红色，近球形，直径约5mm，具稀疏腺体，萼片极晚脱落。花期5～7月，果期8～9月。

地理分布：中国特有种，分布于西藏，生于农田、路旁，海拔2 400～2 600m。

2.35　维西蔷薇

Rosa weisiensis T.T.Yu & T.C.Ku, Bulletin of Botanical Research 1(4): 16, 1981. Type: China, Yunan, Weixi Xian, alt. 1 850~2 300m, 30 May 1940, *K.M.Feng 4321* (PE).

识别特征：攀缘小灌木。小枝紫褐色，无毛；当年生小枝有腺毛和稀疏柔毛；皮刺短、扁、散生。小叶3～5，连叶柄长4～5.5cm；小叶片卵形、椭圆形、稀长圆形，先端急尖或短渐尖，1.2～2.5cm × 0.4～1.4cm，上面深绿色、无毛，下面颜色较浅，有腺毛和稀疏柔毛，边缘有重锯齿；托叶膜质，离生部分披针形。花5～10朵，呈伞房状排列，花梗长8～12mm，密被腺毛和散生柔毛；花直径约1.5cm；萼片5，披针形，全缘，萼筒和萼片外面被腺毛和稀疏柔毛；花瓣5，白色，有香；花柱合生。果未见。

地理分布：中国特有种，分布于云南，生于灌丛中，海拔1 850～2 300m。

2.36 德钦蔷薇

Rosa deqenensis T.C.Ku, Bulletin of Botanical Research 10(1): 5, 1990. Holotype: China, Yunnan, Deqen, alt. 2 050 ～ 2 100m, 3 July 1981, *Exped. Compl. Qinghai-Xizang 2124* (PE).

识别特征： 小灌木，高约1m。老枝红褐色，小枝灰绿色，无毛，皮刺散生，钻状。小叶7，连叶柄长2～2.5cm；小叶片倒卵形，0.7～1.0cm×0.5～0.8cm，具浅重锯齿，齿尖带腺，两面无毛，下面散生腺毛。花2～3朵簇生，萼筒扁球形，疏被腺毛；萼片5，边缘有1～2对、稀3对小裂片；花柱合生。蔷薇果近球形，直径0.8～1cm，红褐色，疏被腺毛；果梗长0.8～1cm，疏或密被腺毛；萼片反折。

地理分布： 中国特有种，分布于云南（德钦），生于溪边。

2.37 腺梗蔷薇

Rosa filipes Rehder & E.H.Wilson, Plantae Wilsonianae 2: 311, 1915. Type: China, Western Szech'uan, west and near Wen-chuan Hsien, thickets, alt. 1 300～2 300m, July and November 1908, *E.H.Wilson 1228* (A).

识别特征： 灌木，高3～5 m，有长匍枝。小枝紫褐色，无毛，有粗短弯曲皮刺。小叶5～7，稀3或9；连叶柄长8～14cm；小叶片长圆卵形或披针形，稀倒卵形，4～7cm×1.5～3cm，先端渐尖，边缘单锯齿，稀为不明显重锯齿，上面深绿色、无毛，下面近无毛或沿脉有短柔毛和腺毛；托叶狭，离生部分披针形，先端渐尖，全缘。花多数，25～35朵，呈复伞房状或圆锥状花序；直径可达15cm；花梗细，长2～3cm，总花梗和花梗无毛，有稀疏腺毛；花直径2～2.5cm；萼筒卵球形，无毛而有腺毛；萼片5，全缘；花瓣5，白色；花柱合生。蔷薇果近球形，直径约0.8cm，猩红色，萼片反折，最后脱落。花期6～7月，果期7～11月（图32）。

图32　腺梗蔷薇果实（曾佑派 摄）

地理分布：中国特有种，分布于甘肃、陕西、四川、西藏、云南，生于山坡路边等处，海拔1 300 ~ 2 300m。

利 用：杂交育成的品种有'Dentelle de Malines' 'Pleine de Grâce'等。

2.38 泸定蔷薇

Rosa ludingensis T.C.Ku, Bulletin of Botanical Research 10(1): 4, 1990. Holotype: China, Sichuan, Luding, alt. 1 500m, 3 June 1974, *Exped. Luding 6887* (PE).

识别特征：蔓生小灌木。枝条粗壮，红褐色，无毛，皮刺小，稍扁，弯曲。小叶通常7，连叶柄长9 ~ 17cm，小叶片椭圆形或卵形，4 ~ 7cm × 1.5 ~ 3cm，边缘有重锯齿，上面深绿色、近无毛，下面淡绿色、近无毛、有腺点；小叶柄和叶轴密被腺毛；托叶离生部分三角形。花多数，呈伞房圆锥状，花梗长1.5 ~ 1.8cm，密被腺毛；花直径1.8 ~ 3.2cm；萼筒卵球形，无毛，被腺毛；萼片5，卵状披针形，全缘，有2 ~ 4小裂片；花瓣5，白色，芳香；花柱合生。蔷薇果未见。花期5 ~ 7月，果期7 ~ 11月。

地理分布：中国特有种，分布于四川（泸定），生于灌丛、路旁，海拔1 300 ~ 2 300m。

2.39 得荣蔷薇

Rosa derongensis T.C.Ku, Bulletin of Botanical Research 10(1): 7, 1990. Holotype: China, Sichuan, Derong, alt. 2 070m, 30 June 1981, *Exped. Compl. Qinghai-Xizang 81-1653* (PE).

识别特征：小灌木。小枝紫褐色或红褐色，无毛，皮刺粗壮。小叶通常5，偶7，连叶柄长2.5 ~ 3.2cm；小叶片倒卵形，0.9 ~ 1.5cm × 0.6 ~ 1.0cm，先端圆，边缘有尖锐锯齿，上面深绿色，下面黄绿色，两面均无毛；托叶离生部分极短，无毛。花2 ~ 3朵簇生，稀单生；萼筒卵球形。萼片边缘常有1 ~ 2裂片，花后反折；花柱合生、无毛。蔷薇果近球形或倒卵球形，红褐色，直径约0.8cm，疏被腺毛；果梗0.6cm，被腺毛（图33）。

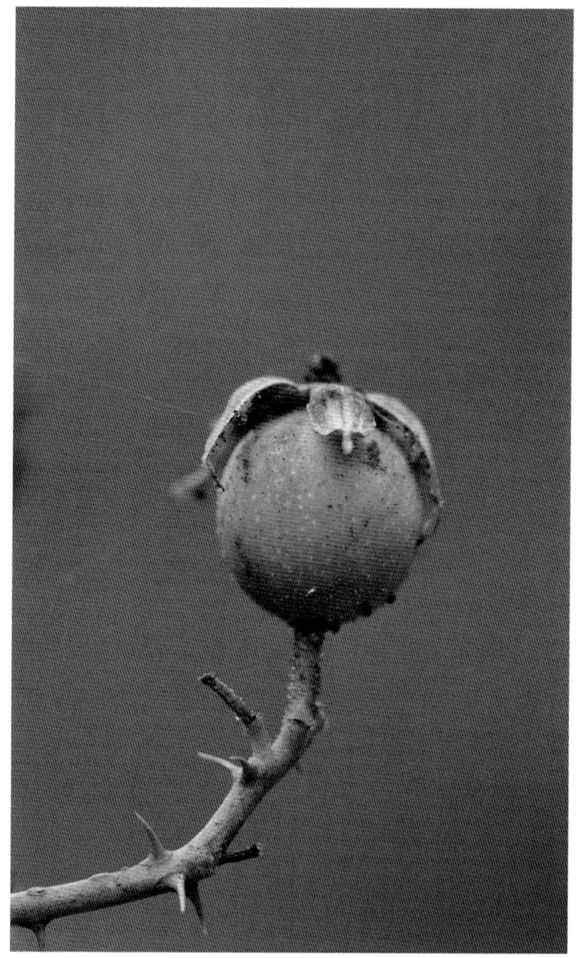

图33　得荣蔷薇果实（朱鑫鑫 摄）

地理分布：中国特有种，分布于四川西部（得荣），海拔约2 100m。

2.40 商城蔷薇

Rosa shangchengensis T.C.Ku, Bulletin of Botanical Research 10(1): 8, 1990. Holotype: China, Henan, Shangcheng, 18 June 1984, *Exped. Pl. Exon. D. 0390* (PE).

识别特征：灌木。小枝红褐色，无毛，皮刺钻形，直立。小叶片通常7，连叶柄长4 ~ 5.5cm；小叶片倒卵形或长圆形，1 ~ 2cm × 0.5 ~ 1.5cm，两面无毛；托叶离生部分披针形，全缘。花2 ~ 3朵簇生，直径2.8cm，花梗2 ~ 2.5cm，密被腺毛；萼筒倒卵状长圆形，外面密被腺毛；萼片5，卵状披针形，背面具浓密腺体；花瓣5，白色；花柱合生（图34）。蔷薇果未知。

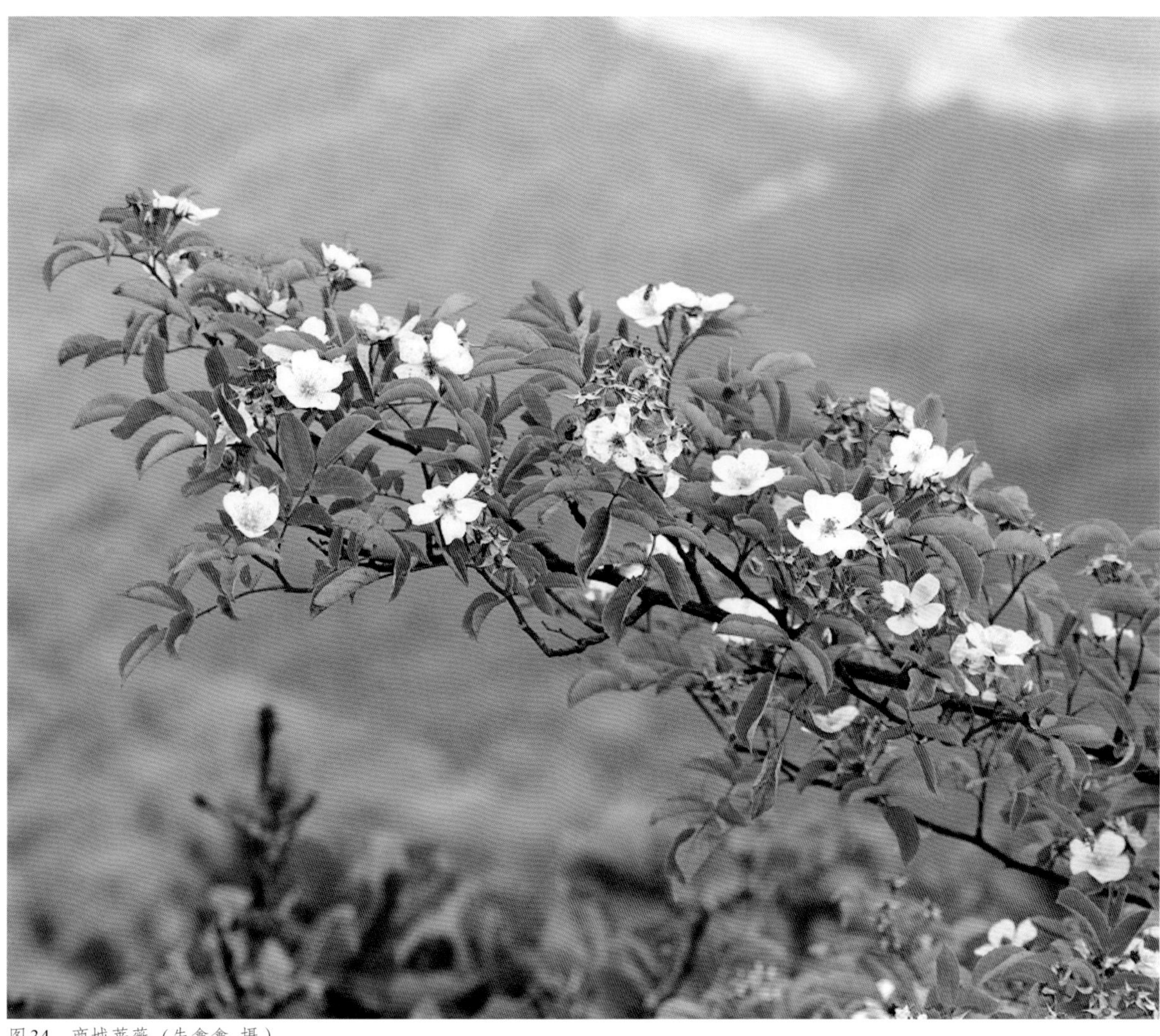

图34　商城蔷薇（朱鑫鑫 摄）

地理分布：中国特有种，分布于河南东南部（商城县）。

2.41　川滇蔷薇

Rosa soulieana F. Crépin, Bulletin de la Société Royale de Botanique de Belgique 35(1): 21, 1896. Type: China, Tibet oriental, Tatsienlou (Sutchen) (Now, Kangding, Sichuan), *J.A.Soulié* (P).

识别特征：直立灌木，株高2～4m。小叶（5）7（9），连叶柄长3～8cm；小叶片椭圆形或倒卵形，1～3cm×0.7～2cm，上面无毛，下面无毛或沿中脉有短柔毛。呈多花伞房花序；花梗长不到1cm，花梗和萼筒无毛、有时具腺毛；花直径3～3.5cm；花瓣5，黄白色；萼片全缘，基部有1～2裂片；花柱合生（图35）。果实近球形至卵球形，直径约1cm，橘红色、老时变黑紫色，有光泽。花期5～7月，果期8～9月。

地理分布：中国特有种，分布于安徽（九华山）、重庆、四川、西藏、云南。生于山坡、沟边或灌丛中，海拔2 500～3 000m。

利用：川滇蔷薇抗黑斑病（郭艳红 等，2021）。在国外，人们利用川滇蔷薇进行杂交育种，培育出了一些优良品种。1913年，邱园培育的品种‘Kew Rambler’是由川滇蔷薇与‘Hiawatha’杂交而成。1939年，N.J.Hansen培育的‘Chevy Chase’，是川滇蔷薇与野蔷薇的杂交子代。Tom Carruth利用川滇蔷薇进行月季育种，育成品种有‘All Ablaze’‘Be-Bop’‘Miami Moon’‘Wild Blue Yonder’等（Young & Schorr, 2007）。

图35　川滇蔷薇（周达康 摄）

2.42　腺叶蔷薇

Rosa kokanica (Regel) Regel ex Juzepczuk in Komarov, Flora URSS 10: 476, 1941.Type: Described from Central Asia (LE)[6].

识别特征： 小灌木，高1.5～2m。小枝开展，皮粗糙，密被直立针刺，针刺基部为圆盘状，幼时混有腺毛。小叶5～7(9)，连叶柄长4.5～8cm；小叶片卵形、椭圆形或倒卵形，1～2.2cm×6～13mm，边缘有尖锐重锯齿，齿尖常带腺，下面有腺或有极稀疏柔毛、中脉突起。花单生于叶腋，无苞片；花梗长1.5～3cm，无毛；花直径2～4（6）cm；萼片披针形，有不规则2～3羽裂片；花瓣5，乳白色或黄色；花柱离生，密被柔毛。果球形，直径约1cm，深紫色或褐色，萼片宿存。花期5～7月，果期8～11月。

地理分布： 分布于中国新疆，多生于山坡、林边，为落叶松林下重要灌木之一，海拔1 500～2 500m；阿富汗、哈萨克斯坦、蒙古国、伊朗也有分布。

2.43　长白蔷薇

Rosa koreana Komarov, Trudy Imperatorskago S.-Peterburgskago Botaniceskago Sada 18: 434, 1901. Syntype: In valle Segelsu-Korani, Koreae septentr, provincia Keng-son, district Musang, 16 June & 18 June 1897, *V.L.Komarov* (LE); prope Tadin-don ad rivulum fluv. Jalu-dsian pecursum supremum influens, 22 June 1897, *V.L.Komarov* (LE).

识别特征： 小灌木丛生，株高约1m。枝条密集，暗紫红色；密被针刺，当年生小枝上针刺较稀

6 Flora of Pakistan. [2022-10-30]. http://www.efloras.org/florataxon.aspx?flora_id=5&taxon_id=200011262.

疏。小叶7～11（15），连叶柄长4～7cm；小叶片上面无毛，下面近无毛或沿脉微有柔毛；边缘有带腺尖锐锯齿，少部分为重锯齿；沿叶轴有稀疏皮刺和腺。花单生于叶腋，无苞片；花梗长1.2～2cm，有腺毛；花直径2～3cm；萼筒和萼片外面无毛；花瓣5，白色或带粉色；花柱离生，稍伸出萼筒。果实长圆球形，长1.5～2cm，橘红色，有光泽，萼片宿存，直立。花期5～6月，果期7～9月（图36至图39）。

地理分布：分布于中国黑龙江、吉林、辽宁，多生于林缘或灌丛中或山坡多石之地，海拔600～1 200m；朝鲜也有分布。

2.44 密刺蔷薇

Rosa spinosissima Linnaeus, Species Plantarum 1: 491, 1753. Type: *Herb. Burser XXV: 31* (UPS).

识别特征：矮小灌木，株高约1m。当年生小枝紫褐色或红褐色，有直立皮刺，密被针刺。小叶（5）7～9（11）；连叶柄长4～8cm；小叶片长圆形、长圆状卵形或近圆形，两面无毛，边缘有单锯齿或部分重锯齿；叶轴和叶柄有少数针刺和腺毛。花单生于叶腋或有时2～3朵集生，无苞片；花梗长1.5～3.5cm；花直径2～6cm；花瓣5，白色、粉色至淡黄色；花柱离生，有毛（图40）。果实近球形，直径1～1.6cm，黑色或暗褐色，无毛；萼片宿存，果梗长可达4cm，常有腺。花期5～6月，果期8～9月。有2个变种：密刺蔷薇（原变种）（*R. spinosissima* var. *spinosissima*），花直径2～5cm，花瓣白色、粉色或黄色；大花密刺蔷薇（*R. spinosissima* var. *altaica*），花直径4～6cm，花

图36 长白蔷薇果实（邓莲 摄）

图37 长白蔷薇植株（邓莲 摄）

图38 长白蔷薇花苞（邓莲 摄）

图39 长白蔷薇花（邓莲 摄）

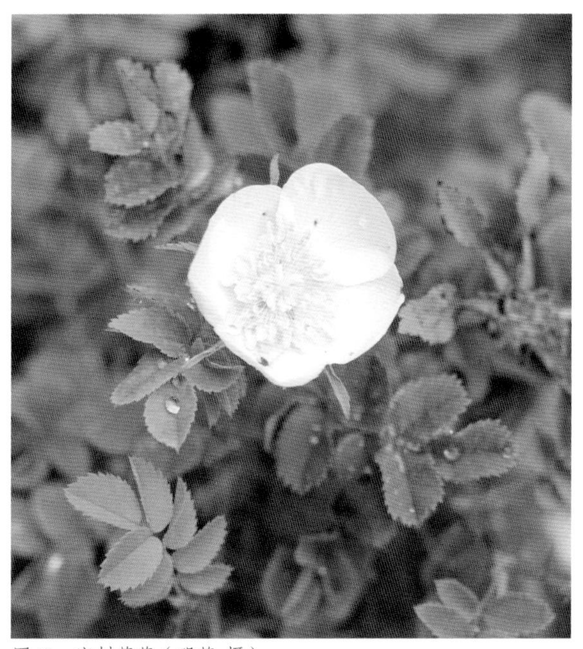
图40 密刺蔷薇（邓莲 摄）

瓣白色。

地理分布：分布于中国新疆，生于山地、草坡或林间灌丛中以及河滩岸边等处，海拔1 100~2 300m；俄罗斯（西伯利亚）、亚洲中部和西南部、欧洲也有分布。

利用：密刺蔷薇的杂交子代在英国也被称为“苏格兰蔷薇（Scotch Roses）”或“伯内特蔷薇（Burnet Roses）”。1793年苏格兰Robert Brown及其兄弟开始栽种密刺蔷薇，并从自然结实的播种苗中选择品种；随后，欧美的一些园艺工作者也利用密刺蔷薇进行杂交育种（Krüssmann, 1981）。杂交品种有‘Frühlingsduft’‘Karl Foerster’‘Golden Wings’‘William Ⅲ（图41）’‘Glory of Edzell’（图42）等（Young & Schorr, 2007）。

图41 ‘William III’（邓莲 摄）

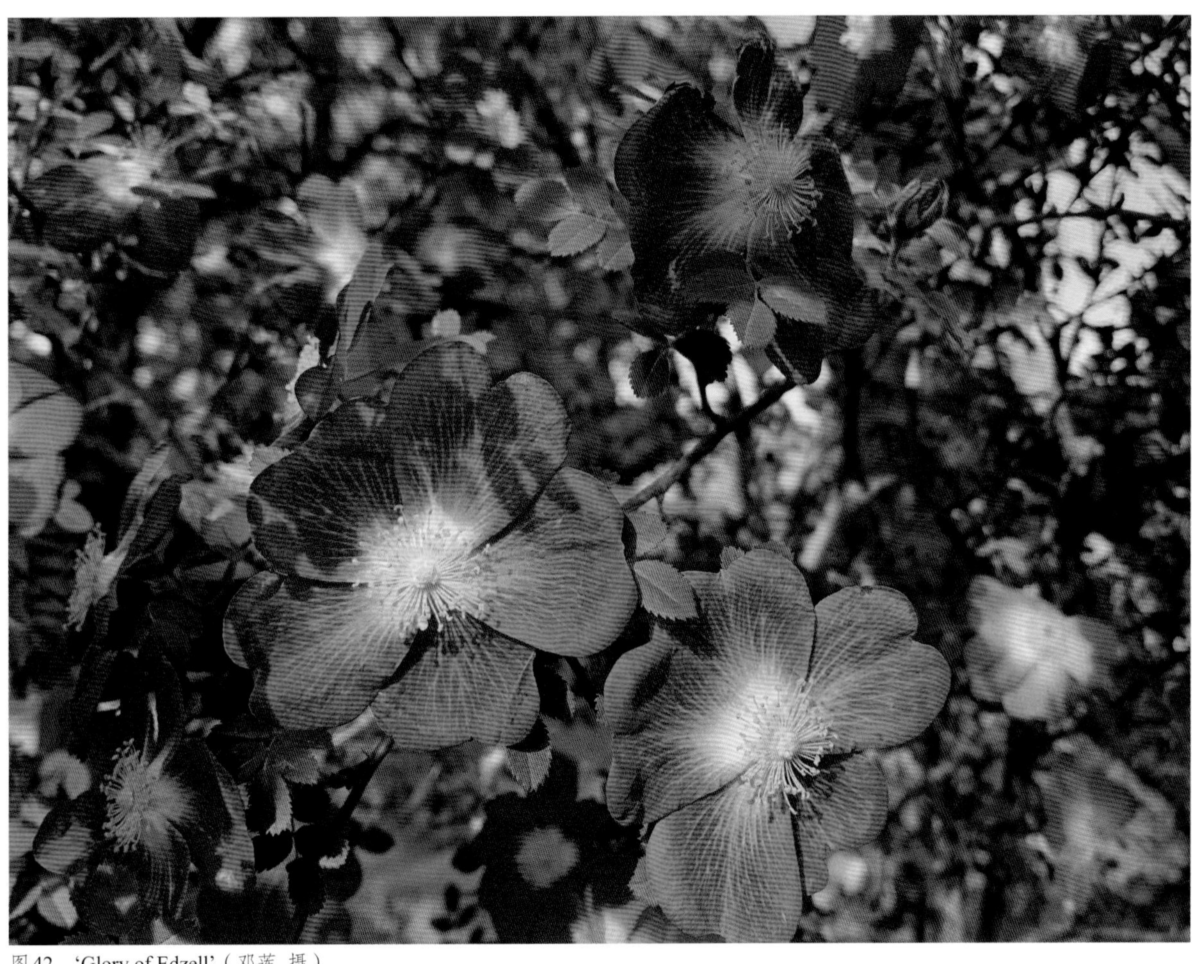

图42 'Glory of Edzell'（邓莲 摄）

2.45 刺毛蔷薇

Rosa farreri Stapf ex Cox, The Plant Introductions of Reginald Farrer: 49, 1930. Type: Cultivated in Bowles' Garden, 1923, *E.A.Bowles s. n.* (K), raised from Farrer' seed (China, Kansu, F. 544).

识别特征：小灌木，高1～2m。小枝圆柱形，细弱，密生针刺和散生皮刺。小叶7～9（11），连叶柄长3～5cm；小叶片卵形或椭圆形，0.5～1.8cm×0.3～1cm，边缘有尖锐锯齿，近基部常全缘；两面无毛或在下面中脉稍有柔毛。花单生，通常无苞片，偶在花梗基部有卵形的小苞片；花梗细，长1～2.6cm，无毛；花直径1.5～2cm；萼筒长圆形，光滑无毛，萼片卵状披针形，全缘；花瓣5，粉红色、带粉红色或白色；花柱离生，密被柔毛，不伸出萼筒。果椭圆形或卵状长圆形，长0.8～1.2cm，深红色，顶端有短颈，萼片宿存。花期5～6月，果期6～9月。

地理分布：中国特有种，分布于甘肃、四川，多生于灌丛中，海拔1 500～2 800m。

2.46 细梗蔷薇

Rosa graciliflora Rehder & E.H.Wilson in Sargent, Plantae Wilsonianae 2: 330, 1915. Type: China, Western Szch'uan, northeast of Tachien-lu, Ta-p'ao-shan, woodlands, alt. 3 300～4 500m, 4 &7 July 1908, *E.H.Wilson 3583* (A).

识别特征：小灌木，高约4m。枝圆柱形，有散生皮刺；小枝纤细，无毛或近无毛，有时有腺毛。小叶9～11，稀7，连叶柄长5～8cm；小叶片卵形或椭圆形，0.8～2cm×0.7～1.2cm，上面无毛，下面无毛或有稀疏柔毛，常有腺；边缘有重锯齿或单锯齿；托叶边缘有腺齿，无毛。花单生于叶

图43　细梗蔷薇果实（陈又生 摄）

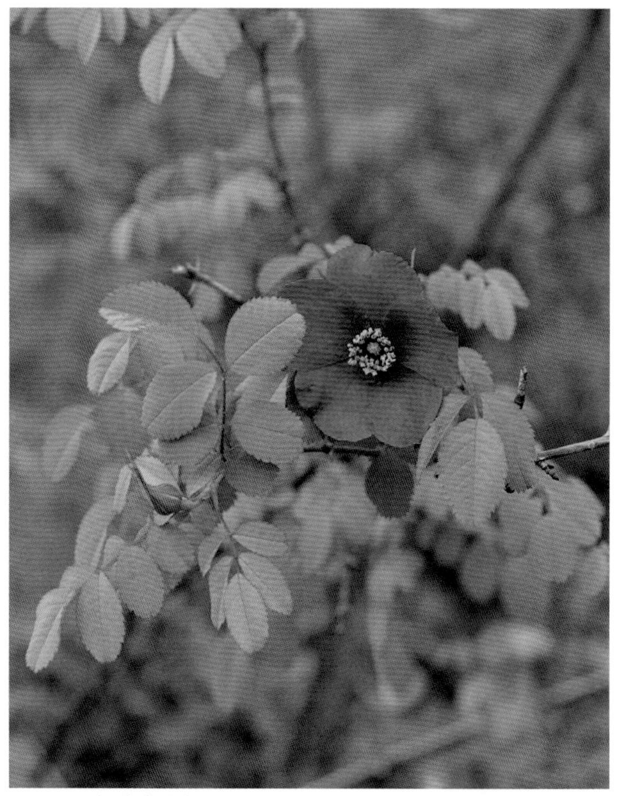

图44　细梗蔷薇（华国军 摄）

腋，基部无苞片；花梗长1.5～2.5cm，无毛；花直径2.5～3.5cm；萼筒无毛，萼片先端呈叶状，全缘或有时有齿；花瓣粉红色或深红色；花柱离生。果红色，倒卵形至长圆倒卵形，长2～3cm，萼片宿存直立。花期7～8月，果期9～10月（图43、图44）。

地理分布：中国特有种，分布于四川、西藏、云南，多生于山坡、云杉林下或林边灌丛中。

2.47　秦岭蔷薇

Rosa tsinglingensis Pax & Hoffmann, Repertorium Specierum Novarum Regni Vegetabilis 12: 414, 1922. Type: China, Schenhsi, Tsin ling schan, Tai pai schan (Now: Shaanxi, Qinling, Tai Bai Shan), *H.W.Limpricht 2744* (B?).

识别特征：小灌木，株高2～3m。小枝纤细，无毛；散生浅色皮刺，有时偶有针刺及腺毛。小叶通常11～13，稀9，连叶柄长5～11cm；小叶片椭圆形或长圆形，1~2cm × 0.8~1.2cm，上面无毛，下面无毛或近于无毛、常沿中脉有腺毛；边缘有重锯齿或单锯齿。叶轴叶柄有散生皮刺和腺毛。花单生于叶腋，无苞片；花梗长1.5～2cm，无毛，有散生腺毛；花直径2.5～3cm；花瓣白色；萼筒萼片外面无毛。果倒卵圆形至长圆状倒卵圆形，长2～3cm，红褐色，有宿存直立萼片。花期7～8月，果期9月（图45）。

地理分布：中国特有种，分布于甘肃、陕西，多生于桦木林下或灌丛中，海拔2 800～3 700m。

2.48　樱草蔷薇

Rosa primula Boulenger, Bulletin du Jardin botanique de l'État à Bruxelles 14: 121, 1936. Type: Mc Farland, New Flora and Silva 8: 244, fig, 1936.[7]

识别特征：直立小灌木，株高1～2m；小枝

7 原文记载美国蔷薇属植物的景观应用，没有具体采集地或者原产地的信息。

图45　秦岭蔷薇枝、叶、果实（邓莲　摄）

圆柱形，细弱，无毛，有皮刺。小叶9～15，稀7，连叶柄长3～7cm；小叶片椭圆形、椭圆状倒卵形至长椭圆形，0.6～1.5cm×0.3～0.8cm，边缘有重锯齿，两面均无毛，下面中脉突起、密被腺点。花单生于叶腋，无苞片；花梗长8～10mm，无毛；花直径2.5～4cm，花瓣淡黄或黄白色。果卵球形或近球形，直径约1cm，红色或黑褐色，无毛，萼片反折宿存，果梗长可达1.5cm。花期5～7月，果期7～11月（图46、图47）。

地理分布：中国特有种，分布于甘肃、河北、

图46　樱草蔷薇植株（邓莲 摄）

图47　樱草蔷薇（邓莲 摄）

河南、陕西、山西、四川，多生于山坡、林下、路旁或灌丛中，海拔1 400～3 450m。

利用：为早花、耐寒、耐旱种质（张佐双和朱秀珍, 2006）。常见于北方地区园林应用中。其植株与单瓣黄刺玫相似，不易区别，园林中2种蔷薇常混植。

2.49　宽刺蔷薇

Rosa platyacantha Schrenk, Bulletin scientifique (publié par l') Académie Imperiale des Sciences de Saint-Pétersbourg 10: 254, 1842. Type: Songaria, Kuhlasu, *A.G. von Schrenk 1245* (JE).

识别特征：小灌木，株高1～2m。皮刺多，扁圆而基部膨大，黄色。小叶5～7（9），连叶柄长3～5cm；小叶片革质，近圆形、倒卵形或长圆形，0.8～1.5cm×0.5～1cm，边缘上半部有锯齿、下半部或基部全缘，两面无毛或下面沿脉微有柔毛。花单生于叶腋或2～3朵集生；无苞片；花梗长1～3.5cm，无毛；花直径3～5cm；萼筒、萼片外面无毛；花瓣黄色；花柱离生，被黄白色柔毛。果球形至卵球形，直径约1cm，暗红色至紫褐色，有光泽；萼片直立，宿存。花期5～8月，果期8～11月（图48、图49）。

地理分布：分布于中国新疆，生于林边、林下、灌木丛中较干旱山坡、荒地或水旁润湿处，海拔1 100～1 800m；哈萨克斯坦、蒙古国也有分布。

图48　宽刺蔷薇花（邓莲 摄）

图49　宽刺蔷薇果实（周达康 摄）

2.50 黄蔷薇

Rosa hugonis Hemsley, Curtis's Botanical Magazine 131: t. 8004, 1905. Type: Cultivated in the Kew Garden from seeds collected by Father Hugh Scallan probably in the Province of Shensi or Szechuen, China.

识别特征： 灌木，株高约2.5m。枝粗壮；小枝圆柱形、无毛；皮刺扁平，常混生细密针刺。小叶5～13枚，连叶柄长4～8cm；小叶片卵形、椭圆形或倒卵形，两面无毛。花单生于叶腋，无苞片；花瓣5，淡黄色；花柱离生，被白色长柔毛（图50、图51）。蔷薇果扁球形，直径1.2～1.5cm，紫红色至黑褐色，无毛，有光泽。花期5～6月，果期7～8月。

地理分布： 中国特有种，分布于甘肃、青海、陕西、山西、四川，生于林缘、灌丛或开阔的山坡，海拔600～2 300m。

图50　黄蔷薇皮刺（邓莲 摄）

图51　黄蔷薇花（邓莲 摄）

利用：黄蔷薇耐寒、耐旱（张佐双和朱秀珍，2006）。杂交子代有 'Canary Bird' 'Cantabrigiensis' 'Albert Edward' 'Albert Maumene' 'Buckeye Belle' 等（Young & Schorr, 2007）。

2.51 黄刺玫

Rosa xanthina Lindley, Rosarum Monographia: 132, 1820. Type: China. (v. ic. pict. Bibl. Lambert, fide: Lindley, 1820).

识别特征：直立灌木，株高2~3m。枝条粗壮、密集、披散，小枝无毛。小叶7~13枚，连叶柄长3~5cm；小叶片宽卵形或近圆形，上面无毛，幼嫩时下面有稀疏柔毛、逐渐脱落。花单生于叶腋，无苞片；直径3~5cm；花瓣黄色，花瓣5或重瓣，花柱离生，被长柔毛。蔷薇果近球形或倒卵圆形，紫褐色或黑褐色，直径0.8~1cm，无毛。花期4~6月，果期7~8月。本种有2个变型：黄刺玫（原变型）（*R. xanthina* f. *xanthina*）（图52），花重瓣或半重瓣（图53）；单瓣黄刺玫（*R. xanthina* f. *normalis*），花单瓣（图54）。

地理分布：中国特有种。单瓣黄刺玫分布于甘肃、河北、黑龙江、吉林、辽宁、内蒙古、陕西、山东、山西等地，生于阳坡或灌丛中。黄刺玫（原变型）在东北、华北各地庭院常见栽培。

利用：黄刺玫常见于我国北方地区园林绿化中，开花早、花量大、抗性强。国内外已有利用黄刺玫杂交育种的报道，杂交子代有 'Canary Bird' 'Ormiston Roy' 'Thor' 等（Young & Schorr, 2007）。我国园艺工作者马燕和陈俊愉（1990a）、杨涛等（2015）、邓莲等（2019），先后利用黄刺玫进行了杂交试验，但尚未有新品种报道。

黄刺玫精油具有抗氧化功能（李亚文 等，

图52 黄刺玫（原变型）植株（邓莲 摄）

图53　黄刺玫（原变型）重瓣花（邓莲 摄）

图54　单瓣黄刺玫（邓莲 摄）

2019），在山西陵川县鲜花产量200万kg，当地一家加工精油的企业从2015年开始提取精油，出油率万分之三，精油有类似玫瑰的香气，主要用于化妆品和药品（王辉, 2008）。

2.52 川西蔷薇(西康蔷薇)

Rosa sikangensis T.T.Yu & T.C.Ku, Acta Phytotaxonomica Sinica 18: 501, 1980. Type: China, Xizang, Burang Xian（普兰县）alt. 3 700m, 16 July 1976, *Qing-Zang Exped 5492* (PE?).

识别特征：小灌木，高1～1.5m。小枝近无毛；有成对或散生皮刺，混生细密针刺。小叶7～9（13），连叶柄长3～5cm；小叶片长圆形或倒卵形，0.6～1cm×0.4～0.8cm，边缘有细密重锯齿，上面无毛或有毛，下面有毛有腺；托叶边缘有腺。花单生，无苞片；果梗短，长0.8～1.2cm，有腺毛；花直径约2.5cm；萼筒卵球形，无毛，萼片4，全缘，外面有腺毛；花瓣4，白色；花柱离生，被长柔毛。蔷薇果红色，近球形，直径约1cm，外面有腺毛；果梗细，有腺毛（图55、图56）。

地理分布：中国特有种，分布于四川、西藏、云南，生于河边、路旁或灌丛中，海拔2 900～4 200m。

2.53 中甸蔷薇

Rosa zhongdianensis T.C.Ku, Bulletin of Botanical Research 10(1): 1, 1990. Holotype: China, Yunnan, Zhongdian, alt. 2 600m, 5 July 1981, *Exped. Compl. Qinghai-Xizang 1819* (PE).

识别特征：小灌木，高约2m。小枝圆柱形，红褐色，通常无毛；皮刺常对生，扁，基部膨大。小叶片（5）7，连叶柄长1.5～2.8cm；小叶片倒卵形，5～8mm×3～5mm，上面密被短柔毛，下面无毛、沿脉常有腺毛；边缘有重锯齿，齿尖带腺。花单生，无苞片；花梗长0.5～0.7cm，无毛；萼筒无毛；裂片4，全缘；花瓣未见；花柱离生，被

图55　川西蔷薇（华国军 摄）

图56 川西蔷薇果实（林秦文 摄）

毛。蔷薇果倒卵球形，红色，无毛；果梗无毛。

地理分布：中国特有种，分布于云南西北部（香格里拉），海拔2 600m。

2.54 求江蔷薇

Rosa taronensis T.T.Yu, Bulletin of Botanical Research 1(4): 6, 1981. Type: China, Yunnan, Gongshan, Qiujiang, alt. 3 000m, 3 April 1938, *T.T.Yü 20062* (A).

识别特征：灌木，高1～2.5m。小枝圆柱形，常无毛，有基部膨大的皮刺和细密的针刺。小叶7～9（13），连叶柄长4～10cm；小叶片长圆形或长圆倒卵形，1～3cm × 0.5～1.2cm，先端截形；上半部边缘有锐锯齿，下半部全缘；上下两面均无毛，或下面有时沿中脉稍有柔毛和小皮刺。花单生；无苞片；花梗短，长不超过1.2cm，无毛；花直径3.5～4cm；萼筒倒圆锥形，无毛；萼片4，全缘；花瓣4，淡黄色；花柱离生（图57）。果倒圆锥形，直径约1.2cm，橘黄色，成熟时果梗基部膨大，萼片直立，常宿存。

地理分布：中国特有种，分布于云南西北部，生于草地或杂木林中，海拔2 400～3 300m。

图57 求江蔷薇（武泼泼 摄）

2.55 峨眉蔷薇

Rosa omeiensis Rolfe, Curtis's Botanical Magazine 138: t. 8471, 1912. Type: Cultivated by Messrs. James Veitch & Sons from seeds collected by E.H.Wilson (Mount Omei, Szechuan & Fang Mountains, elevations from 4 000 to 10 000 ft.), flowered and fruited in 1908 (K).

识别特征：直立灌木，株高3~4m。小枝细弱，无刺或有扁而基部膨大皮刺，幼嫩时常密被针刺。小叶（5）9~13（17），连叶柄长3~6cm；小叶片长圆形或椭圆状长圆形，0.8~3cm×0.4~1cm，边缘有锐锯齿，上面无毛，下面无毛或在中脉有疏柔毛、中脉突起；叶轴和叶柄有散生小皮刺。花单生于叶腋，无苞片；花梗长0.6~2cm，无毛；花直径2.5~3.5cm；萼片4；花瓣4，白色；花柱离生，被长柔毛。果倒卵球形或梨形，直径0.8~1.5cm，亮红色，果成熟时果梗肥大，萼片直立宿存（图58、图59）。花期5~6月，果期7~9月。

地理分布：中国特有种，分布于甘肃、贵州、湖北、宁夏、青海、陕西、四川、西藏、云南，多生于山坡、山脚下或灌丛中，海拔750~4 000m。

利用：根皮含鞣质16%，可提制栲胶；果实味甜，可食也可酿酒；可入药，有止血、止痢、涩精之效（谷粹芝，1985）。扁刺峨眉蔷薇（*R. omeiensis* f. *pteracanta*）枝条上具有宽大的扁刺，有一定的观赏性（Smulders, 2011）。

图58 峨眉蔷薇枝、果（朱莹 摄）

图59　峨眉蔷薇手绘图（Curtis's Bot. Mag. 138: t. 8471, 1912）

2.56　玉山蔷薇

Rosa morrisonensis Hayata, Journal of the College of Science (Tokyo) 30(1): 97, 1911. Syntype: China, Taiwan, monte Morrison, ad 12000 ped. alt., 18 Nov. 1906, *T. Kawakami et U. Mori 2293*; 3 Nov. 1905, *S. Nagasawa 618 et 572* (TI).

识别特征： 小灌木，高1～2m。枝细长，无毛；皮刺常成对；有时密被针刺。小叶7～11（13），连叶柄长3～5cm；小叶片倒卵形至长圆形，0.6～1.2cm×0.5～0.8cm，先端圆钝或截形，边缘中部以上有锐锯齿，下面全缘，两面均无毛。花单生于短枝顶端，无苞片；花梗长1～1.5cm，无毛或近无毛；花直径约2.5cm；萼筒梨形或长圆形；萼片全缘；萼筒和萼片外面近于无毛，有时有稀疏的腺；花瓣4，白色；花柱离生，有长柔毛。蔷薇果红色，梨形或倒卵形，直径0.6～0.8（1.5）cm。花期6～7月。

地理分布： 中国特有种，分布于台湾玉山，海拔3 200～4 160m。

2.57　绢毛蔷薇

Rosa sericea Lindley, Rosarum Monographia: 105, t. 12, 1820. Type: Nepal, Gossam Than, *N. Wallich 695* (K).

识别特征： 直立灌木，高1～2m。小枝粗壮；皮刺散生或对生，有时密生针刺。小叶（5）7～11（13），连叶柄长3.5～8cm；小叶片卵形或倒卵形，稀倒卵长圆形，0.8～2cm×0.5～0.8cm，边缘仅上半部有锯齿，基部全缘，上面无毛、有褶皱，下面被丝状长柔毛。花单生于叶腋，无苞片；花梗长1～2cm，无毛；花直径2.5～5cm；花瓣白色。果倒卵球形或球形，直径8～15mm，红色或紫褐色，无毛，有宿存直立萼片；果梗通常不肉（图60至图62）。花期5～6月，果期7～8月。

地理分布： 分布于中国贵州、四川、西藏、云南，多生于山顶、山谷斜坡或向阳干燥地，海拔2 000～3 800m；印度、缅甸、不丹也有分布。

利用： 杂交子代有 'Cantabrigiensis' 'Hidcote Gold' 'Red Wing' 等（Young & Schorr, 2007）。绢毛蔷薇抗白粉病（华晔 等, 2013）、黑斑病（郭艳红 等, 2021）。周宁宁等（2011）研究发现绢毛蔷薇基因交流受阻，遗传分化明显，建议就地保护。

图60　绢毛蔷薇（邓莲 摄）

图61　绢毛蔷薇果实（周达康 摄）

图62　绢毛蔷薇手绘图（Ros. Monogr: t. 12, 1820.）

2.58　毛叶蔷薇

Rosa mairei H. Lèveillè, Repertorium Specierum Novarum Regni Vegetabilis 11: 299, 1912. Type: China, Yun-Nan, Collines arides autour de Tong-Chouan, 2600 m, April 1911, *E.E.Maire* (A).

识别特征：矮小灌木，高1～2m。枝圆柱形，粗壮，常呈弓形弯曲，幼嫩时被长柔毛。小叶5～9（11），连叶柄长2～7cm，小叶片长圆倒卵形或倒卵形，有时有长圆形，0.6～2cm×0.4～1cm，两面有丝状柔毛；托叶边缘有齿或全缘，有毛。花单生于叶腋，无苞片；花梗长0.8～1.5cm，有毛；花直径2～3cm；萼片全缘；花瓣白色；花柱离生（图63）。蔷薇果红色或褐色，倒卵球形，直径约1cm，无毛，萼片宿存，直立或反折。花期5~7月，果期7～10月。

地理分布：中国特有种，分布于贵州、四川、西藏、云南，生山坡向阳处或沟边杂木林中，海拔2 300～4 180m。

图63　毛叶蔷薇（朱鑫鑫 摄）

图64　弯刺蔷薇花（周达康 摄）

图65　弯刺蔷薇果实（周达康 摄）

2.59　弯刺蔷薇

Rosa beggeriana Schrenk, Enumeratio Plantarum Novarum: 73, 1841. Type: China, Zungaria [Songaria], Koksu, 14 June, *A.G. von Schrenk s. n.* (LE)[8].

识别特征：灌木，株高1.5～3m，分枝多。小枝紫褐色，无毛，皮刺基部膨大、浅黄色、镰刀状。小叶5～9，连叶柄长3～9cm；小叶广椭圆形或椭圆状倒卵形，边缘有单锯齿且近基部全缘，上面深绿色、无毛，下面灰绿色、被柔毛或无毛。花数朵或多朵排列成伞房状或圆锥状花序，极稀单生；苞片1～3（4）；花梗长1～2cm；花直径2～3cm，花瓣白色、稀粉红色。蔷薇果近球形，直径0.6～1cm，红色转为黑紫色，无毛，成熟时萼片和萼筒顶部脱落。花期5～7月，果期7～10月（图64、图65）。

地理分布：分布于中国甘肃、新疆，生于山地、山谷、河边及路旁，海拔900～2 000m；阿富汗、哈萨克斯坦、蒙古国也有分布。

利用：弯刺蔷薇综合抗逆性强，是现代月季育种的优良种质资源（马燕，1990b）。Krüssmann（1981）认为弯刺蔷薇杂交困难。中国农业科学院花卉与蔬菜研究所以弯刺蔷薇为母本杂交培育出多个品种，如‘天香’‘天山白雪’‘天山桃园’‘天山之光’‘天山之星’等，此类植株生长势旺盛，株高和冠幅均可达3～4m，盛花期4～6月，适宜条件下可连续开花（杨树华 等，2016）。

2.60　腺齿蔷薇

Rosa albertii Regel, Trudy Imperatorskago S.-Peterburgskago Botaniceskago Sada 8: 278, 1883.

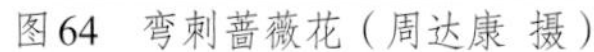

8　参见 Flora of Pakistan. [2022-10-30]. http://www.efloras.org/florataxon.aspx?flora_id=5&taxon_id=200011220.

Type: Semina misit *A. Regel ex jugis* Thianschanicis (LE?).

识别特征： 灌木，高1～2m。小枝灰褐色或紫褐色，无毛，有散生直细皮刺，通常密生针刺，针刺基部有圆盘。小叶5～7，连叶柄长3～8cm，小叶片卵形、椭圆形、倒卵形或近圆形，0.8～3cm×0.5～1.8cm，边缘有重锯齿，有时齿尖有腺体，上面无毛，下面有短柔毛、沿脉较密。花单生或2～3朵簇生；苞片卵形；花梗长1.5～3cm，无毛；花直径3～4cm；萼片5，卵状披针形，有时扩展成叶状；花瓣5，白色；花柱离生。蔷薇果梨形或椭圆形，直径0.8～1.8cm，橙红色，成熟时萼片和萼筒顶部一起脱落。花期6～8月，果期8～10月（图66、图67）。

地理分布： 分布于中国甘肃、青海、新疆，生于山坡、云杉落叶松林下或林缘，海拔1 200～2 000m；哈萨克斯坦、蒙古国、俄罗斯（西伯利亚西部）也有分布。

2.61 铁杆蔷薇

Rosa prattii Hemsley, Journal of the Linnean Society 29: 307, 1892. Type: China, West Szechuen and Tibetan Froniter, chiefly near Tachienlu, at 9 000～13 500 feet, 1890, *A.E.Pratt 116* (K).

识别特征： 灌木，高1～2.5m。小枝紫褐色或红褐色，散生黄色直立皮刺，常混生细密针刺。小叶7～15，连叶柄长5～10cm；小叶片椭圆形或长圆形，0.6～2cm×0.4～1cm，先端急尖，边缘有浅细锯齿，有时近基部全缘，上面无毛，下面沿中脉有短柔毛。花常2～7朵簇生，近伞形伞房状花序，稀单生；苞片卵形，先端渐尖或尾尖，边缘有带腺锯齿；花梗长0.8～3cm，有腺毛；花直径约2cm；萼筒纺锤形，光滑无毛或有腺毛；萼片先端扩展成尾状，全缘，外面有稀疏柔毛和有腺毛；花瓣粉红色；花柱离生（图68）。蔷薇果卵球形至椭圆形，有短颈，直径0.5～0.8cm，猩红色，萼片直立，熟后萼片和萼筒顶部脱落。花期5～7

图66　腺齿蔷薇花（曾佑派　摄）

图67　腺齿蔷薇果实（曾佑派　摄）

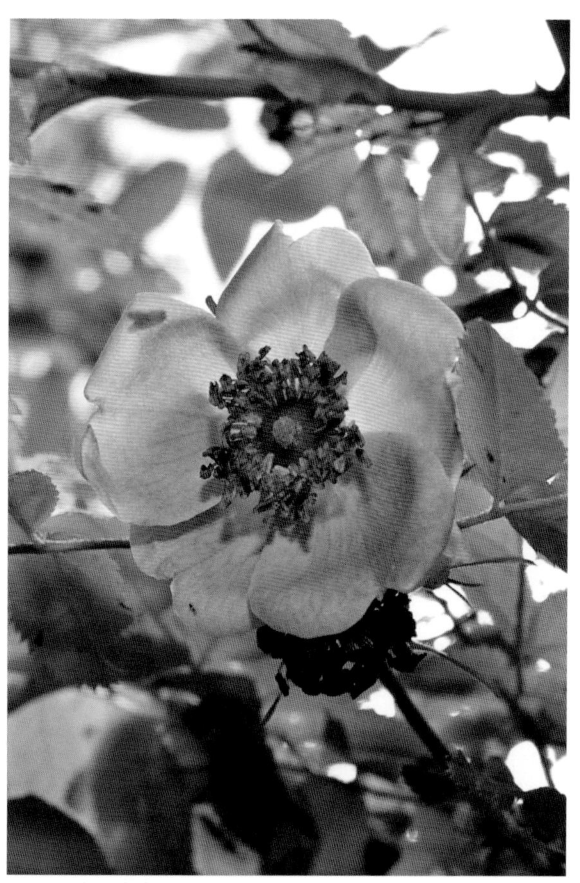
图68 铁杆蔷薇（李光敏 摄）

月，果期8～10月。

地理分布：中国特有种，分布于甘肃、四川、云南，生于山坡向阳处灌丛或混交林中，海拔1 900～3 000m。

2.62 小叶蔷薇

Rosa willmottiae Hemsley, Bulletin of Miscellaneous Information (Kew) :317, 1907. Type: Cultivated by Messrs. James Veitch & Sons from seeds collected by E.H.Wilson (China, Sangpan, alt. 2 800～3 300m) (K).

识别特征：灌木，高1～3m。小枝细弱，无毛，有皮刺，极稀在老枝上有刺毛。小叶7～9，稀11，连叶柄长2～4cm，小叶片椭圆形、倒卵形或近圆形，0.6～1.7cm × 0.4～1.2cm，边缘有单锯齿、中部以上具重锯齿，先端圆钝，上面无毛，下面无毛或沿中脉有短柔毛。花单生，苞片卵状披针形，先端尾尖，边缘有带腺锯齿，外面中脉明显；花梗长1～1.5cm，无毛，常有腺毛；花直径约3cm；花瓣粉红色（图69）。果长圆形或近球形，直径约

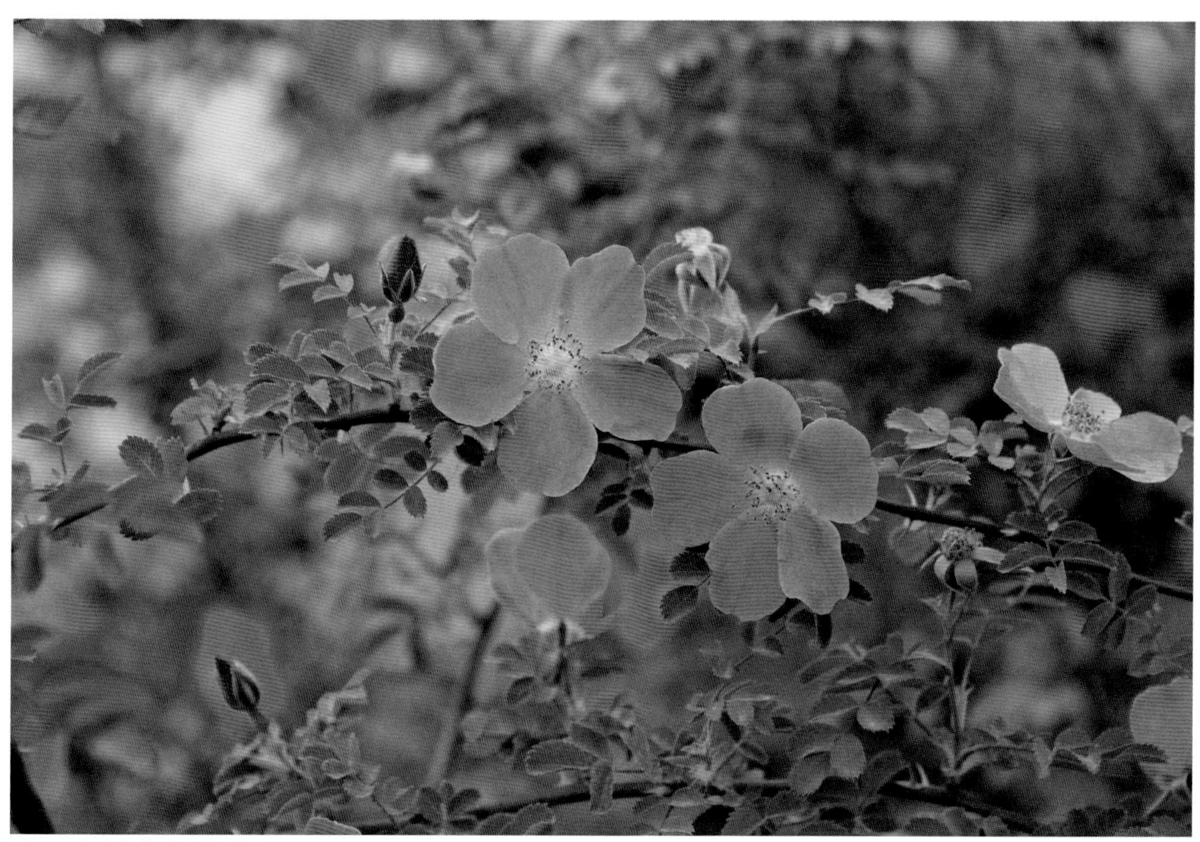
图69 小叶蔷薇（邓莲 摄）

1cm，橘红色，有光泽，果成熟时萼片与萼筒顶部一同脱落。花期5～6月，果期7～9月。

地理分布：中国特有种，分布于甘肃、青海、陕西、四川、西藏、云南，多生于灌丛中、山坡路旁或沟边等处，海拔1 300～3 150m。

2.63 羽萼蔷薇

Rosa pinnatisepala T.C.Ku, Bulletin of Botanical Research 10(1): 2, 1990. Holotype: China, Sichuan, Muli, alt. 2 300m, 5 April 1983, *Exped. Compl. Qinghai-Xizang 83-13608* (PE).

识别特征：小灌木，高约2m。小枝细弱，无毛，红褐色；皮刺直立，圆柱形，散生或对生。小叶5，稀7，连叶柄长2.5～4cm；小叶片倒卵形或长圆形，0.5～1.1cm × 0.3～0.6cm，先端截形稀圆形，上面近无毛，下面被腺毛，边缘有重锯齿。花2～3朵，簇生，稀单生，直径约2.5cm；花梗长1～1.4cm；萼片5，先端尾状渐尖，边缘羽状；花瓣5，粉红色；花柱离生。蔷薇果长圆形或倒卵长圆形，无毛。

地理分布：中国特有种，分布于四川（木里）。

2.64 滇边蔷薇

Rosa forrestiana Boulenger, Bulletin du Jardin botanique de l'État à Bruxelles 14: 126, 1936. Type: China, Yunnan N W, vallée de Mekong, alt. 2 135～2 440m, *G. Forrest 16383A* (as *16385A*) (K) .

识别特征：小灌木，高1～2m。小枝细弱，有成对或散生、带浅黄色、直立的皮刺。小叶5～7，稀9，连叶柄长2.2～6cm；小叶片近圆形、卵形或倒卵形，0.6～1.8cm × 0.4～1.5cm，先端圆钝或截形，边缘有重锯齿，无毛或下面沿脉有稀疏短柔毛。花单生或多至5朵，伞房状；苞片1～3片，圆形或卵形，无毛；花梗长1.5～2.5cm，花梗和萼筒有腺毛；花直径2～3.5cm；萼片5，卵状披针形，全缘，先端稍延长成叶状；花瓣5，深红色；花柱离生，与雄蕊近等长。蔷薇果卵球形，直径0.9～1.3cm，先端有短颈，红色，光滑，萼片直立。花期5月，果期7～10月。

地理分布：中国特有种，分布于四川、云南西北部，生于灌丛中，海拔2 400～3 000m。

2.65 多苞蔷薇

Rosa multibracteata Hemsley & E.H.Wilson, Bulletin of Miscellaneous Information (Kew) 5: 157, 1906. Type: China, Szechuan, Min Valley, alt. 2 100m, Aug 1903, *E.H.Wilson 3531* (K).

识别特征：灌木，株高可达2.5m；小枝细弱、无毛。小叶（5）7～9，连叶柄长5～9cm；小叶片卵形、倒卵形或近圆形，边缘有尖锐单锯齿、近基部全缘。花2～3朵或数朵成伞房花序，稀单生；在花序基部有3～5枚或8～10枚苞片，常分两层，外层苞片卵形，内层苞片披针形；花梗长0.5～3cm，具浓密腺毛；花直径（2）3～5cm；花瓣淡红色；花柱离生。果近球形，直径0.6～1cm，红色，有腺毛；萼片直立、宿存。花期5～7月，果期7～10月。

地理分布：中国特有种，分布于四川、云南，生于林缘开阔地带，海拔2 100～2 500m。

利用：多苞蔷薇的杂交利用较少，品种有'Cerise Bouquet' 'Promethean'（Young & Schorr, 2007）；德国Tantau公司利用多苞蔷薇进行育种，20多年后育成著名的月季品种'Tropicana'（Taylor, 2014）。

2.66 短角蔷薇

Rosa calyptopoda Cardot, Notulae Systematicae (Paris) 3: 270, 1916. Type: China, Ta-tsien-lou, 1894, *J.A.Soulié 2284* (P).

识别特征：小灌木，高1～2m；小枝粗壮，紫褐色，无毛；有散生皮刺，皮刺长可达1cm。小叶通常5，稀7或3，连叶柄长1.5～4cm；小叶片近圆形或宽倒卵形，0.4～0.8cm × 0.3～0.7cm，先端截形，上部边缘有锐锯齿，上面无毛，下面沿脉有稀疏柔毛。花单生，苞片3～5枚、卵形；花梗短或近无梗；花直径2～2.5cm；萼片5，卵形，全缘，先端骤尖或扩展成带状，外面有腺；花瓣5，粉红；花柱离生，与雄蕊等长或稍长。蔷薇果近球形，直径0.6～0.8cm，红褐色。花期5～6月，果期7～9月。

地理分布：中国特有种，分布于四川西部，生于灌丛中，海拔1 600～1 800m。

2.67 陕西蔷薇

Rosa giraldii Crépin, Bullettino della Società Botanica Italiana: 232, 1897. Syntype: China, Shensi, Monte Lun-san-huo, 23 May 1892, *P.G.Giraldi 38;*;Lun-san, 14 June 1892, *P.G.Giraldi 16*; Monte di Gniu-ju, July to September, 1893, *P.G.Giraldi 21 e 15*; Colline tra Iang-zu e Gniu-zu, May to June, 1894, *P.G.Giraldi 41*; Cima del Monte Si-kiu-tziu-san, 21 July 1894, *P.G.Giraldi 4 e 35*; Monti di Gniu-ju, September 1893, *P.G.Giraldi 52*.

识别特征：灌木，高达2m。小枝细弱，有疏生直立皮刺。小叶7～9，连叶柄长4～8cm；小叶片近圆形、倒卵形、卵形或椭圆形，1～2.5cm×0.6～1.5cm，边缘有锐单锯齿，基部近全缘，上面无毛，下面有短柔毛或至少在中肋上有短柔毛；托叶离生部分卵形，边缘有腺齿。花单生或2～3朵簇生；苞片1～2片；花梗短，长不超过1cm，花梗和萼筒有腺毛；花直径2～3cm；萼片5，先端延长成尾状，全缘或有1～2裂片；花瓣5，粉红色；花柱离生。蔷薇果卵球形，直径约1cm，先端有短颈，暗红色，有或无腺毛，萼片常直立宿存。花期5～7月，果期7～10月。

地理分布：中国特有种，分布于甘肃、河南、湖北、陕西、山西、四川等地，多生于山坡或灌丛中，海拔700～2 000m。

2.68 粉蕾木香

Rosa pseudobanksiae T.T.Yu & T.C.Ku, Bulletin of Botanical Research 1(4): 11, 1981. Type: China, Yunnan, Midu Xian, 28 March 1952, *R.C.Ching sine no* (PE).

识别特征：攀缘小灌木。小枝灰褐色或灰绿色；有短扁而稍弯曲的皮刺。小叶3～5，连叶柄长2～3cm；小叶片菱状卵形或长圆形，1～1.5cm×0.5～0.8cm，先端急尖或圆钝，边缘圆钝单锯齿，上面无毛，下面有散生的柔毛；托叶大部贴生于叶柄，离生部分披针形。花3～5朵，排列成伞房状；苞片卵状披针形，早落；花梗长约1cm，近无毛；花直径约2cm；萼片5，披针形，先端渐；花瓣5，白色，未开或初开时为粉红；花柱5～6，比雄蕊稍短（图70）。蔷薇果未见。

地理分布：中国特有种，分布于云南西部（弥渡县）。

2.69 西藏蔷薇

Rosa tibetica T.T.Yu & T.C.Ku, Acta Phytotaxonomica Sinica 18: 500, 1980. Type: China, Xiang, Lhorong Xian, alt. 4 000m, 8 July 1976, *Qing-Zang Exped. Veg. Group 8982* (PE).

识别特征：小灌木。小枝无毛，有成对或散生的浅黄色直立皮刺，常混有针刺。小叶5～7，连叶柄长约4cm；小叶片长圆形，1～1.3cm×0.5～0.8cm，先端圆钝，边缘有重锯齿，上面深绿色、无毛，下面淡绿色、近无毛而有腺毛；托叶离生部分卵形。花单生，苞片卵形，长约1.5cm，先端有3裂；花梗长约2cm，无毛；花直径3.5～4cm；萼片5，卵状披针形，先端伸展呈尾状；花瓣5，白色；花柱离生。蔷薇果卵球形或球形，直径1～1.2cm，红褐色，光滑无毛，萼片直立宿存（图71）。花期7～8月，果期8～10月。

地理分布：中国特有种，分布于西藏南部，生于松杉林下或杨桦次生林下，海拔3 800～4 000m。

2.70 钝叶蔷薇

Rosa sertata Rolfe, Curtis's Botanical Magazine 139: t. 8473, 1913. Type: Cultivated in Kew Garden from seeds collected by E.H.Wilson on behalf of Messrs Veitch in China (K).

识别特征：灌木，株高1～2m。小枝细弱，无

图70　粉蕾木香（朱鑫鑫 摄）

图71　西藏蔷薇（陈学达 摄）

毛，散生直立皮刺或无刺。小叶7~11，连叶柄长5~8cm，小叶片广椭圆形至卵状椭圆形，(0.6) 1~2.5cm×0.7~1.5cm，边缘有尖锐单锯齿，近基部全缘，两面无毛，或下面沿中脉有稀疏柔毛。花单生或3~5朵，排成伞房状；小苞片1~3枚；花梗长1.5~3cm，花梗和萼筒无毛，或有稀疏腺毛；花直径2~3.5cm；萼片先端延长成叶状；花瓣5，粉红色或玫瑰色；花柱离生。果卵球形，顶端有短颈，1.2~2cm×1cm，深红色。花期6月，果期8~10月（图72、图73）。

地理分布：中国特有种，分布于安徽、甘肃、河南、湖北、江苏、江西、陕西、山西、四川、云南、浙江，多生于山坡、路旁、沟边或疏林中，海拔1 400~2 200m。

图72 钝叶蔷薇花（邓莲 摄）

图73 钝叶蔷薇果实（邓莲 摄）

2.71 藏边蔷薇

Rosa webbiana Wallich ex Royle, Illustrations of the Botany and other Branches of the Natural History of the Himalayan Mountains 1: 208, 1839. Type: India, Wall. Cat. Herb. Ind. *n. 683* (as *682* K).

识别特征：灌木，株高1～2m。小枝细弱，皮刺成对或散生，长可达1cm。小叶5～9，连叶柄长3～4cm；小叶片近圆形、倒卵形或宽椭圆形，长0.6～2cm×0.4～1.2cm，上半部有单锯齿，近基部全缘，上面无毛，下面无毛或沿脉微被短柔毛。花单生，稀2～3朵；苞片卵形；花梗长1～1.5cm，花梗和萼筒无毛或有腺毛；花直径3.5～5cm；萼片三角状披针形，全缘；花瓣5，淡红色或玫瑰色。果近球形或卵球形，直径1.5～2cm，亮红色，下垂，萼片宿存开展（图74至图76）。花期6～7月，果期7～9月。

地理分布：分布于中国西藏，生于山坡、林间草地、灌丛中或河谷、田边等处，海拔2 000～4 500m；阿富汗、印度北部、蒙古、尼泊尔西部也有分布。

图74　藏边蔷薇（Ill. Bot. Himal. Mts. 2: pl.42, f. 2, 1839）

图75　藏边蔷薇花（邓莲 摄）

图76　藏边蔷薇花苞（邓莲 摄）

2.72 腺果蔷薇

Rosa fedtschenkoana Regel, Trudy Imperatorskago S.-Peterburgskago Botaniceskago Sada 5(2): 314, 1878. Type: Konanicis and Turkestanicis, *O. Fedtschenko* (LE?).

识别特征：小灌木，高可达6m；小枝淡黄色，坚硬而直立，具大小不等的皮刺。小叶通常7，稀5或9，连叶柄长3~4.5cm；小叶片近圆形或卵形，边缘有单锯齿，近基部全缘，两面无毛；托叶离生部分披针形或卵形。花单生，有时2~4朵集生；苞片卵形或卵状披针形；花梗长1~2cm，有腺毛；花直径3~4cm；萼片5，披针形；花瓣5，白色，稀粉红；花柱离生。蔷薇果长圆形或卵球形，直径1.5~2cm，深红色，密被腺毛。花期7~8月，果期8~10月（图77）。

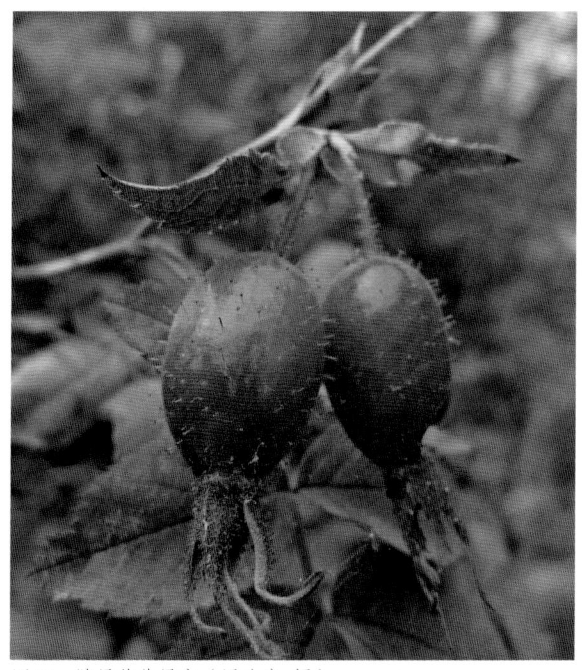
图77 腺果蔷薇果实（周达康 摄）

地理分布：分布于中国新疆，生于灌丛中、山坡上或河谷水沟边，海拔2 400~2 700m；哈萨克斯坦也有分布。

利用：腺果蔷薇较耐阴湿（马燕，1990b），是大马士革蔷薇的亲本之一（Rusanov et al., 2005）。人工杂交育种中，腺果蔷薇的利用较少。比利时I. Meneve博士以腺果蔷薇为母本进行杂交育种，在子代中筛选出月季品种'Floranje'，该品种叶片具光泽，花期较晚，植株具有优良抗性（Meneve, 1995）。

2.73 刺梗蔷薇

Rosa setipoda Hemsley & E.H.Wilson, Bulletin of Miscellaneous Information (Kew): 158, 1906. Type: China, Hupeh, Fang District at 2 100~2 400m, *E.H.Wilson 2409a* (K).

识别特征：灌木，高可达3m；小枝无毛，散生宽扁皮刺。小叶5~9，连叶柄长8~19cm，2.5~5.2cm×1.2~3cm；小叶片卵形、椭圆形或广椭圆形，边缘有重锯齿，上面无毛，下面中脉和侧脉均突起、有柔毛和腺体；小叶柄和叶轴密被腺毛；托叶边缘及下面有腺体。花为稀疏伞房花序；花序基部苞片2~3，苞片卵形，先端渐尖，下面有明显网脉、柔毛和腺体；花梗长1.3~2.4cm，被腺毛；花直径3.5~5cm；萼片5，边缘具羽状裂片或有锯齿；花瓣5，粉红色或玫瑰紫色；花柱离生。果长圆状卵球形，先端有短颈，直径1~2cm，深红色，有腺毛或无腺毛，萼片直立宿存。花期5~7月，果期7~10月。

地理分布：中国特有种，分布于湖北、四川，多生于山坡或灌丛中，海拔1 800~2 600m。

2.74 全针蔷薇

Rosa persetosa Rolfe, Bulletin of Miscellaneous Information (Kew) 263, 1913. Type: China, cultivated by Messrs. Paul & Son. (from Messrs. Vilmorin, E.H.Wilson, seed no. 711), June 1912, *G. Paul s. n.* (K).

识别特征：灌木，高约1.5m。多分枝，小枝外被蜡粉，疏生皮刺、直立或稍弯、有时基部膨大，密被针刺。小叶7~9，稀11，连叶柄长5~10cm；小叶片椭圆形或卵状椭圆形，1.2~3cm×0.6~1.7cm，边缘有单锯齿或不明显重锯齿，两面无毛或下面有稀疏柔毛；托叶离生部分全缘。花数朵成伞房状排列，稀单生；苞片3~5，卵形，先端尾尖，全缘或有带腺锯齿；花

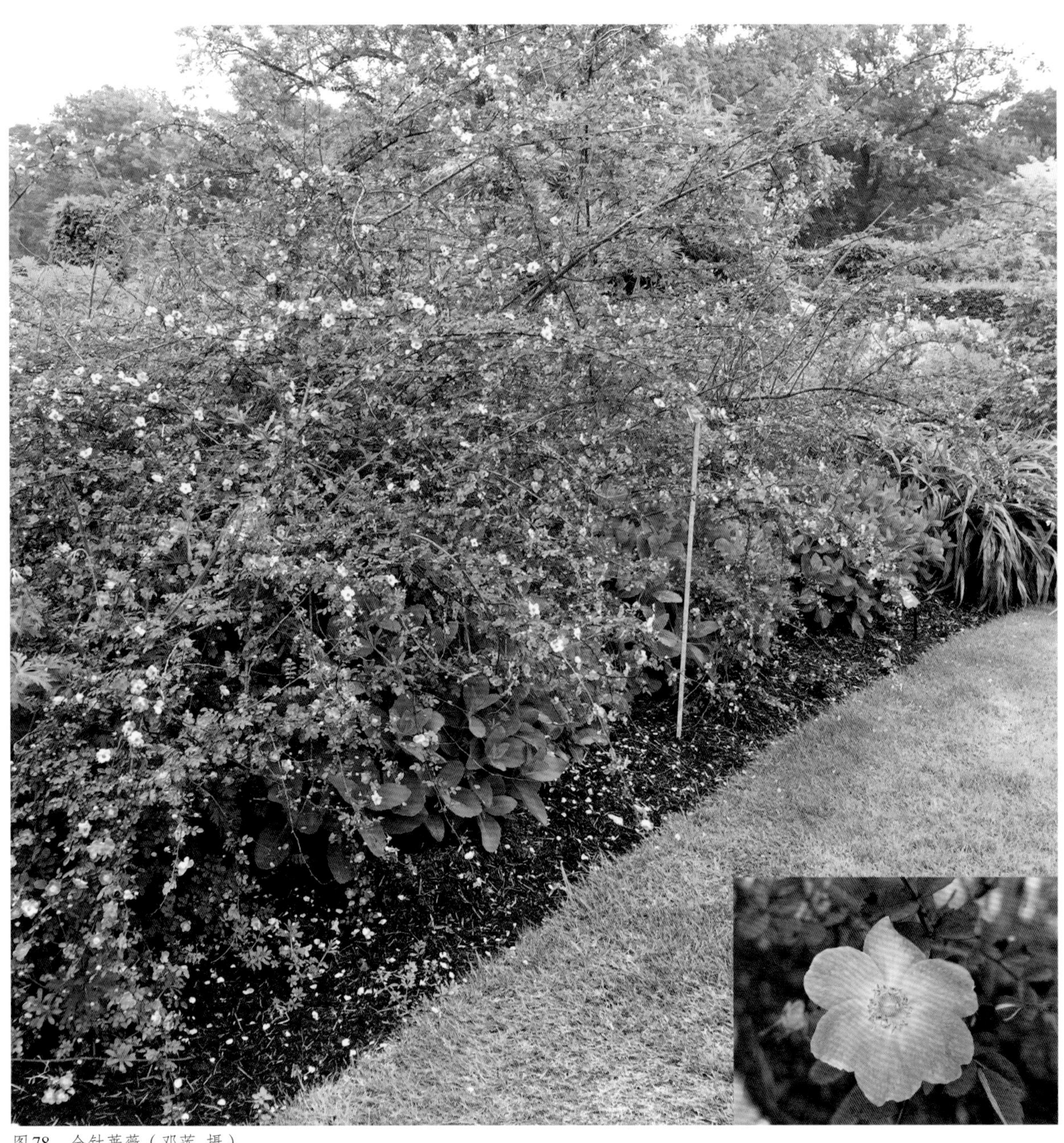

图78　全针蔷薇（邓莲 摄）

直径2.5～3cm；花梗长1.2～3cm，无毛；萼片5，先端延伸成尾状，全缘；花瓣5，红色；花柱离生（图78）。蔷薇果卵球形，直径1～1.5cm，鲜红色，萼片宿存。花期5～6月，果期7～10月。

地理分布：中国特有种，分布于四川，生灌丛中，海拔1 300～2 800m。

2.75　伞房蔷薇

Rosa corymbulosa Rolfe, Botanical Magazine 140: t. 8566, 1914. Type: raised at Kew form seeds which collected in Western China, 1907, *E.H.Wilson 630A* (K).

识别特征：小灌木，高1.3～2m。小枝无毛，无刺或有散生小皮刺。小叶3～5，稀7，连叶柄长5～13cm；小叶片卵状长圆形或椭圆形，2.5～6cm × 1.5～3.5cm，边缘有重锯齿或单锯齿，上面深绿色、无毛，下面灰白色、有柔毛、沿中脉和侧脉较密；托叶离生部分卵形，边缘有腺毛。花多朵或数朵，排列成伞形的伞房花序，稀单生；

苞片卵形或卵状披针形，边缘有腺毛；花梗长2～4cm，有柔毛和腺毛；花直径2～2.5cm；萼片5，卵状披针形，全缘或有不明显锯齿和腺毛；花瓣5，红色，基部白；花柱离生。蔷薇果近球形或卵球形，直径约8mm，猩红色或暗红色，萼片直立宿存。花期6～7月，果期8～10月。

地理分布：中国特有种，分布于甘肃、湖北、陕西、四川，生于灌丛中、山坡、林下或河边等处，海拔1 600～2 000m。

2.76 尾萼蔷薇

Rosa caudata Baker in E. Willmott, Rosa 2: 495, 1914. Type: South-west China, E.H.Wilson, described from Warley (Willmott's) Garden, June 1912, *W.J.G. Baker s. n.* (K).

识别特征：灌木，高可达4m。小枝开展，无毛，有散生、直立、肥厚三角形皮刺。小叶7～9，连叶柄长10～20cm；小叶片卵形、长圆状卵形或椭圆卵形，3～10cm×1～6cm，边缘有单锯齿，上下两面无毛或下面沿脉有稀疏短柔毛；托叶宽平，大部贴生于叶柄，离生部分卵形，全缘。花多朵成伞房状，有数个苞片；花梗长1.5～4cm，无毛，密被腺毛或完全无腺；花直径3.5～6cm；萼筒长圆形，密被腺毛或近光滑；萼片5，全缘，长可达3cm，先端尾状；花瓣5，红色；花柱离生（图79）。蔷薇果长圆形，橘红色；萼片常直立宿存。花期6～7月，果期7～11月。

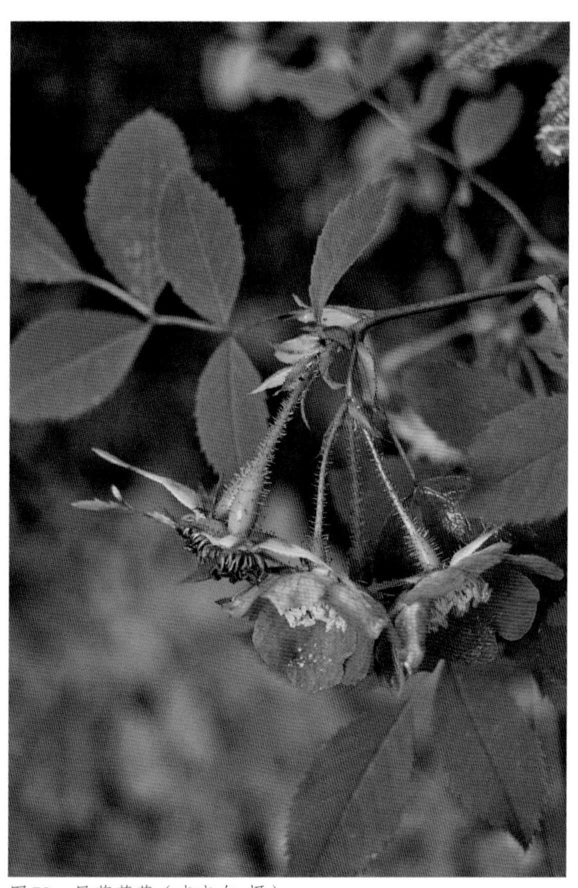

图79 尾萼蔷薇（李晓东 摄）

地理分布：中国特有种，分布于湖北、陕西、四川，生于山坡或灌丛中，海拔1 650～2 000m。

2.77 西北蔷薇

Rosa davidii Crépin, Bulletin de la Société Royale de Botanique de Belgique 13: 253, 1874. Type: China, Thibet oriental, Moupin, June 1869, *M. l'abbe David* (P).

识别特征：灌木，高1.5～4m；小枝开展，细弱，无毛，刺直立或弯曲、通常扁而基部膨大。小叶7～9，稀11或5，连叶柄长7～14cm；小叶片卵状长圆形或椭圆形，长2.5～7cm×1～2(3)cm，边缘有尖锐单锯齿，而近基部全缘，上面深绿色、通常无毛，下面灰白色、密被短柔毛或至少散生柔毛；托叶离生部分卵形，先端有短尖，边缘有腺体。花多朵，排成伞房状花序；有大型苞片，卵形或披针形，先端渐尖，两面有短柔毛；花梗长1.5～2.5cm，有柔毛和腺毛；花直径2～3cm；萼片5，卵形，先端伸长成叶状，全缘，外面有腺毛；花瓣5，深粉色；花柱离生，比雄蕊短或近等长（图80）。蔷薇果长椭圆形或长倒卵球形，顶端有长颈，1～1.5cm×1.8～2.5cm，深红色或橘红色，有腺毛或无腺毛；果梗密被柔毛和腺毛，萼片宿存直立。花期6～7月，果期9月。

地理分布：中国特有种，分布于甘肃、宁夏、陕西、四川、云南，生于山坡灌木丛中或林边，海拔1 500～2 600m。

图80 西北蔷薇（邓莲 摄）

2.78 拟木香

Rosa banksiopsis Baker in E. Willmott, The genus Rosa 2: 503, 1914. Type: China, Eastern Szechuan, South Wushan, thickets, alt. 1 300 ~ 1 600m, E.H.Wilson, described from Warley (Willmott's) Garden, 10 June 1912, *W.J.G. Baker s. n.* (K).

识别特征：小灌木，高1 ~ 3m。小枝有稀疏散生皮刺或无刺。小叶7 ~ 9，连叶柄长5 ~ 13cm；小叶片卵形或长圆形，稀长椭卵形，2 ~ 4.3cm × 1 ~ 2.2cm，边缘有尖锐单锯齿，上面深绿色、无毛，下面黄绿色、无毛或有稀疏柔毛；托叶离生部分耳状，边缘有腺齿或全缘，无毛。花多数，组成伞房花序；苞片卵形或披针形，先端尾状渐尖，边缘有腺齿或全缘；花梗长1 ~ 2.5cm，花梗和萼筒光滑无毛或有稀疏短柔毛和腺毛；花直径2 ~ 3cm；萼片5，卵状披针形，先端延长成叶状，外面无毛或有稀疏柔毛，有腺；花瓣5，粉红色或玫瑰红色[9]；花柱离生稍伸出，比雄蕊短很多。果卵球形，直径约0.8cm，先端有短颈，橘红色，光滑，萼片直立宿存。花期6 ~ 7月，果期7 ~ 9月。

地理分布：中国特有种，分布于甘肃、湖北、江西、陕西、四川等地，生于山坡林下或灌丛中，海拔1 200 ~ 2 100m。

2.79 玫瑰

Rosa rugosa Thunberg, Systema Vegetabilium ed. 14 (J A Murray): 473, 1784. Type: Japan, *UPS-THUNB 12202* (UPS).

识别特征：直立灌木，株高约2m。小枝密被绒毛，有直立或弯曲的、淡黄色皮刺，皮刺外面被绒毛；有针刺和腺毛。小叶5~7（9），上面无毛、叶脉凹陷、有褶皱，下面灰绿色、密被绒毛和腺毛，有时腺毛不明显。花单生于叶腋或数朵簇生，苞片卵形；花梗长5 ~ 25mm，密被腺毛；花瓣5，半重瓣或重瓣，玫红色、深粉色或白色；花柱离生。蔷薇果深红色，直径2 ~ 2.5cm，光滑、萼片宿存（图81至图83）。花期5 ~ 6月，果期8 ~ 9月。

地理分布：分布于中国吉林东部（珲春）、辽宁、山东东北部（烟台），沿海山坡、海岸沙地，海拔低于100m；日本、朝鲜、俄罗斯（远东地区）也有分布。

利用：国家二级保护植物（国家林业和草原局 等，2021）。玫瑰可以食用、油用。在我国，多地观赏或油用的玫瑰均为其重瓣品种，即‘重瓣’玫瑰（*R. rugosa* PLENA）（杨明 等，2003）。

玫瑰抗寒，抗黑斑病（Drewes-Alvarez, 2003；郭艳红 等，2021）、白粉病（华晔 等，2013）和蚜虫（范兰元 等，2021）。利用玫瑰杂交选育的品种被列为现代月季园艺分类中灌丛月季的一个分支——杂交玫瑰（Hybrid Rugosa）。著名的科德斯月季（Hybrid Kordesii）的早期亲本之一

9 原文献中花色为深红色。《中国植物志》与 *Flora of China* 中拟木香花色为粉色或玫瑰色。

图81　玫瑰花（邓莲 摄）

图82　玫瑰果实（周达康 摄）

图83　玫瑰生境（周达康 摄）

'Max Graf'是杂交玫瑰品种［参见5.6.3灌丛月季（1）'Max Graf'］。玫瑰和小姐妹月季杂交而成的'F.J.Grootendorst''White Grootendorst'等品种具有多朵花簇生、花瓣边缘不整齐等特点，俗称"康乃馨玫瑰"（图84）。'Topaz Jewel'是一个黄色的杂交玫瑰品种，较耐寒，重复开花（图85）。'Paulii'是玫瑰与光叶蔷薇的杂交种，既遗传了玫瑰的抗逆性，又遗传了光叶蔷薇的匍匐生长特性，一季花，可作为地被月季育种资源（图86）。'紫枝'玫瑰是平阴玫瑰研究所科技人员以山刺玫为母本与重瓣玫瑰（平阴玫瑰）杂交获得，因落叶后枝条呈紫红色得名；其夏秋两季观花、秋冬观果、冬春观枝，供四季观赏，故又名四季玫瑰（郭永来，1998）；该品种在新疆乌鲁木齐冬季-30℃气温条件下可安全越冬，耐瘠薄、耐干旱、耐修剪，根系发达，萌蘖能力强（仙鹤 等，2021）。兰州市农业科技研究推广中心以'苦水'玫瑰为母本、'紫枝'玫瑰为父本，杂交选育出'兰州玫瑰2号'（牛元 等，2019）。

2.80　山刺玫

Rosa davurica Pallas, Flora Rossica 1(2): 61, 1788. Type: Dauuriae et Mongoliae, *P. S. von Pallas s.*

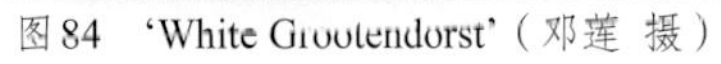

图84 'White Grootendorst'（邓莲 摄）

图85 'Topaz Jewel'（邓莲 摄）

图86 'Paulii'（邓莲 摄）

n. (B?).

识别特征：直立灌木，株高约1.5m。小枝紫褐色或灰褐色，有黄色皮刺成对生于叶下方。小叶7～9，连叶柄长4～10cm；小叶片长圆形或阔披针形，1.5～3.5（4）cm×0.5～1.5cm，边缘有单锯齿或重锯齿，上面深绿色、无毛，下面灰绿色、有白霜、腺点和稀疏短柔毛；叶柄和叶轴有柔毛、腺毛和稀疏皮刺。花单生于叶腋，或2～3朵簇生；苞片卵形；花梗长0.5～0.8cm，无毛或有腺毛；花直径3～4cm；萼筒近圆形，光滑无毛，萼片披针形，先端扩展成叶状；花瓣5，粉红色，花柱离生。果近球形或卵球形，直径1～1.5cm，红色，光滑，萼片宿存、直立（图87、图88）。花期6～7月，果期8～9月。

图87　山刺玫花（邓莲 摄）

图88　山刺玫果实（邓莲 摄）

地理分布：分布于中国河北、黑龙江、吉林、辽宁、内蒙古、山西，多生于山坡阳处或杂木林边、丘陵草地，海拔400～2 500m；日本、朝鲜、蒙古南部、俄罗斯（西伯利亚东部）也有分布。

利用：平阴玫瑰研究所科技人员以山刺玫为母本与重瓣玫瑰（平阴玫瑰）杂交育成‘紫枝’玫瑰品种，落叶后枝条呈紫红色（郭永来，1998）。

2.81　赫章蔷薇

Rosa hezhangensis T.L. Xu, Acta Phytotaxonomica Sinica 38: 74, 2000. Type: China, Guizhou, Hezhang, alt.

2 440 ~ 2 800m, Oct. 23, 1989, *Qianxi Exped.* (黔西队) *1676A* (Holotypus, PE; Isotypus, HGAS).

识别特征：小灌木，高1m。小枝无毛，皮刺密生，扁平，基部膨大宽可达1cm；小叶（5）9，卵形或椭圆形，0.8 ~ 2.0cm × 0.4 ~ 1.0cm，上面深绿色、无毛，下面淡绿色、被柔毛和腺点。花3 ~ 5朵顶生成伞房花序，稀单生，花序基部有苞片，苞片3 ~ 5，边缘具腺齿，无毛；萼片卵状披针形，全缘；花瓣未见；花柱离生，比雄蕊短很多。蔷薇果卵球形，直径0.7 ~ 1.1cm，顶端有急收缩的短颈，红色；果梗2.2cm，有腺毛；萼片宿存直立。果期10月。

地理分布：中国特有种，分布于贵州（赫章），海拔2 400 ~ 2 800m。

2.82 尖刺蔷薇

Rosa oxyacantha M. Bieberstein, Flora Taurico-Caucasica 3: 338, 1819. Type not sure!

识别特征：小灌木，高1 ~ 2m。小枝红褐色，无毛，皮刺多，直立，长短粗细不等，淡黄色。小叶7 ~ 9，连叶柄长4 ~ 9cm；小叶片长圆形或椭圆形，1.5 ~ 2.5cm × 0.8 ~ 1.7cm，边缘有重锯齿或不明显重锯齿，两面均无毛；托叶全缘，边缘有腺毛。花单生，稀2 ~ 3朵集生；苞片卵形，先端长尾尖，边缘有腺毛；花梗长1.5 ~ 2cm，光滑或有腺毛；花直径2.5 ~ 3cm；萼片5，先端扩展成叶状，全缘，外面密被腺毛；花瓣5，粉红色；花柱离生。蔷薇果长圆形或卵球形，直径1 ~ 1.5cm，亮红色，外面有腺毛，萼片直立宿存。花期6 ~ 7月，果期7 ~ 9月。

地理分布：分布于中国新疆，生于灌丛中，海拔1 100 ~ 1 400m；蒙古、俄罗斯（西伯利亚）也有分布。

2.83 刺蔷薇

Rosa acicularis Lindley, Rosarum Monographia: 44, t. 8, 145, 1820. Syntype: Sibiria, *C.A.L. Bellardi* (TO?); *P. S. von Pallas* (B?)

识别特征：灌木，株高1 ~ 3m。小枝红棕色或紫褐色，无毛；常密生针刺，有时无刺。小叶3 ~ 7，连叶柄长7 ~ 14cm；小叶片宽椭圆形或长圆形，基部近圆形、稀宽楔形，边缘有单锯齿或不明显重锯齿，上面深绿色、无毛，下面中脉和侧脉均突起、有柔毛、沿中脉较密。花单生或2 ~ 3朵集生，苞片卵形至卵状披针形，花梗长2 ~ 3.5cm，无毛，密被腺毛；花直径3.5 ~ 5cm；萼筒长椭圆形，光滑无毛或有腺毛；花瓣5，粉红色；花柱离生（图89、图90）。果梨形、长椭圆形或倒卵球形，直径1 ~ 1.5cm，有明显颈部，红色，有光泽；萼片宿存、直立。花期6~7月，果期7~9月。

地理分布：分布于中国甘肃、河北、黑龙江、吉林、辽宁、内蒙古、陕西、山西、新疆等地，

图89　刺蔷薇（邓莲 摄）

图90　刺蔷薇手绘图(Rosarum Monographia: t. 8, 1820)

生于山坡阳处、灌丛中或桦木林下，砍伐后针叶林迹地以及路旁，海拔400～1 800m；日本、哈萨克斯坦、朝鲜、蒙古、俄罗斯、欧洲北部、北美洲各地也有分布。

利用： 刺蔷薇的杂交子代有'Pike's Peak''Altalaris''Dorothy Fowler''Wasagaming'等（Young & Schorr, 2007）。

2.84 川东蔷薇

Rosa fargesiana Boulenger, Bulletin du Jardin botanique de l'État à Bruxelles 14: 182, fig. 17, 1936. Type: China, Setchouan, Tchen-keou-tin, *R.P.Farges* (P?).

识别特征： 落叶灌木。小枝紫褐色，细长，无毛；皮刺直、短。小叶（5）7～11，连叶柄长7～10cm，小叶椭圆形或长椭圆形，1.5～4cm × 1～2.5cm，上面深绿色，下面灰绿色、有棕色粗毛，边缘具重锯齿。花1～3朵，直径1.5～2cm；花梗3～4cm，具腺毛；苞片卵状披针形；萼片披针形，有时羽状浅裂；花瓣白色，1.2～1.5cm × 1～1.3cm；花柱离生。蔷薇果未知。花期6～8月。

地理分布： 中国特有种，分布于重庆（城口县）。

2.85 疏花蔷薇

Rosa laxa Retzius, Phytographische Blätter 39, 1803. Type: Cultivated in Hortus Lundensis, *A.J.Retzius* (LD).

识别特征： 灌木，株高1～2 m。皮刺成对或散生，淡黄色，镰刀状。小叶7～9，连叶柄长4.5～10cm。小叶片椭圆形、长圆形或卵形，两面无毛或下面有柔毛；边缘有单锯齿，稀有重锯齿。花常3～6朵，组成伞房状，有时单生；花梗长1～1.8（3）cm，萼筒无毛或有腺毛；花直径约3cm；花瓣5，白色或粉红色；花柱离生。蔷薇果长圆形或卵球形，直径1～1.8（3）cm，顶端有短颈，红色，萼片直立宿存。花期6～8月，果期8～9月。有2个变种：疏花蔷薇（变种）（*R. laxa* var. *laxa*）；毛叶疏花蔷薇（*R. laxa* var. *mollis*），小叶片两面密被短柔毛（图91）。

地理分布： 分布于中国新疆，多生于灌丛中、干沟边或河谷旁，海拔500～1 500m；蒙古、俄罗斯（西伯利亚）、中亚也有分布。

利用： 疏花蔷薇是耐寒、抗旱的蔷薇属资源，且花期近两季（马燕，1990b）。杂交子代有'Pizzicato''Prairie Breeze''Saddleworth'等（Young & Schorr, 2007）。新疆伊犁师范学院园林科学研究所以疏花蔷薇为母本，授粉'粉和平'月季和'红帽子'月季的混合花粉，培育出抗逆性强的'天山祥云'（郭润华 等，2011）。

广受欢迎的灌丛月季品种'Knock Out'也有疏花蔷薇的血统。1913年美国南科他大学教授汉森（Dr. Niels Ebbsen Hansen, 1866—1950）从西伯利亚Semipalatinsk干旱草原收集了疏花蔷薇的种子，并用于抗逆月季的育种（Hansen, 1920）。艾奥瓦州立大学巴克博士（Dr. Griffith Buck, 1915—1991）辗转得到了汉森教授收集的疏花蔷薇（Buck, 1960），并利用其与多个月季品种反复杂交，获得抗寒性强的月季品种'Carefree Beauty'（黄善武，1994）。William J. Radler以'Carefree Beauty'杂交子代的播种苗为母本，杂交育成'Knock Out' (Young & Schorr, 2007)。

图91　毛叶疏花蔷薇（邓莲 摄）

2.86 大红蔷薇

Rosa saturata Baker in E. Willmott, The Genus Rosa 2: 503, 1914. Syntype: China, South-west, E.H.Wilson, described from Warley Garden, June 1912, *W.J.G. Baker* (K); July, 1911, *W.J.G. Baker* (K).

识别特征：灌木，高1～2m。小枝直立或开展，无毛，常无刺或有稀疏小皮刺。小叶通常7（9），连叶柄长7～16cm；小叶片卵形或卵状披针形，2.5～6.5cm×1.5～4cm，边缘有尖锐单锯齿，上面深绿色、无毛，下面灰绿色、沿脉有柔毛或近无毛；托叶全缘，近无毛。花单生，稀2朵；苞片宽大，1～2枚，长1.5～3cm，先端尾状；花梗长1.5～2.5（3）cm，无毛或有稀疏腺毛；花直径3.5～5cm；萼片5，先端明显伸展成叶状；花瓣5，红色；花柱离生。蔷薇果卵球形，直径1.5～2cm，深红色。花期6月，果期7～10月。

地理分布：中国特有种，分布于湖北、四川、浙江，生于山坡、灌丛中或水沟旁等处，海拔2 200～2 400m。

2.87 美蔷薇

Rosa bella Rehder & E.H.Wilson, Plantae Wilsonianae 2: 341, 1915. Syntype: 17 June & 26 Aug 1914, *No. 7191*(A); June 1915, *No. 7216* (A). Plants raised from Purdom's No. 314 (China, Shanxi, April, 1910).

识别特征：株高1～3m。小枝散生直立的、基部稍膨大的皮刺，老枝常密被针刺。小叶7～9，稀5，连叶柄长4～11cm；小叶片椭圆形、卵形或长圆形，1～3cm×0.6～2cm，边缘有单锯齿，两面无毛或下面沿脉有柔毛和腺毛。花单生或2～3朵集生，有苞片；花梗长0.5～1cm，花梗和萼筒被腺毛；花直径2～5cm；萼片卵状披针形，全缘，先端延长成带状；花瓣5，粉红色；花柱离生（图92、图93）。果椭圆状卵球形，猩红色，有腺毛，果梗可达1.8cm。花期5～7月，果期8～10月。

地理分布：中国特有种，分布于河北、河南、吉林、内蒙古、山西，多生于灌丛中、山脚下或河沟旁等处，海拔可达1 700m。

图92　美蔷薇（王熙 摄）

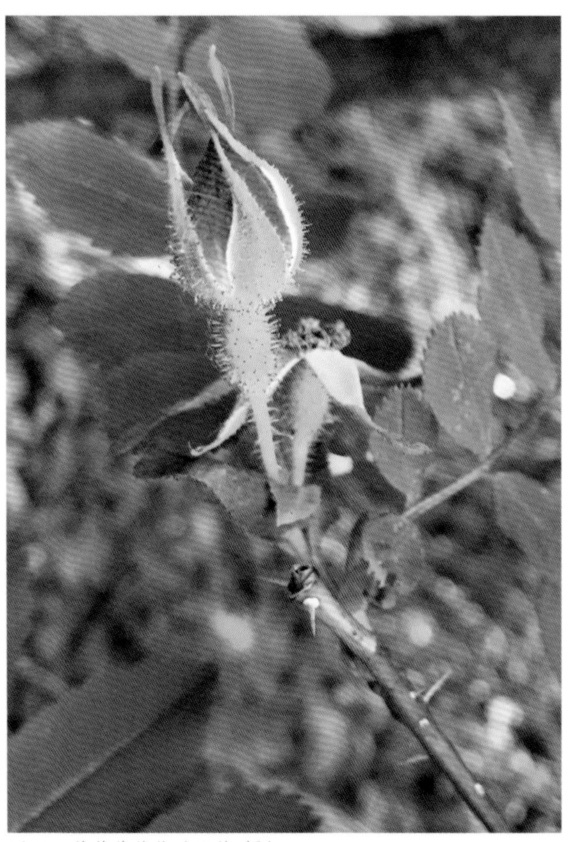

图93　美蔷薇花苞（邓莲 摄）

利用：花可提取芳香油并制玫瑰酱。花果均可入药，花能理气、活血、调经、健胃；果能养血活血，据说能治脉管炎、高血压、头晕等症。河北、山西用本种果实替代金樱子入药（谷粹芝，1985）。美蔷薇的杂交子代有 'Golden Future' 'Desert Orchid' 'Ted Allen' 等（Young & Schorr, 2007）。

2.88 城口蔷薇

Rosa chengkouensis T.T.Yu & T.C.Ku, Bulletin of Botanical Research 1(4): 9, 1981. Type: China, Sichuan, Chengkou Xian, alt. 1 400m, 22 June 1958, *T.L.Dai 105335* (PE).

识别特征：灌木，高1.5～2m。小枝细弱，有稀疏或成对的直立皮刺。小叶通常5，稀7或3，连叶柄长5～8cm；小叶片椭圆形、长圆形或卵形，1.5～3.5cm×1～1.8cm，边缘有重锯齿、齿尖常带腺，上面暗绿色、无毛，下面灰绿色、有散生柔毛和腺点、网脉明显突起。花单生或数朵，苞片卵状披针形，先端长渐尖，边缘有腺毛；花梗长1.5～3cm，有腺毛，花直径2.5～3cm；萼片5，长圆状披针形，先端扩展成叶状，全缘，有腺毛；花瓣5，粉红色；花柱离生（图94）。蔷薇果卵球形或倒卵球形，直径0.7～0.8cm，暗红色，有稀疏腺毛；萼片直立，宿存。花期5～6月，果期8～10月。

图94　城口蔷薇（秦位强 摄）

地理分布：中国特有种，分布于重庆（城口、巫溪），生于灌木林中或河岸边，海拔1 300～2 100m。

2.89 双花蔷薇

Rosa sinobiflora T.C.Ku, Flora of China 9: 362, 2003.

Rosa biflora T.C.Ku, Bulletin of botanical research 10(1):3, 1990; not Aublet (1775), nor Krocker (1790), Holotype: China, Yunnan, Gongshan, alt. 2 600m, 26 July 1982, *Exped. Compl. Qinghai-Xizang 8778* (PE).

识别特征：小灌木，高约2m。小枝细弱，红褐色，无毛；皮刺钻状。小叶片通常7～9，连叶柄长8～14cm；小叶片卵状披针形或长圆状披针形，1.5～5.5cm×0.7～2.1cm，边缘具浅齿，上面深绿色、无毛，下面黄绿色、仅沿中脉被柔毛；托叶宽大，镰刀状，大部分贴生于叶柄。花2朵，簇生；苞片卵形，早落；花梗短，0.5～1cm，近无毛；花瓣未知；花柱离生、稍伸出。蔷薇果倒卵球形或近球形，直径1.0～1.2cm，红褐色；果梗长0.5～1cm，无毛；萼片宿存直立。果期8～10月。

地理分布：中国特有种，分布于云南（贡山），海拔2 600m。

2.90 扁刺蔷薇

Rosa sweginzowii Koehne, Repertorium Specierum Novarum Regni Vegetabilis 8: 22, 1910. Type: Livland, Riga, M. v. Sivers's arboretum (probably form Kansu, China) (B?).

识别特征：灌木，株高3～5m。小枝无毛或有稀疏短柔毛；叶下常有成对皮刺，皮刺直立或稍弯曲，基部膨大，老枝常混有针刺。小叶7～11，连叶柄长6～11cm；小叶片椭圆形至卵状长圆形，2～5cm×0.8～2cm，边缘有重锯齿，上面无毛，下面有柔毛或腺；托叶离生部分卵状披针形。花单生，或2～3朵簇生；花梗长1.5～3cm，有腺毛；花直径3～5cm；萼片5，卵状披针形、叶状，具腺或无，全缘、有时羽状分裂；花瓣粉红色；花柱离生。果长圆形或倒卵状长圆形，先端有短颈，1.5～2.5cm×1～1.7cm，紫红色，外面常有腺毛，萼片直立宿存（图95至图97）。花期6～7月，果期8～11月。

地理分布：中国特有种，分布于甘肃、湖北、青海、陕西、四川、西藏、云南，生于山坡路旁

图95　扁刺蔷薇果实（邓莲　摄）

图96　扁刺蔷薇花（邓莲　摄）

图97　扁刺蔷薇皮刺（邓莲　摄）

或灌丛中，海拔2 300 ~ 3 850m。

利用： 俞德浚（1962）指出扁刺蔷薇（施氏蔷薇）曾引入欧美栽培或进行种间杂交培育新品种。但笔者未查到利用扁刺蔷薇育成的品种。

2.91 华西蔷薇

Rosa moyesii Hemsley & E.H.Wilson, Bulletin of Miscellaneous Information (Kew): 159, 1906. Syntype: China, Tibetan frontier, Szechuan, chiefly near Tatien-lu, alt. 2 700 ~ 4 000m, *A.E.Pratt 172* (K); alt. 2 100 ~ 2 700m, July 1903, *E.H.Wilson 3543* (A).

识别特征： 灌木，株高1 ~ 4m。皮刺无或有，若有，在叶下常有成对皮刺，皮刺直立或稍弯曲、扁平、基部稍膨大。小叶7 ~ 13，连叶柄长7 ~ 13cm；托叶宽平、离生部分长卵形。花单生或2 ~ 3朵簇生；苞片1 ~ 2枚；花梗长1 ~ 3cm，花梗和萼筒通常有腺毛；花直径4 ~ 6cm；萼片卵形，先端延长成叶状且有羽状浅裂，背面无毛或在基部有腺毛；花瓣5，深红色；花柱离生（图98）。果实长圆卵球形或卵球形，先端有短颈，紫红色或橙红色。花期6 ~ 7月，果期8 ~ 10月。

地理分布： 中国特有种，分布于陕西、四川、云南，多生于山坡或灌丛中，海拔2 700 ~ 3 800m。

利用： 华西蔷薇花色深红，Krüssmann（1981）认为其是最漂亮的野生种之一。杂交华西蔷薇（Hybrid Moyesii）是现代月季中灌丛月季的一个分支（详见5.1月季的园艺分类）。杂交品种有 'Nevada' 'Highdownensis' 'Geranium'（图99）'La Giralda' 'Heart of Gold' 等（Young & Schorr, 2007）。

2.92 西南蔷薇

Rosa murielae Rehder & E.H.Wilson, Plantae Wilsonianae 2: 326, 1915. Type: China, Western Szech'uan, Mupin, thickets, alt. 2 300 ~ 2 800m, June and October 1908, *E.H.Wilson 1134* (A).

识别特征： 灌木，高1.5 ~ 3m。小枝细弱，无毛，有散生直立皮刺或密生细弱针刺，稀无刺。小叶9 ~ 15，连叶柄长9 ~ 14cm；小叶片椭圆形或长圆形、稀卵形或广椭圆形，1 ~ 4.5cm × 0.8 ~ 2.5cm，先端急尖或短渐尖，边缘有尖锐单锯齿，齿尖内弯，先端有腺，上面深绿色、无毛，下面淡绿色、沿脉有柔毛。花2 ~ 5（7）朵集生，呈伞房状，有时单生；苞片和小苞片卵状披针形，先端尾尖；花梗长2 ~ 4cm，花梗和萼筒密被腺毛；花直径2 ~ 3cm；萼片5，先端延长成叶状，全缘；花瓣5，

图98　华西蔷薇（李飞飞 摄）

图99　'Geranium'（邓莲 摄）

图100　西南蔷薇（曾佑派 摄）

白色或粉红色而基部白色；花柱离生（图100）。蔷薇果椭圆形或梨形，先端有短颈，直径约1cm，橘红色，无毛，萼片直立宿存。花期6～7月，果期8～11月。

地理分布：中国特有种，分布于四川、云南，多生于灌丛中，海拔2 300～2 800m。

2.93　大叶蔷薇

Rosa macrophylla Lindley, Rosarum Monographia: 35, t. 6, 1820. Type: Nepal, Gosain Than, *N. Wallich* (K).

识别特征：灌木，高1.5～3 m。小枝紫褐色，粗壮，有散生或成对直立的皮刺或有时无刺。小叶（7）9～11（13），连叶柄长7～15cm；小叶片长圆形或椭圆状卵形，长2.5～6cm，边缘有尖锐单锯齿，稀重锯齿，上面叶脉下陷、无毛，下面中脉突起、有长柔毛。花单生或2～3朵簇生；苞片1～2片；花梗长1.5～2.5cm，花梗及萼筒密被腺毛，有柔毛或无毛；花直径3.5～5cm；萼片5，卵状披针形，长2～3.5（5）cm，先端伸展成叶状，全缘；花瓣5，深红色；花柱离生。蔷薇果大，长圆卵球形至长倒卵形，长1.5~3cm，直径约1.5cm，先端有短颈，紫红色，有光泽，有或无腺毛，萼片直立宿存（图101、图102）。花期6～7月，果期8～11月。

地理分布：分布于中国西藏南部、云南东北部，生于林缘、灌丛、山坡，海拔2 400～3 700m；不丹、印度、克什米尔也有分布。

利用：用大叶蔷薇杂交培育的品种有 'Auguste Roussel' 'Coryana' 'Doncasterii' 等（Young & Schorr, 2007）。

图101　大叶蔷薇（林秦文 摄）

图102　大叶蔷薇果实（林秦文 摄）

3 中国原生蔷薇属植物观赏性概述

中国蔷薇属植物资源丰富、栽培历史悠久。早在汉武帝时代（140—87BC），宫苑内即有蔷薇栽培（陈俊愉, 2001）。北宋时代（960—1127），已开展播种天然授粉种子并由实生苗中选育新品种的活动（陈俊愉, 2001）。蔷薇属植物具有重复开花性、花色丰富等优良观赏特性，且具有食用、药用、香料用等多种经济价值。

3.1 中国原生蔷薇属植物的观赏性

3.1.1 重复开花特性

月季花具有四季开花的特性，为中国特有种（黄善武, 1994; Krüssmann, 1981）。马燕等（1990b）对我国西北的蔷薇属种质资源调查时发现，宽刺蔷薇夏秋少量开花，疏花蔷薇花期近两季。

3.1.2 花色

中国原生蔷薇的花色丰富。笔者根据*Flora of China*将中国原生蔷薇属植物分为四大类系：黄色系（黄色、淡黄色、黄白色及橘色）；红色系（红色及淡红色）；白色系（白色或乳白色）；粉色系（粉色或粉红色）。*Flora of China*中未描述德钦蔷薇、得荣蔷薇、赫章蔷薇、双花蔷薇的花色，因此未对其进行分类。对于具有多种花色的物种，分别在不同花色中进行统计，如月季花（原变种）花色为红色、粉色或白色，则在红色系、粉色系及白色系中分别计1种。花朵基部有不同花色，如伞房蔷薇花红色、基部白色，则在红色系和白色系分别计1种。结果（表3）显示：花色为白色系的蔷薇属植物种类最多，为67种（或变种）；其次为粉色系，有48种（或变种）；黄色系20种（或变种）；红色系20种（或变种）。

表3　不同花色的中国原生蔷薇统计

色系	花色	种类数量	种（或变种）名称
白色系 67种 （或变种）	白色	64	刺蔷薇、腺齿蔷薇、银粉蔷薇、木香花（原变种）、单瓣木香花、弯刺蔷薇（原变种）、毛叶弯刺蔷薇、硕苞蔷薇（原变种）、密刺硕苞蔷薇、复伞房蔷薇、月季花（原变种）、伞房蔷薇（基部白色）、小果蔷薇（原变种）、毛叶山木香、岱山蔷薇、重齿蔷薇、川东蔷薇、刺毛蔷薇、腺果蔷薇、腺梗蔷薇、绣球蔷薇、卵果蔷薇、软条七蔷薇、昆明蔷薇、广东蔷薇（原变种）、毛叶广东蔷薇、重瓣广东蔷薇、贵州缫丝花、金樱子、毛萼蔷薇、疏花蔷薇（原变种）、毛叶疏花蔷薇、长尖叶蔷薇（原变种）、多花长尖叶蔷薇、光叶蔷薇、泸定蔷薇、毛叶蔷薇、伞花蔷薇、米易蔷薇、玉山蔷薇、野蔷薇（原变种）、西南蔷薇、大花香水月季、香水月季（原变种）、峨眉蔷薇、太鲁阁蔷薇、樱草蔷薇、粉蕾木香、悬钩子蔷薇、玫瑰、山蔷薇、绢毛蔷薇、商城蔷薇、川西蔷薇、密刺蔷薇（原变种）、大花密刺蔷薇、小金樱子、西藏蔷薇、高山蔷薇、秦岭蔷薇、单花合柱蔷薇、维西蔷薇、中甸蔷薇
	乳白色	3	腺叶蔷薇、长尖叶蔷薇（原变种）、多花长尖叶蔷薇
粉色系 48种 （或变种）	粉色	24	刺蔷薇、银粉蔷薇、拟木香、美蔷薇（原变种）、光叶美蔷薇、城口蔷薇、月季花（原变种）、刺毛蔷薇、腺果蔷薇、重齿陕西蔷薇、陕西蔷薇（原变种）、毛叶陕西蔷薇、绣球蔷薇、长白蔷薇（略带粉色）、腺叶长白蔷薇（略带粉色）、琅琊蔷薇、疏花蔷薇（原变种）、毛叶疏花蔷薇、粉花光叶蔷薇、粉团蔷薇、羽萼蔷薇、山蔷薇、密刺蔷薇、粉红香水月季
	粉红色	23	短角蔷薇、多刺山刺玫、山刺玫（原变种）、光叶山刺玫、细梗蔷薇、丽江蔷薇、大叶蔷薇（原变种）、腺果大叶蔷薇、伞花蔷薇（带粉红）、丽江蔷薇、西南蔷薇（带粉红）、尖刺蔷薇、铁杆蔷薇、粉蕾木香（未开时带粉红）、缫丝花、钝叶蔷薇（原变种）、多对钝叶蔷薇、刺梗蔷薇、扁刺蔷薇（原变种）、毛瓣扁刺蔷薇、腺叶扁刺蔷薇、小叶蔷薇（原变种）、多腺小叶蔷薇

（续）

色系	花色	种类数量	种（或变种）名称
	深粉色	2	西北蔷薇（原变种）、长果西北蔷薇
红色系20种（或变种）	红色	17	尾萼蔷薇（原变种）、大花尾萼蔷薇、单瓣月季花、月季花（原变种）、伞房蔷薇（基部白色）、滇边蔷薇、细梗蔷薇、广东蔷薇（原变种）、毛叶广东蔷薇、重瓣广东蔷薇、华西蔷薇（原变种）、毛叶华西蔷薇、全针蔷薇、中甸刺玫、大红蔷薇（原变种）、腺叶大红蔷薇、拟木香
	淡红色	3	多苞蔷薇、缫丝花、藏边蔷薇
黄色系20种（或变种）	黄色	9	木香花（原变种）、单瓣木香花、单叶蔷薇、小果蔷薇（原变种）、毛叶山木香、腺叶蔷薇、桔黄香水月季、宽刺蔷薇、黄刺玫
	淡黄色	7	硕苞蔷薇（原变种）、密刺硕苞蔷薇、重齿蔷薇、黄蔷薇、樱草蔷薇、密刺蔷薇（原变种）、求江蔷薇
	黄白色	4	小叶川滇蔷薇、大叶川滇蔷薇、川滇蔷薇（原变种）、毛叶川滇蔷薇
	橘色	1	桔黄香水月季

3.1.3 花朵大小

13种（或变种）原产中国的蔷薇属植物花朵直径大于5cm：硕苞蔷薇（原变种）、密刺硕苞蔷薇、大花尾萼蔷薇、金樱子、华西蔷薇（原变种）、毛叶华西蔷薇、大花香水月季、桔黄香水月季、香水月季（原变种）、粉红香水月季、中甸刺玫、缫丝花、大花密刺蔷薇。其中，金樱子及大花香水月季的花朵直径可达10cm。

3.1.4 花香

*Flora of China*中记载花具芳香的蔷薇属植物有25种（或变种）：刺蔷薇、单瓣木香花、复伞房蔷薇、小果蔷薇、腺梗蔷薇、绣球蔷薇、卵果蔷薇、软条七蔷薇、广东蔷薇（原变种）、毛叶广东蔷薇、重瓣广东蔷薇、长尖叶蔷薇（原变种）、多花长尖叶蔷薇、光叶蔷薇（原变种）、粉花光叶蔷薇、野蔷薇（原变种）、粉团蔷薇、大花香水月季、桔黄香水月季、粉红香水月季、香水月季（原变种）、悬钩子蔷薇、玫瑰、维西蔷薇、泸定蔷薇。此外，美蔷薇的花可提取芳香油（Gu & Kenneth, 2003），月季花的花含有挥发油（谷粹芝, 1985），光叶山刺玫的花有香味（谷粹芝, 1985）。

油用玫瑰植物，是指可从玫瑰花朵里提取精油的一类植物（刘玉春, 1991）。香料行业中“油用玫瑰”是一个统称，包括蔷薇属的原种及品种。刘玉春（1991）总结出在我国开发利用的油用玫瑰有紫花重瓣玫瑰，白花玫瑰，突厥玫瑰1号、2号、3号及4号，白蔷薇，香水月季，墨红，苦水玫瑰，月季花，法国蔷薇；并推荐利用木香、野蔷薇、百叶蔷薇、山刺玫、美蔷薇、黄刺玫、悬钩子蔷薇。王辉（2018）介绍了我国目前开发利用的蔷薇属芳香资源为玫瑰、悬钩子蔷薇、单瓣白木香（七里香蔷薇）、粉团蔷薇、黄刺玫、重瓣红玫瑰及其杂交后代丰花玫瑰、紫枝玫瑰、苦水玫瑰、大马士革蔷薇、墨红、滇红、金边玫瑰、菏泽洋玫瑰。

食用玫瑰植物一般用于制作茶点、饮料、花茶、花酒、花酱等食品或食品原料。目前，筛选出的用于食用的玫瑰种及品种有重瓣玫瑰、紫枝玫瑰、平阴一号、保加利亚大马士革玫瑰、法国千叶玫瑰、苦水玫瑰、墨红玫瑰、北京白玫瑰、滇红玫瑰（张文 等, 2016）。

“油用玫瑰”或“食用玫瑰”是根据植物用途进行的统称，包括玫瑰（*R. rugosa*），也包括蔷薇属其他种或品种。栽培利用中，“油用玫瑰”或“食用玫瑰”指代的具体植物名称常常混淆不清。一方面，“玫瑰”与“月季”“蔷薇”的概念容易混淆，如人们常将玫瑰、法国蔷薇（*R. gallica* L.）、大马士革蔷薇品种群（Damask）、墨红月季‘Crimson Glory’等均称为“食用玫瑰”；另一方面，“食用玫瑰”常被冠以地名，如四川省‘蜀玫’、山东省‘平阴玫瑰’、北京市‘妙峰山玫瑰’等（李万英, 1983），甚至没有名称只有编号，如云南大量栽培的'YN01'及'YN02'，且除'平阴玫瑰'外多不具自主品种权，起源模糊（Cui et al., 2022）。李万英等（1983）认为四川省称'蜀玫'、重庆市称'糖玫'、山东省称'平阴玫瑰'、北京市称'妙峰山玫瑰'、浙江省称'杭州玫瑰'、山西省称'清徐玫瑰'、甘肃省称'龚家湾玫瑰'，均为重瓣玫瑰 *R. rugosa*'Plena'。俞德浚和谷粹芝认为苦水玫瑰是钝叶蔷薇与玫瑰的杂交种 *R. sertata* × *R. rugosa* Yu.et.Ku.（李万英, 1983）。紫枝玫瑰是平阴玫瑰研究所科技人员以山刺玫为母本与重瓣玫瑰（'平阴玫瑰'）杂交获得，因其落叶后枝条呈紫红色得名；其夏秋两季花、秋冬观果、冬春观枝，供四季观赏，故又名四季玫瑰（郭永来, 1998）。近年的分子研究表明（Cui et al., 2022），重瓣红玫瑰、紫枝玫瑰、丰花玫瑰、妙峰山玫瑰和果玫瑰的母本为玫瑰；云南省的'YN01'及'YN02'，河南省的'商水玫瑰'，山东省的'定陶玫瑰'的母本祖先为单瓣月季花；墨红月季与蝴蝶月季[*R. chinensis* f. *mutabilis* (Correvon) Rehder]、腺萼香水月季（*R. odorata* 'Glandular Sepal'）共享母本祖先；'荼薇玫瑰'的母本祖先为法国蔷薇；百叶蔷薇（*R.* × *centifolia*）、大马士革蔷薇（*R. damascens*）、河南的'若水茗''金边玫瑰'（云南地区常用作花茶）的母本祖先为麝香蔷薇。

3.1.5 株型

攀缘灌木有29种（或变种）：银粉蔷薇、木香花（原变种）、单瓣木香花、复伞房蔷薇、小果蔷薇（原变种）、毛叶山木香、岱山蔷薇、腺梗蔷薇、软条七蔷薇、广东蔷薇（原变种）、毛叶广东蔷薇、重瓣广东蔷薇、贵州缫丝花、金樱子、毛萼蔷薇、丽江蔷薇、长尖叶蔷薇（原变种）、多花长尖叶蔷薇、亮叶月季、野蔷薇（原变种）、粉团蔷薇、大花香水月季、桔黄香水月季、香水月季（原变种）、粉红香水月季、粉蕾木香、山蔷薇、小金樱子、维西蔷薇。

铺散灌木有8种（或变种）：硕苞蔷薇（原变种）、密刺硕苞蔷薇、绣球蔷薇、卵果蔷薇、光叶蔷薇、粉花光叶蔷薇、伞花蔷薇、悬钩子蔷薇。

Flora of China 中未描述得荣蔷薇、米易蔷薇的株型。其他种（或变种）均为直立灌木。

3.1.6 常绿资源

常绿阔叶植物是亚热带森林植被的主要组成部分，在我国主要分布于长江流域以南亚热带温暖湿润地区。随着全球气候暖周期的到来，充分利用城市多种小气候环境，引种、驯化和应用常绿阔叶树种，是北方城市园林建设者们共同关注的话题（金花, 2009）。一方面，常绿阔叶植物可以提升高纬度地区的园林景观效果。在亚热带北缘和暖温带南缘的城镇地区，景观绿化树种以落叶阔叶树种为主，当其冬季落叶后，城镇风景呈现出色调单一、萧条的景观。常绿阔叶树种具有叶片四季常青、革质光亮、花色果色丰富以及树型优美等特点，可以丰富园林景观、改善冬季景观效果，在城市园林中具有较高的应用价值（金花, 2009）。另一方面，常绿阔叶植物具有一定的生态功能。在亚热带北缘和暖温带南缘的城镇地区，增加一些抗寒能力强的常绿阔叶树种，可以丰富城市树种的多样性和新颖性，提高整个城镇地区的生物多样性水平，从而优化城镇园林植物的群落结构，改善和优化城市的生态环境（董文珂, 2007）。北方地区冬春季节正处于空气颗粒物浓度季节高峰期，而此时落叶阔叶树种尚未展叶，发挥滞尘效应的绿化植物主要为少数常绿阔叶灌木和针叶树种，常绿阔叶树种对于全年，特别是冬、春季节空气净化有重要作用（范舒欣 等, 2017）。常绿树种叶片形态在环境梯度间无显著差异，但落叶树种形态变化对环境响应更为明显；推测由于常绿是对低资源可用性的适应性反映，常绿树种应对环境变化时通常倾向于采取保守策略（陈蕾如 等, 2022）。常绿植物"缓慢投资–收益型"的更为保守的适应策略负担更小的养分供给的作用，在降低自身净光合速率和蒸腾速率的同时，较高的养分利用效率使其相较落叶植物而言更适应干旱寒冷的恶劣环境（石钰琛 等, 2022）。

马海慧（2004）根据年平均最低温，按照每5.5℃（10 ℉）一个区域带进行区划，将中国常绿阔叶植物分布区划成5个区划带：暖温带抗寒常绿阔叶植物分布区、北亚热带常绿阔叶植物分布区、中亚热带常绿阔叶植物分布区、热带季风常绿阔叶植物分布区、热带常绿阔叶植物分布区。马海慧（2004）认为北京地区或者北方广大地区引种常绿阔叶植物时，应更多地考虑暖温带抗寒常绿阔叶植物分布区内的树种；北亚热带常绿阔叶植物区内也分布着不少抗寒性较强的常绿阔叶植物，是常绿阔叶植物北移种源的重要选择区域之一。植物抗寒性及环境条件（光照强度、春季干风所造成的水分胁迫）等多个因子影响北京地区常绿阔叶植物的应用。

中国野生蔷薇中有常绿或半常绿灌木资源10种（或变种）：贵州缫丝花、硕苞蔷薇、金樱子、月季花、大花香水月季、桔黄香水月季、香水月季（原变种）、粉红香水月季（黄善武，1994）、亮叶月季、长尖叶蔷薇（谷粹芝，1985）。我国蔷薇属常绿或半常绿灌木资源北移利用的研究报道较少。

3.2 中国原生蔷薇的抗性及适应性

3.2.1 耐寒种质

玫瑰、野蔷薇、长白蔷薇、黄刺玫、弯刺蔷薇、西北蔷薇、疏花蔷薇、尖刺蔷薇、刺蔷薇、山刺玫等，能耐-20℃左右的低温，其中刺蔷薇能耐-30～-40℃的低温（黄善武，1994）。

3.2.2 耐旱种质

玫瑰、单叶蔷薇、黄刺玫、弯刺蔷薇、西北蔷薇（黄善武，1994）。

3.2.3 耐瘠薄土壤种质

樱草蔷薇、川滇蔷薇、光叶蔷薇、西北蔷薇、刺蔷薇、美蔷薇、黄蔷薇、单叶蔷薇等（黄善武，1994）。

3.2.4 耐病种质

白粉病免疫种：光叶蔷薇、长尖叶蔷薇、木香花、单瓣白木香、黄木香花、金樱子；白粉病高抗种：黄刺玫、峨眉蔷薇、绢毛蔷薇、毛叶蔷薇、川西蔷薇、中甸蔷薇、求江蔷薇、玫瑰、野蔷薇、悬钩子蔷薇、卵果蔷薇、毛萼蔷薇、小果蔷薇（华晔 等，2013）。

高抗蚜虫的蔷薇：中甸刺玫、木香花、金樱子；中抗蚜虫的蔷薇：长尖叶蔷薇、小果蔷薇、硕苞蔷薇、玫瑰、峨眉蔷薇、紫月季花、刺梨；低抗蚜虫的蔷薇：大花香水月季、七姊妹；低感蚜虫的蔷薇：黄刺玫、野蔷薇（范元兰 等，2021）。

高抗黑斑病野生种主要集中在小叶组和硕苞组，高感种质主要集中在桂味组（郭艳红 等，2021）。黑斑病免疫种：金樱子。黑斑病高抗种：黄刺玫、细梗蔷薇、亮叶月季、月季花、大花香水月季、白玉堂、白木香花、小果蔷薇、刺梨、中甸刺玫、硕苞蔷薇。黑斑病中抗种：玫瑰、绢毛蔷薇、光叶蔷薇、复伞房蔷薇、川滇蔷薇。黑斑病中感种：毛叶蔷薇、中甸蔷薇、大叶蔷薇、多苞蔷薇、钝叶蔷薇、西南蔷薇、野蔷薇、丽江蔷薇、悬钩子蔷薇、卵果蔷薇、长尖叶蔷薇、毛萼蔷薇。黑斑病高感种：峨眉蔷薇、单瓣黄刺玫、弯刺蔷薇、多腺小叶蔷薇、刺蔷薇、粉蕾木香、香水月季、粉红香水月季、七姊妹、银粉蔷薇、单瓣白木香和黄木香花。

4 近代中国蔷薇属植物的海外传播

4.1 部分蔷薇属植物的采集与命名

4.1.1 月季花采集与命名

在《中国植物志》第三十七卷“蔷薇属”中将*Rosa chinensis*的中文名定为“月季花”。月季花具有连续开花的特性，在英文资料中一般称其为Chinese Monthly Roses，以突出其原产自中国并能够连续开花的特性。

4.1.1.1 林奈命名月季花

《中国植物志》对连续开花的月季花使用学名*Rosa chinensis* Jacq.。这个学名是由荷兰博物学家雅坎（N.J.von Jacquin, 1727—1817）正式命名的，后文将详述雅坎对月季花的命名过程。其实近代植物分类学的奠基人林奈（Carl Linne, 1707—1778），曾多次给来自中国及印度的月季花命名。

（1）林奈对*Rosa indica*的命名

其实在林奈1753年的《植物种志》（*Species Plantarum*, 1753）就已经记载了月季花，只是林奈使用的名字为 *Rosa indica* L.。*R. indica* 这个学名是最早合格发表的月季花的双名法学名，不过现在多将此学名做*Rosa chinensis* Jacq. 的异名处理。林奈在1753年的《植物种志》第一册的492页详细描述了月季花的信息。他在文中指出*R. indica*命名依据为“Pet. gaz. 56. t.35. f. Ⅱ”，这是英国博物学者佩第维（James Petiver, 1665—1718）所著的*Gazopbytacium*（后来收录到佩第维的文集*Historiam Naturalem Spectantia*）中的一幅植物画（图103）。佩第维本是药剂师，热衷于植物与昆虫的标本鉴定、绘画、命名，据说他收藏的植物标本在5 000号以上（Harry, 1927），其中很多标本来自于英属印度地区（东印度）。蒜香草科的科名Petiveriaceae就是为了纪念佩第维对植物学的贡献而命名的。

*Gazopbytacium*首次出版于1702年，收录植物及昆虫数千种。该书的植物画、昆虫图是作者参照世界各地收集来的标本而绘制的。佩第维对“Pet. gaz. 56. t.35. f. Ⅱ”这幅植物画的描述为“Rosa Chusan, glabra, juniper fruau, this Rosa I have received both from Chusan and China”（Petiveri, 1767）。佩第维根据产地将该植物命名为Rosa Chusan。当然这个命名发表于1753年之前，从现代植物分类学来看是不合法的双名法学名。“Chusan”指的是中国的舟山群岛。

*Gazopbytacium*一书首次出版于1702年，佩第维得到的来自舟山（Chusan）的*Rosa*属标本必定是由著名的植物采集家坎宁安（James Cunningham, ?—1709）所采集。坎宁安是英国东印度公司医生及博物学家，1698—1703年曾在福建厦门、浙江舟山等地采集植物标本，是历史上第一位采用符合近

图103 佩第维所绘植物画Pet. gaz. 56. t.35. f. Ⅱ［摘自*Historiam Naturalem Spectantia* (London, 1767)］

代植物学研究方法、在中国境内采集植物并寄回欧洲的博物学家（Bretschneider, 1881），因此他所采集的标本很多都成为中国植物的模式标本。东亚、东南亚特有的杉木属（*Cunninghamia*），就是用坎宁安的姓氏来命名以纪念他的成就。坎宁安为同时代的英国植物学家普拉肯内特（Leonard Plukenet, 1641—1706）和佩第维编著植物学著作提供了大量中国、东亚植物的资料。据统计约由坎宁安采集的600种中国植物被收录在上述两人的著作中（Bretschneider, 1881）。收录入*Gazopbytacium*的“Pet. gaz. 56. t.35. f. Ⅱ”（图103）这幅植物画有果没有花，是佩第维参照坎宁安自舟山采集的*Rosa*属植物标本而绘制。

林奈以佩第维所绘植物画“Pet. gaz. 56. t.35. f. Ⅱ”为*R. indica* L.的命名依据。但是这幅植物画似乎有问题。图109中所绘的植物是蔷薇科植物，但是枝、叶、果形态特征不明显，笔者不能判断是否属于*Rosa*属植物。英国19世纪著名植物学家林德利（John Lindley, 1799—1865）在蔷薇属植物研究巨著《蔷薇属植物画谱》（*Rosa Monographia*, 1820）中鉴定这幅图中所绘植物应当为小果蔷薇（*R. microcarpa*）（Lindley, 1820）。笔者甚至认为这画中的植物更像蔷薇科花楸属（*Sorbus*）的植物。

检索英国的林奈学会林奈标本数据库（http://linnean-online.org），发现两份林奈签注过的中国月季标本（图104、图105），均被林奈鉴定为*R. indica* L.，应为候选模式标本。其中一份编号LINN 652.38，林奈签注：“indica 9 Chin”，采集地为中国。对标本LINN 652.40林奈签注：“indica ind”，可能由英属东印度公司职员在英属印度殖民地境内采集。这两份标本在叶片形状上有差异，LINN 652.40的叶片狭窄，与现代栽培的中国古老月季品种‘月月红’‘月月粉’相似。

值得一提的是，标本LINN 652.38很可能是由林奈的弟子奥斯贝克（Pher Osbeck, 1723—1805）在1751年10月采集的。标本是带花朵的，由此说明他必然是认识到中国的*R. indica*具有连续开花这个重要特性。在奥斯贝克的游记《中国和东印度群岛旅行记》（*Dagboköfweren Ostindiskresaåren 1750, 1751, 1752*, 1757）中他也注明了这一点（Osbeck, 1757）。但是他的标本、游记等材料没能赶上1753年林奈《植物种志》第1版的发表。所

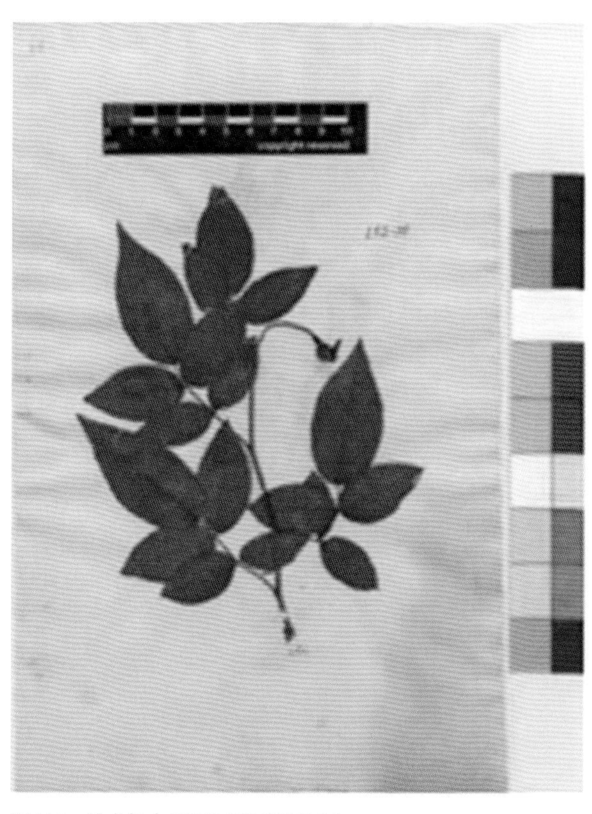

图104　林奈标本LINN 652.38(LINN)

图105　林奈标本LINN 652.40(LINN)

以在1753年的《植物种志》中并没有提及奥斯贝克对中国月季的采集。

林奈在1753年出版的《植物种志》第1版原文中，已注明*R. indica*的产地是中国（China），但是又将其命名为印度（indica），可见没有亲自来过东亚的林奈，其本人地理知识有限，对于中国与印度的地理关系了解不甚清楚。此外，如前所述*R. indica*的命名模式图所绘画的植物学特征不准确，基于上述多种原因，19世纪后期植物学界大多学者放弃使用*R. indica*这个学名，更多地使用*Rosa chinensis*这个学名来命名月季花，而将*R. indica*作为*R. chinensis*异名处理。

（2）林奈对*Rosa sinica*的命名和处理

林奈晚年可能意识到他命名的*Rosa indica*，将中国与印度"张冠李戴"这个错误，在其1774年出版的*Systema Vegetabilivm*中又命名*Rosa sinica* L.这个种（Linné, 1774）。*R. sinica*的候选模式是林奈标本LINN 652.37号（图106）。林奈在标本上签注"China HU"；伦敦林奈学会的创始人詹姆斯·史密斯爵士（Sir. James Edward Smith, 1759—1828）在此标本上的签注是"R sinica ex char. Syst. Nat. ed. 13. 394."）。请大家注意在标本上标注"*sinica*"的人并不是林奈本人，而是数十年后研究林奈的史密斯爵士。林奈命名的*Rosa sinica* L.究竟是与月季花（*R. chinensis*）更近似，还是与金樱子（*Rosa laevigata*）相近？后人无人知晓。史密斯爵士认为*R. sinica*更接近*R. chinensis*，而林德利反之，认为其更接近金樱子。

从LINN 652.37号标本照片粗略观察，典型的3~5小叶，符合月季花（*R. chinensis*）的特征。但是林德利在他所著的*Rosa Monographia*中使用*R. sinica*来命名来自中国的金樱子（*Rosa laevigata* Michx.）。从他为*R. sinica*配的植物画（图107）来看，花白色单瓣，3小叶，果实略膨大成梨形，这些特征都接近*R. laevigata*而非*R. sinica*。

此外，林德利也将普拉克内特命名的*Rosa alba* Cheusanensis列入*R. sinica*的异名（Lindley, 1820, p126）。*Rosa alba* Cheusanensis发表在1705

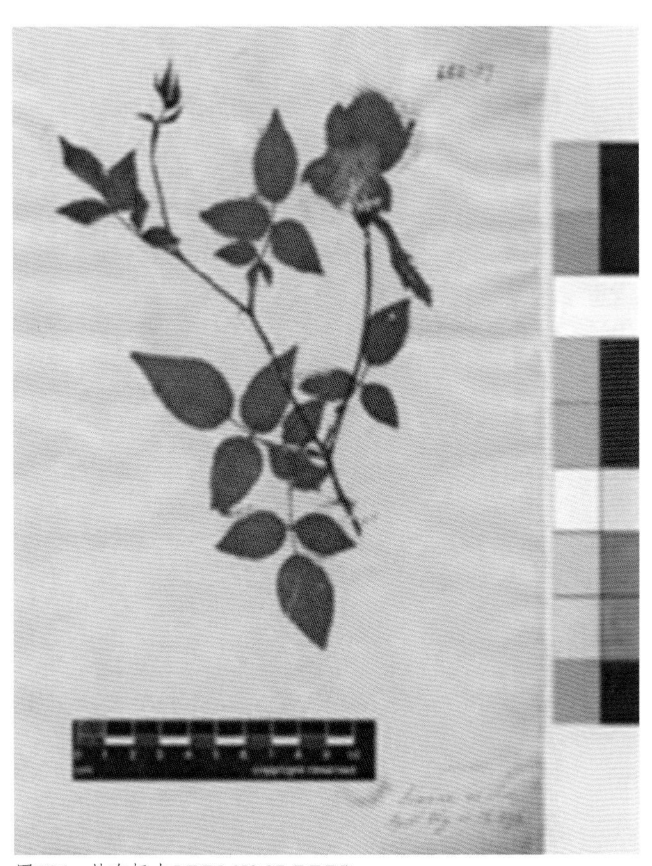

图106　林奈标本LINN 652.37 (LINN)

图107　林德利绘*Rosa sinica*植物画［摘自林德利所著*Rosa Monographia* (London, 1820)］

年的*Amaltheum Botanicum*，从Cheusanensis这个名字可知标本由坎宁安1701年左右采集自浙江舟山。*Rosa alba* Cheusanensis对应的坎宁安采集的原始标本应当在英国著名博物馆的“斯隆收藏”中，但是笔者没有找到该标本的数字化版本。不过著名的植物采集家威尔逊（Ernest Henry Wilson, 1876—1930）曾经看到过原始标本，他鉴定普拉克内特命名的*Rosa sylvstris* Cheusanica和*Rosa alba* Cheusanensis分别是现代植物分类学的野蔷薇（*R. multiflora*）和金樱子（*R. laevigata*）（Wilson, 1915），这也是欧洲现存采集时间最早的东亚蔷薇属植物的标本。

由于史密斯爵士与林德利对*R. sinica*鉴定、理解的差异，所以*R. sinica*没有被更广泛地使用，20世纪以后基本不再使用。俞德浚等编著《中国植物志》时，将*R. sinica* L.作为*R. chinensis* Jacq.的异名，而将*R. sinica* auct. Non L.作为*R. laevigata*的异名，其中“auct. Non L.”指命名者不是林奈。

4.1.1.2 雅坎命名月季花

Rosa chinensis Jacq.这个以中国为种名的月季花学名，至今被世界广泛接受。*R. chinensis*正式发表于1768年出版的*Observationum Botanicarum*第3册第7页，命名人为荷兰博物学家雅坎（Nikolaus Joseph Freiherr von Jacquin, 1727—1817）。雅坎曾在越南、西印度、中美洲等地采集过植物，而后任维也纳大学教授及校植物园主任（Bretschneider, 1898）。

雅坎认为*R. chinensis*与林奈命名的*R. indica*是一个物种。雅坎命名所依据的标本是由荷兰植物学家赫罗诺维厄斯（Jan Frederik Gronovius, 1686—1762）提供的。这份标本目前保存在（英国）自然历史博物馆（标本号BM000602033），该标本的采集时间是1703年，采集地未注明。BM000602033号标本的月季开红色的花（拉丁文描述花冠颜色为“ruber”），1733年赫罗诺维厄斯曾将其命名为“Chineesche Egtantier Roosen”。由此可知，这幅月季标本直接或间接来自中国，有可能是荷兰东印度公司职员在广州采集的。目前，这幅有着300余年的历史的标本已经残破不堪（图108），雅坎在发表*R. chinensis*时配一副墨线图（图109）。从墨线图可知，该月季叶片形态特征和中国月季古老品种‘月月红’很相似。

图108 标本BM000602033(BM)

图109 雅坎发表*Rosa chinensis*墨线图［摘录自*Observationum Botanicarum*第3册（Vindobonae, 1768）］

4.1.1.3 卢若望命名 *Rosa nankinensis*

葡萄牙裔耶稣会士兼博物学者卢若望（Joannis de Loureiro, 1717—1791）在1790年出版过《交趾中国植物志》（*Flora Cochinchinensis*），其中记录了*Rosa nankinensis*（de Loureiro, 1790）。由于发表时间在1753年之后，*R. nankinensis*这个物种学名符合合格发表要求。交趾中国大约是指现在越南地区，卢若望曾在此长期居住。他也曾经到访过澳门、广州，因此该植物志中也有很多种植物在中国南方地区分布的情况。《交趾中国植物志》中记载*Rosa nankinensis*分布地为中国广东（Cantone）及南京（Nankino）。

卢若望一生采集大量东亚、东南亚植物的标本，至今有数百号标本保存在世界各大著名标本馆，但是笔者没有找到*R. nankinensis*命名的模式标本。由于命名人及其著作的影响力有限，相关模式标本的情况不明，所以后人很少使用*R. nankinensis*。1887年，以研究东亚植物为擅长的福布斯（Francis Blackwell Forbes, 1839—1908）和赫姆斯利（William Boting Hemsley, 1843—1924）就已将*R. nankinensis* Lour.、*R. sinica* L.、*R. chinensis* Jacq.、*R. semperflorens* Curt.等列作*R. indica* L.的异名（Forbes & Hemsley, 1887）。《中国植物志》将*R. nankinensis* Lour.列为*R. chinensis* Jacq.的异名。

4.1.1.4 柯蒂斯命名 *Rosa semperflorens*

1794年，以绘刻精美的植物画闻名的英国《植物学杂志》（*The Botanical Magazine*）发表了一个蔷薇属新种*Rosa semperflorens* Curtis。*Semperflorens*是四季的意思，由此说明这种蔷薇属植物具有在一年四季连续开花的特性。其命名人就是该杂志的创办人威廉·柯蒂斯（Willam Curtis, 1746—1799）。在柯蒂斯去世后，该杂志更名为《柯蒂斯植物学杂志》（*Curtis' Botanical Magazine*），并延续至今。柯蒂斯介绍：*R. semperflorens*为小灌木，开红色的半重瓣花，并有悦人花香，一年四季都开花，即使在冬季也有少量开花。*R. semperflorens*是由在东印度做植物收集的斯拉特（Gilbert Slater, 1753—1793），在三年前（1791）自中国得到的（Curtis, 1794）。斯拉特是为英国东印度公司服务的一位船主，是18世纪末自中国向英国引种、运输植物的重要人物。

从上述描述和所附的彩色植物画（图110）判断。该蔷薇属植物与*R. chinensis*属于同一个物种都是中国的月季花。到19世纪末德国学者克内（Bernhard Adalbert Emil Koehne, 1848—1918）将其命名为*R. chinensis*的一个变种，写作*Rose chinensis* Jacq. var. *semperflorens* (Curbs) Koehne，《中国植物志》将该变种称为“紫月季花（变种）”。

4.1.2 香水月季的采集与命名

有史料明确记载，香水月季（*Rosa odorata*）于1809年由亚布拉罕·休姆爵士二世（Sir Abraham Hume, 2nd Baronet, 1749—1838）自东印度引种到英国（Andrews, 1828）。休姆爵士是英国保守党政治人物，同时也是花木爱好者，他与其夫人狂热地收集蔷薇类植物。休姆的引种收集在1810年就被另一位植物学家兼月季蔷薇爱好者安德鲁斯（Henry Charles Andrews, c. 1759—1830）记录并命名。他将香水月季作为月季花的一个变种*Rosa indica* var. *odorata*（Andrews, 1828）。

1818年，英国植物学家斯威特（Robert Sweet,

图110 *Rosa semperflorens* Curtis植物画［摘录自*The Botanical Magazine* Vol Ⅶ（1794）］

1783—1835）在其编著的《伦敦郊区园艺植物名录》（*Hortus Suburbanus Londinensis*）中，将香水月季列为一个种 *Rosa odorata*（Sweet, 1818），也有后人认为该种是个天然杂交种，故应写作 *Rosa × odorata*，但是《中国植物志》和 *Flora of China* 仍然写作 *Rosa odorata* (Andrews) Sweet。

值得一提的是，香水月季还有一个异名 *Rosa thea* Savi。这是由意大利植物学家萨维（Gaetano Savi, 1769—1844）在1822年正式命名发表。其中thea本是林奈命名中国茶（*Thea chinensis* L.）的属名（Linne, 1753）。香水月季被引种到欧洲，通过新品种选育，派生出茶香月季（Tea Roses，简称T）品种群。而后又经历反复的种间杂交，形成当代应用最广、品种最丰富的杂交茶香月季（Hybrid Tea Roses，简称HT）（余树勋，2008）。至于为何将月季的香味称为茶香？笔者个人认为，在18、19世纪英国东印度公司的海船上茶叶清幽的香气与香水月季浓烈的香味混合在一起，给时人留下了极其美好的印象，从此"茶香月季"的名字流传至今。

4.1.3 野蔷薇的采集与命名

野蔷薇（*Rosa multiflora* Thunb.）也称多花蔷薇，中国、日本古籍中称为"七姊妹、十姊妹"（参见明代《群芳谱》）、"团粉"（多见于日本江户时代汉字古籍），是东亚特有种，具有伞房花序花量大、攀缘性强、耐寒性强等优点。这些特性都被应用于现代月季育种。

说到欧洲对野蔷薇的认识，最早要追溯到17世纪末旅日的博物学家肯普弗（Engelvert Kaempfer, 1651—1716）。作为荷兰东印度公司驻长崎出岛的医师，他在17世纪末对日本植物有广泛的考察和搜集。他收集大量有植物形象的日本书籍、画册，并广泛采集、制作标本，收集植物种子。他以最早将银杏（*Ginkgo biloba*）引种到欧洲而闻名，其所著《异域风采记》（*Amoenitatum exoticarum*）1712年出版，其中记载大量日本植物，其中包括"团粉""蔷薇"。他采集的标本是"斯隆藏品"的一部分，目前被保存在大英博物馆，其中很可能包括野蔷薇的标本。但是这部分标本目前未做数字化处理，也没有被近现代植物学家做细致研究。有待于后人做系统地、细致地研究。

如前所述，英国东印度公司在1701年左右来中国浙江舟山做贸易和调查时，由坎宁安采集大量中国植物标本，其中由普拉肯内特（Leonard Plukenet, 1642—1706）命名的 *Rosa sylvstris* Cheusanica就是东亚的野蔷薇，而且很有可能是 *Rosa multiflora* var. *carnea* 这个被中文称作"七姐妹"的重瓣栽培变种。据说林奈本人曾经研究过这份标本，但是他将该份标本也鉴定为 *Rosa indica* L.（Willmott, 1910）。著名植物采集家威尔逊曾经看过该份标本，将其鉴定为野蔷薇（*Rosa multiflora* Thunb.），但是很遗憾笔者也没有见到这幅标本。

在1793年随马噶尔尼爵士（Sir George Macartney, 1737—1806）使团访华的博物学家老斯当东爵士（Sir George Leonard Staunton, 1737—1801）曾在中国采集大量植物标本。老斯当东的标本大部分都由植物学家兰伯特爵士（Sir Aylmer Bourke Lambert, 1761—1842）保存。林德利曾经查阅过兰伯特标本收藏，将一份由老斯当东在中国采集的蔷薇属植物鉴定为野蔷薇（*Rosa multiflora*）（Lindley, 1820）。

其实 *R. multiflora* 是由林奈的弟子通贝里（Carl Peter Thunberg, 1743—1828）命名的，他曾有荷兰东印度公司驻长崎出岛医师的经历，并大量采集日本植物。*R. multiflora* 就发表在1784年出版的《日本植物志》（*Flora Japonica*, 1784）。该书是第一部现代植物学意义的东亚地方植物志。所以从植物分类学讲，野蔷薇的模式产地是日本。此外，由通贝里鉴定签注的 *R. multiflora* 标本有多份，分别保存在荷兰莱顿、瑞典、日本等多地。

4.1.4 金樱子的采集和命名

金樱子（*Rosa laevigata* Michx.）识别特征很明显：通常小叶3枚，花单瓣白色，果实膨大成梨形。"金樱子"之名始载于宋代的《嘉祐本草》（唐慎微，1958）。从清代《植物名实图考》中"金樱子"植物画（图111），准确绘刻了金樱子三小叶、单瓣、梨形果的形态特征。

据《政和本草》记载金樱子药性：味酸、涩，

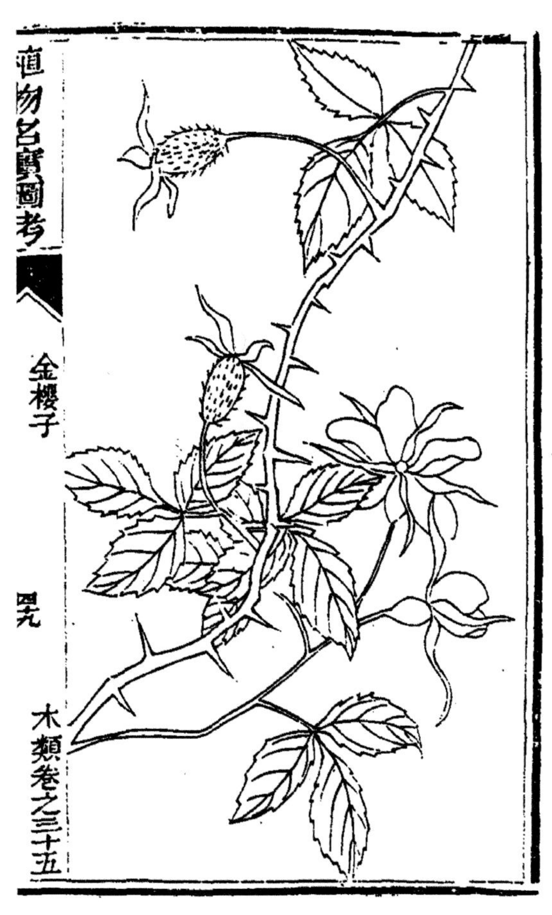

图111　金樱子植物画（摘录自清代《植物名实图考》）

图112　*Rosa laevigata* 的模式标本 MNHN-P-P00322029（P）

平、温，无毒。疗脾泄下痢，止小便利，涩精气。经现代中药学研究，金樱子具有益肾、涩精、缩尿、止带功效，用于滑精、尿频、遗尿、久泄、崩漏、白带过多（肖培根，2002）。正是由于金樱子具有重要的药用价值，使其成为较早被西方世界采集、命名、引种的东亚蔷薇属植物。

与野蔷薇（*R. multiflora*）的采集史相似，早在1701年金樱子就被英国东印度公司的坎宁安在浙江舟山采集，由普拉克内特命名 *Rosa alba* Cheusanensis。著名植物采集家威尔逊（Wilson, Ernest Henry, 1876—1930）曾经将其鉴定为 *Rosa laevigata* Michx.（Wilson, 1915）。

在18—19世纪初的英国，将金樱子称作 *Rosa sinica*，从种名来看显然是来自中国。早在邱园建成之初的1759年，就有英国植物学家菲利普 · 米勒（Philip Miller, 1691—1771）自中国引种、有栽培金樱子的记录（Aiton, 1811）。林德利（John Lindley, 1799—1865）著《蔷薇属植物画谱》（*Rosa Monographia*, 1820）也有记载在英国有多人多地栽培有金樱子，种源地都是中国（Lindley, 1820）。瑞士著名植物学家（老）德堪多（Augustin Pyramus de Candolle, 1778—1841） 曾命名 *Rosa nivea* DC.，并指明其分布在中国和印度（de Candolle, 1813）。现代植物分类学者多认定 *R. nivea* DC 和 *R. sinica* auct. Non L. 为金樱子的佚名。

被植物界广泛接受的金樱子学名为 *Rosa laevigata* Michx., 是由法国植物学家米肖（Michaux, André, 1746—1802）于1803年正式命名、发表的。令人惊奇的是 *R. laevigata* 的模式产地竟然是美国的佐治亚（州）（Michaux, 1803）（图112）。当地人称之为“Cherokee Rose”（Willmott, 1910），“Cherokee”为北美印第安人的一支。笔者分析 *R. laevigata* 自然分布在中国南方多地，如同 *R. rugosa* 一样，是受自然动力或人为原因，被传播至美洲大陆并逐渐扩散。由于 *R. laevigata* 与 *R. sinica* 分别产自亚洲和美洲，林德利就作两个物种处理（图107）（Lindley, 1820）。

4.1.5 缫丝花的采集与命名

缫丝花小叶9～15；花单瓣、半重瓣至重瓣，淡红色或粉红色。最特别之处是果实膨大成果扁球形，直径3～4cm，外面密生针刺，因此也被称为“刺梨”。“刺梨”果实味甜酸，可供食用及药用，根煮水治痢疾。植物名“缫丝花”出自清代道光年间出版的《植物名实图考》（1849年初刻）（图113）（吴其濬，1848）。《植物名实图考》中的“缫丝花”小叶5、萼筒光滑，与现在植物学中的缫丝花有明显区别。

缫丝花最早被命名的学名*Rosa microphylla* Roxb.，发表于有“印度植物学之父”美誉的英国植物学家罗克斯伯勒（William Roxburgh，1751—1815）编著的《孟加拉栽培植物名录》（*Hortus Bengalensis*，1814）。该书记载*R. microphylla*产地为中国，中文译音为“Hoi-tong-hong”（Roxburgh，1814）。在1825年的英国植物学期刊《植物学登录》（*Botanical Register*）收录了一幅绘制精美的*Rosa microphylla*植物画（图114），从萼片上密被细刺这个识别特征可知，*R. microphylla*无疑就是中国的缫丝花（刺梨）。依据《孟加拉栽培植物名录》*R. microphylla*是由植物采集家威廉·克尔（William Kerr）于1812年从中国引种到加尔各答植物园（Roxburgh，1814）。随后只有腊叶标本被寄回欧洲，而活植物并没有被成功运回欧洲。直到19世纪20年代初*R. microphylla*的活植物才成功运回英国，栽培于科尔维尔（Mr. Colvill）的苗圃（Edwards，1825）。

*R. microphylla*可以直译为小叶蔷薇，但是*R. microphylla*这个学名不能算合格、有效发表，因为早在1798年法国植物学家德方丹（René Louiche Desfontaines，1750—1833）就已经在*Flora atlantica*上发表了*Rosa microphylla* Desf.，两者之间没有关系。因此奥地利植物学家特拉提尼克（Leopold Trattinnick，1764—1849）于1823年出版的蔷薇属植物专著*Rosacearum Monographia*第2卷，将*Rosa*

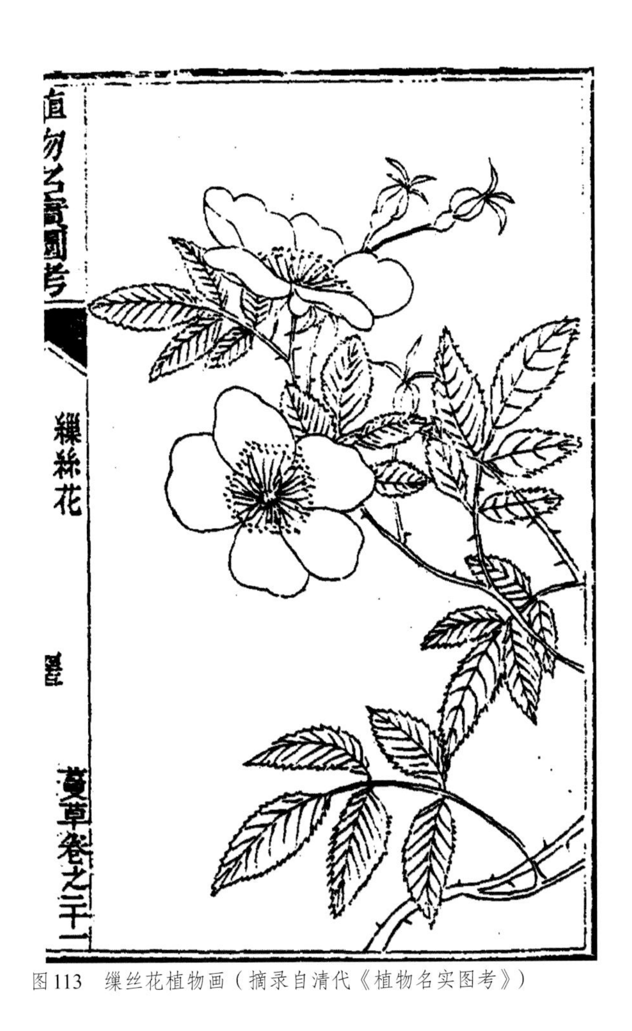

图113 缫丝花植物画（摘录自清代《植物名实图考》）

图114 *Rosa microphylla*植物画［摘录自*Botanical Register* (Vol. XI, 1825)］

microphylla Roxb. 改名为*Rosa roxburghii* Tratt.，其中种名*roxburghii*就是以罗克斯伯勒命名以纪念他对植物学的贡献。

著名植物采集家威尔逊（Wilson, Ernest Henry, 1876—1930）1908年在川西地区采集到本种的野生原始类型单瓣缫丝花（变型）（*R. roxburghii* Tratt. f. *normalis* Rehd.）（Sargent, 1916）。

4.1.6 木香花的采集和命名

"木香"一名始见于明代《群芳谱》："木香灌生、条长。有刺如蔷薇。有三种，花开于四月，唯紫心白花者为最香馥清远。高架万条。"木香花含芳香油，可供配制香精化妆品用。木香花是著名观赏植物，常栽培供攀缘棚架之用。

据1811年出版的《邱园栽培植物名录》（*Hortus Kewensis*, ed 2. 1810—1811）记载：1807年由威廉·克尔（William Kerr, ?—1814）将木香（*Rosa banksiae* Ait.）从中国引种到英国邱园（Aiton, 1811）。其中的"Ait."就是指《邱园栽培植物名录》的作者威廉·艾顿（William Townsend Aiton, 1766—1849）。威廉·克尔是苏格兰的植物园专家和著名的植物采集家，是第一位在中国全职进行植物采集的人。他受雇于英国邱园，曾在中国广东大量采集、购买（活）植物，一生共将200余种中国及东南亚植物介绍到欧洲。他所采集的植物标本和植物种子都寄送到英国邱园保存与栽培。蔷薇科的棣棠花属（*Kerria*）就是以克尔命名的。

木香花（*R. banksiae*）的种名是以克尔的雇主，当时著名博物学家、植物学家约瑟夫·班克斯爵士的夫人的名义命名的，因此也称为"Lady Banks's Rose"。约瑟夫·班克斯爵士（Sir Joseph Banks, 1743—1820）因随库克船长南半球远航而得名，曾任皇家学会主席长达41年。他曾向英王乔治三世国王建议加大建设邱园，向世界各地派遣植物采集家。

图115是依据班克斯爵士收藏的标本而绘，发表于1819年的《植物学登记》（*Botanical Register*），被公认为是19世纪*R. banksiae*最好的植物科学画。1816年英国政府派出的阿默斯特爵士（William Pitt Amherst, 1773—1857）为首的继马戛尔尼使团之后的第二次访华团。随团的博物学家阿贝尔博士（Clarke Abel, 1780—1826）在南京城头采集单瓣的白色木香花（Edwards, 1819），很可能是《中国植物志》记载的变种"单瓣白木香"或称"七里香（陕西）"，变种学名为*Rosa banksiae* Ait.var. *normalis* Regel。

印度沿海的加尔各答是18、19世纪中国、东亚植物引种、运输到欧洲的重要中转站。加尔各答植物园（Calcutta Botanical Garden）由英属东印度公司兴建于1787年。有"印度植物学之父"美誉的罗克斯伯勒（William Roxburgh, 1751—1815）曾在18世纪末19世纪初担任该植物园主任，并著有一卷本《孟加拉栽培植物名录》（*Hortus Bengalensis*, 1814）和三卷本《印度植物志》（*Flora indica*, 1832）。《印度植物志》发表一个新种*Rosa inermis*，并有两个来自中国品种在加尔各

图115 *Rosa banksiae*植物画［摘录自*Botanical Register*（Vol. V, 1819）］

答植物园栽培：半重瓣白花中文译音为“Po-mou-he-wong”；半重瓣黄花中文音译“Wong-mour-he-wong”(Roxburgh, 1832)。经林德利鉴定*R. inermis*与*R. banksiae*是同一物种（Lindley, 1820）。

4.1.7 玫瑰的采集与命名

没有植物学基础的人可能会认为：月季是东方的，玫瑰是西方的。其实植物分类学上的“玫瑰”自然分布在中国、朝鲜、日本、俄罗斯远东等东亚–东北亚的沿海地区，欧洲并没有玫瑰的自然分布。产生上述错误认识的原因，可能源于近、现代对西方文学作品中象征爱情的“Rose”多翻译成“玫瑰”。

4.1.7.1 *Rosa rugosa* Thunb.

旅日的林奈弟子通贝里（Carl Peter Thunberg, 1743—1828）首先命名玫瑰为*Rosa rugosa* Thunb.，发表在1784年出版的《日本植物志》（*Flora Japonica*, 1784）。通贝里采集自日本的玫瑰标本保存在瑞典乌普萨拉大学系统进化博物馆（The Museum of Evolution Herbarium, Uppsala University，缩写为UPS），标本号为UPS-THUNB 12202（图116）。

4.1.7.2 *Rosa ferox* Lawrance

玛丽·劳伦斯（Mary Lawrance, ?—1830）是18世纪末19世纪初英国最著名的植物画家，她的代表作《来自大自然的蔷薇类植物收集》（*A Collection of Roses from Nature*, 1799）收录有90幅当时英国栽培的蔷薇类植物彩图，蔷薇类植物引种、栽培历史等宝贵材料。该书是本项研究发现的出版年代最早（1799）的月季蔷薇类植物大部头彩绘图谱。类似的图谱在19世纪有多部出版，后文将详细介绍。

劳伦斯的这部图谱中第42幅植物画（图117）名为*Rosa ferox*。查询国际植物名索引网站（The International Plant Names Index, http://www.ipni.org），这个学名也算作合格发表，全称为*Rosa ferox* Lawrance -- Collect. roses nat. t. 42. 1797。参见图117的绘识别特征，*Rosa ferox* Lawrance与

图116　通贝里采集的*Rosa rugosa*标本UPS-THUNB 12202（UPS）

图117　*Rosa ferox* 植物画［摘录自*A Collection of Roses from Nature* (London, 1799)］

Rosa rugosa Thunb. 为同一物种。由俞德浚等编著《中国植物志》第三十七卷蔷薇科也将*R. ferox* Lawrance列为*R. rugosa* Thunb.的一个异名。由此证明来自东亚的玫瑰早在1799年之前，就已经被引种、栽培到英国。

在1811年出版的《邱园栽培植物名录》第二版中又详细记述*R. ferox*是在由Messrs. Lee & Kennedy苗木公司在1796年引种到邱园（Aiton, 1811）。Lee & Kennedy是18、19世纪来自苏格兰的传承3代家族苗木公司，以为喜好园艺的英国贵族从世界各地搜罗新奇的植物而知名。该公司以在1787年首先向英国引种中国月季而闻名。该公司在19世纪中期被苏格兰著名植物学家劳登（John Claudius Loudon, 1783—1843）誉为“世界第一苗木商”。

《邱园栽培植物名录》记载*R. ferox*自然分布地为高加索山脉（Aiton, 1811），这很可能有误，玫瑰的原产地应为东亚–东北亚的沿海地区。英国人采集、引种玫瑰的地点为高加索，而该地点的玫瑰应是在较早前从东北亚沿海地区引种。这是一条东亚植物在欧亚大陆上传播路线。

4.1.7.3 *Rosa kamtchatica* Vent.

1802年又有一个蔷薇属植物新种被命名为*Rosa kamtchatica* Vent.。命名人为法国植物学家旺特纳（Étienne Pierre Ventenat, 1757—1808），植物采集地点顾名思义为俄罗斯的堪察加半岛。*R. kamtchatica*发表于法文植物学期刊*Description des Plantes Nouvelles et peuconnues, cultivées dans le jardin de J.M.Cels*，模式标本（标本号G00341465）保存于日内瓦标本馆（Conservatoire et Jardin botaniques de la Ville de Genève，缩写为G）。笔者看了模式标本的照片，以及1802年原始文献的植物画（图118），*R. kamtchatica*的花为单瓣，叶片网状脉和褶皱明显，小枝密被绒毛，符合*R. rugosa*的识别特征。

作为流传最广的、影响力最大的月季蔷薇图谱，雷杜德（P.J.Redouté, 1759—1840）所绘《玫瑰圣经》（*Les Roses*）也收录有*R. kamtchatica*。仔细审阅雷杜德的绘画（图119，形态特征符合*R. rugosa*。由此说明*Rosa rugosa* Thunb、*Rosa ferox*

图118 *Rosa kamtchatica*植物画［摘录自*Descr. Pl. Nouv.* (Paris, 1800—1803)］

图119 *Rosa kamtchatica*植物画［摘录自*Les Rosa*（Paris, 1817）收录］

Lawrance、*Rosa kamtchatica* Vent. 3个学名描述的都是分布在东亚–东北亚地区的同一种玫瑰。《中国植物志》并没有注明*R. kamtchatica* Vent.也是*R. rugosa*的异名，本研究予以充实。

总的说来，东亚的玫瑰在1796年传入英国，在1802年之前传入法国，种苗来源地是俄罗斯的堪察加半岛等远东濒海地区，传播路线是沿欧亚大陆从最东端传播到大陆的最西端。而并非是如中国月季的传播路线，由英、荷、法、瑞典等国东印度公司，沿海上航线自中国广东，经印度、非洲好望角最终到达欧洲。

4.1.8 硕苞蔷薇的采集与命名

硕苞蔷薇（*Rosa bracteata* Wendl.）广泛分布在中国南方多地。植株呈铺散常绿灌木，高2~5m，有长匍枝；小叶5~9，革质；苞片具柔毛呈条裂状；花朵大，花瓣白色；果球形，密被黄褐色柔毛。因果大、呈褐色在浙江畲药中被称作"算盘子"（程文亮，2014）。

"硕苞蔷薇"明显是按现代植物学术语命名的，并不出自中国古籍。中国古代就把硕苞蔷薇与其他蔷薇属植物混为一谈，也并不了解其价值。在中华人民共和国成立后的中草药调查中，植物学、药物学工作者发现了硕苞蔷薇的药用价值。据《全国中草药汇编》记载：硕苞蔷薇，以根、花和果实入药。根益气、健脾、固涩，用于盗汗、久泻、脱肛、遗精、白带；花润肺止咳，用于肺结核咳嗽；果健脾利湿，用于痢疾、脚气病（谢宗万，1996）。

*Rosa bracteata*是由德意志植物学家、园艺学家文德兰（Johann Christoph Wendland, 1755—1828）命名，发表于1798年，*bracteata*是"具有苞片"的意思。他所命名的*R. bracteata*来自中国，栽培于其家族经营的海恩豪森花园（Herrenhausen Garden）中（Wendland, 1798a）。之后出版的由文德兰编著的《海恩豪森栽培植物志》（Wendland, 1798b）收录有*R. bracteata*植物画（图120），从图中可见花蕾下部多枚苞片。但是何时由何人将*R. bracteata*自中国引种到海恩豪森花园，这就没有详细的记录了。

硕苞蔷薇传播到英国的时间是有明确记载的。1792—1794年英国第一次官方访华团由马戛尔尼爵士（Sir George Macartney, 1737—1806）率领访问乾隆时期的中国。随团的博物学家乔治·斯当东（斯当东爵士一世，也称老斯当东）（Sir George Staunton 1st Baronet, 1737—1801）采集了大量中国植物的标本和活植物，其中包括多种蔷薇属植物。依据班克斯爵士（Sir Joseph Banks, 1743—1820）的标本收藏，老斯当东的硕苞蔷薇标本在浙江（Tchetchiang）采集（Lindley, 1820）。硕苞蔷薇引种到英国后被称作马戛尔尼蔷薇（Macartney Rose），以纪念其访华团取得的成就（Shepherd, 1954）。

1799年，法国植物学家旺特纳（É. P. Ventenat, 1757—1808）基于其对法国植物学家雅克·马丁·塞尔（Jacques Philippe Martin Cels, 1740—1806）的私人植物园的记录、观察与著名植物画家雷杜德（Pierre-Joseph Redouté, 1759—1840）合作编著《雅克·马丁·赛尔植物园植物志》（*Description des plantesnouvelles et peuconnues : cultivées dans le jardin*

图120 *Rosa bracteata*植物画［摘录自*Hortus Herrenhusanus* (Hannover, 1798)］

de J.M.Cels, 1799）。该书中就记录有*R. bracteata*，并配有雷杜德所绘植物画（图121），图右下角花蕾特写的多枚苞片特征很明显。由此说明在1799年之前*R. bracteata*由英国引种至法国。

4.1.9 小果蔷薇的采集和命名

小果蔷薇（*Rosa cymosa* Tratt.）与木香花（*Rosa banksiae* Ait.）同属于木香组（Sect. Banksianae Lindl.），叶、花、果很相似，只是前者为复伞房花序，外萼片常有羽状裂片，雌蕊花柱被毛。在中国古代自然将*R. banksiae*与*R. cymosa*混在一起称为“木香”，西方世界认识*R. cymosa*的时间也晚于*R. banksiae*。

林德利将小果蔷薇命名为*R. microcarpa* Lindl.，随其1820年出版的*Rosarum Monographia*发表（图122）。其所依据的模式标本也是老斯当东随马戛尔尼访华团的中国之行中采集的标本，采集地是广州（Canton）（Lindley, 1820）。该标本编号为BM000602043，保存在英国自然历史博物馆（BM）（图123）。

Rosa cymosa Tratt. 这个学名发表在1823年出版的特拉提尼克（Leopold Trattinnick, 1764—1894）编著的*Rosacearum Monographia*第1卷。作者描述了*R. cymosa*形态与*R. multiflora*、*R. microcarpa*的相似之处（Trattinnick, 1823）。

4.1.10 黄刺玫的采集与命名

“黄刺玫”也是近代植物学发展过程中诞生的一个“新”植物名，《群芳谱》《花镜》里没有记载。郎世宁所绘《仙萼长春图册》有重瓣黄刺玫的形象（图124），但是没有注明植物名。据王国良考证，中国古籍中有“玫刺”“刺縻”“黄刺縻”等名称（王国良, 2015），但是并没有“黄刺玫”。

黄刺玫（*Rosa xanthina* Lindl.）也是由林德利在1820年命名、发表的。但是相比于同一本书所列的其他植物，林德利对*R. xanthina*记录的信息非常少，只有4行，林德利指出命名模式来自兰伯特（Aylmer Bourke Lambert, 1761—1842）收藏的一幅图画（Lindley, 1820），很可能是18—19世纪广州的外销画，仅此而已。

图121 雷杜德所绘*Rosa bracteata*植物画［摘录自*Description des plantesnouvelles et peuconnues*（Pairs,1799）］

图122 *Rosa microcarpa*植物画［摘录自*Rosarum Monographia*（London, 1820）］

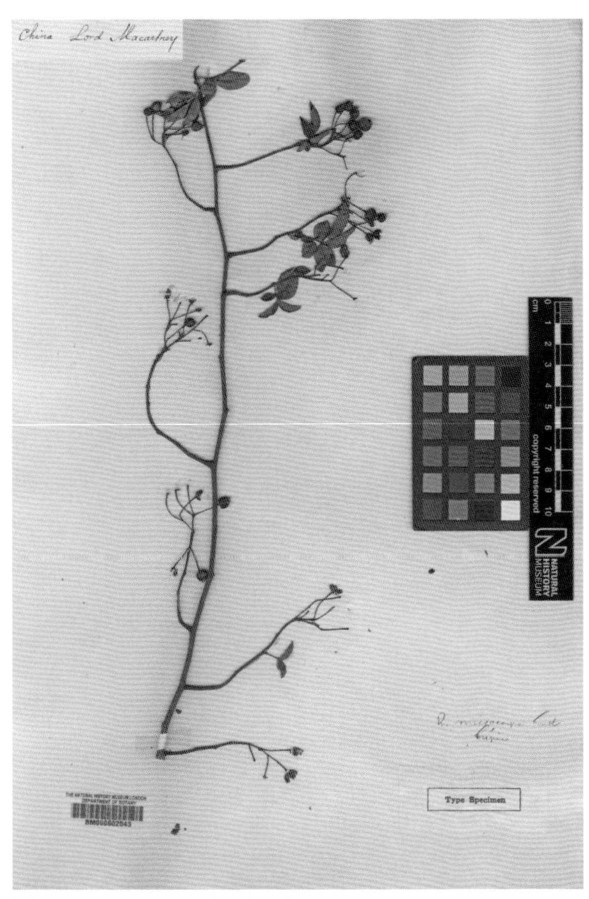

图123 *R. microcarpa*的模式标本BM000602043 (BM)

图124 郎世宁绘《仙萼长春图册》之六（原作现藏于台北故宫博物院）

兰伯特是英国植物学家，林奈学会的早期会员，在针叶树的分类方面卓有成就，而他最大的贡献是标本收藏。其一生共收藏有130余位采集家在世界各地采集的植物标本50 000份以上。“兰伯特标本”为19世纪欧洲植物学家学术研究，提供重要的参考作用。包括罗伯特·布朗（Robert Brown）、德堪多（de Candolle）、马蒂乌斯（Heinrich von Martius）、乔治·唐（George Don）、大卫·唐（David Don）等众多植物学家，参考“兰伯特标本”命名新种，并指定模式标本（Bretschneider, 1898）。兰伯特去世后由于债务问题，其标本、图画、书籍等收藏被公开拍卖，流落在世界各地难于查阅整理，也为后世的植物分类学研究造成了障碍。兰伯特去世后，植物学家就再也没有见到过林德利命名*Rosa xanthina* Lindl.所依据的那幅植物画。

4.1.11 光叶蔷薇的采集和命名

针对光叶蔷薇这个物种对应的学名问题，《中国植物志》采纳*Rosa wichuraiana* Crépin，由比利时著名蔷薇属分类专家克雷潘（François Crépin, 1830—1903）于1886年命名、发表在比利时植物学会的会刊*Bulletin de la Société Royale de Botanique de Belgique*，种加词*wichuraiana*源自德意志植物学家维丘拉（Max Ernst Wichura, 1817—1866）。而*Flora of China*采纳*Rosa luciae* Franch. & Rochebr，这个学名合格发表于1871年。

和野蔷薇相似，光叶蔷薇也是在东亚地区广泛分布，而模式产地是日本横滨（英文：Yokohama；法文原文写作：Jokohama）（Van den Broeck, 1886）。

光叶蔷薇的模式标本是由以法国海军军医身份于1860—1870年在日本横须贺（英文：Yokosuka，法文原文写作Yokoska）驻训十余年的萨瓦捷（Ludovic Savatier, 1830—1891）采集。萨瓦捷与法国著名植物学家弗郎谢（Adrien René Franchet, 1834—1900）合著有日本植物研究专著*Enumeratio Plantenum in Japonia Sponte*

Crescentium (Vol. Ⅰ,1875; Vol. Ⅱ, 1879)。

4.1.12 疏花蔷薇的采集与命名

疏花蔷薇(*Rosa laxa* Retz.)的种加词*laxa*是“疏散的、稀疏”(金春星, 1986)的意思，所以*Rosa laxa*中文名为“疏花蔷薇”。命名人雷丘斯(Anders Jahan Retzius, 1742—1821)是19世纪瑞典著名的化学家、植物学家和昆虫学家，长期任职于著名的隆德大学(Lund University)，致力于博物学研究，曾经命名了大量植物、昆虫物种。

Rosa laxa Retz.的原始文献发表于1803年的*Phytographische Blätter*第39卷。但是雷丘斯并没有注明这种植物的分布地，他命名时所参考的模式标本也没有标明采集地。

疏花蔷薇还有两个异名，*Rosa soongarica* Bunge和 *Rosa gebleriana* Schrenk。*Rosa soongarica* Bunge由俄国植物学家本格［Alexander Andrejewitsch (Aleksandr Andreevic, Aleksandrovic) von Bunge, 1803—1890］命名，并收录于1830年出版的《阿尔泰植物志》卷2(*Flora Altaica*, Vol. Ⅱ)。阿尔泰地区在历史地理学上指以中亚阿尔泰山为核心的北部欧亚地区，包括今天俄罗斯阿尔泰边疆区、中国新疆、哈萨克斯坦、蒙古国等多国多地。种名*soongarica*是“准噶尔的”意思(金春星, 1986)。所以推测本格采集该物种的模式产地是中国新疆的准噶尔地区。

另一个异名*Rosa gebleriana* Schrenk的采集人和命名人是德裔俄罗斯博物学家、地理学家施伦克(Alexander Gustav von Schrenk, 1816—1876)，他一生中共命名植物新种76种，昆虫新种33种。他曾供职于塔尔图大学(University of Tartu)，在圣彼得堡植物园长期从事植物采集及研究种加词“gebleriana”意为“像菊科的柔毛蒿”，标本采集地为今哈萨克斯坦的Kokbekty(Schrenk, 1842)。

雷德尔(Alfred Rehder, 1863—1949)一直致力于在阿诺德树木园从事植物学研究。雷德尔曾协助萨金特和威尔逊编撰《威尔逊采集植物志》，其一生中共命名植物1 400余种，发表植物学论文1 000余篇。他的代表著作*Manual of Cultivated Trees and Shrubs Hardy in North America: Exclusive of The Subtropical and Warmer Temperat Regions*自1927年首次出版，经历多次再版，至今仍是北美木本植物研究的必备工具书。该书1927年的第1版共收录蔷薇属植物72种(Rehder, 1927)。但是在此书中并没有收录*R. laxa*、*R. soongarica*或*R. gebleriana.*，由此推测在1927年之前疏花蔷薇没有并引种到美国阿诺德树木园，在其1949年去世前编著的著作中，也没有俄国、苏联以外的文献记录(Rehder, 1949)。

俞德浚在1935年编写的《中国之蔷薇》一文收录47种蔷薇属植物，但不包括疏花蔷薇。20世纪70年代编写的《中国高等植物画鉴》也没有收录疏花蔷薇。由此推断我国植物学家在20世纪80年代之前并不了解疏花蔷薇在我国的分布情况。经过70、80年代较广泛的蔷薇属植物资源调查，由俞德浚和其弟子谷粹芝编写的《中国植物志》第三十七卷蔷薇科于1985年出版，收录蔷薇属植物82种，其中记录疏花蔷薇(*R. laxa*)自然分布于阿尔泰山区及西伯利亚中部，我国新疆地区有分布。并命名一个新变种毛叶疏花蔷薇(*Rosa laxa* Retz. var. *mollis* Yu et Ku)，自然分布于新疆阿尔泰的锡伯渡。2003年由谷粹芝及Kenneth R. Robertson编著的*Flora of China*记录疏花蔷薇在新疆海拔500～1 500m山谷、溪流旁有分布，在俄罗斯中西伯利亚地区、中亚诸国及蒙古国有分布。

4.1.13 黄蔷薇的采集与命名

*Rosa hugonis*发表于1905年*Curtis's Botanical Magazine*，并配有精美的植物科学画(图125)，此物种就是以这幅画为命名模式(Hemsley, 1905)。黄蔷薇(*R. hugonis*)的模式产地是中国陕西，最初由在陕西西安传教的爱尔兰裔法国方济各会传教士斯卡伦神父(Pater Hugo Scallan, 教名Hugh, 1851—1928)采集种子，并于1899年寄给英国大博物馆、英国皇家植物园邱园栽培(Nelson, 1988)。*R. hugonis*的命名人是英国植物学家赫姆斯利(William Botting Hemsley, 1843—1924)，长期供职于英国皇家植物园邱园标本馆，以研究中国和中美洲植物而闻名于世。赫姆斯利以邱园栽培源自斯卡伦神父采集的黄色蔷薇实生苗为参考，命名这种黄色的蔷薇为*Rosa hugonis*

图125 *Rosa hugonis*植物画［摘录自*Curtis's Botanical Magazine*（Vol.131, 1905）］

Hemsl.，其中种名hugonis是为了纪念斯卡伦神父为植物采集所做贡献。

4.1.14 美蔷薇的采集与命名

*R. bella*的种加词bella是美丽的意思，所以“美蔷薇”这个中文名定名很恰当。美蔷薇在北京的山区习见，但是其模式产地并不是北京而是山西的西北部山区，也就是晋西北的太行山区。与威尔逊有着相似经历，曾经受训于英国邱园的英国采集家珀道姆（William Purdom, 1880—1921）1909—1912年受雇于美国阿诺德树木园到中国西北部地区采集木本植物。1910年4月，珀道姆在晋西北太行山区采集了美蔷薇种子编号No. 314。1910年该种子邮寄至美国，相应的实生苗在阿诺德树木园于1914、1915年陆续开花，萨金特和威尔逊就以1915年开花的实生苗为模式命名了*R. bella*。

4.2 威尔逊采集及命名的中国蔷薇属植物

英格兰植物猎人厄尼斯特·亨利·威尔逊（Ernest Henry Wilson, 1876—1930）在1899—1918年间先后5次进入中国考察采集中国植物，行程路线涉及今天的云南、湖北、江西、重庆、四川、辽宁、台湾等地（王康, 2022）。1899—1902年，威尔逊作为维奇（Veitch）公司的植物猎人第一次进入中国，主要目标植物是珙桐（*Davidia involucrata*）；1903—1905年的第二次中国采集活动，主要是寻找全缘叶绿绒蒿（*Meconopsis integrifolia*）。之后，作为美国哈佛大学阿诺德树木园的植物猎人，在1907—1909年间、1910—1011年间和1917—1918年间，第三次、第四次和第五次进入中国，主要目的是收集裸子植物、木本植物、球根花卉，并系统性采集标本（王康, 2022）。

蔷薇属植物是威尔逊记录及收集的对象之一。威尔逊在《中国——园林之母》中关于蔷薇属植物的描写既科学准确又生动美好，其写道：蔷薇属灌木各处都有很多，到了4月各种类争奇斗艳。金樱子、小果蔷薇在无遮阴处极常见；野蔷薇、卵果蔷薇、木香在山沟、峡谷的崖壁缝中特别多，虽然绝非局限于这些地方。木香常攀附于大树上，枝条围绕树冠，点缀着花朵，煞是好看。每当清晨或一阵小雨之后，漫步于山谷间，空气中浮动着无数蔷薇花的幽香，真如置身于人间仙境（威尔逊, 2015）。此外，威尔逊在书中记录其第一次见到真正野生的中国月季（单瓣月季花），且结有果实（威尔逊, 2015）。

威尔逊采集的中国蔷薇属植物共44种（或变种、变型），参考目前的蔷薇属分类（*Flora of China*和https://powo.science.kew.org/）应为41种（或变种、变型）（表4）。其中，Rehder和Wilson共同命名21个新种（或变种、变型）。Hemsley和Wilson共同命名华西蔷薇、多苞蔷薇和刺梗蔷薇3个新种。其他植物学家根据威尔逊采集种子的播种苗命名峨眉蔷薇、小叶蔷薇、钝叶蔷薇、刺毛蔷薇和全针蔷薇5个新种。此外，Rehder和Wilson根据他人在中国采集的标本或采集种子长成的植株命名了1个种、2个变种、3个变型：根据W. Purdom（1880—1921）在山西采集的蔷薇种子播种苗，命名了美蔷薇（*R. bella* Rehder & E.H.Wilson）和美蔷薇变型（*R. bella* f. *pallens* Rehder & E.H.Wilson）；根据Dunn在福建采集的标本*2641*命名了一个变种*R. gentiliana* var. *australis* Rehder & E.H.Wilson；根据A. Henry在云南蒙自采集的标本*9098a*及云南思茅采集的标本*9098c*，命名了大花香水月季（*R. odorata* var. *gigantea* Rehder & E.H.Wilson），1899年威尔逊也采集到了这个变种的种子；根据1906年G. Forrest在云南丽江谷采集的标本*2049*和在大理谷采集的标本*4452*，命名了一个变型*R. odorata* var. *gigantea* f. *erubescens* Rehder & E.H.Wilson，俞德浚及谷粹芝将其更名为粉红香水月季[*R. odorata* (Andr.) Sweet var. *erubescens*（Focke）Yu et Ku]；根据F.N.Meyer在山西Tsin-tse附近采集的标本*414*命名了单瓣黄刺玫（*R. xanthina* f. *normalis* Rehder & E.H.Wilson）。

表4 威尔逊采集或命名的中国蔷薇属植物（根据*Plantae Wilsonianae*及*Flora of China*整理）

原拉丁名	现拉丁名	中文名称
R. banksiae f. *lutescens* Voss	*R. banksiae* var. *normalis* f. *lutescens* Voss	单瓣黄木香花
R. banksiae var. *normalis* Regel	*R. banksiae* var. *normalis* Regel	单瓣木香花
R. banksiopsis Baker	*R. banksiopsis* Baker	拟木香
R. bella Rehder & E.H.Wilson	*R. bella* Rehder & E.H.Wilson	美蔷薇
R. bella f. *pallens* Rehder & E.H.Wilson	*R. bella* Rehder & E.H.Wilson	美蔷薇
R. brunoii Lindley	*R. brunonii* Lindley	复伞房蔷薇
R. caudata Baker	*R. caudata* Baker	尾萼蔷薇
R. chinensis f. *spontanea* Rehder & E.H.Wilson	*R. chinensis* var. *spontanea* (Rehder & E.H.Wilson) T.T.Yu & T.C.Ku	单瓣月季花
R. chinensis Jacquin	*R. chinensis* Jacquin	月季花
R. corymbulosa Rolfe	*R. corymbulosa* Rolfe	伞房蔷薇
R. davidii Crépin	*R. davidii* Crépin	西北蔷薇
R. davidii var. *elongata* Rehder & E.H.Wilson	*R. davidii* var. *elongata* Rehder & E.H.Wilson	长果西北蔷薇
R. filipes Rehder & E.H.Wilson	*R. filipes* Rehder & E.H.Wilson	腺梗蔷薇
R. gentiliana Léveillé & Vaniot	*R. multiflora* var. *cathayensis* Rehder & E.H.Wilson	粉团蔷薇
R. gentiliana var. *australis* Rehder & E.H.Wilson	*R. henryi* Boulenger	软条七蔷薇
R. giraldii f. *glabriuscul*a Rehder & E.H.Wilson	*R. giraldii* Crépin	陕西蔷薇
R. *giraldii* var. *venulosa* Rehder & E.H.Wilson	R. *giraldii* var. *venulosa* Rehder & E.H.Wilson	毛叶陕西蔷薇
R. glomerata Rehder & E.H.Wilson	*R. glomerata* Rehder & E.H.Wilson	绣球蔷薇
R. graciliflora Rehder & E.H.Wilson	*R. graciliflora* Rehder & E.H.Wilson	细梗蔷薇
R. helenae Rehder & E.H.Wilson	*R. helenae* Rehder & E.H.Wilson	卵果蔷薇
R. hugonis Hemsley	*R. hugonis* Hemsley	黄蔷薇
R. laevigata Michaux	*R. laevigata* Michaux	金樱子
R. longicuspis Bertoloni	*R. longicuspis* Bertoloni	长尖叶蔷薇
R. microcarpa Lindley	*R. cymosa* Tratt.	小果蔷薇
R. moyesii f. *rosea* Rehder & E.H.Wilson	*R. moyesii* Hemsley & E.H.Wilson	华西蔷薇
R. moyesii Hemsley & E.H.Wilson	*R. moyesii* Hemsley & E.H.Wilson	华西蔷薇
R. multibracteata Hemsley & E.H.Wilson	*R. multibracteata* Hemsley & E.H.Wilson	多苞蔷薇

（续）

原拉丁名	现拉丁名	中文名称
R. multiflora var. *carnea* f. *platyphylla* Rehder & E.H.Wilson		
R. multiflora var. *carnea* Throy	*R. multiflora* Thunberg	野蔷薇
R. multiflora var. *cathayensis* Rehder & E.H.Wilson	*R. multiflora* var. *cathayensis* Rehder & E.H.Wilson	粉团蔷薇
R. murielae Rehder & E.H.Wilson	*R. murielae* Rehder & E.H.Wilson	西南蔷薇
R. odorata var. *gigantea* Rehder & E.H.Wilson	*R. odorata* var. *gigantea* Rehder & E.H.Wilson	大花香水月季
R. odorata var. *gigantea* f. *erubescens* Rehder & E.H.Wilson	*R. odorata* (Andr.) Sweet var. *erubescens* (Focke) Yu et Ku	粉红香水月季
R. omeiensis f. *pteracantha* Rehder & E.H.Wilson	*R. omeiensis* f. *pteracantha* Rehder & E.H.Wilson	扁刺峨眉蔷薇
R. omeiensis Rolfe	*R. omeiensis* Rolfe	峨眉蔷薇
R. prattii Hemsley	*R. prattii* Hemsley	铁杆蔷薇
R. rubus Léveillé & Vaniot	*R. rubus* Léveillé & Vaniot	悬钩子蔷薇
R. rugosa var. *chamissoniana* C.A.Meyer	*R. rugosa* Thunberg	玫瑰
R. saturata Baker	*R. saturata* Baker	大红蔷薇
R. sertata Rolfe	*R. sertata* Rolfe	钝叶蔷薇
R. setipoda Hemsley & E.H.Wilson	*R. setipoda* Hemsley & E.H.Wilson	刺梗蔷薇
R. sinowilsonii Hemsley	*R. longicuspis* var. *sinowilsonii* (Hemsl.) T.T.Yu & T.C.Ku	多花长尖叶蔷薇
R. soulieana Crépin	*R. soulieana* Crépin	川滇蔷薇
R. sweginzowii Koehne	*R. sweginzowii* Koehne	扁刺蔷薇
R. willmottiae Hemsley	*R. willmottiae* Hemsley	小叶蔷薇
R. xanthina f. *normalis* Rehder & E.H.Wilson	*R. xanthina* f. *normalis* Rehder & E.H.Wilson	单瓣黄刺玫
R. roxburghii f. *normalis* Rehder & E.H.Wilson	*R. roxburghii* f. *normalis* Rehder & E.H.Wilson	单瓣缫丝花
R. persetosa Rolfe	*R. persetosa* Rolfe	全针蔷薇

5 现代月季演化及品种

现代月季是蔷薇属内种间反复杂交，经长期选育而成的四季开花的杂交品种群。其色、形、香、姿俱佳，四季开花不绝（冬季在温室内或暖地）。现代月季是观赏植物育种（远缘杂交为主）的两大奇观和两大最高成就之一（另一为菊花）（陈俊愉，2001）。

5.1 月季的园艺分类

5.1.1 世界月季联合会采用的月季园艺分类法

该分类由英国皇家月季学会提出，1976年经世界月季联合会修改，于1979年批准（张佐双和朱秀珍，2006）。

- 现代月季Modern Garden Roses
  - 非藤本的Non-Climbing
    - 一季开花的Non-Recurrent Flowering
      - 一季开花的灌丛Non-Recurrent FloweringShrub
    - 经常开花的Recurrent Flowering
      - 经常开花的灌丛Recurrent Flowering Shrub
      - 矮丛Bush
        - 大花Large Flowered（杂种香水月季Hybrid Tea）
        - 簇花Cluster Flowered（聚花月季Floribunda）
        - 小姐妹Polyantha
      - 微型月季Miniature
  - 藤本的Climbing
    - 一季开花的Non-Recurrent Flowering
      - 一季蔓性蔷薇Non-Recurrent Flowering Rambler
      - 一季藤本蔷薇Non-Recurrent Flowering Climber
      - 一季藤本微型月季Non-Recurrent Flowering Climbing Miniature
    - 经常开花的Recurrent Flowering
      - 蔓性月季Recurrent Flowering Rambler
      - 藤本月季Recurrent Flowering Climber
      - 藤本微型月季Recurrent Flowering Climbing Miniature
- 古老月季Old Garden Roses
  - 非藤本的Non-Climbing
    - 白蔷薇Alba
    - 波旁月季Bourbon
    - 包尔苏蔷薇Boursault
    - 中国月季China
    - 大马士革蔷薇Damask
    - 法国蔷薇Gallica
    - 杂种长春月季Hybrid Perpetual
    - 苔蔷薇（毛萼洋蔷薇）Moss
    - 波特兰蔷薇Portland
    - 百叶蔷薇（洋蔷薇、百瓣蔷薇）Province（Centifolia）
    - 多花蔷薇Sweet Briar
    - 茶香月季Tea
  - 藤本的Climbing
    - 杂种田蔷薇Ayrshire
    - 包尔苏（波桑）蔷薇Boursault
    - 藤本茶香（香水）月季Climbing Tea
    - 诺伊赛特蔷薇Noisette
    - 杂种常绿蔷薇Sempervirens
- 野生蔷薇（蔷薇原种）Wild Roses
  - 非藤本的Non-Climbing
  - 藤本的Climbing

5.1.2 2018年美国月季学会使用的月季园艺分类

美国月季学会（American Rose Society）2018年通过了一个新的蔷薇属园艺分类方案，该方案反映了月季的演化过程及植物学特性。主要分为三大类：蔷薇原种；古老月季，指月季品种所属的园艺类群在1867年之前已经存在（Classes in existence before 1867）；现代月季，指月季品种所属的园艺类群在1867年之前不存在（Classes not in existence before 1867）。主要包括以下类群：

蔷薇原种Species Roses野生蔷薇（Wild Roses）

古老月季Old Garden Roses

- 白蔷薇Alba（White roses）
- 杂交田蔷薇Ayrshire
- 波旁月季Bourbon
- 包尔苏月季Boursault
- 百叶蔷薇Centifolia（普罗旺斯蔷薇Provence Roses）
- 中国月季China
- 大马士革蔷薇Damask
- 杂交中国月季Hybrid China
- 杂交法国蔷薇Hybrid Gallica
- 杂交长春月季Hybrid Perpetual
- 苔蔷薇Moss
- 诺伊赛特月季Noisette
- 波特兰蔷薇Portland
- 茶香月季Tea

现代月季Modern Roses

- 杂交茶香月季和壮花月季Hybrid Tea & Grandiflora
- 丰花月季和小姐妹月季Floribunda & Polyantha
- 微型月季和迷你月季Miniature & Miniflora
- 灌丛月季（经典及现代）Shrub（Classic & Modern）
  - 杂交科德斯Hybrid Kordesii
  - 杂交华西蔷薇Hybrid Moyesii
  - 杂交麝香蔷薇Hybrid Musk
  - 杂交玫瑰Hybrid Rugosa
  - 灌丛月季Shrub
- 大花藤本月季Large Flowered Climber、杂交巨花蔷薇Hybrid Gigantea、杂交光叶蔷薇Hybrid Wichurana。

5.1.3 月季新品种登录使用的园艺分类

在国际月季登录权威——美国月季学会网站申请月季新品种登录时，可以选择的月季园艺分类多达49个（表5）。

表5 美国月季学会园艺分类

缩写	英文名	中文名
A	Alba	白蔷薇
Ayr	Ayrshire	杂交田蔷薇
B	Bourbon	波旁月季
Bslt	Boursalt	包尔苏蔷薇
C	Centifolia	百叶蔷薇
Ch	China	中国月季
Cl F	Climbing Floribunda	藤本丰花月季
Cl Gr	Climbing Grandiflora	藤本壮花月季
Cl Min	Climbing Miniature	藤本微型月季
Cl MinFl	Climbing Miniflora	藤本迷你月季
Cl Ch	Climbing China	藤本中国月季
Cl HCh	Climbing Hybrid China	藤本杂交中国月季
Cl HP	Climbing Hybrid Perpetual	藤本杂交长春月季
Cl M	Climbing Moss	藤本苔蔷薇
Cl T	Climbing Tea	藤本茶香月季
D	Damdask	大马士革蔷薇
Eng	Shrub - English	灌丛月季-英国月季
Eg	Eglanteria	香叶蔷薇
Fl	Floribunda	丰花月季
Gal	Gallica	法国蔷薇
Gc	Shrub - Ground Cover	灌丛月季-地被月季
Gr	Grandiflora	壮花月季
HBc	Hybrid Bracteata	杂交硕苞蔷薇
HCh	Hybrid China	杂交中国月季
HFt	Hybrid Foetida	杂交异味蔷薇
HG	Hybrid Gigantea	杂交巨花蔷薇
HMoy	Hybrid Moyesii	杂交华西蔷薇
HMult	Hybrid Multiflora	杂交野蔷薇
HMsk	Hybrid Musk	杂交麝香蔷薇
HP	Hybrid Perpetual	杂交长春月季
HRg	Hybrid Rugosa	杂交玫瑰
HSem	Hybrid Sempervirens	杂交常绿蔷薇
HSet	Hybrid Setigera	杂交草原蔷薇
HSpn	Hybrid Spinosissima	杂交密刺蔷薇
HT	Hybrid Tea	杂交茶香月季
HWich	Hybrid Wichurana	杂交光叶蔷薇
Kor	Kordesii	科德斯月季
LCl	Large - Flowered Climber	大花藤本月季

（续）

缩写	英文名	中文名
M	Moss	苔蔷薇
Min	Miniature	微型月季
MinFl	Miniflora	迷你月季
Misc. OGR	Miscellaneous OGRs	其他古老庭院月季
N	Noisette	诺伊赛特月季
P	Portland	波特兰蔷薇
Pol	Polyantha	小姐妹月季
R	Rambler	蔓生月季
S	Shrub - Landscape	灌丛月季-景观月季
Sp	Species	原生种
T	Tea	茶香月季

5.1.4 *Modern Roses 12*中的月季园艺分类

*Modern Roses 12*是美国月季学会（月季品种登录权威）组织编写的月季品种汇编。*Modern Roses 12*与美国月季学会登录网站均由美国月季学会组织，二者采用的园艺分类基本一致，区别在于*Modern Roses 12*中未将某个类群的藤本类型（如藤本波旁月季、藤本杂交茶香月季等）单独列出，也未将原生种纳入其分类中（表6）。书中共记录国际登录权威通过的园艺类群有36个，其中古老月季有21个类群（**表示古老月季）。笔者认为，中国月季类群应属于古老月季，古老月季应共有22个类群。

表6 *Modern Roses 12*中的月季园艺分类

缩写	英文名	中文名
A	Alba**	白蔷薇**
Ayr	Ayrshire**	杂交田蔷薇**
B & Cl B	Bourbon & Climbing Bourbon**	波旁月季 & 藤本波旁月季**
Bslt	Boursalt**	包尔苏蔷薇**
C	Centifolia**	百叶蔷薇**
Ch	China & Climbing China	中国月季
D	Damdask**	大马士革蔷薇**
F & Cl F	Floribunda & Climbing Floribunda	丰花月季 & 藤本丰花月季
Gr & Cl Gr	Grandiflora & Climbing Grandiflora	壮花月季 & 藤本壮花月季
HBc	Hybrid Bracteata**	杂交硕苞蔷薇**
HCh	Hybrid China & Climbing Hybrid China**	杂交中国月季 & 藤本杂交中国月季**
HEg	Hybrid Eglanteria**	杂交香叶蔷薇**
HFt	Hybrid Foetida**	杂交异味蔷薇**
HG	Hybrid Gigantea	杂交巨花蔷薇
HGal	Hybrid Gallica**	杂交法国蔷薇**
HKor	Hybrid Kordesii	杂交科德斯月季
HMoy	Hybrid Moyesii	杂交华西蔷薇
HMsk	Hybrid Musk	杂交麝香蔷薇
HMult	Hybrid Multiflora**	杂交野蔷薇**
HP & Cl HP	Hybrid Perpetual & Climbing Hybrid Perpetual**	杂交长春月季 & 藤本杂交长春月季**
HRg	Hybrid Rugosa	杂交玫瑰
HSem	Hybrid Sempervirens**	杂交常绿蔷薇**
HSet	Hybrid Setigera**	杂交草原蔷薇**
HSpn	Hybrid Spinosissima**	杂交密刺蔷薇**
HT & Cl HT	Hybrid Tea & Cl HT	杂交茶香月季 & 藤本杂交茶香月季
HWich	Hybrid Wichurana	杂交光叶蔷薇
LCl	Large - Flowered Climber	大花藤本月季

（续）

缩写	英文名	中文名
Min & Cl Min	Miniature & Cl Miniature	微型月季 & 藤本微型月季
MinFl & Cl MinFl	Mini-Flora & Climbing Mini-Flora	迷你月季 & 藤本迷你月季
Misc. OGR	Miscellaneous OGRs**	其他古老庭院月季**
M & Cl M	Moss & Climbing Moss**	苔蔷薇 & 藤本苔蔷薇**
N	Noisette**	诺伊赛特月季**
P	Portland**	波特兰蔷薇**
Pol & Cl Pol	Polyantha & Climbing Polyantha	小姐妹月季
S	Shrub	灌丛月季
T & Cl T	Tea & Climbing Tea**	茶香月季 & 藤本茶香月季**

**表示古老月季。

5.2 现代月季的演化

野生蔷薇属植物经过长期的栽培、传播、杂交及人工选择，才形成了目前观赏价值高、品种多样、栽培利用广泛的现代月季（图126）。

5.2.1 1867年之前

中国、西亚及北非的蔷薇属植物栽培历史悠久，可能始于公元前3 000年（Bendahmane et al., 2013），至今已有5 000年的历史（Vries & Dubois,

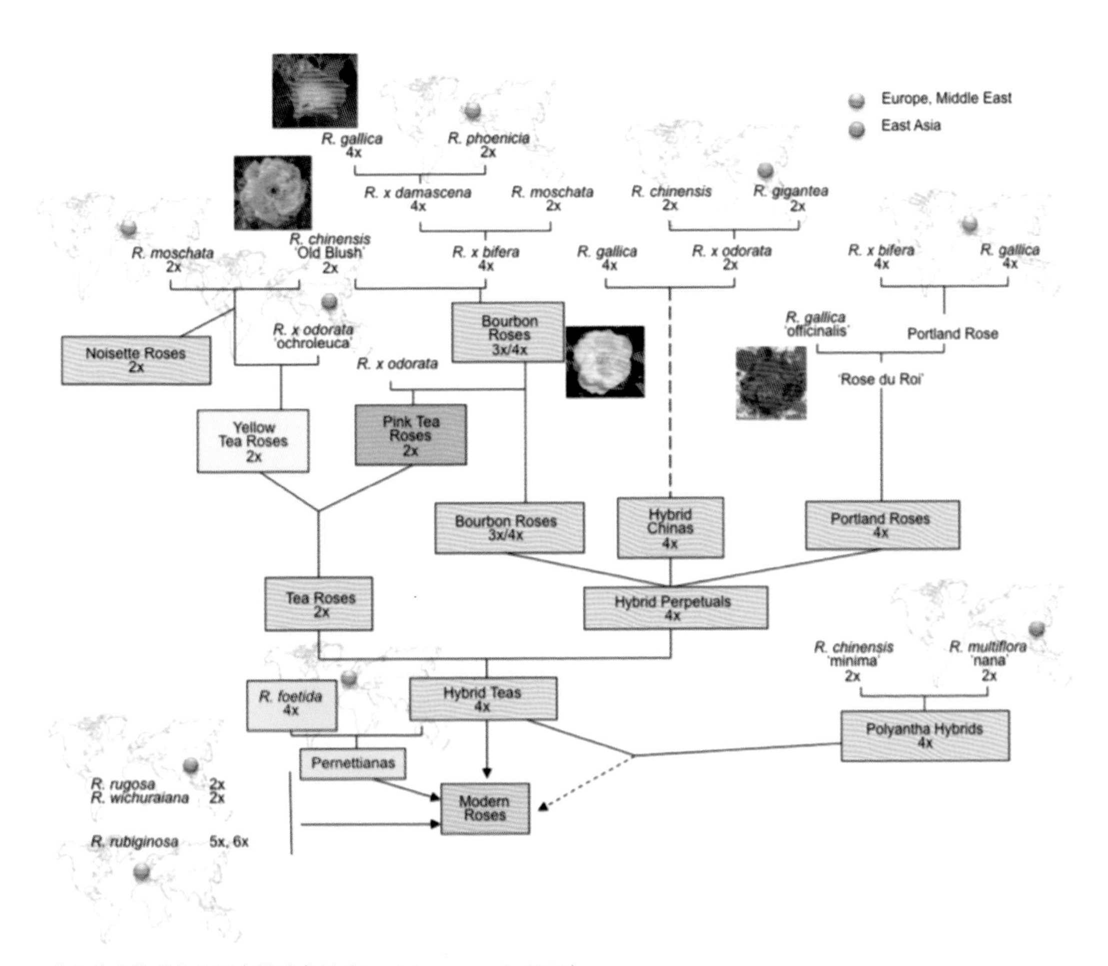

图126 现代月季谱系的主要步骤示意图（Bendahmane et al., 2013）

1996）。有国外学者推测，中国可能是世界上最早栽培利用蔷薇属植物的国家（Krüssmann, 1981），在中国历史上最早的中草药秘籍《神农本草经》中，就有营实（蔷薇的果实）等记载（王国良，2015）。中国蔷薇最早的书面用语为“蔷蘼”，源自3 000年前的《诗经》：“蔷，蔷蘼”（王国良，2015）。中国蔷薇栽培类型的雏形出现在2 000多年前的汉代；唐代始盛，栽植原种野生蔷薇，蔓生藤本，作绿篱棚架用；唐末宋初，栽培的蔷薇属植株已成直立灌木，花由单瓣变为重瓣；两宋时期有不少关于古代大花重瓣月季的绘画、诗歌，并有对月季四季开花特性的描述；宋朝之后月季花色和品种成爆发式增长，清光绪十九年（1893）淮安人刘传绰所著《月季花谱》中品种达百余个（王国良，2008）。欧洲的蔷薇属植物栽培也有悠久历史，但在18世纪之前，欧洲栽培的蔷薇属植物主要为法国蔷薇、大马士革蔷薇和百叶蔷薇，花色多为白色至粉色及淡红色（Shepherd, 1978），除秋大马士革蔷薇的开花特性为少量二次花外，其他均为一季花；与当时中国栽培的蔷薇属植物相比，既缺少四季开花的品种，又没有开黄色花的品种（柳子明，1964）。

18世纪末19世纪初，采集自中国的月季花品种（‘月月红’‘月月粉’）和香水月季品种（**彩晕香水**月季、**淡黄香水**月季）引入欧洲，为其提供了当地蔷薇属植物不具备的重复开花性、茶香、大花、包括黄色花在内的多种花色及大型植株等重要观赏性状（Wilson, 1915; 柳子明, 1964; Krüssmann, 1981; 张佐双和朱秀珍, 2006），大大丰富了月季的色彩并延长了花期（俞德浚, 1962）。1867年第一个现代月季品种**法兰西**推广之前，产生了许多栽培类群，这些栽培类群的品种统称为古老月季。一般认为原产中国的月季花及香水月季品种参与杂交形成的古老月季栽培类群主要有以下几个：

波特兰蔷薇Portland：该类群起源于意大利，‘Duchess of Portland’是其早期的栽培品种，育成时间为1800年之前（Krüssmann, 1981）。波特兰蔷薇在1850年前后非常流行，约有150个品种（Edwards, 1975）。由于该栽培群的品种具有重复开花特性，曾经被认为具有月季花的血统（Hurst, 1941）。经DNA技术检测，波特兰蔷薇中并没有中国月季的血脉，它是法国蔷薇药用变种（*R. gallica* var. *officinalis*）与具有二次开花能力的秋大马士革蔷薇（Autumn Damask）杂交的产物（李菁博, 2020）。

波旁月季Bourbon：波旁月季最早由波旁岛（现名，法属留尼汪岛Réunion）运至法国。关于其起源、发现及传播有不同观点，一般认为其是开两季花的大马士革蔷薇品种‘Quatre Saisons’与‘月月粉’的天然杂交种（柳子明, 1964; Shepherd, 1978）。1817年波旁岛植物园的M. Bréon注意到一株奇特的蔷薇属植物，花色为玫粉色、具20枚花瓣、芳香、重复开花、叶片大且厚；1819年，Bréon将该品种命名为‘Rosier de l'Ile de Bourbon’，并寄给了奥尔良公爵（Duke of Orleans at Neuilly）的园艺师雅客（Antoine A. Jacques），该品种也被称 为 The Bourbon Jacques、Bourbon Rose、Ile de Bourbon；1822年引种至英国；1828年引种至美国（Shepherd, 1978）。其产生了许多具有相似性状的子代，统称为波旁月季。该栽培群植株株型为灌丛或藤本，花小，花常3～7朵簇生，花色多为粉色或具条纹，叶片有光泽，重复开花或两季花（Moody & Harkness, 1992）。

诺伊赛特月季Noisette：1811年推广的第一个诺伊赛特月季品种‘Champneys' Pink Cluster’**钱普尼粉**由美国John Champney利用麝香蔷薇与‘月月粉’杂交而成（Krüssmann, 1981）。菲利普 · 诺伊赛特（Philip S Noisette）获得了这个品种，并将它的种子寄给居住在法国的路易斯 · 诺伊赛特（Louis Noisette）。随后，诺伊赛特兄弟从‘Champneys' Pink Cluster’的实生苗中获得了一个新品种，取名‘Blush Noisette’。育种家们利用‘Champneys' Pink Cluster’及‘Blush Noisette’杂交培育出许多新品种。1830年，Marechal利用‘Blush Noisette’与**淡黄香水**月季杂交，产生了蔓生诺塞特黄月季和灌丛香水月季两个分支（柳子明, 1964）。该栽培群的品种花常簇生，花色白色、黄色或粉色，叶片浅绿色有光泽，大部分品种可重复开花（Moody & Harkness, 1992）。

杂交中国月季Hybrid China：一般将月季花（*R. chinensis*）及其早期品种，称为中国月季（China Rose）。但杂交中国月季的概念比较模糊且有争议。Shepherd（1978）认为杂交中国月季是由月季花与其他蔷薇属园艺品种杂交而成，可分为两类：一类是月季花与法国蔷薇、白蔷薇、百叶蔷薇杂交而成的子代，多为一季花；另一类是月季花与具有相似血缘的月季品种（如波旁月季）杂交而成的子代，有四季开花特性。Paul（1903）认为杂交中国月季是法国蔷薇和普罗旺斯蔷薇与中国月季杂交而成，其生长特性更像法国蔷薇或普罗旺斯蔷薇。Cairns（2003）在美国月季学会月季园艺分类中描述杂交中国月季植株较矮，株高60～100cm，枝条细弱，花多有辛辣香，不耐寒，重复开花，这些品种特性更偏向于中国月季品种群。

茶香月季Tea Roses：一般认为"茶香"一词指中国的香水月季所特有的香味，因**彩晕香水**月季和**淡黄香水**月季于19世纪初随东印度公司贩运茶叶的商船运抵英国时，茶叶的清香与香水月季的甜香混合在一起，给西方人留下了深刻印象，由此获得"Tea Scented Rose"之名（斯图尔特，2014），后来常简称为"Tea Roses"。茶香月季指香水月季品种（**彩晕香水**月季、**淡黄香水**月季）及其杂交子代。由于耐寒性较差，茶香月季的早期品种主要在法国的温室内通过人工杂交培育而成。'Adam'可能是由**彩晕香水**月季与波旁月季品种'Rose Edouard'杂交而成，1833年推广。'Smith's Yellow China'由诺伊赛特月季品种'Blush Noisette'与**淡黄香水**月季杂交而成，1834年推广。1839年推广的茶香月季品种'Safrano'由**淡黄香水**月季与诺伊赛特品种'Desprez'杂交而成，花瓣黄褐色有深玫红晕，在很长一段时间内广受欢迎，且被认为是首个成功通过人工授粉控制亲本的月季品种（Shepherd, 1978）。茶香月季类群因花大、芳香、花色丰富（白色、黄色、粉色、杏色）等优良特性而颇受欢迎，杂交培育出的新品种数量达1 000多个（柳子明, 1964; Krüssmann, 1981）。该栽培群的缺点为花梗细弱、易垂头、抗性一般（Moody & Harkness, 1992）。

杂交长春月季Hybrid Perpetual：也称作Remontant月季，意为"连续开花的月季"，但实际上，该栽培群中没有品种能够像之后育成的杂交茶香月季一样持续开花，只能称为少量二次开花（Shepherd, 1978）。1837—1900年是杂交长春月季的主要育种时期，品种数量超过4000个（Krüssmann, 1981）。其早期育种主要集中在法国，法国育种家拉费（Jean Laffay, 1795—1878）育成了许多杂交长春月季品种，1837年推广的品种'Princesse Helene' 'Prince Albert'是杂交长春月季的早期栽培品种，1843年推广的品种'La Reine'表现优异且是很多优秀月季品种（如'Baroness Rothschild' 'Mrs. John Laing' 'Paul Neyron'）的祖先。杂交长春月季的起源比较复杂，一方面波特兰蔷薇、杂交中国月季、波旁月季、大马士革蔷薇等多个栽培群的品种参与其中；另一方面当时多为开放授粉、育种记录并不完整。Shepherd（1978）推测对杂交长春月季育种影响最大的是月季花与大马士革蔷薇。该栽培群的品种特性与现代月季很像，植株强健，花大，花瓣多，花色从白色至深红色，浓香，花期长、少量二次花，刺多，叶片稀疏（Krüssmann, 1981; Moody& Harkness, 1992）。杂交长春月季是古老月季与现代月季的桥梁。

5.2.2 1867年之后

1867年第一个现代月季品种**法兰西**推广，现代月季的时代由此开启。**法兰西**月季在当时被认为是独一无二的品种，它兼具杂交长春月季的强健生长特性与茶香月季的反复开花性。在这之后，很多育种者意识到，通过选择亲本可以培育出具有新花型、花色及生长习性的品种。美国月季学会根据植株生长习性，将现代月季分为以下几个主要类群（American Rose Society, 2018）：

5.2.2.1 杂交茶香月季Hybrid Tea和壮花月季Grandiflora

现代月季中，最受欢迎的类群应当是杂交茶香月季。杂交茶香月季最初由杂交长春月季品种与茶香月季品种杂交而成，生长特点介于杂交长春月季与茶香月季之间，耐寒性比茶香月季强，但比长春月季差；重复开花性比长春月季强，但比茶香月季差；花大，型满，具30~50枚花瓣；花茎长，上着生1至数朵花。在杂交茶香月季育种过程中有以下几个重要的时间点：

1867年，法国著名育种家（小）吉约［Jean-Baptiste Guillot (fils), 1827—1893］培育的**法兰西**月季推广，这个品种被认为是世界上第一个杂交茶香月季品种，开启了现代月季的时代。

1900年，第一个橙色（黄色）现代月季品种'Soleil d'Or' **金太阳**推广。**金太阳**由法国佩尔内-迪谢（Pernet-Ducher）利用一个杂交长春月季品种与重瓣异味蔷薇杂交培育而成。虽然**金太阳**的花色为黄色和珊瑚粉色混合色，并不是人们所期待的纯正的黄色，但仍然被认为是黄色月季品种的一个重要突破（Macoboy & Cairns, 2016）。欧洲早期的蔷薇品种多为白色、粉色、红色，没有黄色的品种，采自中国的黄色香水月季特别受到重视（柳子明，1964），产生了许多杂交品种，但并没有选育出花色为亮黄色的品种。异味蔷薇为当时的月季花色（红色、粉色、黄色、白色）带来了一系列新的颜色（金黄色、杏色、古铜色、猩红色）（Krüssmann, 1981）以及表里双色和混合色（张佐双和朱秀珍, 2006），但其杂交子代也遗传了异味蔷薇易感黑斑病的缺点。这个类群最早被称为"Pernetiana-Roses""Pernetiana""Old Austrian Briar Rose"，后来并入杂交茶香月季。

1945年，'Peace' **和平**月季推广。**和平**由法国梅扬（Francis Meilland）育成，不仅寓意世界上最伟大的愿望——和平，而且其花色艳丽、花型优雅、长势强健，具有人们所期望的所有特征（Krüssmann, 1981）。该品种获得了公众认可和赞扬，在其育成之后的很长时间乃至现在，都常作为月季品种评价的"标杆"（Vanable, 2021），被誉为20世纪最伟大的月季品种（张佐双和朱秀珍, 2006）。**和平**月季也是月季育种中的一个重要亲本，育种者们利用它与其他品种杂交，培育了许多优秀子代，开创'和平'系列月季名种（张佐双和朱秀珍, 2006）。

1954年，第一个壮花月季品种'Queen Elizabeth' **伊丽莎白女王**推广。该品种由美国拉默特（Wlater Edward Lammerts, 1904—1996）利用杂交茶香月季品种'Charlotte Armstrong' **夏洛特·阿姆斯特朗**与丰花月季品种'Floradora' **佛罗拉多拉**杂交而成，具有杂交茶香月季的特征，但花不是单生而是3~5朵花簇生，且植株高大（180~240cm），考虑到这些变化，美国月季学会创立了壮花月季这个类群。

5.2.2.2 丰花月季Floribunda和小姐妹月季Polyantha

丰花月季株型紧凑；株高多为60~150cm；分枝多；花中型，花直径一般5~10cm；多朵花聚生成一个花序。丰花月季的特点是在任何时候都能盛开具有多朵花簇生的大的花序。这使它的受欢迎程度仅次于杂交茶香月季和壮花月季。这个类群具有花量大、花色多样、花期长的特点。与杂交茶香月季相比，丰花月季持续开花能力更强、抗性强、易于养护。

小姐妹月季株型紧凑；株高100cm左右；枝细，叶小；花小，直径2.5cm左右，重瓣，花多朵聚生成大的花序，四季开花，抗寒性、耐热性较强（张佐双和朱秀珍, 2006）。小姐妹月季植株通常较小，但植株强健、花簇生、持续开花力强，常用于成团栽植、边缘、树篱（American Rose Society, 2018）。

1875年，第一个小姐妹月季品种'Pâquerette' **苍白**推广。该品种从野蔷薇（*R. multiflora*）的播种苗中选育获得。由于其重复开花性强，被认为具有月季花的血统，推测其是野蔷薇与月季花的第二代或第三代杂交子代（Shepherd, 1978）。

1908年，第一个丰花月季品种'Gruss an Aachen'诞生在德国（Krüssmann, 1981）。

1924年丰花月季品种'Else Poulsen' 'Kirsten Poulsen'推广。虽然之前已经有一些丰花月季品种的育成，但'Else Poulsen'及'Kirsten Poulsen'的推广提高了人们对这个类群的兴趣，许多欧洲及美国的育种人在此之后开始从事相关工作（Shepherd, 1978）。Poulsen公司随后又培育很多类似的品种，最有名的为1932年推广的'Karen Poulsen'。这个月季类群一开始被称为杂交小姐妹月季，后来归入丰花月季。

1930年，"Floribunda" 这一名词被提出。

Krüssmann（1981）认为“Floribunda”由美国的尼古拉（Jean Henri Nicolas, 1875—1937）博士利用杂交茶香月季与小姐妹月季进行杂交育种后提出。但美国Jackson & Perkins ®公司在其网站上指明，提出这一概念的人是该公司总裁C.H.Perkins[10]。尼古拉博士是Jackson & Perkins®公司聘请的法国育种专家。

1940—1960年，尼古拉博士的接替者、丰花月季之父（Papa Floribunda）——博尔纳（Eugene Boerner）育成的丰花月季品种超过60个，其中14个被授予全美月季优选奖AARS。广泛推广的品种有‘Masquerade’‘Lavender Pinocchio’‘Apricot Nectar’等。

5.2.2.3 微型月季Miniature和迷你月季Miniflora

微型月季植株矮小，平均株高30 ~ 76cm；枝密花多；常多朵花簇生成花束；花小型；这个类群的花型和叶片更像是杂交茶香月季和丰花月季的缩小版；因其新颖性和多功能性而越来越受欢迎。迷你月季是美国月季学会在1999年接受的一个新的分类，其花朵及叶片大小介于微型月季和丰花月季之间（American Rose Society, 2018）。

1936年，第一个微型月季品种‘Tom Thumb’推广。‘Tom Thumb’是荷兰人Jan de Vink以‘Rouletii’**矮粉**为母本与小姐妹月季品种‘Gloria Mundi’杂交而成。‘Rouletii’，又名*R. semperflorens minima* Lawrence、*R. Chinensis* minima，是产自中国的紫月季花［*R. chinensis* var. *semperflorens* (Curtis) Koehne］的矮生品种（Young & Schorr, 2007）。分子研究表明，**矮粉**与‘月月粉’具有相同的遗传图谱，但由于试验样本少，该结果还需要进一步验证（Soules, 2009）。**矮粉**与原产中国的月季花密切相关，是没有争议的（Krüssmann, 1981）。

20世纪，微型月季之父——莫尔（Ralph S Moore, 1907—2009）利用‘Tom Thumb’杂交出非常多的微型月季品种，如‘Simplex’‘Magic Carrousel’‘Rise 'n' Shine’‘Millie Walters’‘Sweet Chariot’‘Angel Pink’等。莫尔的极力发展使微型月季在月季领域占有一席之地（张佐双和朱秀珍，2006）。

1940年，西班牙月季育种家多特（Don Pedro Dot, 1885—1976）推了一个重要的黄色微型月季品种‘Baby Gold Star’。

5.2.2.4 灌丛月季（经典及现代）Shrub（Classic & Modern）

灌丛月季基于植株的扩张生长习性而划分，谱系较为复杂（Vukosavljev et al., 2013）。该类群的月季品种具有多朵花簇生的大的花序，花量大，长势强健。灌丛月季在适宜的气候和生长条件下株高可长至150 ~ 450cm。灌丛月季被分为经典（Classic）与现代（Modern）两个分支。经典灌丛月季包括杂交科德斯、杂交华西蔷薇、杂交麝香蔷薇、杂交玫瑰。现代灌丛月季包括被育种者直接定为灌丛月季或现代灌丛月季的品种，如David Austin、Dr. Griffith Buck、Mike Shoup等育种者培育的品种（American Rose Society, 2018）。

（1）杂交科德斯（Hybrid Kordesii）

株高150 ~ 450cm；有些品种可萌发出较长的枝条，也可作为藤本使用，如Krüssmann（1981）就将这些品种归为藤本月季。通常多朵花簇生成一个大的花序；花色多为粉红色或红色，也有许多其他颜色；多具淡香；重复开花；叶片有光泽；植株长势强健、适应性强、抗病、耐寒。

1941年德国育种家科德斯（Wilhelm Kordes, 1891—1976）从杂交玫瑰品种‘Max Graf’的播种苗中选育出一个新品种‘*R.* ×*kordesii*’。Krüssmann在*The Complete Book of Roses*书中对该品种的育种过程进行了详细的描述：约1925年，科德斯获得了一个优秀的玫瑰品种‘Max Graf’；随后，科德斯利用‘Max Graf’经过多个杂交试验，最终在1940年获得了2株‘Max Graf’的杂交苗，其中一株杂交苗的叶片及株型与玫瑰类似；另一株的特征与光

---

10 见A Concise History of Jackson & Perkins. https://www.jacksonandperkins.com/blog/rose-blogs/a-concise-history-of-jackson-perkins/b/a-concise-history-of-jackson-perkins/ [2022-04-20]。

叶蔷薇类似，具有长的匍匐茎；1942年，与玫瑰形态类似的杂交苗在冬季被冻死，但另一株与光叶蔷薇类似的杂交苗在冬季没有任何保护的情况下安全越冬，而且开出了重瓣的红色花朵并结出果实；这株杂交苗被H.D.Wulff命名为*R. kordesii*，并发表在*Der Züchter*。随后，W. Kordes及其儿子 Reimer Kordes（1922—1997）以 *R. kordesii* 为亲本进行杂交，培育了许多后代，被称为杂交科德斯HKor。杂交科德斯月季融合了玫瑰和光叶蔷薇的优点，叶片光亮、抗病性强，又能多季开花。优秀子代有‘Dortmund’‘Sympathie’‘Morgengruss’‘Surrey’‘Elveshörn’‘Immensee’等。

1970—1980年，加拿大育种家什韦达（Felicitas Svejda, 1920—2016） 以‘*R.* ×*kordesii*’为亲本，培育出加拿大探险系列月季Canadian Explorer Series，如‘William Baffin’‘John Cabot’等（Vukosavljev et al., 2013）。

（2）杂交华西蔷薇（Hybrid Moyesii）

华西蔷薇的杂交后代。植株为松散、半攀缘灌木，枝条橙色至巧克力色。复叶由多个小叶片组成。多朵花簇生成一个花序，花通常单瓣（4～8枚花瓣），花色为桃红色、粉红色或乳白色。一些品种为单季花，一些品种重复开花。蔷薇果橙色、颈部缢缩，形状像大肚短颈瓶（American Rose Society, 2018）。品种有‘Nevada’‘Highdownensis’‘Geranium’等。

（3）杂交麝香蔷薇（Hybrid Musk）

株高90～240cm。多朵花簇生成一个大的花序；单朵花非常小；花色通常为粉色、白色、黄色、桃红色或杏色，极少为红色；花有香味；花期持续整个夏季，至夏末或秋季。植株长势强健、适应性强，抗病、耐阴。品种有‘Danaë’‘Moonlight’‘Penelope’‘Will Scarlt’‘Lavender Lassie’‘Robin Hood’等。

麝香蔷薇（*R. moschata*）的杂交历史并不十分清楚，一方面麝香蔷薇和复伞房蔷薇形态相似，在杂交利用中常相互关联（Krüssmann, 1981）；另一方面杂交麝香蔷薇的主要亲本‘Trier’是杂交野蔷薇类型而非杂交麝香蔷薇类型（Young & Schorr, 2007）。1904年，兰伯特（Peter Lambert, 1859—1939）推出新品种‘Trier’，该品种具有明显的麝香蔷薇特性，且杂交效果最好，是杂交麝香蔷薇类群的主要亲本（Shepherd, 1978）。20世纪初，英国的彭伯顿牧师（Joseph Hardwick Pemberton, 1852—1926）利用‘Trier’与茶香月季品种杂交，培育出许多杂交麝香蔷薇品种。此外，Wilhelm Kordes、George C Thomas等人均进行了杂交麝香蔷薇品种的育种。

（4）杂交玫瑰（Hybrid Rugosa）

1886年，美国育种家卡曼（Elbert S Carman, 1836—1900）及巴德（Joseph Lancaster Budd, 1835—1904）开始利用玫瑰进行杂交育种。在欧洲，利用玫瑰进行杂交育种的时间与美国类似，1887年法国育种家布吕昂（François Georges Léon Bruant, 1842—1912）推广了欧洲第一个有价值的玫瑰杂交品种‘Mme Georges Bruant’。随后欧洲及美国的多位育种家利用玫瑰进行杂交育种。由于杂交玫瑰品种的抗逆性及抗病性常与玫瑰的典型特征相关联，优选出的品种通常具有褶皱叶片、较细的花梗及密集的刺（Shepherd, 1978）。优秀品种有‘Atropurpurea’‘Blanc Double de Coubert’‘F J Grootendorst’‘Max Graf’等。

5.2.2.5 大花藤本月季（Large Flowered Climber）、杂交巨花蔷薇（Hybrid Gigantea）、杂交光叶蔷薇（Hybrid Wichura）

这个类群主要根据品种的生长习性划分。其植株具有长的拱形枝条，因此在经过适当的绑扎后，植株能够爬上篱笆、越过墙壁、穿过乔木和棚架，该类群花色丰富、花型多样（American Rose Society, 2018）。

大花藤本月季品种花大、多具有重复开花特性。该类群的起源比较复杂。第一个重复开花且抗寒的大花藤本月季品种是‘New Dawn’（Macoboy & Cairns, 2016）。

20世纪初期，利用巨花蔷薇杂交培育品种有‘Kobé’‘Étoile de Portugal’‘Lusitania’‘Amateur Lopes’等。1922年法国Nabonnand育成‘Lady Johnson’。1923年澳大利亚Clark育成‘Harbinger’等（Schoener, 1932）。

1883年美国育种家霍瓦特（Michael Henry

Horvath, 1868—1945）利用光叶蔷薇进行杂交育种，培育出4个品种‘Pink Roamer’‘South Orange Perfection’‘Manda's Triumph’‘Universal Favorite’，于1898—1899年开始销售。1890年，光叶蔷薇引种至美国阿诺德树木园，很多美国育种家（或育种公司）开始利用光叶蔷薇进行育种，如Jackson Dawson、Dr.W.van Fleet、James A. Farrell、Jackson& Perkins等，早期育成的优良品种有‘Lady Duncan’‘Dorothy Perkins’‘American Pillar’等（Krüssmann, 1981）。由于光叶蔷薇具有匍匐生长的特性，其子代也常常表现出茎枝匍匐生长、花多朵聚生成束开放的特性，也被称为蔓性月季（Ramblers）或地被月季（Grand Cover Roses）。

5.2.3 参与现代月季育种的野生蔷薇

俞德浚（1962）、柳子明（1964）、Krüssmann（1981）、陈俊愉（2001）、Smulders et al. (2011) 多名研究人员对参与现代月季育种的野生蔷薇种类进行了总结（表7）。本文整理时做了以下几点改动：①之前大马士革蔷薇被认为是一个蔷薇种*R. damascena*，但目前的分子研究表明其为杂交种，亲本为（*R. moschata* × *R. gallica*）× *R. fedschenkoana*（Rusanov et al., 2005），因此原文献中的大马士革蔷薇在本文中用其3个亲本替代；②原文献中巨花蔷薇的学名*R. gigantea*改为*R. odorata* var. *gigantea*；③原文献中光叶蔷薇的学名*R. wichuraiana* Crép.改为*R. lucieae* Franch. & Rochebr. ex Crép.；④原文献中*R. cinnamomea* L.改为*R. majalis* Herrm.。

表7 参与现代月季育种的蔷薇属野生种

作者	蔷薇种
俞德浚（1962）	*R.* × *centifolia*, *R. banksiae*, *R. chinensis*, *R. davidii*, *R. fedschenkoana*, *R. gallica*, *R. hugonis*, *R. moschata*, *R. moyesii*, *R. multiflora*, *R. odorata*, *R. omeiensis*, *R. primula*, *R. rugosa*, *R. setipoda*, *R. sweginzowii*, *R. lucieae*, *R. xanthina*
Krüssmann（1981）	*R.* × *alba*, *R. acicularis*, *R. arvensis*, *R. blanda*, *R. canina*, *R. chinensis*, *R. fedschenkoana*, *R. foetida*, *R. gallica*, *R. glauca*, *R. lucieae*, *R. moschata*, *R. moyesii*, *R. multiflora*, *R. odorata*, *R. pendulina*, *R. roxburghii*, *R. sempervirens*, *R. setigera*, *R. spinosissima*, *R. rubiginosa*, *R. rugosa*, *R.* × *centifolia*
柳子明（1964）	*R. bracteata*, *R. canina*, *R. chinensis*, *R. fedschenkoana*, *R. foetida*, *R. gallica*, *R. hugonis*, *R. lucieae*, *R. moyesii*, *R. multiflora*, *R. odorata*, *R. rugosa*, *R. setigera*, *R. spinosissima*, *R.* × *centifolia*
陈俊愉（2001）	*R.* × *centifolia*, *R. bracteata*, *R. chinensis*, *R. fedschenkoana*, *R. foetida*, *R. gallica*, *R. hugonis*, *R. lucieae*, *R. moyesii*, *R. multiflora*, *R. odorata* var. *gigantea*, *R. odorata*, *R. setigera*, *R. spinosissima*, *R. rugosa*
Smulders et al. (2011)	*R. bella*, *R. bracteata*, *R. chinensis*, *R. majali*, *R. davidii* var. *elongata*, *R. foetida*, *R. gallica*, *R. luciae*, *R. moschata*, *R. moyesii*, *R. multibracteata*, *R. multiflora*, *R. odorata* var. *gigantea*, *R. pendulina*, *R. rubiginosa*, *R. rugosa*, *R. sempervirens*, *R. spinosisima*, *R. fedtschenkoana*

一般认为，10～20种野生蔷薇对现代月季的形成做出贡献（柳子明, 1964; Krussman, 1981; Vries & Dubois, 1996; 陈俊愉, 2001; Bendahmane et al., 2013）。但由于不同作者的观点不同，参与月季育种的蔷薇种类实际远超出20种。汇总表7中研究人员的观点，可知，参与现代月季育种的野生蔷薇共有37种（或变种）：百叶蔷薇（*R.* × *centifolia* L.）、白蔷薇（*R.* × *alba* L.）、刺蔷薇、田野蔷薇（法国野蔷薇）（*R. arvensis* Huds.）、木香花、美蔷薇、光枝蔷薇（*R. blanda* Aiton）、硕苞蔷薇、狗蔷薇、月季花、桂味蔷薇（*R. majalis* Herrm.）、西北蔷薇、长果西北蔷薇（*R. davidii* var. *elongate* Rehder & E.H.Wilson）、腺果蔷薇、异味蔷薇、法国蔷薇（*R. gallica* L.）、红叶蔷薇（粉绿叶蔷薇）（*R. glauca* Pourr.）、黄蔷薇、光叶蔷薇、麝香蔷薇、华西蔷薇、多苞蔷薇、野蔷薇、大花香水月季、香水月季、峨眉蔷薇、垂枝蔷薇（高山蔷薇）（*R. pendulina* L.）、樱草蔷薇、缫丝花、锈红蔷薇、玫瑰、常绿蔷薇（*R. sempervirens* L.）、草原蔷薇（刚毛蔷薇）（*R. setigera* Michx.）、刺梗蔷薇、密刺蔷薇、黄刺玫、扁刺蔷薇。此外，弯刺蔷薇、复伞房蔷薇、山刺玫、腺梗蔷薇、卵果蔷薇、金

樱子、疏花蔷薇、长尖叶蔷薇、单叶蔷薇、绢毛蔷薇、川滇蔷薇、大叶蔷薇等12种野生蔷薇也参与了月季育种（参见本章第2节）。因此，参与现代月季育种的野生蔷薇共有49种（或变种）。

5.2.4 中国蔷薇属植物在现代月季演化中的作用

参与现代月季育种的49种（或变种）蔷薇中，在中国有自然分布的蔷薇共35种（或变种）：刺蔷薇、木香花、美蔷薇、硕苞蔷薇、月季花、西北蔷薇、长果西北蔷薇、腺果蔷薇、黄蔷薇、光叶蔷薇、华西蔷薇、多苞蔷薇、野蔷薇、大花香水月季、香水月季、峨眉蔷薇、樱草蔷薇、缫丝花、玫瑰、刺梗蔷薇、密刺蔷薇、黄刺玫、弯刺蔷薇、金樱子、疏花蔷薇、川滇蔷薇、大叶蔷薇、扁刺蔷薇、单叶蔷薇、复伞房蔷薇、山刺玫、腺梗蔷薇、卵果蔷薇、长尖叶蔷薇、绢毛蔷薇。其中，16种（或变种）为中国特有种：美蔷薇、月季花、西北蔷薇、长果西北蔷薇、黄蔷薇、华西蔷薇、多苞蔷薇、木香花、川滇蔷薇、黄刺玫、峨眉蔷薇、樱草蔷薇、缫丝花、刺梗蔷薇、扁刺蔷薇、腺梗蔷薇。参与现代月季育种的野生蔷薇中，71.4%的种类在中国有分布，32.7%的种类为中国特有。

采集自中国的月季花及香水月季对现代月季的影响是颠覆性的（Wilson, 1915）。18世纪末19世纪初，采集自中国的月季花品种（'月月红''月月粉'）和香水月季品种（**彩晕香水**月季、**淡黄香水**月季）引入欧洲，为其提供了当地蔷薇属植物不具备的重复开花性、茶香、大花、包括黄色花在内的多种花色及大型植株等重要观赏性状（Wilson, 1915; 柳子明, 1964; Krüssmann, 1981; 张佐双和朱秀珍, 2006），大大丰富了月季的色彩并延长了花期（俞德浚, 1962）。19世纪，欧洲及美国的园艺工作者利用从中国采集的月季花品种及香水月季品种，培育形成了波旁月季、诺伊赛特月季、茶香月季、杂交长春月季等古老月季栽培群；随后利用杂交长春月季与茶香月季杂交，产生了杂交茶香月季，从而开启了现代月季的篇章。目前广泛普及的所有优秀月季品种，几乎都有月季花或香水月季的血统。

月季花的矮生品种'Rouletii'为现代月季提供了最小的花朵（Shepherd, 1978），是微型月季育种的主要亲本。

攀缘蔷薇早期育种有3个来源：其一是多花攀缘蔷薇，来源于中国的野蔷薇及其栽培变种；其二是来源于中国和日本的光叶蔷薇；其三是茶香蔷薇的攀缘类型（俞德浚, 1962）。这3个攀缘蔷薇来源均与中国有关。虽然园艺工作者也利用原产美国的草原蔷薇和原产欧洲的田野蔷薇和常绿蔷薇进行攀缘月季育种，但产生的杂交子代远不如野蔷薇或光叶蔷薇的杂交后代优秀（Shepherd, 1978）。

分子研究为中国蔷薇属植物在月季演化中的重要作用提供了新的依据。原产中国的月季花、香水月季、玫瑰、野蔷薇与现代月季关系密切。Martin et al.（2001）利用（AP）PCR方法对13个月季类群的100个古老月季品种进行了遗传变异分析，原产欧洲的法国蔷薇类群、百叶蔷薇类群、大马士革类群与波特兰蔷薇及杂交长春月季聚合在一个大的分支；中国月季类群与波旁月季、诺伊赛特月季、茶香月季及大部分的杂交茶香月季聚合在另一个大的分支；推测花色及连续开花性源自月季花，耐寒性及重复开花性源自欧洲原产类群。唐开学等（2008）对13份野生种（或变种）及29份品种进行了SSR遗传多样性研究，原产中国的月季花直接聚合到现代月季品种中，表明月季花在现代月季品种的形成过程中起到了重要作用。邱显钦等（2009）对48份月季种质资源进行SSR分子标记分析，表明大花香水月季、粉红香水月季、玫瑰、野蔷薇及七姊妹蔷薇5个野生种及中国古老月季对现代月季的贡献大。吴高琼（2019）研究发现单瓣月季花、香水月季、粉团蔷薇在中国古老月季的形成中有较大贡献。原产中国的光叶蔷薇、悬钩子蔷薇、金樱子、长尖叶蔷薇、软条七蔷薇、峨眉蔷薇对现代月季育种有一定影响（吴高琼, 2019; 周玉泉, 2016）。

5.3 现代月季新品种登录和竞赛

5.3.1 国际月季新品种登录

1955年，国际园艺大会（International Horticulture Congress）任美国月季学会（American Rose Society）为国际月季登录权威（International Registration Authority for Roses，IRAR）（注：此处根据习惯将roses翻译为‘月季’，实际上此处roses指蔷薇属栽培植物）。

月季品种登录申请在美国月季学会网站（http://www.modernroses.org/register.php）填写（表8）。月季育种者或育种公司在首次登录月季新品种之前可在该网站申请育种者代码（Breeder Code）。1978年，在瑞士日内瓦召开的国际植物新品种保护联盟大会（Convention of the International Association for the Protection for New Plant Varieties）投票决定，每一个新登录的月季品种都要有一个独特的名称（descriptor），即代号（code name），作为该品种正式登录的品种名（variety denomination）。品种名由育种者代码及附加字母组成。育种者代码由三个字母组成，代表育种者或育种公司。附加字母为月季品种的描述。这种代号形式便于根据特定育种家（或育种公司）搜索月季品种。

04

表8 月季新品种登录申请表（*表示必填）

品种登录名 Registration Name *	美国推广名 American Exhibition Name (AEN)*
育种者/发现者Breeder/Finder * 育种者姓名Breeder name 育种者邮箱Breeder Email 育种者电话Breeder Phone	推广者Introducer 推广者姓名Introducter name 推广者邮箱Introducter Email 推广者电话Introducter Phone
推广国家Introduction Country	推广年份Introduction Year
异名1 Synonym #1:	异名2 Synonym #2:
异名3 Synonym #3:	异名4 Synonym #4:
异名5 Synonym #5:	美国月季学会园艺分类ARS Horticulture Class*（见表5）
花色分类Color Class* 白色w（white, near white & white blend） 浅黄色ly（light yellow） 黄色my（medium yellow） 深黄色dy（deep yellow） 黄混色yb（yellow blend） 杏色ab（apricot and apricot blend） 橙色ob（orange and orange blend） 橙粉色op（orange-pink and orange- pink blend） 橙红色or（orange- red and orange- red blend） 浅粉色lp（light pink） 粉色mp（medium pink） 深粉色dp（deep pink） 粉混色pb（pink blend） 红色mr（medium red） 深红色dr（dark red） 红混色rb（red blend） 紫色m（mauve & mauve blend） 褐色r（russet）	花朵大小Bloom Size Desc. 小Small 中Medium 大Large 极大Very Large 直径 cm
花瓣数Petal Count* 单瓣Single（4~8） 半重瓣Semi-Double（9~16） 重瓣Double（17~25） 满瓣Full（26~40） 全满瓣Very Full（41+）	香味Fragrance * 无香No fragrance 淡香Slight 芳香Moderate 浓香Strong
花序特征Bloom Habit 单花Mostly solitary 小花序Small clusters 大花序Large clusters 其他Other	重复开花性Bloom Repeat * 重复开花Regular repeat 偶尔重复开花Occasional repeat 一次花Once blooming

（续）

叶色Foliage Color 浅绿色Light green 绿色Medium green 深绿色Dark green	叶面Foliage Surface 哑光Dull/ Matte 半具光泽Semi-glossy 具光泽Glossy
抗病性Disease Resistance 不抗With care 抗病Moderate 高抗Very	长势Vigor 一般Moderate 长势强健Vigorous 非常强健Very vigorous
生长习性Growth Habit 直立Upright 紧凑Compact 灌丛Bushy 扩张Spreading	植株高度Growth Height 矮Short 中等Medium 高Tall 非常高Very Tall
刺的颜色Prickle Color 棕色/棕褐色Brown/ Tan 绿色Green	刺的数量Prickle Number 多Numerous 中Moderate 少Few
刺的大小Prickle Size 大Large 小Small	刺的类型Prickle Form 直立Straight 向下倾斜Downward 弯刺Curved 钩刺Hooked 直刺Upright
果实形状Fruit Form 圆形Round 光滑Smooth 球形Globular 卵形Ovate 卵形Ovoid 椭圆形Oval 不结实None	果实大小Fruit Size 大Large 中Medium 小Small
果实颜色Fruit Color 黄-橙Yellow -orange 红Red 橙Orange 深红Dark red 褐-橙Brown -orange 红-橙Red - orange	专利Patent
耐寒性Cold Hardiness 不耐寒Tender 耐寒Hardy 非常耐寒Very hardy	照片Photo Upload
登录人意见Comments for registrar	应用方式（可多选） Use of Variety (check all that apply) 用于景观Use Landscape 用于地被Use Ground Cover 用于容器 Use Container 用于展览 Use Exhibition 用于切花 Use Cut Flowers
亲本Parentage 母本Seed parent（female） 父本Pollen parent（male） 芽变Yes this is a sport of: 芽变（由 突变）Sport（mutation of）	办理人信息Submitter Information * 办理人姓名Name 办理人邮箱Email 办理人电话Phone number

5.3.2 月季竞赛

月季是一种深受人们喜爱的花卉。为了评选优秀品种，世界各国设立了各种竞赛和奖项。以下介绍一些知名的国际月季竞赛。

5.3.2.1 皇家月季学会月季竞赛

皇家月季学会（The Royal National Rose Society）的前身是英国国家月季学会（National Rose Society），成立于1876年，是世界上最古老的植物学会。1959年，学会总部迁至圣奥尔本斯附近的Chiswell Green，并建立了皇家月季学会花园。1965年，学会更名为皇家月季学会。2017年5月，该组织解散，花园永久关闭。

RNRS月季竞赛始于1928年。评审员由专家、月季工作者和有经验的业余爱好者组成。评审员们定期对栽种在试植园内的新品种进行为期3年的观察和评审。最后由评审委员会集中意见并作出最终评定，根据得分情况颁发证书，得分75分以上获金奖，得分72.5分以上获荣誉证书，得分70分以上获评审证书（TGC）（姜洪涛, 2016）。此外，总统国际奖杯颁发给已经取得金奖的品种和已经被多数评审团成员考虑作为特例获得奖杯的荣誉证书得主；最佳芳香月季奖（亨利·艾德兰德奖）颁发给已经取得评审证书TGC的最佳芳香月季品种；托里奇奖（The Torridge Award）颁发给已经获得TGC评审证书的业余月季育种者培育的品种；詹姆斯·梅森奖颁发给在过去15年中为人们带来特别快乐的月季品种（姜洪涛, 2016）。

5.3.2.2 美国月季学会月季竞赛

美国月季学会（American Rose Society, ARS; https: // www.rose.org）成立于1892年，总部位于美国路易斯安那州的什里夫波特，是美国最早的单一植物园艺学会，通过举办讲座、发行出版物和研究活动为会员提供教育服务，也是“国际月季登录权威机构”。近年颁发的月季品种奖项有卓越奖（Award of excellence winners）、詹姆斯·亚历山大·甘布尔芳香奖（James Alexander Gamble Fragrance Award）、微型/迷你月季荣誉殿堂（miniature/miniflora hall of fame inductees）。

卓越奖由微型或迷你月季测试委员会通过2年试植观测进行评选。

詹姆斯·亚历山大·甘布尔芳香奖由James Alexander Gamble资助，由ARS评奖委员会评选，颁发给近5年内在美国各地的城市绿地及私人庭院中均表现优良的最芳香的月季品种。1956年，James A Gamble在一项大型研究中发现仅有20%的月季具有浓香，随后，他在ARS设立了这个奖项以鼓励芳香月季的培育。测试品种进行为期5年的芳香评价，达到8.0以上的评分才能被授予该奖项。

微型/迷你月季荣誉殿堂：由ARS会员评选，品种需推广20年以上。

5.3.2.3 波特兰月季竞赛

波特兰月季试植园（Portland International Rose Test Garden, https://www.portland.gov/parks/washington-park-international-rose-test-garden#toc-test-garden-status）位于美国俄勒冈州的华盛顿公园内，是美国最古老的官方连续经营的公共花园。1915年，月季爱好者、《俄勒冈日报》周日编辑杰西·柯里（Jesse A Currey）提议市政府建立月季试植园，作为第一次世界大战期间欧洲月季品种的避难所。1917年公园管理局（Park Bureau）批准了该项目。1918年初，英国月季育种者们开始向波特兰寄送月季。1921年，波特兰市的景观设计师弗洛伦斯·霍姆斯·格克（Florence Holmes Gerke）设计了波特兰月季试植园和圆形剧场。1924年6月波特兰月季试植园建成。柯里被任命为花园的第一位管理员。如今，IRTG内栽种了610个月季品种共计10 000余株，每到月季盛开的季节，这里风景如画、芬芳四溢，是俄勒冈州最受欢迎的免费景点之一。

波特兰月季奖项一直是一个高质量、广受好评的奖项。波特兰主办了两项知名月季评奖：金奖（Gold Award）和最佳月季奖（Portland's Best Rose）。波特兰月季金奖评选历史悠久，早在1919年，波特兰市首次颁发了最佳月季新品种年度金奖。参与金奖月季评选的品种测试期为2年，期间只提供基本养护，不使用农药。每个测试点由2名评委在每个生长季对月季品种的11个性状（抗病性、活力、叶片比例和吸引力、植物特性、开花效果/开花丰度、复花情况、开花形式/吸引力、开花后期状态、香味、耐寒性、总体印象）进行7次评估。1970年园区内建立了金奖月季展示区，以方便游客观赏。波特兰最佳月季奖从1996年开始评选，每年6月由来自世界各地的专家进行为期一天的评选。

此外，波特兰月季试植园是美国许多月季竞赛（如AARS、ARTS、AGRS等）的试植园之一，也是美国月季学会微型月季评选的试植园。

5.3.2.4 里昂月季竞赛

法国里昂月季竞赛（Concours International de Roses Nouvelles de Lyon, http://www.societefrancaisedesroses.asso.fr/fr/actualites/concours.htm）早在1931年开始月季新品种测试，因其举办时间长、影响力大、评选品种来源广泛，被认为是月季业内十分重要的比赛之一。竞赛在Roseraie Internationale du Parc de la Tête d'Or花园进行，评委分为“常设评委”和“国际评委”。“常设评委”在为期2年的测试期内对月季新品种的长势、开花、抗性等多个性状进行5次评测。“国际评委”在比赛当天为新品种打分。根据不同品种的综合得分颁发奖项：得分最高的品种颁发卓越奖（L'Excellence du Concours）；根据月季园艺分类进行分组，各组评选出得分最高的3个品种，分别颁发一等奖（1er Prix）、一级证书（Premier Certificat）、二级证书（Second Certificat）；评估去年获奖品种在今年的复花性及抗性，为表现最好的品种颁发最佳复花/抗性奖（Remontance/Résistance）。

5.3.2.5 罗马月季竞赛

意大利罗马月季竞赛（Premio Roma，https://www.comune.roma.it/web/it/scheda-servizi.page?contentId=INF51502&pagina=5）成立于1933年，1933—1940年在Colle Oppio举办，后因战争中断，1951年开始在阿文蒂尼山上的月季园——Il Roseto di Roma举办，比赛时间一般为每年5月的第3个周六。评审团分为“常设评审团”和“国际评审团”，“常设评审团”在为期2年的测试期内对品种的抗性、重复开花性、观赏性等多个性状进行多次评测打分。“国际评审团”在比赛当天为新品种打分。根据月季园艺分类将参赛品种分为微型月季组（Mini / Patio）、地被月季组（Coprisuolo）、丰花月季组（Floridunde）、杂交茶香月季组（Ibridi di Tea）、灌丛月季组（Arbustive）、藤本月季组（Sarmentose）6组。根据品种综合得分进行评选。丰花月季组和杂交茶香月季组设金奖（Medaglia d'Oro）、银奖(Med. d'Argento)、铜奖（Med. Di Bronzo），其他4组只设金奖。

5.3.2.6 全美月季优选

全美月季优选（All American Rose Selection, AARS）是美国的一个非营利组织，既不进行繁殖生产，也不进行销售月季等商业活动，其全部功能是试植新品种，根据参加试植品种的表现选出优秀的获奖品种和试植合格品种（张佐双和朱秀珍, 2006），曾是美国最负盛名的月季评奖。1938年，Ray W Hastings与美国Jackson & Perkins公司总裁Charles Perkins接洽，提出了月季测试项目计划。1939年，他们在芝加哥与17个最大的月季公司代表进行了会谈。1939年进行AARS第一次月季测试，1940年颁布了首批AARS获奖名单，2013年之后停办。

AARS曾在全美各州设立试植园，测试月季品种在不同生长环境中的表现。试植期一般为2年，期间对月季新品种的新奇性、花蕾形状、花型、初开花色、盛开花色、花质、香味、抗性等10余个性状评分。评审员接受AARS委员会的统一领导，使用统一评分标准。

5.3.2.7 德国月季新品种一般性测试

德国月季新品种的一般性测试（Allgemeine Deutsche Rosenneuheitenprüfung, ADR; https://www.adr-rose.de/）成立于1948年，目前由德国苗圃联合会（Bundes Deutscher Baumschulen）代表、月季种植者和独立专家组组成。ADR旨在简化观赏性高、抗性强的月季品种的筛选，一直代表着庭院月季的最高质量标准，也被认为是世界上最严格的月季测试之一。其促进了环境和资源友好型、易养护型月季的栽培应用，也促进了月季的育种进程。

申请ADR测试的月季品种应为新品种，市场销售时间不超过5年。每年ADR测试约50个月季新品种。测试品种分别种植于ADR在德国各地的12个月季测试园，在各个园内连续观测3年，整个测试期间不使用农药，由各评审专家根据评分方案进行评测。ADR测试中特别注重品种抗性，同时也关注品种观赏性及耐寒性。只有符合最低标准的品种才被授予ADR标志，该标志可以用于月季销售中，有效期为15年。ADR已测试了1 600多个月季品种，曾有426个月季品种获ADR标志，由于一些品种已经过时或被删除，目前ADR名录中共收录171个月季品种。

5.3.2.8　巴登-巴登月季竞赛（Baden-Baden）

德国巴登-巴登（Baden-Baden）举办著名的月季竞赛。竞赛设有金奖、芳香奖以及金牌、银牌、铜牌等（姜洪涛，2016），其中金奖颁发给每年竞赛的全场最高分品种，代表着最高荣誉。巴登-巴登月季竞赛早在1952年开始举办，是非常受欢迎且具有权威性的竞赛，被认为是欧洲最重要的月季竞赛之一。近40年间，月季竞赛在Rosenneuheitengarten Beutig花园举办。这个花园建于1979年，由Baden-Baden市管理，栽植约5 000株月季。试植园由4个种植圃组成，每个圃地栽种约120个月季品种，每个品种的评测期为4年。评审团由国际月季专家和种植者组成。

5.3.2.9　世界月季联合会月季竞赛

世界月季联合会（World Federation of Rose Societies，https://www.worldrose.org）成立于1968年，总部设在英国伦敦，大约每3年举办一次世界月季大会（World Rose Conferences），迄今为止已经举办19届。中国南阳成功申办2028年第21届世界月季大会。每届世界月季大会选出1～2个受全世界喜爱的月季品种进入“荣誉殿堂”（Hall of Fame）。获得“荣誉殿堂”称号的月季品种在世界各地各种环境下均表现优秀，是最值得推荐的优秀月季品种。目前，获得“荣誉殿堂”称号的月季共有40个品种，其中28个现代月季品种，12个古老月季品种（截至2018年）。

5.3.2.10　新西兰月季学会月季测试

新西兰月季学会月季测试（NZRS Rose Trails, https:// nzroses.org.nz/nzrs-trials/）成立于1969年，由新西兰月季学会（New Zealand Rose Society）和北帕默斯顿市议会（Palmerston North City Council）共同举办。试植园位于北帕默斯顿，在维多利亚滨海花园（Victoria Esplanade Garden）的杜格尔·麦肯齐月季园（Dugald Mackenzie Rose Gardens）内，是南半球建立的第一个月季试植园。

测试品种应为未被销售的月季新品种。每年接受测试品种30～50个，大部分品种是新西兰育种者培育，也有少部分品种来自海外。不同月季类型所需的测试数量不同，杂交茶香月季和丰花月季需6株，微型月季和阳台（Patio）月季需4株，灌丛月季和地被月季需3株，藤本月季和阳台藤本月季需要2株。评委为北帕默斯顿附近的月季学会的专家组成员。测试期为2年，期间只进行基本养护。测试中对品种植株状态、重复开花性、抗性、花型、香味等多个性状进行多次评分。测试第一年分别在春季、夏季、秋季评分，共评3次；测试第二年在月季生长期内每6周评分一次，共评4次。另有5人专家组对测试品种的新颖性进行独立评价。

该竞赛只为将在新西兰地区进行商业销售的月季品种颁发证书或奖项。竞赛设南太平洋金星奖（Gold Star of the South Pacific）、北帕默斯顿银星奖（Silver Star of the City of Palmerston North）、优秀证书（Certificate of Merit）、芳香奖（2007年之后名为June Hocking Fragrance Award）、新颖奖（2007年之后名为Nola Simpson Novelty Award）。评分达到70分及以上的品种颁发证书，得分最高的品种颁发南太平洋金星奖，北帕默斯顿银星奖则代表业余育种者培育的最佳品种。

5.3.2.11　美国月季中心月季竞赛

美国月季中心（American Rose Center, ARC; https://www.rose.org/single-post/american-rose-center-international-rose-trials）位于路易斯安那州的什里夫波特，是美国最大的月季园，也是美国月季学会总部所在地。该中心1974年开始投入使用，占地118hm^2，栽植2万余株月季，集中展示获AARS的月季品种、微型月季、单瓣月季以及最新的月季品种。美国月季中心对每个新品种进行为期2年的测试，每年4～10月每月至少进行一次评分。2021年评出金奖（Gold Medal）、最佳杂交茶香月季（Best Hybrid Tea Rose）、最佳微型月季（Best Miniflora Rose）、最佳藤本月季（Best Climbing Rose）、最佳灌丛月季（Best Shrub Rose in Bush Form）、最佳地被类灌丛月季等（Best Shrub Rose in Groundcover Form）。ARC 也 是ARS微型月季试植园，并为业余育种者提供测试场地。

5.3.2.12 日本月季学会月季竞赛

日本月季学会（Japan Rose Society，http://www. barakai.com/jrc.html）月季新品种竞赛的试植园设在东京的都立神代（じんだい）公园里，又称东京金奖（Tokyo GM）。试植月季品种在严格管理的试植园内进行为期2年的栽植，期间接受数十名评委的多次评审，满80分授予金奖，以下顺次授予银奖、铜奖（张佐双和朱秀珍，2006）。

5.3.2.13 美国可持续月季测试

美国可持续月季测试（American Rose Trials for Sustainability, ARTS; http://www.americanrosetrialsforsustainability.org/）于2012年年底成立，2014年春季开始种植第一批需要测试的品种，2017年颁布了第一批获奖品种，随后每年春季颁布获奖名单。ARTS为月季定义了一种新的“美”，这种美为“内在美”：适应性强、抗病、耐旱、耐热或耐寒。所以其测试的目的是奖励那些长势强健、重复开花性强、易于养护、株型好的月季品种。其在月季测试中不使用任何农药或化肥，而且制定了一套简单、公正的评分系统。为了保证测试的准确性，每个试植园的田间实验中采用随机完全区组设计（Randomized Complete Blocks），设定3区组，每个月季品种在3个区组中的栽种位置都是随机的、不同的。测试品种表现优于两个对照品种的平均分则将获得地区奖（Local Artists），如果该品种在4个及以上的不同气候区获地区奖则被授予大师奖（Master Rose）。

5.3.2.14 美国庭院月季精选

2016年，美国庭院月季精选（American Garden Rose Selections, AGRS; https://www.americangardenroseselections.com/）颁发了首个年度奖项。虽然仅成立短短几年时间，但AGRS因其测试严格、评选出的月季品种表现优异而受到广泛关注和好评。AGRS旨在为美国不同地区推荐最适合的、易于养护、观赏性强、长势强健的月季品种。测试在美国多个地区的月季试植园内进行，测试时间为2年，期间对测试品种的抗性、开花效果、开花量等多个指标进行多次评价。在多个试植园内表现优异的品种才能获得AGRS认证。

5.4 世界优秀月季园

世界月季联合会（World Federation of Rose Societies）举办的世界月季大会（World Rose Conferences）从1995年开始评选“世界优秀月季园”（WFRS Award of Garden Excellence）。截至2018年，全球已有69座月季园被评为世界优秀月季园。以下介绍世界各国部分有代表性的月季园，按获评世界优秀月季园时间先后排序。

5.4.1 马恩河谷月季园

法国的马恩河谷月季园（法语：La Roseraie du Val de Marne，https://www.roseraieduvaldemarne.fr）是目前世界上现存的历史最悠久的月季专类园，是月季演化的“活的博物馆”。1894年巴黎商人朱尔·格拉沃罗（Jules Gravereaux, 1844—1916）在园林设计师爱德华·安德鲁（Edouard André, 1840—1911）的帮助下，开始兴建马恩河谷月季园，这是世界上首个现代月季园。目前，该月季园收集13个类群超过3 000个月季品种，其中很多古老月季品种是由格拉沃罗最初收集的，具有珍贵的历史价值，同时观赏价值极高。1968年月季园的所有权已交马恩河谷省政府，月季园的维护和月季资源收集得到了持续的支持。1995年马恩河谷月季园被世界月季联合会评为首个“世界优秀月季园”。

5.4.2 卡拉·菲内斯基月季园

卡拉·菲内斯基月季园（Roseto Botanico ‘Carla Fineschi’, http://www.rosetofineschi.it/）坐落于意

大利的卡里利亚（Cavriglia），由詹弗兰科·菲内斯基教授（Gianfranco Fineschi, 1923—2010）于1967年建立，是世界月季种质资源收藏最丰富的私人月季园。虽然月季园的面积只有1英亩（约4 047m^2），但月季品种收藏量超过6 500个，每个品种只展示1株。因此从历史学和植物学考虑，这个月季园是蔷薇属植物的“活的博物馆”，蔷薇属的物种、亚种、杂交种均被系统地收集展示；不同类型的古老月季品种、现代月季品种及其杂交演化关系均予以展示。1996年，卡拉·菲内斯基月季园被世界月季联合会评为“世界优秀月季园”。

5.4.3 蒙特利尔植物园月季园

加拿大蒙特利尔植物园月季园（Rose Garden at the Montreal Botanical Garden）兴建、开放于1976年，以配合蒙特利尔奥运会举办。这个月季园占地面积75hm^2，周边配置多种乔、灌木，起到挡风、配置景观色彩等作用。这个月季园收集、展示月季品种千余个，栽培总量万余株。各类型的月季都有收集，值得一提的是蒙特利尔冬季气候严寒，对耐寒性不强的月季采用覆盖泡沫塑料以防寒，效果甚佳，为高寒地区的月季栽培和防寒提供宝贵的一手资料。2003年，蒙特利尔植物园月季园被世界月季联合会评为“世界优秀月季园”，这是该奖项首次授予欧洲之外的月季园。

5.4.4 桑格豪森月季园

桑格豪森（Sangerhausen）为德国东部城市，以月季花产业和果树产业为闻名于欧洲。桑格豪森月季园（Rosarium Sangerhausen, https://www.europa-rosarium.de/de/）的历史最早可追溯到1896年，1903年正式建园。桑格豪森月季园占地13hm^2，收集展示8 600个蔷薇属种或品种，为全球蔷薇属种质资源收集之最，是蔷薇属植物的收藏宝库。该园为全世界范围内重要的月季研究和月季种质资源保存与扩繁的基地。2003年，桑格豪森月季园被世界月季联合会评为“世界优秀月季园”。

5.4.5 花节纪念公园

花节纪念公园（日语：花フェスタ記念公園；英语：Flower Festival Commemorative Park，https://gifu-wrg.jp/about/）位于日本岐阜县，是日本与英国皇家月季学会缔结友好关系所建造的公园，占地超过80hm^{2}的园区里种植7 000种3万株月季，由月季主题园（The Rose Theme Garden）、世界月季园（The World Rose Garden）、古老月季小径（The Path of Old Roses）、蔷薇物种谷（The Valley of Species Roses）等多个景区组成。2003年，花节纪念公园被世界月季联合会评为“世界优秀月季园”。

5.4.6 美国月季学会花园

美国月季学会花园（The Gardens of the American Rose Society）坐落于美国路易斯安那州西北部城市什里夫波特（Shreveport）。这个园区始建于1974年，总面积达118英亩（约47.75万m^2），是美国规模最大的月季园，美国月季学会的总部就坐落于此。园区由多达73个不同主题的月季专类园组成，包括美国国花纪念园，以纪念1986年11月20日时任美国总统罗纳德·里根（Ronald Wilson Reagan, 1911—2004）签署法令确定月季为美国国花。还有全美月季测试园（The All-America Rose Selections）长期承担美国、北美乃至全世界范围内的月季品种测试任务。2003年，美国月季学会花园被世界月季联合会评为“世界优秀月季园”。

5.4.7 深圳人民公园

深圳人民公园（Shenzhen Renmin Park）始建于1983年，是一个以月季花为主题的市民公园。园区于1986年开始种植月季，1992年建立月季园，1993年获特准成立中国月季协会深圳月季中心，由此成为中国花卉协会月季分会五大月季花种植基地之一。

园内建有漱月亭、玫瑰宫、月季园、月季长廊、玫瑰广场等赏花处，中央岛月季园内收集了全国各地300多个月季品种，5万多株月季花，其中包括珍贵的中国古老月季品种23个。2009年，深圳人民公园被世界月季联合会评为“世界优秀月季园”，是中国首个获此殊荣的月季园。

5.4.8 科特赖克国际月季园

科特赖克（Kortrijk）是比利时西部的工业重镇，科特赖克国际月季园（International Rose Garden Kortrijk, https://www.inagro.be/rozentuin）始建于1959年，2003—2004年又经历重新设计建设。该月季园的占地约1英亩，由展览园（The Demonstration Garden）、测试园（The Test Garden）、历史园（The Historic Garden）三部分组成。其中，展示园展示200余个品种，包括比利时本土培育的品种以及英国、法国培育的品种；测试园每年种植100～150个欧洲育种家培育的新品种，每个品种要在此栽培2年，经历严格的评价测试。评价测试着重观赏价值、抗病性和生长势。2012年，科特赖克国际月季园被世界月季联合会评为“世界优秀月季园”。

5.4.9 常州紫荆公园

常州的月季历史文化底蕴深厚，早在1983年常州市政府确定月季为市花，1986年为全国五大月季中心之一。常州紫荆公园（Zijing Park, http://cgj. changzhou. gov. cn）是常州市最大的月季主题公园，占地面积300余亩，栽培有1 200余个月季品种，总计25 000余株。其中，包括珍贵中国古老月季品种40个。园内设有中国古老月季演化长廊，保存有参与月季育种的诸多原始物种，包括月季花、野蔷薇、单瓣白木香、重瓣白木香、粉红香水月季、金樱子、香水月季等。2012年，紫荆公园被世界月季联合会评为“世界优秀月季园”。

5.4.10 北京植物园月季园

北京植物园月季园，现名为国家植物园（北园）月季园（Beijing Botanical Garden Rose Garden, http://www.chnbg.cn），建于1993年，占地面积7.1hm^2，共收集月季品种1 000余个，栽植月季5万余株，是进行月季园艺展示、科学研究以及科普教育的重要场所。月季园采用规则式与自然式相结合的手法，既有轴线严整的图案布局，又有自然式的组团配置。月季园北部中心为一直径40m、面积达6 000m^{2}的圆形沉床，在环状台地上种植各色丰花月季，周边环绕藤本月季，其间还点缀有“花魂”“绸舞”等雕塑。园区东部为品种展示园，集中展示杂交茶香月季、丰花月季等优秀品种；园区西部主要展示树状月季、杂交茶香月季、微型月季和灌丛月季等类型；园区南部主要展示蔷薇属野生种及古老月季。每年的5～10月为月季的赏花期，届时月季园中群花怒放，花姿绰约，芳香馥郁，令人流连忘返。2015年，北京植物园月季园被世界月季联合会评为“世界优秀月季园”。

5.4.11 莫宁顿月季园

澳大利亚的莫宁顿月季园（Mornington Botanical Rose Gardens, https://morning tonrose gardens. com. au/）坐落于维多利亚州的莫宁顿半岛，距离墨尔本60km。园区始建于2004年，2008年正式开放，而后又增加观景平台、喷泉、百合池塘、古老月季收集区、多功能厅等建筑景观。

莫宁顿月季园临海而建，园区占地1.6hm^2。园区边缘栽植多种本土植物，将园区围成帆船形，不同高度的本土植物为所栽培月季提供自然的防风保护。目前，园区栽培有月季品种250个4 000余株。在沿海的公路上行车就能眺望到园区内色彩斑斓的月季花。

莫宁顿月季园的建设主要依靠捐助者捐助、志愿者的劳动及维多利亚州议会的支持。此外，值得称道的是该园区的日常管理维护均依靠志愿者。2015年，莫宁顿月季园被世界月季联合会评为“世界优秀月季园”。

5.4.12 大卫·奥斯汀月季园

大卫·奥斯汀月季园（The David Austin Rose Garden, https://www.davidaustinroses.com/）坐落于英格兰的伍尔弗汉普顿（Wolverhampton），由英国著名月季育种家、园艺学家大卫·奥斯汀（David Charles Henshaw Austin, 1926—1918）建立。在大

卫·奥斯汀60余年的月季育种生涯中，先后培育200多个月季品种，具有高度重瓣化、连续开花、浓香怡人等优点。大卫·奥斯汀月季是英国月季的代表，为世界月季的发展做出了卓越贡献。

园区占地面积约2英亩，由多个月季主题园组成，如里昂园（The Lion Garden）、长园（The Long Garden）、文艺复兴园（The Renaissance Garden）、维多利亚园（The Victorian Walled Garden）、露台园（The Patio Garden）、蔷薇物种园（The Species Garden）等，集中展示英国月季的历史、文化及品种的演化关系。2015年大卫·奥斯汀月季园被世界月季联合会评为“世界优秀月季园”。

5.4.13 多布尔霍夫公园月季园（奥地利）

多布尔霍夫公园月季园（德语Rosarium Baden Doblhoffpark）位于临近维也纳的奥地利著名温泉度假小镇巴登贝维恩（Baden bei Wien）。这个小镇与月季的关系可以追溯到1830年，当时的魏尔堡（castle of Wewelsburg）大公开始大规模收集、栽培月季品种。据1856年出版的期刊记载由魏尔堡大公建立的这个月季园是当时欧洲中部最大的一个月季园，拥有多达1 800个品种。

多布尔霍夫公园（Doblhoffpark）总面积达7万m^2，栽植多种来自全世界著名的园林树种例如枸橘（*Poncirus trifoliata*）、美国梓树（*Catalpa bignonioides*）、北美鹅掌楸（*Liriodendron tulipifera*）、高加索冷杉（*Abies nordmanniana*）、二球悬铃木（*Platanus acerifolia*）等。多布尔霍夫公园月季园始建于1969年，目前栽培月季品种800个，总量30 000株。其中有奥地利著名月季育种家鲁道夫·格施温德（Rudolf Geschwind, 1829—1910）培育的40余个品种；另有50多个英国大卫·奥斯汀灌丛月季品种展示。2018年，多布尔霍夫公园月季园被世界月季联合会评为“世界优秀月季园”。

5.4.14 大兴世界月季主题园

大兴世界月季主题园（Daxing Rose Garden）位于北京南中轴延长线大兴区魏善庄镇，占地43hm^2。园区在2016年成功举办了世界月季洲际大会、世界古老月季大会。目前，园区收集全球1 700多个月季品种，近7万株，包括蔷薇属原始物种、古老月季品种、现代月季品种及众多园艺类型，是北方最大的月季园区之一。全球首座月季博物馆坐落在世界月季主题园。月季博物馆陈设部分分为历史、科学、文化、世界、人物、园林、生活、展望8个主题板块，每年接待数以万计大、中小学生参观学习，为传播月季知识，弘扬月季文化，促进月季产业发展发挥着骨干作用。2018年，大兴世界月季主题园被世界月季联合会评为“世界优秀月季园”。

5.4.15 上海辰山植物园月季园

上海辰山植物园月季园（Shanghai Chenshan Botanical Garden Rose Garden）占地面积约36 000m^2，于2010年对公众开放，包括月季岛和空中月季园两个主要部分。辰山植物园月季园兼观赏游憩、科普教育和科学研究于一体，致力于收集和保存月季种质资源、培育和推广优良品种，同时传播月季花文化，重点展示了现代月季、古老月季、野生原种等1 025个种或品种，是中国华东地区收集月季资源最丰富的专类园之一。2022年，辰山植物园月季园被世界月季联合会评为“世界优秀月季园”。

5.5 月季育种者

在月季育种史上涌现出了众多的育种者，在此不能一一列出。本文参考*Visions of Loveliness: great flower breeders of the past* (Taylor, 2014)、*Macoboy's Roses*（Macoboy & Cairns, 2016）和《中国现代月季》（王世光和薛永卿, 2010）3本书，选择介绍一些国内外育种者生平及培育品种。国外育种者培育的品种名称参考*Modern roses 12* (Young & Schorr, 2007)；国内育种者培育的品种名称参考《中国现代月季》（王世光和薛永卿，2010）。

5.5.1 德斯梅特

雅克·路易·德斯梅特（Jacques-Louis Descemet, 1761—1839）是法国月季育种者。他受家人（法国药剂师花园Jardin des apothicaires的园丁）影响开始从事苗圃事业，并在首都附近圣 德尼（St. Denis）建了一座苗圃为皇家服务。他收集的月季品种有6 000多个，包括法国蔷薇、白蔷薇、狗蔷薇和麝香蔷薇品种，其中数量最多的是百叶蔷薇。1804—1814年，他播种了大量的法国蔷薇种子，并育出一些新品种，受到月季爱好者们的追捧。但在1814年，他的苗圃再次受战乱破坏，他将剩余的月季植株卖给了邻居让·皮埃尔·维贝尔（Jean-Pierre Vibert），随后移居当时的俄国，并成为了皇家敖德萨植物园（Imperial Odessa Botanical Garden）的首任园长。

5.5.2 维贝尔

让·皮埃尔·维贝尔（Jean-Pierre Vibert, 1777—1866）是法国月季育种者。1810年开始收集月季品种并育种。维贝尔为人正直，他在新品种推广时明确了哪些品种来自于1815年购于德斯梅特的月季播种苗，谨慎地将自己培育的品种与德斯梅特培育的区分开。维贝尔制定了严格的月季育种原则，敦促同事们谨慎选择亲本，并且对子代进行严格筛选以在投入市场前达到预期效果。其推广的品种达数百个，其中，以其女儿的名字命名的‘AiméeVibert’，是一个开白色花的具有浓郁香气的诺伊赛特月季品种，表现优良，至今市场上仍有销售。

5.5.3 阿迪

朱利安·亚历山大·阿迪（Julien Alexandre Hardy, 1787—1876）是法国巴黎卢森堡花园的园长，也是一位月季育种者。他年轻时曾在雅克·马丁·塞尔（Jacques-Martin Cels）的苗圃工作，随后由塞尔推荐至卢森堡花园，1817年开始担任园长直至1859年退休。阿迪的主要兴趣是果树，同时也是一位月季育种爱好者，培育了很多品种，他将培育出的新品种送给朋友们，而不是进行商业销售。他不仅利用法国蔷薇、百叶蔷薇、大马士革蔷薇等进行育种工作，而且对中国月季非常感兴趣。1825年，他从伦敦引种了一个茶香月季品种‘Park's Yellow Tea-scented China’并进行育种，其培育的含有中国月季血统的月季品种超过80个。1832年推出的品种‘Mme Hardy’以其妻子名字命名，是一个非常漂亮的白色大马士革蔷薇。同时，阿迪还培育了第一个单叶蔷薇品种‘Rosa hardii’。

5.5.4 吉约

（小）让·巴蒂斯特·吉约［Jean-Baptiste Guillot（fils），1827—1893］是法国月季育种者，第一个杂交茶香月季品种培育者，第一个小姐妹月季品种培育者。吉约1867年推广的‘La France’是第一个杂交茶香月季品种，该品种的推广时间也被认为是现代月季与古老月季的分界线。他1875年推广的‘Pâquerette’，被认为是第一个小姐妹月季品种。让·巴蒂斯特·吉约与其父亲重名。其父亲（老）让·巴蒂斯特·吉约［Jean-Baptiste Guillot（père），1803—1882］在年轻时创立公司，主要销售温室植物，如仙人掌、杜鹃花、茶花等，也销售月季并培育月季新品种。（小）让·巴蒂斯特·吉约在父亲的公司工作了一段时间后成立了自己的公司。他头脑灵活，开发了利用狗蔷薇进行嫁接的技术，而且育成了很多月季品种，除‘La France’和‘Pâquerette’外，还有‘MmeBravy’ ‘Catherine Guillot’ ‘Mignonette’等。

5.5.5 格施温德

鲁道夫·格施温德（Rudolf Geschwind, 1829—1910）原奥匈帝国的月季育种者。格施温德出生在特普利茨（Teplitz）附近的一个村庄，他毕业于布拉格的技术大学，并进入皇家林业部门工作。1886年，格施温德在巴黎世博会（Paris World's Fair）展出了一些藤本月季品种，引起了人们的关注。其中知名的是Nordlandrosen系列。1897年，他推出了一个非常耐寒、漂亮、芳香的红色月季品种‘Gruss anTeplitz’，至今仍在销售。格施温德可是最早有目的地利用蔷薇属野生种进行月季育种的人之一，他的花园里栽培有加州蔷薇（*R. californica* Cham. & Schltdl.）、狗蔷薇、缫丝花、草原蔷薇、白蔷薇等。

5.5.6 库克

约翰·库克（John Cook, 1833—1928）是德裔美国人，本名Johan Koch，他在19世纪的园艺界受到赞誉。他17岁时到美国，为纽约当时最有名的David Clark花店工作。后来，他在巴尔的摩管理一个私人庄园。之后，他在查尔斯街道买了一家花店开始自己创业。库克对月季育种非常感兴趣，他培育了一些月季品种，如'Souv of Wootton' 'Radiance' 'Enchanter'等。其中，1888年推出的'Souvenir of Wootton'被认为是美国育成的第一个杂交茶香月季品种。

5.5.7 弗利特

瓦尔特·范·弗利特（Wlater van Fleet, 1857—1922）美国内科医生、园艺学家、植物学家、鸟类学家。他1880年从费城哈内曼医学院（Hahnemann Medical College of Philadelphia）毕业，开始医学研究。1892年他放弃了医生职业生涯，进入实验园艺领域。1909年，他成为联邦种植业局驻芝加哥、加利福尼亚、华盛顿特区的植物育种专家。

范·弗利特在农业部门的工作范围广泛，月季育种只是其工作的一小部分。他意识到本土物种的重要性，认为它们比欧洲的蔷薇属植物更能适应美国本土的土壤和气候。他在月季育种中使用了野生蔷薇，如光叶蔷薇、玫瑰、野蔷薇、华西蔷薇和草原蔷薇等。1889—1926年之间，弗利特博士推出了29个月季品种，包括'May Queen' 'Sarah van Fleet' 'Mary Wallace'等。其中，'Mary Wallace'以农业部长亨利·华莱士（Henry Wallace）的女儿命名，这是第一个抗多种害虫的月季品种，且在1928年被评为国内最受欢迎品种，至今仍在销售。他也是最早为美国的花园培育藤本月季的人之一。范·弗利特的工作记录非常详细，留下了许多有价值的工作记录和有待研究的幼苗。

5.5.8 佩尔内－迪谢

佩尔内-迪谢（Pernet-Ducher）原名约瑟夫·佩尔内（Joseph Pernet，1859—1928）是法国月季育种者，因其成功将异味蔷薇应用于月季育种中，被称为"里昂巫师"。佩尔内年轻时在克劳德·迪谢（Claude Ducher）经营的苗圃工作，后来娶了迪谢的女儿，于是改姓为佩尔内-迪谢（Taylor, 2014）。

1900年，佩尔内-迪谢推广了第一个橙色（黄色）的月季品种'Soleil d'Or'，该品种以重瓣异味蔷薇为父本杂交而成。这个突破使佩尔内-迪谢欣喜若狂。他继续利用'Soleil d'Or'育种，并由此产生了一系列暖色调（浅橙色、猩红色、杏色等）的月季新品种，如'Sunburst' 'Toison d'Or' 'Ville de Paris'等。在很长一段时间里，他培育的月季被认为是一个独立的类型，被称为"Pernetianas"。佩尔内-迪谢在月季育种中取得了巨大的成功，仅在巴黎的国际月季展中赢得的金奖超过13个。但他并没有在月季新品种培育中获得多少收益。更不幸的是，他的两个儿子在第一次世界大战中战死。佩尔内-迪谢命名了两个月季品种'Souvenir de Claudius Pernet'和'Souvenir de Georges Pernet'以纪念他们。

5.5.9 兰伯特

彼得·兰伯特（Peter Lambert, 1859—1939）是德国月季育种者，曾培育出杂交麝香蔷薇类型的主要亲本'Trier'。他是德国月季学会的创始人之一，并在桑格豪森（Sangerhausen）月季博物馆花园的创建中发挥了重要作用。兰贝特生于一个园艺家庭，在波茨坦的普鲁士园艺学院完成学业后，赴英国和法国的苗圃学习，了解了各种月季的栽培方法。在德国还没有月季育种专家时，兰贝特就立志要培育出适宜德国气候的月季新品种。兰贝特培育的品种很多，其中'Frau Karl Druschki' 'Gartendirektor Otto Linne' 'Trier'等品种仍在销售。

5.5.10 科切特

查尔斯·皮埃尔·玛丽·科切特（Charles

Pierre Marie Cochet-Cochet, 1866—1936）生于一个法国园艺世家，自曾祖父开始其家人多从事园艺相关工作，这个家族的工作一直延续至20世纪。科切特培育出了一些诺伊赛特月季和杂交长春月季品种，但他最知名的成就是以玫瑰为亲本培育的品种，如'Blanc Double de Coubert' 'Roseraie de l'Hay' 'Heterophylla' 'Adiantifolia' 等。其中，'Roseraie de l'Hay'是以世界上第一个月季专类公园——莱伊玫瑰园（Roseraie de L' Haÿ）命名。莱伊玫瑰园坐落于马恩河谷，1968年其所有权移交马恩河谷省政府，现名为马恩河谷玫瑰园（法语：La Roseraie du Val de Marne）。

5.5.11 霍华德

弗雷德·霍华德（Fred Howard, 1873—1947）是美国的月季育种者。他与乔治·史密斯共同成立了Howard & Smith苗圃公司。1914年霍华德买下了史密斯的股份，与他的三位兄弟一起经营公司。霍华德育出了一些优秀的杂交茶香月季品种，如'Los Angele' 'Miss Lolita Armour' 'The Doctor'等。

5.5.12 尼古拉

让·亨利·尼古拉（Jean Henri Nicolas, 1875—1937）是法国的月季育种者。他在获得艺术和科学学位后，入伍成为一名军人，后因视力受损而退伍。随后他在纺织行业工作，工作地点由法国转为美国。1928年，他受雇于美国著名的月季公司Jackson & Perkins。尼古拉致力于培育抗寒月季品种，培育出'Eclipse' 'Polar Bear' 'Snowbank'等品种。尼古拉受到众多月季从业人的尊敬，被尊称为'The Doctor'。1937年他去世后不久，弗雷德·霍华德推出了一个粉色、芳香的杂交茶香月季品种，取名为'The Doctor'，以纪念尼古拉。

5.5.13 坦察乌

马蒂亚斯·坦察乌（Mathias Tantau, 1882—1953）是德国月季育种者。坦察乌年轻时经营着一家树木苗圃，他将小姐妹月季的种子播种并观察后代，随后他逐渐意识到他对月季更感兴趣。1928年，他推广了一个丰花月季品种'Johanna Tantau'。第二次世界大战中他的苗圃遭受了巨大损失，但他仍坚持月季新品种培育，在1942—1947年进行推广。其1947年育成的'Garnette'是一个表现优秀的切花月季品种，1951年由美国Jackson & Perkins公司推广。坦察乌利用原产中国的多苞蔷薇和缫丝花进行育种，但这是一个漫长的月季育种过程。直至23年后，他的儿子（小）马蒂亚斯·坦察乌［Mathias Tantau (jr.), 1912—2006］在1960年推出了著名的月季品种'Tropicana'，这个品种包含有缫丝花和多苞蔷薇的血统，是其"中国蔷薇计划"的巅峰之作。坦察乌和科德斯二世（Wilhelm Kordes Ⅱ, 1891—1976）是近邻，他们之间的友谊是建设性的，坦察乌在育种中也使用了几个科德斯的品种。

5.5.14 博姆

扬·博姆（Jan Böhm, 1885—1959）是（前）捷克斯洛伐克的一位月季育种者。他从小就立志要成为园艺师。1920年，他在布拉特纳（Blatná）成立了自己的苗圃。在月季育种过程中，博姆受格施温德的影响很大，他的一些杂交组合使用了格施温德的品种。他也认识到野生种的重要性，并在月季育种中利用了草原蔷薇。他于1934年推广的'Stratosfera'和1938年推广的'Tolstoi'都有草原蔷薇的血统。他培育的蔓生月季品种'Demokracie'植株生长旺盛，花色为朱红色，非常漂亮。

5.5.15 波尔森

斯文·波尔森（Svend Poulsen, 1884—1974）是丹麦月季育种者。他的父亲多鲁斯托·伊斯·波尔森（Dorus Theus Poulsen, 1851—1925）于1878年成立了波尔森公司，主要经营果树，也销售月季。约1914年，他从哥哥迪内·斯波尔森（Dines Poulsen, 1879—1940）的手里接下了月季育种事业。1924年，斯文推出了2个月季品种'Else Poulsen'和'Kirsten Poulsen'，这两个月季品种均具有多朵花簇生的花序且单朵花比之前的小姐妹月季类型大很多，这个类型一开始被称为杂交小姐妹月季，也被称为'Poulsen Roses'，后来归入丰花月季。虽然之前已经有一些丰花月季品种的育成，但优秀品种'Else Poulsen'和'Kirsten Poulsen'的推广提高了人们对这一类群的兴趣，随后许多欧洲和美国的育种人开始从事相关工作（Shepherd, 1978）。

5.5.16 多特

佩德罗·多特（Pedro Dot, 1885—1976）是一位西班牙月季育种者。出生于一个园丁家庭，曾在华金·阿尔德鲁菲乌（Joaquin Aldrufeu）的公司当学徒。阿尔德鲁菲乌是20世纪初西班牙北部的月季育种先驱。多特学成之后又去了法国学习。1915年，他回到西班牙开始进行月季育种。他的育种目标是培育强健、健康、花色鲜艳、能抵抗西班牙强烈日晒的月季品种。1923年他推出了一个黄粉色的月季品种'Francisco Cubera'，随后推出了著名的藤本月季品种'Nevada'。1927年推出了藤本月季品种'Spanish Beauty'，这个品种花量大、观赏效果非常好。美国Conard Pyle公司发现多特培育的月季品种能适应美国西部和西南部的干燥、炎热的气候，并开始引进，"西班牙月季"在美国风靡一时。

5.5.17 博尔纳

尤金·博尔纳（Eugene S. Boerner, 1893—1966）是美国月季育种者，被称为"丰花月季之父"（Papa of Floribunda）。博尔纳具有丰富的月季知识和科学的育种方法，于1920年加入Jackson & Perkins公司工作，大约从1945年开始取得成功。博尔纳一生未婚，他被称为Papa是因为他热情乐观的性格。"Floribunda"（丰花月季）一词表示这类品种花量丰富。与育种家让·亨利·尼古拉共同工作期间，博尔纳从尼古拉身上学到了很多，包括丰花月季育种理念。丰花月季这个育种理念起源于德国Kordes公司，尼古拉了解到这个情况，并告诉了博尔纳，博尔纳采纳并发扬了这一育种理念。博尔纳培育的这类新品种的特点介于杂交茶香月季和小姐妹月季之间。很长一段时间，美国月季学会将其称为大花的小姐妹杂交品种（Large-flowered Polyantha Hybrids）。其育出很多优秀月季品种，如'Diamond Jubilee' 'First Prize' 'Masquerade'(1949)、'Lavender Pinocchio' 'Apricot Nectar'等。

5.5.18 科德斯二世

Kordes公司是德国著名的月季公司。科德斯二世（Wilhelm Kordes Ⅱ, 1891—1976）自幼随父辈从事月季栽培。1913年，科德斯二世与一位德国朋友合伙开了一家月季苗圃。在第一次世界大战爆发时，科德斯二世身处英国，并被拘留在英国属地曼岛（Isle of Man）。被拘留期间，他自学了很多知识。1920年，科德斯二世回到德国，与其兄弟赫尔曼合开了一家月季苗圃，并进行月季育种工作。1941年，科德斯二世从杂交玫瑰品种'Max Graf'的播种苗中选育出一个新品种'*R.* × *kordesii*'。随后，Kordes公司利用该品种培育了许多后代。在月季园艺分类，杂交科德斯月季（Hybrid Kordesii）是一个小分类群，被归为现代月季中的灌丛月季（Shrub）。科德斯二世育成了很多优秀的月季品种至今仍在销售，如'Crimson Glory' 'Independence' 'Dortmund'等。

5.5.19 拉默特

沃尔特·爱德华·拉默特（Walter Edward Lammerts, 1904—1996）是美国遗传学博士，著名的月季育种者，第一个壮花月季品种的培育人。他是现代创世科学运动（Modern Creation Science Movement）的创始人之一，是创世研究学会（Creation Research Society）的第一任主席，他在生物学和地质学方面做了几十年的研究，颇有建树。曾应著名的Armstrong苗圃的邀请研究月季育种，并培育出很多优秀的月季品种，如'Charlotte Armstrong' 'Queen Elizabeth' 'American Heritage'等。他开创性地利用杂交茶香月季与丰花月季杂交，培育出一个多朵花簇生、花大、长势强健的月季品种'Queen Elizabeth'，因为这个品种的出现，美国月季学会创立了一个新的月季园艺分类——壮花月季（Grandiflora）。

5.5.20 德尔巴

乔治·阿方斯·德尔巴（Georges Alphonse Delbard, 1905—1999）是法国月季育种者。他的公司经营果树及月季，从20世纪50年代开始进行月季育种，随后安德烈·沙贝尔（André Chabert, 1915—2012）加入他的公司，并培育出很多优秀的月季品种。部分品种是以Delbard & Chabert进行登记的。育成品种有‘France Libre’‘Mme Georges Delbard’‘Claude Monet’‘Republic de Montmartre’等。

5.5.21 斯温

赫伯特·斯温（Herbert Swim, 1907—1989）是美国月季育种者。曾在阿姆斯特朗苗圃（Armstrong Nurseries）从事月季育种工作。斯温引领了美国20世纪50年代至60年代的月季潮流，育成了很多优秀的月季品种，如‘Mister Lincoln’‘Angel Face’‘Double Delight’等。

5.5.22 莫尔

拉尔夫·莫尔（Ralph S. Moore, 1907—2009）是美国月季育种者，“现代微型月季之父”。他以‘Tom Thumb’为亲本培育微型月季，亲本中除现代月季外，还使用了苔蔷薇、硕苞蔷薇、单叶蔷薇品种，培育出很多品种，如‘Simplex’‘Magic Carrousel’‘Rise 'n' Shine’‘Millie Walters’‘Sweet Chariot’‘Angel Pink’等。莫尔的极力发展使微型月季在月季领域占有一席之地（张佐双和朱秀珍，2006）。

5.5.23 梅扬

弗朗西斯·梅扬（Francis Meilland, 1912—1958）是法国月季育种者，著名月季品种‘Peace’的培育人。他的父亲安托万·梅扬（Antoine Meilland, 1884—1971）儿时便喜欢月季，16岁到弗朗西斯·迪布勒伊（Francis Dubreuil）在里昂经营的苗圃工作后，娶了迪布勒伊的女儿，第一次世界大战期间服役结束后回到里昂成立了自己的苗圃。弗朗西斯·梅扬于1935年开始进行月季育种工作；1939年，因担心新培育的月季品种遭战争破坏，其将枝条寄给了3～4家其他国家的月季公司，包括美国的Conard Pyle公司。Conard Pyle公司在1945年5月9日攻克柏林的“反法西斯胜利日”推出了该品种，并命名为‘Peace’。和平月季不仅有世界和平的美好寓意，而且花色漂亮优雅、植株长势强健、抗性强，被称为“20世纪最伟大的品种”。弗朗西斯·梅扬培育了出很多优秀的月季品种，如‘Pink Peace’‘Bonica’‘Christian Dior’等。

5.5.24 屠省宽

屠省宽（1913—2000）是中国月季育种者。1949年参加工作，任常州市工商业联合会办事员；1958年在常州市园林管理所工作；1965年担任常州市红梅公园副主任；1976年调入常州市花圃，任园艺师。其精通月季、兰花、杜鹃花、山茶和菊花的养护管理，培育的月季品种有‘宝石绿’‘出水芙蓉’‘春光明媚’。

5.5.25 铃木盛三

铃木盛三（Seizo Suzuki, 1913—2000）是日本月季育种者。1938年，铃木在东京开设了Todoroki月季园，收集了300多个品种，这为他的职业生涯奠定了基础。1958年，启成（Keisei）月季研究机构所成立，铃木被任命为院长，他制定了科学高效的育种计划，育出的品种有‘Olympic Torch’‘French Perfume’‘Mikado’‘Hi-Ohgi’等。

5.5.26 巴克博士

格里菲思J. 巴克博士（Dr. Griffith J. Buck, 1915—1991）是美国艾奥瓦州立大学的园艺教授，也是一位月季育种者。他年轻时以非常不寻常的方式迷恋上了月季。他年轻时偶然与一位西班牙笔友通信，这位笔友是一位西班牙月季育种者佩德罗·多特（Pedro Dot, 1885—1976）。多特让他的侄女玛丽亚替他回信，并寄出很多关于月季的资料。不久之后巴克就开始沉迷于月季了。巴克早期的工作并没有大量的资金支持，他只能尽力而为。1947年冬季，巴克的月季收集中只有少量品种在没有防寒措施的情况下存活。随后巴克开始利用这些月季进行育种，育成了许多优秀的月季品种，这些品种不仅漂亮、长势强健，而且耐寒、抗病虫害。有一些品种耐热性也非常好，如‘Carefree Beauty’在得克萨斯州湿热的气候条件下也表现良好。

5.5.27 徐进发

徐进发（1915—2000）是中国月季育种者。自幼与哥哥以种花为生，16岁独立经营花圃。20世纪60年代初生产的自育品种‘仙客来’品质优良，在香港市场备受欢迎。70年代中期筛选出‘愿望’‘白鹤’‘粉魁’等品种。80年代初发明了月季“门”字形嫁接法，并由张志尚写稿在美国杂志上发表，此嫁接法在国内外得到了广泛应用。

5.5.28 周圣希

周圣希（1921？—2016）是中国月季育种者。他是上海市淮海中学的生物教师，业余爱好花卉种植，尤其对月季喜爱有加。培育的月季品种‘上海之春’‘珍珠’‘青凤’被选入中国第一套月季特种邮票。20世纪60年代，其业余爱好由月季转向（盆景）花盆，开始进行紫砂花盆创作。

5.5.29 朗斯

路易斯·朗斯（Louis Lens, 1924—2001）是比利时月季育种者。他的家族苗圃路易斯·朗斯树木苗圃（Louis Lens Tree Nursery）历史悠久，成立于1870年。朗斯培育出了很多优秀的月季品种，其中一个开白色花的杂交茶香月季品种‘Pascali’非常优秀。随着年龄的增长，朗斯开始尝试利用蔷薇属原生种进行月季育种，他利用硕苞蔷薇培育出‘Pink Surprise’，利用腺梗蔷薇培育出‘Pleine de Grace’‘Dentelle de Malines’等。

5.5.30 张荣国

张荣国（1924—1995）是中国月季育种者。1937年入伍，1981年从军队离休。自20世纪60年代开始种植月季。1971年他通过人工授粉，得到一株开红色花的月季品种，定名时正值他的小儿子加入少先队，所以他将这个新品种命名为‘红领巾’。育成品种还有‘长安买笑’‘太白积雪’‘唐风’等。

5.5.31 奥斯汀

大卫·奥斯汀（David C H Austin, 1926—2018）是英国育种者。其创办了一家月季公司并以自己名字命名。该公司从20世纪40年代开始（Austin, 2013），利用古老月季（主要为法国蔷薇、白蔷薇和大马士革蔷薇）进行育种，培育出的月季品种结合了古老月季的花型、香气与抗逆性以及丰花月季和杂交茶香月季的丰富花色及重复开花性，广受市场欢迎，也被称为English Rose。代表品种很多，如‘Abraham Darby’‘Jude the Obscure’‘Golden Celebration’ CROWN PRINCESS MARGARETA (‘AUSwinter’) ‘Graham Thomas’等。

5.5.32 刘好勤

刘好勤（1927—）是中国月季育种者。1953年起在北京天坛公园从事花卉和绿化工作。1961年，参与天坛月季园的选址和建造工作。1963年，刘好勤和“月季夫人”蒋恩钿一起在天坛公园建立了月季园。育成品种有‘大力士’‘雪莲’‘儿童乐园’。

5.5.33 阿姆斯特朗

大卫·利根·阿姆斯特朗（David Ligon Armstrong, 1927—2019）是美国的月季育种者。他的祖父约翰·塞缪尔·阿姆斯特朗（John Samuel Armstrong, 1865—1965）是加拿大裔美国人，成立了著名的阿姆斯特朗公司。这家公司与很多知名月季育种人合作，推出了非常多的月季品种。大卫·利根·阿姆斯特朗本人也是一位非常优秀的育种者，培育的品种有‘Aquarius’‘Kentucky Derby’‘Joseph's Coat’等。

5.5.34 宗荣林

宗荣林（1932—）是中国月季育种者。出生于杭州，自幼受父亲熏陶，学习花卉培育。1958年进入杭州市园林局，参与筹建城区月季园，后调入杭州花圃月季园任组长，1981年任杭州花圃主任。其勤奋好学，先后任工程师、高级工程师。育成品种有‘绿云’‘黑旋风’‘战地黄花’‘平湖秋月’等。1984年，我国发行了第一套月季花特种邮票共6枚，宗荣林的‘黑旋风’‘战地黄花’被选入其中。

5.5.35 薛守纪

薛守纪（1933—2009）是中国月季育种者。他少年时代就热爱植物，并将全部精力投入花卉的栽培实践。其知识丰富、技艺精湛，受到园艺界的认可。他从‘和平’月季的芽变中选育出一个条纹品种，取名为‘北京和平’。

5.5.36 黄善武

黄善武（1941—2019）是中国月季育种者。1964年毕业于河北农业大学园艺系果树蔬菜专业，同年开始在农业部对外联络局外语训练班工作。1981年从中国农业科学院果树所调入蔬菜所。2001年7月退休。其主要从事果树、花卉突变育种，也利用中国野生的弯刺蔷薇进行月季育种，育成品种有‘燕妮’‘哈雷彗星’‘绿星’‘天山之光’等。

5.5.37 克里斯坦森

杰克·克里斯坦森（Jack Christensen, 1949—2021）是美国月季育种者。1970年，他在阿姆斯特朗苗圃接替赫伯特·斯温的工作；1987年起，成为一个独立的月季育种人。他培育出很多优秀的月季品种，如‘Holy Toledo’‘Love Potion’‘Voodoo’‘Gold Medal’等。

5.6 现代月季品种

《国际栽培植物命名法规》中指出，栽培品种、栽培群和杂交群名称的建立被视为始于国际园艺学会命名与栽培品种登录委员会为该名类指定的一份名录或出版物，这一指定最好根据相关的国际栽培品种登录权威的申请做出，但如果这一权威不存在，也可在咨询适当的机构以后做出（靳晓白 等译, 2013）。本文中，月季品种加词主要参考蔷薇属品种国际登录权威——美国月季学会出版的*Modern Roses 12*（Young &Schorr, 2007）及现代月季品种数据库网站http://www.modernroses.org。月季品种加词使用单引号‘’。根据《国际栽培植物命名法规》，品种加词允许转写（transliteration）、标音（transcription），但不允许翻译（translation）。实际交流中，国外月季品种加词常被翻译，或有多个商品名，这些名称不再是品种加词，而是商业指称，本文中用小型大写字母或黑体进行区分。

文中根据品种的推广时间及登录时间排序。如果品种的推广时间早于登录时间，则根据推广时间进行排序；如果品种无推广时间，或推广时间在登录时间之后，则根据登录时间进行排序。各品种的推广时间及登录时间参考*Modern Roses 12*（Young &Schorr, 2007）。

5.6.1 杂交茶香月季HT和壮花月季Gr

（1）‘La France’、**法兰西** HT

法国Guillot et Fils培育，1867年登录。该品种被认为是第一个现代月季品种。花色为浅粉色系。株高60~90cm。花银粉色、背面亮粉色，花瓣轻微波浪形，花瓣60枚，浓香，重复开花。花梗细弱，易垂头；易感黑斑病。

亲本：其杂交亲本尚有争议，*Modern Roses 12*中记载其可能由杂交长春月季‘Mme Victor Verdier’与茶香月季‘Mme Bravy’杂交而成；Krüssmann（1981）推测育种者Guillot并不知道**法兰西**月季的真正亲本，只是偶然发现的某个茶香月季的实生苗；Moody & Harkness（1992）认为**法兰西**月季可能是茶香月季‘Mme Falcot’的实生苗。

（2）‘Soleil d' Or’、**金太阳** HFt

法国Joseph Pernet-Ducher培育，1900年登录。**金太阳**月季是第一个（橙）黄色系的现代月季品种。花色为黄色混合色系（yb）。植株直立。花橙黄至金红色、阴影部为牛蒡红色。花大，满瓣（花瓣26~40枚），中等香味、柑橘香、橙子香，重复开花。易感黑斑病。

亲本：‘Antoine Ducher’ × *Rosa foetida* f. *persiana*。

1898年获里昂金奖。

（3）'Crimson Glory'、**朱墨双辉、墨红、香紫** HT

德国Kordes培育，1935年登录。花色为深红色系（dr）。花深天鹅绒红色，花多单生，直径约13cm，满瓣（花瓣30～35枚），浓香，重复开花。叶片深绿色，革质。株型为灌丛状、扩张型。植株强健。易染霉病。

曾经被誉为"最好的红玫瑰"（Macoboy & Cairns, 2016）。该品种用于生产玫瑰精油及鲜花饼，也参与了很多优秀月季品种（如'Tropicana' 'Independence' 'Mardi Gras'等）的育种。

亲本：'Cathrine Kordes'×'W.E.Chaplin'。

1936年获皇家月季学会金奖；1961年获美国月季学会James Alexander Gamble芳香奖。

（4）'Peace'、**和平、爱梅夫人**、Mme A. Meilland、Gloria Dei、Gioia HT

法国Francis Meilland培育，1945年登录。花色为黄色混合色系（yb）。花多单生，花型为高心卷边杯型，花瓣淡黄色有红晕，全满瓣（花瓣41枚以上），直径可达15cm，淡香，重复开花。叶片深绿色，有光泽。植株长势强健。

和平月季花色艳丽、花型端庄、勤花多开，被誉为20世纪最伟大的月季品种（张佐双和朱秀珍，2006）。至今仍常见于园林应用。该品种是月季育种中的一个重要亲本，有许多优秀的杂交后代，称为"和平系列"。

亲本：［('George Dickson'×'Souv. de Claudius Pernet')×'Joanna Hill'］×('Charles P. Kilham'×'Margaret McGredy')。

1942年获里昂金奖；1944年获波特兰金奖；1946年获全美月季优选奖；1947年获美国月季学会金奖；1976年获世界月季联合会荣誉殿堂。

（5）'Queen Elizabeth'、**伊丽莎白女王、粉后、粉红女皇**、Queen of England、The Queen Elizabeth Rose Gr

美国Dr. Walter Lammerts培育，1954年推广并登录。花色为粉色系（mp）。花单生或几朵花簇生，花型为高心型至杯型，直径10～12cm，满瓣（38枚花瓣），芳香，重复开花。叶片深绿色，有光泽。株型直立，长势强健。

植株高大、直立，花色娇艳，勤花、多花，抗病性强，适于绿化栽植。

亲本：'Charlotte Armstrong'×'Floradora'。'Floradora'的亲本为'Baby Chateau'×*Rosa roxburghii*，因此，从育种历史看，**伊丽莎白女王**月季与缫丝花有亲缘关系。

1954年获波特兰金奖；1955年获皇家月季学会金奖、全美月季优选奖；1960年获美国月季学会金奖；1978年获世界月季联合会荣誉殿堂。

（6）'My Choice'、**我的选择、如愿** HT

英国Le Grice培育，1958年推广，1959年登录。花色为粉色混合色系（pb）。花粉色、背面灰黄色，直径11～13cm，满瓣（33枚花瓣），浓香、大马士革香。叶片革质。株型直立。

花色为表里双色，花型优美，长势强健。

亲本：'Wellworth'×'Ena Harkness'。

1958年获皇家月季学会金奖；1961年获波特兰金奖。

（7）'Pink Peace'、**粉和平**、Meibil HT

法国Francis Meilland培育，1959年登录。花色为中粉色系（mp）。花多单生，花瓣深粉色，直径13～15cm，全满瓣（花瓣41枚以上），浓香，重复开花。叶革质，深绿色。高株型，灌丛状。长势强健。

花色鲜艳、香味浓郁、长势强健、抗病性较强，但自洁性一般，需加强花后修剪以保持良好景观效果。

亲本：('Peace'×'Monique')×('Peace'×'Mrs John Laing')。

1959年获罗马金奖；1959年获日内瓦金奖。

（8）'Tropicana'、**超级明星**、Super Star、Tanorstar HT

德国Mathias Tantau培育，1960年推广并登录。花为橙红色系（or）。花珊瑚橙色，单生或几朵簇生，花型为高心型、杯型，满瓣（30～35枚花瓣），强香、果香。重复开花。叶革质，深绿色，有光泽。株型直立。植株强健。

花色明亮鲜艳、瓣硬耐开、抗病性强，是非常优秀的品种，该品种参与了很多月季的杂交育种，如‘La Sevillana’ ‘Red Success’ ‘Alexander’等。

亲本：(seedling × ‘Peace’) × [(‘Crimson Glory’ × *R. multibracteata*) × ‘Alpine Glow’]。[超级明星]月季与多苞蔷薇有亲缘关系。

1960年获皇家月季学会金奖、日内瓦金奖；1961年获波特兰金奖；1963年获全美月季优选奖。

(9) ‘Papa Meilland’、**梅昂爸爸**、MEICESAR HT

法国Alain Meilland培育，1963年登录。花色为深红色系(dr)。花深天鹅绒深红，花多单生，花型为高心型，满瓣(35枚花瓣)，浓香。重复开花。叶片革质，有光泽。株型直立。

该品种是深红色月季中一个非常优秀的品种，有香味、长势强健，但日晒后花瓣易焦。

亲本：‘Chrysler Imperial’ × ‘Charles Mallerin’。

1962年获巴登巴登金奖；1974年获美国月季学会James Alexander Gamble芳香奖；1988年获世界月季联合会荣誉殿堂。

(10) ‘Fragrant Cloud’、**香云**、DUFTWOLKE HT

德国Mathias Tantau培育，1967年登录，1968年推广。花色为橙红色系(or)。花珊瑚红色至天竺葵红色，多单生，直径13cm，花型为高心型，满瓣(花瓣28～35枚)，芳香，重复开花。叶色深绿，有光泽。刺中等。株型直立，生长旺盛。

亲本：seedling × ‘Prima Ballerina’。‘Prima Ballerina’的亲本为unknown × ‘Peace’。所以，**香云**月季与**和平**月季之间有亲缘关系。

1963年获皇家月季学会金奖；1964年获ADR；1966年获波特兰金奖；1970年获美国月季学会James Alexander Gamble芳香奖；1981年获世界月季联合会荣誉殿堂。

(11) ‘Just Joey’、**杰·乔伊**、**巧合**、CANJUJO HT

英国Cants of Colchester公司培育，1972年登录。花色为橙色混合色系(ob)。花浅橙色，多单生，直径12～14cm，满瓣(约30枚花瓣)，浓香，重复开花。叶片革质，有光泽，株型中等。

亲本：‘Fragrant Cloud’ × ‘Dr A.J. Verhage’。

1976年获新西兰北帕默斯顿月季优秀证书。1986年获皇家月季学会金奖；1994获世界月季联合会荣誉殿堂。

(12) ‘Double Delight’、**红双喜**、ANDELI HT

美国H C Swim & A E Ellis培育，1976年登录。花色为红色混合色系(rb)。花乳白色、后变成莓红色，花多单生，直径约14cm，满瓣(30～35枚花瓣)，辣香。重复开花。叶片大，深绿色。

该品种既有红白分明的复色花朵又具有强烈的香味，深受大众喜爱。

亲本：‘Granada’ × ‘Garden Party’。

1976年获巴登巴登金奖、罗马金奖、日内瓦金奖；1977年获全美月季优选奖；1985年获世界月季联合会荣誉殿堂；1986年获美国James Alexander Gamble芳香奖。

(13) ‘Eiko’、**荣光** HT

日本Suzuki育成，1978年登录。花色为黄色混合色系(yb)。花瓣黄色和猩红色，花直径12～14cm，满瓣(30～35枚花瓣)。叶片浅绿色，大，有光泽。

‘Eiko’花色鲜艳，多花勤花，植株长势较为强健，但抗病性一般。

亲本：(‘Peace’ × ‘Charleston’) × ‘Kagayaki’。

(14) ‘Hi-Ohgi’、**绯扇** HT

日本Seizo Suzuki培育，1981年推广，1986年登录。花色为橙红色系(or)。花深橙红色，花大、满瓣(花瓣28枚)，芳香。重复开花。叶深绿色，半具光泽。株型高大、直立。

该品种花直径可达15cm，花色鲜艳、耐开，长势强健。常见于园林绿化中，树状月季的接穗也常使用该品种。

亲本：‘San Francisco’ × (‘Montezuma’ × ‘Peace’)。**绯扇**月季与**和平**月季之间有亲缘关系。

(15) ‘Pink Panther’、**粉豹**、PANTHERE ROSE、AACHENER DOM HT

法国Mrs. Marie-Louise培育，1981年推广，1983年登录。花色为粉色混合色系(pb)。花多单生，银粉色、边缘深粉色，无香，重复开花。叶片中绿色，半具光泽。株型直立。

亲本：‘MEIgurami’ × ‘MEInaregi’。

1981年获日内瓦银奖；1982年获ADR。

(16) ‘Princesse de Monaco’、**摩纳哥公主**、MEIMAGARMIC、GRACE KELLY、PRINCESS OF MONACO HT

法国Meilland公司Mrs. Marie-Louise培育，1981年推广，1982年登录。花色为白色系（w）。花多单生，花型为杯型，花瓣白色、边缘粉色，花大，满瓣（35枚花瓣），淡香，重复开花。叶片深绿色，有光泽。株型直立，株高矮。

该品种花色明快、淡雅，花型优美，抗病能力强。

亲本：'Ambassador'×'Peace'。**摩纳哥公主**月季是**和平**月季的后代。

（17）'绿野' HT

中国黄善武培育，1982年推广，2014年在美国月季学会登录。花淡黄色（ly）。花几朵簇生成小花序，花朵芳香。叶片中绿色，半具光泽。株型中等、紧凑。

'绿野'花色为黄绿色至豆绿色，在众多鲜艳的月季品种中，颇具特色。其长势强健，是我国优秀的自育品种之一。

亲本：'Mount Shasta'×'Medallion'。

（18）'Gold Medal'、**金奖章**、AROYQUELI、GOLDEN MEDAL Gr

美国Jack E. Christensen培育，1981年登录，1982年推广。花色为黄色系（my）。花多单生，深金黄色、有时泛橙红色，花型为高心型，直径10～12cm，满瓣（30～35枚花瓣），淡果香。重复开花。叶深绿色。株型高，直立。

花色鲜艳，花枝量大，适宜地栽。

亲本：'Yellow Pages'×('Granada'× 'Garden Party')。

1983年获新西兰北帕默斯顿月季金奖。

（19）'Rouge Meilland'、**梅郎口红**、MEIMALYNA、**罗琪·梅郎** HT

法国Mrs. Marie-Louise培育，1982年推广，1985年登录。花色为红色系（mr）。花大，全满瓣，无香。叶片深绿色，半具光泽。株型直立。

该品种是一个优秀的红色系品种（张佐双&朱秀珍, 2006），其花型优美，长势强健，夏季开花优良。

杂交：[(Queen Elizabeth'×'Karl Herbst')×'Pharoah']×'Antonia Ridge'。

（20）'Royal Amethyst'、**皇家石英**、**皇家水晶** HT

美国Paul Francis DeVor培育，1989年登录。花色为紫色系（m）。花多单生，花瓣薰衣草色，花大，满瓣（32枚花瓣），浓香、果香。叶片有光泽。株型直立、高大。

亲本：'Angel Face'×'Blue Moon'。

1996年获波特兰月季金奖、波特兰最佳月季奖。

（21）'Cherry Parfait'、**摩纳哥王子银禧**、JUBILÉ DU PRINCE DE MONACO、**樱桃巴菲**、**摩纳哥公爵** Gr

法国Meiland International公司培育，2000年推广，2001年登录。花色为红色混合色系（rb）。几朵花簇生成一个小花序，花白色、边缘红色，直径13cm，满瓣（30~35枚花瓣），花型为高心型，无香。叶片深绿色，半具光泽。株型灌丛状，株高中等（120～150cm）。

该品种花色为白、红二色，花色鲜艳，植株长势强健，抗病性强。

亲本：'Meichoiju'×('Meidanu'×'Macman')。

2003年获全美月季优选奖。

（22）'China Sunset'、**张佐双**、CHINA SUNRISE Gr

澳大利亚Laurie Newman培育，2001年登录。花色为杏色混合色（ab）。花多簇生。花瓣浅杏色、背面色深，满瓣（26～40枚花瓣）。叶片中绿色，有光泽。株型中等、直立。

亲本：'Parador'×'Jocelyn'。

（23）'Home and Family'、**家与家人** HT

美国Tom Carruth培育，2002年推广并登录。花色为白色系（w）。花多单生，纯白色，直径10～12cm，满瓣，淡香。叶深绿色，有光泽。少刺。株型直立，株高中等（120～140cm）。

亲本：('Playboy'×'Lagerfeld')×'New Zealand'。

（24）'Honey Dijon'、**甜蜜第戎**、WEK SPROULSES Gr

美国James Sproul培育，2003年登录，2005年推广。花色为红色系（r）。花棕褐色，几朵簇生成一个小花束，花直径10～12cm，浓香，重复开花。叶深绿色，有光泽。株型直立，中等高度

（120～140cm）。长势强健。

亲本：'Stainless Steel'×'Singin' In The Rain'。

（25）'Wild Blue Yonder'、**蓝色伊甸园**、WEKISOSBLIP、BLUE EDEN Gr

美国Tom Carruth培育，2004年登录，2006年推广。花色为淡紫色系（m）。花淡紫色、边缘紫红色，多朵花簇生形成一个大的花序，花型为杯型，单花直径9～11cm，满瓣（25～30枚花瓣），浓香、辛香，重复开花。叶深绿色，半具光泽。株型直立、中等（100～130cm）。

亲　本：［（'International Herald Tribune'×*R. soulieana* derivative）×（'Sweet Chariot'×'Blue Nile'）］×（'Blueberry Hill'×'Stephen's Big Purple'）。**蓝色伊甸园**月季与川滇蔷薇有亲缘关系。

2006年获全美月季优选奖；2010年获波特兰最佳月季奖；2013年获美国月季学会James Alexander Gamble芳香奖。

5.6.2 丰花月季和小姐妹月季（Floribunda & Polyantha）

（1）'Pâquerette'、**苍白**、LA PÂQUERETTE、MA PÂQUERETTE Pol

法国Guillot et Fils（1827—1893）培育，1875年登录。花色为白色系（w）。花纯白色，花直径2～3cm，多朵花簇生成一个大花序，花序直径可达40cm。叶片有光泽，具5～7枚小叶。少刺。植株矮生（30～38cm）。

该品种是第一个小姐妹月季品种（Young & Schorr，2007）。

亲本：*R. multiflora* polyantha开放授粉杂交子代的后代。

（2）'Gruss an Aachen'、**问候亚坤**、SALUT D'AIX LA CHAPELLE F

德国Geduldig培育，1909年登录。花色为淡粉色系（lp）。多朵花簇生成一个花序。花芽橙红色、黄色。花瓣肉粉色、后期为奶油白色，花直径8～9cm，全满瓣（40～45枚花瓣），淡香，重复开花。叶片革质。株高45～90cm。

该品种是第一个丰花月季品种（Krüssmann，1981），植株长势强健，花易垂头。

亲本：'Frau Karl Druschki'（HP）×'Franz Deegen'（HT）。从亲本记录上看，**问候亚坤**月季是一个杂交长春月季与杂交茶香月季的杂交子代，所以第一个丰花月季的杂交背景中并没有多花类型的参与。但其多朵花簇生成一个花序、株型较矮的生长特性，与杂交长春月季及杂交茶香月季均不相同，所以归为丰花月季类群。该品种的育种者有争议，有人认为该品种由德国L. Wilhelm Hinner培育（Enders，2010）。

（3）'Blanche Neige'、**白科斯特**、SNOVIT、WHITE KOSTER、WITTE KOSTER Pol

荷兰Koster发现，1929年登录。花色为白色系（w）。多朵花簇生，花瓣白色，重瓣（约20枚花瓣），花型为球形，无香，重复开花。株高约60cm。

白科斯特月季花量大，勤花，植株抗性强，在园林绿化中常作为微型月季使用。

亲本：不详。

（4）'Iceberg'、**冰山**、KORBIN、SCHNEEWITTCHEN F

德国Reimer Kordes培育，1958年推广，1959年登录。花色为白色系（w）。花纯白色，多朵花簇生成一个花序，直径10～11cm，重瓣（20～25枚花瓣），芳香，重复开花。叶浅绿色，有光泽。刺少。株型直立。

多花、勤花，花量大，是优秀的丰花月季品种。

亲本：'Robin Hood'×'Virgo'。母本'Robin Hood'具有多朵花簇生成花序的特性，亲本不详，*Modern Roses 12*中将其列为杂交麝香蔷薇。父本'Virgo'是杂交茶香月季。

1958年获巴登-巴登金奖、皇家月季学会金奖；1960年获ADR；1983年获世界月季联合会荣誉殿堂。

（5）'Europeana'、**欧洲** F

荷兰Gerrit De Ruiter培育，1963年推广，1964年登录。花色为深红色系（dr）。多朵花簇生成一个大的花序，花深红色、有天鹅绒质感，直径约8cm，满瓣（25～30枚花瓣），淡香。叶片深绿色。植株长势强健。

亲本：'Ruth Leuwerik'×'Rosemary Rose'。

1968年获全美月季优选奖；1970年获波特兰

金奖。

（6）'Escapade'、**出轨**、HARPADE F

英国Harkness培育，1967年登录。花色为紫色系（m）。多朵花簇生成一个花序，花直径约8cm，花瓣洋红至玫瑰色、中心白色，半重瓣（12枚花瓣）。叶片淡绿色，有光泽。

该品种花色清新，抗病性强。

亲本：'Pink Parfait' × 'Baby Faurax'。

1969年获贝尔法斯特优秀证书、巴登-巴登金奖；1973年获ADR。

（7）'Yesterday'、**昨日**、TAPIS D'ORIENT Pol

英国Harkness公司培育，1974年登录。花色为粉色花系（mp）。多朵花簇生成一个大的花序。花色为丁香粉色，直径3.9cm，重瓣（13枚花瓣），淡香，重复开花。叶片小，有光泽。株型为灌丛状。

亲本：('Phyllis Bide' × 'Shepherd's Delight') × 'Ballerina'。

1975年获巴登-巴登金奖；1978年获ADR。

（8）'Schloss Mannheim'、**曼海姆**、**曼海姆宫殿** F

德国Kordes公司培育，1975年登录。花色为橘红色系（or）。多朵花簇生，花瓣橘红色，淡香。叶片深绿色，革质。植株直立性强，株型为灌丛型。重复开花性强。

植株半扩张，长势强健，抗病能力强，花色艳、耐开，常见于绿化中。

亲本：'Marlena' × 'Europeana'。

1972年获ADR。

（9）'Regensberg'、**新生冰川**、**新冰川**、**里根堡**、BUFFALO BILL、MACYOUMIS、YOUNG MISTRESS F

新西兰Samuel Darragh McGredy IV培育，1978年登录，1979年推广。花为粉色混合色系（pb）。花粉色、边缘白色、中心白色，直径5～7cm，重瓣（21枚花瓣），花型杯状，芳香。株型为灌丛状。重复开花。

该品种长势强健，抗病性强。

亲本：'Geoff Boycott' × 'Old Master'。'Old Master'的亲本为：（'Maxi' × 'Evelyn Fison'）×（'Orange Sweetheart' × 'Fruhlingsmorgen'）。'Maxi'的亲本为［'Evelyn Fison' ×（'Tantau's Triumph' × 'Coryana'）］×（'Hamburger Phoenix' × 'Danse de Feu'）。'Coryana'由英国Dr. C C Hurst利用大叶蔷薇*R. macrophylla*与缫丝花*R. roxburghii*杂交培育而成，1926年登录。**新生冰川**月季与大叶蔷薇及缫丝花有亲缘关系。

1980年获巴登-巴登金奖。

（10）'Princess Michael of Kent'、**坎特公主** F

英国Harkness公司培育，1980年登录。花色为黄色系（my）。花单生或2～3朵簇生，花大，满瓣（38枚花瓣），花型为高心型，芳香。叶片中绿色，有光泽。刺短，红色。植株较矮，株高约60cm。

花色明亮，勤花，适应性强。

亲本：'Manx Queen' × 'Alexander'。

（11）'Intrigue'、**引人入胜**、**阴谋**、**诡计** F

美国William A. Warriner培育，1982年登录，1984年推广。花色为紫色系（m）。花紫红色，多朵花簇生成一个小的花序，重瓣（20枚花瓣）。叶片深绿色，半具光泽。

花色特别，植株长势强健，抗病力较强。

亲本：'White Masterpiece' × 'Heirloom'。

1984年获全美月季优选奖。

（12）'Sheila's Perfume'、**希拉之香**、**希腊之乡**、HARSHERRY F

John Sheridan培育，1982年登录，1985年推广。花色为黄色混合色（yb）。花多单生，花瓣黄色、边缘红色，直径11～13cm，花型为高心型，重瓣（20～25枚花瓣），浓香、甜香，重复开花。叶中绿色，半具光泽。株型中等、灌丛状。

颜色艳丽，香味浓郁，深受大众喜爱。由于其花朵较大，园林绿化中常将其作为杂交茶香月季应用。

亲本：'Peer Gynt' ×［'Daily Sketch' × ('Paddy McGredy' × 'Prima Ballerina')］。

1993年获新西兰北帕墨斯顿金奖及芳香奖；2005年获美国月季学会James Alexander Gamble芳香奖。

（13）'Tequila'、**龙舌兰酒**、TEQUILA LA SEVILLANA F

法国Meilland公司Mrs. Marie-Louise培育，

1983年登录。花色为杏色混合色系。2~5朵花簇生，花直径约9cm，满瓣（29枚花瓣），花型杯型至平盘型，无香，重复开花性好。叶片深绿色，半具光泽。株型灌丛状，株高80~90cm。

该品种色彩明亮，花初期为杏色或橘色、后期转为黄色、白色。长势强健。

亲本：'Golden Holstein' × 'Bonica'。

（14）'Angela'、**安吉拉**、ANGELICA、KORDAY F

德国Kordes公司培育，1984年登录。花色为深粉色系（dp）。花单生或簇生，直径3~5cm，花型为杯型。叶片中等，中绿色，有光泽。株型为灌丛型。

安吉拉月季花朵较小，但多朵花簇生成一个大的花序，春季大量花朵同时开放，具有较好的观赏效果。虽然*Modern roses 12*将其归为丰花月季类，但其在适宜的栽培条件下株高可达2m，园林绿化中常将其作为藤本月季使用。该品种常见于城市道路绿化中（如杭州）。

亲本：'Yesterday' × 'Peter Frankenfeld'。

1982年获ADR。

（15）'Goldmarie'、**金玛丽**、GOLDMARIE '82、GOLDMARIE NIRP、KORFALT F

德国W. Kordes培育，1984年登录。花色为深黄色系（dy）。花瓣深黄色、外轮花瓣背面红色，满瓣（35枚花瓣），淡香，重复开花。叶片中绿色，有光泽。株型为灌丛型。

生长旺盛、抗病力强，花色明亮，是绿化中的常见品种。

亲本：[('Arthur Bell' × 'Zorina') × ('Honeymoon' × 'Dr. A.J. Verhage')] × (seedling × 'Sunsprite')。

（16）'Len Turner'、**伦·特纳** F

英国Patrick Dickson，1984年登录。花色为红色混合色（rb）。花瓣乳白色、边缘红色，满瓣（35枚花瓣），直径5~7cm。叶片中等，中绿色，有光泽。株型为灌丛型。

花朵较小，但花量大、开花整齐，群体景观效果好。

亲本：'Electron' × 'Eyepaint'。

（17）'City of London'、**伦敦城**、HARUKFORE F

英国Harkness公司培育，1987年登录，1988年推广。花色为浅粉色系（lp）。花浅粉色，有红色阴影，浓香。重复开花。叶中绿色，有光泽。株型灌丛状。该品种具有出色的浓香味。

亲本：'Radox Bouquet' × 'Margaret Merril'。'Radox Bouquet'的亲本为('Alec's Red' × 'Piccadilly') × ['Southampton' × ('Cläre Grammerstorf' × 'Frühlingsmorgen')]。'Frühlingsmorgen'是杂交密刺蔷薇，其杂交亲本为('E.G. Hill' × 'Cathrine Kordes') × *R. spinosissima* altaica。**伦敦城**月季与密刺蔷薇有亲缘关系。

（18）'Snow Princess'、**白雪公主** F

加拿大Keith G. Laver培育，1991年登录，1992年推广。花色为白色系（w）。多朵花簇生成一个大的花序，满瓣，无香。叶片深绿色、有光泽。株型灌丛状，植株较矮（约45cm）。

亲本：'Regensberg' × 'June Laver'。

（19）'Johann Strauss'、**小约翰·施特劳斯**、FOREVER FRIENDS、SWEET SONATA F

法国Alain Meilland培育，1993年推广，1994年登录。花色为粉混合色（pb）。3~7朵花簇生，花瓣珍珠粉色，直径8~13cm，全满瓣（100枚花瓣），淡香、甜香。叶片中等，深绿色。刺少。株型紧凑，较矮（50~60cm）。

亲本：'Flamingo' × ('Pink Wonder' × 'Tip Top')。

（20）'White Fairy'、**白仙女** Pol

新西兰John Martin和Gina Martin培育，1998年推广。花色为白色系（w）。多朵花簇生成一个大的花序，花瓣纯白色。叶片深绿色。株型矮。

亲本：不详。

（21）'Hot Cocoa'、**热可可** F

美国Tom Carruth培育，2001年登录，2003年推广。花色为赤褐色系（r）。几朵花簇生成一个小的花序，花烟熏橙色、背面锈红色，直径7~9cm，满瓣，芳香。叶片大，深绿色，有光泽。刺多。株型灌丛型，中等株高（90~115cm）。

亲本：('Playboy' × 'Altissimo') × 'Livin Easy'。

2003年获全美月季优选奖。

（22）'Burgundy Iceberg'、**葡萄冰山**、BURGUNDY ICE、PROSE、PURPLE ICEBERG F

Lilia Weatherly发现，2003年推广。花色为紫

色系（m）。多朵花簇生成一个花束，花深紫红色、背面浅红色，直径8～11cm，满瓣（25～30枚花瓣），淡香。重复开花。叶片半具光泽。刺少。株型灌丛状。

葡萄冰山月季与**冰山**月季生长特性相似，抗性强，但夏季花朵易焦边。

亲本：是'Brilliant Pink Iceberg'的芽变，与'Iceberg'有亲缘关系。'Brilliant Pink Iceberg'是'Pink Iceberg'的芽变。'Pink Iceberg'是**冰山**的芽变。

2005年获澳大利亚国家测试园金奖。

（23）'Chihuly'、**奇胡利**、ANNA LIVIA、**安娜·利维亚** F

美国Tom Carruth培育，2003年登录，2004年推广。花色为红色混合色（rb）。几朵花簇生成一个小的花序。花瓣初期为黄色、后期转为橙色、有时有细条纹、最终为红色，花瓣背面黄色。花直径9～11cm。淡香。叶片深绿色、有光泽。嫩茎红色。株型为灌丛型，株高中等（100～120cm）。

亲本：'Scentimental' × 'Amalia'。

2006年获新西兰北帕默斯顿优秀证书。

（24）'Ebb Tide'、**海潮之声** F

美国Tom Carruth培育，2004年登录，2006年推广。花色为紫色系（m）。几朵花簇生成一个小的花序，花深紫色，直径8～10cm，满瓣，花型为古老月季花型，具浓香、丁香香味。叶片中等，深绿色，半具光泽。刺中等。株型直立，株高中等（60～80cm）。

亲本：[（'Sweet Chariot' × 'Blue Nile'）× 'Stephen's Big Purple'] × [（'International Herald Tribune' × *R. soulieana* derivative）×（'Sweet Chariot' × 'Blue Nile'）]。**海潮之声**月季育种过程中，使用了多个紫色品种，如'Sweet Chariot' 'Blue Nile' 'Stephen's Big Purple' 'International Herald Tribune'的花色均为紫色系。**海潮之声**月季与川滇蔷薇有亲缘关系。

5.6.3 灌丛月季（Shrub）

（1）'Max Graf'、**麦克斯·格拉夫** HRg

美国Bowditch培育，1919年登录。花色为粉色混合色系（pb）。几朵花簇生成小的花束，花亮粉色、花瓣轻微褶皱，单瓣，淡香、麝香，单季花。叶片小，像玫瑰叶片一样褶皱，有光泽。刺多。株型灌丛型，抗性强。

'Max Graf'匍匐生长特性遗传了光叶蔷薇的习性，具有很多棕色的刺则遗传了玫瑰的特性。该品种是很好的地被类型，虽然只开一次花，但花期长，株型丛生、垫生，可以在地面形成一个浓密的覆盖，杂草也不能在里面生长（Thomas，1994）。'Max Graf'抗性强、耐寒性强、常被用作砧木。该品种是科德斯蔷薇'*R.* ×*kordesii*'的亲本。

亲本：也许是*R. rugosa* × *R. wichurana*。该品种是开放授粉的蔷薇种子播种，由康涅狄格州Connecticut庞弗雷特中心Pomfret Center的Bowditch Nurseries公司的园丁Max Graf发现，该苗圃的所有人是Mr. James H. Bowditch，所以由其注册（Anderson & Judd，1932）。

（2）'Raubritter'、**拉布瑞特**、MACRANTHA RAUBRITTER HKor

德国Kordes培育，1936年登录。花色为浅粉色系（lp）。多朵花簇生，花球形，直径5cm，半重瓣，芳香。一季花。叶片革质。株型为攀缘型。

'Raubritter'抗性强，株型开展，适宜作为地被或藤本栽植；抗寒性较差，在北方地区露地栽培容易受冻导致干梢。

亲本：'Daisy Hill' × 'Solarium'。

（3）'Ballerina'、**芭蕾舞女** HMusk

英国Bentall培育，1937年登录。花色为中粉色系（mp）。多朵花簇生成一个大的花序，花瓣浅粉色、中心有白色斑块，单瓣。植株长势强健，株高约90cm。

株型为圆球形，花量大，群体花期较长，抗寒性强，耐阴，易感黑斑病。

亲本：不详。

（4）'R. × kordesii'、**科德斯** HKor

德国W. Kordes培育，1941年登录。花色为深粉色系（dp）。花瓣亮红粉色，直径5cm，半重瓣，花型为杯型。一季花。叶片深绿色，有光泽。抗性强。

以**科德斯**月季为亲本杂交演化出一个现代月季类群——杂交科德斯月季（HKor）。

亲本：'Max Graf' × unknown

（5）'Dortmund'、**多特蒙德** HKor

德国W. Kordes' Ⅱ培育，1955年登录。花色为中红色系（mr）。多朵花簇生成一个大的花序，花红色、中心有白色斑块（俗称"眼睛"），直径11～12cm，单瓣，芳香。重复开花。叶片深绿色、有光泽。株型藤本型。

花量大、花色鲜艳，植株抗病、强健，是北京地区园林绿化中常见的月季品种，常作为藤本月季使用。

亲本：seedling × '*R.* ×*kordesii*'。

1954年获ADR；1971年获波特兰金奖。

（6）'Cocktail'、**鸡尾酒**、MEIMICK S

法国F. Meilland培育，1957年推广，1958年登录。花色为红色混合色（rb）。多朵花簇生，花天竺红色、基部淡黄色，单瓣（5枚花瓣），直径6cm，淡香、辣香。叶片革质、有光泽。株型为半攀缘型。

花色鲜艳，勤花，长势强健。

亲本：('Independence' × 'Orange Triumph') × 'Phyllis Bide'。

2015年获世界月季联合会荣誉殿堂。

（7）'Parkdirektor Riggers'、**御用马车** HKor

德国R. Kordes培育，1957年推广，1958年登录。花色为深红色系（dr）。多朵花簇生成大的花序，花瓣深红色、天鹅绒质地、偶有白色斑点，直径5～6cm，半重瓣。重复开花。叶片深绿色、革质。株型为灌丛型，长势强健。

花量大、颜色鲜艳、花期长，是优良的立体绿化品种。

亲本：'*R.* ×*kordesii*' × 'Our Princess'。

1960年获ADR。

（8）'Marjorie Fair'、**小桃红** S

英国Harkness培育，1977年登录，1978年推广。花色为红色混合色系（rb）。多朵花簇生成一个大的花序，花瓣红色、基部有白色斑块，花直径约3cm，单瓣（5枚花瓣）。重复开花。叶片小，浅绿色，半光泽。株型浓密。

亲本：'Ballerina' × 'Baby Faurax'。

1977年获罗马金奖；1979年获巴登-巴登金奖。

（9）'Carefree Wonder'、**仙境**、DYNASTIE、MEIPITAC S

法国Meilland公司推广，1978年推广，1990年登录。花色为粉色混合色系（pb）。花瓣粉色、泛白色、背面淡粉色，花后期中粉色，直径11～12cm，满瓣（26～30枚花瓣），花型为杯型，重复开花。叶片中绿色，半具光泽。株型中等。

长势强健，花量大、开花整齐，在园林绿化中常作为丰花月季使用。

亲本：('Prairie Princess' × 'Nirvana') × ('Eyepaint' × 'Rustica')。'Prairie Princess'的亲本为'Carrousel' × ('Morning Stars' × 'Suzanne')。'Suzanne'是疏花蔷薇杂交二代与密刺蔷薇的杂交种，亲本信息为second generation *R. laxa* × *R. spinosissima*。**仙境**月季与疏花蔷薇及密刺蔷薇有亲缘关系。

（10）'Rote Max Graf'、**红色麦克斯·格拉夫**、KORMAX、RED MAX GRAF HKor

德国W. Kordes培育，1980年登录。花色为中红色系（mr）。多朵花簇生成一个大的花序，花瓣深红色、中心白色，直径7cm，单瓣（6枚花瓣），芳香，重复开花。叶片小，革质，哑光。植株强健。

亲本：'*R.* ×*kordesii*' × seedling。

1981年获巴登-巴登金奖。

（11）'Bonanza'、**宠爱小姐**、MISS PAM AYRES、KORMARIE S

德国W. Kordes培育，1982年登录，1983年推广。花色为黄色混合色（yb）。花瓣黄色、花苞顶端红色，花大，重瓣（20枚花瓣），淡香。叶片中等，深绿色，有光泽。植株直立。

长势强健，枝条粗壮，多花、勤花。在国家植物园（北园），其株高达200cm，可作为藤本月季搭配廊架使用。

亲本：seedling × 'Arthur Bell'。

1984年获ADR。

（12）'William Baffin'、**威廉·巴芬** HKor

加拿大Dr. Felicitas Svejda培育，1983年登录。花色为深粉色（dp）。多朵花簇生成一个花序，花瓣深草莓粉色，直径6.5cm，重瓣（20枚花瓣），淡香，重复开花。叶片小，中绿色，有光泽。株型为攀缘型。

该品种属“加拿大探险”系列，植株长势强健、抗性强，花量大，少量二次开花。

亲本：'*R.×kordesii*' × unknown。

（13）'Abraham Darby'、AUSCOT、CANDY RAIN、**亚伯拉罕·达比** S

英国David Austin培育，1985年推广，1991年登录。花色为杏色混合色（ab）。花蕾深粉色、基部黄色，花瓣桃粉色至杏色，直径8~11cm，全满瓣，花型为杯型、四分之一型，浓香。叶片深绿色。株型灌丛状。

花量大、观赏性强，但花易垂头，植株高大，可作为藤本使用，耐寒性强。**亚伯拉罕·达比**是奥斯汀月季育种中的常用亲本之一，是**无名的裘德**（'Jude the Obscure'）的母本、**黄金庆典**（'Golden Celebration'）的父本，**玛格丽特王妃**（'AUSwinter'）的父本。

亲本：'Yellow Cushion' × 'Aloha'。

（14）'天山桃园' S

葛红培育，1989年推广，2014年在美国登录。白色（w）。花多单生。半重瓣（9~16枚花瓣），淡香，叶片中绿色，半具光泽，株型高大、紧凑，刺少。

亲本：'Paradise' × *R. beggeriana*（杨树华 等，2016）。

（15）'Carefree Delight'、**快乐无忧** S

法国Meilland公司培育，1994年登录。花簇生，花瓣深粉色、中心为浅粉色，花直径5~6cm，单瓣（5~10枚花瓣），淡香。重复开花性强。叶片小，深绿色，具光泽。刺多。株型中等，株高约75cm。

长势强健，抗病性强，虽然为单瓣花，但花量大，开花整齐，观赏性较好。

亲本：('Eyepaint' × 'Nirvana') × 'Smarty'。

（16）'Knock Out'、**紫色惊艳**、KNOCK OUT RED、KNOCKOUT、MADRAZ、RADRAZZ S

美国William J. Radler培育，1999年登录，2000年推广。花色为红色混合色系（rb）。几朵花簇生成一个小花序，花浅红至深粉色，单瓣，花直径7cm，淡香、茶香。叶片大，中绿色，半具光泽。株型灌丛型，中等株高（90cm）。

该品种多花、勤花，自洁性强，耐黑斑病，抗寒性强。被评为“地球友好月季Earth-Kind® Roses”，并认为其在灌丛月季的抗性中树立了一个新的标准，几乎不需要维护。

亲本：母本'Carefree Beauty' × {[('Tampico' × 'Applejack') × 'Playboy'] × self}；父本'Razzle Dazzle' × ['Deep Purple' × ('Faberge' × 'Eddie's Crimson')]。**紫色惊艳**月季有疏花蔷薇的血统（参考本章第2节）。

2000年获全美月季优选奖；2002年获ADR；2018年获世界月季联合会荣誉殿堂。

（17）'Be-Bop'、**波普爵士乐**、WEKSACSOUL S

美国Tom Carruth培育，2003年登录及推广。红色为混合色系（rb）。多朵花簇生成一个大的花序，花瓣浅红色、中心有一个大的黄色斑块（俗称“眼睛”）、背面黄色，单瓣（4~8枚花瓣），直径5.5~7cm，淡香。叶片中绿色、半具光泽。株高中等（80~100cm），株型扩张型。

亲本：'Santa Claus' × *R. soulieana* derivative。**波普爵士乐**月季与川滇蔷薇有亲缘关系。

2006年获澳大利亚优秀证书。

（18）'Midnight Blue'、**午夜深蓝**、WEKFABPUR S

美国Tom Carruth培育，2003年登录，2004年推广。花色为紫色系（m）。多朵花簇生成大花束，花瓣深紫色、天鹅绒质地、背面稍浅，花直径6~8cm，浓香、丁香香味。重复开花。叶片浅绿色，半具光泽。株型紧凑、株高较矮（60~80cm）。

花量大，植株较矮，株型紧凑，适合阳台、小花园区域栽植。

亲本：[('Sweet Chariot' × 'Blue Nile') × 'Stephen's Big Purple'] × [('International Herald Tribune' × R. soulieanna derivative) × ('Sweet Chariot' × 'Blue Nile')]

2004年获澳大利亚优秀月季证书。

（19）'Ghita Renaissance'、**吉塔文艺复兴**、MILLIE、GHITA S

丹麦Olesen公司培育，2004年推广。花色为粉色系（mp）。5~10朵花簇生成一个小花序，花瓣粉色、外轮花瓣浅粉色，直径8cm，全满瓣（50

枚花瓣），花型杯型至盘型，芳香，重复开花。叶片半具光泽。刺中等。株高100~150cm。

亲本：'Clair Renaissance' × seedling。

2006年获里昂月季芳香奖。

'Queen of Sweden'、**瑞典女王**、Austiger S

英国David Austin培育，2004年登录。花色为浅粉色系（lp）。几朵花簇生成一个小的花序，全满瓣，花型为杯型，淡香、没药香。叶片中等、中绿色。株型直立，中等株高（约105cm）。

花色娇嫩，花量大，植株直立，抗病性强。

亲本：seedling（一株开粉色花的英国月季）× 'Charlotte'。

1991年获全美月季优选奖。

（20）'Strawberry Hill'、**草莓山** S

英国David Austin培育，2006年登录。花色为浅粉色系（lp）。几朵花簇生成一个小的花序，花粉色，满瓣，没药香。重复开花。叶片中绿色，具光泽。株型中等。

亲本：不详。

（21）'Ausmerchant'、**亚历山德拉公主**、Princess Alexandra of Kent、**肯特公主** S

英国David Austin月季公司培育，2008年推广。花色为中粉色系（mp）。花粉色，满瓣，浓香，重复开花。叶片中绿色，哑光。株型中等。

植株长势强健、抗病性强，重复开花，花大且具有浓香，适宜庭院栽植。

亲本：不详。

（22）'Bahama'、**巴哈马** S

新西兰Interplant培育，2008年推广。花色为黄色系（my）。花瓣黄色，全满瓣（41枚花瓣以上），重复开花。叶深绿色，有光泽。

亲本：不详。

（23）'Sir John Betjeman'、**约翰 贝杰曼爵士** S

英国David Austin月季公司培育，2009年登录。花色为中粉色（mp）。花朵单生，满瓣。重复开花。叶片中绿色，半具光泽。刺少。株型灌丛状。

亲本：不详。

（24）'Chewsumsigns'、**你的凝望**、Eyes on Me S

美国Christopher H. Warner培育，2013年登录。花色为粉色混合色系（pb）。多朵花簇生成一个大的花序，花瓣淡粉色、中间有深粉色斑块（俗称"眼睛"）、背面淡粉色，单瓣，淡香，重复开花。叶片深绿色，光滑。株型蔓生型，株高中等。

亲本：'Summer Wine' × [（'Tigris' × 'Baby Love'）× 'Scrivbell']。'Tigris'是单叶蔷薇与'Trier'的杂交子代。

5.6.4 藤本月季（Climber）

（1）'American Pillar'、**花旗藤** HWich

美国Dr. Walter van Fleet培育，1902年登录，1908年推广。花色为粉色混合色系（pb）。10~20朵花簇生成一个大的花序，花粉色、基部有白色斑块（"眼睛"），直径5~6cm，单瓣。一季花。叶片深绿色，有光泽。植株高大，株高可达3 m以上。

花量大，长势强健，但易感白粉病。

亲本：（*R. wichurana*×*R. setigera*）× unknown（一个红色的杂交长春月季品种）。

（2）'Trier'、**特里尔** HMult

德国P. Lambert培育，1904年登录。花色为白色系（w）。30~50朵花簇生成一个大的花序，花白色、基部黄色，花小，半重瓣，芳香，少量重复开花。叶片深绿色，有光泽。刺少，红色。株高180~240cm。

改善了其母本'Aglaia'一季开花的特性，具有重复开花性，受到育种者的关注。

亲本：可能是'Aglaia'的播种苗。'Aglaia'是野蔷薇的杂交后代。

（3）'New Dawn'、**新曙光**、**新黎明**、Everblooming Dr W. Van Fleet、The New Dawn LCl

美国Dreer / Somerset玫瑰园发现，1930年推广。花色为浅粉色系（lp）。花多单生，花瓣珍珠粉色，满瓣（35~40枚花瓣），芳香、甜香，重复开花。叶片中等，深绿色。株型为攀缘型，株高可至6m。

植株强健、耐贫瘠、较耐阴，被评为"地球友好月季"（Earth-Kind® Roses）。该品种是很多月季品种的早期杂交亲本，也是奥斯汀月季的主要亲本之一。

亲本：'Dr W. Van Fleet'的芽变。'Dr W Van Fleet'为一季花品种，是光叶蔷薇杂交子代的后代，亲本为(*R. wichurana* × 'Safrano') × 'Souv. du Président Carnot'。

1997年获世界月季联合会荣誉殿堂。

（4）'Chevy Chase'、**赛维蔡斯** HMult

美国N.J.Hansen培育，1939年登录，1941年推广。花色为深红色系（dr）。10～20朵花簇生成一个花序，全满瓣（65枚花瓣），芳香，一季花。叶片浅绿色。株型为攀缘型，株高可达4m。长势非常强健。

亲本：*R. soulieana*×'Eblouissant'。**赛维蔡斯**月季是川滇蔷薇的杂交子代。

（5）'Parade'、**大游行** LCl

美国Boerner培育，1953年登录。花色为深粉色系（dp）。花深玫粉色、背面稍浅，满瓣（33枚花瓣），花型杯型，芳香。叶片深绿色，具光泽。植株长势强健。

花量大、花色鲜艳，是常见的藤本月季品种之一，花易垂头。

亲本：('New Dawn' × unknown) × 'World's Fair'。

（6）'Golden Showers'、**金秀娃** LCl

美国Dr. Walter Lammerts培育，1956年推广，1957年登录。花色为中黄色系（my）。花多单生或簇生，花瓣黄色，直径11cm，满瓣（25～28枚花瓣），花型为高心型，甜香，重复开花。叶片中等，中绿色，具光泽。株型为攀缘型。

抗性强，耐阴、抗病，长势强健，且花黄色、大，常见于园林绿化中。

亲本：'Charlotte Armstrong' × 'Captain Thomas'。

1956年获全美月季优选奖；1957年获波特兰金奖。

（7）'Spectra'、**光谱**、BANZAI 83、MEIZALITAF LCl

法国Meilland公司培育，1983年推广。花色为黄色混合色（yb）。花单生或2～3朵簇生成小花序，花瓣黄色、上面泛红色，花中心有许多短小、不规则的花瓣，全满瓣，淡香。重复开花。叶片深绿色，有光泽。刺少。长势强健，分枝能力强。

抗病性强，耐热，是北京地区园林绿化中的常见月季品种。

亲本：('Kabuki' × 'Peer Gynt') × ［('Zambra' × 'Suspense') × 'King's Ransom'］。

1985年获ADR。

（8）'Pierre de Ronsard'、**龙沙宝石**、**粉色龙沙宝石**、EDEN、EDEN ROSE 85 LCl

法国Sauvageot培育，1985年推广。花色为粉色混合色系（pb）。花簇生，花瓣奶油白色、上有粉色，直径12～13cm，全满瓣（40～55枚花瓣），淡香，重复开花。叶片深绿色，半光泽。株型为攀缘型。

花大，颜色淡雅，长势强健，深受人们喜爱。

亲本：（'Danse des Sylphes' × 'Handel' × 'Pink Wonder'。

2006年获世界月季联合会荣誉殿堂。

（9）'Laura Ford'、**劳拉·福特**、NORMANDIE Cl min

英国Christopher Warner培育，1990年登录。花色为黄色系（my）。花簇生，花瓣红色、背面淡黄色、后期有粉晕，直径5cm，重瓣（22枚花瓣），花型为高心型，淡香、果香。重复开花。叶片小，淡绿色，具光泽。株高可达2m。

花较小、但花量大，植株高大、紧凑，抗性强，适宜狭小区域栽植。

亲本：'Anna Ford' × ［'Elizabeth of Glamis' ×（'Galway Bay' × 'Sutter's Gold'）］。

1988年获皇家月季学会优秀证书。

（10）'Fourth of July'、**7月4日**、**独立日**、**为你疯狂**、CRAZY FOR YOU LCl

美国Tom Carruth培育，1999年登录。花色为红色混合色系（rb）。多朵花簇生成一个大的花序，花红色、天鹅绒质感、有白色条纹，直径10～12cm，半重瓣（9～16枚花瓣），芳香、果香，重复开花。叶片大，深绿色，具光泽。刺中等。株型为攀缘型，株高可达3 m。

亲本：'Roller Coaster' × 'Altissimo'。

1999年获全美月季优选奖。

（11）'Sorbet Fruite'、**果汁沙冰** Cl F

法国Meilland公司培育，2002年推广。花色为黄色混合色系（yb）。花瓣为红色和黄色，重瓣。

株高可达2m以上。

亲本：无。

5.6.5 微型月季和迷你月季（Miniature & Miniflora）

（1）'Yametsu-Hime'、**红莲** Min

日本K. Hebaru培育，1961年登录。花色为粉色混合色系（pb）。花瓣粉色、边缘白色。花小，半重瓣。叶片具光泽，浅绿色。

亲本：'Tom Thumb' × seedling。

（2）'Gourmet Popcorn'、**美味爆米花** Min

美国Luis Desamero发现，1987年登录。花色为白色系（w）。花瓣纯白色，半重瓣。叶片大，深绿色，具光泽。株型直立，灌丛状。

亲本：'Popcorn'的芽变。

2009年获美国月季学会卓越奖。

（3）'Ninetta'、**尼内塔** Min

德国Tantau公司培育，2006年推广。花色为杏色混合色系（ab）。花直径约5cm，满瓣，淡香，重复开花。叶片具光泽。株高约40cm。

亲本：不详。

杂交茶香月季品种和壮花月季品种

法兰西（'La France'）（周肖红 摄）

金太阳（'Soleil d'Or'）（邓莲 摄）

朱墨双辉（'Crimson Glory'）（邓莲 摄）

和平（'Peace'）（朱莹 摄）

伊丽莎白女王（'Queen Elizabeth'）（邓莲 摄）

我的选择（'My Choice'）（邓莲 摄）

粉和平（'Pink Peace'）（邓莲 摄）

超级明星（'Tropicana'）（邓莲 摄）

梅昂爸爸（'Papa Meilland'）（许桂花 摄）

香云（'Fragrant Cloud'）（许桂花 摄）

杰 · 乔伊（'Just Joey'）（邓莲 摄）

红双喜（'Double Delight'）（邓莲 摄）

荣光（'Eiko'）（邓莲 摄）

绯扇（'Hi-Ohgi'）（邓莲 摄）

粉豹（'Pink Panther'）（邓莲 摄）

摩纳哥公主（'Princesse de Monaco'）（邓莲 摄）

'绿野'（邓莲 摄）

金奖章（'Gold Medal'）（邓莲 摄）

梅郎口红（'Rouge Meilland'）（邓莲 摄）

皇家石英（'Royal Amethyst'）（邓莲 摄）

皇家石英（'Royal Amethyst'）（邓莲 摄）

摩纳哥王子银禧（'Cherry Parfait'）（邓莲 摄）

张佐双（'China Sunset'）（邓莲 摄）

家与家人（'Home and Family'）（邓莲 摄）

甜蜜第戎（'Honey Dijon'）（邓莲 摄）

蓝色伊甸园（'Wild Blue Yonder'）（邓莲 摄）

丰花月季品种和小姐妹月季品种

苍白（'Pâquerette'）（许桂花 摄）

问候亚坤（'Gruss an Aachen'）（邓莲 摄）

白科斯特（'Blanche Neige'）（邓莲 摄）

冰山（'Iceberg'）（邓莲 摄）

冰山（'Iceberg'）（邓莲 摄）

欧洲（'Europeana'）（邓莲 摄）

出轨（'Escapade'）（邓莲 摄）

昨日（'Yesterday'）（邓莲 摄）

新生冰川（'Regensberg'）（邓莲 摄）

坎特公主（'Princess Michael of Kent'）（邓莲 摄）

坎特公主（'Princess Michael of Kent'）（邓莲 摄）

阴谋（'Intrigue'）（邓莲 摄）

希拉之香（'Sheila's Perfume'）（邓莲 摄）

龙舌兰酒（'Tequila'）（邓莲 摄）

龙舌兰酒（'Tequila'）（邓莲 摄）

安吉拉（'Angela'（邓莲 摄）

金玛丽（'Goldmarie'（邓莲 摄）

金玛丽（'Goldmarie'）（邓莲 摄）

伦 · 特纳（'Len Turner'）（邓莲 摄）

伦 · 特纳（'Len Turner'）（邓莲 摄）

伦敦城（'City of London'）（邓莲 摄）

白雪公主（'Snow Princess'）（邓莲 摄）

04

小约翰·施特劳斯（'Johann Strauss'）（邓莲 摄）

白仙女（'White Fairy'）（邓莲 摄）

白仙女（'White Fairy'）（邓莲 摄）

热可可（'Hot Cocoa'）（邓莲 摄）

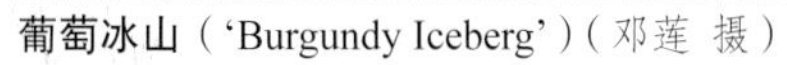

葡萄冰山（'Burgundy Iceberg'）（邓莲 摄）

奇胡利（'Chihuly'）（邓莲 摄）

海潮之声（'Ebb Tide'）（邓莲 摄）

灌丛月季品种

麦克斯 · 格拉夫（'Max Graf'）（许桂花 摄）

拉布瑞特（'Raubritter'）（邓莲 摄）

拉布瑞特（'Raubritter'）（邓莲 摄）

芭蕾舞女（'Ballerina'）（邓莲 摄）

芭蕾舞女（'Ballerina'）（邓莲 摄）

多特蒙德（'Dortmund'）（邓莲 摄）

多特蒙德（'Dortmund'）（邓莲 摄）

鸡尾酒（'Cocktail'）（邓莲 摄）

御用马车（'Parkdirektor Riggers'）（邓莲 摄）

御用马车（'Parkdirektor Riggers'）（邓莲 摄）

小桃红（'Marjorie Fair'）（邓莲 摄）

仙境（'Carefree Wonder'）（邓莲 摄）

仙境（'Carefree Wonder'）（邓莲 摄）

红色麦克斯 · 格拉夫（'Rote Max Graf'）（邓莲 摄）

宠爱小姐（'Bonanza'）（邓莲 摄）

宠爱小姐（'Bonanza'）（邓莲 摄）

威廉·巴芬（'William Baffin'）（邓莲 摄）

亚伯拉罕·达比（'Abraham Darby'）（邓莲 摄）

'天山桃园'（邓莲 摄）

'天山桃园'（邓莲 摄）

快乐无忧（'Carefree Delight'）（邓莲 摄）

快乐无忧（'Carefree Delight'）（邓莲 摄）

紫色惊艳（'Knock Out'）（邓莲 摄）

紫色惊艳（'Knock Out'）（邓莲 摄）

波普爵士乐（'Be-Bop'）（邓莲 摄）

午夜深蓝（'Midnight Blue'）（邓莲 摄）

吉塔文艺复兴（'Ghita Renaissance'）（邓莲 摄）

瑞典女王（'Queen of Sweden'）（邓莲 摄）

草莓山（'Strawberry Hill'）（邓莲 摄）

亚历山德拉公主（'Princess Alexandra of Kent'）（邓莲 摄）

巴哈马（'Bahama'）（邓莲 摄）

约翰·贝杰曼爵士（'Sir John Betjeman'）（邓莲 摄）

约翰·贝杰曼爵士（'Sir John Betjeman'）（邓莲 摄）

你的凝望（'Chewsumsigns'）（邓莲 摄）

藤本月季品种

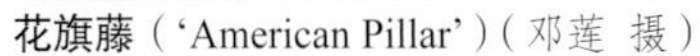

花旗藤（'American Pillar'）（邓莲 摄）

新曙光（'New Dawn'）（邓莲 摄）

花旗藤（'American Pillar'）（邓莲 摄）

特里尔（'Trier'）（邓莲 摄）

赛维蔡斯（'Chevy Chase'）（邓莲 摄）

大游行（'Parade'）（邓莲 摄）

金秀娃（'Golden Showers'）（邓莲 摄）

金秀娃（'Golden Showers'）（邓莲 摄）

光谱（'Spectra'）（邓莲 摄）

光谱（'Spectra'）（邓莲 摄）

龙沙宝石（'Pierre de Ronsard'）（邓莲 摄）

劳拉 · 福特（'Laura Ford'）（邓莲 摄）

为你疯狂（'Fourth of July'）（邓莲 摄）

果汁沙冰（'Sorbet Fruite'）（邓莲 摄）

微型月季品种和迷你月季品种

红莲（'Yametsu-Hime'）（邓莲 摄）

美味爆米花（'Gourmet Popcorn'）（邓莲 摄）

美味爆米花（'Gourmet Popcorn'）（邓莲 摄）

尼内塔（'Ninetta'）（邓莲 摄）

04

参考文献

陈俊愉, 2001. 中国花卉品种分类学[M]. 北京：中国林业出版社.

陈蕾如, 马锐豪, 王斐, 等, 2022. 城乡梯度下5种园林树种叶片与细根功能性状的变异特点[J/OL]. 生态学杂志. https://kns.cnki.net/kcms/detail//21. 1148. Q. 20221226. 0837.001.html. [2023-02-10].

陈玲, 张颢, 邱显钦, 等, 2010. 云南木香花天然居群的表型多样性研究[J]. 云南大学学报(自然科学版), 32(2): 243-248.

陈永宽, 蒋培德, 1982. 红花刺梨特征特性的初步调查[J]. 贵州农业科学(2): 38-39.

程文亮, 2014. 浙江丽水药物志[M]. 北京：中国农业科学技术出版社.

崔金钟, 2019. 中国化石被子植物：中国化石植物志[M]. 北京：高等教育出版社.

邓亨宁, 高信芬, 李先源, 等, 2015. 无籽刺梨杂交起源：来自分子数据的证据[J]. 植物资源与环境学报, 24(4):10-17.

邓菊庆, 蹇洪英, 李淑斌, 等, 2013. 几种云南特有蔷薇资源的抗寒性研究[J]. 西南农业学报, 26(2): 723-727.

邓莲, 宋华, 崔娇鹏, 等, 2019. 7种耐寒蔷薇与现代月季的亲和性研究[C]// 中国植物学会植物园分会编辑委员会. 中国植物园(第二十二期). 北京：中国林业出版社.

董文珂, 2007. 北京平原地区引种抗寒茶花的研究[D]. 北京：北京林业大学.

范舒欣, 蔡妤, 董丽, 2017. 北京市8种常绿阔叶树种滞尘能力[J]. 应用生态学报, 28(2):408-414.

范元兰，陈宇春，蹇洪英，等，2021. 蔷薇属抗蚜种质资源的筛选[J]. 云南大学学报(自然科学版)，43(3): 619-628.

傅立国，2012. 中国高等植物：第6卷[M]. 青岛：青岛出版社.

谷粹芝，1985. 中国植物志：第三十七卷 蔷薇属[M]. 北京：科学出版社.

郭润华，隋云吉，杨逢玉，等，2011. 耐寒月季新品种‘天山祥云’[J]. 园艺学报，38(7):1717-1418.

郭艳红，张颢，陈宇春，等，2021. 蔷薇属黑斑病抗性与叶片结构及酶活性研究[J]. 西南农业学报，34(8): 1637-1642.

郭永来，1998. 紫枝玫瑰及其栽培管理[J]. 农业科技通讯，8f:17.

国际生物科学联盟栽培植物命名法委员会，2013. 国际栽培植物命名法规[M]. 8版. 靳晓白，成仿云，张启翔，译. 北京：中国林业出版社.

国家林业和草原局，农村农业部，2021. 国家林业和草原局农业农村部公告(2021年第15号)(国家重点保护野生植物名录)[EB/OL]. Http://www.forestry.gov.cn/main/5461/20210908/162515850572900.html. [2022-10-30].

贵州省统计局，2020. 贵州省刺梨产业发展调研报告[EB/OL]. Http://stjj.guizhou.gov.cn/tjsj_35719/tjfx_35729/202007/t20200716_61638591.html. [2022-10-30].

韩禧，陈向前，李卉，等，2020. 蔷薇属植物杂交组合筛选试验初报[J]. 南方农业，14(6): 47-49.

何永华，曹亚玲，李朝銮，1997. 华西蔷薇和中甸刺玫营养成分分析[J]. 园艺学报，24(2): 203-204.

华晔，邱显钦，张颢，等，2013. 蔷薇属植物野生资源白粉病抗性鉴定[J]. 江苏农业科学，41(1): 112-114.

黄善武，1994. 中国作物遗传资源：月季[M]. 北京：中国农业出版社.

黄莹，欧国武，黄婧，2022. 刺梨产业育种环节专利的现状及主题演化与发展趋势[J]. 贵州农业科学，50(1)：82-89.

惠俊爱，张霞，王绍明，2014. 新疆野生单叶蔷薇的显微结构特征[J]. 江苏农业科学，42 (3): 126-127.

蹇洪英，张颢，张婷，等，2010. 香水月季(*Rosa odorata* Sweet)不同变种的染色体及核型分析[J]. 植物遗传资源学报，11(4): 457-461.

金春星，1986. 中国树木学名诠释[M]. 北京：中国林业出版社：359.

金花，2009. 常绿阔叶植物在北京地区的引种栽培研究[D]. 北京：北京林业大学.

李丁男，张淑梅，2019. 中国特有植物白玉山蔷薇分类学考证[J]. 植物科学学报，37(6): 726-730.

李晋华，晏慧君，杨锦红，等，2018. 香水月季复合群(*Rosa odorata* Complex)花香成分分析[J]. 西南农业学报，31(3): 587-591.

李菁博，2020. 试议16世纪欧洲是否已有中国月季栽培[J]. 中国园林博物馆学刊(6): 100-105.

李淑颖，姚雷，2013. 2种木香花的自然香气成分分析与香型评价[J]. 上海交通大学学报(农业科学版)，31(4): 51-57.

李树发，李世峰，蹇洪英，等，2012. 中甸刺玫新品种‘格桑红’和‘格桑粉’[J]. 园艺学报，39(12):2552-2554.

李万英，王文中，1983. 我国玫瑰资源初探[J]. 园艺学报，3: 211-215.

李亚文，王文翠，姚雷，2019. 3种中国原产精油的主要成分与抗氧化性能[J]. 上海交通大学学报(农业科学版)，37(6): 182-186.

刘玉春，1991. 油用玫瑰的开发利用[J]. 化工时刊，6: 20-24.

柳子明，1964. 中国的蔷薇和世界的蔷薇[J]. 园艺学报，3(4): 387-394.

马海慧，2004. 北京地区引种常绿阔叶植物主要限制因子的研究[D]. 北京：北京林业大学.

马燕，陈俊愉，1990a. 培育刺玫月季新品种的初步研究(I)月季远缘杂交不亲和性与不育性的探讨[J]. 北京林业大学学报，12(3): 18-24.

马燕，陈俊愉，1990b. 我国西北的蔷薇属种质资源[J]. 中国园林，6(1): 50-51.

牛元，王嵛德，庄健，等，2019. 玫瑰新品种‘兰州玫瑰2号’[J]. 园艺学报，46(11): 2269-2270.

邱显钦，张颢，李树发，等，2009. 基于SSR分子标记分析云南月季种质资源亲缘关系[J]. 西北植物学报，29(9): 1764-1771.

石钰琛，王金牛，吴宁，等，2022. 不同功能型园林植物枝叶性状的差异与关联[J]. 应用与环境生物学报，28(5): 1109-1119.

斯图尔特，2014. 鲜花帝国鲜花育种、栽培与售卖的秘密[M]. 宋博译. 北京：商务印书馆.

史官清，涂兴蜓，李慧君，2021. 贵州省刺梨产业优化发展的问题与对策研究[J]. 中国果树，11: 103-108.

唐开学，邱显钦，张颢，等，2008. 云南蔷薇属部分种质资源的SSR遗传多样性研究[J]. 园艺学报，35(8): 1227-1232.

唐慎微，1957. 重修政和经史证类备用本草[M]. 北京：人民卫生出版社.

王国良，2008. 中国古老月季演化历程[J]. 中国花卉园艺，15:12-13.

王国良，2015. 中国古老月季[M]. 北京：科学出版社：235-238.

王国良，2021. 玫瑰圣经图谱解读[M]. 北京：中信出版集团.

王辉，2008. 我国蔷薇属芳香资源及其开发利用现状[J]. 香料香精化妆品，12(6): 63-67.

王开锦，2018. 中甸刺玫的系统位置及杂交起源研究——兼论蔷薇属的系统[D]. 昆明：云南大学.

王康，2022. 威尔逊与园林之母[M]// 马金双，贺然，魏钰. 中国——二十一世纪的园林之母. 北京：中国林业出版社.

王世光，薛永卿，2010. 中国现代月季[M]. 郑州：河南科学技术出版社.

王思齐，朱章明，2022. 中国蔷薇属植物物种丰富度分布格局及其与环境因子的关系[J]. 生态学报，42(1): 1-11.

威尔逊，2015. 中国——园林之母[M]. 胡启明 译. 广州：广东科技出版社.

韦筱媚，高信芬，张丽兵，2008. 绢毛蔷薇复合体的分类学研究：峨眉蔷薇与绢毛蔷薇同种吗？[J]. 植物分类学报，46(6): 919-928.

卫生部，2002. 关于进一步规范保健食品原料管理的通知(卫法监发[2002]51号)[EB/OL]. Http://www.cfe-samr.org. cn/

zcfg/bjsp_134/qt_bjsp/202208/t20220802_4458.html. [2022-10-30].

吴高琼, 2019. 基于SSR分子标记的中国古老月季野生亲本分析[D]. 昆明: 云南大学.

吴其浚, 1848. 植物名实图考[M]. 北京大学图书馆藏.

仙鹤, 孙美乐, 蔺国仓, 等, 2021. 紫枝玫瑰在乌鲁木齐的引种表现及栽培技术[J]. 湖北农业科学, 60(S1): 251-252.

肖培根, 2002. 新编中药学: 第二卷[M]. 北京: 化学工业出版社.

谢宗万,《全国中草药汇编》编写组, 1996. 全国中草药汇编上[M]. 第2版. 北京: 人民卫生出版社.

杨明, 赵兰勇, 2003. 山东平阴玫瑰种质资源调查研究及类型划分[J]. 中国园林, 7: 61-63.

杨树华, 李秋香, 贾瑞冬, 等, 2016. 月季新品种'天香'、'天山白雪'、'天山桃园'、'天山之光'与'天山之星'[J]. 园艺学报, 43(3): 607-608.

杨涛, 宋丹, 张晓莹, 等, 2015. 部分蔷薇属植物远缘杂交亲和性评价[J]. 东北农业大学学报, 46(2): 72-77.

余树勋, 2008. 月季[M]. 修订版. 北京: 金盾出版社.

俞德浚, 1962. 中国植物对世界园艺的贡献[J]. 园艺学报, 1(2): 99-108.

俞德浚, 1979. 中国果树分类学[M]. 北京: 农业出版社.

张文, 王超, 张晶, 等, 2016. 食用玫瑰的研究进展[J]. 中国野生植物资源, 35(3): 24-30.

张佐双, 朱秀珍, 2006. 中国月季[M]. 北京: 中国林业出版社.

赵晓燕, 刘聪, 杨凤萍, 等, 2018. 颐和园南湖岛木香的快速扦插繁殖技术[J]. 现代园艺, 8: 58.

中国科学技术协会, 1995. 中国科学技术专家传略: 农学编园艺卷[M]. 北京: 中国科学技术出版社.

周宁宁, 张颢, 杨春梅, 等, 2011. 绢毛蔷薇居群遗传多样性的SSR分析[J]. 西南农业学报, 24(5):1899-1903.

周玉泉, 2016. 蔷薇属植物的分子系统学研究——兼论几个栽培品种的起源[D]. 昆明: 云南师范大学.

AITON W, 1811. Hortus Kewensis; or, A Catalogue of The Plants Cultivated in The Royal Botanical Garden at Kew. The Second Edition Enlarged. Vol.Ⅲ [M]. London: Printed for Longman, Hurst, Rees, Orme, and Brown: 20, 258, 262.

ANDERSON E, JUDD W H, 1932. Rosa rugosa and its Hybrids [J]. Arnold Arboretum Harvard University Bulletin of Popular Information, Series 3, Vol.Ⅵ, Nos. 8 & 9: 29-35.

ANDREWS H C, 1828. Rose; or, A Monograph of the Genus Rosa. Vol. Ⅱ [M]. London: Richard Taylor.

AUSTIN D, 2013. Old roses [M]. Woodbridge: Antieque Collectors' Club Ltd.

BENDAHMANE M, DUBOIS A, RAYMOND O, 2013. Genetics and genomics of flower initiation and development in roses [J]. Journal of experimental botany, 64(4): 847-857.

BRETSCHNEIDER E, 1881. Early European researsches into the Flora of China [M]. Shanghai: American Presbyterian Mission Press: 37, 45.

BRETSCHNEIDER E, 1898. History of European botanical discoveries in China [M]. London: Sampson Low & Co.: 205.

BRICHET H, 2003. Encyclopedia of rose science: Distribution and ecology [M]. Spain: Elsevier Academic Press.

BUCK G, 1960. Some notes on the use of *Rosa laxa* as a source of hardiness in rose breeding [J]. Iowa state journal of science, 35: 255-260.

CAIRNS T, 2003. Encyclopedia of rose science: horticultural classification schemes [M]. Spain: Elsevier Academic Press.

CELS F, 1836. Rose de Hardy [J]. Annales de flore et de pomone: ou journal des jardins et des champs (4): 372-373.

CHEN J F, WANG S Q, CAI H W, et al, 2022. Characteristics and phylogenetic analysis of the complete chloroplast genome of *Rosa glomerata* (Rosaceae) [J]. Mitochondrial DNA B Resour, 7(9): 1579-1580.

CUI W H, DU X Y, ZHONG M C, et al, 2022. Complex and reticulate origin of edible roses (*Rosa*, Rosaceae) in China [J]. Horticulture research, 9, uhab051: 1-14.

CURTIS W, 1794, The Botanical Magazine or, Flower-Garden Displayed. Vol Ⅶ [M]. London: Stephen Couchman: 284.

DE CANDOLLE A P, 1813. Catalogus Plantarum Horti Botanici Monspeliensis [M]. Monspelii: J. Martel NatuMajoris: 137.

DE LOUREIRO J, 1790. Flora Cochinchensis. Tomus Ⅰ [M]. Ulyssipone: Typis, et expensisacademicis: 324.

DEVORE M L, PIGG K B, 2007. A brief review of the fossil history of the family Roseaceae with a focus on the Eocene Okanogan highlands of eastern Washington State, USA, and British Columbia, Canada [J]. Plant systematics and evolution, 266: 45-57.

DREWES-ALVAREZ R, 2003. Encyclopedia of rose science: Black Spot [M]. Spain: Elsevier Academic Press.

EDWARDS G, 1975. Wild and old garden roses [M]. UK: David & Charles.

EDWARDS S, 1819. Rosa banksiae; ß. florepleno, Lady banks's Rose: double-flowered variety [J]. The Botanical Register, 5: 397.

EDWARDS S, 1825. Rosa microphylla Small-leaved Chinese Rose [J]. The Botanical Register, 11: 919.

ENDERS H, 2010. A new home for old German roses [J]. Rosa mundi, 24(1): 5-17.

FLEET W V, 1908. Cherokee rose and hybrids [J]. Rural New Yorker, 67: 788.

FORBES F B, HEMSLEY W B, 1887. An Enumeration of all the together with their Distribution and Synonymy [J]. The Journal of The Linnean Society, Botany, XXⅢ: 249-250.

FOUGERE-DANEZAN M, JOLY S, BRUNEAU A, et al, 2015. Phylogeny and biogeography of wild roses with specific attention to polyploids [J]. Annals of Botany, 115: 275-291.

GU C Z, KENNETH R R, 2003. Flora of China: Volumes 9 [M]. Beijing: Science Press & St. Louis: Missouri Botanical Garden Press.

HANSEN N E, 1929. Hardy roses for south Dakota [M]. South Dakota Experiment Station, South Dakota State College of

04

Agriculture and Mechanical Arts.

HARKNESS J, 1977. Breeding with *Hulthemia persica* (*Rosa persica*) [J]. American rose annual, 62: 123-130.

HARRY B W, 1927. James Petiver's Gazophylacii [J]. Journal of the New York Entomological Society, 35 (4): 411-414.

HEMSLEY W B, 1905. *Rosa hugonis* [J]. Curtis's botanical magazine, 131: t. 8004.

HURST C C, 1941. Note on origin and evolution of our garden roses [J]. Journal of the Royal Horticultural Society of London, 66: 73-82.

JAN C H, BYRNE D H, MANHART J, et al, 1999. Rose germplasm analysis with PARD markers [J]. HortScience, 34 (2): 341-345.

KRÜSSMANN G, 1981. The complete book of roses [M]. Oregon: Timber Press.

LINDE M, SHISHKOFF N, 2003. Encyclopedia of rose science: Powdery mildew. Spain: Elsevier Academic Press.

LINDLEY J, 1820. Rosarum monographia, or, A botanical history of roses [M]. London: James Ridgway: 10, 107, 119-120, 126, 130, 131, 132.

LINNÉ C, 1753. Species Plantarum. Tomus Ⅰ [M]. Holmiae: ImpensisLaurentiiSalviii: 515.

LINNÉ C, 1774. Systema Vegetabilivm [M]. Gottingen: Typis et impensis Jo. Christ. Dieterich: 394.

LIU C Y, WANG G L, WANG H, et al, 2015. Phylogenetic relationships in the Genus *Rosa* revisited based on *rpl16*, *trnL-F*, and *atpB-rbcL* sequence [J]. HortScience, 50(11):1618-1624.

MACOBOY S, CAIRNS T, 2016. International edition Macoboy's roses [M]. New Holland Publishers.

MARTIN M, PIOLA F, CHESSEL D, et al, 2001. The domestication process of the modern rose: genetic structure and allelic composition of the rose complex [J]. Theor appl genet, 102: 398-404.

MATSUMOTO S, KOUCHI M, FUKUI H, et al, 2000. Phylogenetic analyses of the subgenus Eurosa using the ITS nrDNA sequence [J]. Acta hortic, 521:193-202.

MENEVE I, 1995. Breeding for disease resistance roses by means of *Rosa rugosa* and *Rosa fedtschenkoana* [J]. Canadian rose annual: 55-57.

MENG J, FOUGERE-DANEZAN M, ZHANG L B, et al, 2011. Untangling the hybrid origin of the Chinese tea roses: evidence from DNA sequences of single-copy nuclear and chloroplast genes[J]. Plant systematics and evolution, 297(3-4): 157-170.

MICHAUX A, 1803. Flora Boreali-Americana[M]. Parisiis: Argentorati: 295-296.

MOODY M, HARKNESS P, 1992. The Illustrated encyclopedia of roses[M]. Timber Press.

NELSON E C, 1988. Of *Rosa hugonis* and Father Hugh [J]. Curtis›s Botanical Magazine, 5(1): 39-43.

OSBECK P, 1757. Dagbok öfver en Ostindisk Resa Åren 1750, 1751, 1752 [M]. Stockholm: Tryckt hos Lor. Ludv. Grefing: 249.

PAUL W, 1903. The rose garden[M]. London: Kent & co.

PETIVERI J, 1767. Gazophylacium Naturae et Artis: Historiam Naturalem Spectantia, Volumee Ⅰ [M]. London: John Millan: 8.

QIU X Q, ZHANG H, JIAN H Y, et al, 2013. Genetic relationships of wild roses, old garden roses and modern roses based on internal transcribed spacers and *mat*K sequences [J]. HortScience, 48(12):1445-1451.

REHDER A, 1927. Manual of cultivated trees and shrubs hardy in north America: Exclusive of the subtropical and warmer temperat regions [M]. New York: The Macmillan Company.

REHDER A, 1940. Manual of cultivated trees and shrubs hardy in north America: Exclusive of the subtropical and warmer temperat regions [M]. New York: The Macmillan Company.

REHDER A, 1949. Bibliography of cultivated tree and shrubs, hardy in the cooler temperate regions of the northern hemisphere [M]. Jamaica Plain, Mass.: The Arnold Arboretum of Harvard University.

ROXBURGH W, 1814. Hortus Bengalensis [M]. Serampore: the Mission Press.

ROXBURGH W, 1832. Flora indica, Vol. Ⅱ [M]. Searmpore: W. Thacker and Parbury.

RUSANOV K, KAVACHEVA N, VOSMAN B, et al, 2005. Microsatellite analysis of *Rosa damascena* Mill. Accessions reveals genetic similarity between genotypes used for rose oil production and old damask rose varieties [J]. Theoretical and applied genetics, 111: 804-809.

SARGENT C S, 1911. Plantae Wilsonianae: Volumes 9 [M]. Cambridge: The University Press.

SARGENT C S, 1916. Plantae Willsonianae: Volumes Ⅱ [M]. Cambridge: The University Press: 319.

SCHOENER M A G, 1932. *Rosa gigantea* and its allied species [J]. American rose annual.

SCHRENK D A, 1842. Species plantarum novae[J]. Bull.scient. Acad.imp.Sci.St.Petersb, 10(1): 80.

SHEPHERD R E, 1954. History of the rose [M]. New York: Macmillan.

SHEPHERD R E, 1978. History of the rose [M]. New York: Earl M. Coleman.

SMULDERS M J M, ARENS P, KONING-BOUCOIRAN C F S, et al, 2011. Wild crop relatives: genomic and breeding resources plantation and ornamental crops: Rosa [M]. Heidelberg: Springer.

SOULES V A, 2009. Analysis of genetic diversity and relationships in the China rose group [D]. Texas A&M University.

SU T, HUANG Y J, MENG J,et al, 2016. A miocene leaf fossil record of *Rosa* (*R. fortuita* n. sp.) from its modern diversity center in SW China [J]. Palaeoworld, 25(1): 104-115.

SWEET R, 1818. Hortus Suburbanus Lonoinensis [M].

Longdon: James Ridgway.

TAYLOR J M, 2014. Visions of Loveliness: great flower breeders of the past.Ohio: Swallow Press.

Thomas G S, 1994. The Graham Stuart Thomas Rose book[M]. John Murray Publishers Ltd.

TRATTINNICK L, 1823. Rosacearum Monographia Ⅰ [M]. Vindobonae: Apud J G.

VAN DEN BROECK H, RODIGAS É, De Wildeman É, et al, 1886. Assemblée généraledu 5 décembre 1886[J]. Bulletin de la Société Royale de Botanique de Belgique, T.25: 189.

VRIES D P, DUBOIS L A M, 1996. Rose breeding: past, present, prospects[J]. Acta horticulturae, 424: 241-248.

VUKOSAVLJEV M, ZHANG J, ESSELINK G D, et al, 2013. Genetic diversity and differentiation in roses: A garden rose perspective[J]. Scientia horticulturae, 162: 320-332.

WALKER C A, WERNER D J, 1997. Isozyme and randomly amplified polymorphic DNA(RAPD) analyses of Cherokee Rose and its putative hybrids ‘silver moon’ and ‘anemone’ [J]. Journal of the american society for horticulture science, 122(5): 659-664.

WENDLAND J C, 1798a. Botanische Beobachtungen: nebst einigen neuen Gattungen und Arten[M]. Hannover: Bey den Gebrüdern Hahn.

WENDLAND J C, 1798b. Hortus Herrenhusanus: seu Plantae rariores quae in Horto Regio Herrenhusano prope Hannoveram coluntur[M]. Hannoverae, Prostat Venale Apud Fratres Hahn.

WILLMOTT E, 1910. The Genus *Rosa*: Part Ⅱ [M]. London: John Murray.

WILSON E H, 1915. The story of the modern rose[J]. The garden magazine, 21: 253-254.

WISSEMANN V, 2003. Encyclopedia of rose science: Conventional taxonomy (wild rose) [M]. Spain: Elsevier Academic Press.

WISSEMANN V, RITZ C M, 2005. The genus *Rosa* (Rosoideae, Rosaceae) revisited: molecular analysis of nrITS-1 and atpB-rbcL intergenic spacer (IGS) versus conventional taxonomy [J]. Botanical journal of the linnean society, 147: 275-290.

WULFF H D, 1954. Notes on the breeding behavior of *Rosa roxburghii* and *Rosa multibracteata* [J]. American rose annual, 39: 73-77.

YOUNG M A, SCHORR P, 2007. Modern roses 12[M]. Shreveport: Louisiana.

ZHANG C, LI S Q, ZHANG Y, et al, 2020. Molecular and morphological evidence for hybrid origin and matroclinal inheritance of an endangered wild rose, *Rosa* × *pseudobanksiae* (Rosaceae) from China [J]. Conservation genetics, 21: 1-11.

ZHU Z M, GAO X F, 2015. Molecular evidence for the hybrid origin of *Rosa lichiangensis* (Rosaceae) [J]. Phytotaxa, 222(3): 221-228.

AMERICAN ROSE SOCIETY, 2018. Rose Classifications, from the 2018 American Rose Society Handbook for Selecting Roses [EB/OL]. https://www.rose.org/single-post/2018/06/11/rose-classifications. [2023-3-8].

AMERICAN ROSE SOCIETY, 2018. Old Garden Roses & Shrubs [EB/OL]. https://www.rose.org/single-post/2018/04/28/old-garden-roses-shrubs. [2022-04-20].

AMERICAN ROSE SOCIETY, 2018. Hybrid Moyesii [EB/OL]. https://www.rose.org/single-post/2018/04/19/hybrid-moyesii. [2022-04-20].

VANABLE A, 2021. The Development of 20th Century Roses [EB/OL]. https://www.helpmefind.com/gardening/ezine.php?publicationID=1908&js=0. [2023-5-4].

致谢

本文写作过程中得到许多帮助，特别感谢国家植物园（北园）首席科学家马金双老师的支持、鼓励与耐心指导。感谢国家植物园（北园）副园长魏钰，中国花卉协会月季分会会长张佐双，世界月季联合会副主席、北京市园林科学研究院总工程师赵世伟，国家植物园（北园）园艺中心教授级高级工程师朱莹、温室中心教授级高级工程师吴菲、园艺中心王白冰在本文写作过程中给予的热情帮助。

作者简介

邓莲（女，河北人，1982年生），中国农业大学园艺专业本科（2004），中国农业大学农学硕士（2007），2008年入职北京市植物园［现国家植物园（北园）］，2009年任工程师，2017年任高级工程师，主要从事蔷薇属植物收集、育种、园林应用及相关科研科普工作。

李菁博（男，北京人，1980年生），中国农业大学植物保护本科（2003），中国农业大学植物病理学硕士（2006），中国科学院大学科学史专业博士（2019），自2006年至今在北京市植物园［现国家植物园（北园）］工作，2008年任工程师，2013年任高级工程师，从事园林植物栽培养护管理工作，并开展珍稀濒危植物保护和相关科普宣传。

China

05

-FIVE-

陈俊愉院士

Academician Chen Junyu

陈秀中[1]　赵世伟[2*]　李庆卫[3]

（[1]北京市园林学校；[2]北京市园林科学研究院；[3]北京林业大学）

CHEN Xiuzhong[1]　ZHAO Shiwei[2*]　LI Qingwei[3]

([1]Beijing Gardens School; [2]Beijing Institute of Forestry & Landscape Architecture; [3]Beijing Forestry University)

* 邮箱：2668587780@qq.com

摘　要： 陈俊愉（1917.9.21—2012.6.8）园林及花卉学家、园林教育家。1940年毕业于金陵大学园艺系及园艺研究部。曾任四川大学园艺系讲师、复旦大学农学院副教授。1950年毕业于丹麦哥本哈根皇家兽医和农业大学园艺研究部，获荣誉级科学硕士。曾任武汉大学副教授、教授，华中农业大学园艺系教授，北京林业大学园林系教授、博士生导师。曾兼任中国花卉协会梅花蜡梅分会会长、国务院学位委员会第1-2届林科评议组成员、中国科学院北京植物园研究员等。享受国务院政府特殊津贴。1997年当选为中国工程院院士。他创立花卉品种二元分类法，对中国野生花卉种质资源进行深入研究，创导花卉抗性育种新方向并选育梅花、地被菊、月季、金花茶等新品种70多个，系统研究了中国梅花，在探讨菊花起源上有新突破。先后出版了论著200余篇（部），在国内外产生广泛影响。荣获中国风景园林学会和中国花卉协会梅花蜡梅分会终身成就奖。

关键词： 品种国际登录　梅花　品种分类　观赏植物

Abstract: Prof. Chen Junyu (Sept. 21, 1917—Jun 8, 2012) is an expert in landscape architecture and ornamental horticulture. He was born in Tianjin, with ancestor coming from Anqing, Anhui Province. He was a Lecturer in Department of Horticulture, Sichuan University, followed by an Associate Professor in College of Agriculture, Fudan University, after graduating from Department and Graduated School of Horticulture, Nanking University in 1940. He got MS degree of honor and graduated from Graduate School of Horticulture, Royal Agricultural University, Copenhagen, Denmark in 1950. Returning to China in the same year, he became an Associate Professor, Professor in Wuhan University, Professor and Vice Dean of Dept. of Horticulture, Huazhong Agricultural University, and Professor, Ph.D supervisor, Vice Dean and Dean of Department of Landscape Architecture, Beijing Forestry University. He was also the chairman of Chinese Society of Mei and Wintersweet, Member of the 1st and 2nd evaluating group of Forestry discipline, The Academic Degrees Committee of the State Council, Research Fellow of Beijing Botanical Garden, and the receiver of the 1st batch of special governmental allowance of the State Council. He was elected as an academician of Chinese Academy of Engineering in 1997. He had trained a lot of experts in landscape architecture and ornamental horticulture (including Bachelors, Masters and Ph.Ds). He set up the two dualist classification for ornamental cultivars. After sophisticated research on the wild ornamental plant germplasm in China, he introduced the new direction for ornamental plant breeding in hardiness, and more than 70 new cultivars in Mei flower, groundcover chrysanthemum, roses, and yellow camellias were bred. He carried out systematic research on Mei flower (*Prunus mume*). His research for the origin of cultivated chrysanthemum achieved great breakthrough. In total more than 200 papers and monographs were published. And he was awarded a lot of prizes, which had great influence nation-wide and worldwide. He was granted two Lifetime Achievement Awards from Chinese Society of Landscape Architecture and Chinese Society of Mei and Wintersweet respectively for his great contribution.

Keywords: International cultivar registration, *Prunus mume*, Cultivar classification, Ornamental plant

陈秀中，赵世伟，李庆卫，2023，第5章，陈俊愉院士；中国——二十一世纪的园林之母，第三卷：295-317页.

1 生平经历

祖籍安徽安庆的陈俊愉1917年出生在天津的一个封建官宦家庭。受家庭环境影响，迁居金陵以后，他对园艺渐渐产生了浓厚的兴趣，自此埋下了学习花卉的种子。1935年8月，他以优异的成绩考取了金陵大学园艺系。抗日战争爆发后，金陵大学西迁成都。早春怒放的梅花一下就吸引了陈俊愉的目光。1942年，《中国园艺专刊》刊载了中央大学曾勉教授的文章《中国的国花——梅花》，引起了他的关注，反复阅读曾勉教授的文章以后，他被梅花独特的品性与深厚的文化内涵深深打动，与梅花的一生缘自此开启。

大学毕业后，陈俊愉师从章文才教授攻读硕士，从事柑橘分类研究；1943年留校任教以后跟随汪菊渊教授前往四川开展梅花品种的调查研究（图1）。在重庆和江津两地共发现梅花奇品六七种，1947年发表了《巴山蜀水记梅花》的研究论文，记录了梅花调查的成果，这是陈俊愉关于梅花的第一篇论文。

1946年，已是复旦大学副教授的陈俊愉考取了国民政府公费留学生，到丹麦哥本哈根皇家兽医和农业大学攻读园艺学硕士。师从导师帕陆登（Hother K. Paludan）教授。他的导师帕陆登教授十分注重与本国经济生产密切结合的研究思路以及注重科研成果的推广，这给陈俊愉留下极深的印象，对他的成长影响深远（图2）。

1949年10月，新中国成立的消息传到丹麦，陈俊愉心潮澎湃，悄悄着手回国准备。1950年6月，陈俊愉谢绝了国外的高薪聘请，在大学论文答辩结束一周后，连毕业典礼都未参加，就带着妻子和年幼的女儿，克服重重困难，绕道香港回到祖国的怀抱。回到祖国的陈俊愉，先是到武汉大学农学院任教。1957年，他调入北京林学院。此间，他与北京植物园合作，进行梅花引种驯化研究（杨乃琴 等，2017）。

研究梅花数十年，陈俊愉足迹遍及祖国大江南北，多次遭遇危险。在四川，他险些雨夜葬身江中激流；在庐山，他曾与一只大花豹不期而遇，硬着头皮与豹子擦身而过，惊出一身冷汗……

他还遭遇了无数的质疑、嘲讽，甚至他的门生都觉得梅花研究算不上一门学问。不仅年轻人不理解，连一些大家也不太支持他。陈俊愉回忆了一个细节：1962年，当时他提议要把中国10种传统名花的研究列入国家科技规划中，梁思成先生问：梅花、牡丹还值得这么系统地用国家力量研究吗？陈俊愉就回答了他几个字，“此中有真味，欲辩已忘言”。

05

图1　1941年陈俊愉（右2）与汪菊渊（右1）先生等骑车到成都灌县调查梅花

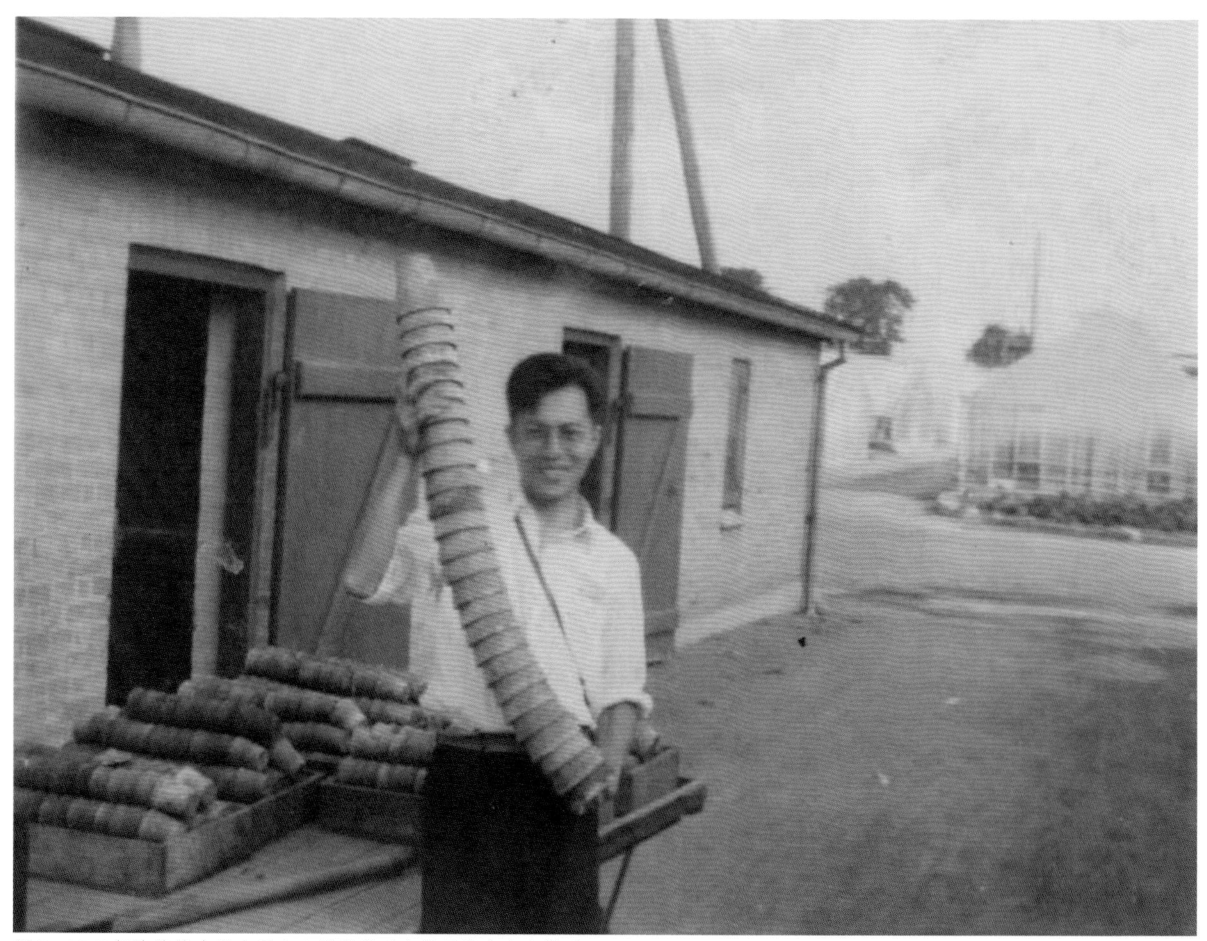
图2 1948年陈俊愉在丹麦哥本哈根留学时在苗圃从事专业劳动

尽管如此，他“越研究，兴味越浓，接触愈多，感情愈加真挚”。

20世纪六七十年代，是陈俊愉院士一生最困难的时候，正是梅花傲霜拒冰、迎风怒放的英姿激励他顽强地与命运抗争！“敢以铁骨拒霜天，真金何畏燎。”他就是用这种“梅花精神”激励自己，在最困难的时刻不惧寒冬、向往成功、坚韧不拔、百折不挠。

历经磨难，陈俊愉以更炽烈的热情投入中国的园林花卉事业。为了争分夺秒抢回被耽误的教学科研时间，他亲赴武汉、成都、黄山、贵阳等地调研，在南京成立梅花研究协作组，他用了6年时间，组织全国花卉专家协作攻关，终于把野梅、古梅的分布和梅花的“家谱”基本摸清（图3）。完成了全国梅花品种普查、搜集和整理，建立了科学的梅花品种分类系统。1989年，《中国梅花品种图志》问世，这是中国也是世界上第一部图文并茂、全面系统介绍中国梅花的专著。陈俊愉根据他独创的二元分类法，将梅花品种分为3个系5个类16个型，详细记载、分析了我国323个梅花品种（陈俊愉，陈瑞丹，2009）。这一新的分类方法不仅解决了梅花品种分类这一公认的难题，而且形成了花卉品种分类的中国学派，在国际上独树一帜。1996年梅花专著《中国梅花》出版；2010年梅花专著《中国梅花品种图志2》出版。

鉴于陈俊愉先生在园林花卉种质资源的系统研究、花卉育种、品种分类以及应用方面的杰出成果，1997年，他当选中国工程院院士。国际园艺学会授予陈俊愉先生中国第一个植物品种的国际登录权。他也成为获此资格的第一位中国园艺专家。梅（含梅花和果梅）成为中国第一个拥有国际登录权的植物种。梅的汉语拼音“MEI”成为世界通用的品种名称。

图3　1987年12月全国首次梅花协作会部分专家（中间为陈俊愉，右2为赵守边）在南京梅花山合影

2 主要工作和主要业绩

2.1　开展花卉种质资源研究

中国观赏植物种质资源丰富，被誉为“园林之母”。早在20世纪后期，陈俊愉就以满腔的爱国热情，首次发表《关于花卉种质资源的问题》的论文，强调花卉种质资源保护和利用的重要性。陈俊愉院士一直以中国丰富多样、优秀独特的花卉种质资源为傲，推崇中国花卉种质资源的保护和利用。他常常以威尔逊的“中国，园林之母”里的语句来勉励花卉界的同仁要自强不息、卧薪尝胆，不要妄自菲薄，而是要充分认识中国花卉的重要性。他认为花卉种质资源对于花卉育种非常重要。陈俊愉院士针对传统花卉种质资源工作提出了以下呼吁：①突出重点，首先抓好花卉种质资源的调查、抢救和搜集工作；②建立并健全花卉种质资源的体制，统一领导，制定规章制度；

③组织专人在国内外重点开展花卉“远征”搜集和专属、专种资源搜集的研究工作；④在搜集和抢救花卉种质资源的同时，必须大力保护当地野生和栽培的种类和品种，切忌掠夺性地搜集。可适当地把搜集种质资源的工作和花卉出口、扩大外汇收入的业务联系起来（陈俊愉, 2001）。陈院士发起并主持建立了中国第一个梅花种质资源圃，在广西南宁建立了第一个金花茶种质资源库。他指导各地开展菊花、古老月季、野生花卉种质资源的收集和保护。他指出，要努力推动中国传统名花的复兴，团结一致，搞好计划，分工协作，部分服从总体，全国一盘棋，以国家利益为重，区域与部分服从全国，在充分引进和推广国外良种的前提下，大力发展具有中国特色的花卉业。重视并发掘新老国产名花，把发展民族特色花卉提升到弘扬民族文化的高度，以国产名花的系统研究带动祖国这个世界园林之母向主动生产中华特产观赏植物大国发展。让中华花卉业在拼搏中焕发生机，从被动的世界园林之母成为积极主动的花卉文化产业国，从而在国际花卉中脱颖而出。

1899—1911年，英国著名植物学家 E. H. 威尔逊曾4次来中国，采集植物标本1 000多种。1929年他的《中国，园林之母》（*China, Mother of Gardens*）一书在美国出版。书中陈述：“老实说，美国或欧洲的园林中无不具备中国的代表植物，而这些植物都是乔木、灌木、草本、藤本行列中最好的品种。”从此，中国即以“世界园林之母”闻名全球。由于种种原因，我国植物、花卉等研究和普及工作长期停滞不前。2007年，陈俊愉先生在《大自然》杂志发表文章：今天，我们在这个被称为“园林之母”的国度里，在威尔逊《中国，园林之母》出版78年之后，却存在着两个奇怪的现象：第一，很多中国同胞，包括一些领导人，不知道祖国是“世界园林之母”和“花卉王国”，曾对世界花卉和园林做出过重要贡献。第二，当今洋花洋草充斥我国的市场，在各类园林和室内装饰的植物中，舶来品占据了重要地位。在此，我要大喝一声：“我们这是捧着金饭碗讨饭呀！”

陈俊愉先生在《中国的花卉》一文中提道：威尔逊1929年在美国出版了他的巨著《中国，园林之母》（*China, Mother of Gardens*），从此我国便以“世界园林之母”而闻名于世。1979年美国植物学会在该书问世半个世纪以后，在美举办了“中国威尔逊”展览会，邀请中国植物学会代表团访美参观。当我国植物学权威人士吴征镒、俞德浚等教授亲眼看到威氏多年来不远万里、跋山涉水采集的中华奇花异草已在美国等地开花结果，欣欣向荣，为世界打扮了那么多园林时，他们真是惊奇交集，感慨万千！多灾多难、历尽坎坷的“园林的母亲”！当“中国威尔逊”写出赞美词时，“母亲”正面临着内忧外患，到处战火纷飞呢。而威尔逊诗一般的赞辞，却是这样写的：“中国是真正的园林之母——对于她，所有国家都应抱着深刻的感激之情。中国站在世界的最前列，从早春连翘与玉兰吐蕊，经过夏季牡丹与芍药、月季与蔷薇盛开，然后到菊花怒放于秋季——中国对园林花卉财富的贡献是随时可见的。真的，假如中国把她原产的鲜花统统撤回的话，那我们的园林胜景也就从此黯淡无光了！”陈俊愉院士无数次在公众场合引用威尔逊的这段话，并呼吁大家关注中国的花卉种质资源保护和利用，期盼有朝一日能把中国从园林之母建设成为世界花卉强国（陈俊愉, 2007）。

2.2 梅花引种、育种与研究

梅花是中华历史传统名花，在我国有悠久的栽培应用历史，梅花文化已经成为中华文化的核心象征之一，自古以来就一直为人们所推崇，文人骚客赏梅、咏梅、画梅，留下了浩如烟海的不朽佳作。踏雪寻梅、梅妻鹤子、寒梅傲雪、梅开五福、梅开二度等已经成为耳熟能详的典故。为了让梅花这一传统名花走入更多大众的视野，将梅花的种植范围从长江以南扩大到更广阔的中华大地，陈俊愉将南梅北移作为他的一个研究目标。要想在北方重现踏雪寻梅的景致，必须从引种驯化、抗寒品种选育等方面取得突破。为了在北方也能欣赏到“踏雪寻梅”的胜景，弘扬梅花作为中华民族精神象征的弘毅坚强、不畏寒雪的品格，丰富“三北”地区园林绿化的植物种类，陈俊愉

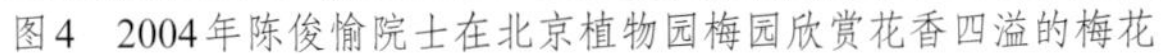
图4　2004年陈俊愉院士在北京植物园梅园欣赏花香四溢的梅花

图5　2006年在南京中山陵梅花山与老梅合影

开始了梅花引种的研究：1957年，时任华中农业大学教授的陈俊愉奉命调入北京林学院任教。他吸取前人的经验教训，和同事们把从湖南和南京梅花山的梅树上采集来的种子在北京大面积播种，并对所生长的梅苗进行自然选择，进行梅花引种驯化研究。3年后，4株幼苗中有两个花蕾终于在1962年4月6日怒放。翌年，那些梅花开出了更多的花，初夏时还结了一个硕大的梅子。他又从几千株梅苗中选育出‘北京玉蝶’‘北京小梅’两个能抗-19℃的梅花新品种，迈出了南梅北移的第一步。之后他开始指导研究生锲而不舍地通过种间杂交，培育更抗寒的梅花新品种。通过梅与杏、山桃的杂交，新品种获得杂交优势，进一步提高了抗寒能力。有些品种可抗-30～-35℃的低温，从而迈出了第二步。之后研究者们开始进行栽培区域试验，将北京抗寒梅苗分批种植到山西、陕西、甘肃、内蒙古、辽宁、吉林等地，有些品种不仅突破北方冬季低温又干旱等越冬成活的瓶颈，而且还在春季开花。这样，梅花从江南跨越1 300km至北京，再跨越700km向“三北”地区挺进。2008年，抗寒梅花分别在东北公主岭和大庆露地开花，“南梅北移”成效显著，梅花生长线向北、向西推进了2 000~3 000km。历经半个多世纪，陈俊愉带领学生攻坚克难，通过杂交育种、实生选种、远缘杂交育种等手段，最终选育出抗寒梅花新品种30余个。在他的指导下，北京相继建设了鹫峰国际梅品种登录园、北京植物园梅园以及明城墙遗址公园梅园，北方地区的梅花品种达到了近百个（图4、图5）。

2.3　花卉品种分类

陈俊愉院士创立了中国花卉品种二元分类新系统，为中国梅花的品种分类提供了科学而又系统的理论体系。品种分类是花卉选种育种的基础，花卉品种分类的标准，各国一般仅以形态性状为依据。我国古代亦沿用形态如花色、花型、重瓣性等来分类。陈俊愉院士认为梅花的品种分类系统不能仅依靠形态标准，而要以品种演化程度与之相结合形成二元标准，才能正确反映进化的规律。陈俊愉院士在1962年发表了《中国梅花的研究Ⅱ——中国梅花的品种分类》研究成果，形成了我国花卉品种分类新系统的雏形。继之，又通过对梅花品种研究的不断改进，陈俊愉院士终于在1999年提出了中国梅花品种分类修正新系统，把所有梅花品种按种型分为3个系，按枝姿分为5类，再按花型、瓣色、萼色等分为18个型。于是，具有科学性强、明确实用、留有余地，又可

图6　山东莱州梅园里巨型磨盘上镌刻着陈俊愉院士创作并手书的《卜算子·咏梅》

指导生产、预测育种结果等优点，完整的、饶有中国特色的花卉品种分类新系统就此问世。这一新分类体系一经问世，就被广大花卉专家采用。目前，牡丹、芍药、桃花、山茶、荷花、紫薇、菊花、榆叶梅等都是按照这个分类方法进行分类。从而创造了进化兼顾实用的“花卉品种二元分类法”，使“花卉品种分类学”成为一个极具中国特色的学派（陈俊愉，2001）。在理论上独树一帜，对花卉生产起到了很好的指导作用。

2.4 菊花起源研究

菊花是中国重要的传统名花，也是世界名花，但中国菊花的起源与发展、演化一直是个谜。陈俊愉院士为了揭示中国菊花的起源，进行了30年的研究。他认为中国的菊花应该是大自然的造化，是自然的偶然因素加人工的定向选择以及专门的栽培措施形成的结果。他大胆选择了几种野生菊属植物进行远缘杂交，以人工合成的方式来研究家菊的起源。20世纪60年代，他用野菊与小红菊杂交，培育出了四倍体的北京菊，成为通往人工合成家菊大道的一个开路先锋。1979年以后，他进行了更为广泛和深入的研究，多年在黄山、天柱山、伏牛山、大别山等地进行调查和远缘杂交试验，培育出一些新的“合成菊”。这些通过人工远缘杂交产生的菊花类型再现了1 000多年前原始菊花的基本形态。通过30年的长期研究，他已基本探明栽培菊花的起源主要来自野菊（*Chrysanthemum indicum*）与毛华菊（*C. vestitum*）的杂交和随后的选育；紫花野菊（*C. zawadskii*）也参与了物种形成。直到去世前一周，陈俊愉院士将《菊花起源》的终稿交给了出版社。

陈俊愉院士总结指出：回顾1 600多年的中华艺菊史，我们的祖先做出过3项主要的历史性贡献：①发现并引种了通过天然种间杂交而首次在地球上出现的家菊原种，为菊花的进一步育种、演化与栽培应用，打下了根本性的物质基础；②通过播种天然授粉所结种子，最早在世界上（至迟在明代）掌握了（天然）杂交、培育和选择3项育种基本措施，并能巧妙运用，获得了数以百计的不同类型、花色的菊花品种，为随后向朝鲜、日本、美国等国家出口品种资源，提供了优异的育种原始材料；③通过长期群众性育种与栽培，从菊花新品种的选育乃至一般艺菊，经验不断积累、交流，特殊技术被不断发明、提高。他的学生在此研究基础上，利用现代生物学技术，开展研究，进一步为探明菊花的演化发展路径找到了可信的证据。

2.5 花卉育种

陈俊愉院士不仅致力于梅花抗寒品种的培育，还在一系列观赏植物和花卉的育种中进行了广泛的实践，取得了丰硕的成果。

在月季育种工作中，陈俊愉也是独辟蹊径。他认为应充分利用我国丰富的蔷薇资源、培育适合中国广大地域栽培的高抗性月季新品种群是当前的主要任务之一。中国原产的蔷薇属植物占全世界总数的41%，而且中国蔷薇资源中有些是四季开花，抗性强，花具有突出优良性状。自18世纪中国的‘月月红’‘月月粉’‘彩晕香水月季’‘淡黄香水月季’等4个品种传入欧洲，与欧洲品种杂交后，月季育种获得了飞跃的发展。但现代月季抗逆性差的弱点，已开始引起世界月季育种家们的注意。早在50～60年代，陈俊愉带领他的学生用我国蔷薇属植物中具高抗性的种类与现代月季进行杂交，特别是用报春刺玫（*Rosa primula*）、黄刺玫（*Rosa xanthina*）等与现代月季进行杂交，期望培育出具有中国特色的耐寒、耐旱、抗病虫害、可粗放管理、四季开花的全新月季品种群——刺玫月季。杂交获得了一些有希望的杂种苗，可惜在20世纪60～70年代被毁。自1982年起，他又带领研究生重新进行这项工作。他多次去山西、青海、云南、新疆以及东北地区收集野生种类，研究其生态习性与生物学特性，以便开展有针对性的育种。1989年，他主持了北京市科学技术委员会下达的“刺玫月季新品种群培育”重点科研项目，他指导博士研究生用中国“三北”地区野生蔷薇与现代月季进行远缘杂交，共培育出120个杂交组合，授粉6 000余朵花，获得了2 000多粒杂交种子，其中有10株杂种苗在抗性和观赏性上表现突出。这为培育全新的“刺玫月季品种群”打下了基础。他殷切希望：培育出更多有中国特色的月季，特别是在月季的品种类型上出奇制胜。他说关于月季育种他有4个梦：①利用中国原产野生蔷薇和古老月季之优良种质远缘杂交培育中国特有新品种；②用木香和现代月季杂交培育常绿、无刺、有香气的木香月季新品种群；③以缫丝花为主要亲本培育出花果兼用的月季新品种群；④以四季开花、叶片发亮、管理粗放的‘雪山娇霞’为基础，培育出新型树状月季品种群。

陈俊愉院士指出，要改革名花的传统应用形式。例如菊花的传统应用形式一般为盆栽，而陈俊愉院士认为可将其引入花园作为绿化的重要植物材料。经过20多年的努力，从1985年起，他选用早菊、岩菊，尤其是从美国引进的实生苗中选出的‘美矮粉’等作母本，用野生菊属种类即毛华菊、小红菊、甘野菊、野菊、紫花野菊、菊花脑和北京菊等作父本，多次进行远缘杂交。此后又经过不断回交和选育，在后代中选出了一批植株紧密、低矮、抗寒、抗旱、耐半阴、耐盐碱、耐污染、耐粗放管理和花期长的新型开花地被植物，被称作“地被菊”。在北京的主要街道、公园、学校、广场等的试验中，地被菊表现良好，被誉为“骆驼式”花卉。经过区域试验，地被菊品种在北京、河北、山东、天津、沈阳、吉林、呼和浩特生长良好，有些抗寒品种在乌鲁木齐和哈尔滨也能不加保护露地越冬，为“三北”地区园林绿化提供了很好的材料。在陈俊愉院士领导下，选育的地被菊品种已达70多个，花色丰富。这种选育地被菊新品种群的方法和思想，对其他观赏植物的选育方向有明显的指导意义。

陈俊愉院士指出，对于野生花卉资源，不能直接挖掘使用，这样会破坏环境和资源，需要通过引种、育种获得新品种，不仅可以保护珍贵的花卉资源，还可以大大丰富可使用的园林品种。他以中国野生花卉作亲本，通过“野化育种”，培育出具有抗逆性与观赏性的金花茶、月季和地被菊等花卉新品种。

金花茶是我国珍贵稀有的观赏植物种质资源，因其花朵黄色而备受全世界花卉爱好者的追捧，并有受威胁、濒临灭绝的危险。从1973年起，陈俊愉先生就开始金花茶种质资源与育种的研究。进入80年代以后，越来越多的金花茶被发现，金花茶的保护与利用的矛盾日益突出。陈俊愉先生带领科研团队，开展金花茶种质资源的收集保护工作，调查了广西境内的金花茶资源，研发出多种快速繁殖技术，在广西良凤江树木园（后来的南宁树木园）和新竹苗圃（今天的金花茶公园）建立了世界上第一个金花茶种质资源库，并开展金花茶的杂交育种，为金花茶的可持续利用奠定了基础。他带领组织研究人员进行金花茶杂交育种试验、嫁接和繁殖试验，费尽周折将广西十万大山中20多个种类的金花茶收集保护起来，建立了举世无双的金花茶基因库，攻克了繁殖技术关，培育出12个金花茶新品种。这项成果先后获得了林业部科学技术进步奖一等奖和国家科学技术进步奖二等奖。

2.6 花卉品种国际登录

植物品种国际登录权威职责是负责全球范围内植物品种名称的登记与鉴定工作，保证品种命名准确、统一与权威，方便全球范围内花卉的推广与交易。中国虽被誉为“世界园林之母”，然而在1998年之前中国还没有一个植物品种国际登录权威。为了做好国际登录权威，陈俊愉院士呕心沥血，致力于梅花品种研究，使中国和世界抗寒梅品种以及其他珍品在中国首都展示于全世界，由此步入梅花、梅果全球飘香的崭新世纪。他积极推动中国的传统名花国际化，特别是梅花品种对欧美国家的输出。经过数十年的刻苦研究和不懈奋斗，终于在1998年11月，陈俊愉院士及其领导的中国花卉协会梅花蜡梅分会被国际园艺学会品种命名和登录委员会授权为梅品种国际登录权威。陈俊愉院士开创中国植物品种国际登录之先河。梅的汉语拼音“MEI”成为世界通用的品种名称。

在陈俊愉院士的推动下，中国园艺学会多次组织召开了园艺植物品种国际登录学术交流会，推进中国园艺学家申请国际园艺学会的栽培品种登录权。中国园艺学会栽培植物命名及国际品种登录工作委员会第一次工作会于2006年11月26日在中国农业科学院蔬菜花卉研究所召开。陈俊愉在会上号召尽快加强对植物品种名称混乱局面进行整治和规范。为此，他亲自审校了由向其柏、臧德奎和孙卫邦等翻译的《国际栽培植物命名法规（第七版）》，并由中国林业出版社出版，此书对促进我国对栽培植物命名的“规范化、科学化和国际化”意义重大。他竭力倡导国内的园艺专家们积极参与国际园艺学会的品种登录工作。在他的指导下，我国继梅花以后，陆续又有桂花、海棠、蜡梅、山茶、秋海棠、荷花等获得了国际园艺品种登录的权威机构，扩大了中国园艺在世界的影响力。其中，北京植物园成为了国际海棠品种登录的机构。

2.7 城市树种科学选择

陈俊愉院士认为，园林建设要坚持生态与文态并重。大地园林化是城市园林化的基础与前提。城市园林化就是在城镇规划和建设过程中，形成一个完整的园林绿地网络系统，以各种树木、森林为主体，配植多种多样的植物，营造出万紫千红、有花有草、可持续发展的人工植物群落。同时要加强城乡绿化美化工作，使人们在优美舒适的环境下生活。中国在未来的发展道路上，必须走大地园林化之路，保护好生态环境，挖掘文化内涵，打造绿色世界，使中华大地成为具有中国特色的大园林。1996年，陈俊愉院士主编的《中国农业百科全书（观赏园艺卷）》将“大地园林化”列入词条，从此，大地园林化成为观赏园艺学科内容的一部分。他认为在进行城市绿化中，首先要做好树种规划工作，树种规划是园林绿化事业带方向性的基础工作之一。城镇树种规划是全面选择并安排绿化树种的总体方案，它关系到该地园林成败的大计，必须认真对待，强调应在树种调查的基础上进行树种规划。他以昆明、上海两城市为例，指出充分而深刻地认识城市自然地理环境和风土条件的重要性，提出了城市园林树种规划的几项原则，园林乔木基调树种和骨干树种是需要解决的主要问题。

2.8 复兴中华花卉文化

陈俊愉院士还独具慧眼地从中华花文化的角度分析了中国花卉资源的民族文化特性：有什么样的赏花理论、赏花趣味、审美眼光，就会选择什么样的花卉种植并生产什么样的花卉。当年威尔逊等欧美植物引种专家从中国丰富的花卉资源中拿走了大花（如牡丹、月季、玉兰、菊花、杜鹃花、山茶花等）。不同于欧美人赏花注重外表，满足于花朵的大、鲜、奇、艳，中国人不但欣赏艳丽的大花，也酷爱最能代表中国花卉资源的民族文化特质的小花（如梅花、蜡梅、桂花、中国兰、米兰、珠兰、瑞香等）。中国的小花有姿态、有韵味、有香味、有意境，可比拟象征、可融诗入画、可浮想联翩，引人入胜；中国古代文人赏花动用五官和肺腑，全身心地投入与花儿融为一体，综合地欣赏，注重诗情画意和鸟语花香。“中国人赏花是精神性的，深入的，是真正与花的交流”（陈俊愉语）。特别是中国古代文人赏花重视花格与人格的比照，在比德情趣的激发之下，借赏花审美提升积极的人格精神、净化赏花者的心灵。“当年走马锦城西，曾为梅花醉似泥”“疏影横斜水清浅，暗香浮动月黄昏”“香非在蕊，香非在萼，骨中香彻”“不是一番寒彻骨，哪得梅花扑鼻香？”“一朵忽先变，百花皆后香。欲传春消息，不怕雪埋藏”……诸如此类优美的赏花诗句着实把梅花的形、色、味、姿和人格意味娓娓道来，令人百听不厌、回味无穷；陈俊愉说：“这些中国特色的赏花韵味外国人不懂，所以他们未把中国的小花、香花拿走。”

自古以来，中国人还是花卉欣赏的大师！国人欣赏花卉，是用五官（鼻、目为主）乃至全身心投入。宋代陆游的《梅花》诗云：“当年走马锦城西，曾为梅花醉似泥。二十里中香不断，青羊宫到浣花溪。”赏梅赏到“醉似泥”的程度，若非引发了全身心的陶醉是不可能的。中国原产的那些不起眼的花卉，如梅花、蜡梅、桂花、中国兰、米兰、珠兰、瑞香、结香等，正是我们中国花卉资源中的精英和民族的骄傲。应该努力把中华名花之精英推向世界。

2.9 评选国花，传承文化

中国是“世界园林之母”，对于一个花卉文化历史悠久的国家来说，中国至今还未定出国花，与我国花卉大国的身份不符。“国花是一个国家的名片”，早在1982年，陈俊愉就撰文说，“每个国家的国花各有特色，分别具有独特的观赏效果和经济价值，大都栽培历史悠久，和人民的生产、生活、文学、艺术等有着千丝万缕的联系，所以世界各国多数都有国花。”陈俊愉院士主张在中国开展国花评选工作，这是国内最早提出的国花评选倡议。

许多世界名花，如梅、牡丹、兰、荷、菊、月季、玉兰、杜鹃、山茶、百合等，原产地都是中国。陈俊愉提出选梅花为国花有十大理由：我国特产，分布广，十几个省（自治区、直辖市）均有野生；坚忍不拔，傲雪而开，早春独步；有近3 000年的栽培史，自《诗经》面世后的2 000多年来，文人志士歌咏不绝；外国只有极少数国家栽培，也是从我国传过去；鉴于梅花原来就曾被民国政府定为国花，理应重申前议，不割断历史，继续选梅花为国花。

1988年，受邓小平“一国两制”的启发，陈俊愉主动将“一国一花”的想法修正为“一国两花”，建议将梅花、牡丹确定为“双国花”。梅花耐寒迎雪、坚贞不屈的风骨及“一树独先天下春”的先行开拓者的风范，象征中华民族的精神文明；牡丹则雍容华贵，国色天香，代表繁荣富强的物质文明。而且，“双国花”在世界各国普遍存在，日本以菊花和樱花为“双国花”，墨西哥以仙人掌和大丽花为“双国花”。

1988年陈院士借中国工程院召开会议之机，组织中国工程院、中国科学院两院院士签署倡议书，该倡议书由吴良镛、王文采、袁隆平、卢良恕等各领域103名院士签署。正如他在多次演讲中反复强调的：评选国花的意义在于宣传花卉知识，促进花卉产业发展。为此，陈俊愉院士曾多次组织或参加“我为国花投一票”的大型公益宣传活动（图7）。他曾到北京植物园做科普讲解志愿者，并且多次开展大型公益活动进行广泛宣传。

图7　2007年1月，在成都举办第十届全国梅花蜡梅展览上，陈院士参与国花评选的签名活动

为了倡导评选国花，年过九旬的陈俊愉开了博客，上面只有一篇文章《关于中国国花》。就像他在很多次讲座里一再强调的，评国花的意义在于普及花卉知识，避免再次出现让人痛心的现象：新西兰从中国引进猕猴桃，然后培育出优质品种，反过来挣我们的钱；中国有十几种郁金香的野生种，却要高价向荷兰买二三流的种球，拿着金饭碗讨饭。

鉴于梅花和牡丹都曾是中国历史上的国花，我国又人口众多幅员广阔，在国家走入小康的今天，我们既需要雍容华贵的气派，又需要居安思危、坚强不屈的梅花精神，梅花和牡丹理应成为当之无愧的“双国花”（陈俊愉，2009）。陈俊愉院士认为：梅花和牡丹均为我国特产，栽培历史悠久。傲雪而开，早春独步；有近3 000年的栽培史，自古以来，文人志士歌咏不绝；梅花代表坚忍不拔、耐寒迎雪、坚贞不屈的顽强精神风骨，牡丹则雍容华贵，国色天香，代表繁荣富强、生活美好的美好愿望。二者相得益彰，相映成辉。

2.10 助力植物园建设

新中国成立以后，北京植物园的建设纳入了议事日程。1956年中国科学院和北京市人民委员会签订了共建北京植物园的合约。1957年，北京植物园建设开始，身为筹建专家组组长的植物学家吴征镒先生推荐了9位专家作为北京植物园的规划委员会委员，他们分别是中国科学院植物研究所吴征镒、秦仁昌和俞德浚，北京市农林水利局汪菊渊，北京市园林局刘仲华，北京市都市规划委员会李嘉乐，华中农学院陈俊愉，中国科学院南京中山植物园陈封怀和国家城市建设总局城市规划研究所程世抚。陈俊愉先生渊博的园林园艺学知识和在欧洲留学的经历，使他成为北京植物园规划委员会的成员，并直接参与北京植物园的植物引种收集工作。他一边教学，一边在北京植物园进行树木引种驯化工作。他的梅花抗寒育种也从此起步。

20世纪50年代中期，余森文先生领导建设一座杭州植物园，当时聘请了国内最优秀的植物与园林专家。1957年9月，杭州城市建设委员会召开杭州植物园第二次筹备委员会，增聘了余树勋、陈俊愉、周瘦鹃等专家参加筹委会。陈俊愉先生正式参与杭州植物园的建设指导。这是陈俊愉先生参与的又一个植物园建设工作。

1972年年底，上海市园林管理处开始筹划建设上海植物园，着手研究在龙华苗圃的基础上建设植物园。1973年秋，在程绪珂的带领下完成了植物园的规划方案。当时陈俊愉先生已经随北京林学院搬到云南。为了保证植物园的顺利建设，程绪珂专门赴云南拜访陈俊愉，请求得到指导和帮助。陈俊愉很快就组织了人员，赶赴上海，边教学边工作，支援上海植物园的建设。完成了上海植物园植物收集名录的规划和编写工作。

1993年3月28日，合肥植物园梅园开始规划建设，陈俊愉赶来为合肥植物园的梅园奠基，并与江泽慧、龙念等一起，植下了植物园内的第一棵造型梅花树——徽派龙游梅。2008年2月，中国第十一届梅花蜡梅展在合肥植物园举办，陈俊愉先生又亲临合肥植物园，指导植物园的建设管理工作。

北京植物园的梅园、展览温室建设都凝聚了陈俊愉先生的智慧和心血。作为北京植物园的顾问，他多次参加方案的论证，提出许多建设性的意见和建议。他多次表示：植物园一定要有特色，而特色的关键是体现中国特色和地方特色，要充分体现中国作为世界园林之母的植物特色，也要体现中国悠久的植物、园艺的历史和民族文化特色。

陈俊愉为北京植物园梅园建设提出了具体的建议，为了梅园的品种选择和苗木筹备而四处联络。在他的联络下，旅日华侨刘介宙先生出资赞助第一批梅花苗木，一批抗寒的梅花特别是杏梅和樱李梅率先入驻北京植物园梅园，成为梅园的主要骨架（图8至图10）。2008年北京奥运会期间，北京植物园举办世界花卉展，他把珍藏多年的花卉图书赠送给北京植物园的同志参考。北京植物园月季园提升改造时，他欣然为月季园的‘和平’月季品种区题写了“和平月季园”的景名。

进入21世纪，建设高水平的国家级的植物园，已经不仅是植物学家的心声，更成了社会共识。2003年12月26日，侯仁之、陈俊愉、张广学、孟

图8　陈俊愉先生与夫人杨乃琴教授在北京植物园指导梅园建设（右为本文作者 赵世伟）

图9　2009年在北京家中研究观察北方梅花抗寒新品种

兆祯、匡廷云、冯宗炜、洪德元、王文采、金鉴明、张新时、肖培根等11位院士联名给中央写信，提出“关于恢复建设国家植物园的建议”，由此推动了国家植物园体系的萌芽。如今，国家植物园已经正式挂牌，其中也凝聚了陈俊愉先生等一批专家的心血。

2.11　身体力行参加花卉科普和推广

陈俊愉院士非常重视新品种和新栽培技术的推广与应用。他帮助青岛梅园创始人庄实传建设梅园时，把多年选育和驯化耐寒梅花的经验亲自教给他。如今，青岛梅园已经成了青岛著名的赏梅胜地。陈俊愉院士积极支持成都锦江区幸福梅林发展花卉产业，他对幸福梅林的发展提出了3条建议：一是申请加入中国梅花蜡梅协会；二是大力发展梅花盆景；三是发扬四川特色，依托梅花的文化底蕴，定制、烧制古朴典雅的花瓶，提

图10　2012年4月6日在北京植物园梅园与学生们在梅林丛中合影——“待到山花烂漫时，她在丛中笑”

高其经济价值。在陈俊愉院士的帮助下，吉林公主岭梅园立足梅花独有的特色优势，积极组织与“梅”相约、梅花节等活动，大力培育发展“梅花经济”，将生态环保与经济发展相统一，蹚出一条极具特色的乡村振兴之路。

陈俊愉先生一直重视科普教育，他经常撰写科普文章，介绍植物、花卉的科普与历史文化知识。1998年北京植物园科普馆落成，时任园长张佐双邀请陈俊愉先生来植物园做一场科普讲座，陈先生欣然应允。作为系列大家讲座的第一位专家，陈先生重点讲述了中国花卉文化的博大精深，令听众甚为感动。

陈俊愉先生认为，科普工作是植物园不可忽视的重要工作。关于科普教育在植物园的作用和地位，陈俊愉先生在一次研讨会上说：科普是植物园最重要的功能之一。植物园就是要充分利用植物园丰富的植物收集、优美的环境以及蕴含的丰富的植物科学知识，让公众近距离接触植物、感受植物、认识植物，陶冶情操，提高公众的科学素养和文明素质。

他认为：科研人员要主动参加科普教育活动，培养教育青少年，这是科学工作者义不容辞的责任。他是这么说的，也是这么做的。2006年3月30日上午，88岁高龄的陈俊愉院士来到北京植物园梅园为前来观赏梅花的游客现场说梅，讲解梅花的历史渊源、梅花现状以及梅花的相关知识。2007年2月19日大年初二，陈俊愉院士成为北京植物园首位院士志愿者，到植物园为大家讲解梅花与牡丹、名花与传统文化。

他在许多场合说：花卉的科普很重要。不仅仅许多百姓缺少花卉常识，就连一些业内人士也似是而非，导致很多的以讹传讹。最为典型的当属“玫瑰、月季混淆不清的问题”。他说玫瑰和月季是不同的花卉，但在西方则将它们简单地统称为“Rose”，而两者的关键区别之一，就是月季“月月花季”，而玫瑰却一年只开一次花。

陈俊愉院士认为，花卉产业的发展不仅需要科学研究，也需要科学普及，通过科普让社会了解到科学家的科研成果，促进科研成果向经济效益的转化，推动花卉产业的发展。他提出要建立花卉博物馆，在植物园内加大花卉引种、繁育、种植力度，努力举办综合花展，向不同阶层的民众进行花卉科普教育。2007年4月他给新疆农业大学的师生和新疆风景园林学会同行进行梅花科普教育，帮助新疆塔克拉玛干在沙漠边上建起了梅园（张启翔，李庆卫，2022）。

3 陈俊愉院士所获部分荣誉

3.1 首届中国观赏园艺终身成就奖

"中国观赏园艺终身成就奖"是由中国园艺学会观赏园艺专业委员会、国家花卉工程技术研究中心联合评选的，用以表彰为中国观赏园艺学科发展和观赏园艺事业做出重大贡献的园林工作者。2011年，首届"中国观赏园艺终身成就奖"揭晓，中国工程院资深院士、北京林业大学陈俊愉教授成为首位奖项获得者。

3.2 首届中国风景园林学会终身成就奖

2011年中国风景园林学会开始设立终身成就奖，该奖项以推动中国风景园林事业的发展为宗旨，旨在表彰在风景园林学科领域做出杰出贡献的个人或群体。第一届"中国风景园林学会终身成就奖"颁授给陈俊愉院士等9名园林工作者，以表彰他们热爱本职、刻苦钻研、努力工作，为学科建设和行业发展贡献力量的精神。

3.3 首届中国梅花终身成就奖

2012年，陈俊愉院士荣获中国梅花终身成就奖，这也是首届梅花终身成就奖，用以表彰陈俊愉院士对梅花蜡梅研究及产业发展做出的杰出贡献。

3.4 省部级以上奖项

获奖时间	项目名称	奖励名称
1989年	金花茶基因库建立和繁殖技术研究	国家科学技术进步奖
1990年	《中国梅花品种图志》	国家科学技术进步奖
1991年	金花茶基因库建立和繁殖技术研究	林业部科学技术进步奖
1992年	地被菊新品种选育及栽植的研究	北京市科学技术奖
1992年	《中国花经》	建设部科学技术奖

4 出版的部分著作

2017.06	《中国梅花品种图志》（英文版）	陈俊愉主编	北京：中国林业出版社
2012.09	《菊花起源》（汉英双语）	陈俊愉主编	合肥：安徽科学技术出版社
2010.01	《中国梅花品种图志》	陈俊愉主编	北京：中国林业出版社
2008.05	《梅品种国际登录双年报》（汉英对照2005—2006）	陈俊愉编	北京：中国林业出版社
2006.06	《地被菊培育与造景》	陈俊愉，崔娇鹏编著	北京：中国林业出版社
2004.05	《梅品种国际登录双年报》（2001—2002）	陈俊愉编	北京：中国林业出版社
2001.01	《中国花卉品种分类学》	陈俊愉主编	北京：中国林业出版社
2001	《梅品种国际登录年报》（中英对照2000）	陈俊愉编	北京：中国林业出版社
2000.08	《中国花卉Ⅰ：首届中国花卉种苗（球）繁育推广研讨会论文集》	陈俊愉主编	北京：中国农业大学出版社
2000.03	《中国文化经典系列中国花经》	陈俊愉	上海：上海文化出版社
1998.04	《中国十大名花》	陈俊愉等编著	上海：上海文化出版社
1997.09	《陈俊愉教授文选》	陈俊愉著	北京：中国农业科技出版社
1997.08	《园林花卉》	陈俊愉	上海：上海科学技术出版社
1996.11	《中国梅花》	陈俊愉主编	海口：海南出版社
1994.06	《中国花经》	陈俊愉	上海：上海文化出版社
1990.08	《中国花经》	陈俊愉，程绪珂主编	上海：上海文化出版社
1990.02	《梅花漫谈》	陈俊愉编著	上海：上海科学技术出版社
1989.12	《中国梅花品种图志》	陈俊愉主编	北京：中国林业出版社
1989.04	《中国十大名花》	陈俊愉编	上海：上海文化出版社
1988.06	《梅花与园林》	陈俊愉等编著	北京：北京科学技术出版社
1980.11	《园林花卉》	陈俊愉，刘师汉等编	上海：上海科学技术出版社

5 发表的部分论文

1. 陈俊愉, 陈吉笙. 百分制记分评选法—拟定并掌握柑桔株选标准的一个新途径[J]. 华中农学院学报, 1956(01):84-99.
2. 章恢志, 陈俊愉, 王家恩. 鄂东柑橘冻害调查报告[J]. 华中农学院学报, 1956(01):71-83.
3. 陈俊愉. 中国梅花的研究——Ⅰ梅之原产地与梅花栽培历史[J]. 园艺学报, 1962(01):69-78.
4. 陈俊愉. 中国梅花的研究——Ⅱ.中国梅花的品种分类[J]. 园艺学报, 1962(Z1):337-350.
5. 陈俊愉, 张春静, 张洁, 等. 中国梅花的研究Ⅲ. 梅花引种驯化试验[J]. 园艺学报, 1963(04):395-410.
6. 陈俊愉. 评《华北习见观赏植物》第二集[J]. 园艺学报, 1963(04):394.
7. 陈俊愉, 张春静. 乌桕的习性及其引种驯化[J]. 生物学通报, 1966(03):9-14.
8. 陈俊愉, 苏雪痕. 园林树木快速育苗的原理和方法[J]. 园艺学报, 1966(02):81-88.
9. 陈俊愉. 关于城市园林树种的调查和规划问题[J]. 园艺学报, 1979(01):49-63.
10. 陈俊愉. 关于我国花卉种质资源问题[J]. 园艺学报, 1980(03):57-67.
11. 陈俊愉. 哈尔滨市园林绿化树种初步调查分析以及对树种选择的建议[J]. 自然资源研究, 1981(02):30-34.
12. 陈俊愉. 中国梅花品种分类新系统[J]. 北京林学院学报, 1981(02):48-62.
13. 陈俊愉. 我国国花应是梅花[J]. 植物杂志, 1982(01):31-32.
14. 陈俊愉, 杨乃琴. 试论我国风景区的分类和建设原则[J]. 自然资源研究, 1982(02):2-9.
15. 陈俊愉, 张秀英, 周道瑛, 等. 西安城市及郊野绿化树种的调查研究[J]. 北京林学院学报, 1982(02):93-128.
16. 陈俊愉. 美国园林和园林工作的特点[J]. 北京林学院学报, 1982(02):35-42.
17. 陈俊愉. 我国的省花和市花[J]. 植物杂志, 1982(06):29.
18. 陈俊愉. 要重视发掘利用古树资源[J]. 植物杂志, 1983(01):43.
19. 陈俊愉. 波兰园林掠影[J]. 广东园林, 1984(01):1-8.
20. 陈俊愉. 三十五年来观赏园艺科研的主要成就[J]. 园艺学报, 1984(03):157-159.
21. 陈俊愉. 访美国落基山国家公园[J]. 世界农业, 1985(05):40-41.
22. 陈俊愉. 植物激素在花卉中的应用[J]. 中国园林, 1985(02):36-39.
23. 陈俊愉. 艺菊史话[J]. 世界农业, 1985(10):50-52.
24. 陈俊愉. 梅花史话[J]. 世界农业, 1985(11):50-53, 57.
25. 陈俊愉. 中国梅花的野生类型及其分布[J]. 武汉城市建设学院学报, 1986(02):1-6.
26. 陈俊愉. 月季花史话[J]. 世界农业, 1986(08):51-53.
27. 陈俊愉, 邓朝佐. 用百分制评选三种金花茶优株试验[J]. 北京林业大学学报, 1986(03):35-43.
28. 陈俊愉. 中国梅花品种分类修正新系统的原理与方案[J]. 武汉城市建设学院学报, 1987(01):27-32.
29. 陈俊愉, 汪小兰. 金花茶新变种——防城金花茶[J]. 北京林业大学学报, 1987, (02):154-157.
30. 陈俊愉. 金花茶育种十四年[J]. 北京林业大学学报, 1987(03):315-320.
31. 陈俊愉. 菊苍应用的新天地——北京"地被菊"上街的联想[J]. 中国花卉盆景, 1988(10):6-7.
32. 陈俊愉, 陈耀华. 关于梅花品种形成趋向的探讨[J]. 中国园林, 1990(04):14-16.
33. 陈俊愉, 包满珠. 中国梅(Prunus mume)的植物学分类与园艺学分类[J]. 浙江林学院学报, 1992(02):12-25.
34. 陈俊愉. 从中国选育出更多月季新品来[J]. 花木盆景(花卉园艺), 1997(01):10-11.
35. 陈俊愉. "二元分类"——中国花卉品种分类新体系[J]. 北京林业大学学报, 1998(02):5-9.
36. 陈俊愉. 国内外花卉科学研究与生产开发的现状与展望[J]. 广东园林, 1998(02):3-10.
37. 陈俊愉. 中国观赏园艺的世纪回顾与展望[C]//中国科学技术协会. 科技进步与学科发展——"科学技术面向新世纪"学术年会论文集. 中国科学技术出版社, 1998:5.
38. 陈俊愉.《中国花卉品种分类学》序言[J]. 中国园林, 1998(05):21-22.
39. 陈俊愉. 中国梅花品种之种系、类、型分类检索表[J]. 中国园林, 1999(01):62-63.
40. 陈俊愉. 中国梅花品种分类最新修正体系[J]. 北京林业大学学报, 1999(02):2-7.
41. 陈俊愉. 观赏植物在中国园林应用中的突出重点与展示多样性问题[C]//《中国公园》编辑部. 中国公园协会1999年论文集.《中国公园》编辑部, 1999:3.
42. 陈俊愉. 跨世纪中华花卉业的奋斗目标——从"世界园林之母"到"全球花卉王国"[J]. 花木盆景(花卉园艺), 2000(01):5-7.
43. 陈俊愉. 梅品种国际登录工作启动在《梅品种国际登录年报(1999)》出版新闻发布会上的发言[J]. 中国园林, 2000(01):25-26.
44. 陈俊愉, 吕英民. 从梅品种国际登录谈中华花卉品种国际登录的意义[J]. 北京林业大学学报, 2001, 23(S1):30-34.
45. 陈俊愉. 王冕与其梅花诗画[J]. 北京林业大学学报, 2001, 23(S1):5-7.
46. 陈俊愉. 为若干花卉正名[J]. 中国花卉园艺, 2001(02):4-5.
47. 陈俊愉, 余树勋, 朱有玠, 等. 关于"移植大树"的笔谈[J]. 中国园林, 2001(01):90-92.
48. 陈俊愉. 简论21世纪中国花卉业的发展前景与"新四化"方向[C]//中国花卉协会, 中国园艺学会. 中国花卉科技进展——第二届全国花卉科技信息交流会论文集. 中国农业出版社, 2001:6.
49. 陈俊愉. 重提大地园林化和城市园林化——在《城市大园林论文集》出版座谈会上的发言[J]. 中国园林, 2002(03):8-11.
50. 陈俊愉. 面临挑战和机遇的中国花卉业[J]. 中国工程科学, 2002(10):17-20, 25.
51. 陈俊愉. 梅花研究六十年[J]. 北京林业大学学报, 2002(Z1):228-233.
52. 陈俊愉, 张启翔, 李振坚, 等. 梅花抗寒品种之选育研究与推广问题[J]. 北京林业大学学报, 2003, 25(S2):1-5.
53. 陈俊愉. 关于国花兼国树国鸟评选的建议[J]. 园林, 2003(06):29-30+49.
54. 陈俊愉. 梅品种国际登录专页(1)[J]. 中国园林, 2004(01):37.
55. 陈俊愉. 不能为了钱把祖宗都忘了[J]. 群言, 2004(07):37-38.
56. 陈俊愉, 张启翔. 梅花——一种即将走向世界成为全球新秀的中国传统名花[J]. 北京林业大学学报, 2004(S1):145-146.
57. 陈俊愉. 以梅花、牡丹做"双国花"的建议[J]. 北京林业大学学报, 2004(S1):20-21.
58. 陈俊愉. 国际梅品种登录工作六年——业绩与前景[J]. 北京林业大学学报, 2004(S1):1-3.
59. 陈俊愉. 呼吁及早选定梅花牡丹做我们的"双国花"[J]. 中国园林, 2005(01):48-49.
60. 陈俊愉. 为何建议以梅花、牡丹为我国"双国花"[J]. 风景园林, 2005(02):21.
61. 陈俊愉. 中国菊花过去和今后对世界的贡献[J]. 中国园林, 2005(09):73-75.
62. 陈俊愉. 世界园林的母亲 全球花卉的王国[J]. 森林与人类, 2007, 203(05):6-7.
63. 陈俊愉. 读《美——香味保健治疗之开发》有感[J]. 北京林业大学学报, 2007(S1):161-162.
64. 陈俊愉. 推进中国梅产业化的若干关键问题[J]. 北京林业大学学报, 2007(S1):1-3.
65. 陈俊愉, 陈瑞丹. 对园林植物引种驯化的再认识[C]//中国园艺学会观赏园艺专业委员会, 国家花卉工程技术研究中心. 2007年中国园艺学会观赏园艺专业委员会年会论文集. 中国林业出版社, 2007:3.
66. 陈俊愉, 陈瑞丹. 关于梅花Prunus mume的品种分类体系[J]. 园艺学报, 2007(04):1055-1058.
67. 陈俊愉.《梅文化论丛》读后感[J]. 南京师范大学文学院学报, 2008, No.50(02):68.
68. 陈俊愉, 梅村. 梅花, 中国花文化的秘境[J]. 园林, 2008, No.200(12):114-115.
69. 陈俊愉. 园林十谈[J]. 园林, 2008, No. 200(12):14-17.
70. 陈俊愉, 陈瑞丹. 中国梅花品种群分类新方案并论种间杂交起源品种群之发展优势[J]. 园艺学报, 2009, 36(05):693-700.
71. 陈俊愉. 梅品种国际登录12年——业绩与展望[J]. 北京林业大学学报, 2010, 32(S2):1-3.
72. 陈俊愉. 关于观赏乔灌木之迁地驯化问题[C]//中国园艺学会观赏园艺专业委员会, 国家花卉工程技术研究中心. 中国观赏园艺研究进展（2010）. 中国林业出版社, 2010:4.
73. 周杰, 陈俊愉. 中国菊属一新变种[J]. 植物研究, 2010, 30(06):649-650.
74. 李庆卫, 陈俊愉, 张启翔, 等. 大庆抗寒梅花品种区域试验初报[J]. 北京林业大学学报, 2010, 32(S2):77-79.
75. 陈俊愉. "风景园林"的新生——祝贺被批准为国家一级学科[J]. 中国园林, 2011, 27(05):9-10.
76. 陈俊愉. 从梅国际品种登录到中国栽培植物登录权威规划[J]. 北京林业大学学报, 2012, 34(S1):1-3.
77. 李庆卫, 张启翔, 陈俊愉. 基于AFLP标记的野生梅种质的鉴定[J]. 生物工程学报, 2012, 28(08):981-994
78. 李庆卫, 吴君, 陈俊愉, 等. 乌鲁木齐抗寒梅花品种区域试验初报[J]. 北京林业大学学报, 2012, 34(S1):50-55
79. 姜良宝, 陈俊愉. 皖南、赣北地区梅野生资源调查[J]. 北京林业大学学报, 2012, 34(S1):56-60.
80. 王彩云, 陈瑞丹, 杨乃琴, 陈俊愉, 等. 我国古典梅花名园与梅文化研究[J]. 北京林业大学学报, 2012, 34(S1):143-147.
81. 蔡邦平, 董怡然, 郭良栋, 等. 丛枝菌根真菌四个中国新记录种(英文)[J]. 菌物学报, 2012, 31(01):62-67.
82. 李振坚, 陈瑞丹, 李庆卫, 等. 生长素和基质对梅花嫩枝扦插生根的影响[J]. 林业科学研究, 2009, 22(01):120-123.
83. 张秦英, 陈俊愉, 魏淑秋. 梅花在中国分布北界变化的研究[J]. 北京林业大学学报, 2007(S1):35-37.
84. 赵昶灵, 郭维明, 陈俊愉. 梅花'南京红须'花色色素花色苷的分离与结构鉴定(英文)[J]. 林业科学, 2006(01):29-36.
85. 赵昶灵, 郭维明, 杨清, 等. 梅花南京红须F3′H全长基于gDNA的TAIL-PCR法克隆(英文)[J]. 西北植物学报, 2005(12):2378-2385.
86. 金荷仙, 陈俊愉, 金幼菊. 南京不同类型梅花品种香气成分的比较研究[J]. 园艺学报, 2005(06):1139.
87. 王彩云, 陈俊愉. Maarten A.Jongsma. 菊花及其近缘种的分子进化与系统发育研究[J]. 北京林业大学学报, 2004(S1):91-96.
88. 张秦英, 陈俊愉, 申作连. 不同激素对'美人'梅叶片离体培养的影响及其细胞学观察[J]. 北京林业大学学报, 2004(S1):42-44, 169.
89. 赵昶灵, 郭维明, 陈俊愉. 梅花'南京红'花色色素花色苷的分子结构(英文)[J]. 云南植物研究, 2004(05):549-557.
90. 金荷仙, 陈俊愉, 金幼菊, 等."南京晚粉"梅花香气成分的初步研究[J]. 北京林业大学学报, 2003, 25(S2):49-51.
91. 赵惠恩, 刘朝辉, 胡东燕, 等. 北京地区行道树发展的思路与对策[J]. 北京林业大学学报, 2001, 23(S2):65-67.
92. 赵世伟, 程金水, 陈俊愉. 金花茶和山茶花的种间杂种[J].北京林业大学学报, 1998(02):48-51.
93. 戴思兰, 陈俊愉, 李文彬. 菊花起源的RAPD分析[J]. 植物学报, 1998(11):76-82.
94. 陈龙清, 陈俊愉. 蜡梅属植物的形态、分布、分类及其应用[J]. 中国园林, 1999(01):74-75.
95. 刘青林, 陈俊愉. 花粉蒙导、植物激素和胚培养对梅花种间杂交的作用(英文)[J]. 北京林业大学学报, 1999(02):55-61.
96. 程金水, 陈俊愉, 赵世伟, 等. 金花茶杂交育种研究[J]. 北京林业大学学报, 1994(04):55-59.
97. 胡永红, 张启翔, 陈俊愉. 真梅与杏梅杂交的研究[J]. 北京林业大学学报, 1995, 17(S1):149-151.
98. 戴思兰, 陈俊愉, 高荣孚, 等. DNA提纯方法对9种菊属植物RAPD的影响[J]. 园艺学报, 1996(02):169-174.
99. 戴思兰, 陈俊愉. 中国菊属一些种的分支分类学研究[J]. 武汉植物学研究, 1997(01):27-34.
100. 马燕, 陈俊愉. 培育刺玫月季新品种的初步研究(Ⅴ)——部分亲本与杂种抗黑斑病能力的研究[J]. 北京林业大学学报, 1992(03):80-84.
101. 张启翔, 刘晚霞, 陈俊愉. 梅花及其种间杂种深度过冷与冻害关系的研究[J]. 北京林业大学学报, 1992(S4):34-41.
102. 包满珠, 陈俊愉. 不同类型梅的花粉形态及其与桃、李、杏的比较研究[J]. 北京林业大学学报, 1992(S4):70-73, 144.
103. 毛汉书, 陈俊愉, 王忠芝, 等. 中国梅花品种分类管理信息系统[J]. 北京林业大学学报, 1992(S4):23-33.
104. 马燕, 陈俊愉. 中国蔷薇属6个种的染色体研究[J]. 广西植物, 1992(04):333-336.
105. 马燕, 陈俊愉, 毛汉书. 利用模糊综合评判模型评判月季抗性品种[J]. 西北林学院学报, 1993(01):50-55.
106. 马燕, 陈俊愉. 中国古老月季品种‘秋水芙蓉’在月季抗性育种中的应用[J]. 河北林学院学报, 1993(03):204-210.
107. 包满珠, 陈俊愉. 梅野生种与栽培品种的同工酶研究[J]. 园艺学报, 1993(04):375-378.
108. 包满珠, 陈俊愉. 中国梅的变异与分布研究[J]. 园艺学报, 1994(01):81-86.
109. 马燕, 陈俊愉. 我国西北的蔷薇属种质资源[J]. 中国园林, 1990(01):50-51.
110. 马燕, 陈俊愉. 培育刺玫月季新品种的初步研究(Ⅰ)——月季远缘杂交不亲和性与不育性的探讨[J]. 北京林业大学学报, 1990(03):18-25, 125.
111. 王彭伟, 陈俊愉. 地被菊新品种选育研究[J]. 园艺学报, 1990(03):223-228.
112. 马燕, 陈俊愉. 培育刺玫月季新品种的初步研究(Ⅱ)——刺玫月季育种中的染色体观察[J]. 北京林业大学学报, 1991(01):52-57, 115-116.
113. 马燕, 陈俊愉. 蔷薇属若干花卉的染色体观察[J]. 福建林学院学报, 1991(02):215-218.
114. 包志毅, 陈俊愉. 金花茶砧穗组合的初步研究[J]. 园艺学报, 1991(02):169-172.
115. 马燕, 陈俊愉. 培育刺玫月季新品种的初步研究(Ⅲ)——部分亲本及杂交种的花粉形态分析[J]. 北京林业大学学报, 1991(03):12-14, 105-106.
116. 马燕, 陈俊愉. 培育刺玫月季新品种的初步研究(Ⅳ)——若干亲本与杂交种的抗寒性研究[J]. 北京林业大学学报, 1992(01):60-65.
117. 马燕, 陈俊愉. 部分现代月季品种的细胞学研究[J]. 河北林学院学报, 1992(01):12-18, 93-95.
118. 王月新, 陈俊愉. 几种园艺植物在京津阳台绿化上的应用[J]. 园艺学报, 1992(01):87-88.

05

6 培养人才

陈俊愉院士培养的部分硕士、博士研究生和博士后

硕士研究生：

程金水　北京林业大学园林学院教授（1959—1963受业）
胡金榕　浙江省城乡规划设计院高工、主任（1960—1964受业）
黄国振　青岛市畅绿生物研究所研究员、所长（1961—1966受业）
李嘉珏　甘肃省林业厅，高工（1962—1967受业）
谭陆克　北京市园林科研所（1979—1982受业）
张启翔　北京林业大学教授（1982—1985受业）
汪小兰　旅居加拿大（1982—1985受业）
吉庆萍　清华大学（1984—1987受业）
李树华　清华大学教授（1985—1988受业）
王月新　旅居加拿大（1985—1988受业）
盘燕玲　高级工程师（1985—1988受业）
王彭伟　宁波市园林绿化局高工（1985—1988受业）
包志毅　浙江农林大学教授（1985—1988受业）（见博士名录）
包满珠　华中农业大学教授（1985—1988受业）（见博士名录）
马　燕　旅居美国（1986—1989受业）
骆红梅　旅居美国（1986—1989受业）
黄秀强　旅居德国（1986—1989受业）
黄　哲　湖南长沙市园林局（1986—1989受业）
王彩云　华中农业大学教授（1987—1990受业）
李银心　中国科学院植物研究所研究员（1987—1990受业）
王四清　北京林业大学教授（1987—1990受业）
王香春　中国城市建设研究院生态文明研究院高级工程师（1989—1992受业）
戴思兰　北京林业大学教授（1989—1992受业）
胡永红　上海辰山植物园教授级高工（1991—1994受业）
崔娇鹏　国家植物园教授级高工（2002—2005）
李辛晨　国家知识产权局
周　杰　北林科技
姜良宝　北京林业大学

博士研究生：

张启翔　北京林业大学教授，曾任北京林业大学副校长、国家花卉工程技术中心主任
包满珠　华中农业大学教授
马　燕　美国普度大学生物科学实验室
包志毅　浙江农林大学教授
戴思兰　北京林业大学教授
王四清　北京林业大学教授
王香春　中国城市建设研究院有限公司生态文明研究院院长
赵世伟　北京市园林科学研究院教授级高工
成仿云　北京林业大学教授
刘青林　中国农业大学教授
金荷仙　《中国园林》杂志总编、浙江农林大学教授
赵惠恩　北京林业大学教授
陈龙清　西南林业大学教授
王彩云　华中农业大学教授
李振坚　中国林业科学研究院研究员
蔡邦平　厦门园林植物园副主任
李庆卫　北京林业大学教授
张秦英　天津大学教授
周　杰　北林科技

博士后：

吕英民　北京林业大学教授

参考文献

陈俊愉, 2001. 中国花卉品种分类学[M]. 北京: 中国林业出版社.

陈俊愉, 2004. 梅花: 中华花文化的秘境[J]. 中国国家地理, 200(12): 114-115.

陈俊愉, 2007. 世界园林的母亲, 全球花卉的王国[J]. 森林与人类, 203(5):6-7.

陈俊愉, 2009. 确定国花是对国庆60华诞的最好贺礼[J]. 中国花卉盆景, 7: 2-3.

陈俊愉, 2010. 中国梅花品种图志(中英双语新版)[M]. 北京: 中国林业出版社.

陈俊愉, 陈瑞丹, 2009. 中国梅花品种分类新方案——并论杂种起源品种群之发展优势[J]. 园艺学报, 36(5): 694-700.

杨乃琴, 陈秀中, 金荷仙, 2017. 梅花人生[M]. 北京: 中国林业出版社.

张启翔, 刘青林, 2007. 花凝人生[M]. 北京: 中国林业出版社.

张启翔, 李庆卫, 2022. 陈俊愉学术思想[M]. 北京: 中国林业出版社.

作者简介

陈秀中（1955年生，安徽安庆人），北京市园林学校高级讲师，首届中国职业院校教学名师。主要研究方向：插花、盆景、园林艺术、园林美学、花文化理论。梅花院士陈俊愉之子，一直在陈院士的指导下从事梅花文化及中华传统赏花理论的研究，主持北京市自然科学基金项目“中华赏花理论及其应用研究”，对于中华民族三千年的悠久梅花文化及赏花历史有深入的研究。

赵世伟（1967年生，江苏扬州人），本科毕业于南京林业大学园林专业（1989），博士毕业于北京林业大学园林植物专业（1995），1995年起在北京植物园工作，现供职于北京市园林科学研究院；主要从事园林植物种质资源研究和花卉育种工作，主持各级课题20多项，获得北京市科技进步二等奖、三等奖，荣获全国优秀科技工作者、建设系统劳动模范等称号，享受国务院政府特殊津贴。

李庆卫（1968年生，河南人），北京林业大学本科（1992）、硕士（2000）与博士（2010）；北京林业大学园林植物与观赏园艺学科教授与博士研究生导师。从事园林植物种质资源与育种及教学工作。

China
园林之母

06

-SIX-

国家植物园（北园）

China National Botanical Garden (North Garden)

卢珊珊　贺　然*
[国家植物园（北园）]

LU Shanshan　HE Ran*
[China National Botanical Garden (North Garden)]

* 邮箱：heran@chnbg.cn

摘　要： 本文以国家植物园（北园）为重点，从建设发展历程、各类资源概况，包括物种收集及园区建设、科学研究、科学传播、园林园艺展示及文化活动、国际交往和历史文化底蕴、取得的成效方面进行了全面介绍，并概述了国家植物园未来的规划建设方向，以供读者借鉴、参考和提出批评意见。

关键词： 国家植物园（北园）　发展历程　基本情况　总体规划

Abstract: This paper gives a comprehensive introduction to China National Botanical Garden (CNBG) North Garden from the aspects of the development history, various resources, including plant conservation, garden construction, research, education, horticulture, activities, international exchanges and cultural, achievements, and outlines the future planning and construction direction of the China National Botanical Garden, so as to provide learning, reference and criticism for the readers.

Keywords: China National Botanical Garden (North Garden), Development history, Current situation, General planning

卢珊珊，贺然，2023，第6章，国家植物园（北园）；中国——二十一世纪的园林之母，第三卷：319-367页.

国家植物园位于首都，是在中国科学院植物研究所（南园）和北京市植物园（北园）现有条件基础上，经过扩容增效有机整合而成，坚持以植物迁地保护为重点，兼具科学研究、科普教育、园林园艺、文化休闲等功能，体现国家代表性和社会公益性。国家植物园于2021年12月28日经国务院批准设立，2022年4月18日正式揭牌运营（图1）。

国家植物园地处“西山永定河文化带”的核心地段，位于三山五园地区这张文化“金名片”上，是传递中国植物文化、开展国际特色交往的最佳场所。国家植物园地理坐标为北纬40° 0′ 21″，东经116° 11′ 38″，最高海拔381.6m。东、北、西三面群山拱卫，山前为丘陵台地和平原，地形丰富，包括山林地、浅山区、河滩地等，是三山五园地区的主要水源地和重要的生态屏障。北面的寿安山是小西山中段，因其“五峰秀峙，宛若列屏”，元朝时又称作五华山。这里风景秀美、气候宜人，为燕山山脉与平原过渡地

图1　国家植物园景石（陈雨 摄）

图2　国家植物园导览图

带，属华北型温暖带大陆性季风气候，四季分明，具有良好的水热条件，春秋短、冬夏长，年均温12.8℃，年降水量526.5mm。土壤属褐土类，黄褐色至棕褐色，大部分属中性反应（pH 7.0～8.0）。樱桃沟等沟谷因为背风向阳，有溪流穿谷而过，具有温暖、湿润的小气候，利于多种植物的生长（北京植物园管理处，2003；张佐双和刁秀云，2004）。国家植物园总规划面积近600hm²，现开放面积约300hm²，包括南园（中国科学院植物研究所）和北园（北京市植物园）两个园区（图2）。

岁月如歌，风雨兼程，在几代党和国家领导人的高度关注和亲切关怀下，在中国科学院和北京市人民政府大力支持下，国家植物园励精图治、砥砺前行。南北两园历经几代人近70年的共同奋斗、艰辛付出，在植物收集与展示、科学研究、园区建设等方面取得了卓越成就（黄昕宇，2015），见证了国家植物园从无到有、从有到优、从优到强的光辉历程。本文以国家植物园（北园）为重点，记述其建设发展历程、概述各类资源情况，并介绍了国家植物园未来的规划建设方向。

1 开荒破土，新园诞生

1954年，中国科学院植物研究所10名青年科学家联名写信给毛主席（图3），请求解决植物园永久园址问题。提出："首都今后一定要有一个像苏联科学院莫斯科总植物园一样规模宏大、设备

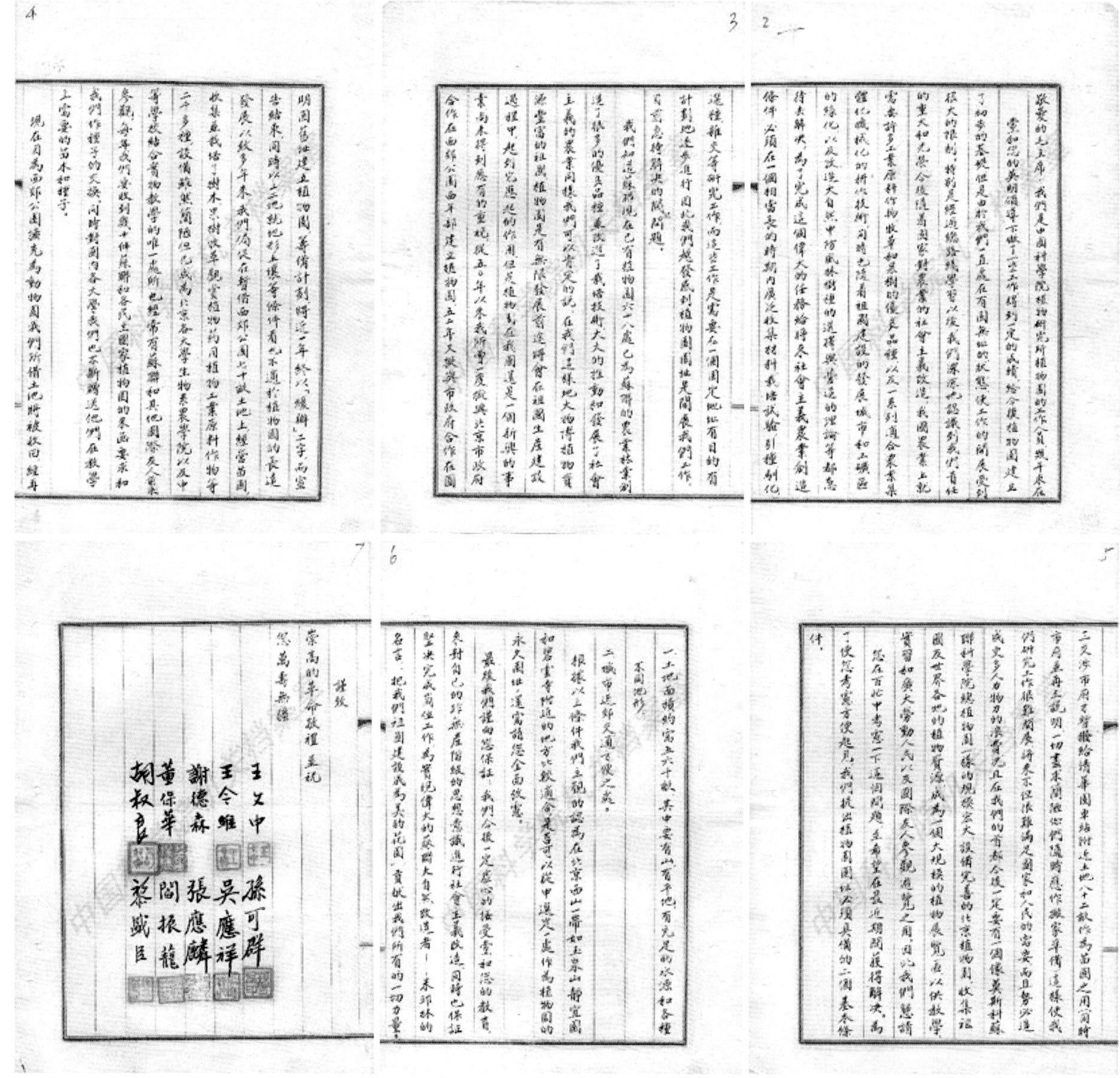

图3　10名青年科学家致毛主席的信

完善的北京植物园，收集祖国和世界各地的植物资源”。几天后传来消息：“中央收到了来信，并转给了北京市和中国科学院，表示支持建设北京植物园。”中国科学院植物研究所会同北京市规划局、园林处等单位共同勘察了圆明园、金山、十三陵等多处土地，几经比较，最终将园址拟定在香山卧佛寺附近。1954年12月22日，北京市政府正式发函：“同意在卧佛寺附近划定533.33hm^2，在香颐公路以南划定120hm^2，作为北京植物园永久园址的规划范围。”（黄昕宇，2015；王白冰 等，2020）

1956年，中国科学院和北京市人民委员会联合上报国务院，申请筹建北京植物园。5月18日，国务院批准设立北京植物园，由中国科学院植物研究所和北京市人民委员会园林局共同领导，建设经费560万元，按用款年度由财政部分期拨款（图4）。10月，中国科学院植物研究所和北京市园林局代表双方签署了“中国科学院、北京市人民委员会合作筹办北京植物园合约”（北京植物园管理处，2003；马金双，2022）。根据规划，北京植物园分为南北两大区，南园作为苗圃试验地，北园用以参观、教学，这也为日后北京植物园“南园科研，北园科普”的两园并存合作体系奠定了基础（黄昕宇，2015）。

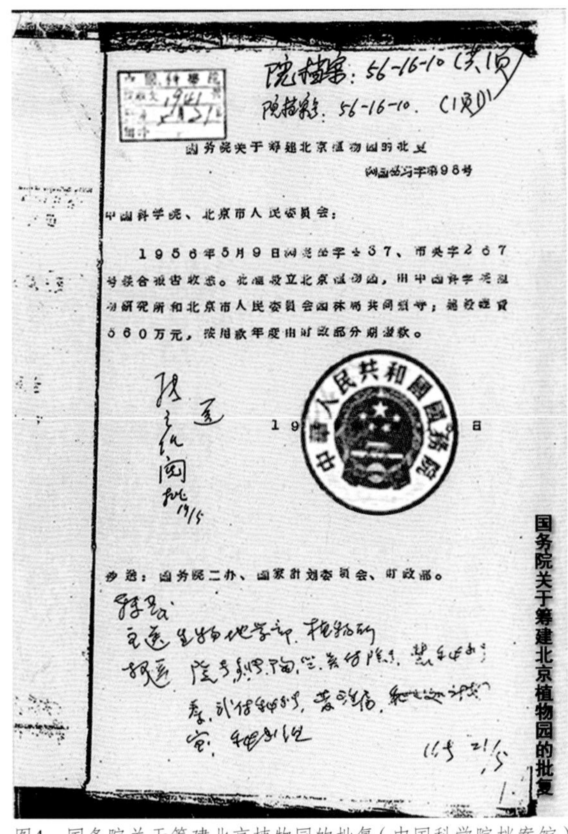
国务院关于筹建北京植物园的批复

中国科学院、北京市人民委员会：

1956年5月9日……字437、市……字267号联合报告收悉。同意设立北京植物园，由中国科学院植物研究所和北京市人民委员会园林局共同领导；建设经费560万元，按用款年度由财政部分期拨款。

中华人民共和国国务院

抄送：国务院二办、国家计划委员会、财政部。

图4　国务院关于筹建北京植物园的批复（中国科学院档案馆）

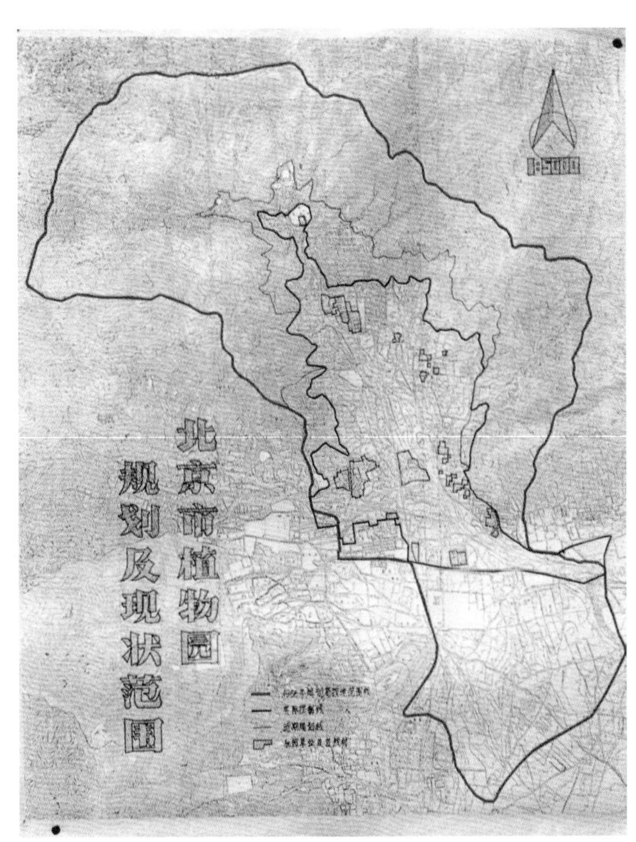

图5　北京市植物园规划及现状范围图

图6　樱桃沟水坝

1957年8月，北京市园林局成立北京植物园筹备处，植物园建设正式启动。“南植”和“北植”两园职工并肩作战突击建园，到1960年年初，近3年时间，种植了1 000多亩土地，3万多棵树，苗木成林。当时，展览区修建了东、中、西三条环路，樱桃沟水坝修筑完成（图6），丁香园等8个园区初具规模（黄昕宇，2015）。1960年下半年，由于受到自然灾害和国民经济宏观调控的影响，植物园建设停滞，“南植”与“北植”的全面合作关系暂停，自然形成两个不同隶属的单位（前者属于中国科学院植物研究所，后者属于当时的北京市园林局），从此单独运作。20世纪50年代末到70年代初，植物园建园及引种等工作处于停滞状态。

2 薪火相承，铸就辉煌

1979年8月，国家建设总局召开了第一次建园领导小组会议，决定恢复中国科学院植物研究所与北京植物园的合作关系，中国科学院植物所称“南园”，北京植物园称“北园”，对外统称“北京植物园”。南园侧重植物科学研究，北园侧重植物引种展示和科普，植物园由此进入了恢复建设阶段。

国家植物园（北园）自1980年开始，按照规划开展植物专类园建设，广泛收集不同类群的植物；新建黄叶村曹雪芹纪念馆、低温展览温室；逐步收回被外单位占用的土地，搬迁园内居民；对卧佛寺古建筑群和殿内的佛像进行了全面的维修和恢复。1987年，北京市植物园［现国家植物园（北园）］正式对外开放，植物迁地保护和引种驯化获得新生机。

历经几十年的建设发展，国家植物园（北园）坚持以国家植物园标准和使命推进园区建设，匠心雕琢，精心打造“春看桃花夏有荷，秋赏彩叶冬戏雪”的大美植物园（图7），形成植物丰富、景观优美、内涵深厚的格局。在植物迁地保护、科学研究、科普教育、园艺展示、国际交流等方面取得了显著的成绩，在实现“服务首都生态文明建设，传承北京历史名城文化，打造世界一流植物园”战略目标的征程中不断进取，取得佳绩。先后圆满完成了国庆70周年、庆祝中国共产党成立100周年游园活动服务保障，北京冬奥会及冬残奥会配套环境布置，中非论坛，中国北京世界园艺博览会等多项服务国家政治活动。荣获中国最

图7　国家植物园景观

图8　中国最佳植物园封怀奖

佳植物园封怀奖（图8）、首都文明单位标兵、北京市接诉即办先进集体、北京市书香机关、首都劳动奖状等荣誉，获批国家花卉种质资源库、国家级博士后科研工作站、北京市国际科技合作基地、全国科普教育基地，顺利完成全国文明单位、首都文明单位、全国旅游风景区、北京市爱国主义教育基地、北京市重点实验室、国家级非物质文化遗产保护单位的复审工作。迁地保护、科学研究、科学传播、宣传教育、园艺展示、对外交流等成果显著，服务管理、文化建设、安全发展等工作取得全面进步，在国际国内具有显著的行业地位和影响力。

2.1　物种收集及园区建设

植物园有史以来的宗旨都是收集、研究、展示和利用（Mabberley, 2011）。随着人类活动影响的加剧，一些珍稀濒危植物受到威胁甚至灭绝，加之外来入侵植物的出现，不仅造成巨大的经济损失，人类赖以生存的生态系统也遭到破坏（Volis, 2017）。保护植物及其多样性便成为当今植物园的重任，这在21世纪的今天更显得格外突出（Smith and Pence, 2017）。

中国幅员辽阔、地理条件多样，是世界温带国家和地区中观赏植物资源和多样性最突出者（贺然 等, 2021）。国家植物园以植物多样性收集、植物资源保护为核心功能。目前，已引种栽培野生（逸生）的植物种类共计274科2 185属（含41杂交属）17 435个类群（马金双，2022），含珍稀濒危植物近千种。其中，北园收集植物229科1 689属（含35杂交属）11 111个类群（5 469种78杂交种152亚种242变种4变型4 735品种121杂交群14栽培群178杂交组合118栽培类型）（《国家植物园植物名录》编委会, 2022），迁地保护水杉、珙桐等珍稀濒危植物近600种，拥有巨魔芋、千岁兰和海椰子等珍稀温室植物，建有玉簪、海棠和丁香等国家花卉种质资源库，并拥有海棠登录权。

丰富的植物资源在园区的专类园和温室中栽培并展示。北园以“虽由人作，宛自天开”为造园宗旨，建有桃花园、月季园、海棠园、牡丹园、梅园、丁香园、盆景园等14个专类园和展览温室，拥有中国北方最大的珍稀植物水杉保育区（樱桃沟自然保护区）。其中，月季园是目前中国规模最大的月季专类园，桃花园是世界上收集桃花品种最多的专类园（张佐双和刁秀云，2004）。园区秀木林立、奇卉芬芳，春天鸟语花香、夏天晴云碧树、秋天树叶如丹、冬则积雪凝素，不同时节，各显风采。

2.1.1 月季园

月季园建于1993年，占地面积7.1hm^2，共收集月季品种1 000余个，栽植5万余株，是进行月季园艺展示、科学研究以及科普教育的重要场所。月季园采用规则式与自然式相结合的设计手法，既有轴线严整的图案布局，又有自然式的组团配置。月季园北部中心为一直径40m、面积达6 000m^{2}的圆形沉床，在环状台地上种植各色丰花月季，中间有绿篱相隔，一环一环，宛若花环，耀人眼目；沉床的东侧和北侧是拱形花架，攀缘着多种藤本月季，其间还点缀有“花魂”“绸舞”等雕塑；园区东部为品种展示园，集中展示杂交茶香月季、丰花月季等优秀品种；园区西部主要展示树状月季、杂交茶香月季、微型月季和灌丛月季等类型；园区南部主要展示蔷薇属野生种及古老月季。在北京地区，每年的5～10月为月季的赏花期，届时月季园中群花怒放，花姿绰约，芳香馥郁，令人流连忘返（图9）。2015年6月，月季园被世界月季联合会（WFRS）评为“世界杰出月季园”（图10、图11）。

图9　月季园景观

图10　世界杰出月季园奖牌

图11　世界杰出月季园证书

2.1.2　桃花园

桃花园位于中轴路东侧，建于1983年，占地面积3.4hm²，目前已经收集展示观赏桃花70余个品种5 000余株，是世界上收集观赏桃花品种最多的专类园之一。园内收集有直枝桃类、照手桃类、寿星桃类、龙游桃类和垂枝桃类。花型有单瓣型、梅花型、月季型、牡丹型和菊花型。主要品种包括‘白花山碧’桃、‘绛桃’、‘绯桃’、‘紫叶’桃、‘二色’桃、黛玉垂枝桃、单瓣寿粉桃、‘五宝’桃、[菊花]桃等品种。桃花品种丰富，花期也不尽相同，从最早开放的‘白花山碧’桃到花期较晚的‘绛桃’，花期可从4月初一直持续到5月初。桃原产中国，是我国最为古老的名花之一，在《诗经》中就有“桃之夭夭，灼灼其华”的描述，栽培历史悠久，也是重要的水果。公元前2世纪桃沿丝绸之路经中亚传播到波斯，再从那里引种到欧洲，目前在世界各地广泛栽培。自1989年始，每年4月北园都要举办桃花节，桃花园已成为京城人们春天出游、集中欣赏桃花的胜地（图12）。

2.1.3　牡丹园

牡丹是我国著名的特产花卉，国色天香，被誉为“花中之王”。牡丹园位于中轴路西侧，南邻温室区，北接海棠园，始建于1981年，园区地势起伏，设计上采取了自然式手法，因地制宜（图13）。占地面积6.3hm²，品种数量300余个，共栽植5 500余株，集齐了牡丹花色中红、白、蓝、绿、黄、粉、紫、黑、复9大色系。现展示有中原牡丹品系、江南牡丹品系、西北牡丹品系，以及欧美和日本牡丹品系，各品系展区均规范展示。园中建有油漆彩画方亭、双亭、群芳阁，及大幅的烧瓷壁画葛巾紫、玉版白的传说。因牡丹绚丽多彩之色，纷繁幻化之形，沁人心脾之香，倾国倾城之姿，雍容华贵之态，艺压群芳，博得了“竞夸天下无双艳，独占人间第一香”的美誉。自盛唐两宋以后，牡丹逐渐被视为国家富强、繁荣昌盛的象征，至清末遂有“国花”之名。 每当谷雨时节，雍容华贵的牡丹竞相开放，尽显“花开时节动京城”的盛况。

2.1.4　芍药园

芍药园位于牡丹园西侧、海棠园南侧，始建于1983年，20世纪90年代两次进行扩建，目前占地面积1.5hm²。集中展示芍药品种120余个共7 000余墩，包括中国传统品种‘紫檀生烟’芍药、‘杨妃出浴’芍药、‘大富贵’芍药等，以及欧美芍药品种[哈瑞特贝尔]芍药、[玛格丽特公主]芍药、[珊瑚的魅力]芍药等。每年5月春末夏初，当百花开罢，园中略显寂寥之时，在万绿丛中，芍药绽放，姹紫嫣红，令人赏心悦目。

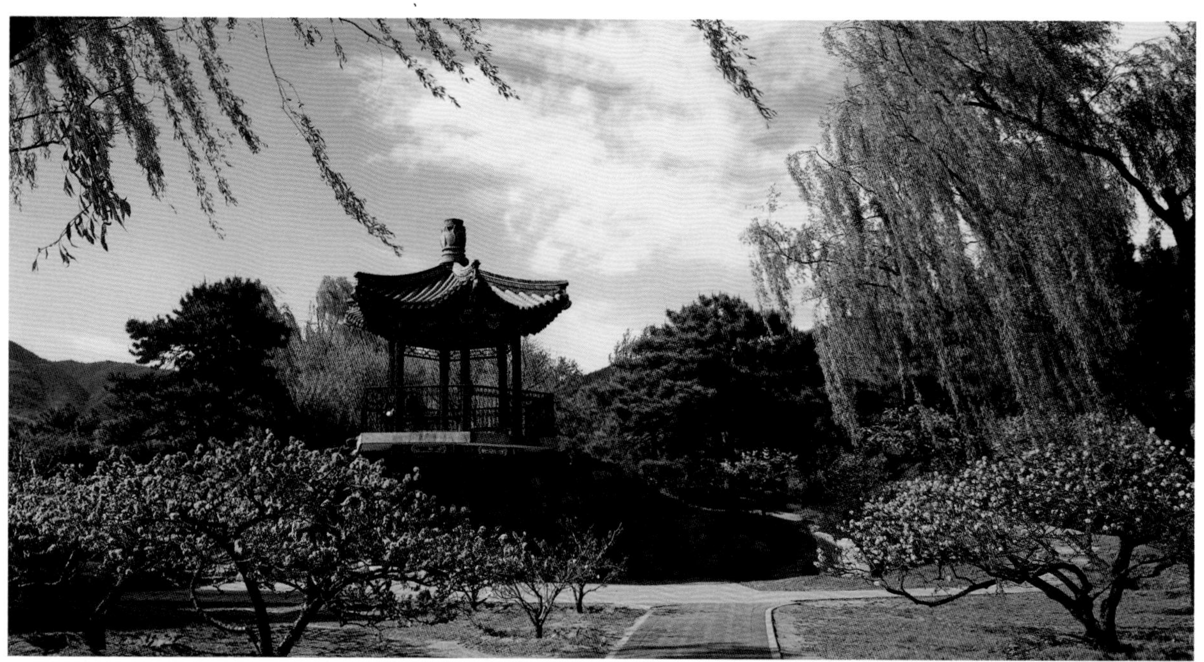
图12　桃花园景观

图13　牡丹园景观

芍药园西北高坡处建有红柱朱顶的“挽香亭”，坐在亭中观赏芍药，看硕花万朵，玉叶繁枝，任香风拂面，如痴如醉。园中点缀有仿木花架、浩态狂香石、醉露台等小品建筑，更衬出芍药的清雅。园艺师们因地制宜，建成了“芍药茵”“倚红坡”“寻芳谷”和精品赏花区，在较小的面积内，创造了富于变化的赏花空间，展现了芍药花“烟轻琉璃叶，风亚珊瑚朵”的独特观赏性。

2.1.5　丁香园

丁香园始建于1958年，占地面积3.5hm^2，与桃花园相邻，草坪开阔，树木葱郁，建有“丁香茶社”可供品茶休息（图14）。目前，共收集展示丁香属植物100余种1 000余株，主要有紫丁香、白丁香、北京丁香、日本丁香、匈牙利丁香、欧洲丁香、小叶丁香、蓝丁香、风信子丁香、什锦

图14　丁香园景观

丁香等种及品种。花期前后错落，每年丁香花观赏期从4月上旬到5月中下旬。该区以西山山脉为背景，园林设计采用大面积疏林草地的手法，中心为视野开阔的大草坪，四周地形略有起伏，以疏林的形式配植了油松、绦柳、雪松、毛白杨等骨干树种，还配植了榆叶梅、太平花、文冠果、四照花等灌木。在林间大乔木间与园林沿线上，呈组团式种植了大片的丁香，花开季节，芳香浓郁，令人陶醉。

2.1.6　海棠园

海棠园于1987年开始规划建设，1992年建成，2010年进行了二期扩建，目前面积为3.17hm^2，共展示海棠种和品种80余个800多株，包括我国著名观赏种类西府海棠、垂丝海棠、湖北海棠等以及一些来自国外的优良观花观果种类。整个海棠园的地势西高东低，地形错落有致，既有开阔通透的疏林草地，也有层叠起伏的海棠坡地；既可观赏到孤植海棠的万千姿态，也可见识到群植海棠的花团锦簇（图15）。一期建成的东区为中国古典园林特色，景观紧凑精致。中心有一座清式风格的小木亭，名曰“乞阴亭”，借取“只恐风日损芳菲，乞借春阴护海棠”的诗意。在其周边，数块形状各异的海棠诗词石刻或立或卧于海棠花丛中，营造出浓浓的诗情画意。二期建成的西区现代感十足，绿绒毯般的大草坪开阔流畅，海棠品种主要在这里栽植展示。此外，园内还栽种了数种栒子属植物及部分地被花卉。海棠园是春赏花、秋观果，两季皆宜的游览胜地。

2.1.7　木兰园

木兰园位于卧佛寺前坡路西侧，于1959年建成，面积0.84hm^2。此园北部，以高约5m的挡土墙为屏障，形成了背风向阳的小环境。采用规则式的设计手法，布局整齐，园路十字对称，中心有一长方形水池，东西各一花坛。沿路栽植绿篱将空间分割，水池四面的草坪上各植一株青杄，玉树琼花的玉兰散植在绿篱后。木兰园收集栽植了丰富的玉兰资源，其中珍贵品种有黄山玉兰、望春玉兰、二乔玉兰、宝华玉兰、紫玉兰、星花玉兰等。4月初，木兰盛开，似碧玉雕成，清新高雅。

图15　海棠园景观

2.1.8　宿根花卉园

宿根花卉园位于卧佛寺坡路东侧，始建于1980年，面积为1.5hm^2，是收集和展示宿根花卉的专类园。该园由孟兆祯院士于20世纪70年代设计，园区整体采取规则式设计，形成十字对称的园路，花园中心为一处硅化木，纹理清晰，沧桑古朴，是宝贵的文物，在青松掩映之下，形成了一座大型盆景景观，别具特色。

园区分为原种收集区、花境展示区、种质资源圃等区域，现已收集百合科、毛茛科、菊科、鸢尾科、唇形科等300多种宿根花卉，从春至秋花开不绝。轴线两侧的种植池为花境展示区，色彩的碰撞、组团的错落，形成了各具特色的花卉群落；四周的种植池为原种收集区及种质资源圃，收集了“三北”地区有特色的原生宿根植物。花园北部栽植了大片竹林，配植了雪松、鹅掌楸、花叶复叶槭等高大乔木，形成了优美的林冠线，点缀绣线菊、醉鱼草等观花灌木，形成丰富的色彩画卷。此外，本园小气候优越，栽植有珙桐、日本柳杉等原产南方的珍稀树种，与宿根花卉一起组成丰富的植物景观，尤其与花境、花台、山石、廊架、水面等有机融合，浑然一体，形成了小巧精致的园中之园（图16）。该园不仅是宿根花卉种质资源收集、展示的基地，同时也是各大科研院校的教学实习基地。

2.1.9　集秀园（竹园）

集秀园位于卧佛寺行宫西侧，建成于1986年，是以栽培、展示竹亚科植物为主的专类园，亦称竹园，面积0.83hm^2，收集竹种10属60种（包括品种）。主要以属进行区域划分，以品种为单位进行展示。包括刚竹属、苦竹属、箬竹属、倭竹属等（图17）。竹子常年青翠，松树经冬不凋，梅花带雪开放，具有相同的不畏严寒性格的三者被人们誉为“岁寒三友”。在这个松、竹、梅相依一园的集秀园中漫步，直接感受到的是一抹清秀、一派优雅和一身爽朗。

图16　宿根花卉园景观

图17　集秀园景观

2.1.10 梅园

梅园始建于2002年，占地4hm^2，其中水面约0.8hm^2。其地处植物园西北方向，樱桃沟入口以南区域，为一个相对背风向阳的小气候环境。整个园子利用原有地形，因地制宜做自然式栽植。目前共收集展示梅花品种80余个1 100余株。其基调品种为抗寒性强的杏梅品种群与美人品种群梅花，如‘丰后’梅、‘美人’梅等；同时也栽植了一些其他品种群的优良梅花品种，如跳枝品种群的‘复瓣跳枝’梅、绿萼品种群的‘变绿萼’梅、朱砂品种群的‘江南朱砂’梅、垂枝品种群的‘单粉垂枝’梅、宫粉品种群的‘淡桃粉’梅等。

梅文化馆坐落在梅园北侧，于2017年建成开放。主要用于纪念对梅花事业作出巨大贡献的中国工程院资深院士、北京林业大学教授陈俊愉先生，同时也用于科普梅花知识，弘扬梅花文化（图18）。

作为早春的使者，每年3月下旬至4月中旬，

图18　梅文化馆

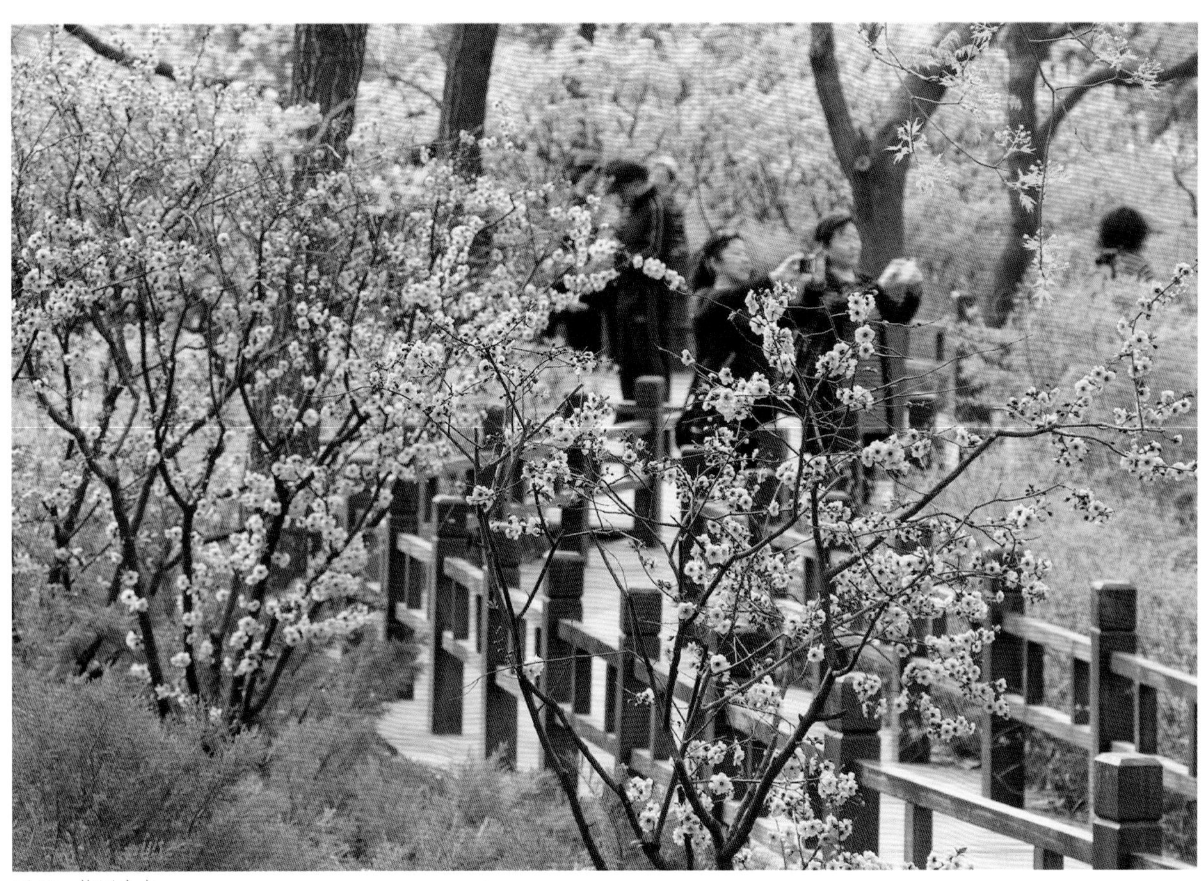

图19　梅园春色

梅花品种次第开放，湖光山色间一派春意盎然的景象。徜徉在梅林花海之中，梅树那古朴的树姿、清丽的花朵与幽幽的暗香，会给人们带来视觉与精神上的双重享受（图19）。

2.1.11　绚秋苑

绚秋苑是以观赏秋景为主的专类园，用丰富的植物材料和多种的栽植形式，展示了北京地区有代表性的秋季观叶、观果乔、灌木2 000余株，营造了一幅幅或秋岚绮树、雾霭绕林，或冷香袭径、金蕊含霜的绚丽秋景。园区风格简约质朴，并将曹雪芹著书的黄叶村为主题的人文景观与自然风光相融汇。

绚秋苑的北部为人工湖中湖——“澄碧湖”，面积2.1hm^2，湖岸曲折自然，北面一座精巧的汉白玉拱桥横跨两湖之间，南面架设古朴木桥通往黄叶村曹雪芹纪念馆，每至秋季，美景倒映湖面，风行水动，树影摇曳，湖水染成了五彩颜色。中部为写秋坪，周围栽植元宝枫、栾树、蒙椴、紫椴、金银木等乔灌木，在秋季呈现出色彩斑斓的景色。深秋时节，绚秋苑与香山漫山的黄栌相互辉映，堪为对景，着意渲染了西山秋色的绚丽（图20）。

2.1.12　紫薇园

紫薇园占地1hm^2，建成于2006年。该园依水而建，以收集紫薇品种为主，辅以栽植展示夏季开花的各类灌木和花卉，同时建有林荫休闲广场和木亭，融景观、休憩和科普于一体。园中以高大杨树和柳树为背景，在展区内种植展示‘巴吞鲁日’紫薇、‘睡美人’紫薇等20余个品种249株，包括红色、紫色、白色、粉色等多种颜色的紫薇品种，并搭配花期相近的蜀葵和木槿等夏季观花植物延长花期。同时种植了新疆忍冬、连翘和平枝栒子等灌木2 000余株，‘染井吉野’樱、千金榆、龙柏等乔木130余株，铺设草坪5 000余平方米。乔灌草相互搭配，不仅突出了以紫薇为主的夏花植物，更增加了植物层次，丰富了园林景观，让人感受到夏季园林之美。

图20　绚秋苑景观

2.1.13　树木园

树木园位于植物园东区，面积44.9hm²，是植物园的主要组成部分，收集、栽培以我国东北、西北、华北地区为主的温带树种。根据不同树种的生态要求，以属为基本的布置单元，以重点属为骨干，相对集中、分区展示，形成了各具特色的园林景观。目前，建成了银杏松柏区、槭树蔷薇区、木兰小檗区、悬铃木麻栎区和泡桐白蜡区等。通过收集、栽培“三北”地区为主的木本植物，展示中国丰富的植物资源，科普植物知识，同时，培育驯化和推广优良的植物品种。树木园内散落着一些名胜古迹，如清乾隆时期的石碉楼、曹雪芹纪念馆、梁启超墓园、北洋政府黎元洪时期的总理张绍增墓等，为树木园增添了浓厚的历史文化内涵。园中的听涛亭、澄碧湖、揽翠轩等景点和园林小品，为树木园增加了现代园林的气息（图21）。

2.1.14　盆景园

盆景园位于中轴路东侧，与展览温室相对，北临碧桃园，南靠绚秋苑，东面是碧波粼粼的人工湖，与黄叶村曹雪芹纪念馆隔湖相望。盆景园占地20 000m²，分为室内、室外两部分（图22）。门前有一个小巧精美的牌坊，上面书写“立画心诗”四个大字。牌坊两侧，左边栽种着干径1m多粗的对节白蜡树桩，右边是树干古拙的柽柳。

盆景园展室面积1 350m²，展示着全国各地的优秀盆景作品，包括著名的岭南派、川派、苏派、扬派、海派、徽派六大流派的作品。展室分为以展览北方特色盆景为主的北京风格展厅，以获奖盆景为主的精品厅，以盆景多样性为主的综合展厅，以六大流派为主的流派厅，各展厅配以观赏石展览和根雕展览。展室内罗汉松、龙柏、榕树、苏铁、榔榆、三角枫等树桩盆景，以及孤峰式、组合式、偏重式、高远式、悬崖式等山水盆景，

图21　树木园景观

图22　盆景园景观

不胜枚举。

盆景园室外展区主要展示露地栽植的盆景大型桩景，石榴、紫薇、榔榆、油松、黑松、银杏、女贞等70余株，姿态古拙奇特，令人赞叹。被誉为“风霜劲旅”的古银杏桩，其胸径1.3m，高3.8m，树龄达1 300多年，是桩景中罕见的“银杏王”。庭院北面建一小亭，名曰“心驰”。亭前叠假山、挖水池，瀑布自山上泻下，流入池塘之中。池中栽睡莲、荷花、王莲，水中锦鲤成群，畅游嬉戏。跨过曲桥、汀步，游览在盆景、秀木之中，令人流连忘返。

2.1.15 樱桃沟自然保护试验区

樱桃沟自然保护试验区位于卧佛寺西北，包括了樱桃沟历史名胜景区范围。樱桃沟自然保护试验区既是历史悠久的名胜，又是天然植物群落与人工群落相融合，多种动植物共存，具有良好生态环境的园林风景区。

樱桃沟，系太行山第八陉，因溪谷中自然生长有大量毛樱桃而得名。据文献记载，自金代起，该处即为北京有名的游览胜地。清顺治十一年（1654），由清吏部左侍郎任上退职的孙承泽隐居于此，因孙自号“退翁”，故名此谷为“退谷”，并作《退谷小志》。樱桃沟因得天独厚的地貌、泉水、植被为历代文人所称道，其中既有名列“宛平新八景”之一的“退谷水源”（水源头）和元宝石、石上松等自然景观，也有清初孙承泽别墅、民国周肇祥花园及历代寺庙遗址等人文景观。曹雪芹在正白旗居住时，经常散步至樱桃沟，也经常经樱桃沟翻山至白家疃。樱桃沟的山水滋润了曹雪芹的生活与思想，并影响了其《红楼梦》的创作。

樱桃沟冬无严寒，夏无酷暑，空气湿润，泉水淙淙，小环境极佳。自植物园接管后，逐渐丰富了该区域的植物种类，包括樱桃、山桃、水杉、泡桐、雪松、合欢、核桃、柿、华山松、元宝枫等树木，恢复了樱桃沟的自然生态环境（北京植物园管理处，2003）。1988年，植物园实施了樱桃沟自然保护工程，1992年樱桃沟辟为自然保护试验区（袁在富，1992）。经过多年生长，樱桃沟林木葱郁，山清水秀，成为京郊游览胜地。特别是中国特有的第四纪冰川孑遗植物水杉，也被保育在此，形成了一道独特的风景（图23）。樱桃沟连续多年被评为“北京网红打卡地”。

2.1.16 热带植物展览温室

热带植物展览温室“万生苑”位于植物园中轴路西侧，2000年1月1日对外开放，建筑面积9 800m²，以“绿叶对根的回忆”构想为设计主题，“根茎”交织的倾斜玻璃顶棚，仿佛一片绿叶飘落在西山脚下，被评为北京20世纪90年代十大建筑。

展览温室主要展示来自热带及亚热带地区的植物及其景观，具有生物多样性保护、科普教育、科学研究和观赏展示等功能。温室划分为4个主要展区：热带雨林展室、沙漠植物展室、兰花凤梨及食虫植物展室和四季花园展室。共收集、展示植物3 100余种（含品种）60 000余株。是人们了解植物、感受自然、学习植物知识的重要科普教育基地，同时也是进行植物资源保护和科学研究的重要场所。

热带雨林展室面积1 000余平方米，展示了热带雨林的独木成林、空中花园、多层结构、藤萝缠绕、板根、滴水叶尖、绞杀现象、老茎生花、老干结果、大叶地被植物等独特现象。此外，还栽植了佛教文化植物菩提树、无忧花、贝叶棕等。

热带沙漠植物展室又名仙人掌和多浆植物室，面积1 200m²，栽植及展示仙人掌类及多浆植物1 000余种（含品种），主要原产于热带和亚热带的干旱及半干旱地区。本展室又分为多浆植物区、大戟科植物区、虎尾兰区、柱区、强刺区、品种区、凤梨区、芦荟区和龙舌兰区等。此外，还种植着大量的仙人掌科、景天科等众多新奇的植物。

兰花凤梨及食虫植物展室面积为500m²，通过小桥流水、枯木奇花等人工景观，营造出绚丽而神秘的热带花园景象。本展室主要展示以兰花、凤梨为代表的热带附生植物，包括卡特兰、蝴蝶兰、蕙兰、石斛兰、文心兰等兰科植物和果子蔓凤梨、丽穗凤梨、羞凤梨、光萼荷凤梨等多种凤梨科植物。同时栽培蕨类及猪笼草、捕蝇草、瓶子草等食虫植物。

四季花园展室位于展览的中心部位，面积为3 500m²，是温室面积最大、游人驻足时间最长、气候最适宜的景区。分为中心花园和棕榈植物区两部分。中心花园以巨型喷泉为中心，周围配植高大观赏乔木，遍植各种应季鲜花，布置内容常换常新，以丰富的色彩展示四季花卉之美。棕榈植物区则集中展示了姿态各异、极富热带风光的棕榈科植物。瓶子树、旅人蕉、榕树、鹤望兰、蝎尾蕉、地涌金莲、鸡蛋花、露兜树等都可以在这里欣赏到。特别的是，这

图23 樱桃沟自然保护区景观

里还展示了塞舌尔共和国的国宝——世界珍奇植物海椰子的种子（图24）。

2.2 科学研究

截至2022年年末，国家植物园（北园）有近200人的专业技术队伍，博士后6人，博士20余人，

图24 万生苑展览温室

硕士60余人，高级职称50余人。在海棠、月季、兰花、桃花、云杉、巨魔芋、千岁兰、仙人掌等20余个种类的研究上国际领先。2020年聘任植物分类学家马金双博士为首席科学家，在植物学科建设、专业人才培养、植物分类学等方面深入开展研究工作。是中国生物多样性保护示范基地，拥有北京市花卉园艺工程技术研究中心、城乡生态环境北京实验室2个北京市重点实验室。2019年获批植物种质资源收集与保育北京市国际科技合作基地、2020年获批国家花卉种质资源库、博士后科研工作站。承担多项国家级、省部级植物资源收集、保护、利用领域重大科研任务，发表论文、撰写专著、编写标准、获得专利众多，研究成果丰硕。

2.2.1 科研平台

北京市重点实验室——北京市花卉园艺工程技术研究中心。于2014年经北京市科学技术委员会批准成立，以北京市植物园为依托单位，北京市花木有限公司和北京乾景园林股份有限公司为共建单位（图25）。工程中心现有人员57名，设立了3个研究团队，分别是花卉育种团队、园艺技术团队和花卉保育团队。中心致力于花卉核心种质资源保育及新品种研发、环境友好型花卉园艺及栽培技术研发、花卉园艺应用及布展技术研发等方向的研究和开发利用工作，通过产学研结合，提升新品种的产业化和新技术的工程化能力，促进首都花卉园艺行业的健康、快速发展，提高北京的生态建设水平。

北京市重点实验室——城乡生态环境北京实验室。由北京林业大学牵头，北京市植物园等多家单位和公司为协同创新的合作单位，于2014年9月获北京市教育委员会认证。实验室研究方向为城乡生态环境营造技术、城乡绿地生态网络安全与构建、生态功能性植物材料选育、植物高效繁殖与栽培技术等。实验室的总体建设目标是致力于北京城市人居环境和城乡核心区人居生态环境领域的基础理论、植物材料和核心技术的研究。

国际海棠栽培品种登录中心。2014年2月，国际园艺学会栽培品种登录委员会授权北京市植物园为国际苹果属（除栽培苹果外）品种登录权威，郭翎博士为登录专家（图26）。国际海棠栽培品种登录中心负责受理全世界范围内苹果属观赏海棠和砧木品种的名称登录申请，根据相关法规核准名称的合法性，进行登记。依托该平台建成海棠登录网（http://www.malusregister.org）、海棠标本馆、苹果属植物数据库、海棠品种的组培快繁体系及海棠资源圃，海棠标本馆现保存苹果属植物标本800余份。这里的国家海棠种质资源库，是国内保存品种数量最多的海棠活植物基因库，掌握着全世界现存的绝大多数品种资源。

博士后科研工作站。2020年12月22日，经中华人民共和国人力资源和社会保障部、全国博士后管理委员会批准，北京市植物园博士后科研工作站正式通过国家审批，成功建站（图27）。博士后科研工作站充分发挥作用，引进和培养高层次技术人才，为植物园科研工作发展提供人才保障和智力支持，催生新的发展动力，推进产学研合作，促进博士后科技成果转化。

2.2.2 植物资源保育研究

植物园是植物迁地保护的重要场所，肩负着保护植物多样性的使命，全球的植物园收集保存了至少30%的已知植物物种，包括41%的濒危植物（Maunder et al., 2011; Ross et al., 2017）。国家

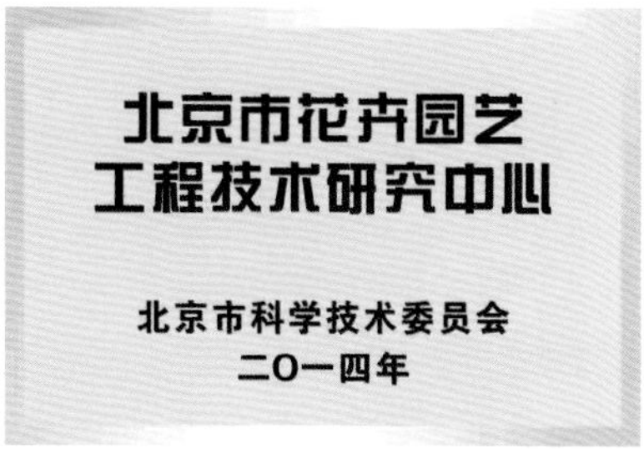

图25 北京市花卉园艺工程技术研究中心

图26 国际海棠品种登录中心

图27 博士后科研工作站

植物园北园坚持以植物迁地保护为科学研究重点，研究团队对各类植物，特别是珍稀濒危植物开展系统收集和深入研究，探索栽培、养护、繁育等技术规程，取得的成果显著。

水杉保育研究。水杉（*Metasequoia glyptostroboides*）为落叶乔木，树干笔直，树冠呈圆锥形，羽状树叶舒展而精美，是著名的观赏树种。20世纪40年代，我国植物学者在湖北利川首次发现这一古老珍稀孑遗树种，1948年公诸于世，水杉自此闻名世界，并被誉为“活化石”。北京市植物园于1972年开始播种繁殖水杉，于1975年将270株水杉定植在樱桃沟内。樱桃沟层峦叠嶂，泉水环绕，气候温暖潮湿，适宜水杉生长。2004年和2005年，结合樱桃沟改造，又新栽植水杉300余株，进一步扩大了原有水杉林的面积（魏钰，2007）。现在近600株水杉长已经长到几十米高，枝繁叶茂，蓊郁成林，长成为中国北方最大（除沈阳外，中国最北）的珍稀植物水杉保育区，也是植物迁地保护最成功的案例之一（图28）。

珙桐保育研究。珙桐（*Davidia involucrata*），是中国特有的单种属植物，国家一级保护野生植物，第三纪古热带植物区系中的孑遗植物，世界著名的植物“活化石”，被誉为植物界的“大熊猫”（陈俊沺，2007）。珙桐对生长环境要求较高，在北京栽培生长成为一大难题。北园研究团队经过不断研究，摸索出珙桐种子繁殖的关键技术及珙桐苗木在北京越冬防寒及栽培技术，终于使其在国家植物园成功生长、绽放（图29）。

濒危兰科植物保育工作。自2004年开始，濒危植物保育团队先后对大花杓兰、三蕊兰等开展调查、保育和研究工作（图30）。突破了杓兰种子自然萌发率低的障碍，成功建立了杓兰属植物完整的繁育技术体系，初步实现了特定类群的野外回归，包括将种子繁育的4 000余株高山兰科植物在黄龙自然保护区实现迁地回归。开展三蕊兰的生物学特性与种子无菌萌发研究、三蕊兰菌根共生相关功能

图28　水杉林景观

图29　珙桐保育

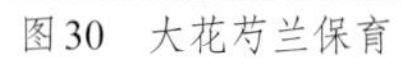

图30　大花杓兰保育

图31　绿绒蒿在平原绽放：藿香叶绿绒蒿（左）、总状绿绒蒿（右）

基因的挖掘。发表论文20余篇，并出版《世界观赏兰花》《世界栽培兰科植物百科》等专著。

绿绒蒿首次在平原绽放。绿绒蒿（*Meconopsis*）隶属于罂粟科，最新的研究显示全球约90种，其中约80种产中国（其中60%为中国特有），集中于我国的西南高山，多数分布于海拔3 000m以上。有着“高原美人”之称。北园科研团队，历经多年的探索和研究，攻克了国家重点保护植物绿绒蒿种子萌发率较低、种苗移栽成活率低、在平原地区生长不良等栽培技术难题。2018年成功实现了绿绒蒿属植物在北京生态条件下的露地栽培展示，实现了绿绒蒿在我国平原地区的首次开花（图31）。2019年世界园艺博览会在北京延庆举办，植物园引种栽培成功的绿绒蒿在世园会中国馆亮相，让游客一睹“稀世之花”“高原美人”的风采，对中国园艺发展具有重要意义。

珍稀植物巨魔芋在国家植物园开放。巨魔芋（*Amorphophallus titanum*）是天南星科魔芋属植物，原产于印度尼西亚西部苏门答腊岛热带密林，是世界珍稀濒危植物。它有着世界上最大的不分枝花序，并且在开花过程中会散发出极其难闻的腥臭味儿，被称为世界上最臭的花。巨魔芋开花极难，十分罕见，一生只开3~4次花，每次开花不超过2天。人工栽培条件下，于1889年在邱园首次开花，全世界范围内的开花记录仅100余次，因此，巨魔芋的每次开花在世界植物园界都可谓一件盛事。截至2022年，巨魔芋在我国共开花7次，其中5次是在国家植物园（北园）开花，2次在西双版纳热带植物园开花。2011年巨魔芋首次在国家植物园（北园）开花，2013年、2014年分别开花，2022年7月6日、19日、23日，国家植物园北园展览温室内3株巨魔芋相继绽放，形成了世界首次人工栽培状态下的巨魔芋群体开花，并通过授粉实现首次结实（图32）。巨魔芋的成功栽培保育，体现了国家植物园在植物迁地保护、科学研究和栽培养护的高超水平。

图32　巨魔芋保育

2.2.3 自育的植物新品种及良种（图33）

‘金园’丁香

‘品虹’桃

‘品霞’桃

‘雪柱’海棠（权键 提供）

‘胭影’海棠（权键 提供）

‘国植新艳’海棠（曹颖 提供）

图33 植物新品种及良种

名称	编号	获得时间	国内 / 国际	类型
‘金园’丁香	20040010	2003-06	国内	动/植新品种
‘Purple Mantle’鸢尾		2014-12	国际	动/植新品种
‘White Crane’鸢尾		2014-12	国际	动/植新品种

（续）

名称	编号	获得时间	国内 / 国际	类型
‘Spotted Dog’鸢尾		2014-12	国际	动/植新品种
‘Sharp Shine’鸢尾		2014-12	国际	动/植新品种
‘品霞’桃	京S-SV-PD-004-2015	2015-01	国内	良种
‘品虹’桃	京S-SV-PD-003-2015	2015-01	国内	良种
白花山碧桃	京S-ETS-PD-002-2015	2015-01	国内	良种
‘金亮’锦带	京S-ETS-WF-009-2015	2015-01	国内	良种
‘金阳’连翘	京S-ETS-FK-010-2015	2015-01	国内	良种
‘林伍德’连翘	京S-ETS-FI-012-2015	2015-01	国内	良种
‘金羽’欧洲接骨木	京S-ETS-SR-011-2015	2015-01	国内	良种
‘雪球’欧洲荚蒾	京S-ETS-VO-013-2015	2015-01	国内	良种
‘红堇’什锦丁香	京S-ETS-SC-008-2015	2015-01	国内	良种
‘主教’红瑞木	京S-ETS-CS-007-2015	2015-01	国内	良种
‘贝雷’红瑞木	京S-ETS-CS-005-2015	2015-01	国内	良种
‘芽黄’红瑞木	京S-ETS-CA-006-2015	2015-01	国内	良种
玉簪 *H.* ‘Baiyu’		2017	国际	动/植新品种
玉簪 *H.* ‘Reddish Dot’		2017	国际	动/植新品种
玉簪 *H.* ‘Wunv’		2017	国际	动/植新品种
‘胭影’海棠	ICRA/M20180002X	2018-04	国际	动/植新品种
‘雪柱’海棠	ICRA/M20180003Y	2018-04	国际	动/植新品种
‘大花什锦’紫萼		2019-11	国际	动/植新品种
‘大花绿柄’紫萼		2019-11	国际	动/植新品种
‘大花粉香’紫萼		2019-11	国际	动/植新品种
‘紫葡萄’玉簪		2021-10	国际	动/植新品种
‘国植新艳’海棠		2022-04	国际	动/植新品种

2.3 科学传播

国家植物园是国家级园艺展示和科普教育基地，被授予全国科普教育基地、北京市科普教育基地、首都生态文明宣传教育基地、北京市园林绿化科普基地、北京市环境教育基地、北京市中小学生社会大课堂、北京市科学教育馆成员单位、北京市民终身学习示范基地等称号，多项优秀科普项目获全国性奖励。国家植物园（北园）始终结合事业发展精准定位，不断强化植物科学传播能力，形成认知解说活动、专题科普展览、线上云科普、科普讲座论坛、中小学校外教育培训等多样化科普活动形式，将植物知识和园林文化相互融合，每年受众达10万余人次。同时，注重引进和培养科普教育人才，2015年，王康博士获梁希科普人物奖（图34）。

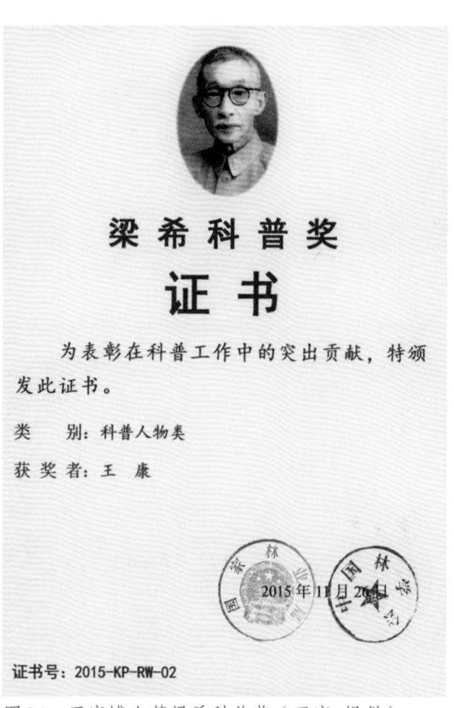
梁希科普奖

证书

为表彰在科普工作中的突出贡献，特颁发此证书。

类　别：科普人物类

获奖者：王　康

2015年11月26日

证书号：2015-KP-RW-02

图34　王康博士获梁希科普奖（王康 提供）

2.3.1 科普活动

国家植物园（北园）借助科技周、国际植物日、生物多样性保护宣传月、全国科普日及重要节日，开展大型互动科普活动，普及植物科学、宣传植物保护及生物多样性保护重要性。同时，携特色科普项目开展京津冀共建活动，助力京津冀协同发展。充分发挥专类园特色和专业技术人员优势，面向公众开展形式多样的科普活动，举办“专家带您识花草”公益讲解、“自然享乐”亲子活动、“青草间 · 星空下”夜探植物园、“认识市花——月季”“珍稀植物带您走进生态世界”“叶子的秘密”等主题活动，并利用信息技术，开发植物“云”科普、“寻孑遗赏花木”等线上线下交互科普导赏新模式，宣传生物多样性保护和植物科学文化知识，各类活动深受游

海棠专家郭翎现场讲解

“专家带您识花草”公益讲解

“自然享乐”亲子活动（陈红岩　提供）

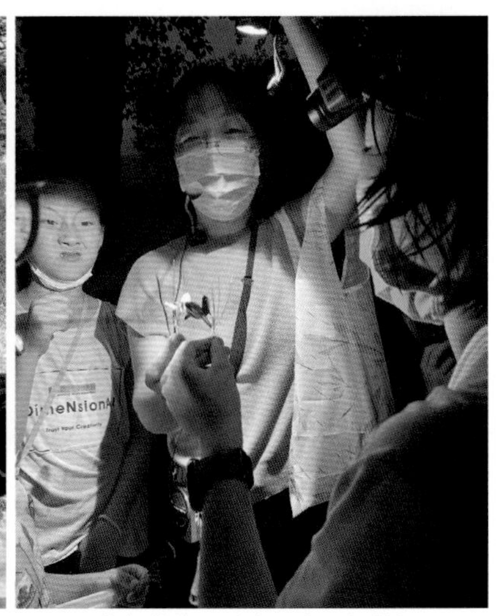

夜探植物园（陈红岩　提供）

科普进校园（陈红岩　提供）

自然笔记活动（陈红岩　提供）

图35　丰富多彩的科普活动

人喜爱（图35）。每年举办植物主题花展，如科学绘画展、植物手工绘画展、博物绘画全国巡展、世界苔藓植物科学画展及影响世界的中国植物博物绘画巡展等科普展览，构建人与自然的沟通桥梁。

2.3.2 科普场馆——科普馆

国家植物园（北园）科普馆建于1996年，建筑面积2 670m^2，占地面积5 000m^2。2021年针对外围环境、展览内容及形式进行重新布展。展馆整体由展览展示区、活动教室及办公区构成（图36）。

图36　国家植物园科普馆（陈红岩和王昕　提供）

主展厅区域以“植物与人类生活”为主要线索，通过食用植物、饮料植物、纤维植物、木材植物、药用植物、能源植物6大板块知识，500余件实物展品，配合多媒体互动体验等形式，普及科学知识，多角度展示了植物在人类生活中的广泛应用，集中展示植物与人类的密切关系。草木绘画展示区，把植物与艺术结合，从美学视角拉近人与植物距离，从科学层面传播植物知识，广泛吸收世界各地植物科学绘画展高质量画作进行展示。活动教室总面积约215m²，全年对外开展科学探究讲座、主题系列课程、科普兴趣探索等活动项目，全方面向游客传播和普及科学知识（图37）。

科普馆以展陈为基础，结合园区重点植物花期及生物多样性特色，开发设计系列科普活动，紧紧围绕生态文明建设核心理念开展科学普及工作，让公众进一步理解植物在人类生活中的重要作用，提升公民科学素养。

2.4 园林园艺展示及文化活动

植物园的美不仅体现在丰富的植物种类，也体现在多样化的应用和展示（潘俊峰 等, 2017）。国家植物园（北园）通过科学的植物配置方法、精细的栽培养护技术，并利用一定的工程技术手段，将园林园艺景观的艺术性与植物的科学性相结合，向游客展示植物之美、传播植物文化。

自1989年以来，植物园每年春季举办“北京桃花节”（图38），是全国范围内第一个以植物为主题的专类文化节。每逢春季，园内70多个桃花品种、万余株次第盛开，是国内可以观赏到桃花品种最多的专类园。同时，春花种类丰富也是国家植物园（北园）的一大特色，整个桃花节期间，梅花、郁金香、海棠、牡丹等数百个品种、150万余株春花陆续开放，让人们整个春天都沐浴在花的海洋之中。此外，园艺设计师精心打造草本植物花境和立体花坛，以多种形式对花卉进行展示，吸引数百万游人前来观赏。1993年开始举办菊花文化节，展示独本菊、大立菊、地被菊等多种类型菊花及栽培技艺，并传播菊花文化（图39、图40）。每年春节在展览温室和盆景园举办兰展，展示珍稀濒危兰花、精品兰花、国兰以及兰花造景等，普及兰花知识与保护理念（图

图37　国家植物园科普馆讲解活动（陈红岩　提供）

山桃花溪（王昕 提供）

南湖春景

图38 北京桃花节景观

图39 北京菊花文化节景观及园区秋景

41）。此外，利用园内植物资源、结合植物文化和国际外事活动，举办月季文化节暨市花展、中国特色及世界珍稀植物展、食虫植物展、苦苣苔展、精品君子兰展、中国国际仙人掌及多浆植物展、红楼梦水生植物展和北方盆景秋季作品展等特色花展，为公众带来视觉盛宴，受到市民游客喜爱。如今，国家植物园（北园）的春季桃花节、秋季菊花展、冬季兰花展已形成特色品牌，成为京城颇具影响力的文化活动。

国家植物园（北园）大力研发花境的展示技术、盆栽技术以及组合盆栽技术（图42），积极参加中国花卉博览会、兰花博览会、盆景展、花境大赛、月季展、菊花展、多肉植物展等行业盛会，设计的园艺展示作品和选送的参展植物荣获百余个奖项。在2019年北京世界园艺博览会期间，国家植物园北园出色完成展览任务（图43）。共提供各类植物、标本500个品种近万株，参与展示、竞赛共获得奖项151项；统筹全国植物园资源，高效完成位于中国馆的“神州奇珍——中国特色珍稀植物展”，展览面积500余平方米，分四期集中展

图40　郁金香花展

图41　兰花展

示了中国特有珍稀植物300余种。全面展现了国家植物园在花卉园艺应用、布展技术及栽培技术等方面行业内的领军地位。

2.5　国际交流

为打造世界一流植物园，助力首都“四个中心”功能建设，国家植物园深入发掘国际合作特色优势，不断加强对外交往与合作发展，提升国际影响力。国家植物园（北园）是北京市国际科技合作基地（图44），是国际植物园保护联盟（BGCI）最高级别成员单位和国际咨询委员会（IAC）成员单位，是国际植物园应对气候变化联盟（CCA）创始单位及东亚代表。

先后与英国爱丁堡皇家植物园、澳大利亚维多利亚皇家植物园、美国长木花园、泰国拉玛九世皇家公园等50余家国际知名植物园和专业机构建有合作关系，加强互访，扩大国际交往（图45至图47）。成功举办第19届国际植物学大会多地联动科普活动之北京站开幕仪式活动（图48），2017年以来，圆满完成英国爱丁堡皇家植物园、澳大利亚维多利亚皇家植物园、韩国大邱树木

图42　立体花坛及花境

图43　世界园艺博览会中国馆布展

园、瑞典哥德堡植物园、亚特兰大植物园、多国驻华大使等外事接待服务70余批次（图49）。

在植物的科学研究、科普教育、园艺保育等领域推进创新发展，积极开展种子交换工作，开拓国际科技合作渠道，与国外相关专业机构进行多方合作（图50）。拓宽人才培训渠道，选派青年技术人员赴国外植物园学习交流，资源共享，互通有无（图51）。优秀的植物主题科普活动和

图44　北京市国际科技合作基地

图45　与英国爱丁堡皇家植物园签署合作备忘录

图46　与澳大利亚维多利亚皇家植物园签署合作框架协议

图47　与美国长木花园签订合作协议

图48　第19届国际植物学大会多地联动科普活动之北京站开幕仪式

图49　外事接待服务［A：英国邱园主任理查德·德维尔到访；B：英国皇家园艺学会副主席Raymond Evison到访；C：国际植物园协会（IABG）主席来访］

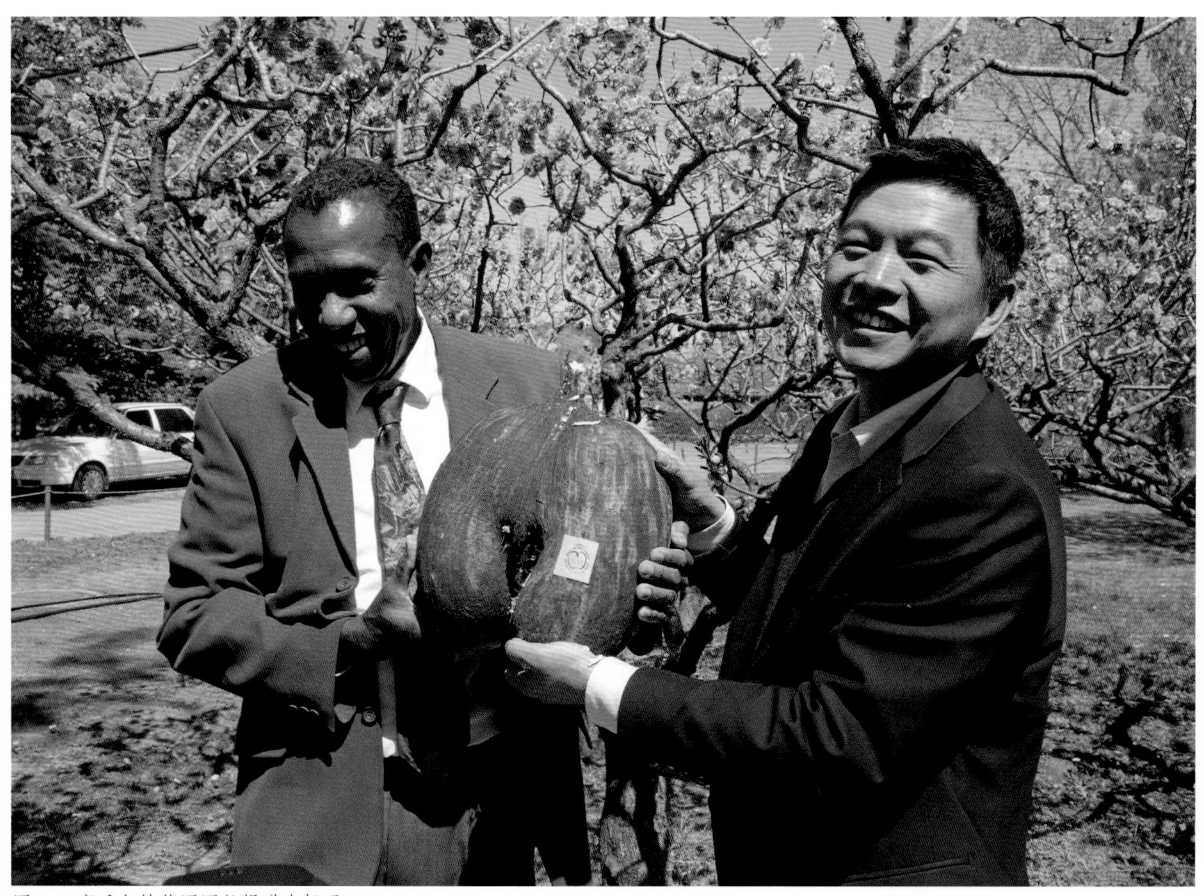

图50　塞舌尔植物园园长捐赠海椰子

科普课程走出国门，参加第22届波兰华沙科学节（Science Picnic）、英国班戈大学孔子学院“中国花园节”等活动，推动中国植物文化走向世界，讲好中国植物故事，传播好中国声音（图52、图53）。积极参加国际气候变化峰会、国际园艺学大会、世界花园大会、北美中国植物考察采集联盟年会等重要国际会议，持续扩大国际、国内影响力（图54、图55）。

2.6　历史文化底蕴

国家植物园地处北京三山五园地区的重要节点，北园园区内文化形态多样，有与古籍《广群芳谱》相辅相成的植物文化，以千年古刹十方普觉寺（卧佛寺）为代表的宗教文化，以梁启超墓、孙传芳墓为代表的近代名人墓葬文化，有红楼梦开始的地方曹雪芹纪念馆、正白旗健锐营为代表的曹学文化，以“一二·九”运动纪念地、“保卫

图51　选派技术人员赴英国爱丁堡皇家植物园学习

图52　波兰华沙科学节科普活动现场

图53 英国班戈大学孔子学院“中国花园节”（A：中国珍稀濒危植物主题课程；B：中国园林与植物文化主题讲座）

图54 在第六届世界植物园大会发言

图55 王康博士应邀加入由IUCN/SSC（世界自然保护联盟/物种生存委员会）联合成立的全球树木专家组

华北”石刻为代表的红色文化等（贺然和魏钰，2020）（图56至图59）。全园文物共计31处，分为四类保护，其中一类保护8处（国家级1处，市级1处，区级6处），二类保护10处，三类保护3处，四类保护10件。并拥有古树名木637株。

依托深厚的历史文化资源，国家植物园积极开展“三山五园”调研工作及卧佛寺、曹雪芹文化等相关课题研究，为西山文化带保护工作奠定一定基础；深入挖掘历史名园文化内涵，出版《十方普觉寺》《卧佛寺的传说》《梦里仙葩 尘世芳华〈红楼梦〉植物大观》《曹雪芹纪念馆知识百答》等多部书籍；举办“曹雪芹文化艺术节”“西山情缘、红楼之梦”——曹雪芹西山故里图文展等多项展览，为中华优秀传统文化的传播做出了贡献。

图56　卧佛寺冬景

图57　曹雪芹纪念馆

图58 “一二·九”运动纪念亭

图59 “保卫华北”石刻

3 乘势而上，展望未来

2021年10月12日，国家主席习近平出席《生物多样性公约》第十五次缔约方大会（COP15）领导人峰会并发表主旨讲话，宣布“本着统筹就地保护与迁地保护相结合的原则，启动北京、广州等国家植物园体系建设”（贺然，2022）。12月28日，国务院批复同意在北京设立国家植物园，由国家林业和草原局、住房和城乡建设部、中国科学院、北京市人民政府合作共建。依托中国科学院植物研究所和北京市植物园现有相关资源，构建南、北两个园区统一规划、统一建设、统一挂牌、统一标准，可持续发展的新格局。2022年4月18日，国家植物园正式揭牌运行，标志着国家植物园的发展迈进了新阶段（图60、图61）。

国家植物园规划建设的基本原则：坚持人与自然和谐共生，尊重自然、保护第一、惠益分享；坚持以植物迁地保护为重点，体现国家代表性和社会公益性；坚持对植物类群系统收集、完整保存、高水平研究、可持续利用，统筹发挥多种功能作用；坚持将植物知识和园林文化融合展示，讲好中国植物故事，彰显中华文化和生物多样性魅力，强化自主创新，接轨国际标准，建设成中国特色、世界一流、万物和谐的国家植物园（中华人民共和国国务院，2022）。国家植物园的总体发展目标是建设国家生态文明建设成果展示平台、国家植物多样性保护基地、国家植物科学研究和交流中心、国家植物战略资源储备中心、国家植物科学传播中心。以“筑世界植物资源方舟，聚全球植物科学之光，讲中国植物文化故事”为愿景，按照南北两个园区“整体统一，可持续发展”的原则进行建设。

规划结构为构建“一山抱两区、五馆连一室、一水串多园”的空间结构。一山指寿安山（本土植被保护与植物驯化区）；两区指以植物迁地保护和科普展示功能为主的北园区和以科学研究和特色专业展示为主的南园区；五馆指中国国家植物种质资源库及植物种质资源研究中心、植物科学研究中心、标本馆、科普馆、迁地保护研究中心；一室指五洲温室群；一水指串联樱桃沟、澄静湖、澄碧湖、澄明湖的水系；多园指各专类园（图62）。

图60　国家植物园揭牌仪式

图61　国家植物园规划效果图

一山：植物园后山（本土植被保护与植物驯化区）；
两区：植物迁地保护与科普展示区、科学研究与特色专类园区；
五馆：种质资源保藏中心、植物科学研究中心、标本馆、科普馆、迁地保护研究中心；
一室：以五洲温室为主体的展览温室群；
一水：串联樱桃沟、澄静湖、澄碧湖、澄明湖的水系。

图62　国家植物园规划结构图

从整体布局上将国家植物园划分为3大区域，包括科学研究与特色专类园区、植物迁地保护与科普展示区和本土植被保护与植物驯化区。同时，在充分尊重现状基础上，将国家植物园划分为植物收集展示区、展览温室区、本土植被保护与植物驯化区、文物保护区、科研试验区、引种驯化区、科研管理区、入口区8个功能区。

3.1 以植物迁地保护为重点，实现物种收集和展示水平国际领先

国家植物园重点收集全球不同地理分区的代表植物及珍稀濒危植物，履行全球物种保护使命；重点收集全国特有珍稀濒危及重要经济价值植物，体现国家代表性；重点收集“三北”地区乡土植物，承担区域植物迁地保护责任。

在现有基础上，扩大物种收集规模，总体目标：收集活植物3万种以上，覆盖中国植物种类80%的科、50%的属，占世界植物种类的10%。标本收集达到500万份，覆盖中国100%的科、95%的属。建设20+7+1的专类园收集系统，形成以五洲温室为主体的国家植物园温室群。植物收集和展示水平达到“国内领先，世界一流”。

露地植物收集方面，以28个专类园为主体，规划收集活植物1万种以上（含品种），形成3大特色收集展示区。在北园现有专类园基础上，建设园艺特色植物收集展示区，形成“一轴多园”的结构和“经典隽永”的专类园形象。在南园突出系统进化植物学的学科特色，建设植物进化展示区，以最新的维管植物生命之树作为规划主线，形成“一脉七区”的结构和“研赏野趣”的展示形态。将山林地区建设成本土植被保护与植物驯化区（树木园），规划收集保护乡土植物2 000种，占“三北”地区植物种类60%以上，建设成为我国“三北”地区植物多样性收集、保护、科研和展示最重要的基地（图63至图65）。

温室植物收集方面，规划构建以五洲温室为主体的温室群，规划收集活植物2万种（含品种）。

设置28个专类园：

类型		专类园
文化特色植物展示园	5个经典专类园	海棠园
		桃花园
		梅园
		月季园
		松柏园
	6个新增特色专类园	红楼植物园*
		儿童探索园*
		岩石园*
		本草园*
		芳香园*
		园艺示范园*
	9个精品专类园	竹园
		丁香园
		芍药园
		牡丹园
		紫薇园
		木兰园
		水生植物园
		宿根园
		盆景园
系统进化植物展示园	7个系统分类专类园	石松和蕨类植物区
		裸子植物区
		早期被子植物区
		单子叶植物区
		早期真双子叶植物
		蔷薇超目植物区
		菊超目植物区
原生植物保育区	1个树木园	原生植物保育区（树木园）

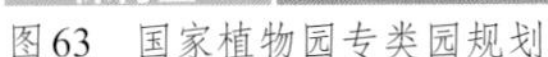
图63　国家植物园专类园规划

图64　专类园设计（A：桃花园效果图；B：竹园效果图）

图65　本土植被保护与植物驯化区（树木园）效果图

新建温室主要收集五大洲特色植物，万生苑温室主要收集中国特色和珍稀植物，低温温室侧重于科普教育。南园现状展览温室按照进化历史和生态系统布局完善植物种类，同时新增4～5个不同气候条件的特殊生境保育设施，展示中国植物区系的特征类群（图66至图68）。

图66　国家植物园温室群效果图

图67　国家植物园五洲温室效果图

图68　国家植物园科研温室效果图

图69　国家植物园迁地保护研究中心效果图

3.2　突出科学研究功能，实现植物科研水平领跑世界

未来，国家植物园将继续发挥现状优势，面向植物科学前沿以及我国生态文明建设、农业转型发展和人民生命健康等方面的重大需求，在植物物种多样性形成与保护、植被与生态系统功能、光合作用与分子设计、迁地保护与智能植物工厂前沿技术、观赏植物及园艺技术研发等五大研究方向取得重大突破（图69）。打造植物科学原始创新策源地，

加快突破生物多样性保护、生态修复、植物资源利用、分子设计育种等方面的关键核心技术，努力抢占植物科学、植被生态学及观赏园艺学等领域的国际制高点，引领现代植物科学发展和技术进步，保障我国生态安全、粮食安全和资源安全，建成国际一流植物科学研究中心。在现有标本馆基础上，建设标本馆二期，成为国际一流标本馆，标本收集达500万份以上，覆盖中国100%的科、95%的属，并收藏五大洲代表性植物标本。

3.3 加强植物科学传播能力，推进植物科普水平达到国际一流

构建“一馆、八室、一廊、多点”的专用科普设施布局，一馆是指国家植物博物馆；八室是指完善科普教室、科普实践中心、科普展示中心、古植物展览室硬件设施，新增图书馆、科普生物实验室、研讨室、活动中心；一廊是指室外科普画廊改造提升；多点是指增加趣味互动场地和体验装置，形成八大类科普活动形式，强化科普人才队伍建设。将国家植物园打造成具有现代科学发展理念、科普基础设施完备、物种类群丰富，具国际一流水平的高端科普实践教育基地。

3.4 将植物知识和园林文化融合，讲好中国植物故事

国家植物园的选址延续了三山五园从人工到自然的发展轴线，是中国传统生态智慧与现代生态文明实践的典型范例。规划深入挖掘国家植物园自身文化禀赋和中国传统植物文化内涵，形成文化八条叙事脉络、六项文化策略，讲述中国植物故事。充分融入中国传统文化意境，点景立意，形成国家植物园24景（图70），汇聚中国

06

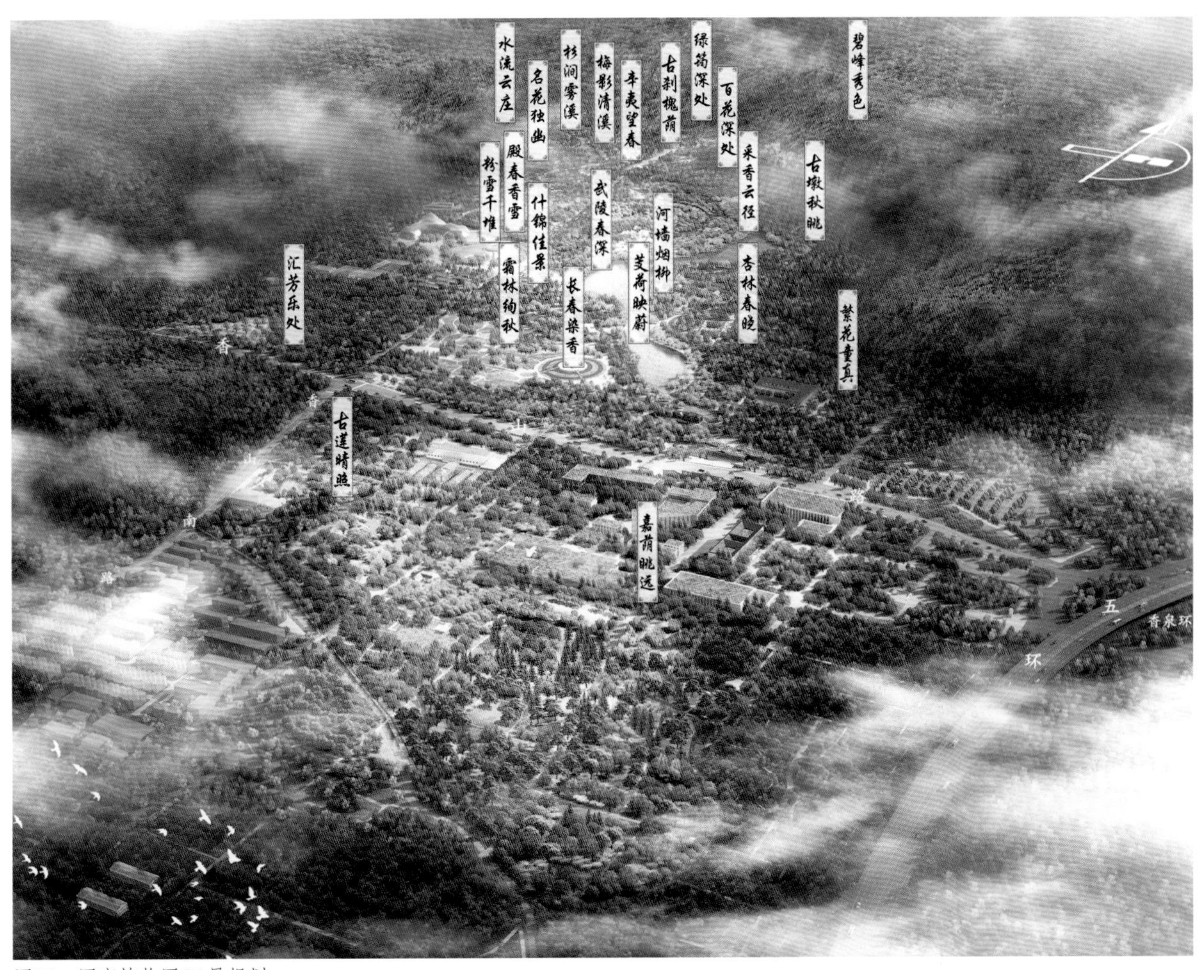

图70　国家植物园24景规划

植物文化精髓，力争成为世界最具文化特色的国家植物园。

3.5 提升配套基础设施，形成国家植物园建设发展保障

规划形成“三级三环”交通线路，打造四条特色游览线路，包括红楼文化游览线、传统植物文化游览线、植物进化科普游览线、历史人文游览线；在充分保留或改造现状建筑的基础上，对园区零散老旧建筑进行拆除整合，增加科研及服务建筑；健全游客服务中心、餐饮、零售、卫生间等配套服务设施，满足广大游客的多元化需求；完善给排水、供电等市政设施，保障国家植物园发展需求。

3.6 加强生态智慧服务，建设万物和谐的国家植物园

构建智慧感知系统、智慧管理系统、智慧游览系统三个核心系统，打造面向未来的智慧植物园平台，通过信息技术手段实现高效管理。落实海绵城市建设理念，确保排水防涝安全前提下，最大限度地实现雨水在植物园区域的积存、渗透和净化，开展相关研究和推广示范，促进雨水资源利用和生态环境保护，打造生态海绵示范植物园。依托植物科研和应用优势，形成“华北地区雨水花园植物配置、绿色建筑雨水收集利用”两大示范成果。并采取植物全生命周期利用、绿色建筑、新能源利用、低碳办公等措施，建设低碳植物园。

国家植物园的设立不仅标志着中国国家植物园体系建设开启了新篇章，也是中国植物园行业发展的重要里程碑。未来，国家植物园将建成为集植物迁地保护、科学研究、科学传播和园艺展示等功能为一体，中国特色、世界一流、万物和谐的国家植物园（图71）。努力促进生态文明建设，讲好美丽中国故事，为构建人与自然和谐共生的地球家园做出积极贡献！

图71　国家植物园规划效果图

注：本文所有照片除标注署名外，均为国家植物园（北园）提供

参考文献

北京植物园管理处, 2003. 北京植物园志[M]. 北京：中国林业出版社.

陈俊汕, 2007. 植物活化石——珙桐[J]. 中国林业, 4A: 30-33.

《国家植物园植物名录》编委会, 2022. 国家植物园植物名录[M]. 北京：中国林业出版社.

贺然, 2022. 高质量建设国家植物园体系[N]. 人民日报, 7-31(7).

贺然, 魏钰, 2020. 关于北京植物园总体规划的研究探讨[J]. 国土绿化 (1):56-58.

贺然, 魏钰, 马金双, 2021. 二十一世纪的园林之母[C]// 中国植物学会植物园分会编辑委员会. 中国植物园(第二十四期). 北京：中国林业出版社: 186-194.

黄昕宇,2015. 植物园里的“年轻人”[DB/OL]. 政务故事.

马金双, 2022. 国家植物园设立为何首选北京？ [J]. 生物多样性,30 (1):1-2.

潘俊峰, 李震, 梁琼, 2017. 爱丁堡皇家植物园对武汉植物园景观优化的启示[J]. 安徽农业科学,45(7):157-158,246.

王白冰, 周达康, 陈红岩, 2020. 北京植物园樱桃沟中低海拔人工林地植物多样性研究[C]// 中国植物学会植物园分会编辑委员会.2020年中国植物园学术年会论文集. 北京：中国林业出版社, 90-97.

魏钰, 2007. 北京樱桃沟的水杉林[J]. 大自然,2:54-55.

袁在富, 1992. 北京樱桃沟自然保护试验工程论文集[M]. 北京：中国林业出版社.

张佐双, 刁秀云, 2004. 北京植物园[M]. 北京：北京美术摄影出版社.

MABBERLEY D J, 2011. The Role of a Modern Botanic Garden: The evolution of kew [J]. Plant Diversity and Resources, 33(1):31-38.

MAUNDER M, HIGGENS S, CULHAM A, 2001. The effectiveness of botanic garden collections in supporting plant conservation: A European case study [J]. Biodiversity & Conservation, 10:383-401.

ROSS M, PAUL S, SAMUEL B, 2017. World's botanic gardens contain a third of all known plant species, and help protect the most threatened [J]. Nature Plants, 3(10):795-802.

SMITH P, PENCE V, 2017. The Role of Botanic Gardens in Ex Situ Conservation [M]. Plant Conservation Science and Practice (The Role of Botanic Gardens). London: Cambridge University Press, 102-133.

VOLIS S, 2017. Conservation utility of botanic garden living collections: Setting a strategy and appropriate methodology [J]. Plant Diversity, 39(6):365-372.

致谢

文章的撰写涉及大量的历史、现状、规划和图片资料，在此感谢单位各相关部门的支持和帮助，包括国家植物园专班、行政办公室、规划设计科、宣传科、管理经营科、科普馆、植物研究所、研究室等部门。特别感谢马金双博士对文章内容给予的指导和建议；感谢魏钰、赵鹏、张旭、许瑾、张辉、桑敏、池森等同事在文章内容和数据方面提供资料并给予修改指导，感谢陈雨、王昕、陈红岩、权键、曹颖等同事提供图片资料。

06

作者简介

贺然（黑龙江鸡西人，1981年生），北京林业大学园林专业学士（2003）、硕士（2013），中国林业科学研究院森林保护专业博士（2020），先后任职于八大处公园（2003—2011）、石景山公园管理中心（2011—2015）、北京市公园管理中心（2015—2017）、北京市植物园（2017—2022）、国家植物园（2022—），现任国家植物园管委会主任，正高级工程师；兼任中国野生植物保护协会常务理事兼迁地保护工作委员会主任，中国公园协会常务理事兼植物园专业委员会主任，北京市海淀区人大城建环保委委员。主要研究领域：园林和植物保护。

卢珊珊（女，北京人，1989年生），北京林业大学园林学院，获得学士学位（2012），获得硕士学位（2016）；2016年9月至2022年4月，就职于北京市植物园，2022年至今，就职于国家植物园，工程师。主要研究领域：园林植物应用和园艺疗法。

China

07

-SEVEN-

丽江高山植物园的发展史

The Development History of Lijiang Alpine Botanical Garden

许　琨*

（中国科学院昆明植物研究所丽江高山植物园）

XU Kun*

(Lijiang Alpine Botanical Garden Kunming Institute of Botany CAS)

* 邮箱：xukun@mail.kib.ac.cn

摘 要：本文综述了丽江高山植物园的发展历史，包括丽江高山植物园的前世今生，丽江高山植物园复建，植物园的引种保育、科普教育、科学研究、社区服务等方面。以供读者参考、借鉴。

关键词：丽江高山植物园 云南丽江森林生物多样性国家野外科学观测研究站 丽江 云南 中国

Abstract: This paper reviews the development history of the Lijiang Alpine Botanical Garden. It includes the previous infrastructure construction and the post-restoration work. This paper presented the recent works of the Botanical Garden, such as plant introduction and conservation, popular science education, scientific research, community service and so on, and also provided related references for readers.

Keywords: Lijiang Alpine Botanical Garden, Lijiang Forest Biodiversity National Observation and Research Station, Lijiang, Yunnan, China

许琨，2023，第7章，丽江高山植物园的发展史；中国——二十一世纪的园林之母，第三卷：369-405页.

丽江高山植物园位于距丽江市城区17km的玉龙雪山南麓，地理经纬度为北纬26° 59′ 38.2″~27° 00′ 59.4″，东经100° 10′ 18.8″ ~100° 11′ 59.6″。植物园依山而建，园区占地面积4 072.5亩，海拔跨度从2 600m至3 600m，是一座立体保存植物资源的植物园。园区已建成3个不同海拔梯度（2 600m、3 200m、3 600m）的温室群、苗圃、办公区和试验区（图1）。

丽江高山植物园隶属中国科学院昆明植物研究所，是一个以植物种质资源保存以及生态环境长期监测为目的的研究基地，同时也是国家重大科学工程“中国西南野生生物种质资源库”的种质资源活体圃。因此，在园区规划上以“一园两站”的模式进行，“一园”指丽江高山植物园，“两站”指中英联合野外工作站以及云南丽江森林生物多样性国家野外科学观测研究站（原丽江森林生态系统定位研究站，以下简称“丽江站”）。建园的目的是引种繁育各类有重要科学意义和有经济价值的野生高山、亚高山植物，为开展植物引种驯化、植物生殖生理、植物生态学和濒危植物就地和迁地保护等相关学科提供野外研究场所，同时也为美丽的高山、亚高山植物提供展示馆（图2）。

经过20余年的建设，丽江高山植物园已取得了长足的发展，植物园目前通过迁地保护、就地保护和近地保护等手段收集保存植物种质资源1 280余种，包括药用植物、野生花卉、珍稀濒危、极小种群植物、乡土树种、农作物野生近缘种等，并于2021年先后成为滇西北草种资源圃及草种基地和滇西北野生植物省级林木种质资源库。丽江站先后进入云南省级、中国科学院院级和国家级野外台站。站与园的有机结合，孕育出别具特色的丽江高山植物园，在滇西北这块国家和云南省生态文明建设的优先区域内，为国家、地区生态文明建设和生物多样性监测、保护与可持续开发利用中发挥了重要的科技支撑作用。

本文系统梳理植物园的发展历史及现状，既是对当前工作的一次全面总结，也是一次深刻反思，明晰植物园将来的发展方向和主要目标任务，同时希望丽江高山植物园的发展过程能为国内同行提供些许借鉴意义。

图1　丽江高山植物园核心区（黄华 摄）

图2　丽江高山植物园核心区基础设施（李金 摄）

1 丽江高山植物园前世

丽江位于云南省西北部，地处青藏高原南缘，横断山脉中段与云贵高原相连接的过渡地带上，隶属于全球生物多样性的36个热点地区之一和中国种子植物的三大特有中心之一。早在20世纪初，George Forrest、Joseph Rock 和F. Kingdon-Ward等世界著名植物学家就长期在丽江进行植物考察和标本、种子的采集工作。得天独厚的区位优势孕育了丽江丰富的物种资源，据统计，仅丽江玉龙雪山就约有藻类植物31科72属196种，地衣植物17科20余种，在苔藓植物中有苔类45种、藓类130种，蕨类植物有220多种，种子植物149科817属2 861种，其中中国特有种1 550种，云南特有种320种，玉龙雪山特有种70种（王红，2007），其中很多是享誉世界的名花、名药材和国家重点保护的珍稀濒危植物，这里是研究和保护中国植物资源，特别是高山亚高山植物资源不可多得的地区。因此，在这一资源富集地区建立一个高山植物园进行高山亚高山植物的研究与开发利用，是我国几代植物学家们的夙愿，几代植物学家对滇西北生物多样性热点区域的探索从未停止，以丽江玉龙雪山为基地的植物学综合研究更是如火如荼地展开。丽江高山植物园，也就是在这种国家战略需要的背景下应势而生。

丽江高山植物园早期命运多舛，几经建设又几经停办，其最早可以追溯至抗日战争时期的庐山森林植物园丽江工作站。

1938年8～9月，随着抗日战争进入艰难时期，庐山森林植物园西迁，并加入到静生生物调查所在云南刚刚组建成立的农林植物研究所，由于庐山森林植物园有志于高山花卉研究，后决定在高山花卉种质资源极为丰富的丽江设立分所。1938年12月，我国著名的植物学家、庐山森林植物园主任秦仁昌带领冯国楣等人到丽江，并展开相关工作，成立庐山森林植物园丽江工作站（胡宗刚，2009）。庐山森林植物园丽江工作站的主要目的是收集各种珍奇森林园艺植物以供繁殖，采集植物腊叶标本以供研究。仅1939年就采得腊叶标本6391号（每号4份标本），活体植物800余号，种子94号及珍奇林材标本18号，包括3号乔木杜鹃花。工作站自1939年起，3年间共计采集标本2万余号，其中发现了数十种有价值的蕨类植物新种。这样的工作成果，别说是在当时条件十分艰难的情况下，就是放在今天，也得花费大量的人力、物力并且得努力工作才能在这么短的时间内完成，由此，前辈们的工作决心与态度，实为我辈之楷模（吕春朝，2013）。

1945年，随着抗战胜利，庐山森林植物园西迁人员回归庐山，部分留昆明，庐山森林植物园丽江工作站工作告一段落。

1958年中国科学院同意昆明植物研究所建立丽江高山植物园，5月3日，蔡希陶率领裴盛基等人到丽江玉龙雪山作选址考察。等到了仙迹岩，蔡老还形象地说："仙迹岩背靠扇子陡山峰，一边有茂密的云杉、冷杉林，一边有杜鹃林，中间是草地，有流水，好像一把神仙坐的椅子，我们的植物园就定在这里了"。丽江高山植物园最先的选址就是在海拔3 200m的仙迹岩，还初勘过上山的有5km的公路。

1958年11月11日，云南省人民委员会（即云南省人民政府）同意在丽江县城北18km的玉龙山雪松村玉湖旁建立丽江高山植物园。

1959年3月18日，中国科学院批复昆明植物研究所负责筹建丽江高山植物园，并明确园址划界：东以沙坝罗固为界，西为后山山体，南以玉湖、雪松村为界，北至雪山山顶，总面积为1万余亩。任命冯国楣为副主任并主持工作。此时，国家开始面临"大跃进"后的困境。丽江高山植物园不可能按原先的设想实施，要修5km多的上山公路已不可能了。决定在距离丽江城18km的玉龙山山麓玉湖旁建园。

1959年春末夏初，冯国楣带领陈宗莲、俞绍文来到丽江，他们是丽江高山植物园的首批建园者。那时没有房子，他们先住在雪松村吕正伟家里。待住房建成时，已是夏末秋初了。第二批建园者杨向坤、吕春朝、刘宪章、丁恩纯、刘玉书、邓凡（女）调入丽江高山植物园，稍后柯尊黔（女，小气候观测）、陆杏春（女，医生）也调来丽江。此时，新房竣工，大家一起搬进新房。建园时，得到丽江行署的支持，从当地招收了一批工人（高富，2017），加上从丽江招收的工人，人员近20人。同年，在冯国楣带领下，俞绍文、吕春朝、丁恩纯等赴中甸、德钦、贡山调查野生经济植物，历时3个多月。在德钦云岭乡永芝村发现薯蓣皂苷元高含量植物三角叶薯蓣，向国庆十周年献礼。冯国楣还到独龙江进行调查采集。采集标本千余号，种子百余号。1959年年底，陈宗莲、刘宪章赴北京中国医学科学院药物研究所西北旺药物场进修药用植物栽培，时间1年。

1960年，俞绍文、吕春朝参加南水北调滇西北综合考察。1961—1964年间，丽江高山植物园主要开展特种经济植物薯蓣的人工栽培试验，同时建有药用植物圃。同时在玉龙雪山采集植物标本，建立标本室。

1962年春，吴征镒所长邀请俞德浚、陈封怀二位专家到丽江高山植物园考察（图3），吴、俞、陈三位先生上玉龙雪山，到了仙迹岩和蚂蝗坝，俞德浚先生十分赞赏玉龙雪山植物丰富多样，有类似瑞士阿尔卑斯山的景观，位于低纬度高海拔地区的丽江高山植物园有自己的特色和优势，发展前景很好。俞、陈二位提出了建设高山植物园的一些意见和建议。

1963年2月，吴征镒主持昆明分所所务扩大会议，提出在巩固基础、积蓄力量的基础上，建立综合性植物学研究所的目标和“花开三带、果结八方、群芳争妍、万紫千红”的发展方针（图4）。所谓“三带”，也就是云南的热带地区、亚热带地区和亚热带高山地区，即西双版纳热带植物园、昆明植物园、丽江高山植物园三个植物园。

图3　俞德浚、陈封怀、吴征镒考察丽江高山植物园，与员工合影留念（吕春朝 提供）

图4　昆明植物所时任领导晋绍武视察位于雪松村的丽江高山植物园与员工合影留念（吕春朝 提供）

当时，昆明分所规定丽江高山植物园的任务是研究云南西部高山野生经济植物；引种、驯化、繁殖国内外高山和寒带地区经济植物；收集、繁育、推广各种观赏植物，为本地区园林绿化服务；研究高山植物区系和植被。总体上是为利用区域植物资源、改造环境提供科学依据（吕春朝，2013）。

1974年9月，由于种种历史原因，丽江高山植物园撤销，所有正式工作人员撤回昆明本部，从丽江招收的人员基本返回丽江安排。

2 丽江高山植物园今生

历史的车轮进入20世纪末21世纪初，对于新一代的植物学家们而言，在植物资源富集的丽江地区建立一个高山植物园的夙愿总挥之不去，为了深入研究和保护滇西北特殊的物种资源和推动当地生态旅游业的发展，复重建丽江植物园的建议被采纳。

1999年3月，时任昆明植物研究所副所长李德铢在陪同英国驻中国大使高德年先生和爱丁堡皇家植物园园艺部主任帕特森先生在丽江考察时，曾带贵宾们到玉龙雪山和原丽江植物园旧址，双方在现场初步达成复建丽江高山植物园的意向。

2000年5月1日，中国科学院昆明植物研究所和英国爱丁堡皇家植物园正式签订合作协议，在中英双方政府及有关部门的支持下，昆明植物研究所、云南省农业科学院、爱丁堡皇家植物园和丽江县政府四方达成共识，合作复建丽江高山植物园（图5）。

现今复建的丽江高山植物园位于云南省丽江著名旅游名胜区玉龙雪山南麓，毗邻玉水寨，从海拔2 600m（图6）的玉水寨到植物园后山最高

图5　昆明植物研究所与云南省农业科学院就共建丽江高山植物园签订合作协议（中国科学院昆明植物研究所档案）

图6　丽江高山植物园大门口（海拔2 600m）（范中玉　摄）

点3 600m，高差达1 000m，核心区域位于“哈冷谷”，纳西语意为风口，自然环境非常适合高山植物的引种保育，目前园区引种保育野生植物2 576种，植物园内同时具备森林、草甸、高原湖泊、湿地、沟谷阔叶林等多样的生态环境，是野生植物的天然保存地，园区就地保护了种子植物1 029种，国家二级保护野生植物12种。

经过23年的建设，丽江高山植物园已取得了长足的发展，基础设施建设已基本能满足植物园发展的需要。

3 丽江高山植物园复建

1999年，中英商定合作复建丽江高山植物园（图7）。昆明植物研究所李德铢、张长芹、王红、David Paterson等考察了玉龙雪山，重新确定了园址在丽江市玉龙县白沙乡玉龙村旁。

2001年，完成全部地界的林业勘测，林权属性变更，完成中英合作复建丽江高山植物园奠基仪式（图8）。

同年，中国科学院昆明植物研究所、英国爱丁堡皇家植物园、云南省农业科学院高山经济植物研究所三方联合共建丽江高山植物园，李德铢

图7　中英双方领导会晤（高连明 提供）

图8 中英合作复建丽江高山植物园奠基仪式（高连明 提供）

时任复建的丽江高山植物园第一届主任。

2003年，爱丁堡皇家植物园与昆明植物研究所于丽江高山植物园内建立"玉龙雪山野外工作站"基建工程通过验收且正式投入使用（图9）。

2004年10月11日，苏格兰行政院总理支持丽江植物园的建设，共同成立了"保护生物学联合实验室"。

2005年1月27日，中英合作共建丽江高山植物园挂牌，2006年7月13日，中英合作复建丽江高山植物园前期工作通过验收。

2008年6月，Davis Pros2小型气象站开始运行，完成对气象数据的初步采集。同年，丽江工作站区域建成400m^{2}温室，并投入使用。

2010年11月15日，昆明植物研究所"丽江办事处装修工程"通过竣工验收。

2010年12月29日，中国科学院昆明植物研究所、中国科学院昆明动物研究所、西双版纳热带植物园、云南省农业科学院、中国科学院云南天文台、丽江市人民政府六方签署协议，在玉龙野外工作站基础上，建立丽江森林生态系统定位研究站。李德铢时任第一届生态站站长。

2010年12月29日，昆明植物研究所驻丽江办事处成立，甘烦远时任办事处主任；当年，在中国西南种质资源库的支持下，丽江市人民政府关心下，工作站通电、通网络。

2011年12月8日，昆明植物研究所丽江高山植物园数字化测绘成果通过丽江市国土资源局专家评审验收。

2012年2月，建成以Vaisala气象站为主的气象观测场。

2012年5月25日，中国科学院昆明植物研究所丽江高山植物园2011基础设施修购专项工程项目正式启动，内容包括500m^{3}高位水池及附属管线、核心区灌溉系统（含造雾系统）及大小温室灌溉系统，危险滑坡段挡土墙，观测场看护房。2012年12月底，工作站区域完成500m^{3}水池和管道等灌溉系统铺设。

2013年，获得修购专项（2013—2015年度）院

图9 丽江高山植物园野外工作站竣工仪式（高连明 提供）

平台项目仪器支持，购置世界先进生态监测仪器、环境测定仪器及分析仪器，同时昆明植物研究所投入配套仪器进行生物多样性的监测和保护工作。

2013年7月22日，昆明植物研究所丽江森林生态站自动水面蒸发站（FFZ-01Z型）建成。

2013年秋季，土壤样品野外采集工作顺利结束；基本购置了气象、土壤、水分、生物等要素监测的仪器设备。2013年9月，FFZ-01数字型自动蒸发站设立。

2013年，植物园第一份总体规划完成野外勘测。

2014年1月1日，丽江高山植物园网站正式上线（图10）。

2014年，丽江高山植物园野外工作设施改造项目包括安全设施改造项目：含丽江高山植物园小型试验室、会议室、核心区大门、边界大门、所有房屋低压电力系统、监控系统、消防系统等；道路改造项目：文海路口至丽江高山植物园核心区3.2km砂石路面改造（平均路宽3.5m）；电力改造项目：含增设100kVA变压器，增容400kVA变压器；围栏苗圃改造项目：含丽江高山植物园湖边温室、大门口温室所有配套围栏苗圃及其节水灌溉设施等。

2014年7月31日，丽江森林生态系统定位研究站云杉坪观测点完成通量塔等设备安装调试运行工作（图11）。

2014年8月，在25hm^{2}样地设置土壤呼吸及土壤增温自动监测系统，完成60m高森林梯度气象和开路涡动协方差分析系统铁塔，装配对主要优势种的插针式径流测量系统。

2015年5月，文海村岔路口至植物园核心区3km的毛路改造成砂石路面。11月16日，丽江高山植物园（含丽江森林生态系统定位研究站）发展战略研讨会在丽江召开。

2015年12月，玉龙水库边1 500m^{2}温室及大门口500m^{2}温室落成。

2016年4月30日，丽江植物园建立“活体诺亚方舟濒危药用植物资源圃”；同年9月，大门口景观改造开始建设，植物种植、草甸铁丝网围栏的修建、维护和景观栈道建设同时进行。

昆明植物园党支部丽江党小组召开五月党小组会议
植物园党支部丽江党小组开展“深入学习生物多...
为持续深入开展党史学习教育，践行“绿水青山就是金山银山”生态理念、推动生态文明建设迈上新...
丽江高山植物园/丽江站开展乡土树种的产业化育...
为了进一步完善丽江地区乡土木本植物资源保存平台和利用体系，带动区域乡土木本植物多样性保护...

中国科学院昆明植物研究所（以下简称昆明植物所）经过75年的建设，如今已经发展成为立足于我国西南，面向东南亚和喜马拉雅，从事植物研究的重要国立研究所，通过多学科的创新和集成。研究所目前设有“三室一库两园”，即：植物化学与西部植物资源持续利用国家重点实验室、中国... >> 详细
支撑条件
中国科学院昆明植物研究所许琨高级工程师任丽江森林生态系统定位研究站站长，丽江高山植物园主任，并兼任昆明植物园副主任。在建设过程中，采用固定人员和流动人员相结合的科研支撑团队架构。 >> 详细
工作领域
在丽江高山植物园的发展与建设过程中，持续开展种质资源收集工作，建设滇西北高山亚高山重
工作进展

图10　丽江高山植物园网站（http://labg. kib. cas. cn/）

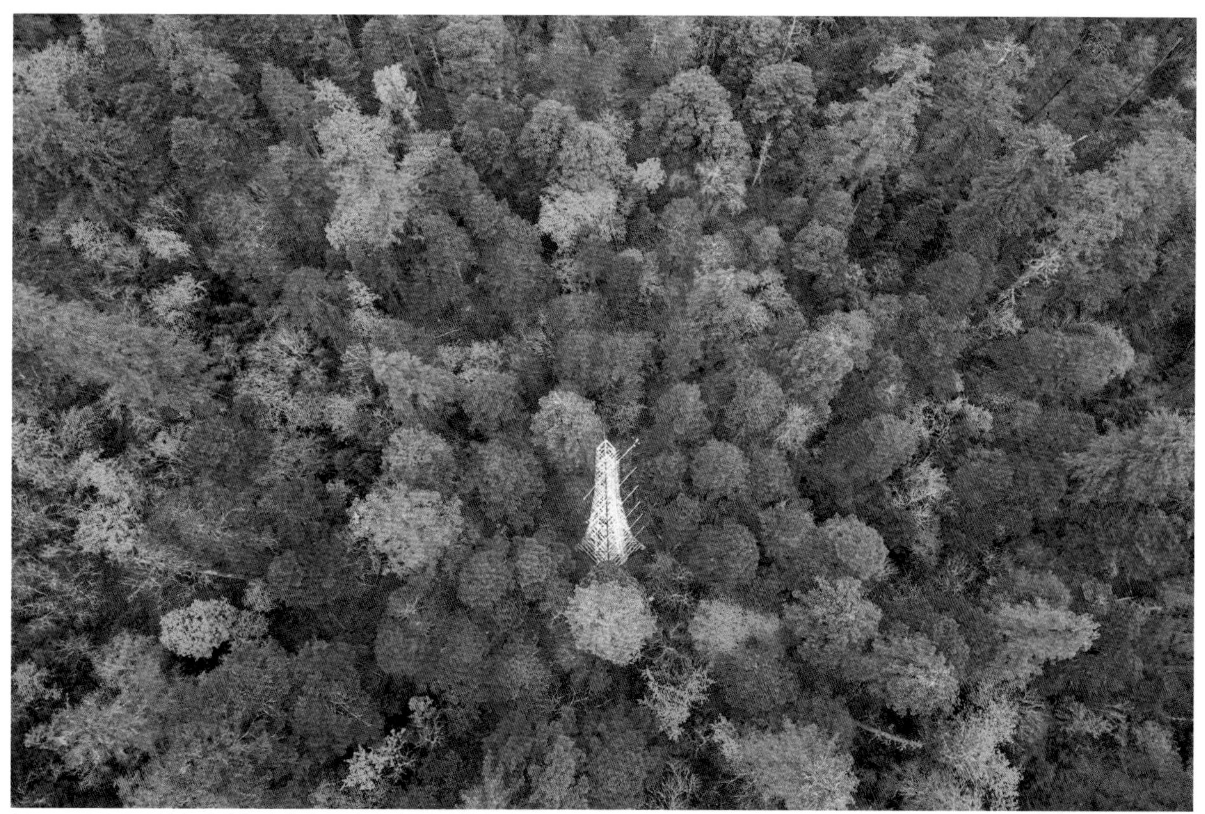

图11　开路涡动协方差分析系统铁塔（通量塔）（黄华 提供）

07

2016年，丽江高山植物园及野外台站工作用房改造项目，主要为丽江高山植物园及野外台站1 862.92m^{2}工作用房改造，地点为玉龙湖畔。

2017年11月23日，完成森林冠层监测系统（森林塔吊）（图12）的设备验收工作。

2018年，丽江高山植物园及野外台站基础设施改造项目，计划主要包括基础设施、专类园建设、工作研究条件等会得到很大的改善（图13）。

图12 森林冠层监测系统（森林塔吊）（黄华 提供）

图13 丽江高山植物园新办公楼（杨云珊 摄）

4 园区规划

丽江高山植物园是一个以植物种质资源保护为目的的研究基地。因此，在园区规划上以“一园两站”的模式进行，兼顾引种保育和生态监测。植物园主要分为主体园、园艺展示园和试验管理区。主体园占地3 472.5亩，是原始林植物资源展示保护区，主要体现植物就地保护的功能；园艺展示园占地400亩，主要进行人工园林园艺造景，将建成高档生态旅游景点，主要展示云南八大名花，包括杜鹃、报春、龙胆、牡丹和药用植物，并建成高山植物展示与科普馆，向人们科普高山植物知识。100亩的实验管理区主要是高山野外工作站、野外实验设施布置及为引种保育各类有重要科学意义和有经济价值的野生高山、亚高山植物提供场所。

基于总体规划，2005年1月31日，关于丽江高山植物园发展“多样多元多赢：丽江高山植物园引发的思考”在丽江高山植物园召开。2013年，丽江高山植物园第一份总体规划完成野外勘测（图14、图15）。

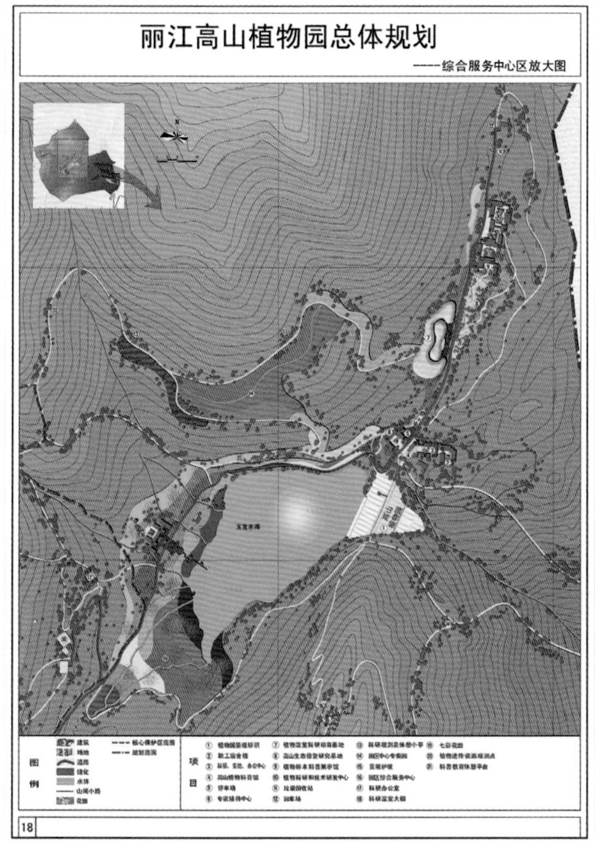

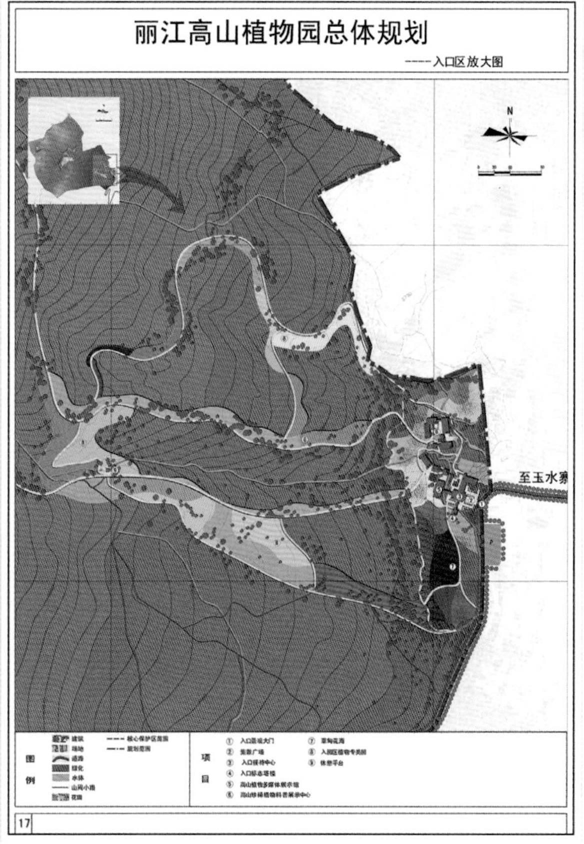

图14　丽江高山植物园总体规划图（刘维暐 提供）

图15 丽江高山植物园发展规划研讨会合影（从左至右依次为刘维暐、李志坚、杨永平、陈进、管开云、张一平、孙卫邦、方震东、孙航、许琨）（黄华 摄）

5 丽江高山植物园历任领导

1959年3月18日，中国科学院批复昆明植物研究所负责筹建丽江高山植物园，任命冯国楣（图16）为副主任并主持工作。

1960年，杨向坤同志作为丽江高山植物园负责人，主持工作。

2001—2004年，中国科学院昆明植物研究所、英国爱丁堡皇家植物园、云南省农业科学院高山经济植物研究所三方联合复建丽江高山植物园，李德铢（图17）兼任复建的丽江高山植物园第一届主任。

2004—2010年，张长芹（图18）任复建的丽江高山植物园第二届主任。

2010年至今，许琨（图19）任复建的丽江高山植物园第三届主任。

自丽江高山植物园建园以来，先后有多批次员工为丽江高山植物园的建设付出了艰辛和努力，他们是丽江高山植物园发展的亲历者也是建设者（图20至图23）。

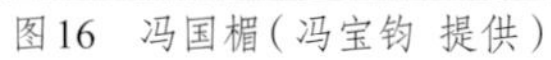

图16 冯国楣（冯宝钧 提供）

图17 李德铢（李德铢 提供）

图18 张长芹（张长芹 提供）

图19 许琨（黄华 摄）

图20 丽江高山植物园第一批职工（左起：吕春朝、颜乐三、和明贤、杨家雄、许琨）（许琨 提供）

图21　丽江高山植物园职工合影（2011年）（左起：陈智发、刘维暐、刘德团、和丽娟、Stephen Blackmore、许琨、李德铢、吴之坤）（吴之坤 提供）

图22　丽江高山植物园职工合影（2014年）（前排：陈小灵、沈文军、高富、陈智发、和文龙、吴之坤；后排：黄华、刘德团、许琨、刘维暐、杨福勇、赵允海）（黄华 提供）

图23　丽江高山植物园职工合影（2019年）（前排：黄华、李金、许琨、孙卫邦、和志勋、和凌峰、王世琼；后排：明升平、陈小灵、范中玉、朱文浩、和柏鸥、刘维暐）（陈智发 摄）

6 丽江高山植物园基本情况

6.1　主要试验观测仪器

丽江高山植物园安置价值20万元以上仪器设备共计18台/套，仪器设备总值1 116.29万元。支持了中国科学院昆明动物研究所、中国科学院西双版纳热带植物园、中国科学院植物研究所、云南大学、北京林业大学、北京师范大学、东北师范大学等到丽江高山植物园开展相关科学研究。

6.2　基础设施

丽江高山植物园面积4 072.5亩，拥有国有林权证（玉县林证字〔2003〕第0001号），用地产权清晰。拥有综合办公区4 000m^2（含办公室、会议室、科普展厅、餐厅、员工宿舍等）；园区供水引自玉龙雪山积雪融水，电力、网络及监控设施满足工作区域全覆盖，交通运输条件齐备。

丽江高山植物园实验室面积约500m^2。已建成野生植物种质资源活体圃及种苗繁育圃50余亩，在2 600m、3 260m、3 450m不同海拔建成植物资源繁育温室5 000m^2，基础设施（水电、交通和办公设施）和科研条件完善，气候监测等相关配套设施基本完成，能保证科研活动的正常开展。

6.3 工作和生活设施

丽江高山植物园拥有房屋总面积2 500m^2，配有专家宿舍30间，学生宿舍20个床位，职工餐厅可供40余人同时就餐，会议室可容纳40余人，丽江高山植物园职工的人均住宿面积为15m^2，园区水源充足，电力、网络及监控设施满足工作区域全覆盖，交通运输条件齐备。

6.4 长期在园工作的研究和技术人员

丽江高山植物园长期在园人员17人，其中岗位聘用7人、项目聘用4人、临时聘用2人、临时工4人。

6.5 开放状况

2016年加入中国植物园联盟和中国森林生物多样性监测网络（Cfor Bio）；2017年加入云南省自然生态监测网络和中国生物多样性监测与研究网络（Sino BON）；两次入选全国科普教育基地（2015—2019）和全国科普教育基地（2021—2025）；2018年入选丽江市科普教育基地。

近5年，来园开展研究工作的课题组达300余个，接待国内外研究人员及领导2 000余人。

7 植物园的引种保育

丽江高山植物园主要目标是引种繁育各类有重要科学价值和有经济价值的野生高山、亚高山植物，成为开展植物引种驯化、植物生殖生理、植物生态学和濒危植物就地和迁地保护等相关学科的野外研究场所，同时也是展示园布展植物材料的繁殖场所。

丽江高山植物园目前建有引种保育及栽培温室11处，总面积4 500m^{2}左右，海拔分布在2 600m ~ 3 600m，收集保育分布在高山流石滩、寒温性针叶林、硬叶阔叶林、暖温性针叶林、温凉性针叶林、针阔混交林、阔叶林及干热河谷等多种植被类型下的植物活体，形成了植物资源立体收集保存的区域中心。

目前，园区内就地保护种子植物1 029种，其中国家二级保护野生植物12种；迁地保护保存种子植物2 576种，其中国家一级保护野生植物5种，国家二级保护野生植物40种，极小种群植物24种。保育的这些野生植物包括野生药用植物、观赏花卉、珍稀濒危、极小种群植物及优良观赏树种等。目前，对于绿绒蒿属（*Meconopsis*）（图24、图25）、报春花属（*Primula*）（图26至图28）、杜鹃花属（*Rhododendron*）（图29、图30）、百合属（*Lilium*）（图31、图32）、重楼属（*Paris*）（图33、图34）、杓兰属（*Cypripedium*）（图35至图37）、拟耧斗菜属（*Paraquilegia*）（图38）、龙胆属（*Gentiana*）（图39）等形成了较大规模引种保育。

图24　西藏藿香叶绿绒蒿（*Meconopsis baileyi*）（黄华 摄）

图25　硫磺绿绒蒿（*Meconopsis sulphurea*）（明升平 提供）

图26　头序报春（*Primula capitata*）（明升平 摄）

图27　橘红灯台报春（*Primula bulleyana*）（黄华 摄）

图28　滇北球花报春（*Primula denticulata* subsp. *sinodenticulata*）（黄华 摄）

图29　泡泡叶杜鹃（*Rhododendron edgeworthii*）（明升平 摄）

图30　云南杜鹃（*Rhododendron yunnanense*）（吴之坤 摄）

图31　金黄花滇百合（*Lilium bakerianum* var. *aureum*）（明升平 摄）

图32　开瓣豹子花（*Lilium apertum*）（黄华 摄）

图33 禄劝花叶重楼（*Paris luquanensis*）（明升平 摄）

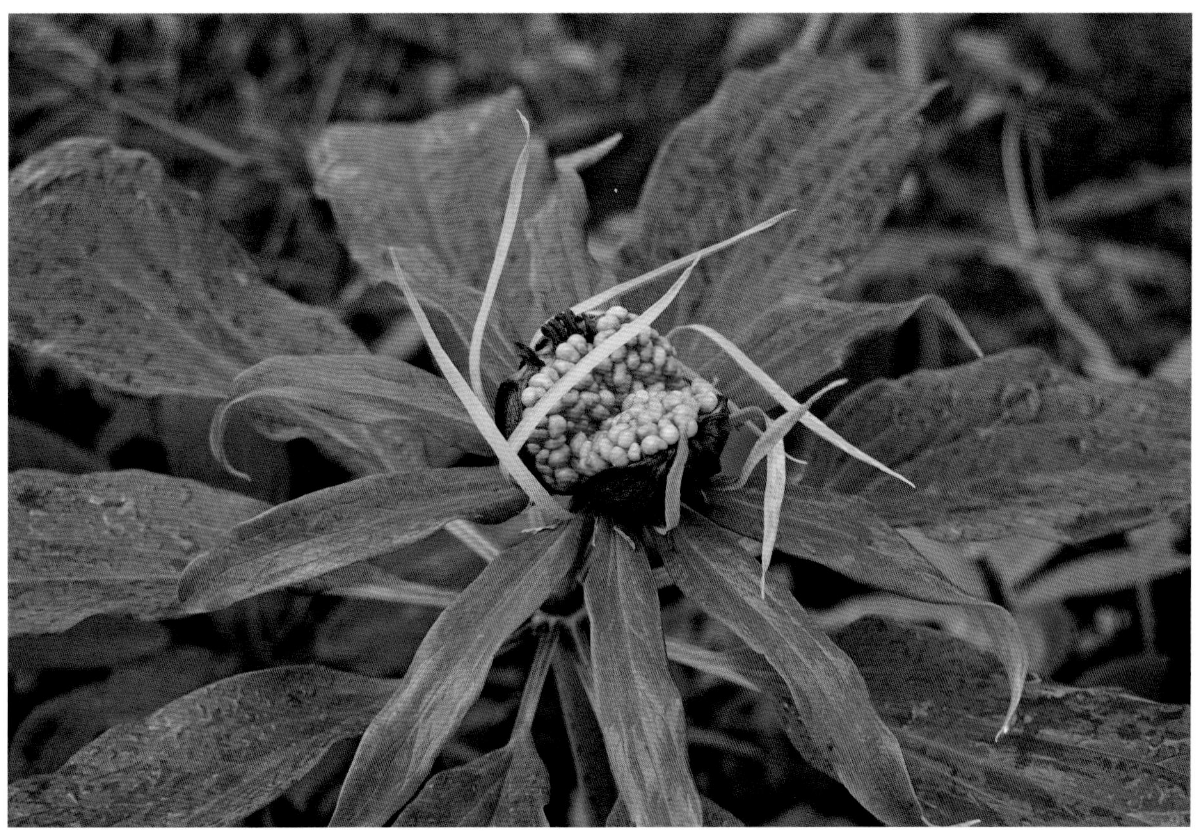

图34 滇重楼（*Paris polyphylla* var. *yunnanensis*）（黄华 摄）

图35　宽口杓兰（*Cypripedium wardii*）（黄华 摄）

图36　离萼杓兰（*Cypripedium plectrochilum*）（李金 摄）

图37　西藏杓兰（*Cypripedium tibeticum*）（黄华 摄）

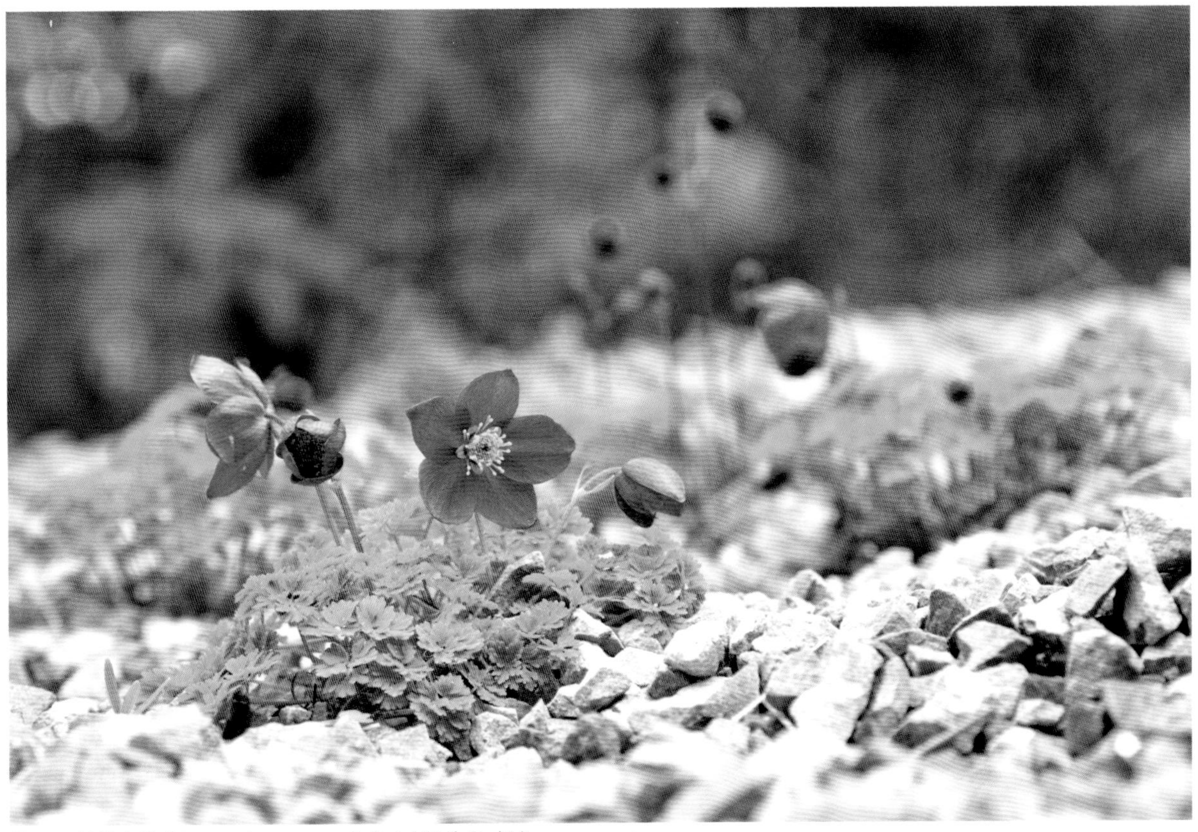
图38　拟耧斗菜（*Paraquilegia microphylla*）（明升平 摄）

图39　类华丽龙胆（*Gentiana sino-ornata*）（黄华 摄）

8 植物园的科普教育

丽江高山植物园科普教育基地依托于昆明植物研究所学术资源、人才资源和科技资源，利用自身特色优势和服务优势，组织丰富多彩、形式多样的科学文化传播活动，把滇西北生物种质资源、生态保护、金沙江流域等知识和滇西北生物资源的调查、收集、药用植物资源等发展相结合，以图文与影音并茂，大众喜闻乐见的形式展现出来。

发挥其以“一园一站”的展示格局，重点展现滇西北地区高山亚高山花卉、传统药用、资源经济、珍稀濒危、滇西北特有的植物以及生物多样性监测为主，围绕着生物多样性保护、西南生态安全屏障等生态价值进行科普活动，凸显滇西北生物多样性在国家生物战略安全、生态文明建设中的重要性。从实际出发，发挥高山亚高山地区生物资源、环境资源的优势，积极开拓创新，进一步担当起促进我国生物多样性保护、生物安全、生态保护等科技知识传播，生物多样性保护、生态保护素养提升的使命与责任。通过丽江高山植物园/丽江生物多样性国家站自身建设，逐步提升其影响力和传播力，倡导科学方法，传播科学思想，宏扬科学精神。推动科技创新成果和科学普及活动惠及于民。

在园区内已建成了基础设施，包括科研设备、生物多样性观测仪器体系、植物温室群、原生植物和迁地植物的保护相关设施（图40至图42）、住宿与培训设施等基础接待条件的建设，可以提供给科普教育受众相对科学、完整的科普教育，实现植物园工作职能。丽江高山植物园区内具有科学引种和培育用的植物温棚、专职植物园区（例如杜鹃花等）活体植物的栽培技术员，可供科普活动使用。

图40　丽江高山植物园苗圃温室（范中玉　摄）

图41　丽江高山植物园草甸监测（范中玉　摄）

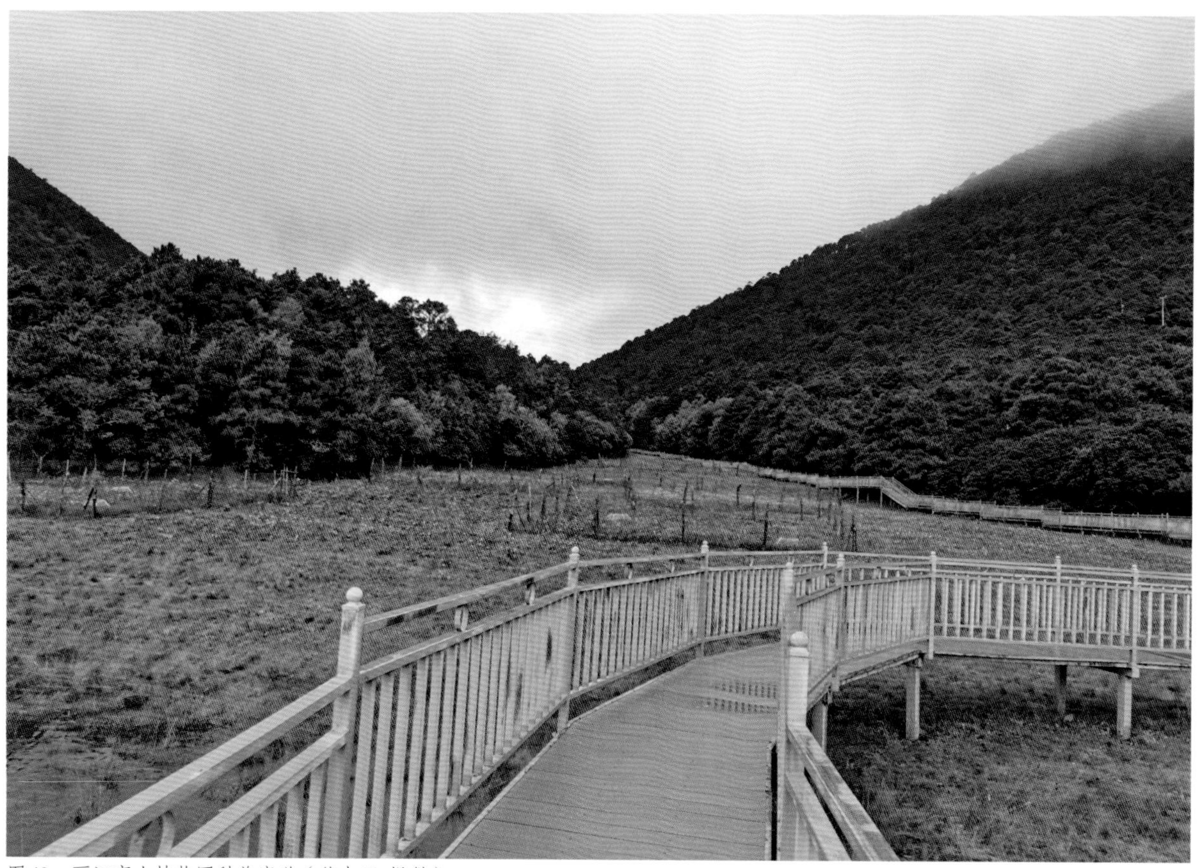

图42　丽江高山植物园科普廊道（范中玉 提供）

自2014年4月开始，科普活动陆续开展，生态毅行探路、5月生态毅行，志愿者参与了滇西北珍稀杜鹃300～400株树的近地回归。在白天的徒步体验后，在园区里可学习植物与花卉识别、植物引种和栽培技术、濒危植物回归，夜里可以露营观星天。

建立“玉龙本草园”，介绍滇西北极为丰富的中草药资源。在《中药大辞典》中记载的6 008种草药中，丽江境内有2 010种，占33.5%；2005版《中国药典》收载的品种丽江有234种，《中药志》中收载的500余种药材中，丽江有321种。丽江高山植物园的滇西北珍稀药用植物部分试验，已经经过了科学小试、实地中试，进入了实地种植观测。过去几年来，丽江高山植物园在长江第一湾的区域内，包括玉龙县的巨甸镇、石鼓镇、鲁甸乡、塔城乡、太安乡，石鼓镇石支村，永胜县三川镇，已经建立了药用植物的试验观测点。2015年开始，西南项目中心和植物园联合开展了濒危药用植物回归计划，在园区建设1 500m^{2}的药用植物种子保育资源活体库，可以提供药用植物参观和学习的场所。

丽江高山植物园除了园区内建有标本馆，还与丽江市环境保护局共建了滇西北生物多样性展示厅和会议中心；同丽江师范高等专科学校建立了高山植物标本馆，这些都是面向公众的自然教育基础设施。

2019年6月19日，中国科学院昆明植物研究所丽江高山植物园员工到玉龙县鲁甸乡新主村和新主完小开展科技“三下乡”科普进乡镇和进校园活动。对孩子们进行生物多样性保护和生态保护科普讲解，同时展示了植物生理生态的实验仪器、植物标本采集工具、森林植被监测等相关仪器设备，并进行现场讲解和操作。

2021年3月30日，丽江高山植物园/丽江生物多样性国家站应邀参加丽江市科学技术协会、丽江市科技志愿服务项目“省科协所属学会科技志愿服务行动（试点）”。该项目以科普丽江公众号为载体，开展线上科学普及，对丽江地区生物多样性保护和生态保护进行科普活动。

2021年4月6日，丽江高山植物园/丽江生物多样性国家站应邀参加丽江市生态环境局关于“召开COP15丽江生物多样性展示专家讨论会”。联合国生物多样性公约第十五次缔约方大会在昆明举办，“生物多样性”监测与保护的目标、方法和全球通力合作，成为国际范围的热点关注。为做好COP15大会服务保障工作，在大会期间向国际、国内来访团组充分展示丽江生物多样性资源及各项保护成果，全面展现丽江为生态环境保护及生物多样性保护做出的积极努力和贡献。丽江市生态环境局决定邀请专家以及相关部门，召开COP15丽江生物多样性展示专家讨论会。丽江站及丽江高山植物园积极建言献策，并主动参与到丽江生物多样性保护的宣传与展示工作中，为COP15的顺利召开做出应有的贡献。

2022年5月23日，丽江高山植物园/丽江生物多样性国家站应邀参加，由丽江市委宣传部、市科学技术局、市科学技术协会主办，玉龙县政府承办的2022年丽江市科技活动周启动仪式。为凸显本届科技活动周“走进科技你我同行”的活动主题，丽江生物多样性国家站/丽江高山植物园准备宣传手册、展示牌、采集到的植物、昆虫标本，以及高山和亚高山植物大花鸡肉参（*Incarvillea mairei* var. *grandiflora*）、刺叶点地梅（*Androsace spinulifera*）、霞红灯台报春（*Primula beesiana*）等10余种活体植物30余株，从而让更多市民观赏和认识到高山和亚高山植物（图43）。同时也让更多市民了解丽江生物多样性国家站/丽江高山植物园所开展的生物多样性保护、野生植物资源的可持续开发利用等相关工作与市民生活息息相关。丽江生物多样性国家站/丽江高山植物园工作人员向前来参观的领导、学生、群众等讲解丽江生物多样性保护和生态环境的相关知识。

同年，丽江高山植物园建立了完善的网络宣传平台，包括官方网站、微信公众号，定时更新维护，广泛扩展影响力；并结合中国科学院昆明植物研究所网站、丽江市科普基地等平台，围

图43　丽江高山植物园科普展（范中玉 摄）

绕丽江高山植物开展线上科普教育活动（图44、图45）。

通过这几年的科普教育工作，丽江高山植物园入选“全国科普教育基地”和“丽江市科普教育基地”（图46、图47），并努力将丽江高山植物园打造成区域富有影响力的科普教育机构。

图44　丽江师范高等专科学校生物教育专业到丽江高山植物园植物学实习（范中玉 提供）

图45　滇西北高山植物物种保护主题活动（范中玉 提供）

图46　全国科普教育基地（梁萌萌 提供）

图47　丽江市科普教育基地（范中玉 提供）

9 植物园的科学研究

丽江高山植物园作为丽江市科学技术局、丽江市环境保护局、丽江市林业局、丽江市科学技术协会、丽江师范高等专科学校、玉龙雪山省级自然保护区管护局、玉龙县科技局、丽江市农业农村局推广中心合作单位，积极参与丽江市生物多样性保护、生物大健康产业、云药之乡建设、扶贫攻坚等工作提供技术支撑。促进了丽江地区生物多样性监测工作的开展，加强了地方生物多样性保护工作的进行，服务了地方生物产业的发展。

近年来，丽江高山植物园同丽江市环保局合作共建丽江生物多样性保护实验室和生物多样性博物馆；同丽江师范高等专科学校合作共建有丽江高山植物标本馆、野外实习、实训科普教育基地、高山资源植物联合研究实验室；与丽江市科协合作开展共建科普教育基地及科技馆的工作；同玉龙雪山省级自然保护区管理局联合建设“丽江云杉坪25hm^{2}暗针叶林森林生态系统动态研究大样地”；同丽江市政府签订战略合作协议，共建丽江地区生物资源基因库。

同多个地方药材种植基地及生物技术开发公司建立了技术支撑关系，包括丽江市玉龙县志远生物开发有限公司、丽江沛丰园林园艺有限公司、丽江志高生物开发有限公司、丽江志成生物开发有限公司、丽江翠森茂生物科技有限责任公司、丽江可宝生物科技有限公司等。

向云南省林业厅、地方保护局批准建设3个保护小区，对特殊区域和濒危种质资源开展保护研究，为地方生物多样性保护提供技术支撑。包括丽江老君山新主植物园保护小区建设、普洱市澜沧县剑叶龙血树保护小区建设、丽江玉龙雪山极小种群珍稀濒危植物保护小区建设。

自2012年以来，通过自主技术发明成果转化，助力区域经济发展，开展科研及示范项目30余项；培训种植户2 000余人；开展濒危药用植物栽培技术培训60余场；免费发放药用植物、木本幼苗30万余株。并取得部分科技成果：

9.1　申请的发明专利

滇重楼及毛重楼植物的种子萌发方法，已授权（CN103814652A）。

豹子花属植物鳞片球包埋及栽培方法，申请公开（CN103782792A）。

滇重楼、华重楼种苗三段式繁殖技术，已授权（申请号：201510661105.6）。

药用植物栽培基地配套土壤消毒办法，已授权（申请号：201510661122.X）。

金铁锁速生扦插繁殖技术，已授权（申请号：201510660992.5）。

滇重楼快速繁殖技术，申报审查（申请号：201510677015.6）。

羽叶三七种子快速繁殖方法，已授权（申请号：201510661125.3）。

珠子参快速繁殖方法，申报审查（申请号：201510662339.2）

药用植物栽培基地虫害的防治方法，申报审查（申请号：201510660958.8）。

一种增加滇重楼种子结实率的方法，申报审查（申请号：201510678835.7）。

9.2 出版书籍

刘德团，许琨，黄华，等. 丽江高山植物园常见植物图鉴. 云南科技出版社，2017.

许琨，李德铢，黄华，等. 玉龙雪山寒温性森林——云冷杉林的物种组成与分布格局. 中国林业出版社，2018.

许琨，李金，范中玉，等. 丽江老君山常见植物图鉴. 云南科技出版社，2019.

许琨，等. 滇西北药用植物图册. 云南科技出版社，2021.

范中玉，许琨，等. 滇西北蜜源、香料植物图册. 云南科技出版社，2021.

李金，刘维暐，许琨，等. 滇西北高山花卉植物图册. 云南科技出版社，2021.

明升平，许琨，等. 滇西北珍稀濒危保护植物图册. 云南科技出版社，2021.

李金，许琨，明升平，等. 丽江地区常见植物图鉴. 云南科技出版社，2022.

9.3 发表论文

刘维暐，赵丽伟，黄华，明升平，范中玉，李金，陈小灵，和晓芬，许琨. 环境胁迫及胁迫解除对不同来源雪上一枝蒿种子萌发的影响. 种子，2021, 40(7): 79-85.

何德明，李金，许琨，范中玉，刘维暐，黄华，丰燕飞，韦荣彪. 文山老君山多变石栎种群生活史特征与空间分布格局. 西部林业科学，2017, 46(5): 82-86.

李金，吴良早，吴兆录，李双良，张秋霞，徐倩，遇翘楚. 加拿大一枝黄花在新进入地滇池湖滨区的分布与群落学特征. 云南农业大学学报，2016, 31(4): 575-581.

黄华，李静，和献文，刘德团，陈智发，高富，等. 纳西族传统药用植物“雪山当归”的名实考证（英文）. 植物分类与资源学报，2015, 37(4): 396-400.

刘德团，李婉莎，和玉龙，陈智发，黄华，高富，等. 玉龙雪山种子植物资源评价. 植物分类与资源学报，2015, 37(3): 318-326.

马永鹏，吴之坤，张长芹，孙卫邦. 滇西北特有植物蓝果杜鹃的花色多态性研究. 植物分类与资源学报，2015, 37(1): 21-28.

李海东，任宗昕，吴之坤，许琨，王红. 二型花柱植物海仙花报春花部性状随地理梯度的变异. 生物多样性，2015, 23(6): 747-758.

刘德团，曹军，许琨. 杨树和葡萄ubx蛋白质家族分析. 植物分类与资源学报，2014, 36(3): 349-357.

刘维暐，王泽清，陈小灵，许琨. 豹子花属植物鳞片扦插繁殖的研究. 北方园艺，2014, (2): 63-65.

高富，和荣华，刘德团，刘维暐，陈智发，吴之坤，等. 玉龙雪山南段主要森林群落表层土壤水分的时空变化研究. 西部林业科学，2013, 42(4): 87-90.

刘维暐，陈翠，和荣华，许琨. 四种重楼属植物光合作用特征. 植物分类与资源学报，2013, 35(5): 594-600.

杨婷，许琨，严宁，李树云，胡虹. 三种高山杜鹃的光合生理生态研究. 植物分类与资源学报，

2013, 35(1): 17-25.

刘德团, 李婉莎, 胡向阳. 宽果苁蒗适应昼夜变化ests的分离与分析. 植物研究, 2012, 32(4): 420-424.

刘维暐, 王杰, 王勇, 杨帆. 三峡水库消落区不同海拔高度的植物群落多样性差异. 生态学报, 2012, 32(17): 5454-5466.

李婉莎, 刘德团, 杨永平, 胡向阳. 番茄茎腺毛差异表达序列分离与分析. 植物分类与资源学报, 2011, 33(6): 660-666.

李婉莎, 刘德团, 胡向阳. 云南栽培种及野生种芋头的aflp指纹分析. 生物技术通讯, 2011, 22(6): 855-858.

刘德团, 李婉莎, 杨永平, 胡向阳. 狭果葶苈高温响应表达序列标签的分离与初步分析. 生物技术通讯, 2011, 22(5): 617-622.

刘维暐, 杨帆, 王杰, 王勇. 三峡水库干流和库湾消落区植被物种动态分布研究. 植物科学学报, 2011, 29(3): 296-306.

张石宝, 周浙昆, 许琨. 海拔对高山栎光合气体交换和叶性状的影响(英文). 植物分类与资源学报, 2011, 33(2): 214-224.

马建忠, 高富, 韩明跃. 梅里雪山地区的藏药植物种类资源及其保护研究. 西部林业科学, 2010, 39(1): 57-61.

杨帆, 刘维暐, 邓文强, 王杰, 王勇. 杨树用于三峡水库消落区生态防护林建设的可行性分析. 长江流域资源与环境, 长江流域资源与环境, 2010, 19(Z2):141-(s2): 141-146.

高富. 生态水文学的学科研究动态及在中国的发展方向. 西部林业科学, 2009, 38(4): 104-108.

高富, 张一平, 刘文杰, 唐建维, 邓晓保. 西双版纳热带季节雨林集水区基流特征. 生态学杂志, 2009, 28(10): 1949-1955.

刘洋, 张一平, 刘玉洪, 高富, 巩合德. 哀牢山北段地区气候特征及变化趋势. 山地学报, 2009, 27(2): 203-210.

申敏, 吴之坤, 乔琴, 张长芹. 七种灯台报春组植物的细胞学研究. 植物科学学报, 2009, 27(2): 127-132.

吴之坤, 张长芹, 乔琴, 申敏. 中国特有濒危种川东灯台报春(报春花科)的重新发现. 植物分类与资源学报, 2009, 31(3): 265-268.

申敏, 吴之坤. 七种灯台报春组植物的细胞学研究. 植物科学学报, 2009, 27(2): 127-132.

张一平, 高富, 何大明, 李少娟. 澜沧江水温时空分布特征及与下湄公河水温的比较. 科学通报. 2007, (a02): 123-127.

孙宝玲, 张长芹, 周凤林, 史富强, 吴之坤. 极度濒危植物-云南蓝果树的种子形态和不同处理条件对种子萌发的影响. 植物分类与资源学报, 2007, 29(3): 351-354.

吴之坤, 张长芹. 滇西北玉龙雪山报春花种质资源的调查. 广西植物, 2006, 26(1): 49-55.

吴之坤, 张长芹, 黄媛, 张敬丽, 孙宝玲. 长江上游玉龙雪山植物物种多样性形成的探讨. 长江流域资源与环境, 2006, 15(1): 48-53.

许琨, 刘云龙, 胡虹. 红波罗花褐斑病的病原鉴定. 云南农业大学学报, 2005, 20(5): 659-661.

Zhong Y L, Chu C J, Myers J A, Gilbert S G, Lutz J A, Stillhard J, Zhu K, Thompson J, Baltzer J L, He F L, LaManna J A, Davies S J, Aderson-Teixeira K J, Burslem D F R P, Alonso A, Chao K J, Wang X G, Gao L M, Orwig D A, Yin X, Sui X H, Su Z Y, Abiem I, Bissiengou P, Bourg N, Butt N, Cao M, Chang-Yang C H, Chao W C, Chapman H, Chen Y Y, Coomes D A, Cordell S, Oliveira A A D, Du H, Fang S Q, Giardina C P, Hao Z Q, Hector A, Hubbell S P, Janík D, Jansen P A, Jiang M X, Jin G Z, Kenfack D, Král K, Larson A J, Li B, Li X K, Li Y D, Lian J Y, Lin L X, Liu F, Liu Y K, Liu Y, Luan F C, Luo Y H, Ma K P, Malhi Y, McMahon S M, McShea W, Memiaghe H, Mi X C, Morecroft M, Novotny V, Brien M J, Ouden J D, Parker G G, Qiao X J, Ren H B, Reynolds G, Samonil P, Sang W G, Shen G C, Shen Z Q, Song G Z M, Sun I F, Tang H, Tian S Y, Uowolo A L, Uriarte M, Wang B, Wang X H, Wang Y S, Weiblen G D, Wu Z H, Xi N X, Xiang W S, Xu H, Xu K, Ye W H, Yu M J, Zeng F P, Zhang M H, Zhang Y M, Zhu L, Zimmerman K J. Arbuscular mycorrhizal trees influence the latitudinal beta-diversity gradient of tree communities in forests worldwide. *Nature Communications*, 2021, 12(1):

3137.

Zhang K Y, Yang D, Zhang Y B, Ellsworth D S, Xu K. Zhang Y P, Chen Y J, He F, Zhang J L. Differentiation in stem and leaf traits among sympatric lianas, scandent shrubs and trees in a subalpine cold temperate forest. Tree Physiology. 2021, (11): 11.

Qiao X J, Zhang J X, Wang Z, Xu X Z, Zhou T Y, Mi X C, Cao M, Ye W H, Jin G Z, Hao Z Q, Wang X G, Wang X H, Tian S Y, Li X K, Xiang W S, Liu Y K, Shao Y N, Xu K, Sang W G, Zeng F P, Ren H B, Jiang M X, Ellison A M. Foundation species across a latitudinal gradient in China. Ecology, 2020 : 15.

Chu C, Lutz J A, Kral K, Vrska T, Yin X, Myers J A, Abiem I, Alonso A, Bourg N, Burslem D F R P, Cao M, Chapman H, Condit R, Fang S, Fischer G A, Gao L, Hao Z, Hau B C H, He Q, Hector A, Hubbell S P, Jiang M, Jin G, Kenfack D, Lai J, Li B, Li X, Li Y, Lian J, Lin L, Liu Y, Luo Y, Ma K, McShea W, Memiaghe H, Mi X, Ni M, O'Brien M J, de Oliveira A A, Orwig D A, Parker G G, Qiao X, Ren H, Reynolds G, Sang W, Shen G, Su Z, Sui X, Sun I F, Tian S, Wang B, Wang X, Wang X, Wang Y, Weiblen G D, Wen S, Xi N, Xiang W, Xu H, Xu K, Ye W, Zhang B, Zhang J, Zhang X, Zhang Y, Zhu K, Zimmerman J, Storch D, Baltzer J L, Anderson-Teixeira K J, Mittelbach G G, He F. Direct and indirect effects of climate on richness drive the latitudinal diversity gradient in forest trees. Ecology Letters, 2019, 22(2): 245-255.

Luo Y H, Cadotte M W, Burgess K S, Liu J, Tan S L, Zou J Y, Xu K, Li D Z, Gao L M. Greater than the sum of the parts: how the species composition in different forest strata influence ecosystem function. Ecology Letters, 2019, 22(9): 1449-1461.

Liu J, Liu D T, Xu K, Gao L M, Ge X J, Burgess K S, Cadotte M W. Biodiversity explains maximum variation in productivity under experimental warming, nitrogen addition, and grazing in mountain grasslands. Ecology and Evolution, 2018, 8(20): 10094-10112.

Ashton L A, Nakamura A, Burwell C J, Tang Y, Cao M, Whitaker T, Sun Z, Huang H. Elevational sensitivity in an asian 'hotspot': moth diversity across elevational gradients in tropical, sub-tropical and sub-alpine china. Scientific Reports, 2016, 6: 26513.

Huang Y, Li N, Ren Z X, Chen G, Wu Z K, Ma Y P. Reproductive biology of primula beesiana (primulaceae), an alpine species endemic to southwest china. Plant Ecology Evolution, 2015: 148.

Ma Y P, Xie W, Tian X, Sun W B, Wu Z K, Milne R. Unidirectional hybridization and reproductive barriers between two heterostylous primrose species in north-west yunnan, china. Annals of Botany, 2014, 113(5): 763-75.

Ma Y P, Wu Z K, Xue R, Tian X, Gao L M, Sun W B. A new species of rhododendron (ericaceae) from the gaoligong mountains, Yunnan, China, supported by morphological and dna barcoding data. Phytotaxa, 2013, 114(1): 42-52.

Yang T, Xu K, Yan N, Li S Y, Hu H. Photosynthetic ecophysiology of three species of genus rhododendron.Plant Diversity Resources, 2013, 35(1): 17-25.

Ma Y P, Wu Z K, Tian X L, Zhang C Q, Sun W B. Growth discrepancy between filament and style facilitates autonomous self-fertilization in hedychium yunnanense (zingiberaceae). Plant Ecology Evolution, 2012, 145(2): 185-189.

Zhang C Q, Wu Z K. Comparative study of pollination biology of two closely related alpine primula species, namely primula beesiana and p.bulleyana (primulaceae). Journal of Systematics and Evolution, 2010, 48(2): 109-117.

Liu D T, Li W S, Hu X Y. Isolation and analysis of differential expressed ests from solms-laubachia eurycarpa (maxim.) botsch between day and night. Bulletin of Botanical Research, 2012, 32(4): 420-424.

Wu Z K, Zhang C Q, Qin Q, Shen M. Rediscovery of primula mallophylla (primulaceae), an endangered species endemic to dabashan mountain,china: rediscovery of primula mallophylla (primulaceae), an endangered species endemic to dabashan mountain, china. Acta Botanica Yunnanica, 2009, 31(3): 265-268.

Zhang Y P, Gao F, He D M, Li S J. Comparison of spatial-temporal distribution characteristics of water temperatures between lancang river and mekong river. Chinese Science Bulletin, 2007, 60(S2): 7-21.

Zhang J, Zhang C, Wu Z K, Qin Q. The potential roles of interspecific pollination in natural hybridization of rhododendron species in Yunnan, China. Biodiversity Science, 2007, 15(6): 658-665.

Zhang S B, Hu H, Xu K, Li Z R, Yang Y P. Flexible and reversible responses to different irradiance levels during photosynthetic acclimation of cypripedium guttatum. Journal of Plant Physiology, 2007, 164(5): 611-620.

Zhang S, Hu H, Xu K, Li Z. Photosynthetic performances of five, cypripedium species after transplanting. Photosynthetica, 2006, 44(3): 425-432.

Zhang S, Hu H, Xu K, Li Z. Gas exchanges of three co-occurring species of cypripedium in a scrubland in the Hengduan Mountains. Photosynthetica, 2006, 44(2): 241-247.

Yan N, Hu H, Huang J L, Xu K, Wang H, Zhou Z K. Micropropagation of cypripedium flavum through multiple shoots of seedlings derived from mature seeds. Plant Cell Tissue Organ Culture, 2006, 84(1): 114-118.

Zhang S B, Hu H, Zhou Z K, Xu K, Yan N, Li S Y. Photosynthetic performances of transplanted cypripedium flavum plants.Botanical Bulletin-Academia Sinica Taipei, 2005, 46(4): 307-313.

9.4 在研科研项目

滇西北重要野生植物种质资源发掘利用（云南省基础研究专项重大项目）；

大高黎贡山野生生物种质资源的调查收集与保存（国家科技基础资源调查专项）；

第二次青藏高原综合科学考察研究（科技部重大工程项目）；

滇西北地区高山亚高山森林固碳现状、速率、机制和潜力研究（中国科学院战略先导专项）；

西南山地典型生态系统植物多样性对气候变化的响应（国家重大项目）；

西南-川藏地区本土植物清查与保护（昆明植物研究所）；

云南典型森林生态系统碳氮分配与关键过程及其对气候变化的响应（云南省联合基金）；

玉龙雪山沿海拔梯度生态系统碳氮磷循环与土壤微生物驱动机制（云南大学）；

极小种群珍稀濒危植物保护小区及资源圃建设（玉龙雪山省级自然保护区管护局）。

10 植物园的社会服务

2016年至今，丽江高山植物园与SEE阿拉善西南项目中心合作，对参与滇西北地区长江第一湾生态保育的部分农户进行濒危药用植物栽培技术培训，主要选择滇西北地区具有很高药用价值且野生资源较少的中草药进行栽培、管理等相关的技术培训。对丽江市玉龙县石头乡、十八寨沟、巨甸镇、鲁甸乡、河源乡；维西傈僳族自治县塔城镇、响鼓箐；香格里拉市上江乡、金江乡；德钦县霞诺乡、羊拉乡；大理市漾濞、沙溪等地区的2 500余户村民按不同季节濒危药用植物栽培和管理技术的培训（图48、图49）。并对白马雪山国家公园滇金丝猴保护区的30余户巡护人员，进

图48　乡土木本植物种植栽培技术培训（李金 摄）

图49　药用植物种植栽培技术培训现场（李金 提供）

行3万余株滇重楼幼苗的奖励。以此鼓励其对保护滇金丝猴作出的努力。

参考文献

胡宗刚, 2009. 庐山植物园最初三十年 1934—1964[M]. 上海：上海交通大学出版社.

王红, 张长芹, 李德铢, 2007. 丽江高山植物园种子植物名录[M]. 昆明：云南科技出版社.

中国科学院昆明植物研究所, 2018. 中国科学院昆明植物研究所所史 (1938—2018)[M]. 昆明：云南科技出版社.

http://labg.kib.cas.cn/kpyd/201406/P020141016270479517303.pdf（accessed by October 16, 2014）.

https://www.cubg.cn/info/membernews/2017-03-29/1606.html (accessed by March 29, 2017).

http://www.kib.ac.cn/zt/80/bszwxs/201808/t 20180813_5055239.html (accessed by August 13, 2018).

致谢

本文在编写的过程中得到很多老师的帮助，他们分别是（排名不分先后）：吕春朝、张长芹、高连明、吴之坤、李德铢、王红、孙卫邦，在此一并表示感谢。

作者简介

许琨，河南焦作人（男，1972年生于昆明），华南农业大学农学学士（1996），云南农业大学农学硕士（2005）；1996年7月至2006年11月任中国科学院昆明植物研究所研究实习员、2007年工程师、2012年高级工程师、2022年正高级工程师；2006年11月任中国科学院昆明植物研究所丽江高山植物园主管，2014年至今任中国科学院昆明植物园副主任、中国科学院昆明植物研究所丽江高山植物园主任，2022年任云南丽江森林生物多样性国家野外科学观测研究站常务副站长。在滇西北工作20余年；主要从事植物资源学、保护生物学研究。申请发明专利13项，获授权5项；发表论文30余篇；出版专著7部。

园林之母
China

08

-EIGHT-

吐鲁番沙漠植物园的创建与发展

The Creation and Development of the Turpan Eremophytes Botanic Garden

潘伯荣* 师 玮

（中国科学院新疆生态与地理研究所吐鲁番沙漠植物园）

PAN Borong* SHI Wei

(Turpan Eremophytes Botanic Garden, Xinjiang Institute of Ecology and Geography, Chinese Academy of Sciences)

* 邮箱：1836173643@qq.com

摘　要：本文通过不毛之地见新绿、新疆第一个植物园的诞生、水是吐鲁番沙漠植物园的命脉、荒漠植物引种驯化的艰辛、荒漠专类物种的收集、植物园的规划与专类园建设、植物园大门演变与基础设施的改善、团队建设与人才培养、科研工作发展历程（含科研成果推广应用）、科学普及与传播工作、国际合作与交流等11个方面，比较全面系统地介绍了吐鲁番沙漠植物园的创建与发展的历程。从寸草不生的风蚀、流动沙地到引种收集近800种植物的植物园，历经了50年的艰难坎坷。该文既为社会各界了解吐鲁番沙漠植物园提供帮助，也为感兴趣的植物园界的同行们提供参考借鉴。

关键词：植物园　荒漠植物　吐鲁番　新疆

Abstract: This paper comprehensively and systematically introduces the establishment and development of Turpan Eremophyte Botanical Garden in 11 aspects, including green spots created in barren land; the birth of Xinjiang first botanical garden; water, the lifeblood of the Turpan Eremophyte Botanical Garden; the introduction and domestication of eremophyte introduction and cultivation; collection of specialized eremophyte species; botanical garden planning and special garden construction; the improvement of the gate of the botanical garden and other infrastructure; development of research work; team building and talent training, international collaboration and communication; promotion and application of research outcomes; science popularization and communication work, etc. The land with wind erosion and flowing sand was changed to a botanical garden of about 800 species through 50 years' endeavour. This paper not only provides useful information for people to know about Turpan Eremophyte Botanical Garden, but also offers reference for peers who are engaged in plant introduction and domestication, plant conservation and plant resource development and utilization of plants.

Keywords: Botanical garden, Eremophytes, Turpan, Xinjiang

潘伯荣，师玮，2023，第8章，吐鲁番沙漠植物园的创建与发展；中国——二十一世纪的园林之母，第三卷：407-570页.

引言

植物园是一个国家文明发展的重要标志之一，与人类对植物资源的可持续性利用和保护密切相关。植物园是生物多样性的植物种质资源易地保护基地和品种资源基因库，是植物引种驯化的重要基地，也是进行科学普及教育、旅游和休憩的理想场所，同时还为开展国内外科学技术交流提供了理想窗口（佟凤勤，1997）。植物园是一个涉及多种自然科学和社会科学的综合体。它兼有物种保护、科研、科普、旅游的内容，又涉及资源开发和商品化。植物园的核心和灵魂是生物多样性。它集中着数以千计的各种各样的植物，是人们认识、研究和探索利用植物多样性的科研阵地，又是提供人们欣赏、休闲、吸取知识以及接触自然的绿地。它同时肩负着保护物种和促进人类利用物种两方面的重任（贺善安 等，2001）。

在全球2 000个各种类型的植物园中（贺善安 等，2005；黄宏文 等，2022），隶属中国科学院新疆生态与地理研究所的吐鲁番沙漠植物园是世界唯一的一座在海平面之下的植物园（潘伯荣，2003）。正因为它建立在世界第二低地——吐鲁番盆地这个特殊地理位置中，因此，知名度也随之提高。现在，它不仅是中国科学院植物园网络的成员，也进入了中国植物园联盟（现称中国植物园联合保护计划）的体系，还是国际植物园保护联盟（Botanic Gardens Conservation International，简称BGCI）的成员，目前正与伊犁植物园联合，计划创建我国西北干旱区的国家植物园。

吐鲁番沙漠植物园位于中国西北新疆维吾尔自治区吐鲁番盆地东南部，东经89° 11′，北纬40° 511′，海拔–105～–76m；距乌鲁木齐市约210km。地带性土壤为原始灰棕色荒漠土。吐鲁番盆地属于暖温带极端干旱的大陆性荒漠气候，气候炎热、干燥，风沙多，环境条件恶劣，素有“风库”“火洲”之称。吐鲁番年八级以上大风日数为28天，最多达68天，最大风速超过40m/s，大风风向以西北为主；年平均气温13.9℃，1月平均最低气温–9.5℃，极端最低气温–28℃，7月平均最高气温32.7℃，极端最高气温49.6℃；夏季沙面最高温度超过80℃；无霜期年平均268.2天；年平均降水量16.4mm，年蒸发量2 837.8mm，年平均湿度40%；年均日照时数3 049.5小时（潘伯荣, 1988; 黎盛臣, 1991）。

在努力创建“伊犁–吐鲁番国家植物园”之际，把吐鲁番沙漠植物园建设与发展的艰辛过程，还有引种收集驯化和迁地保护荒漠植物，与其取得的各项成果整理并记录下，这应该是一项有意义的工作。希望该文既可为社会各界了解吐鲁番沙漠植物园提供帮助，也为感兴趣的植物园界的同行们提供参考借鉴，并望大家给予关心和指导。

1 不毛之地见新绿

吐鲁番沙漠植物园所在地曾是寸草不生的沙荒地，流沙和风蚀地面积达6 000hm^2。建园之前这一地区风沙危害严重，风沙流的速度居全国沙漠之首，7m左右的新月形沙丘年平均移动距离为28m，年最大移动距离为50m（1975）。每年春季的大风及沙尘暴给当地的农业生产和农民生活造成巨大的损失。植树造林，防风治沙，改善生产环境，成了当地社会经济发展所面临的急迫需求。位处原吐鲁番县主要大风线的红旗公社（现今恰特喀勒乡）西缘大面积的风蚀、流沙地（图1、图2），是威胁位处下缘红旗农场、红旗大队、解放一大队、先锋大队和红星大队农业生

图1　原吐鲁番县红旗公社西缘的流沙地

图2　原吐鲁番县红旗公社西缘的风蚀地

产和社员生活（以上都是原来的称呼）的风沙源区，这里基本上是“不毛之地”，只能在冬水渠沟里（冬季排放坎儿井农闲水的渠沟）零星见到一些骆驼刺（*Alhagi sparsifolia*）、鹿角草（*Hexinia polydichotoma*）和芦苇（*Phragmites australis*）等植物。吐鲁番是著名的“风库”，这里正是吐鲁番大风的主风线，每年春季的风沙肆虐，给农业造成很严重的危害，有效治理这片风蚀、流沙地是当地地方政府和群众的迫切愿望。植树造林，防风治沙，改善生产环境，成了当地社会经济发展所面临的急迫需求。

20世纪60年代中期，吐鲁番县林业站为治理这里的风沙灾害，1963年秋首次进行治沙造林试验，单位的科技人员应邀也曾到现场考察过。当时采取冬灌冲沙种草办法，第二年就在流沙腹地形成一块小小的绿荫，为大面积营造固沙林初步积累了经验。1964年中断了这项工作，并且撤销了治沙试验点，一年多的成绩付诸东流。

1970年4月8～9日，一场长达29小时的10级以上大风使吐鲁番全县小麦、棉花、高粱、葡萄、瓜菜遭受不同程度损失，其中小麦受灾面积达1 733.3hm^2（2.6万亩），坎儿井24道淤沙停水，坎儿井被沙填埋27 260m，农渠被埋74 690m。随后5月2日又遭遇第二场时间长达10小时的10～12级大风，全县严重受灾作物面积为916hm^2（13 741亩），坎儿井被沙填埋2 897m，葡萄减产15%～20%，红旗公社成了重灾区。于是，时隔8年，新疆生物土壤研究所治沙组的科技人员应当地政府邀请来到了这片不毛之地，与吐鲁番县林业站的科技人员、红旗公社遭受风沙危害严重的红旗农场（现奥依曼坎儿孜村）、红旗大队（现杜刚坎儿孜村）、先锋大队（现吐鲁番克村）、解放一大队（现杜四坎儿孜村）和红星大队（现拉木伯公相村）抽调的20户“社员”一起开始了治理风沙灾害的实验研究，并于1972年3月2日成立了吐鲁番红旗治沙站。

1973年住房条件已有所改变，不再住在2km外的二令庄子来回跑路了。治沙站在1972年盖好了一座“窑洞房”（完全是用土坯盖的，房顶是用土坯拱的，不用木料，这是吐鲁番当地普遍采用的房屋结构，具有冬暖夏凉的特点，也是适合了吐鲁番少降雨的气候特征），总共12间，给新疆生物土壤研究所和吐鲁番林业站科技人员用6间，治沙站用6间（这些房屋如今已不存在）。同时也打了一眼150m的深井，正好到了地下水的承压层，水还是自流的，水质很好，就像现在的“矿泉水”（可惜后来因风沙的问题，入井泥土太多，最后不再自流了，必须用潜水泵抽采地下水，水质也不及开始了）。

那时的住房虽有窗子但没有玻璃，只是用订书针钉上一层塑料布，每年春天遇到大风，塑料布被吹破，甚至全部吹掉，必须重新补订塑料布。1975年4月的一场大风后，满房屋内都是沙土，每个人的脸和被子也都成了“土色”，清理房间里的沙土整整用了一天时间。吃饭也是个大问题，我们科技人员轮流做饭，做饭是件难事，都怕当班做饭，因为没有什么蔬菜，只有青萝卜和皮亚子（洋葱）。当时粮食和食用油是用粮油票（科技人员的定量是每月30市斤粮和5两油），定量中70%都是高粱面（乌鲁木齐供应的是玉米面），主食是高粱面蒸的发糕，白面只能每天吃一顿面条，而且每人仅限200g，不够吃也只能吃高粱面发糕。好在当时的红旗公社党委的关心，还供给我们每人每月1kg棉籽油。羊肉、糖和肥皂等也是按我们的人头数特批的，凭票、凭证去购买。那时购买任何东西，无论进城还是去公社办事或采购都是靠自行车，为了保证装面粉的布袋不被颠破，都是采用帆布定制的。装棉籽油和装煤油（晚上点灯用）的铁皮桶也是定做的，便于在自行车的货架上驮放。

我们虽然是来搞科学实验的，但每天要和社员们一起劳动，所有育苗、整地、筑渠、冬灌、种树、造林、清沙等工作都要和社员们一起进行。每个星期三的下午半天还要和社员们一块政治学习。红旗公社党委对这项工作非常重视，特别安排一位老劳模、时任公社副社长的艾买提同志来这里蹲点。当时治沙站的负责人是克尤木·吾守尔队长和沙飞队长。他们也很辛苦，除艾买提社长驻站多外，其他干部一般难得住在站上，每天都是骑自行车来回跑。克尤木·吾守尔队长是红旗队的，沙飞队长是先锋队的。其他社员也都一样，家在不同的生产队，中午带些干粮，每天来回跑。

有人把吐鲁番的降雨称作“魔雨”，因为，未见雨落地就在空中蒸发了。在这样的环境条件下，我们育苗用水可以依靠已经有的那眼机井，只能在自流井附近进行，而大面积种植固沙植物，首先要寻找其他的水源。

降水稀少的吐鲁番，春、夏、秋三季农业用水很紧张，而地表水冬季都没有了，即便大河有水也结冰了。可是吐鲁番坎儿井的水是长流的，冬季水温还在10℃以上，所有农田最后冬灌结束就成了闲水，都被排入最低洼的艾丁湖中。汇集坎儿井的农闲水冬灌流沙地就成为开展大面积固沙造林试验研究解决水资源的关键。

大面积冬灌流沙地不是一个简单的问题，吐鲁番到处都有坎儿井，在“活坎儿井”（指有水的）周围不能有冬水靠近，就怕冲塌了坎儿井。这片600hm^{2}的风蚀、流沙地上就有四条“活坎儿井”，要在穿过“活坎儿井”的地段修筑渡槽，就是用卵石和水泥砌起的过冬水的水渠。加上这里的坡降很大，每1km的距离就下降了10m，相当100m的距离高差就有1m。要想全面灌溉好大面积流沙地，保证种下的耐旱植物不仅能够成活，还要生长得很好（只有这一次灌溉的水源），因此，必须做好规划、布局、整地（图3至图6）。

吐鲁番冬季的极端低温在-28℃，一般冬天多在-15℃左右，天气还是很冷的，因此，冬灌就是一项最辛苦的工作。妇女不能参加，全是靠男人。冬水引来的时间基本到了12月下旬，还必须连续浇灌，每天6小时轮流倒班，晚上只能提盏马灯照亮。冬水的量很大，遇上废弃坎儿井会塌陷，不小心人会随冬水冲到沙坑里，全身都会湿透，并且很快都会结成冰，就像穿了一副盔甲，咔咔作响（图7、图8）。

春季沙地彻底解冻基本是在3月中旬，这是开始植树的最佳时机。通过实地考察和区内调研，针对吐鲁番盆地的气候、土壤和风沙危害特点，

图3　科技人员现场规划测量

图4　踏勘冬灌沙地现场

图5　大面积流沙地上沿等高线筑埂

图6　拖拉机筑埂作业

图7　引进坎儿井的冬闲水

图8　冬灌大面积流沙地

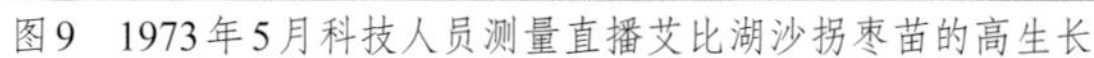

图9　1973年5月科技人员测量直播艾比湖沙拐枣苗的高生长

从中国西北各沙区广泛引种具有抗风、固沙和耐旱特性的10多种乔、灌和草本植物，进行育苗和种植试验，包括沙拐枣（*Calligonum* spp.）、梭梭（*Haloxylon* spp.）、柽柳（*Tamarix* spp.）、花棒（*Corethrodendron scoparium*）、白柠条（*Caragana korshinskii*）、老鼠瓜（*Capparis spinosa*）、胡杨（*Populus euphratica*）、沙枣（*Elaeagnus angustifolia*）等。经过引种试验，最后筛选出的理想植物是几种沙拐枣（图9），这些沙拐枣现在已经长得很高了，并且阻挡固定了很多流沙，形成了小沙山，成为植物园的一个参观景点。

春天植树全是靠人一棵棵种到沙地里，后来还组织了学校的学生来义务植树（图10、图11）。不过我们发明的“缝植锹”是管用的工具，一个人每天用缝植锹最多可以扦插800多根沙拐枣插条或实生苗（图12、图13）。

在广泛引种固沙植物的同时，为了对治理后的大面积沙荒地进行高效开发利用，还引种油莎豆（*Cyperus esculentus* var. *sativus*）、红花（*Carthamus tinctorius*）、秋葵（*Abelmoschus esculentus*）和瓜儿豆（*Cyamopsis tetragonoloba*）等沙地经济植物，开展品种筛选、种植栽培、综合利用等研究工作，在吐鲁番地区建成了600hm^{2}的新绿洲，产生了明显的经济效益。这里成了中国沙漠化治理的重要成果示范基地，引起了国内外的广泛关注。

就在这样极其艰苦恶劣的条件下，经过近几年的努力，克服重重困难，从一次又一次失败中获得科学的经验，终于取得成功，在这片不毛之地增添了新绿。也为吐鲁番地区利用冬

图10　大面积植树造林

图11　义务种树的学生们

图12　用“缝植锹”植树

图13　时任沙漠室主任的夏训诚研究员（左）植树

季农闲水一次性冬灌沙荒地，大面积营造固沙林提供了科学依据和方法，之后在全地区得到了广泛推广应用，这也为吐鲁番沙漠植物园的创建奠定了基础。

2 新疆第一个植物园的诞生

1975年，为了巩固和推广已经取得的防风治沙和沙漠植物引种研究成果，深入开展固沙植物的引种、繁殖、选择以及生物生态学特性的研究，新疆生物土壤沙漠研究所、新疆八一农学院林学系、吐鲁番县林业站和吐鲁番红旗治沙站4个单位联合规划，在已营建的大面积人工固沙灌木林中，划出土地筹备建设了沙漠植物系统标本园和引种育苗实验苗圃。

当时这个植物园的规划，可能是“最小气”的规划，是在1972年治理这片流沙所做的“红旗公社治沙园林场”规划的基础上，确定了一个条田8hm^2（120亩），除去解放一大队坎儿井的占地，有效使用面积7hm^2（105亩），就像围棋棋盘布局一样，很规矩的东西设计8块，南北设计11块，共计88个相同面积大小的地块；安排每种植物的布局，木本植物平均都是按照7株 × 7株定植。在该条田南北向的中间设计一条步道贯穿，并与东西向设计的三条步道相连接，同时东西和南北还设计了引水渠道（图14）。同时，在西边的一个条田中仅平整了0.13hm^2（2亩）地作为引种育苗实验苗圃。

为了建好这个植物园，1975年秋天，黄丕振、潘伯荣和红旗治沙站克尤木队长三人专程去了一趟甘肃省民勤治沙站，参观访问了他们的植物园（图15）。“民勤沙生植物园”隶属甘肃省治沙研究所，位处民勤治沙站，是1974年创建的，是

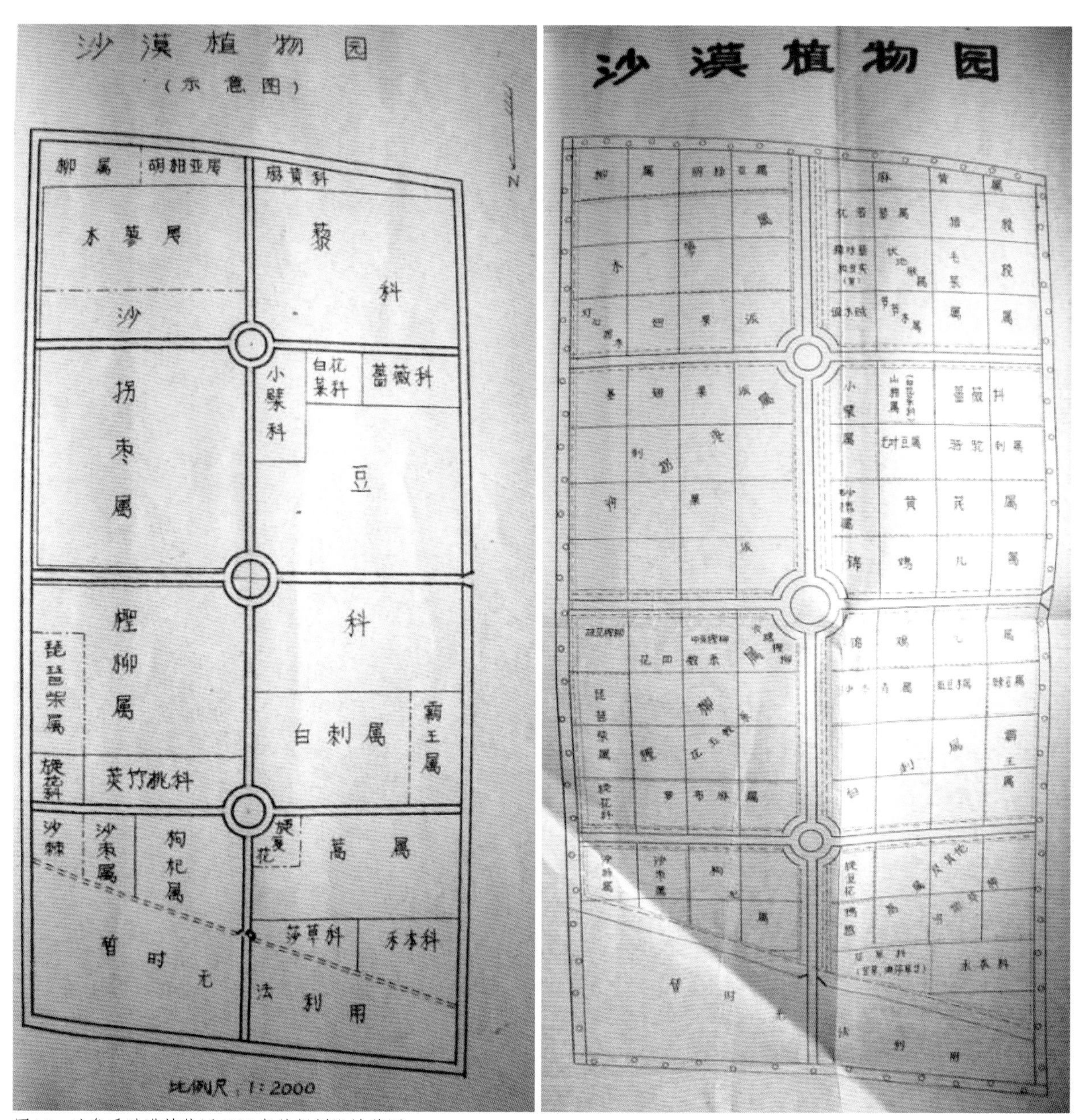

图14　吐鲁番沙漠植物园1975年的规划设计蓝图

图15　潘伯荣（左）、克尤木（中）、黄丕振（右）考察民勤沙生植物园

在大面积梭梭人工固沙林地和天然红柳（*Tamarix* spp.）、白刺（*Nitraria* spp.）灌丛植被带上建立的。民勤开展大面积固沙造林实验是在20世纪60年代初，该地年平均降水量为110mm，当时仅靠一碗水定植梭梭苗（*Haloxylon ammodendron*），用黏土做防护沙障，建成的人工梭梭林。民勤沙生植物园也是规整式的设计，只是面积比我们植物园大，将近千亩地，其中，还将自然植被和古城遗址也包含在内。他们植物园的名称虽然叫“沙生植物园”，但是防护林的植物种类也收集，仅杨树就收集了10多个种和品种。我们去调研学习时，发现当地防护林带的沙枣（*Elaeagnus angustifolia*）和固沙林的梭梭开始出现衰败现象，其原因是地下水位下降所造成的。

这次调研学习，对我们建设植物园有很大帮助，首先是植物园的名称，我们决定叫“吐鲁番沙漠植物园”，这里用的“沙漠”是中国对“荒漠”传统习惯的称谓，就是英文的desert，而吐鲁番沙漠植物园的英文则是Turpan Eremophytes Botanical Garden，即吐鲁番荒漠植物的植物园，宗旨就是引种收集干旱荒漠区的各类植物，不仅局限在“沙生植物”这个范畴；第二就是植物园的景观，也不再局限我们规划成“棋盘式”的标本园，而是将大面积沙拐枣固沙林也包括在内；再就是为植物园用水方面提供了重要启示，没有水保证，别说大面积的沙拐枣灌木林会出现衰败，植物园定植的植物也无法保证正常生长和成活。

植物园有了植物定植和育苗的区域，科技人员也需要有个固定的生活和工作地点，毕竟我们一直是住在红旗治沙站的办公室里，条件也确实太差。于是在治沙站办公室的西面的大路边设计建造了一个2层的小土楼。半地下的房子也是用土坯盖的“窑洞房”，共计4间，房顶是用土坯拱的，墙厚80cm，山墙厚120cm，据说这样的结构大卡车在上面都压不垮。上层的房屋采用杨树椽、檩和芦苇席结合加草泥覆盖的屋顶，非常简便，只有3间，中间是个大房间，作为会议室或接待室，实际上也是我们的实验和工作用房。这栋“土楼”的设计还是出自我们科技人员之手，我们研究所的乌斯满先生通过了解当地房屋建造的特点，自己画图设计的，至今房屋还在使用，就是防雨的效果不行，设计图也还保存在植物园档案室。

植物园第一个建筑物是1976年建成的，当时造价很低，研究所只投入了2万多元，主要用于雇人打土坯、购买木料（制作门窗和床）、玻璃、油漆、椽、檩、芦苇席和麦草，请匠人盖房。打火墙、油漆门窗、装玻璃是我们自己干的。9间房屋加地下过道共12个窗子的玻璃都是我们自己裁划安装的，为了严密，玻璃装好还要挂上腻子。总算于1976年年底我们住进了新房，而且在地下室还安排一间房屋作为实验分析室，植物园最早的水样和土壤样品的化学分析就是出自这个实验室。

3 水是吐鲁番沙漠植物园的命脉

大面积的沙拐枣固沙林是依靠一次冬水灌溉后种植成功的，以后不再浇灌，会不会也像民勤沙生植物园的梭梭一样出现衰败甚至死亡呢？于是，我们进行了一个调查，潘伯荣和李银芳在当时植物园的最南边的沙拐枣林内，挖了一个近6m的深坑，每个土层采挖沙拐枣的根系，测量其长度并称重，同时取土样测量土壤含水量。在炎热的夏季，气温40℃多，沙拐枣的灌丛也不能给人们带来阴凉，整整辛苦近一周时间，获得了科学结论。

在极端干旱条件下，植物根系趋水的生物学特性，使得水平根系发达的沙拐枣垂直根系也发育很好，就在5m多深的土层里还可见有毛细根，而这里的地下水埋深10m左右，毛管水已经使得5～6m的土壤有些湿润，所以证明，大面积沙拐枣固沙林在短时间不会衰败死亡，但是，每隔3～4年必须补浇一次冬水才行。50年的事实已经说明了这个结论的正确性。

吐鲁番红旗公社治沙站的社员不能每天从各大队跑路过来干活，需要在这里盖房子定居，除利用站上仅有的一眼自流井外，1975年又疏通了一道坎儿井，并在出水口修建了涝坝（蓄水池），积蓄的水量每天可以灌溉0.13hm^2（2亩）左右的土地，一方面为社员种地提供水源；另一方面也成为植物园灌溉主要依赖的水源。特别是冬季，治沙站社员们不再用水浇地，这坎儿井的水就是植物园冬灌的水源，大部分已定植在植物园的植物多属耐旱类型，靠冬天这次的灌溉基本能保证其一年的正常生长。

从1976年开始，吐鲁番沙漠植物园走上了以“科研促建园”的发展模式。先后完成的“吐鲁番优良治沙植物（乔、灌、草）引种及选择试验研究”“沙生乔灌草固沙造林试验研究”和“吐鲁番大面积固沙造林试验研究”等研究课题取得了重大成果，分别获得了全国科学大会、新疆科技大会、中国科学院、国家林业部和新疆维吾尔自治区的多次奖励。1982年，我们又得到了中国科学院生物学部重点课题“优良固沙植物引种驯化研究”的资助。在项目执行过程中，植物种类数量继续得到补充。项目结题后，沙漠植物园已定植各类沙漠植物176种，园区面积扩大为15hm²。随着植物园定植的植物逐渐增多，许多引自半干旱荒漠区的植物需水量大，吐鲁番夏季又特别炎热，每年还需要补几次水才行，仅靠冬水和定期的“涝坝”供水已经不能保证植物正常成活生长。

1984年，中国科学院生物学部宋振能常务副主任等亲临吐鲁番沙漠植物园考察指导工作（图16），他详细了解植物园建设的情况，答应给予支持。根据宋主任视察后的建议，我们在吐鲁番市人民政府和恰特喀勒乡人民政府的大力支持下，获得了土地使用证，园区面积增至34hm²。并于1986—1987年在植物园苗圃旁打成一眼“火箭锥井”，该井深70m，水量还可以，同时为植物园还配置了专项动力线，用于机井抽水。这样一来，植物园的用水问题得到了缓解。

1987年，在植物园苗圃旁打成这眼井因地下水位下降，井筒多年失修，供水量严重不足。1993年后，加上“民族草药圃”“柽柳园”等几个新专类园建立后，缺水问题日渐突出，当时仅能保证最低限度供水，维持现有植物的生存。如仍维持现在的供水量（一眼机井）和落后的灌溉方式（明渠大水漫灌），新规划中拟建设的“荒漠珍稀特有植物迁地保护区”和“温带主要荒漠植被类型生态区”两个专类园的植物用水将无法保证。因此，向吐鲁番市上级主管部门提出申请报废老井，在植物园新打一眼深井的报告获批，于2001年6月完成了近150m深的打井任务，增加了水源供应。同时，我们又改明渠灌溉系统为节水的喷灌、滴灌和微灌系统，大幅度地提高了水利用率和灌溉面积。

2006年，根据中国科学院批准的《吐鲁番沙漠植物园三期创新总体规划（2006—2010）》和《吐鲁番沙漠植物园建设发展规划（2006—2010）实施方案》，完成了《吐鲁番沙漠植物园三期建设实施方案（2006—2008）》文本及图件。吐鲁番市发展计划委员会批准立项实施，吐鲁番市国土资源局和吐鲁番市林业局同意沙漠植物园新增加115.3hm²（1 729.5亩）土地的使用权；“荒漠植物收集与生态景观优化项目”完成植物园节水喷滴灌灌溉系统设计（图17），通过吐鲁番地区水利局组织的专家论证，申请新增机井位3眼，时任吐鲁番地委书记孙昌华同志特批了植物园打三眼机井的报告。

在植物园新扩增的土地上新打钢管机井3眼（图18），总深度520m，并完成配套井房（3座）的建设；改造了和新建了植物园的供电及灌溉系统，灌溉系统的主支管工程已全部安装到各类园，管线总长4 980m，植物园新规划的专类园灌溉系统均采用节水的滴灌设施。吐鲁番沙漠植物园建园发展的用水问题基本获得解决。

随着时间推移，植物园物种增多，用水需求量加大，原有水井出现大量淤沙，水位普遍下降。2020年，在吐鲁番市高昌区主管部门的批准同意后，4眼水井重现修复（移位打井，图19），每年额定用水量也从原30万m³增加到78万m³。

图16　中国科学院生物学部宋振能常务副主任视察吐鲁番沙漠植物园

吐鲁番沙漠植物园荒漠植物收集与生态景观优化实施方案（2007---2008年）

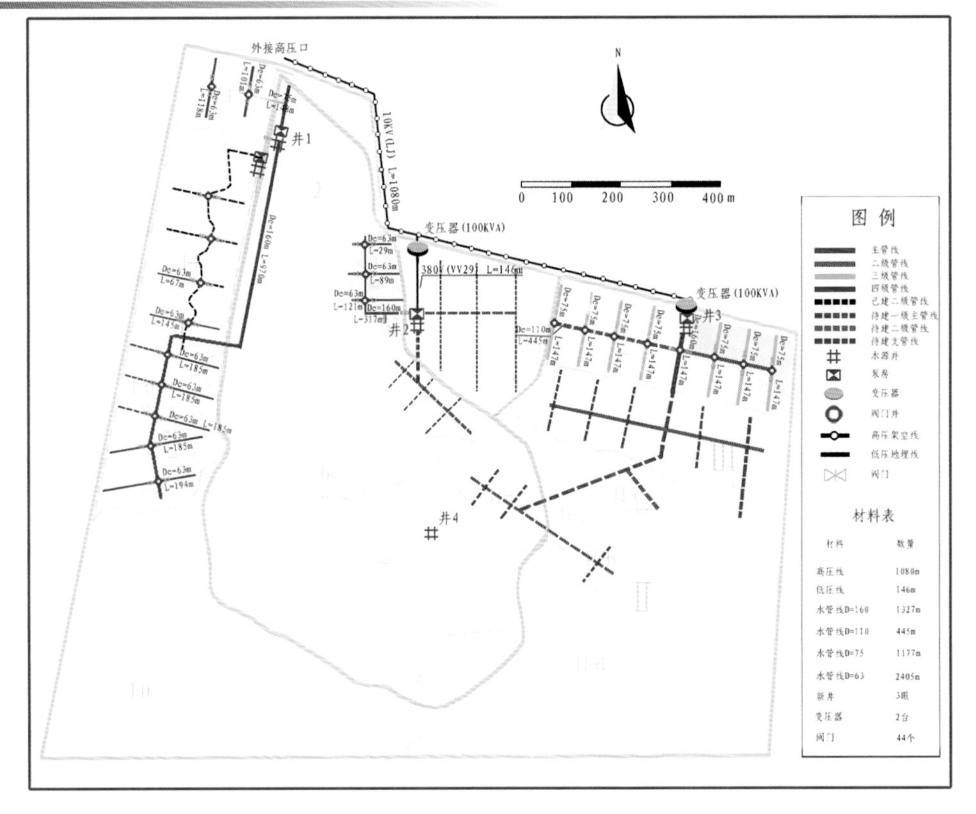

图17 植物园井位布局与节水喷滴灌灌溉系统设计图

图18 2008年5月新批井位开始打井

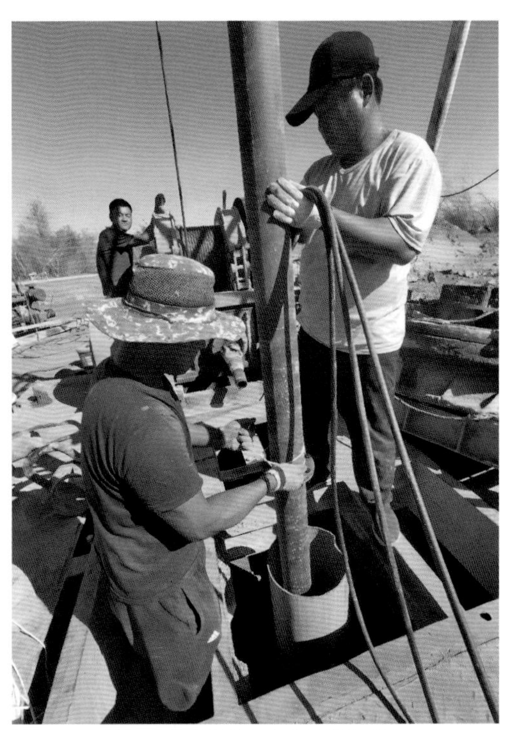

图19 2022年5月井位修复打井（王喜勇 摄）

4 荒漠植物引种驯化的艰辛

植物多样性是植物园的灵魂，活植物收集是保证多样性的根本。要加强植物园的建设，提高植物园的水平，就一定要大力加强活植物的收集。从某种意义上讲，植物园建设与发展的历史就是植物引种收集和繁殖培育的历史。

干旱荒漠区面积大、植物分布稀疏，因此，每次出野外引种植物的行程距离都很长。过去的交通和条件都不像现在，从乌鲁木齐到吐鲁番只能坐长途客车或火车过来，长途客车从乌鲁木齐碾子沟客运站早晨出发，通过崎岖的山路，翻山越岭，到吐鲁番都下午了，要走6～7个小时，再从吐鲁番客运站到植物园，要步行10km。尽管乘火车不太辛苦，可要多用一天时间，到大河沿（吐鲁番）火车站，必须等到早晨八点半买上客车票才能到吐鲁番县城。可以想象，那时去趟南疆或北疆其他地方引种出行的难度。

且不说去一趟布尔津的路途时间（3天才能抵达），吃住的难度更不用提。基本上只有住在县招待所里，一日三餐也只有招待所才能解决，虽然使用粮票买饭，可是一般县城里面的饭馆很少。我们（潘伯荣、黄丕振、管绍淳）在布尔津县城对面沙漠里采种、采标本，因时间来不及再从去县城的吊桥返回（招待所晚饭时间快到了），三人只能从额尔齐斯河里游过去，赶回招待所吃晚饭。

即便我们用单位的汽车外出考察引种，还是很辛苦。沿途加油和吃饭都不方便，车上备有汽油桶、准备好干粮（主要是维吾尔族传统主食烤饼——馕），汽车出了故障，科研人员还要帮助师傅修理。记得1979年7月毛祖美、潘伯荣等去野外调查沙拐枣属植物的分布并引种，从青河县去奇台县的路上，因北塔山刚发过洪水，我们乘坐的南京越野卡车被陷在将军戈壁里，折腾到天黑也没出来。荒漠的温差很大，戈壁滩晚上还是很冷的，我们考察队加上司机共8个人，只能都挤在卡车上过夜，好在每人还有一件皮大衣。第二天经大家的努力，捡石头铺垫才将陷入湿地的卡车拱出。

1988年8月，潘伯荣、余其立、严成三人去乌恰考察新疆沙冬青并引种，早饭后从县城出发，跑了一天也没找到新疆沙冬青，到了边境的托云口岸，虽然是晚上十点，可是天还没黑，但是口岸既没有饭馆也没有住宿的地方，只能又返回乌恰县招待所。第二天总算在瞟尔托卡依找到新疆沙冬青，为了测定新疆沙冬青最高分布地点的海拔高度，因为山坡陡峭，严成不小心摔伤了腿，好在碰上柯尔克孜族牧民，用马把严成驮下山来，所以，那天的工作也只能终止，送严成到县城医院检查治疗，好在没有大碍，但必须休息。尽管出现周折，但那次考察的收获很大，掌握许多新疆沙冬青的第一手资料，吐鲁番沙漠植物园引种新疆沙冬青获得成功。

外出考察总有危险发生，潘伯荣从1980年起，先后出野外遭遇4次车祸，其中最为严重的一次是在去伊犁沙漠考察的途中，在精河县托托乡的公路上遇到车祸，他因颈椎骨折错位住院9个多月，先后做了两次颈椎融合手术。还有一次是入冬时潘伯荣和尹林克去吐鲁番的路上，正巧变天下雪，乌鲁木齐南郊芨芨槽子堵了许多从焉耆拉白菜的汽车，我们的汽车好不容易从那里钻了出来，没想到在柴窝铺湖附近的公路上和一辆解放牌卡车碰撞，我们车的挡风玻璃碎了，天特别冷，而且风还很大，潘伯荣费了很大力气才找到柴窝铺林场的邮电所，打电话通知所里派车救援，碰巧遇到新疆计量局去焉耆拉白菜回来的车，他们把皮大衣留给我们御寒，才算等到救援的车来，返回到所里都过了晚上十二点钟。

每年引种回来的植物还要下功夫繁殖培育。吐鲁番春季多大风，夏季高温，露天开展植物育苗非常艰辛。1975年、1978年、1979年……每次大风不仅吹毁了我们开春培育的苗木，许多栽植的树木都被吹死。就说1979年4月10日，中午一点午饭后开始起风，一点半突然狂风大作，顿时天昏地暗，真是“伸手不见五指”。土楼上面最西边的屋子，下午七点大风将房顶的芦苇席揭开，屋子成了露天的了，气温骤然下降到0℃以下，房间内做插条水培实验的液体开始结冰，食堂的锁也被沙土填塞，无法打开，勉强摸黑找到大师傅家里，她们一家人都在炕上的被窝里，潘伯荣要了些煎饼作为晚饭。再往回的路上就很难了，因为是顶风，什么都看不见，不到300m的距离，摸索到“土楼”就用了半个多小时，回来只能撬开地下室的房间过夜。大风后才知道，这次大风最大风速达38m/s，持续了24个小时，吐鲁番县8 000hm^{2}小麦有1 300hm^{2}受灾，其中，33.3hm^2（5 000亩）全毁；3 800hm^{2}棉花有733.3hm^2（11 000亩）不能出苗；137道坎儿井被沙埋断流，大小渠道被流沙填平了524km，沙埋林带总长55km。红旗治沙站1号井的变压器被吹倒（图20），通往植物园苗圃的水泥电线杆大部分被吹折，总共11根水泥电线杆被大风吹倒，小麦受灾严重，坎儿井引水明渠全被沙埋，居民点道路两旁林带的杨树和槐树迎风面的树皮都被沙石打光，新疆杨基本上都被吹死。再看苗圃，表层10cm的土都被吹走，幼苗和未出土的种子都不见了，大苗圃全部吹毁。8级以上大风在吐鲁番常见，2010年4月22日的大风又对植物园的设施和苗木造成严重危害（图21）。

不仅是春季的风灾会威胁我们的育苗工作，每年春天我们还要防止野兔和各种鼠类对幼苗的危害。施放毒饵、安置鼠夹、捕猎野兔成了植物园每年春季的重要工作，否则刚培育出的幼苗就被毁于一旦。

从1971年开始一直到现在，为了引种不知跑了多少路，遭遇多少风险，有时出野外引种因物候原因收获很小；因为育苗遇到的意外，有的植物已经不只是引种一次了，引种收集的多数植物均属首次人工育苗，个别种类需反复引种繁殖4~5次。虽然植物园内目前的植物种类不多，但是花费了不少力气和心血。国内引进的植物种子基本上全部都进行了繁育，部分植物引进的插条和实生苗也都迅速进行了繁殖，除此还对一些植物进行了组织培养扩繁。仅在植物园各专类园及植物田间种质资源圃定植植物390种，共计67 438株，存活335种32 438株。

截至2012年，引种栽培植物为850余种（含亚种、变种和变型），隶属85科424属。其中，荒漠珍稀濒危特有植物近100种，中国荒漠植物区系植物成分已达350余种，物种多样性涵盖了中国荒漠植物种类的60%多。已建立常温和低温种子资源库，长期有效保存荒漠植物种子资源570种3 800余份，可以骄傲地说，吐鲁番沙漠植物园是我国迁地保护荒漠植物资源最多的植物园。

图20　1978年4月10日大风吹倒的变压器

图21　2010年4月22日大风吹倒的围栏

5 荒漠专类物种的收集

吐鲁番沙漠植物园最早的引种是在建园前期，即20世纪70年代初，虽然重点引种固沙植物，但却始终遵循苏联学者鲁萨诺夫（Ф.Н.Русанов）“专属引种与优势种引种”的理论。以植物分类学的“属”为单位，尽可能全面收集该属内的种、变种和地理生态型，在同样条件下繁殖、栽培、管理，观察其生长、变异情况，对各类植物进行生物生态学及经济性状的比较研究，从中选育出有价值的优良种类，在此基础上，还可开展种、属系统分类与演化史研究。优势种法是根据植物优势种在自然界生存竞争中具有生命力强、繁殖量多和遗传可塑性大等的优越性，引种比较容易成功。后来引种收集荒漠药用植物也采用专属引种的方法。

吐鲁番沙漠植物园先后引种保存的特色植物类群有：

①苋科（藜科）的梭梭属（*Haloxylon*），小乔木或大灌木，本属约11种，我国仅产2种，高1～7m，生于荒漠地区，是荒漠建群物种。其中，白梭梭（*H. persicum*），仅产新疆古尔班通古特沙漠中。树皮灰白色。生于流动或半固定沙丘上，抗风沙、耐干旱，是优良的固沙造林树种，幼枝为良好饲料、上等薪炭材（图22）。梭梭（*H. ammodendron*）广布西北的戈壁、沙漠和盐土荒漠，抗干旱、耐一定盐碱，属优良固沙植物、良好的饲用植物和优质薪炭材（图23）。2种梭梭素有“荒漠活煤”之称，其根部寄生的药用植物——肉苁蓉（*Cistanche deserticola*），有“沙漠人参”之美誉，极具观赏价值（图24），也引进接种成功。后从乌兹别克斯坦引进黑梭梭（*H. aphlum*）已成功（图25），该种现并入梭梭。

②蓼科的沙拐枣属（*Calligaolumu*），灌木或半灌木，高0.3～4（6）m。多分枝，老枝常拐曲；幼枝绿色，有关节。本属分4组约40种，我国有25种，新疆最多，有22种。分布于荒漠和半荒漠地带，是荒漠植被中的主要建群种之一，耐风蚀、沙埋，抗干旱，属优良防风固沙的先锋植物。其开花盛期花香怡人，是蜜源植物。幼果期果实形态美丽，色彩多样，观赏价值极高（图26至图29）。鲜幼枝还是良好饲料。在国内，吐鲁番

图22　白梭梭

图23　梭梭

08

图24　肉苁蓉

图25　引进的黑梭梭果实累累

图26　泡果组：泡果沙拐枣的果实

图27　基翅组：心形沙拐枣的果实

图28　翅果组：红皮沙拐枣的果实

图29　刺果组：头状沙拐枣的果实

沙漠植物园引种定植的种类最多，有艾比湖沙拐枣（*C. ebi-nurcum*）、泡果沙拐枣（*C. calliphysa*）、乔木状沙拐枣（*C. arborescens*）、头状沙拐枣（*C. caput-medusae*）、白皮沙拐枣（*C. leucocladum*）、心形沙拐枣（*C. cordatum*）、红果沙拐枣（*C. rubicundum*）、小沙拐枣（*C. pumilum*）、东疆沙拐枣（*C. klementzii*）、塔里木沙拐枣（*C. roborovskii*）、无叶沙拐枣（*C. aphyllum*）、密刺沙拐枣（*C. densum*）、库尔勒沙拐枣（*C. kuerlense*）、阿拉善沙拐枣（*C. alaschanicum*）、英吉沙沙拐枣（*C. yingisaricum*）、蒙古沙拐枣（*C. mongolicum*）、戈壁沙拐枣（*C. gobicum*）、粗糙沙拐枣（*C. sguarrosum*）、褐色沙拐枣（*C. colubrinum*）、柴达木沙拐枣（*C. zaidamense*）、若羌沙拐枣（*C. juochiangense*）等20余种，已引种未定植的还有塔克拉玛干沙拐枣（*C. taklimakanense*）和吉木乃沙拐枣（*C. jimunaicum*），以及国外引进的物种 。

③柽柳科的柽柳属（*Tamarix*），灌木或小乔木，高1～7m。叶细小，常呈鳞片状。花小，两性，总状花序或再形成圆锥花序。生于砾石戈壁、冲积平原、绿洲、沙地及流动沙丘。本属约90种，我国有18种，新疆有15种，主要分布于西北。该属植物耐干旱、抗风沙、耐盐碱，是干旱荒漠区防风固沙、园林绿化、生态恢复的优良树种。嫩枝叶可作饲料。也可用于编织、薪炭和药用，亦是药用寄生植物管花肉苁蓉（*Cistanche tubulosa*）的寄主植物。吐鲁番沙漠植物园引种收集的种类有多枝柽柳（*Tamarix ramosissima*）、多花柽柳（*T. hohenackeri*）、短穗柽柳（*T. laxa*）、刚毛柽柳（*T. hispida*）、山川柽柳（*T. arceuthoides*）、紫杆柽柳（*T. androssovii*）、长穗柽柳（*T. elongata*）（图30）、异花柽柳（*T. gracilis*）、甘肃柽柳（*T. gansuensis*）、短毛柽柳（*T. karelinii*）、细穗柽柳（*T. leptostachys*）（图31）、中国柽柳（*T. chinensis*）、甘蒙柽柳（*T. austromongolica*）、塔克拉玛干柽柳（*T. taklamakanensis*）、白花柽柳（*T. albiflomuum*）等15种。塔里木柽柳（*T. taremensis*）、莎车柽柳（*T. sachuensis*）和金塔柽柳（*T. gentaensis*）3个我国特有的物种，多次去模式标本的产地引种，但均未找到。药用寄生植物管花肉苁蓉也在许多柽柳的根部接种成功。

④蒺藜科的白刺属（*Nitraria*），灌木，高1～2m。本属11种，我国有5种和1变种。吐鲁番沙漠植物园引种收集的种类有大白刺（*N. roborowskii*），叶矩圆状匙形或窄倒卵形。核果卵形，较长，熟时黑红色，果汁紫黑色。生于湖盆边缘、盐渍化低地和沙地。产西北荒漠。本种沙埋后能生不定根，积沙成丘，俗称“白刺包”，固沙效果显著。果实酸甜适口，有“沙漠樱桃”之美誉，果入药可治胃病（图32）。唐古特白刺（*N. tangutorum*）嫩枝叶簇生，倒披针形。核果近球形，熟时暗红色，果汁蓝紫色（图33）。生境和产地均同大白刺。耐盐碱和沙埋，对湖盆和绿洲固沙有一定作用。西伯利亚白刺（*N. sibirica*）叶宽倒披针形或倒披针形。核果卵形，较短，熟时深红色，

图30　长穗柽柳

图31　细穗柽柳

图32 “沙漠樱桃”——大果白刺

图33 唐古特白刺

图34 甘草的果实

图35 粗毛甘草花序

果汁玫瑰色。生境、产地及用途均同大白刺。泡泡刺（*N. sphaerocarpa*）枝平铺地面，多分枝；果为干膜质，膨胀成球形。生于戈壁、山前平原和沙地。仅分布于南疆高海拔（3 800～4 300m）的帕米尔白刺（*N. pamirica*）尚未收集到。

⑤豆科的甘草属（*Glycyrrhiza*），多年生草本植物。全属约20种，我国有8种，吐鲁番沙漠植物园引种收集的种类有甘草（*G. uralensis*），也称乌拉尔甘草，高50～130cm。茎具刺毛及腺体；穗状花序，花蝶形，蓝紫色；荚果呈镰状，被腺刺（图34）。生于荒野、平原草地。其根药用，清热解毒、润肺、调和诸药。洋甘草（*G. glabra*），也称光果甘草，高80～150cm。茎无毛或被疏柔毛；总状花序，花蝶形，蓝紫色；荚果直或微弯，光滑或有极疏腺毛。生于平原荒地、草原绿洲，同甘草入药。胀果甘草（*G. inflata*），高50～150cm。茎直立，被褐色腺体和疏毛；总状花序，稀疏，花蝶形，紫红色；荚果狭卵形。生于盐渍化荒野、平原草地，亦同甘草入药。以及黄甘草（*G. eurycarpa*）、刺果甘草（*G. pallidiflora*）、无腺毛甘草（*G. eglandulosa*）和粗毛甘草（*G. aspera*）（图35）等7种，现甘草、粗毛甘草和胀果甘草均作为洋甘草的变种处理。

⑥豆科的沙冬青属（*Ammopiptanthus*），常绿阔叶灌木。本属2种，新疆沙冬青（*A. nanus*）（图36）产新疆；蒙古沙冬青（*A. mongolicus*）（图37）产我国内蒙古、宁夏、甘肃。蒙古国和吉尔吉斯斯坦分别也有少量分布。*Flora of China*将两种合并为蒙古沙冬青，我们认为不合理。吐鲁番沙漠植物园均引种栽培。花冠黄色，叶常绿，耐修剪，属于北方很理想的园林观赏植物。

⑦白花丹科的补血草属（*Limonium*），多年生（罕一年生）草本、半灌木或小灌木。花序伞房状或圆锥状，罕为头状；花色多样，观赏价值很高，

图36　新疆沙冬青

图37　蒙古沙冬青

图38　黄花补血草

图39　大叶补血草

有些种很适合作干花或插花。本属有300种，分布于世界各地，多生于海岸和盐性草原地区。我国有17~18种，主要产于新疆。本属有些种为民间草药；某些根部肥大的草本可作鞣料。吐鲁番沙漠植物园先后引种收集了黄花补血草（*L. aureum*）（图38）、二色补血草（*L. bicolor*）、喀什补血草（*L. kaschgaricum*）、大叶补血草（*L. gmelinii*）（图39）、耳叶补血草（*L. otolepis*）、精河补血草（*L. leptolobum*）等，其中，黄花补血草、二色补血草、大叶补血草、耳叶补血草等已用于观赏花卉园中，目前仍在引种收集该属的其他物种。

⑧夹竹桃科的罗布麻属（*Apocynum* = *Poacynum*），直立半灌木。圆锥状聚伞花序一至多歧，顶生或腋生；花冠圆筒状钟形，紫红色、粉红或白色，具观赏价值；茎的纤维用于纺织。本属约15种，我国产2种。吐鲁番沙漠植物园先后引进罗布麻（*A. venetum*）（图40），直立半灌木，高1.5~3m，一般高约2m，最高可达4m。自然分布在盐碱荒地和沙漠边缘及河流两岸、冲积平原、河泊周围及戈壁荒滩上，是我国野生的纤维植物，其茎皮纤维具有细长柔韧而有光泽、耐腐、耐磨、耐拉的优质性能，用途广泛。叶含胶；嫩叶蒸炒揉制后可当茶叶饮用，有清凉降火、防止头晕和强心降压的功用；麻秆剥皮后可作保暖建筑材料；根部含有生物碱供药用。本种花多，美丽、芳香，花期较长，具有发达的蜜腺，是一种良好的蜜源植物。大叶白麻（*Poacynum hendersonii*），直立半灌木，高0.5~2.5m，一般高1m左右。主要野生在盐碱荒地和河流两岸冲积地及湖泊田水周围，国内产自甘肃、青海和新疆等地；俄罗斯也产。用途与罗布麻相同，唯本种的花较大，颜色鲜艳，花冠粉红或紫红色，花期较长，腺体发达，

是良好的蜜源植物。原白麻（*Poacynum pictum*）（图41），直立半灌木，高0.5 ~ 2m。产于甘肃、青海和新疆等地，俄罗斯也有分布。主要野生在盐碱荒地和河流两岸冲积地及湖泊田水周围。本种茎皮纤维用途和罗布麻相同。原白麻属2种现合并为白麻归入罗布麻属。

其他特色类群还有麻黄科的麻黄属（*Ephedra*）（图42）；豆科的锦鸡儿属（*Caragana*）（图43）、无叶豆属（*Eremosparton*）（图44）和银砂槐属（*Ammodendron*）；裸果木科的裸果木属（*Gymnocarpos*）；菊科的河西苣属（*Hexinia* = *Launaea*）；蓼科的木蓼属（*Atraphaxis*）等。

现今，吐鲁番沙漠植物园共累计引进疆内和国内的植物800多种，隶属87科385属。引种频次共计1 620次，获1 620份植物繁殖材料（其中不包括沙拐枣专属引种获得的1 698份繁殖材料和甘草属采集到的2 064个个体植株的繁殖材料）；国外的植物共456种，含乔木52种，灌木92种，草本312种（包括67种鸢尾品种）。国内引种的种子1 388份，植株活体、插穗或营养体232份）。迁地保存的荒漠植物以蓼科（Polygonaceae）、柽柳科（Tamaricaceae）、菊科（Asteraceae = Compositae）、苋科 = 藜科（Amaranthaceae = Chenopodiaceae）、豆科（Fabaceae = Leguminosae）、禾本科（Poaceae = Gramineae）、蒺藜科（Zygophyllaceae）、十字花科（Brassicaceae = Cruciferae）等的植物为主体。植物标本室收藏植物腊叶标本近12 000份，种子标本2 000多号，相关植物图片资料万余份。

吐鲁番沙漠植物园迁地保存干旱荒漠区植物种质资源500多种（含特殊战略植物种质资源200种）；迁地保存干旱荒漠珍稀濒危特有植物近100种；收集保存中国分布的梭梭属、沙拐枣属、柽柳属、白刺属和甘草属等典型植物种质资源80%以上。

图40　罗布麻

图41　白麻

图42　中麻黄

图43　柠条锦鸡儿

图44　准噶尔无叶豆

6 植物园的规划与专类园建设

6.1　植物园规划的演变

吐鲁番沙漠植物园是极端环境中的植物园，又是独具特色的植物园。做好植物园的规划也是一个重要的研究课题。

从20世纪70年代初的"治沙园林场"的条田规划，到1975年的沙漠活植物标本园的设计，完全是规整规矩的（图44）。园内植物最初以科属分类布局，按恩格勒系统排列。道路及渠系规整式配置，形式呆板，不符合植物本身特有的生态习性，标本园整体观赏性不强，游览景观效果也缺少特色。虽如此，因苗木定植已不能进行大规模的彻底改造。在不改变原有植物配置形式的基础上，重点改造道路和灌溉系统。至1980年，已引种植物80余种，定植67种。1984年，根据中国科学院生物学部宋振能常务副主任的建议，我们在吐鲁番市人民政府和恰特喀勒乡人民政府的大力支持下，获得了土地使用证（图45），园区面积增至34hm^2。1986年吐鲁番沙漠植物园聘请中国科学院北京植物园余树勋先生做顾问，他亲临吐鲁番现场，对植物园方方正正的道路布局、不理想的植物园围栏以及植物的配置都提出了很好的建议。为此，吐鲁番沙漠植物园进行新的规划（图46）。

1989年4月，中国科学院生物局在广州华南植物园召开了第三次植物园工作会议，恢复了中国科学院植物园工作委员会，并制定出院植物园的发展规划，明确了院植物园应以科研为主，科研、建园、科普及开发全面发展的方针。吐鲁番沙漠植物园作为其成员之一，开始获得中国科学院专项经费支持和受院植物园工委会直接领导。其后，每年均能获得植物引种（每引进一个物种获500元支持）和专类园建设的经费支持，陆续在吐鲁番沙漠植物园南园规划了柽柳专类园、民族草药圃、沙拐枣专类园、荒漠珍稀濒危植物迁地保护区；

土地使用证

新集土字第 00019号

根据中华人民共和国宪法规定特发此证

姓名		单位	吐沙漠研究站
住址	乡（镇）		村（街）
用地面积	507 市亩		
土地用途	试研用地		

土地所有权	国有
批准使用土地时间	一九八四年十一月二十日
四至	东： 南：
	西： 北：

图45　吐鲁番沙漠植物园的土地使用证

图46　1986年前植物园的规划图

在北园区规划了荒漠区经济果树资源收集圃和荒漠野生花卉区。

在“八五”期间，植物园的科研和建园工作得到了有效的维持和发展，重新规划的园貌也有了较大的改观。“八五”末引种植物增至480余种，所保存的荒漠珍稀濒危植物由7种发展至43种，面积也由原来的$9hm^2$扩展到$34hm^2$。还建有自动气象观测系统，有$540m^2$的实验楼，$600m^2$的专家公寓及生活用房，有$400hm^2$的人工灌木防沙示范林、$600hm^2$的农田沙害治理样板区，$4hm^2$引种实验苗圃。新建了“柽柳专类园”和“民族药植物园”两个专类园，荒漠珍稀濒危植物迁地保护区、荒漠区珍贵果树资源圃和荒漠野生花卉区的建设也在进行当中，沙漠植物园渐见雏形。

1998年7月，随着研究所联合重组，成立中国科学院新疆生态与地理研究所并进入中国科学院知识创新工程。1999年吐鲁番沙漠植物园在以科研为主、科研和建园协调同步发展的方针指导下，大幅度提高沙漠植物园的总体质量，突出鲜明的地域特色。成为新疆生态与地理研究所知识创新工程的一个重要有机组成，也成为中国科学院植物园系统知识传播与知识创新体系中的一个不可替代的部分。在这一创新目标的指导下，开始进行“十五”建设创新规划（图47），后在此基础上提出“吐鲁番沙漠植物园二期创新建设方案”（图48）。

2006年，根据中国科学院批准的《吐鲁番沙漠植物园三期创新总体规划（2006—2010年）》和《吐鲁番沙漠植物园建设发展规划（2006—2010年）实施方案》，完成了《吐鲁番沙漠植物园三期建设实施方案（2006—2008年）》文本及图件（图49）。吐鲁番市发展计划委员会批准立项实施，吐鲁番市国土资源局和吐鲁番市林业局同意沙漠植物园南园新扩建$115.3hm^2$（1 729.5亩）土地的使用权（图50）。2007年完成了植物园围栏工程

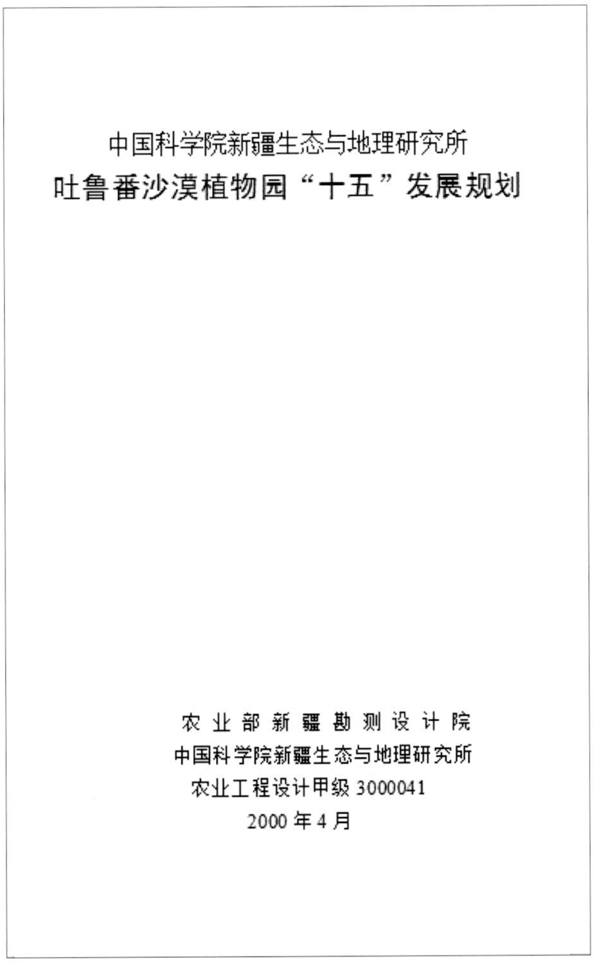

中国科学院新疆生态与地理研究所
吐鲁番沙漠植物园“十五”发展规划

农业部新疆勘测设计院
中国科学院新疆生态与地理研究所
农业工程设计甲级 3000041
2000年4月

图47 “十五”发展规划

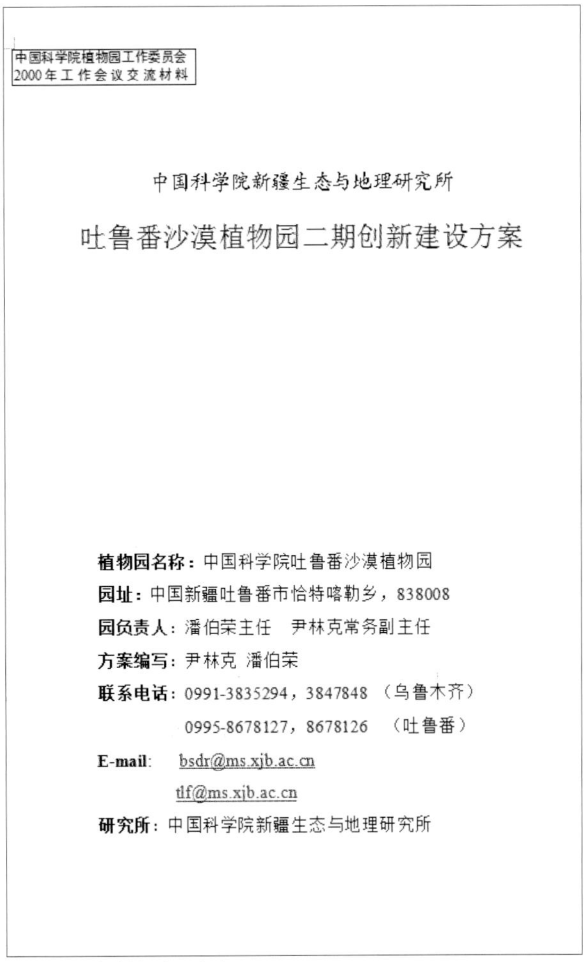

中国科学院植物园工作委员会
2000年工作会议交流材料

中国科学院新疆生态与地理研究所
吐鲁番沙漠植物园二期创新建设方案

植物园名称：中国科学院吐鲁番沙漠植物园
园址：中国新疆吐鲁番市恰特喀勒乡，838008
园负责人：潘伯荣主任　尹林克常务副主任
方案编写：尹林克　潘伯荣
联系电话：0991-3835294，3847848　（乌鲁木齐）
0995-8678127，8678126　（吐鲁番）
E-mail: bsdr@ms.xjb.ac.cn
tlf@ms.xjb.ac.cn
研究所：中国科学院新疆生态与地理研究所

图48　二期创新建设方案

吐鲁番沙漠植物园荒漠植物收集与生态景观优化实施方案（2007—2008年）

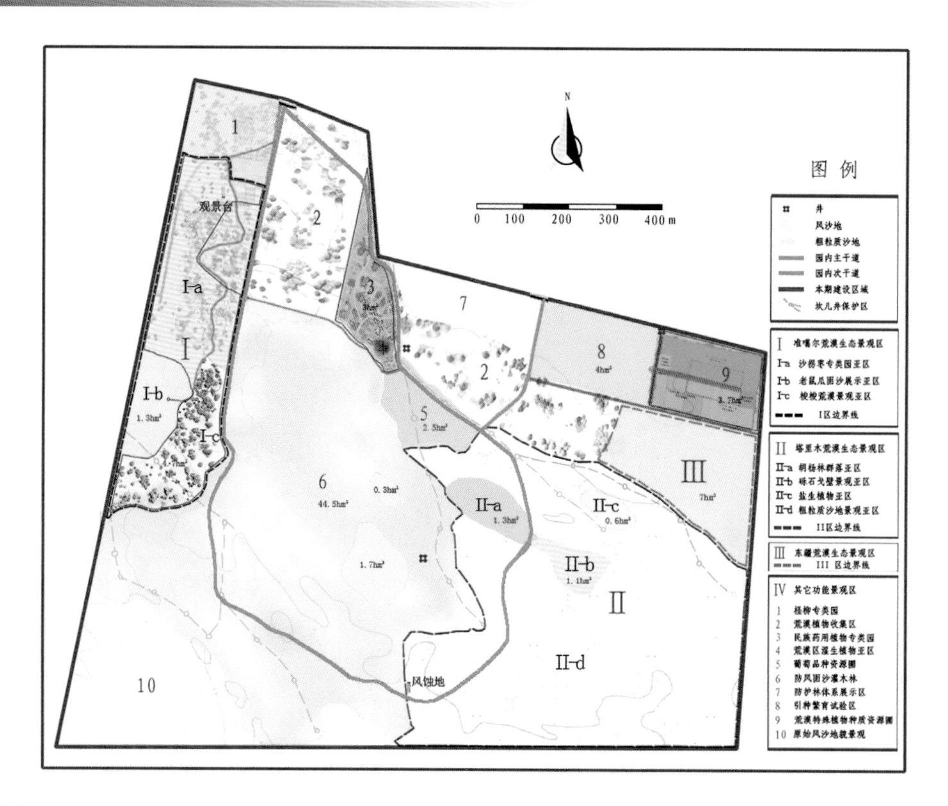

图49 三期创新总体规划实施方案设计图

吐鲁番市
发展计划委员会文件

吐市计社〔2006〕95号

关于申请扩建吐鲁番沙漠植物园项目的立项批复

中国科学院新疆生态与地理研究所：

你单位《关于申请扩建吐鲁番沙漠植物园项目的立项报告》收悉。经研究，同意你单位计划在吐鲁番市治沙站以南，对现有沙漠植物园进行扩建的立项申请。现批复如下：

一、项目扩建规模：计划总扩建面积115.3公顷，主要以种植乔灌木植物为主。

二、总投资及资金筹措：计划总投资2000万元，所需资金由你单位全额自筹解决。

三、建设期限：2006年至2010年

四、该项目建设必须符合吐鲁番市土地总体利用规划，以及环境保护、消防安全等有关要求。

接此批复后，请严格按照项目基本建设程序的有关要求，到相关单位办妥手续后，再组织实施，并每月将项目进展情况按时报送我委。（联系电话：8529055）

二〇〇六年六月十四日

主题词：沙漠植物园 扩建 项目 批复

抄送：市委办、政府办、国土资源局、环保局、林业局、安监局、存档（三）。

吐鲁番市发展计划委员会　　　　2006年6月14日印发

图50 吐鲁番市发展计划委员会关于土地扩建的批复

5 500m；并在吐鲁番市交通局的大力支持下，新修了宽4m的一级主干道5 127.8m。

吐鲁番沙漠植物园（图51）先后经历《中国科学院吐鲁番沙漠植物园总体发展规划（2006—2016年）》《中国科学院吐鲁番沙漠植物园三期创新建设实施方案（2006—2010年）》《中国国家科学植物园体系建设–吐鲁番沙漠植物园十五年建设方案（2008年）》，2009年完成了《中国科学院吐鲁番沙漠植物园十五年建设发展总体规划方案（2010—2024年）》（图52）。建园发展规划的总目标明确：采用规整式与自然式相结合的手段，突出以荒漠植物造景为主的特色，充分完善、健全配套设施，建立一个具有科学内容和园林景观的，具有科学研究、旅游观光、科普示范、生产试验、教学实习等多种功能的高标准的沙漠植物园。现正在为创建“伊犁–吐鲁番国家植物园”开始进行新的规划设计。

6.2 独具特色的专类园区

任务促建园，科研促建园是吐鲁番沙漠植物园建设的宗旨。1989年9月，中国科学院召开了第三次植物园工作会议，恢复了中国科学院植物园工作委员会，制定出中国科学院植物园“八五”

图51　俯视吐鲁番沙漠植物园景观

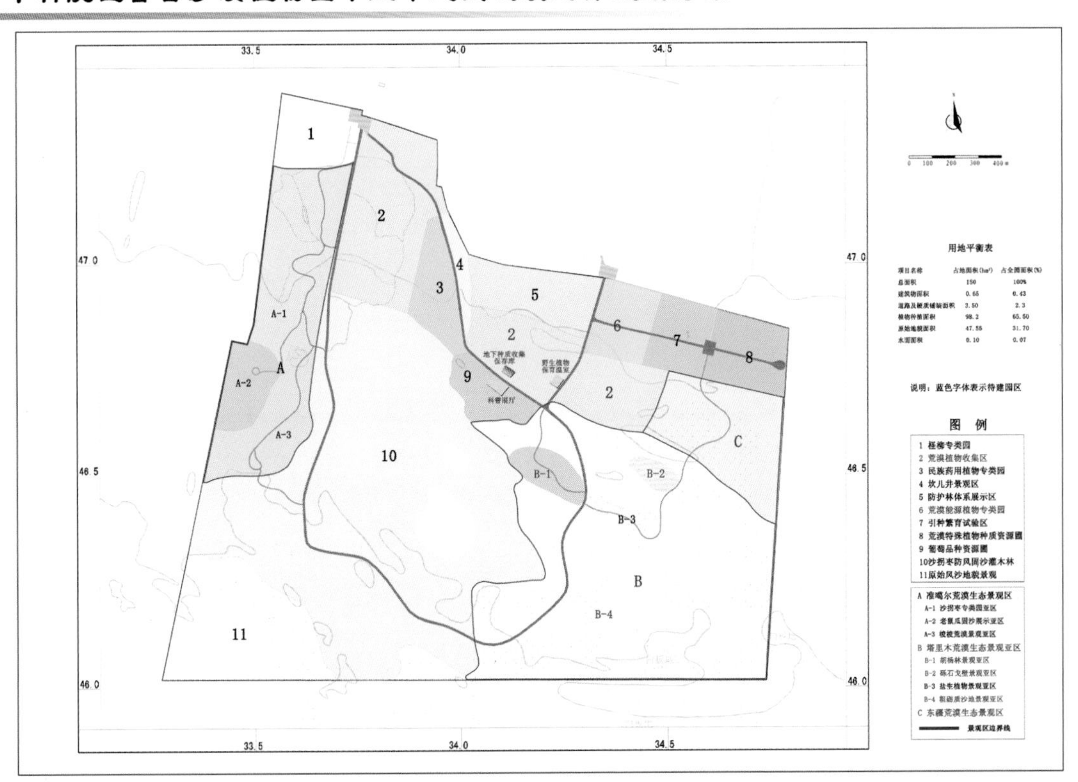

图52　植物园十五年建设发展总体规划图

发展规划，明确了院植物园应以科研为主，科研、建园、科普及开发全面发展的方针。吐鲁番沙漠植物园作为其成员之一，开始获得中国科学院专项经费支持和受院植物园工委会直接领导。已建有“荒漠植物标本园”“柽柳专类园”“沙拐枣专类园”“民族草药圃”“梭梭和白梭梭荒漠植被展示区”“荒漠珍稀特有植物迁地保护区”“荒漠观赏植物园”“禾草园”“补血草专类园”“盐生植物专类区”和“干旱区经济果木汇集圃”，大多都得到中国科学院主管部门和院植物园工委会立项支持建设的；有的专类园又是依托科研项目创建或扩建的，如“沙拐枣种质资源圃”“生物质能源植物专类园”“甘草种质资源圃”和“甘草园”等。

6.2.1 沙漠植物活体物种标本园

建设依据：沙漠植物亦即荒漠植物。生态学上通常称荒漠植物为超旱生（或强旱生）植物，以矮化的木本、灌木或多肉植物为主，形成稀疏的植物群落。荒漠植物主要以超旱生的灌木、半灌木为主，也有多年生草本和一年生草本植物。荒漠地区还生长着为数不多的乔木或小乔木植物，如胡杨（图53）、灰杨（*Populus pruinosa*）、榆树（*Ulmus pumila*）和沙枣（*Elaeagnus angustifolia*）等。中国温带荒漠种子植物区系成分有1 000多种，包括在荒漠地区长期生长的非典型荒漠植物，其中以豆科（Fabaceae=Leguminosae）、菊科（Asteraceae = Compositae）、禾本科（Poaceae = Gramineae）、苋科（Amaranthaceae = Chenopodiaceae）、柽柳科（Tamaricaceae）和蓼科（Polygonaceae）为主。多数有特殊的旱生、超旱生结构和抗逆性强的生理生态特性，有优良的固沙、节水、耐盐碱、抗风蚀、沙埋的生态价值，还具有观赏价值；毛茛科的仅产新疆的东方铁线莲（*Clematis orientalis*）属于具观赏性的攀缘草质藤本植物（图54）。本专类园将起到荒漠植物物种资源收集保存、特殊荒漠植物类群生物生态学与系统分类学研究、科学普

图53　胡杨（王喜勇 摄）

图54　东方铁线莲

及和教学实习的基础平台功能。

建设内容：该专类园就是植物园的前身，始建于1976年，占地8hm^2。已定植荒漠植物400多种，隶属60科200属，成为中亚干旱区荒漠植物田间汇集圃和展示区。不少植物是我国荒漠特有种类和分布区的建群种。植物开始以科属分类布局，现改为按生境及生态习性布局，使荒漠植物标本区与南部大面积人工沙漠植被有机地融为一体，部分原始风蚀流沙地貌与之相互衬映，突出内陆干旱荒漠区的景观特点。进行以道路和灌溉系统为主的配套设施改造；在大的植物类群区内制作永久性的科普介绍栏和导游标识；在局部地段更换植物生长基质，创造庇荫、湿地、盐漠、砾石等微生态环境，以满足不同生态型植物生存需要；改造灌溉系统、道路系统，增设照明和防火系统。

6.2.2 柽柳专类园

建设依据：全世界柽柳科（Tamaricaceae）植物3～5属100余种。其中，柽柳属（*Tamarix*）54种，中国产有18种2个变种，是柽柳属植物的次级起源中心，特有种多、分布广泛、变异复杂。柽柳属中多数种具有抗旱、耐盐碱、耐高温等特性，是干旱、半干旱地区防风、固沙造林和水土保持的优良树种，在生态环境建设中发挥重要作用。对其开展深入研究对揭示干旱荒漠区植物区系形成与演变、生物多样性保护以及提高受损生态系统的自我修复功能等方面具有重要理论和实践意义。柽柳属植物具有丰富的生态多样性，种间和种内从形态特征、表型、花色、化学成分及遗传结构上都有明显差异。1995年获得国家自然科学基金项目“中国柽柳科植物的研究及生物多样性保护”资助，促进了柽柳专类园的建设。

建设内容：始建于1992年，占地2hm^2（图55），是世界上第一座柽柳科植物田间种质资源库和研究基地（图56）。现已保存柽柳科植物活植物3属20种，其中柽柳属植物17种、琵琶柴属（*Reaumuria*）植物2种、水柏枝属（*Myricaria*）植物1种，占中国分布种数的50%以上。遵循“群落建园”精神，以典型群落的主要种类为主构建不同群落类型的亚区，从群落外貌、层次结构、种类组成等都尽量模拟自然群落，实现物种多样性与景观多样性并重、在多样化的景观中体现多样

图55 柽柳专类园

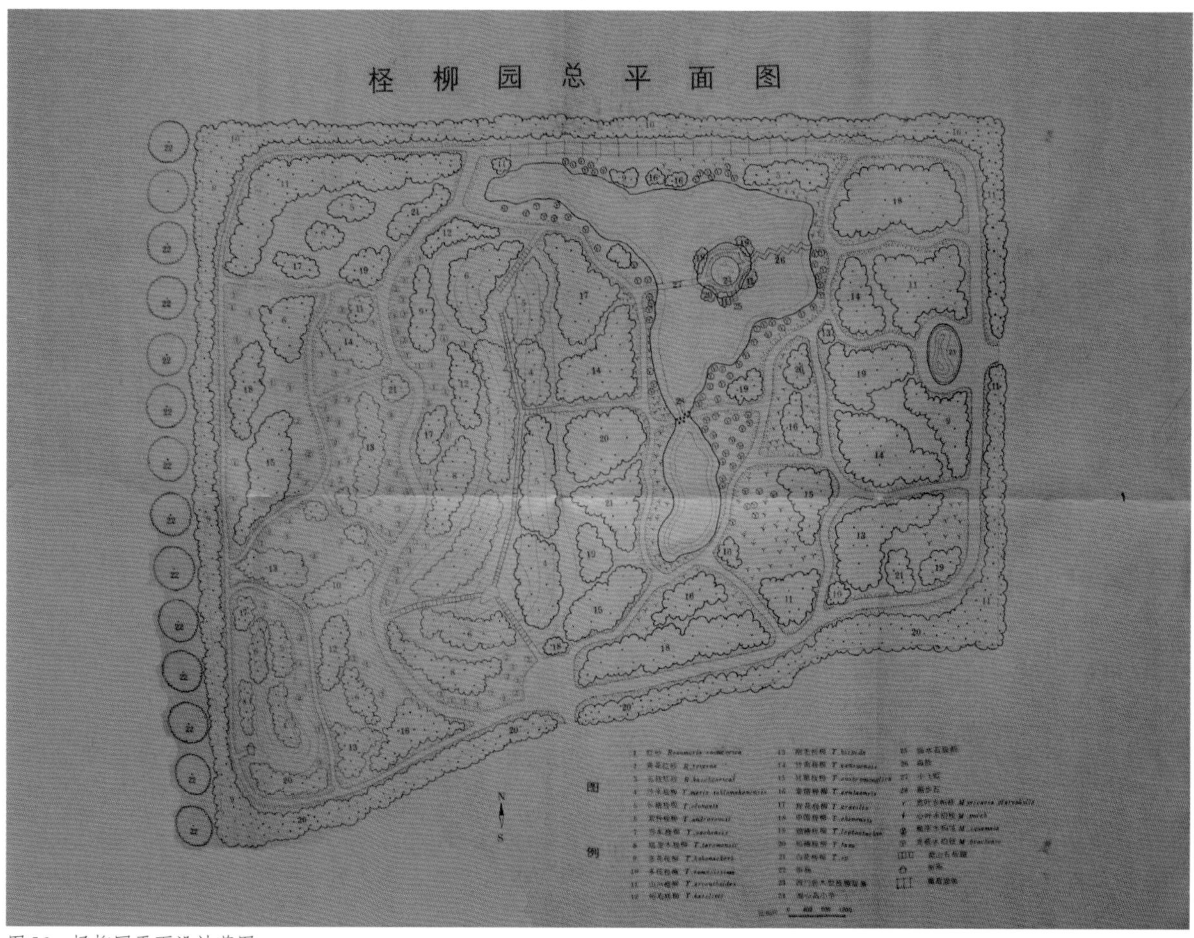

图56　柽柳园平面设计蓝图

性的物种的局面。改造基础设施，充实种类，再配置一些园林景观，使其成为公众教育的重点区域。

6.2.3　沙拐枣专类园

建设依据：蓼科沙拐枣属（*Calligonum*）植物是中亚和亚洲中部沙质及部分砾质荒漠植被的重要建群物种，也是荒漠植物区系中的古老类群，其中大多是优良固沙植物，并具观赏和饲用价值。沙拐枣属植物种是根据果实外部的形态特征区分。该属应为35种11变种，隶属4个组，中国有25种，占世界种类的2/3以上，主要分布于内蒙古、甘肃、青海和新疆等地，其中新疆分布的种占中国分布种的4/5。沙拐枣属植物多样性特点突出，专类园的建立，将有效提升沙漠植物园在专类植物研究方面的科技创新能力，为沙拐枣属植物的分类和系统演化研究、多样性保护研究和资源合理的开发利用方面提供新的理论依据与植物种质资源储备，同时，也为深入开展分子生物学研究创造条件（图57）。

建设内容：自20世纪70年代，开始进行沙拐枣属植物的专属引种工作。现已完成了中国沙拐枣属植物分布区近3/4范围野外引种工作，掌握了成熟的繁育、种植和造林技术，开展了长期的生物学及生态学特性定位研究工作，取得了重要的基础和应用基础研究成果，积累了较丰富的野外调查实践经验和丰厚的前期工作基础。“沙拐枣专类园的建立”属中国科学院植物园网络创新建设专项（2005—2007），已收集到国产沙拐枣属植物所有种类，引种定植了19种（含变种），并建立了沙拐枣防风固沙示范样板区33.3hm^2（500亩）。在科技部国际合作项目“中亚沙拐枣属植物研究及种质资源保护平台建设”的支持下，建立了以不同居群为代表的田间种质资源圃（图58）；建成

吐鲁番沙漠植物园荒漠植物收集与生态景观优化实施方案 （2007---2008年）

图57 沙拐枣专类园（续建）设计图

图58 沙拐枣属植物种质资源圃

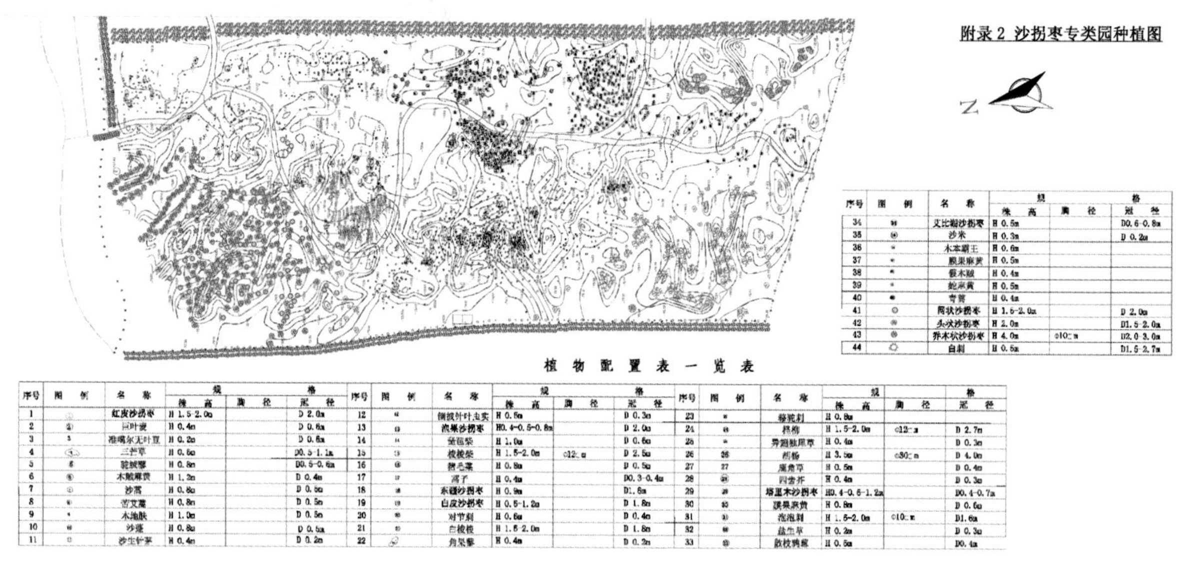

序号	图例	名称	规格 株高	胸径	冠径
1		红皮沙拐枣	H 1.5-2.0m		D 2.0m
2		叵叶麦	H 0.4m		D 0.6m
3		准噶尔无叶豆	H 0.2m		D 0.6m
4		三芒草	H 0.6m		D0.5-1.1m
5		驼绒藜	H 0.8m		D0.5-0.6m
6		木贼麻黄	H 1.2m		D 0.4m
7		沙蒿	H 0.8m		D 0.6m
8		苦艾蒿	H 0.8m		D 0.5m
9		木地肤	H 1.0m		D 0.5m
10		沙蓬	H 0.8m		D 0.5m
11		沙生针茅	H 0.4m		D 0.2m
12		侧披针叶虫实	H 0.5m		D 0.3m
13		泡果沙拐枣	H0.4-0.5-0.8m		D 2.0m
14		琵琶柴	H 1.0m		D 0.6m
15		梭梭柴	H 1.5-2.0m	⌀12cm	D 2.5m
16		猪毛菜	H 0.8m		D 0.5m
17		蒿子	H 0.4m		D0.3-0.4m
18		东疆沙拐枣	H 0.9m		D1.6m
19		白皮沙拐枣	H 0.5-1.2m		D 1.8m
20		对节刺	H 0.6m		D 0.4m
21		白梭梭	H 1.5-2.0m		D 1.8m
22		角果藜	H 0.4m		D 0.2m
23		骆驼刺	H 0.8m		
24		柽柳	H 1.5-2.0m	⌀12cm	D 2.7m
25		异翅独尾草	H 0.4m		D 0.3m
26	26	胡杨	H 3.5m	⌀30cm	D 4.0m
27	27	鹿角草	H 0.5m		D 0.4m
28		四齿芥	H 0.4m		D 0.3m
29		塔里木沙拐枣	H0.4-0.6-1.2m		D0.4-0.7m
30		膜果麻黄	H 0.8m		D 0.6m
31		泡泡刺	H 1.5-2.0m	⌀10cm	D1.6m
32		盐生草	H 0.2m		D 0.3m
33		散枝鸦葱	H 0.5m		D0.4m
34		艾比湖沙拐枣	H 0.5m		D0.6-0.8m
35		沙米	H 0.3m		D 0.2m
36		木本霸王	H 0.6m		
37		膜果麻黄	H 0.5m		
38		假木贼	H 0.4m		
39		蛇麻黄	H 0.5m		
40		[illegible]	H 0.4m		
41		网状沙拐枣	H 1.5-2.0m		D 2.0m
42		头状沙拐枣	H 2.0m		D1.5-2.0m
43		乔木状沙拐枣	H 4.0m	⌀10cm	D2.0-3.0m
44		白刺	H 0.5m		D1.5-2.7m

图59　沙拐枣专类园建群植物定植图

以沙拐枣标本园、群落植被样地（图59）、田间种质资源圃和数据库（包括活植物信息、苗圃管理信息、定植信息、腊叶标本信息、种子标本信息、活植物图片等）等“四位一体”的沙拐枣专类园体系。建成的《中国植被》和《新疆植被及其利用》等专著记载的白皮沙拐枣、红皮沙拐枣、南疆沙拐枣和泡果沙拐枣等群落样地，并适度引入伴生的其他灌木和多年生草本植物，增加园景建设内容。

6.2.4 民族药用植物专类园

建设依据：新疆是维吾尔族、汉族、哈萨克族、蒙古族等13个民族世居地区，各族居民利用植物草药作为与疾病作斗争的武器，对于药用植物的利用可以追溯到很久远的年代。维吾尔医药、哈萨克医药和蒙古医药是我国传统中医药中重要的组成部分。特别是维吾尔等少数民族，在发掘和应用药用植物上有特殊的贡献。维吾尔民族在利用自然植物资源的历史长河中，不断积累实践经验，最后形成了祖国医药学的一个重要组成部分——维吾尔医药学。新疆中药民族药的天然药约2 000种，其中大部分是植物药，其中不乏荒漠地区的许多名贵草药，如：沙枣、沙棘（*Hippophae rhamnoides*）、阿魏（*Ferula* spp.）、甘草、麻黄、肉苁蓉、锁阳（*Cynomorium songaricum*）、骆驼蓬（*Peganum harmala*）和骆驼刺（*Alhagi sparsifolia*）等。本专类园的建设有利于发掘和整理荒漠区少数民族常用的药用植物资源，发展新疆各少数民族应用药用植物资源方面的民族植物学、民族药学研究，评价少数民族的传统植物文化对荒漠区的植物多样性及可持续利用的贡献。

建设内容：建于1992年，占地0.5hm^2。以收集新疆维吾尔族常用草药为主，同时兼收新疆哈萨克族、蒙古族等其他少数民族的草药种类，重点突出荒漠的种类。现已收集植物100余种，按照生物生态学特性、不同生活型、不同功能与应用合理配置，以一年生、二年生和多年生的草本民族药用植物为主，少灌木和乔木。突出荒漠特色与不同民族的特色，优化民族草药圃的结构与园貌（图60）；进行改水、防风、换土等工程，点缀小品，挂牌竖碑，介绍植物药用价值，点出该区主题（图61）。为今后开展民族植物学和生物多样性保护研究创造基本条件，并将本园建设成为沙漠植物园的重点特色专类植物区，使该专类园成为沙漠植物园中的“精品园”。

6.2.5 干旱区经济果木汇集圃

建设依据：位于中亚荒漠地区的新疆素有“瓜果之乡”之美誉，是世界果树起源和栽培的重要地区之一。新疆有野生果树及近缘植物约13科

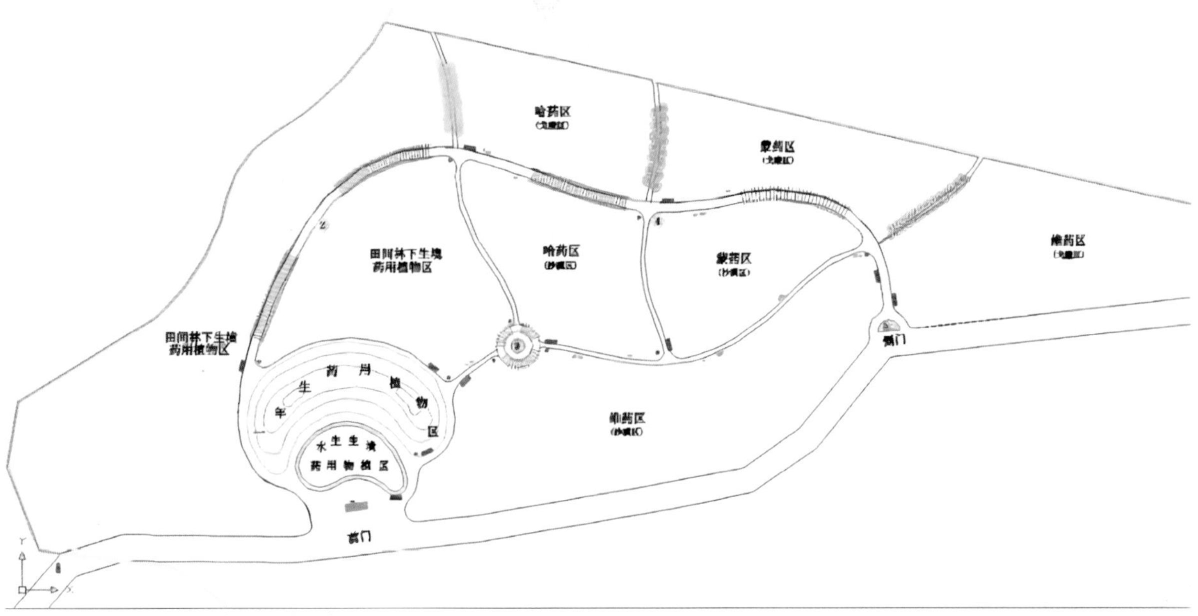

图60　民族药用植物专类园规划设计图

图61　民族药用植物专类园（王喜勇 摄）

28属93种4变种，是培育水果新品种的珍贵野生种质资源。新疆还有栽培果木品种460余种。栽培植物的起源与干旱区少数民族有着重要的关系。少数民族在建立自己的文明过程中，不断地栽培野生植物和驯化野生植物。维吾尔族广大群众在悠久的瓜果引种栽培历史过程中，逐渐形成了维吾尔民族园艺学。维吾尔族的生产和生活与经济果木植物也息息相关；野生经济果木作为一类绿化价值很高的观花观果园艺植物，在干旱荒漠区的城市绿化中应用前景广阔。该圃的建立，可为干旱荒漠地区野生经济果木种质资源遗传多样性保护利用、开展民族植物学研究和新品种培育提供物质基础，成为植物园重要的科普展示区

建设内容：1995年建立。与荒漠野生观赏植物园成为吐鲁番沙漠植物园北园重要专类园的组成（图62）。已引种干旱荒漠区经济果木20多种和30多个葡萄品种。配套设施包括园林道路、滴灌设施和配置地被。该圃多为蔷薇科植物，春季鲜花繁茂，给单调的荒漠景观带来无限生机。与相邻的荒漠野生观赏植物园连成有机的整体，既体现了新疆瓜果之乡的特色，又为北园工作生活功能区创造了新的园景（图63）。既成为了荒漠

图62　干旱区经济果木汇集圃（王喜勇 摄）

中科院吐鲁番沙漠植物园十五年建设发展总体规划方案

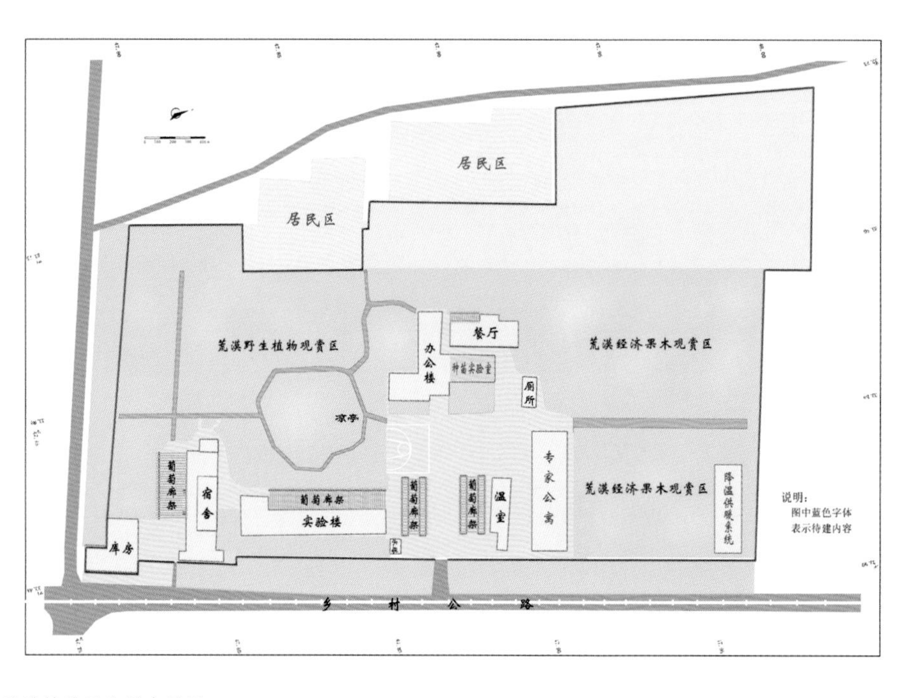

吐鲁番沙漠植物园北园总体规划图一

图63　吐鲁番沙漠植物园北园布局图

区野生果树及栽培果树品种的种质资源保存中心，也展示了荒漠区果树资源多样性的科普基地和独具民族特色的西域经济果木景点，为公众营造了解读民族文化，体会绿色、生态、环保、风情的氛围。

6.2.6　荒漠观赏植物园

建设依据：温带荒漠区野生观赏植物种类多，

有1 000余种。区系成分复杂。干旱区光照资源丰富，使野生观赏植物花色鲜艳，体现了新疆观赏植物的地方特色，构成了特有相对稳定的自然景观。新疆有大量的观赏花卉的野生育种材料。荒漠野生花卉植物是荒漠区的重要的自然资源，开展荒漠野生花卉植物的引种培育研究对建设稳定的荒漠区城市生态园林生态系统、保护利用乡土野生植物资源多样性有着重要意义。荒漠野生花卉植物具有鲜明的特色，它的开发既丰富了现有园林花卉种类，又给植物园的开发创收开辟了新的途径。

建设内容：1997年始建，规划面积1.0hm^2。该区已引种荒漠观赏植物70余种。主要以灌木收集为主，也进行地被类植物、低矮草本及其他观赏类植物的收集，如观赏鸢尾等，增加该园区的色调、层次、结构丰富度；注重观叶、观果类植物的收集与保育，为园林树种的选育提供原材料。荒漠区园林景观园貌建设，设立一些反映现代生态城市绿化、美化方向的园林小景及其他辅助科普设施（图64）。在中国科学院的支持下，2011年又在植物园南园增建补血草专类园和禾草园（图65、图66）。

图64　荒漠观赏植物园（段士民 摄）

图65　禾草园

08

图66 补血草专类园（段士民 摄）

6.2.7 甘草属植物种质资源圃

建设依据：甘草属约20种，分布遍及全球各大洲，以欧亚大陆为多，尤以亚洲中部的分布最为集中。我国有8种，主要分布于黄河流域以北各地，个别种见于云南西北部。甘草（*Glycyrrhiza uralensis*）最早记载于公元1—2世纪，在《神农本草经》中列为上品。陶弘景在《名医别录》中称甘草为“国老”，意即甘草为众药之主，经方少有不用者。西欧“植物学之父”提奥弗拉斯特在《植物的研究》一书中亦有甜根植物（*G. glabra*）的记载，并指出在民间入药治疗气喘、咳嗽等症。由此可知，中外历代对甘草的研究和利用十分重视，尤其是在本草方面，积累了丰富的材料。部分种类的根和根茎所含多种化学成分，有解毒、消炎、祛痰镇咳之效；此外，甘草还可应用于食品工业和烟草工业。

建设内容：2011年开始，通过与中国科学院华南植物园的密切合作建设“甘草种质资源圃”。采用了PV种植管的种植方式和滴灌技术供给植物生长用水，为需水多的克隆植物集约定植探索出理想的途径，将我国北方10个省（自治区、直辖市）自然分布的5种128个居群的野生甘草种质资源汇集保存于该圃（图67），为下一步筛选出甘草有效化学成分含量高的种类提供了有利的条件，为确保甘草种质资源的可持续发展利用奠定了物质基础，也为野生植物遗传多样性易地保护做出了一定贡献。2018年，通过“甘草新品种培育和规模化栽培”科研项目的执行，又新建了甘草优良品种培育基地（图68）。

6.2.8 荒漠珍稀特有植物迁地保护区

建设依据：我国西北荒漠珍稀植物具有高度的特有性，其中许多是我国荒漠植物区系研究的关键物种，具有多种抗逆性遗传基因，是实现人类可持续发展的宝贵的植物种质资源。但荒漠珍稀特有植物受人类破坏严重，加上自身的稀缺，因此，迁地保护荒漠珍稀特有植物，成为保护荒漠植物多样性的重点。

建设内容：迁地保护区规划面积4hm^2（图

图67　甘草种质资源圃

图68　甘草优良品种扩繁区

69）。自1986年首次获得国家自然科学基金“新疆荒漠珍稀濒危植物引种及其特性研究”资助开始，吐鲁番沙漠植物园更加重视国家和地区重点保护的荒漠珍稀濒危和其他珍稀特有植物的迁地保护，2009年已收集荒漠珍稀濒危特有植物23种，植物园现已引种近100种，许多种分散收集在其他专类园区，如梭梭、白梭梭、沙拐枣属和柽柳属的特有成分，该区则以沙冬青、刺山柑（*Cpaparis spinosa*）、裸果木（*Gymnocarpos przewalskii*）等植物为主。在植物定植区规划修筑环形道路1 200m、步道3 000m，方便科研、管理和游人参观。区内修建水塔一座，铺设滴灌设备（图70）。在引种收集的同时开展保护生物学的研究。通过研究珍稀濒危植物在迁地保护条件下的生存和生长状况、自然更新及与生态系统的相互影响，探讨它们的致濒机制和解濒措施，解决迁地保护所面临的问题，为保护及大规模繁育珍稀濒危植物提供有效的途径和方法，达到保存种质资源的目的。

6.2.9 梭梭和白梭梭荒漠植物群落类型区

建设依据：准噶尔荒漠梭梭属群落是亚非荒漠中一类独特的小乔木植被，在噶尔荒漠中占据较大区域，具有典型的地域性植被特征。对这种特有植被类型的组成、外貌和结构等特征进行研究，可以为群落易地重建提供理论参数。群落建园是植物园发展方向之一，并提出群落建园是以模拟植物群落的自然生境及生态系统特征，使受保护物种在有限的人为干预下，能够完成植物个体和群落的生活史和维系群落演替成为一个相对稳定的系统。群落建园在珍稀濒危、特有植物、生态系统中的建群种、系统发育中的关键类群以及具有重要经济价值物种的保护中具有重要作用。通过对自然典型荒漠植物群落结构特征分析，依据生态学和保护生物学相关原理和方法，确定荒漠植物群落易地重建时各群落主要物种有哪些，重建面积有多大，各群落各种群理论上需要最小存活数量、密度、垂直结构、空间

图69　荒漠珍稀特有植物迁地保护区

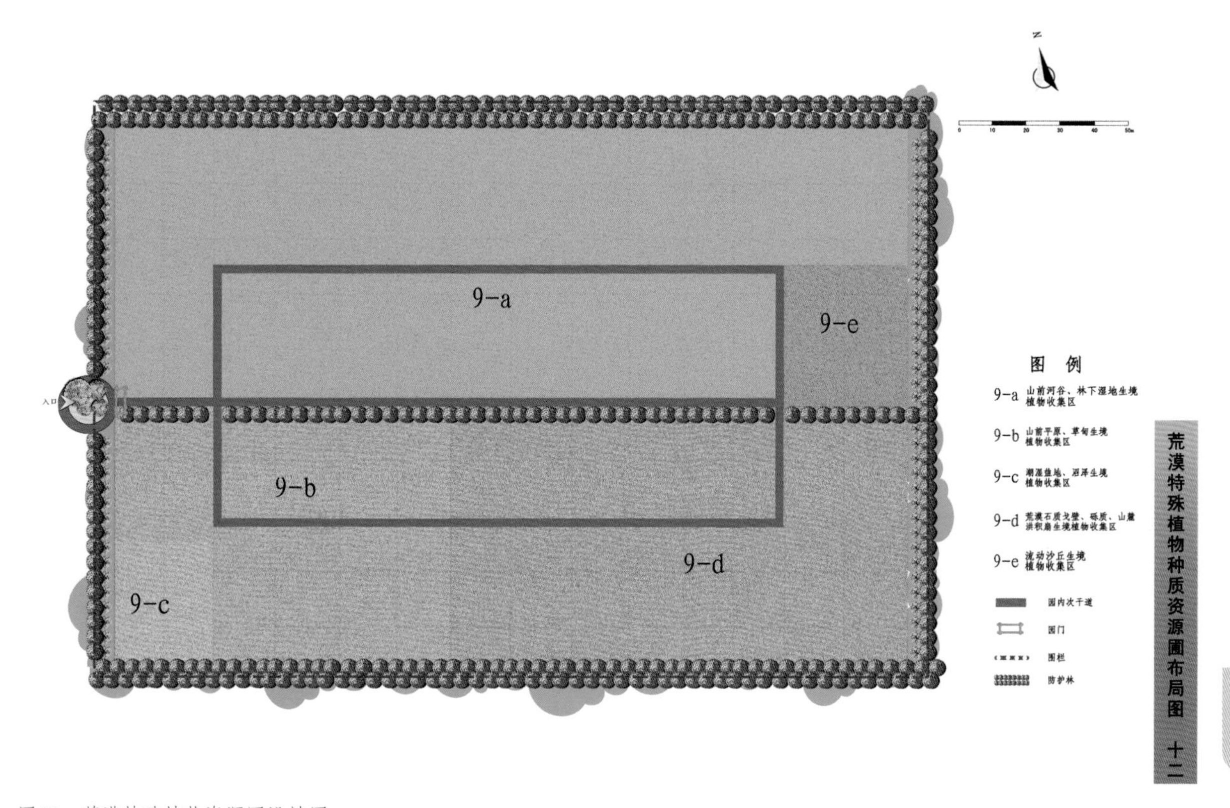

图70 荒漠特殊植物资源圃设计图

分布格局，在异地实现模拟微缩重建，使重建群落具有一定的稳定性和地域特色群落景观，实现从群落层面上的荒漠植物多样性迁地保护。

建设内容：2008年开始，在中国科学院战略生物资源与可持续利用专项“荒漠植物收集与生态景观优化”的支持下，以植物园西部原始流动沙地为基质，建设固定和半固定沙生植物群落，即以梭梭、白梭梭为建群种和优势种的6个准噶尔荒漠灌木及小乔木景观群落亚区，面积为2.7hm^2。该区是以科学研究为主，兼具科学展示功能。物种配置以干旱区典型沙生植物为主。以梭梭、白梭梭等为建群种，伴生以白皮沙拐枣、准噶尔无叶豆（*Eremosparton songoricum*）、羽毛三芒草（*Aristida pennata*=羽毛针禾 *Stipagrostis pennata*）、沙蓬（*Agriophyllum squarrosum*）以及藜科和菊科多年生草本植物。易地群落重建需要对自然群落特征，如建群种判断，主要物种构成、种群的垂直和水平分布结构等进行量化处理，以便对重建群落种群布局有参考依据。对分布于准噶尔盆地不同立地条件下的梭梭属典型植物群落进行样方调查，分析其群落物种组成及其数量特征，提出这些群落的特征参数，为植物群落易地重建提供依据。2009年，梭梭荒漠生态景观亚区定植11种植物6 585株（丛）。依据准噶尔荒漠6种典型梭梭属植物基本群落特征野外调查数据，确定各群落建群种和优势种，量化主要物种生长型和生活型，计算自然群落最小面积，判断建群种和优势种的水平分布格局和主要种群的年龄结构组成，计算易地重建群落优势种最小可存活种群数量、理论面积、主要物种组成、数量和群落空间格局，提出以群落为基本单元的梭梭属植物群落迁地保育建植模式（图71）。该区分梭梭群系和白梭梭群系两个小区（图72）。

6.2.10 荒漠盐生植物群落区

建设依据：新疆是中国最大的盐碱土区，盐

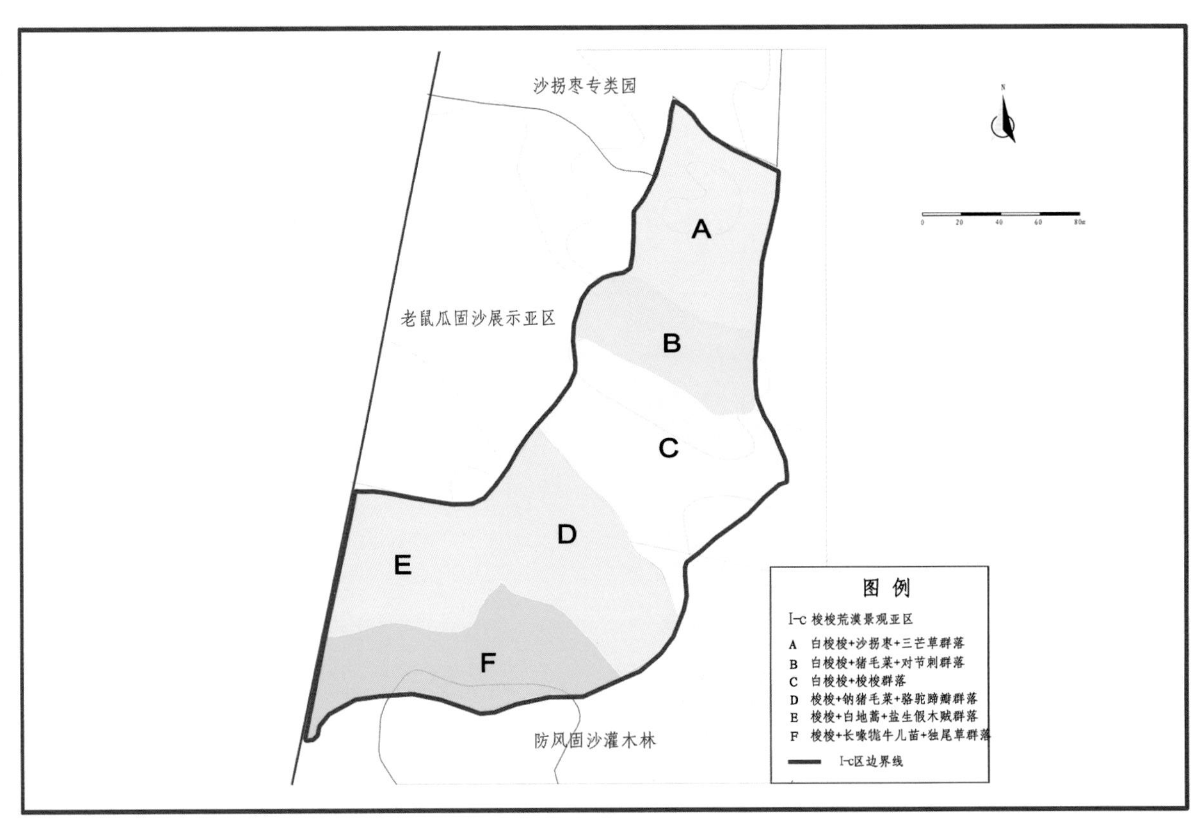

图71　梭梭荒漠生态景观亚区群落分区示意图

图72　白梭梭群系区

渍土面积1 336.11万hm^2，盐生植物种类丰富，有36科120属291种4亚种11变种，科、属、种数分别占全国盐生植物的53.7%、53.6%、57.7%，其中双子叶植物30科102属256种，单子叶植物6科18属35种。新疆特有种7种，中国新疆特有分布种123种，两项合占新疆与全国盐生植物种数的44.7%与25.8%。

盐生植物可分为拒透盐植物、聚盐植物、泌盐植物等。盐生植物在自然条件胁迫和长期自然选择与适应过程中，演化形成了许多特殊的基因型，是干旱区宝贵的遗传资源。鉴于其他专类园区的植物有许多也属于盐生植物，如尖果沙枣（*Elaeagnus oxycarpa*）、大叶白麻、芦苇（*Phragmites australis*）、疏叶骆驼刺（*Alhagi sparsifolia*）、胀果甘草、甘草、大叶补血草、耳叶补血草、红砂（*Reaumuria songarica*）、梭梭柴、多枝柽柳等，该专类区重点收集聚盐植物，即生于盐土中，在植物生长发育过程中吸收土壤中的水分和大量无机盐，并在器官中积聚了相当多盐分的盐生植物，如胡杨、灰杨、盐生假木贼（*Anabasis salsa*）、白滨藜（*Atriplex cana*）、盐节木（*Halocnemum strobilaceum*）、盐穗木（*Halostachys caspica*）、盐爪爪（*Kalidium foliatum*）、樟味藜（*Camphorosma monspeliaca*）、粗枝猪毛菜（*Salsola subcrassa*）、盐角草（*Salicornia europaea*）等。

建设内容：建设面积0.33hm^2，以植物园东南部原始风蚀地为基质，挖坑覆塑料布，填入取自分布于艾丁湖的盐渍土，人为注水增加土壤湿度。控制水分条件形成局部小区域临时性积水，在底部设置斑块状突起"小岛"，其上及周边裸地配植盐生植物。群落中以盐穗木、盐爪爪、囊果碱蓬（*Suaeda physophora*）、白滨藜等为建群种，伴生植物以白刺（*Nitraria tangutorum*）、芦苇、疏叶骆驼刺、刚毛柽柳等为主（图73）。广泛收集盐生植物种类，引入新疆盐生植物群落中的建群植物、优势植物及标志种。使该专类区成为新疆战略性盐生植物资源的汇集库，为下一步基因资源开发利用提供研究平台；也使其为荒漠盐生植物科普展示区。

6.2.11 生物质能源植物专类园

建设依据：石油资源短缺及大量消耗导致生态环境的不断恶化，严重威胁人类社会的可持续发展。我国油气等矿产资源严重短缺，后备资源储备不足，资源利用效率低下，已成为国民经济健康发展的重大瓶颈。开发利用可再生资源，减少经济发展对石油的依赖，具有十分重要的战略意义。能源问题已成为关乎人类可持续发展的重大战略问题。发展绿色可再生的生物质能源是缓解能源短缺和环境压力的主导性途径。干旱荒漠区的灌木种类较多，大多属于民间传统的燃料植物，如梭梭属、柽柳属等，其中，梭梭素有"荒漠活煤"之称。

生物质能源是通过植物的光合作用贮存在植物中能够直接或间接被人类利用的太阳能，是一种可再生能源。通过生物质能转换技术，可以生产各种清洁燃料，替代煤炭、石油和天然气等燃料。

建设内容：依托国家科学技术部"非粮柴油能源植物与相关微生物资源的调查、收集与保存"科技基础性工作专项，开展"新疆非粮柴油能源植

图73　盐生植物群落区（王喜勇　摄）

物调查、收集与保存”的工作过程中，建立“荒漠区生物质能源植物专类园”（图74），2008年始建，占地面积1.5hm^2，拟收集引种荒漠区木质纤维素、油料、淀粉等生物质能源植物200种，首先建植的是“荒漠活煤”——梭梭能源林（图75）。

除上述专类园区外，吐鲁番沙漠植物园还建有0.5hm^{2}的“防风治沙成果现场展示区”（图76）和利用原有一片废弃的坎儿井遗址开发的“坎儿井游览区”（图77）。

图74　生物质能源植物专类园（侯翼国 摄）

图75　新建的梭梭能源林（侯翼国 摄）

图76　防风治沙成果现场展示区

图77　坎儿井游览区（康晓珊 摄）

7 植物园大门与基础设施的演变

7.1　植物园大门的演变

植物园的大门也就是植物园的脸面，大门的好坏也从侧面反映了植物园的建设水平。从吐鲁番沙漠植物园大门的变化不仅可以看出植该园的发展历程，也从另一个方面体现了植物园的层次和水平。

吐鲁番沙漠植物园原有的大门及围栏建于20世纪70年代末80年代初，虽几经修补，改造，但外观、样式和风格与植物园今后的发展要求相距甚远。园门简陋，位置过于深入植物园内侧，门前无停车坪和小广场等配套服务设施，给游人造成诸多不便。混凝土桩加铁蒺藜的“园墙”，虽起到阻挡家畜进园啃食破坏植物的作用，却破坏了游园客人的视觉观感（图78、图79）。

1989年，中国科学院召开了第三次植物园工作会议，恢复了中国科学院植物园工作委员会，并制定出中国科学院植物园“八五”发展规划，明确了院属植物园应以科研为主，科研、建园、科普及开发全面发展的方针，中国科学院植物园恢复了在中国植物园界的重要地位。吐鲁番沙漠植物园作为中国科学院系统的植物园之一，在院协调局（生物局）和院植物园工作委员会的重视、组织、协调和支持下，与院属其他兄弟植物园一

图78　1976年刚修建的大门门柱

图79　1986年王恩茂等领导参观时的大门

起，多次获得中国科学院的专项建园经费支持和科研工作上的指导。沙漠植物园完善了道路系统、灌溉系统及配电系统等基础设施建设，建成了新的实验办公大楼和客座专家公寓，扩建了植物标本室和科普陈列室，植物园园貌和科研工作条件有了明显的改善，但是植物园大门的变化并不大（图80、图81）。

1997年外移并重新建成具有地区民族特色、与植物园的主体——荒漠植物相协调的植物园园门和园墙，并增设小型停车场（图82）。已将原有的正面400m围栏改造成钢筋铁栅栏式的围墙，剩余2 000m的铁蒺藜围栏现已多处被人为破坏或被风沙毁埋。改造后的永久性围墙将全部以钢筋水泥为主要材料建成。

2000年3月编制了《吐鲁番沙漠植物园二期创新建设方案》，学科目标是根据世界植物园发展趋势以及干旱荒漠区科技进步、社会发展及经济振兴的需要，本园的学科方向是以开展极端干旱区绿洲环境建设、保护与可持续发展示范和荒漠植物种质资源多样性保护工作为中心，最终发展成一个在特殊地理单元下的干旱荒漠区植物种质资源多样性保育和利用的研究创新基地。在全国植物园对中国植物区系中的特有及濒危植物种迁地保护网络系统中，充分体现其不可替代性。2005年植物园在原有基础上新建了木质大门（图83）、改建园区围墙，使大门前原有面积扩大0.72hm^2（10.8亩）。

2006年采用GPS定位和实地测量相结合，完成了沙拐枣专类园植物基本数据的采集，绘出了具体的植物分布图和地形图，为植物园数字化提供了基础资料。并完成了植物园海拔水准点的测量确认工作，建立“世界海拔最低的植物园”水准点石碑一座（图84）。

2007年，进入中国科学院知识创新体系，面积扩大至150hm^2。2009年建成专家公寓，并对植物园大门进行了新的设计、改造（图85）。

图80　1989年改造修建的大门

图81　1991年植物园大门再次改造

图82　1997年植物园大门新变化

图83　2006年植物园的大门重新改造

图84　水准点石碑

图85　2009年11月开始了新大门的修建

图86　2010年民族特色新大门建成

2010年4月，充分吸收吐鲁番苏公塔的风格，改造新建的植物园大门竣工，具有民族特色的吐鲁番沙漠植物园新大门终于建成（图86）。2012年，为迎接吐鲁番沙漠植物园40年园庆，植物园北园区的大门也进行了改造，面目一新（图87）。

7.2　相关设施建设历史

吐鲁番沙漠植物园最早的配套设施就是1976年建成一个二层的小土楼（图88）。半地下的房子是用土坯盖的“窑洞房”，共计四间，其中还安排一间房屋做了实验分析室，分析水样和土样的化学成分；上面两间除住房外，中间一个大间房就是会议室兼接待室，1983年，时任中国科学院副院长严东生院士视察吐鲁番沙漠植物园时，就是在这里向他汇报工作的。这间房也是当时的工作室，许多室内实验或田间试验的前期工作都是在这里开展的（图89）。

图87 2012年植物园北园区大门重新改建

图88 植物园最早的建筑物

图89　简陋的工作室

1985年，中国科学院投资15万元修建了植物园的实验办公楼。1986年，建成的实验办公楼，包括实验室、植物标本室、种子室、科研档案室、图书资料室、科普陈列室、会议室和办公室（图90）。2008年维修改造主楼实验室（4间）、办公室（2间）、会议室（1间）和卫生间（2间），总面积约250m²（图91）。

7.2.1　实验室建设

吐鲁番沙漠植物园是荒漠植物种质资源收集库，也是天然的开展荒漠植物研究的实验场，具有不可替代性。有必要在植物园内建设功能齐全的、设备先进的，可开展荒漠植物形态学、解剖学、细胞学、生理生态学、分子生物学等研究的国内领先水平的综合实验室，以在极端环境下植物的生理生态学特性、分子生态进化、植物抗逆机理及抗逆资源的合理开发利用等方面开展研究，并取得国际水平的科技创新成果，直接服务于国家的经济建设与社会发展。现有实验室位于园北区办公大楼的一层，根据研究目的及实验材料不同，设置4个实验室：基础生物学实验室、生理生态学实验室、植物保育遗传学实验室及抗逆性研究实验室。可开展形态学观测、染色体观察、解剖学制片实验、种子萌发及幼苗建成实验、简单的生理生化实验等，还新建了两间常温种子保存室，并配备了相应的设备，改善了种子存放设施。2011—2012年，实验室全部安装空调，并进行了整修（图92）。实验室仪器设备在2000年之前（价值5 000元以上仪器）总价值4.422万元，在2000年之后总价值为429.296万元，增长了97倍（图93）。

7.2.2　植物园标本室建设

1986年建成并使用，面积为150m²。以中国干旱半干旱荒漠区的荒漠植物为主要收藏对象；标本藏有量：植物腊叶标本2万多份（图94），植物种子标本约2 000份（图95）；此外，还有动物及

图90　1986年建成的实验楼

图91　维修改造后的实验楼（王喜勇 摄）

图92　维修改造后的实验室（齐月 提供）

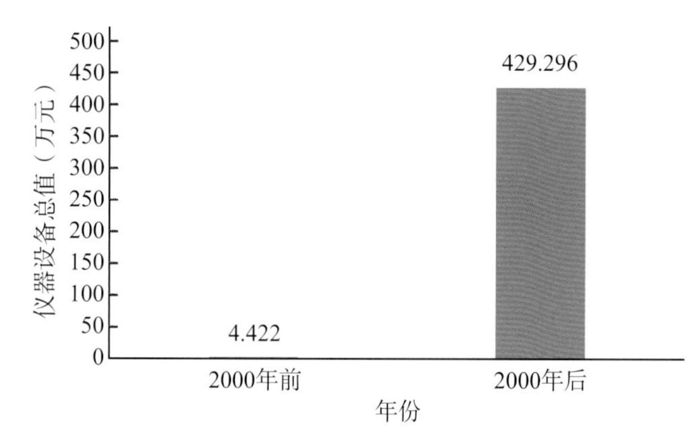

图93　2000年前后植物园仪器设备总值变化

图94　荒漠植物腊叶标本馆藏库

图95　荒漠植物种子标本馆藏

昆虫标本约300份，并专设了沙拐枣属植物标本室，馆藏有国内外沙拐枣属植物腊叶标本和种子标本。2003年吐鲁番沙漠植物园获中国科学院标本馆建设专项经费支持，对标本馆进行改造扩建、标本柜更新、设备购置和网络信息系统设备购置。

7.2.3 档案室和科普展室建设

吐鲁番沙漠植物园从建园初期就重视科技档案的积累与管理，1986年办公实验楼建成就设立了档案室（图96），涉及文书、图鉴、照片等各种收藏（部分档案提交研究所保存，仅留备份，如土地使用证等）。档案收藏以植物园建设档案和科研档案为主，分门别类装订入卷。

科学传播是植物园的职责之一，科普展室的建立不仅补充许多植物园里看不到的知识内容，还是陈列植物园科研成果，以及植物园建设与发展的历史过程的地方。将吐鲁番沙漠植物园艰苦创业与可喜成绩展示给参观访问者，则是对科技工作者优秀品德和无私奉献精神的传承。科普展室几经改造更新，始终保持与时俱进（图97）。

7.2.4 宿舍及接待处建设

1976年正式开展建园工作，并在北园位置，研究所投资修建了面积近200m^{2}两层的工作用房、住房和厨房。1991年获中国科学院基建经费支持，新建了10间专家公寓（图98、图99）。2007年对餐厅及专家公寓维修。新建水塔房三层60m^2，安装了9m^{3}高位水箱；安装0.8t锅炉一台，改造了400m^{2}的职工宿舍、专家公寓和温室的供暖和供水系统；对餐厅和宿舍进行了粉刷和装修；购置空调、消毒柜、压面机和饮水机等设备，改善了植物园职工食堂的就餐和卫生条件，还增建了学术报告厅（图100）。2009年获中国科学院专项基建经费支持，建成面积近860m^{2}两层"沙漠公寓楼"（图101）。2012年再次获中国科学院专项基建经费支持，建成面积1 000多m^{2}的两层综合楼，包括科研人员住房、会议室、多功能厅和科普展厅。植物园的基础设施逐渐得到完善。

图96 档案室

图97　科普展厅（王喜勇 摄）

图98　修建中的公寓（档案）

图99 竣工后的接待公寓

图100 学术报告厅（档案）

图101 新建的沙漠公寓楼（王喜勇 摄）

7.2.5 数字化植物园建设

植物园的数字化管理，是利用植物园迁地保育丰富珍贵的活植物资源，借助现代计算机应用、数据库建设、网络信息、图形处理等技术手段，开发建立活植物资源信息数据库和网络工程的信息系统，最终实现园内存活植物（包括植物园配套保存的植物腊叶标本和种子标本）的信息数字化、系统化、网络化、智能化，达到资源的方便管理、有效更新、合理利用和共享，以满足社会信息化发展的需求。如果进一步地利用遥感技术（RS）、声像技术、卫星定位（GPS）等高科技手段提高与升华植物园的信息系统工作，可实现“精准植物园”的建设目标。

突出“沙漠植物园”的特色和学科综合优势，将迁地保育的荒漠植物各类信息数字化保存，变现场开放为网络式开放植物园，最终建设成为一个快速、便利、统一的现代化信息系统网络数据源点。在植物园网络及其相关的植物标本馆网络建设的基础上、成为开展中国干旱区荒漠植物科学基础研究、应用研究、植物资源合理开发利用和学术交流的场所以及开展网络科普教育的基地。现初步建成了首个干旱荒漠区迁地保护植物数据库和活植物定植管理平台。植物信息数据库包含地理分布、产地、生境、生物学特性、分类学地位、生殖生态学特征、遗传多样性以及潜在资源价值等图文信息，已通过网络向社会开放（http://www.tebg.org），具备分级数据共享功能。数字植物的建设，显著提高了沙漠植物园迁地保存植物种质资源信息安全管理、科学研究应用和信息交换共享效率及科学知识传播的能力（图102）。

图102　植物园网页

8 团队建设及人才培养

8.1　团队建设

吐鲁番特殊的环境与吐鲁番沙漠植物园艰苦的条件，成为锻炼和培养科技人员的一个很好的平台。曾在吐鲁番沙漠植物园（吐鲁番沙漠研究站）长期从事野外研究工作的6名科研人员先后获得50次国家、中国科学院、新疆维吾尔自治区、乌鲁木齐及各级科协和学会等单位颁发的个人荣誉奖项（表1），其中还有不少荣誉是近几年获得的，可谓老骥伏枥，志在千里，充分说明吐鲁番沙漠植物园许多老同志（也有过世的）还在勤奋工作。植物园老科技工作者的杰出奉献为后来的年轻人树立了学习的榜样。

既然有很棒的领头人，就一定有不错的团队。在潘伯荣（1984—1999）、尹林克（2000—2010）、管开云（2010—2016）、张道远（2017年至今）历届四位主任（站长）的领导下（图103），吐鲁番沙漠植物园形成了一个团结、努力、拼搏、向上的团队。吐鲁番沙漠植物园（吐鲁番沙漠研究站）1978年，作为先进单位获得新疆科学技术大会表彰（图104）；1983年，在中国科学院首次野外台站工作会上，获得野外先进工作集体表彰；2003年，新疆维吾尔自治区科学技术协会授予了“自治区科普工作先进集体”称号；2007年，新疆维吾尔自治区科技厅、党委宣传部、科学技术协会、教育厅联合授予“优秀青少年科技教育基地”的

图103　植物园四届主任合影（左一：张道远；左二：潘伯荣；右一：尹林克；右二：管开云）

称号；2009年，新疆维吾尔自治区人民政府又授予“自治区科学技术普及集体奖”。

现在，吐鲁番沙漠植物园的管理机构设置及其职能如下：

植物园主任：张道远副所长（兼），总负责及国际合作与交流。

植物园副主任：王建成博士，负责科研管理与科研成果推广；王喜勇博士，负责园区建设与管理。

后勤安保管理部：负责人孙军二级技工，行政后勤、安全保卫管理。

园区建设管理部：负责人王喜勇（兼），植物引种和园区建设。

苗木繁育管理部：负责人荆为民工程师，野生植物种子特性研究与繁育。

种质资源研究部：负责人师玮博士，植物种质资源的收集、鉴定、评价和利用等。

图104　获新疆科学技术大会表彰

科学普及教育部：负责人康晓珊博士，植物科学知识传播，各类技术人才培养。

信息系统管理部：负责人康晓珊（兼），实验基础数据收集、观测与活植物管理信息系统维护。

表1　荣誉榜

序号	人员	授奖部门	奖励名称	年份
1	黄丕振	中国科学院	野外台站先进个人	1986
2	黄丕振	新疆维吾尔自治区人民政府	有突出贡献的中青年专家	1988
3	黄丕振	中国科学院	竺可桢野外科学工作奖	1988
4	黄丕振	国务院	政府特殊津贴	1993
5	黄丕振	中国林学会	劲松奖	1999
6	胡文康	新疆维吾尔自治区人民政府	科学技术普及个人奖	2009
7	胡文康	科技部 中央宣传部 中国科学技术协会	全国科普工作先进工作者	2010
8	胡文康	新疆维吾尔自治区人民政府	科普工作"标兵（个人）称号	2010
9	刘铭庭	新疆维吾尔自治区人民政府	"双放"工作先进个人	1990
10	刘铭庭	中共新疆维吾尔自治区委员会、新疆维吾尔自治区人民政府	优秀专家	1992
11	刘铭庭	国务院	政府特殊津贴	1993
12	刘铭庭	中国科学院	竺可桢野外科学工作奖	1994
13	刘铭庭	中国科学林业发展基金会	对沙产业发展做出贡献者	1996
14	刘铭庭	新疆维吾尔自治区人民政府	科普工作先进个人	1997
15	刘铭庭	中国科学院	双文明建设标兵	2000
16	刘铭庭	国务院	全国科技扶贫先进个人	2000
17	刘铭庭	水利部	全国水土保持先进个人	2001
18	刘铭庭	全国绿化委员会、国家人力资源和社会保障部、国家林业局	全国防沙治沙十大标兵	2002
19	刘铭庭	国务院	全国民族团结进步模范个人	2014
20	刘铭庭	中共中央宣传部	最美支边人物	2019
22	刘铭庭	中共中央组织	全国离退休干部先进个人	2019
23	刘铭庭	中共中央办公厅、国务院办公厅	最美奋斗者	2019
24	刘铭庭	中国老科协	中国老科技工作者协会奖	2021
25	买买提依提	新疆维吾尔自治区人民政府	优秀科技工作者	1990
26	买买提依提	乌鲁木齐市新市区人民政府	民族团结先进个人	1990
27	潘伯荣	新疆维吾尔自治区区级机关团委	优秀团员	1977
28	潘伯荣	中国科学院	野外台站先进个人	1986
29	潘伯荣	中共中国科学院新疆分院委员会	优秀共产党员	1988
30	潘伯荣	新疆维吾尔自治区监察厅、人事厅	为政清廉干部	1991
31	潘伯荣	新疆维吾尔自治区科学技术协会	学会先进工作者	1994
32	潘伯荣	中共新疆维吾尔自治区委员会、新疆维吾尔自治区人民政府	优秀专家	1995
33	潘伯荣	国务院	政府特殊津贴	1995
34	潘伯荣	中国科学院	优秀研究生导师、教师	1998
35	潘伯荣	中国林学会	劲松奖	1999
36	潘伯荣	乌鲁木齐市新市区科学技术委员会、科学技术协会	优秀科技工作者	2002
37	潘伯荣	新疆维吾尔自治区科学技术协会	第三届新疆科协会先进工作者	2002
38	潘伯荣	中国环境科学学会	优秀环境科技工作者奖	2003
39	潘伯荣	中国环境科学学会	优秀环境科技工作者特别提名奖	2003
40	潘伯荣	中国科学院	科普工作先进工作者	2004
41	潘伯荣	中国老科协	中国老科技工作者协会奖	2017
42	潘伯荣	中国植物学会植物园分会	中国植物园终身成就奖	2018

（续）

序号	人员	授奖部门	奖励名称	年份
43	尹林克	中国植物学会	第四届中国植物学会青年科技奖	1995
44	尹林克	中国科学院	方树泉青年科学家奖	1996
45	尹林克	中国植物学会	全国优秀科技工作者候选人	1997
46	尹林克	中国植物学会	学会先进工作者	1998
47	尹林克	乌鲁木齐市科学技术协会	先进工作者	2001
48	尹林克	中国民主同盟新疆维吾尔自治区委员会	先进个人	2001
49	尹林克	中国科学院	“十一五”科学传播先进工作者	2011
50	尹林克	国务院	政府特殊津贴	2012

8.2 人才培养

吐鲁番沙漠植物园在植物资源引种收集、繁殖关键技术创新、迁地保育研究、整合生物学研究、种质资源价值评估、创新能力建设、知识传播和成果转化应用的过程中，既培养了学科带头人，形成一支以研究员、副研究员、高工、助研、工程师、博士研究生、硕士研究生及科研辅助技术人员组成的高水平植物资源保育研究和技术推广利用的创新科技团队。而且科技人员结构变化很大，部分留下的博士还先后获得中国科学院新疆生态与地理研究所“博士人才”培养计划项目和中国科学院“西部之光”人才培养计划项目的支持。

原中国科学院新疆生物土壤沙漠研究所，在1982年就有植物学硕士点，吐鲁番沙漠植物园1994年开始招生。中国科学院新疆生态与地理研究所标本馆现任馆长杨维康研究员系吐鲁番沙漠植物园首位硕士研究生（1994—1997），再后的硕士研究生就是中国科学院新疆生态与地理研究所现任所长张元明研究员（1995—1998）和现任副所长张道远研究员（1996—1999）。1998年研究所整合成中国科学院新疆生态与地理研究所以后，又新增生态学硕士点；2003年新增生态学博士点，2005年新增植物学博士点。植物园于2004年开始招收博士研究生，累计到目前为止，先后培养博士研究生38人（图105）；从1982年开始招收硕

图105　2019年硕士和博士研究生与导师张道远、潘伯荣毕业合影（档案）

士研究生，累计到目前为止，先后共招收硕士研究生92人。2000年前后硕士、博士研究生人数变化极为显著，植物园现有博士研究生7人，硕士研究生13人（2022）。

9 科研工作发展历程

从1972年获得国家科学技术委员会（以下简称国家科委）和农林部“西北黄土高原和沙荒大面积植树造林技术的研究”项目的经费资助，开始了“优良固沙乔灌草植物选引育”（1972—1977）课题的研究，至此也拉开了吐鲁番沙漠植物园创建前期科研工作的帷幕。“胡杨（*Populus euphratica*）的育苗试验”（1973—1974）、“刺山柑（老鼠瓜 *Cpaparis spinosa*）种植技术与利用研究”（1973—1977）之外，还开展了“油莎草（*Cyperus esculentus* var. *sativus*）引种及其综合利用研究”（1974—1977）和“瓜尔豆（*Cyamopsis tetragonolobus*）及其种植技术研究”。

20世纪80年代开始，吐鲁番沙漠植物园先后执行“薪炭林及薪炭林营造技术研究”（1980），“甘草（*Glycyrrhiza uralensis*）生物学特性及人工种植技术的研究”（1982—1987），“柽柳属（*Tamarix*）植物引种、育苗及固沙造林试验研究”（1982—1989），“沙漠边缘地区优良固沙植物生态、生物学特性、引种驯化及沙漠化防治措施研究”（1982—1989），“极干旱沙地应用高分子吸水剂树脂育苗造林试验”（1984—1988），“新疆荒漠珍稀濒危植物引种及其特性研究（1987—1990）”，以及沙拐枣造林技术规程、柽柳育苗造林技术规程、梭梭育苗造林技术规程和新疆防风固沙林营造技术规程（1988）的编制。吐鲁番沙漠植物园建园至2022年，累计承担各类课题约180项，科研项目逐渐呈增多的状态（图106）；先后在国内外正式期刊上发表文章共计438篇，其中SCI文章130篇，文章发表呈显著增长趋势（图107）；另共发表会议论文173篇，撰写专著23部，申请专利38项，软件登记5项。

吐鲁番沙漠植物园建园后，以任务带学科、以任务促建园，通过不同渠道的科研与生产项目的申请获批，在荒漠植物种质资源的收集、迁地保育的同时，积极开展极端干旱环境下荒漠植物逆境生理和生态学特性研究，荒漠珍稀植物保护生物学研究；开展特殊战略植物种质资源生态经济价值评价，开展荒漠植物逆境生存对策、群落

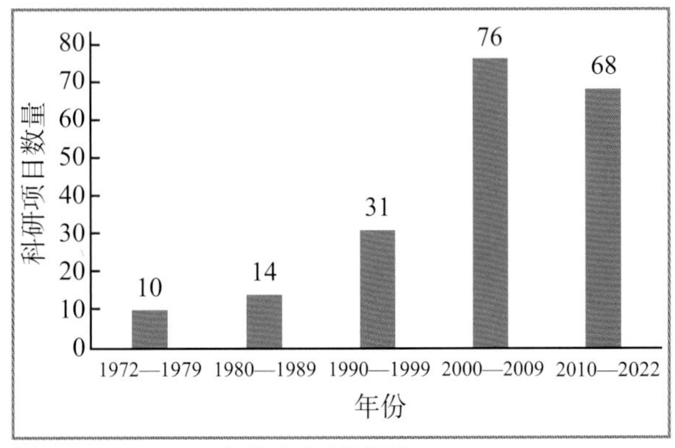

图106　1972—2022年科研项目统计图

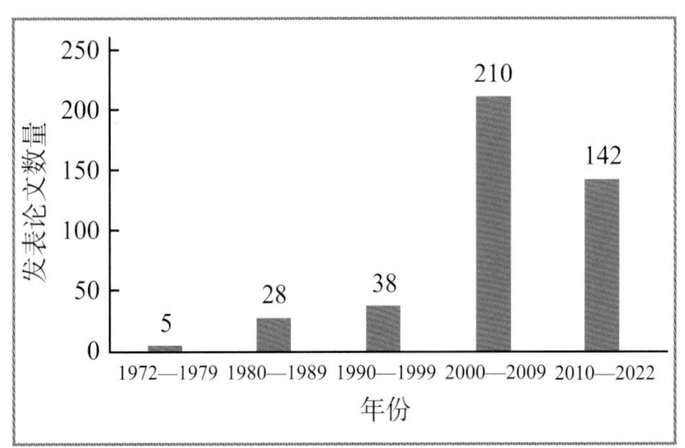

图107　1972—2022年论文发表数量统计

景观及资源可持续利用途径的研究，不仅为我国荒漠化治理提供了荒漠植物资源和相关的技术方法，在推动干旱区生态建设、促进沙产业发展的过程中，也做出一定贡献。

9.1 吐鲁番植物园主要科研成果

9.1.1 干旱荒漠区优良固沙植物选、引、育及其生物生态学特性的研究

吐鲁番沙漠植物园20世纪70年代开始执行国家科委和农林部“优良固沙乔灌草植物选引育”（1972—1977）课题开始，到1982年承担中国科学院生物学部重点课题“沙漠边缘地区优良固沙植物生态、生物学特性、引种驯化及沙漠化防治措施研究”（1982—1989），收集植物种类数量继续得到补充，至1986年，引种植物达145种。从优良固沙植物生态生物学特性、优良固沙植物引种驯化技术和沙漠化防治措施方面开展了研究。对主要优良固沙植物的生长发育规律、植物水分生理特征和不同生境条件下植物水分平衡进行了深入探讨；成功引种优良固沙乔灌草植物近百种；为固沙植物选择提供了科学依据。提出集水造林、洪灌造林和高矿化度咸水造林等具有显著效果的沙漠化防治措施。并建立了大面积的典型防风固沙造林示范区。研究成果在中国“三北”地区各沙区沙漠化防治工程、新疆准噶尔盆地和塔里木盆地的沙漠石油基地绿化和沙漠公路防沙工程建设中已普遍推广应用。向全国20多个省（自治区、直辖市）的有关单位提供各类植物苗条上百万株（根），种子50多吨。并向全国十多个省（自治区、直辖市）提供沙拐枣、柽柳和梭梭等优良固沙植物苗条200万余株，种子近30t，取得了良好的经济和社会效益。在《中国林业》《新疆林业》《林业科技通讯》等刊物发表文章，编制了主要固沙植物育苗造林的新疆地方规程，参加了《中国主要造林树种造林技术》《新疆沙漠改造和利用》《中国树木志》《新疆沙漠化与风沙灾害治理》《治沙造林学》《新疆森林》等专著编撰。研究成果先后获全国科学大会奖（1978），新疆科技大会奖（1978），中国科学院重大成果二等奖（1981），林业部三等奖（1982），国家农业委员会、科委重大推广项目奖（1982），新疆科技进步四等奖（1986），中国科学院科技进步二等奖（1989），新疆科技进步三等奖（1989），国家科技进步三等奖（1992）。

9.1.2 荒漠珍稀特有植物的迁地保护及其特性研究

20世纪80年代开始，着重开展了干旱荒漠区珍稀濒危植物资源的产地、生境、濒危原因与机制的调查研究，引种繁殖、种子贮藏等生物学、生态学特性研究，有效保护对策、保护技术和持续利用等研究。1987—1990年，承担了国家自然科学基金项目“新疆荒漠珍稀濒危植物引种及其特性研究”。项目历时4年，引种成功24种国家和新疆地方重点保护的荒漠珍稀濒危植物。开展了人工繁殖方法（包括种子繁殖、无性繁殖）、形态解剖、水分生理特性、种子生物学特性、营养成分和富集元素、花粉形态及染色体数、植物抗盐机制、物候特点、生长发育规律、部分植物的开花习性等方面较深入多学科的综合探讨，共发表论文36篇（附录1），在国内外荒漠珍稀濒危物种迁地保护研究中属首次，为干旱区荒漠珍稀濒危植物种和基因多样性的保护提供了科学依据，为扩大荒漠珍稀濒危植物的种质范围提供了材料和技术，探索了各种珍稀濒危植物的经济价值和应用领域，对沙漠化防治、改善荒漠生态环境、提高荒漠生产力都具有实用价值和重要的科学意义。“新疆荒漠珍稀濒危植物引种及其特性研究”1993年荣获中国科学院自然科学三等奖，该项成果对珍稀濒危植物进行生物学特性和栽培技术的研究在理论上和实践上都有重要意义，研究的系统性和对比性较强，特别是在极端干旱条件下建立示范基地并采用新型保水材料新技术是一个创新。通过函评鉴定，多数专家认为该成果达到国际先进水平。通过开展横向合作研究，同生产应用相结合，达到物种保护就是永续利用这一目的，吐鲁番沙漠植物园现已成为荒漠珍稀植物异地保育的基地。

9.1.3 柽柳科植物的相关研究

吐鲁番沙漠植物园从20世纪70年代引种筛选优良固沙植物的过程中，已开始重视对柽柳科柽柳属植物的研究，1982—1989年开展“柽柳属（*Tamarix*）植物引种、育苗及固沙造林试验研究”，逐渐地扩大引种搜集的范围，研究其育苗和造林技术，同时还开展了植物分类学、生物生态学和生理学以及形态解剖学的研究。自1995—2004年，连续10年开展了国家自然科学基金面上项目“中国柽柳科植物的及生物多样性保护”（1995—1999）；中国科学院“西部之光”人才培养计划项目“柽柳科（Tamaricaceae）植物的系统演化与应用研究”（1999—2003）；中国科学院生物区系特别支持费项目“柽柳科系统学研究及中国柽柳科分类学修订”（1999—2001）；中国科学院新疆生态与地理研究所领域前沿项目“柽柳抗渗透胁迫的分子机理研究”（2002—2004）四个课题的相关研究，在植物系统分类学、植物群落生态学、植物生物生态学、植物多样性与保护生物学、植物生理学以及分子生态学等方面均取得新的进展与成果。2008年，获批国家自然科学基金项目“新疆多枝柽柳的两季开花结果特性及其生态适应性研究”，对柽柳属植物的研究又深入到繁殖生物学领域。吐鲁番沙漠植物园不仅建立了“柽柳专类植物园”，相关的科研论文也已发表国内外的学术刊物上（附录2）。“固沙植物新种——塔克拉玛干柽柳”，1986年获新疆首届科技发明奖；“柽柳属植物引种、育苗和造林技术研究”，1986年获新疆科技进步四等奖；“柽柳属植物综合研究及大面积推广应用”，1989年获中国科学院科技进步二等奖，1992年获国家科技进步三等奖；“柽柳科植物研究及荒漠区生物多样性保护”获2006年新疆维吾尔自治区科技进步三等奖。

9.1.4 蓼科沙拐枣属植物的相关研究

从优良固沙植物引种及大面积种植，在极端环境条件下的风蚀流沙地治理过程中发挥了显著作用的沙拐枣属植物，逐渐成为植物园重点研究的植物类群之一。1978年，在研究所专项支持的《沙拐枣研究》专著的编撰，较为系统地总结了之前的沙拐枣研究工作内容。2005—2007年执行国家自然科学基金委“国产沙拐枣属特有种分类地位的确定”基金课题并与中国科学院知识创新工程对植物园的专项支持“沙拐枣专类园的建立”紧密结合，做到了内容与经费的互补。之后，2008—2011年，获批科技部国际合作项目“中亚沙拐枣属植物研究及其种质资源保护平台建设”；2011—2013年，国家自然科学基金面上项目“应用DNA序列探讨新疆沙拐枣属刺果组植物的分类”和西部之光人才培养计划项目“新疆沙拐枣属植物的分子系统学研究”；2012—2014年，获批国家自然科学基金青年基金项目“同域分布沙拐枣属植物的杂交与迁地保护”和国家自然科学基金青年基金项目“蒙古沙拐枣种群复合体的物种生物学初探”；2013—2015年，获批青年科技创新人才培养工程“沙拐枣属植物用于新疆生态建设中的优良品种选育与推广示范”；2015—2018年，获批留学回国人员择优项目“沙拐枣属植物遗传背景研究”；2017—2020年，新疆自然科学基金项目“沙拐枣属刺果组多倍体优势物种的遗传背景分析”等，将沙拐枣属植物的研究领域逐渐拓宽，研究水平不断提升，研究成果也很显著，科研论文分别在国内外的学术刊物和相关会议上发表（附录3）。吐鲁番沙漠植物园沙拐枣专类园和沙拐枣种质资源圃初步建成，沙拐枣种质资源圃的物种及其不同居群种质资源收集方面取得很大进展，为沙拐枣属植物的深入研究和合理有效利用提供种质资源的储备。沙拐枣属植物已成为吐鲁番沙漠植物园的“镇园之宝”。

吐鲁番沙漠植物园关于沙拐枣属植物的研究仍在继续，2020年申请获批了国家自然科学基金面上项目“亚非荒漠建群植物沙拐枣更新世后的扩张历史及其成因”（2021—2024）；2022年又获得国家自然科学基金面上项目“中亚分布中心沙拐枣属的系统学和生物地理学研究”（2023—2026）的支持。两个基金项目的执行不仅有利于国外沙拐枣属植物的引种收集，而且对沙拐枣属植物的研究也会更深入一步。

9.1.5 豆科沙冬青属植物的相关研究

沙冬青属植物在亚洲中部的旱生植物区系中，属古老的第三纪古亚热带常绿阔叶林的孑遗植物，是稀有而珍贵的植物种质资源。吐鲁番沙漠植物园1978年从内蒙古引进蒙古沙冬青的种子，1985年从乌恰引进了新疆沙冬青种子。承担国家自然科学基金项目“新疆荒漠珍稀濒危植物引种及其特性研究”后，又开始了再引种和野外调查研究。先后陆续获得新疆自然科学基金项目和国家科学技术部重大基础前项研究专项“新疆沙冬青对低温环境胁迫的生物化学响应”（2004—2006）、中国科学院知识创新工程重要方向项目“植物的濒危机制和保护原理研究”中“新疆沙冬青植物生态学研究”（2001—2004）、新疆自然科学基金项目“迁地保护条件对新疆沙冬青两种特异蛋白的影响”（2009—2011）和国家自然科学基金面上项目“亚洲荒漠常绿阔叶灌木沙冬青属植物地理分布与演化研究”（2012—2016）等科研项目的支持，将沙冬青属植物物种分类的研究从形态特征深入到DNA水平；从沙冬青属植物细胞内抗冻蛋白异质性到植物濒危机制的生态学解疑；从沙冬青属的两个物种的遗传多样性特性到遗传多样性较高或有特殊变异的居群确定等，而且，还将国内调查研究拓展到国外（吉尔吉斯斯坦）。相关的科研论文分别已发表在国内外的学术刊物上（附录4）。

9.1.6 干旱荒漠区植物资源迁地保育研究及其生态建设应用研究

在上述各类荒漠植物研究的基础上，吐鲁番沙漠植物园以迁地保育温带干旱荒漠区植物资源为对象，从干旱荒漠区重要与特色类群迁地保育技术、植物种子特性及繁育关键技术、典型植物类群特性及其在生态建设中应用的关键技术等方面，进行了广泛、深入、系统的研究，累计引进植物832种，共获5 382份植物繁殖材料。引进国外的植物456种。项目解决的难点很多，综合分析研究程度很高。实验次数和数据量、规模工作量很大。

项目提出了有效保障遗传多样性和完整性的植物引种收集技术与策略；建成了中亚地区保存干旱荒漠区植物物种最丰富的种质资源储备库；保存自1972年以来保育的荒漠植物种子资源570种3 800余份，其中珍稀濒危特有植物种子500份。植物园面积从20hm^{2}发展到150hm^2。分别建成沙拐枣属植物和甘草属植物种质资源圃；建成6种梭梭属植物群落和5种沙拐枣群落等专类园（区）14个。建成“荒漠植物基础信息数据库”和“沙拐枣属植物信息科技信息平台”等干旱荒漠区植物各类数据库13个；创新性地提出了干旱荒漠区主要特色类群有效迁地保存技术模式和种苗繁育关键技术体系；筛选出了各类生态建设工程中适宜应用的植物物种；研发提出了受损荒漠植被修复与绿地重建的植物优化配置模式，成功地转化应用到了干旱区生态建设工程中。项目在基础研究、技术方法上有大的突破，自主创新程度高。

该项目筛选出了干旱荒漠区各类生态建设工程中适宜推广应用的植物名录7套。先后主编或参加编纂学术专著等共计12部。共发表论文121篇（含SCI 收录28篇，ISTP收录1篇，CSCD收录55篇）。编制技术规程22个；登记软件8项；申请发明专利11项（授权3项）。培养硕士研究生30名，博士研究生12名。项目技术成熟，已推广到区内外20多个单位或部门，建应用示范点（区）10多处，如塔河甘草基地133.3hm^2（2 000亩），在巩留林场和木垒林场建成133.3hm^2（2 000亩）麻黄示范基地，在克拉玛依市建成了66.7hm^2（1 000亩）生态种苗繁育基地和甘草生产基地。推动学科或行业科技进步的作用重大。经济、社会（生态）效益很大。

该项目经新疆科技厅组织以洪德元院士为组长的专家评审，一致认为项目整体水平达到国际先进水平，在干旱荒漠地区植物迁地保育和利用方面达到国际领先水平。该项目2015年荣获新疆维吾尔自治区科学技术进步奖一等奖（图108），第一完成人潘伯荣2018年也荣获新疆维吾尔自治区科学技术进步奖突出贡献奖（图109）。

新疆维吾尔自治区科学技术进步奖

奖励证书

为表彰在科学技术进步中做出突出贡献的单位或集体，特颁发自治区科学技术进步奖，以资鼓励。

获奖成果：干旱荒漠区植物资源迁地保育研究及其生态建设应用
主要完成单位：中国科学院新疆生态与地理研究所
奖励等级：一等奖
奖励年度：2015年度

新疆维吾尔自治区人民政府
2016年3月25日

证书编号：J20150024

图108　2015年荣获新疆维吾尔自治区科学技术进步奖一等奖

新疆维吾尔自治区科学技术进步奖

奖励证书

潘伯荣同志：

通过科技创新、推动科技进步，为自治区经济建设和社会发展做出了突出贡献，特授予自治区科技进步奖突出贡献奖，并予以表彰。

新疆维吾尔自治区人民政府
2019年3月19日

证书编号：T005-2018

图109　2018年潘伯荣荣获新疆维吾尔自治区科学技术进步奖突出贡献奖

9.2　科研成果推广应用

在西北地区，改善环境条件是一个十分重要的任务，也是植物园的主要任务之一，要比在其他区域的植物园更重要（贺善安，1997）。

吐鲁番沙漠植物园通过学术交流、专业培训、科普展示、网络及音像传播、发放出版物等多种途径，推动了荒漠植物特殊战略资源价值等知识的普及、荒漠化过程的植物防治技术成果转化及推广。荒漠植物在荒漠生态系统中的重要功能、在世界沙漠化治理过程中的地位、受损荒漠生态系统修复与重建工程中的植物筛选与优化配置模式等理论与技术已经得到了公众的认可和应用。吐鲁番沙漠植物园先后定量评估筛选不同类型生态建设工程中适宜应用的植物物种，提出5~6套可供应各类生态建设工程和干旱区城市绿地建设应用的植物名录；研发集成干旱荒漠区植物种苗人工繁育关键技术体系，培育生产各类干旱荒漠植物种苗150万株；提出受损荒漠生态系统修复与重建以及城市节水型绿地建设适用的植物群落优化配置模式，推广应用面积1 000hm^2。并且向全国20多个省（自治区、直辖市）的有关单位、新疆塔里木石油基地和沙漠公路绿化工程、乌鲁木齐河滩高速路绿化工程、市郊荒山绿化工程及吐鲁番市区绿化提供了优良固沙植物种苗（条）；成功筛选了一批适宜荒漠地区种植的野生经济植物，如甘草、麻黄、枸杞、油莎豆、文冠果和瓜尔豆等，为退耕还林还草，促进沙漠地区生态产业发展奠定了基础。

推广应用示范基地较多，突出成果主要分为以下几个方面：

（1）柽柳属植物引种栽培和利用冬灌营建灌木防沙林技术的研究成果

被成功地运用到新疆南疆伽师、策勒等县的生态建设工程中，"流沙地、盐碱地大面积引洪恢复红柳造林技术研究"中，累计发展柽柳约66 700hm^2（100万亩），在伽师县脱贫过程中发挥了重大作用，为新疆南疆经济落后地区大面积发展生物质能源产业奠定了基础。引种成功的优良固沙植物及研究总结出的防风治沙技术措施在新疆南部地区的“策勒县流沙治理试验研究”项目中得到了具体的推广应用。上述两项工作在1995年第一个“世界防治荒漠化和干旱日”被联合国环境规划署授予“全球土地退化和荒漠化控制成功业绩奖”（又称“拯救干旱区奖”）的荣誉。

（2）克拉玛依油田大农业开发区千亩育苗基地建成

随着国家西部战略的执行，克拉玛依进行了约3 300hm^2（50万亩）土地高效生态农业开发，克拉玛依市近67hm^2（1 000亩）种苗繁育基地建设项目由国家农业综合开发办公室立项。吐鲁番沙漠植物园应克拉玛依市的邀请，对基地建设的具体实施进行规划和技术指导。经过一年多的建设，完成了基地的土地普查、给排水系统和条田规划，营造了完整的生态防护林体系，制定了种苗繁育技术规程，进行了20余种苗木的繁育，部分苗木已提供给荒漠区油田的生态建设。“克拉玛依地区新绿洲建设综合开发与示范”2005年获新疆科技进步二等奖。

（3）塔里木河受损生态系统恢复与重建

吐鲁番沙漠植物园积极参加了塔河生态系统建设。在沙漠边缘以甘草、骆驼刺和罗布麻为主建立缓冲带；绿洲外围以沙拐枣、梭梭、柽柳为主，运用滴灌技术，建立生态防护林；在缓冲带和防护林之间建立经济带，种植甘草、骆驼刺，收取地上部分作为牲畜饲料，形成一个良好的生产发展循环。

将对荒漠资源植物的生物学生态学特性以及保护策略的研究成果运用到了受损植被恢复与林草植被重建的生态工程项目中。在塔里木河流域的防风治沙工程中成功地运用了沙漠植物园的大量沙漠植物物种。在“塔里木河中下游荒漠化防治与生态系统管理研究与示范”项目的执行中，提出了塔河中下游中大尺度区域退耕还林还草适宜性评价标准体系、塔河中下游中大尺度土地退耕与还林还草布局规划、生态经济型人工植被重建中的适宜物种选择技术与群落结构优化配置方案和塔河中下游退耕还林还草工程的生态经济效益评价体系等4项关键核心技术所构建的“塔河中下游退耕还林还草优化模式（塔河模式）”，在中国荒漠干旱区内陆河流域中受损生态环境系统恢复与重建工程中具有创新性，对塔河地区的生态、环境和经济可持续发展有重要推动作用，对于旱区内陆河流域受损生态系统恢复与重建工程有一定借鉴意义，对于恢复生态学理论的发展产生了积极影响。创建了干旱荒漠区受生态系统的植物修复与重建优化模式。“塔里木河中下游荒漠化防治与生态系统管理研究与示范”2007年获新疆科技进步奖一等奖；“塔里木河中下游绿洲农业与生态综合治理技术”2008年获国家科技进步二等奖。

（4）塔中油田基地和公路生态绿化

塔里木沙漠公路横穿“死亡之海”——塔克拉玛干沙漠，是我国公路史上的一大奇迹。塔克拉玛干沙漠多风、多沙、高温，为保证公路的畅通，进行了塔中公路两侧防沙绿化的新尝试。吐鲁番沙漠植物园参加了塔中公路绿化的先期工作，包括示范区建设、绿化树种选择、咸水育苗等一些新课题。经过3年的工作，在示范区选种了绿化植物127种，制定了塔中咸水育苗规程，确定了两侧绿化树种为梭梭、柽柳和沙拐枣，并在2～3年内成林，为塔中公路绿化提供了强有力的技术支持。“沙漠油田基地环境观测与防沙绿化先导试验研究”1996年获中国石油天然气总公司重大科技成果一等奖；“塔中油田生物防沙绿化示范工程技术”2000年获新疆科技进步二等奖；“塔里木沙漠公路防护林生态工程建设技术开发与应用”2008年获国家科技进步二等奖。

（5）全国沙漠生态绿化建设

吐鲁番沙漠植物园长期积累了优良固沙植物和经济植物的选育、配置与优化引用的经验。创造了“窄行密植扦插法”等沙生植物育苗技术，大大提高了沙漠植物人工露地育苗的产量。吐鲁番沙漠植物园已成为中国举足轻重的荒漠植物种源保存基地及苗木生产基地。引种或购买沙漠植物种子和苗木的单位、企业及个人遍及中国西北各地。吐鲁番沙漠植物园引种、栽培和推广开发的荒漠植物资源，对发展荒漠化防治、发展沙产业（肉苁蓉等生态高效药业）、形成新的经济增长点（药用植物）以及推动国民经济建设的快速发展（沙漠公路建设）做出过重要贡献。从植物资源的基础性研究积累和源头知识和技术上看，中国现有林业部门各类荒漠资源圃和防风固沙、植被恢复等生态工程利用的植物资源材料和技术方法都在一定程度上来源于沙漠植物园的早期研究积累和自主创新知识技术支撑。为国家西部大开发、退耕还林还草等重大举措的顺利实施做出了巨大贡献。吐鲁番沙漠植物园已向全国15个省（自治区、直辖市）30多个生产单位提供植物种子、苗木和枝条，成为荒漠植物种子和种苗生产基地。

吐鲁番沙漠植物园充分利用引种选择成功的荒漠植物资源，为三北防护林工程、防沙治沙工程、退耕还林还草工程、沙漠公路防护林工程以及干旱区城市防护绿地建设工程提供荒漠植物苗木150万株、种子50多吨。对促进荒漠化防治、发展沙产业、形成新的经济增长点以及推动国民经济建设的快速发展做出了重要贡献。运用吐鲁番沙漠园引种筛选的沙拐枣属、柽柳属和梭梭属等优良固沙植物，结合集成引进成熟的生物和机械防沙治沙技术，成功地完成了沙漠腹地石油基地绿化、“死亡之海”塔克拉玛干沙漠公路全线防沙护路林工程和准噶尔盆地大型水利工程设施沙害防治工程的建设（图110、图111），取得了巨大的生态效益和经济效益。吐鲁番沙漠植物园在干旱荒漠区生态系统重建中的作用与价值凸显。

图110　塔里木沙漠公路（徐新文 摄）

图111　准噶尔盆地水利工程（徐新文 摄）

10 科学普及与传播工作

1986年3月12日，王恩茂、铁木尔·达瓦买提等自治区党、政、军、政协、兵团领导同志参加植树劳动后参观了吐鲁番沙漠植物园，此后，吐鲁番市旅游局将沙漠植物园列为吐鲁番旅游景点，但是，并未大张旗鼓地宣传，因为吐鲁番沙漠植物园毕竟是以科研为主的植物园。其实，来植物园参观访问的人每年都不少。

吐鲁番沙漠植物园是中国植物学会植物园分会、中国环境科学学会植物资源与环境专业委员会、中国科学院植物园工委会的重要成员单位，也是新疆农业大学、新疆师范大学等单位的“教学实习研究基地”。1994年加入国际植物园保护联盟（BGCI）。

吐鲁番沙漠植物园1999年被中国科学技术协会（以下简称中国科协）命名为“全国科普教育基地”；同年被中国科技部、中宣部、教育部和中国科协命名为“全国青少年科技教育基地”；2000年11月被乌鲁木齐市教委、科委评为“乌鲁木齐市青少年教育基地”；同年11月被吐鲁番地区科委评为“吐鲁番青少年科普教育基地”、12月被吐鲁番地区教委评为“爱国主义教育基地”；2002年被自治区科技厅、教育厅、科协和党委宣传部授予“新疆青少年科技教育基地”；2003年4月被自治区科协授予首批“自治区级科普教育基地”；2006年又被国家旅游局评为国家AAA级旅游风景区；2008年被中国野生植物保护协会授予“全国野生植物保护科普教育基地”称号，2009年又获新疆儿童发展中心和吐鲁番地区妇联授予的“新疆儿童生态道德教育基地”，以及中国生物多样性保护基金会授予的“中国生物多样性保护示范基地”。吐鲁番沙漠植物园2008年获新疆维吾尔自治区人民政府颁发的新疆维吾尔自治区科学技术普及奖（集体类）（图112）。2021年吐鲁番沙漠植物园又一次被中国科协命名为“全国科普教育基地”（图113）。

吐鲁番沙漠植物园是全世界海拔最低的植物园，建园伊始就体现了其显著特色，成为我国荒漠植物引种、繁育、交流和迁地保护的重要基地。它以其特殊的地理位置、极端气候条件以及荒漠化治理和荒漠植物种质资源迁地保存的显著成果吸引了国内外的专家学者、大中专学生和众多的游客。每年来访的国内外专家学者、实习和进行学术交流的人数达千人次以上。1996—1997年来站（园）旅游参观的人数也已近万人。据有关部门不完全统计，2007年，吐鲁番沙漠植物园共接待来园参观的社会各界游客达12万人次。累计有50多个国家和地区上百余批的专家、学者来访。沙漠植物园现已成为我国干旱荒漠区进行野外科学研究、教学实习和科普旅游的理想场所之一。游人在这里可以看到大面积的人工沙拐枣灌木林、典型的风蚀流沙地貌、独特的地下水利工程坎儿井以及被风沙掩埋的古城废墟。沙漠植物园的建园宗旨是以荒漠植物多样性保护和植物资源的永续利用为研究重点，广泛收集干旱荒漠区的各类植物，突出荒漠区显著的地域特色，使之成为我国干旱荒漠地区植物种质资源迁地保存和荒漠植物多样性保护的重要研究基地。

突出的科研成果也是吸引国内外众多来访者的原因。吐鲁番沙漠植物园建园以来一直将科研工作放在主要位置上，科普教育因经费所限，环境恶劣，科普条件差，手段落后等原因，一直未纳入到植物园的正常工作中。另外，吐鲁番沙漠植物园是在研究所的一个野外研究站沙漠植物引种苗圃的基础上建设起来的，园址远离大中城市及学校等受教育人群，加之交通不便、自然环境恶劣，在某种程度上不利于植物园科普教育的开

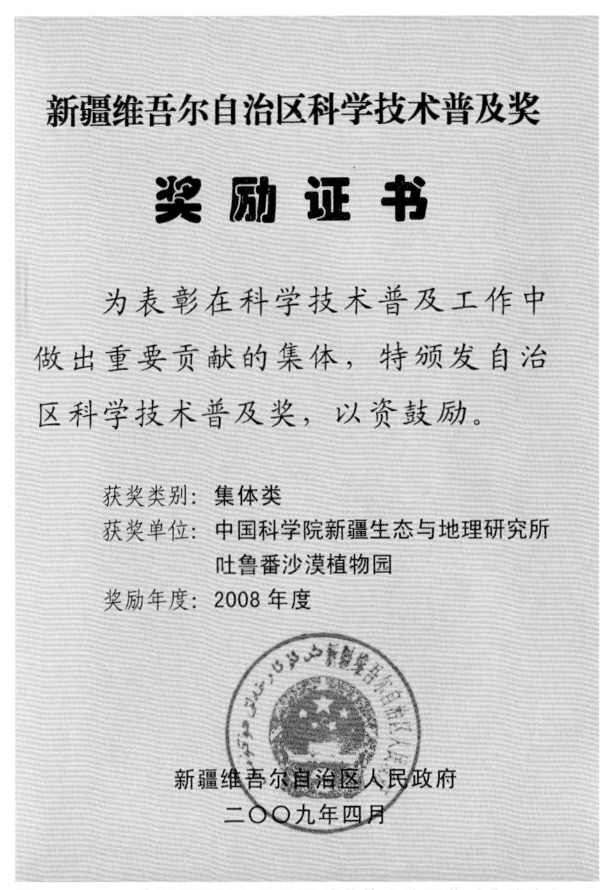

新疆维吾尔自治区科学技术普及奖

奖励证书

为表彰在科学技术普及工作中做出重要贡献的集体，特颁发自治区科学技术普及奖，以资鼓励。

获奖类别：集体类

获奖单位：中国科学院新疆生态与地理研究所吐鲁番沙漠植物园

奖励年度：2008年度

新疆维吾尔自治区人民政府

二〇〇九年四月

图112　2008获新疆维吾尔自治区科学技术普及奖（集体类）

中国科学院新疆生态与地理研究所吐鲁番沙漠植物园：

你单位被认定为2021–2025年“全国科普教育基地”，特发此证。

中国科学技术协会

2022年3月

No. KPJD2022650001

图113　“全国科普教育基地”证书

展和提高。前些年仅限于节假日向当地中小学生开放和接待大中学生教学实习等。随着改革开放的深化和市场经济的发展，吐鲁番沙漠植物园加强了园貌建设，初步具备了向公众开放的能力。小型的动植物标本室、成果陈列室和实验室、大面积的荒漠植物区和沙漠地貌、各专类园区以及试验苗圃等都成为观光游客的参观景点。现今吐鲁番沙漠植物园已成为自治区和吐鲁番市对各级决策部门领导、普通市民、大专院校及中小学学生进行科普教育、环境保护教育以及爱国主义教育的基地，成为吐鲁番地区青少年组织冬夏令营活动和公众游览、休闲和娱乐的好去处。已被吐鲁番市列为主要开放旅游景点之一。

11 国际合作与交流

11.1　国际交流概况

1975年8月，吐鲁番沙漠植物园正式建立之前接待了来自阿尔及利亚的首批国外客人（图114）。改革开放后国际交流活动有所增加，国际交流已经不仅仅限于接待来访的国际友人，出访和参加

图114　吐鲁番沙漠植物园首批到访的国外客人

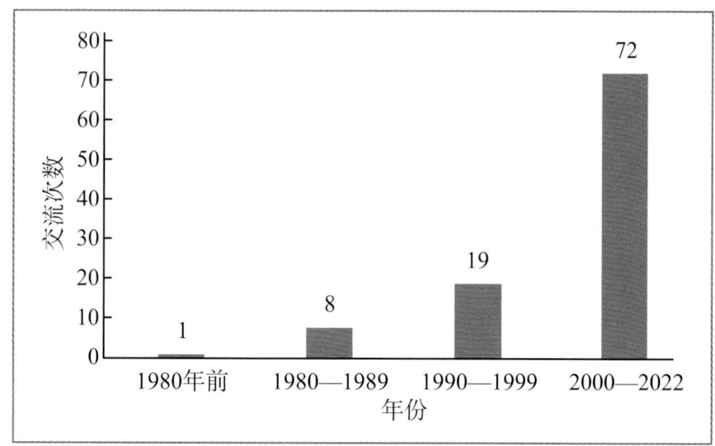

图115　国际交流次数统计

国际会议的人次数也在增加，2000年后，更显得突出（图115），据不完全统计，吐鲁番沙漠植物园国际交流（含合作项目）的数量合计100多项（次）。

11.2　国际合作项目

①1990—1997年，中、日干旱区环境与资源研究项目，合作方：日本农林水产省热带农业研究中心，进行了8年的“中、日干旱区环境与资源研究”工作，联合编著研究专著1本，发表论文30多篇，出版会议论文集2册。

②2003年5月，中捷政府间国际合作项目：“温带干旱区植物迁地保护及合作研究”，合作方：捷克布拉格植物园。

③2005年，中捷政府间国际合作项目（续）：“温带干旱区植物迁地保护及合作研究”，合作方：捷克布拉格植物园。

④2005年，中哈政府间科技合作项目：“中哈野苹果资源调查及遗传多样性研究”，合作方：哈萨克斯坦植物研究所。

⑤2008年，国家外专局引智项目：“杂草无心菜属植物的分类、扩散及生物控制研究”，合作者：美国John F. Gaskin (USDA-ARS)。

⑥200—2011年，国家科技部国际合作项目：“中亚沙拐枣属植物研究及种质资源保护平台建设”，合作方：乌兹别克斯坦植物研究开发中心（图116）。

⑦2009年，中国科学院与俄白乌三国科技合作项目：“大阿尔泰地区荒漠特殊战略植物资源收集与迁地保护”，合作方：俄罗斯西伯利亚托木斯克大学（图117）。

⑧2010年8月，中国科学院国际合作交流人才计划“外国专家特聘研究员计划”，合作者：俄罗斯西伯利亚托木斯克大学Marina Olonoya Vladimirovna教授作为外聘研究员来植物园开展了为期3个月的合作研究。

⑨2011—2013年，国家国际科技合作项目：中亚地区应对气候变化条件下的生态环境保护与资源管理联合调查与研究。吐鲁番沙漠植物园承担课题“中亚区域植被/生态系统对气候变化的响应与适应”。合作方：哈萨克斯坦、吉尔吉斯斯坦、塔吉克斯坦、土库曼斯坦、乌兹别克斯坦。

⑩2012年3月21日，由中国科学院新疆生态与地理研究所和美国加州大学河滨分校共同发起、成立的中美干旱区生态研究中心学术年会，并于3月20日在研究所进行；会后，年会代表于21日在张道远副主任陪同下到吐鲁番沙漠植物园参观。

⑪2012年，中国科学院国际合作交流人才计划“外国专家特聘研究员计划”，合作者：俄罗斯托木斯克大学Olonova Marina Vladimirovna教授。

⑫2012年，国家外专局引智项目：“荒漠藓类植物耐旱分子机制研究及抗旱相关基因克隆”，合作者：美国伊利诺伊州立大学Andrew J. Wood教授。

⑬2012—2014年中国科学院知识创新工程重

图116　在塔什干植物所查看沙拐枣果实标本（段士民 摄）

图117　托木斯克大学标本馆查阅植物标本（尹林克 摄）

图118　1991年访问阿拉木图植物园

要方向项目：中亚干旱区生物多样性调查与保护研究。合作方：哈萨克斯坦、吉尔吉斯斯坦、塔吉克斯坦、土库曼斯坦、乌兹别克斯坦、俄罗斯、蒙古。

⑭2022年7月至2023年3月，中国科学院国际访问学者计划，合作者：伊朗伊斯兰阿扎德大学Mohammad Mahdi Dehshiri 教授。

11.3　与各国植物园的联系

20世纪90年代初，吐鲁番沙漠植物园就与哈萨克斯坦共和国中心植物园建立了合作关系，双方开展了互访和学术交流等活动（图118）。1994年吐鲁番沙漠植物园正式加入了国际植物园保护联盟（BGCI），并于2004年被授予“生物多样性保护议程”中有关植物引种、环境保护及可持续利用内容的实施单位（图119），已经与20多个国家的50多个植物园建立了关系，开展种子交换、引种驯化等合作研究，主要国家有阿尔及利亚、肯尼亚、日本、美国、英国、法国、德国、意大利、瑞士、科威特、索马里、澳大利亚、巴基斯坦、以色列、哈萨克斯坦、乌兹别克斯坦、荷兰、新西兰、芬兰、泰国、尼日尔、苏丹、加拿大、俄罗斯和捷克等。1997年8月26～29日，吐鲁番沙漠植物园受国际植物园协会亚洲分会（IAGB-

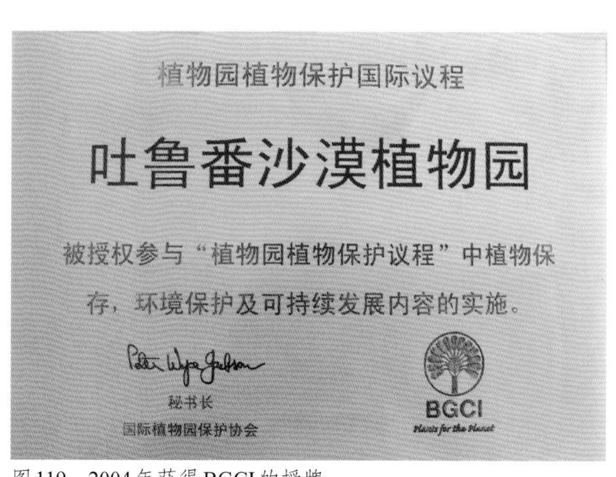

图119　2004年获得BGCI的授牌

AD）的委托，在乌鲁木齐组织召开了“第三届亚洲分会学术研讨会”，与会代表155人，其中国外代表30人，提交论文110篇，会后参观了吐鲁番沙漠植物园，组织出版了会议论文集（英文），既扩大了吐鲁番沙漠植物园对外的影响，也增进了与国外植物园的友谊。

现在吐鲁番沙漠植物园已与世界上一些发达国家和地区的植物园、大学和国际组织建立了良好的交流与合作关系，今后还要加强和巩固与这些植物园的合作关系，继续在相关的国际组织中发挥作用。此外，加强与中亚其他各国的交流与合作，进一步扩大与中亚国家在生物多样性保护知识、物种保存技术方面的培训以及有关的信息交流，加强民族植物学的研究及民族植物的推广应用，推动邻近国家生物多样性保护的深入开展和实施。

12 植物园大事记

1971年，新疆生物土壤研究所（现中国科学院新疆生态与地理研究所）和吐鲁番县林业站的科技人员赴吐鲁番县红旗公社，与当地社员开始了风沙灾害防治的研究。

1972年，成立吐鲁番县红旗公社治沙站，进行红旗公社治沙园林场规划。

1972年，新疆生物土壤研究所获得国家科委和农林部“西北黄土高原和沙荒大面积植树造林技术的研究”项目的经费资助，在吐鲁番开始了“优良固沙乔灌草植物选引育”课题的研究（1972—1977）。

1973年，固沙植物引种育苗和风蚀流沙地防风固沙造林试验启动。

1974年，新疆生物土壤研究所更名为新疆生物土壤沙漠研究所。

1975年8月，吐鲁番沙漠植物园正式建立之前接待了来自阿尔及利亚的首批国外客人，时任吐鲁番县肉孜副县长及原吐鲁番县红旗公社的主要领导陪同到访。

1975年，新疆生物土壤沙漠研究所、新疆八一农学院、吐鲁番林县业站和吐鲁番红旗公社治沙站联合进行沙漠植物园规划。

1976年，吐鲁番红旗公社治沙站划出7hm^{2}土地作为植物园的活植物标本园和约0.13hm^{2}的引种育苗苗圃，主要以沙漠地区木本植物为收集对象，后改由新疆生物土壤沙漠研究所吐鲁番沙漠研究站负责管理并筹建。

1978年3月，“沙生乔灌草种防风固沙大面积试验”获全国科学大会奖（图120）。

1978年6月，“沙生乔灌草种防风固沙大面积试验”“老鼠瓜及其种植技术”“《新疆沙漠和改造利用》”等三项成果获新疆科技大会奖（图121）；吐鲁番沙漠研究站荣获先进集体奖称号。

1978年9月29日，经自治区、中国科学院批准，新疆生物土壤沙漠研究所恢复中国科学院领导。

1980年5~6月，罗布泊科学考察队对罗布泊湖盆进行首次科学考察，队长彭加木副院长殉难前曾带队到吐鲁番沙漠植物园休整。

1980年，美国著名沙漠治理的专家温特教授到访吐鲁番沙漠植物园，并考察了新疆鄯善县的库姆塔格沙漠。

奖状

为表扬在我国科学技术工作中作出重大贡献者，特颁发此奖状，以资鼓励。

受奖者：新疆生物土壤研究所

合作完成的成果：

2. 天山0503公路雪崩防治研究

3. 沙生乔灌草种防风固沙试验（沙漠研究室）

全国科学大会

一九七八年

图120　获全国科学大会奖

图121　获新疆科技大会奖

1980年，吐鲁番沙漠植物园（吐鲁番沙漠研究站）主持的“吐鲁番大面积固沙造林试验研究”项目获中国科学院科技进步二等奖。

1980年，吐鲁番植物园已筹划选引沙漠植物80余种，定植67种。

1982年3月，吐鲁番沙漠植物园作为主持单位之一的“薪炭林及薪炭饲养林营造技术”项目获1982年国家农业科学技术推广奖（图122）。

1982年，承担中国科学院生物学部重点课题“优良固沙植物引种驯化研究”，在中国西北广大荒漠地区进行荒漠野生植物资源引种繁育，并开展生物学和生态学特性研究。植物种类数量继续得到补充，植物园面积增至15hm^2。

1982年12月14日，吐鲁番沙漠植物园（吐鲁番沙漠研究站）主持的“吐鲁番大面积固沙造林试验研究”项目获国家林业部林业科技成果三等奖（图123）。

1983年4月，吐鲁番沙漠研究站（吐鲁番沙漠植物园）获中国科学院表扬（图124）。

1984年6月，中国科学院新疆生物土壤沙漠研究所（以下简称中国科学院新疆生土所）党委书记张玉坤赴吐鲁番，宣布潘伯荣担任吐鲁番沙漠研究站站长的任命文件。

1984年9月，时任中国科学院生物学部常务副主任宋振能等一行访问中国科学院新疆生土所，并视察了吐鲁番沙漠植物园，允诺给予植物园经费支持。

1984年12月29日，在吐鲁番市人民政府和恰特喀勒乡人民政府的大力支持下，吐鲁番沙漠植物园获得了33.8hm^2（507亩）的土地使用证。

1985年3月12日，新疆维吾尔自治区党委书记王恩茂、铁木尔主席等自治区党政军领导参加义务植树活动后视察吐鲁番沙漠植物园（图125）。

1985年7月7日，中国科学院植物研究所北京植物园工作委员会主任俞德浚院士复函潘伯荣，对吐鲁番沙漠植物园给予极大关怀和支持，也为今后的工作提出了中肯的建议（图126）。

1985年8月7～13日，“干旱区自然资源开发和利用”国际学术研讨会在乌鲁木齐举行，会后时任中国科学院副院长叶笃正院士等参会代表莅临吐鲁番沙漠植物园参观考察（图127）。

1985年8月9日，时任中国科学院副院长严东生院士视察吐鲁番沙漠植物园（图128），并为吐鲁番沙漠研究站题词（图129）。

1985年10月19日，日本理化学研究所核化学研究室副主任研究员安部文敏先生参观访问了吐鲁番沙漠植物园。

1986年9月，潘伯荣赴北京参加中国科学院第一次野外台站工作会议（图130），吐鲁番沙漠研究站获先进集体奖（图131），黄丕振和潘伯荣获野外先进工作者称号。

1986年9月，日本理化研究所派出主管国际

为表扬在农业科学技术推广工作中作出显著成绩者，特授予奖状，以资鼓励。

受　奖　者：中国科学院新疆分院生土所

技术推广项目：薪炭林及薪炭饲养林营造技术

图122　获国家农业科学技术推广奖

奖状
中国科学院新疆生物土壤沙漠研究所：
你所吐鲁番地区大面积固沙造林试验的研究项目，获林业部林业科技成果三等奖，特发此状，以资表彰。
中华人民共和国林业部

图123　获国家林业部林业科技成果三等奖

图124　获中国科学院表扬

中国科学院植物研究所北京植物园

汤荣同志：

接读六月十六日来函，欣悉近十年来均在西北沙漠地区进行考查及科研工作，并取得若干可喜成果，殊为难得。希望继续努力为利用植物改造自然，作出创造基础。我国尚有甘肃民勤沙生植物园，负责人为郭志忠同志，由地方林业系统领导，已有一定基础，希望与之通信交流经验。

嘱寄《中国科学院植物园工作条例》已嘱复印一份寄上，关于《野生植物资源保护条例》尚未找到，另邮寄上《重点保护植物名录》一册，收到后请赐示知。植物引种驯化学科尚有论文集刊，每年一册由科学出版社出版，现已出到四册，第五册正在编印，由于出版册数较少，不易购到，目前没有存册。协会年会每二年一次，以后有会欢迎参加，相互学习。请与本协会秘书联系。

去年我曾应新疆农科院园艺所参加果树资源考察，也曾到吐鲁番葡萄果园，时间短促未曾到你站参观。[illegible]明年继续，当争取去你站观光。[illegible]，望祝健康长寿。即颂暑祺！

俞德浚
7.7.1985

地址：北京西郊香山南辛村20号

图125　俞德浚院士的回信

图126　王恩茂、铁木尔等领导视察植物园（档案）

图127　叶笃正院士视察植物园（档案）

图128　严东生院士视察植物园（档案）

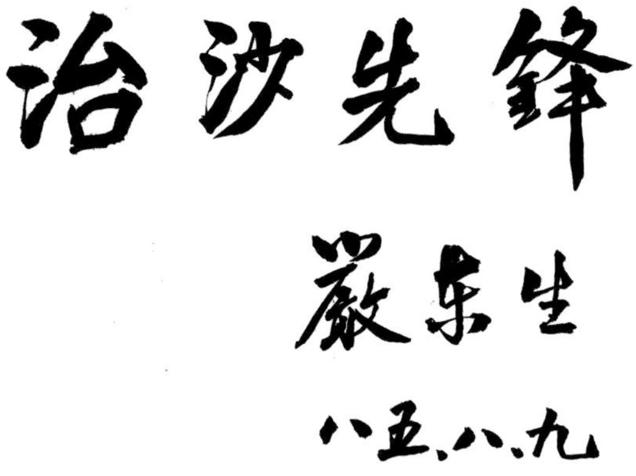

治沙先鋒

嚴东生

八五、八、九

图129　严东生院士的题词

学术交流事务的理事佐田登志夫和化学工业研究室主任研究员远藤勋对吐鲁番沙漠植物园进行业务性访问。

1986年10月，吐鲁番沙漠植物园聘请中国科学院植物研究所北京植物园余树勋先生作顾问，他亲临现场指导植物园的规划布局，并和中国科学院新疆生土所及沙漠研究室的领导座谈，提出许多中肯的意见与建议。事后余先生考察了天池景区（图132）。

1986年12月，吐鲁番沙漠植物园建成实验办公楼（包括实验室、植物标本室、种子室、科研

图130　中国科学院首次野外台站工作会（档案）

图131　野外站先进集体获奖代表合影（档案）

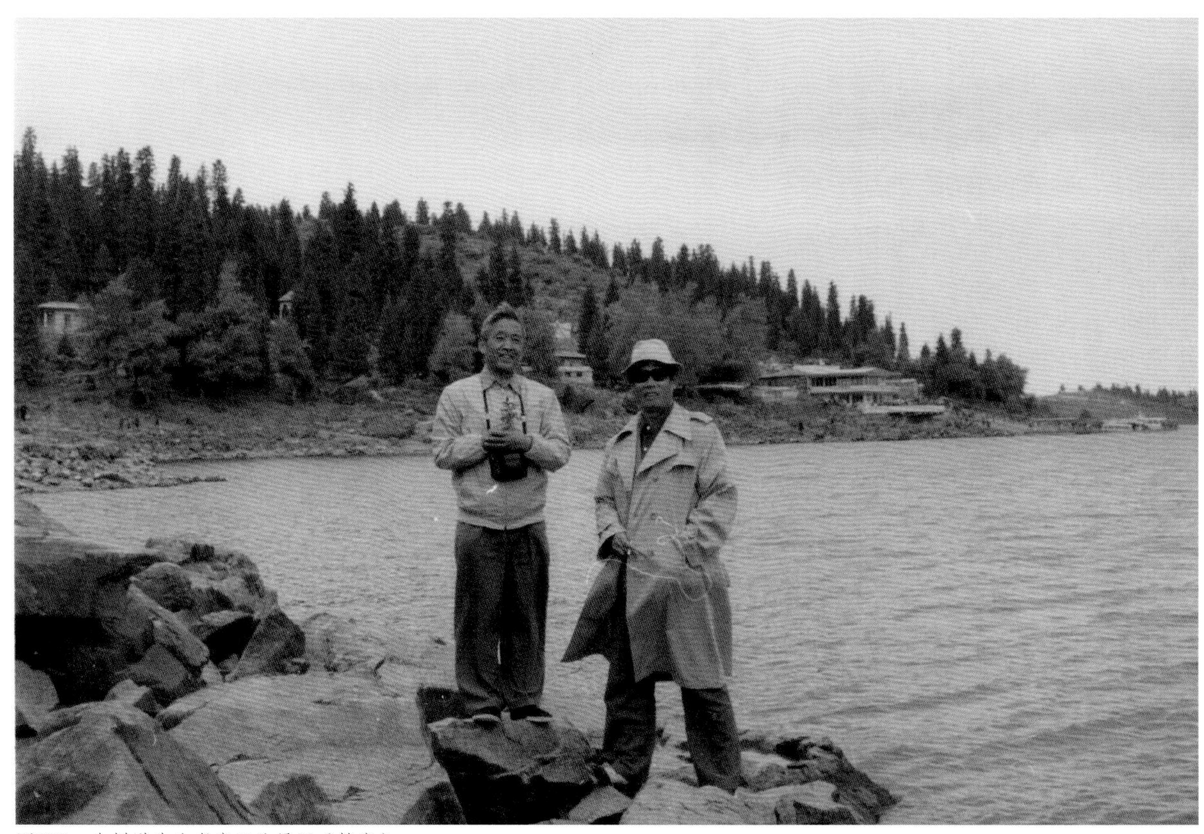

图132　余树勋先生考察天池景区（档案）

档案室、图书资料室、科普陈列室、会议室和办公室）。

1987年3月13日，日本早稻田大学青岚舍第四次绿化访问中国团在吐鲁番沙漠植物园开展植树活动（图133）。

1987年9月，时任中国科学院副院长胡启恒院士视察吐鲁番沙漠植物园（图134）。

1987年9月，日本理化研究所冈田昭彦、杉原滋彦、互藤俊章、小川晃男到吐鲁番沙漠研究站和吐鲁番沙漠植物园进行了考察访问。

1987年，时任中国科学院院长周光召院士视察吐鲁番沙漠植物园（图135）。

1988年10月17~18日，中国科学院新疆生土所与日本理化研究所共同组织，在乌鲁木齐市举办"中日沙漠研究学术研讨会"，潘伯荣担任秘书长并作报告。

1989年4月27~29日，中国科学院在广州华南植物园召开了第三次植物园工作会议，恢复了中国科学院植物园工作委员会，并制定出院植物园的发展规划，明确了院植物园应以科研为主，科研、建园、科普及开发全面发展的方针。许再富、张治明、邵应绍、罗方书、武显维、潘伯荣、王晨组成中国科学院植物园第三届工作委员会（图136），西双版纳热带植物园许再富任工委会主任，张治明和邵应绍任副主任。吐鲁番沙漠植物园作为其成员之一，开始获得中国科学院专项经费支持和受院植物园工委会直接领导。会议期间，经原华南植物园邵应绍主任的引荐，陈封怀先生应邀特地书写了"吐鲁番沙漠植物园"题字（图137）。

1989年9月8日，苏联土库曼共和国沙漠研究所所长、苏联科学院院士、著名沙漠研究学者Babayer教授参观访问吐鲁番沙漠研究站（吐鲁番沙漠植物园）。

1989年10月，鉴于中国科学院植物园工作委员会恢复，潘伯荣被研究所正式任命为吐鲁番沙漠植物园主任。

1989年11月8~11日，潘伯荣赴山东济南植物园参加中国植物学会植物引种驯化协会（现植物园分会）第六次学术讨论会，当选为中国植物

图133 日本早稻田大学青岚舍学生来园造林（档案）

图134 胡启恒院士视察植物园（档案）

图135　周光召院士视察植物园（档案）

图136　中国科学院植物园第三次工委会代表（档案）

学会植物引种驯化协会第三届理事会理事，盛诚桂为名誉理事长、黎盛臣为理事长、许再富为副理事长、张治明为秘书长。潘伯荣还加入《植物引种驯化集刊》和《中国植物园》的编委会。

1989年，潘伯荣当选中国环境科学学会植物园保护分会第一届理事会理事。

1989年9月，吐鲁番沙漠植物园主持的“优良固沙植物引种驯化与沙漠化防治措施研究”项目获中国科学院科学技术进步奖二等奖（图138）。吐鲁番沙漠植物园在优良固沙植物引种驯化研究方面，引种成功185种荒漠植物，在植物园定植172种，对沙拐枣、柽柳、梭梭、白刺、沙冬青等5属开展了专项研究，沙漠植物园初具规模，在国内植物园中具显著特色。为国内10余省（自治区、直辖市）提供优良固沙植物苗木100多万株（根）和种子40多吨，成为我国沙漠植物种苗基地。专家鉴定认为，本项研究实现理论研究、示范和推广应用的紧密结合，系新疆20世纪80年代沙漠化研究和沙漠化治理的重大成果，在国内达到先进水平，部分工作在国内属领先地位，在国内外具有重要影响。

1990年3月9日，日本农林水产省热带农业中心的都留信也所长和真木太以及中井信两位主任研究官访问吐鲁番沙漠研究站（吐鲁番沙漠植物园）。中国科学院新疆生土所与日本农林水产省热带农业研究中心签订了为期三年的关于“干旱区环境资源”共同研究协议书（图139）。

1990年6月26日，日本热带农业研究中心主任研究官真木太赴吐鲁番沙漠植物园继续进行“干旱区气象、蒸发、蒸腾特性和利用防风设施防风风蚀”的研究。

1990年7月，苏联哈萨克斯坦阿拉木图中心植物园主任和副主任访问吐鲁番沙漠植物园。

1990年8月4～10日，由中国人与生物圈国家委员会与新疆生土所共同组织的干旱区“坎儿井”灌溉国际学术讨论会在乌鲁木齐市和吐鲁番地区举办，来自7个国家的72名代表参加了会议并参观访问了吐鲁番沙漠植物园。

1990年9～11月，日本理化学研究所、国立防灾科学技术中心、工业技术院地质所、农林水产省森林综合研究所、日本大学、千叶大学、环境厅国立公害研究所、国立环境研究所等9个单位赴吐鲁番进行联合考察研究，并访问吐鲁番沙漠植物园。

1990年10月7～8日，日本风沙地貌工程学专家冲村孝到访吐鲁番沙漠植物园并进行考察。

1990年11月，刘铭庭主持的“柽柳属植物综合研究及大面积推广应用”项目出版同名专著（图140），并获中国科学院科学技术进步奖二等奖（图141）。

1991年，潘伯荣入选国际自然与自然保护同盟物种保存委员会（IUCN. SSC）中国植物专家组成员。

1991年5月31日至6月15日，潘伯荣和刘铭庭应邀赴苏联哈萨克斯坦进行访问和学术交流，先后参观阿拉木图中心植物园及其下属的舍甫琴柯植物

08

图137　陈封怀先生真迹

图138　获中国科学院科学技术进步奖二等奖

图139　中日双方签署合作协议（档案）

图140　项目总结专著

图141　“柽柳属植物综合研究及大面积推广应用”项目获奖中国科学院科学技术进步奖二等奖

园（图142），并进行了学术交流（图143）。

1991年8月27～28日，日本北里大学两名教授野崎正、小川幸次赴吐鲁番沙漠植物园开展“重氢在干旱区土壤水分盐分测试中的应用”实验研究活动。

1991年10月15～17日，中国科学院新疆生土所建所30周年，时任中国科学院副院长李振声院士到会祝贺。会后赴吐鲁番沙漠植物园考察指导并题词（图144、图145）。

1992年，时任中国科学院副院长孙鸿烈院士和国家自然科学基金委员会领导视察吐鲁番沙漠植物园（图146），并为吐鲁番沙漠植物园题词

图142 访问舍甫琴柯植物园（档案）

图143 刘铭庭在阿拉木图植物园作报告

图144　李振声院士视察植物园（档案）

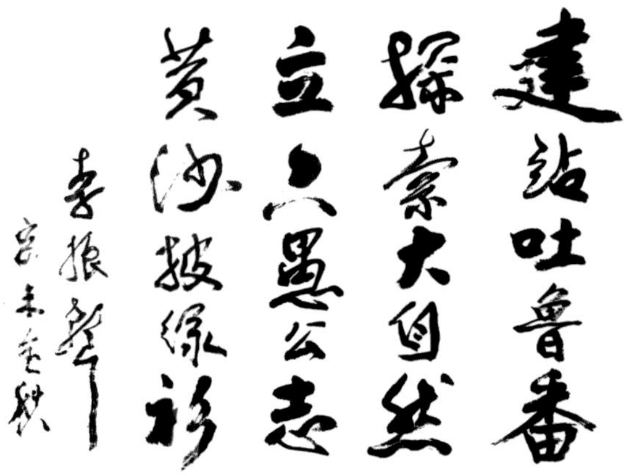

图145　李振声院士题词

图146　孙鸿烈院士和基金委领导视察植物园（档案）

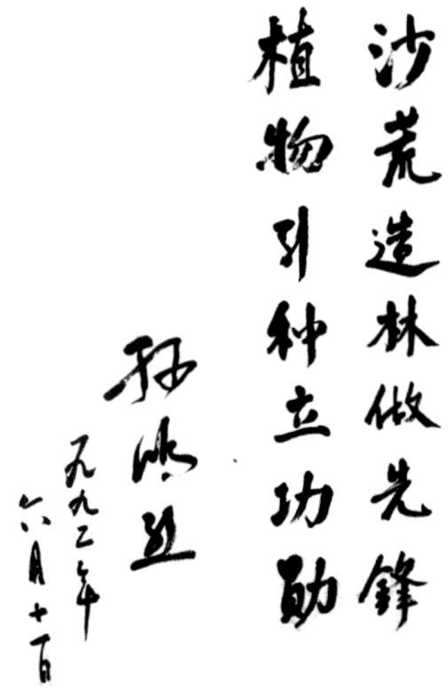

图147　孙鸿烈院士题词

（图147）。

1992—1995年，日本农业水产省国际农业水产研究中心派真木太一、中井信、鲛岛良次就签订的“干旱区农业环境保护的合作研究”，多次赴吐鲁番沙漠植物园开展研究工作。

1992年，潘伯荣入选新疆治沙专家顾问团成员。

1992年，尹林克任吐鲁番沙漠植物园副主任。

1992年11月，“柽柳属植物综合研究及大面积推广应用”“新疆沙漠化防治措施综合研究”分获国家科学技术进步奖三等奖（图148、图149），刘铭庭、黄丕振、潘伯荣等为主要完成人。

1992年11月，潘伯荣赴广西柳州参加中国植物学会植物园分会第九次学术研讨会。

1993年，潘伯荣当选新疆生态学会第一届理事会副秘书长。

1993年7月25日至8月3日，潘伯荣和朱峰博士随从所长李述刚、副所长李崇舜等一行四人赴墨西哥参加国际防治荒漠化大会，潘伯荣的研究论文以墙报形式参加交流。

1993年8月5日，时任中国科学院副院长王佛松院士参观访问了吐鲁番沙漠植物园，并题词（图150）。

1993年9月15～20日，时任中国科学院副院长许智宏院士和北京林业大学关君蔚院士出席参加乌鲁木齐举办的塔克拉玛干沙漠国际科学大会，其间潘伯荣和宋郁东处长陪同访问吐鲁番沙漠植物园（图151）。两位院士分别为吐鲁番沙漠植物园题词（图152、图153）。

1993年10月13～16日，潘伯荣赴北京参加中

证　书

获奖项目：柽柳属植物综合研究及大面积推广应用

获奖单位：中科院新疆生物土壤沙漠研究所 等

奖励等级：三 等

奖励日期：一九九二年十一月

证书号：林-3-005-01

国家科学技术进步奖
评审委员会

图148 “柽柳属植物综合研究及大面积推广应用”项目获奖证书

证　书

获奖项目：新疆沙漠化防治措施综合研究

获奖单位：中国科学院新疆生物土壤沙漠所 等

奖励等级：三 等

奖励日期：一九九二年十一月

证书号：林-3-006-01

国家科学技术进步奖
评审委员会

图149 “新疆沙漠化防治措施综合研究”项目获奖证书

图150 王佛松院士题词

图151 许智宏和关君蔚院士到访植物园（档案）

国植物学会第十一届会员代表大会暨六十周年学术年会。

1993年10月，潘伯荣主持的“新疆荒漠珍稀植物引种及其特性研究”获中国科学院自然科学奖三等奖（图154），潘伯荣、尹林克、王烨、蒋进、严成等为主要获奖人员。

1994年7月26日，陈庆宣、刘东生、王绶琯、陈梦熊、吴传钧、吴中伟、吴全德、戴汝为、叶叔华、陈俊武、袁权等11位两院院士参观访问了吐鲁番沙漠植物园（吐鲁番沙漠研究站），并分别题词（图155至图158）。

1994年8月，潘伯荣赴兰州参加中国环境科学研究会植物园保护分会学术讨论会。

1994年，潘伯荣当选中国植物学会植物园分会第四届理事会副理事长；新疆植物学会第五届理事会秘书长。

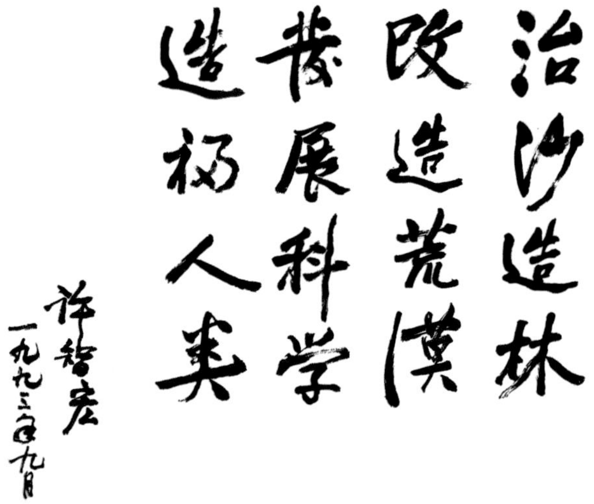

图152　许智宏院士题词

图153　关君蔚院士题词

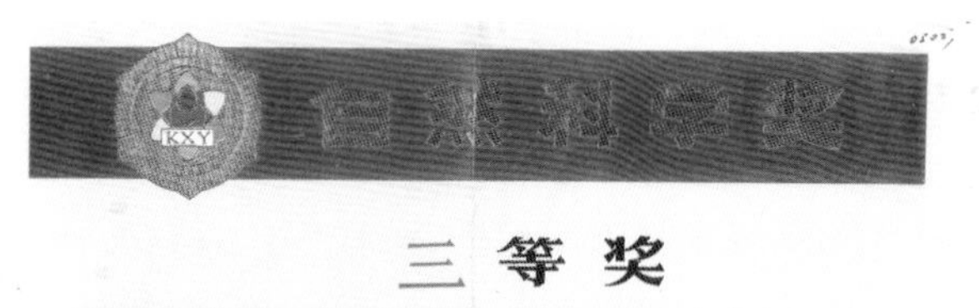

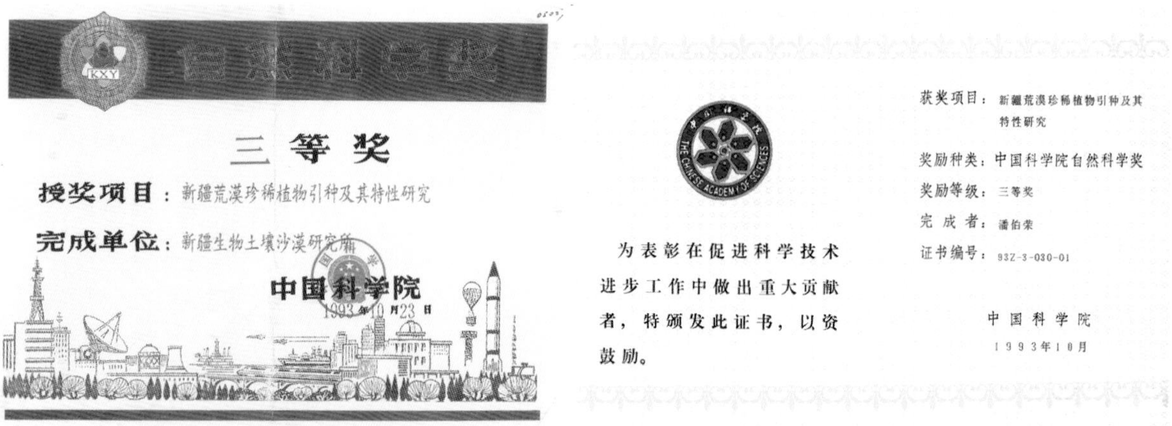

为表彰在促进科学技术进步工作中做出重大贡献者，特颁发此证书，以资鼓励。

获奖项目：新疆荒漠珍稀植物引种及其特性研究

奖励种类：中国科学院自然科学奖

奖励等级：三等奖

完成者：潘伯荣

证书编号：93Z-3-030-01

中国科学院

1993年10月

图154　“新疆荒漠珍稀植物引种及其特性研究”获中国科学院自然科学奖三等奖

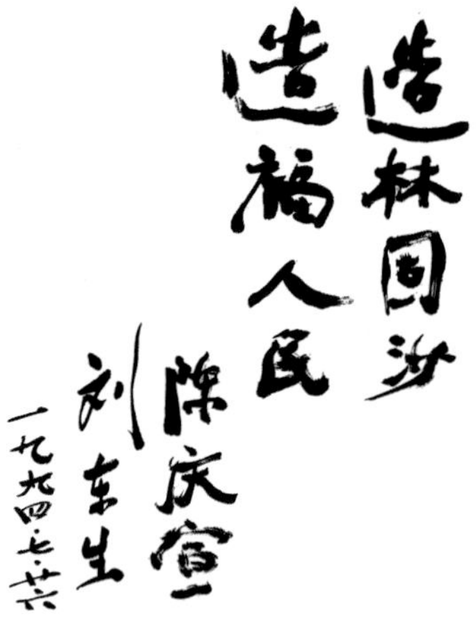

图155　刘东生和陈庆宣院士题词

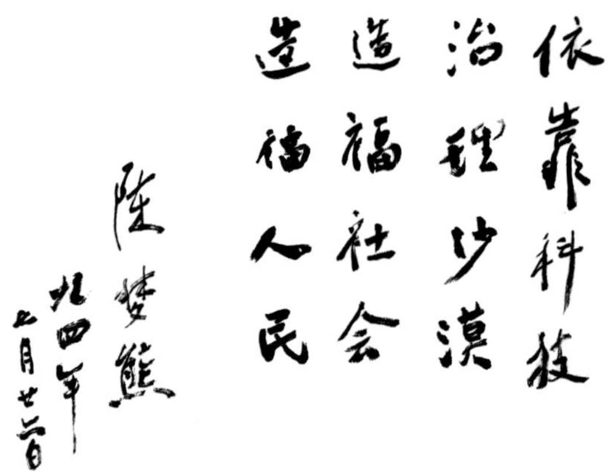

图156　陈梦熊院士题词

1994年，吐鲁番沙漠植物园加入国际植物园保护联盟（BGCI）。正式接待了来自30多个国家的100多批专家。

1995年6月17日，吐鲁番沙漠植物园引种推广的沙拐枣、梭梭、柽柳等优良固沙植物在“策勒流沙治理试验研究”和“盐碱地、沙地大面积引洪灌溉恢复红柳造林技术”取得的成果，在首个世界防治荒漠化和干旱日上获得联合国环境规

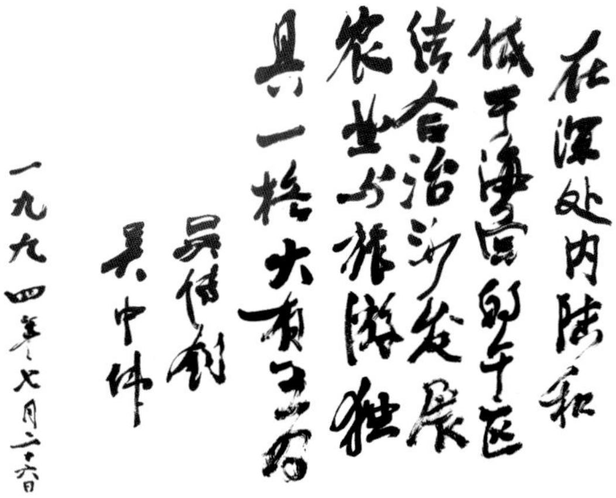

图157 吴传钧和吴中伟院士题词

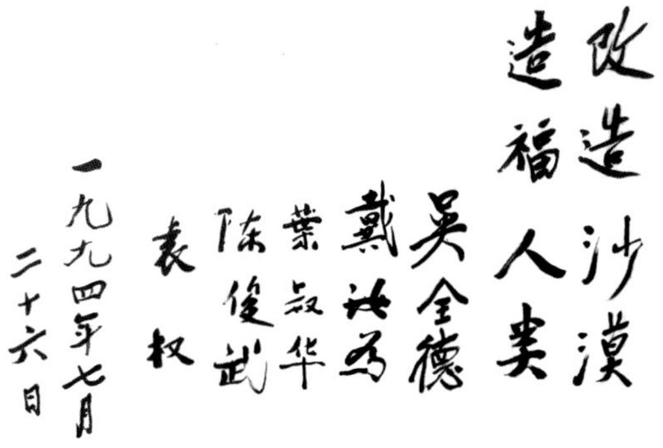

图158 吴全德、戴汝为、叶叔华等院士题词

图159 “全球土地退化和荒漠化防治成功业绩奖”

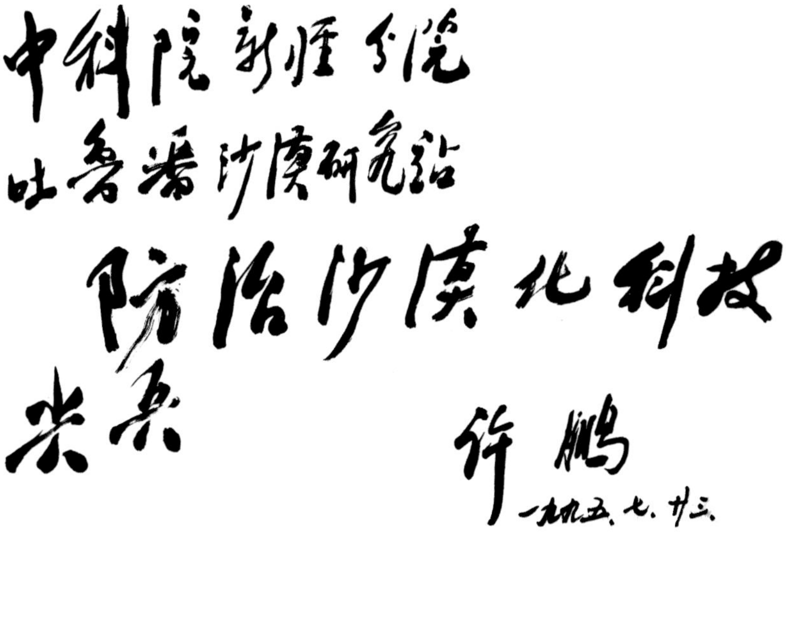

图160 许鹏教授题词

划署（UNEP）首次颁发的“全球土地退化和荒漠化防治成功业绩奖”（图159）。

1995年7月23日，时任新疆人大副主任、新疆科协主席许鹏教授参观访问吐鲁番沙漠植物园，并题词（图160）。

1995年10月，潘伯荣参加全国植物园主任研讨会，做“建设专类植物园（区）的选择”的报告。

1995年10月15～25日，潘伯荣和雷加强赴日本本栖湖出席第三届荒漠技术会议，2篇研究论文以墙报形式参加大会交流。

1995年10月17～19日，中国科学院植物园工作委员会在南京中山植物园举行换届会议，许再富再一次当选为主任，李勃生和邵应绍为副主任，委员有许天全、刘宏茂、何兴元、陈明洪、贺善安、黄忠良、管开云、潘伯荣和王燕；潘伯荣还当选为中国环境科学学会植物园保护分会第二届理事会副理事长。

1995年，中国科学院生物标本馆第一届工作委员会成立，潘伯荣任委员。

1995年，参与了新疆植物学会举办的“第三届全国高山植物、沙生植物学术研讨会”学术会议，安排与会代表在吐鲁番沙漠植物园见识了诸多沙生植物。

1996年，“塔里木沙漠公路工程”被评为1995年度国家十项重大科技成果之一，并荣获国家科学技术进步奖一等奖（图161），潘伯荣是该项目的主要参与人员之一（图162）。

1996年6月，尹林克任吐鲁番沙漠研究站站长，兼吐鲁番沙漠植物园副主任。

1996年9月6日，美国科学促进会（AAAS）

科技進步奬
証書

为表彰在促进科学技术进步工作中做出重大贡献者，特颁发国家科技进步奖证书，以资鼓励。

获奖项目：塔里木沙漠石油公路工程技术研究

获奖单位：中科院新疆生物土壤沙漠研究所

奖励等级：一等奖

奖励时间：一九九六年十二月

证书号：07-1-001-04

中华人民共和国
国家科学技术委员会主任 宋健

證書

中国科学院新疆生物土壤沙漠研究所

塔里木沙漠公路工程项目被评为一九九五年全国十大科技成就。

国家科委

图161 “塔里木沙漠公路工程”荣获国家奖证书

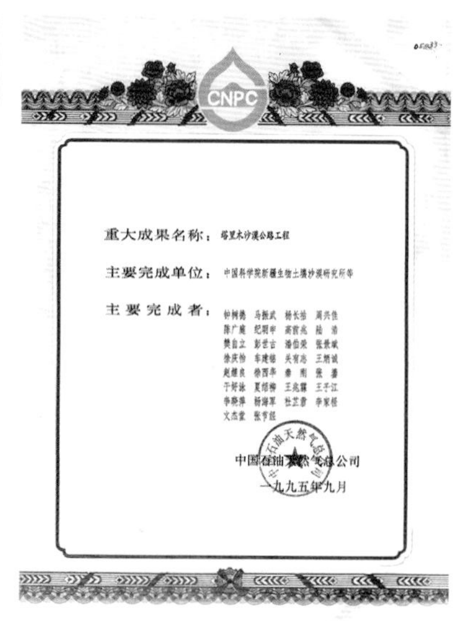
重大成果名称：塔里木沙漠公路工程

主要完成单位：中国科学院新疆生物土壤沙漠研究所等

主要完成者：

中国石油天然气总公司
一九九五年九月

图162 “塔里木沙漠公路工程”主要完成者

AAAS

AMERICAN ASSOCIATION FOR THE ADVANCEMENT OF SCIENCE

1996 CERTIFICATE OF MEMBERSHIP

This certifies that

ASSOCIATE PROFESSOR BORONG PAN

has been awarded Membership in the American Association for the Advancement of Science and is entitled to all the benefits and privileges of professional membership therein, including 51 weekly issues of the acclaimed, award-winning journal, SCIENCE.

Extended this 6th day of September 1996.

Richard S. Nicholson
Executive Director

图163 美国科学促进会(AAAS)聘书

中国科学院厅局文件

际四字（1996）0877号

关于参加美国科学促进会的复函

新疆生物土壤沙漠研究所：

你所科新生字（96）第068号文收悉。美国科学促进会（AAAS）系美国一大型科技团体，下设各专业分会，在世界范围内发展会员。1978年中国科协与美国科学促进会正式建立关系，并共同在国内组织过学术活动。

经研究，同意你所副所长潘伯荣副研究员加入美国科学促进会（AAAS），会费由你所自理。

中国科学院国际合作局
一九九六年十一月二十一日

主题词：参加　国际组织　复函

图164 中国科学院国际合作局的同意函

特聘潘伯荣为会员（图163），并获得中国科学院国际合作局的认可（图164）。

1996年9月11日，由潘伯荣参与主持的中国石油天然气总公司"九五"先导试验项目，"沙漠油田基地环境观测与防沙绿化先导试验研究"通过总公司的验收。

1996年10月30日至11月3日，在桂林植物园实现院地双管挂牌仪式之际，中国科学院植物园工作委员会第八次会议在桂林植物园召开，潘伯荣参加了会议。会议评审了北京植物园、武汉植物园、昆明植物园和沈阳树木园的建园十年发展规划；听取了许再富研究员和贺善安研究员的主题报告；与会代表就"中国科学院植物园的改革与发展"这一主题进行了热烈的讨论，并达成了一些共识。

1996年，吐鲁番沙漠植物园承担的新疆科学技术委员会"中日地中膜栽培实用研究试验"项目，本园科研人员与日本普拉克公司技术人员一起完成了铺膜，播种试验，本次实验期为6个月。

1997年5月，新疆植物学会第六次代表大会暨学术研讨会在乌鲁木齐市举行。潘伯荣当选本届理事会理事长、尹林克当选秘书长。潘伯荣当选为新疆生态学会第二届理事会副理事长。

1997年8月23～26日，吐鲁番沙漠植物园负责承办的中国科学院植物园工作委员会第九次会议在乌鲁木齐召开（图165），中国科学院资环局佟凤勤副局长和计财局王声孚局长、国家科委基础研究与高技术司邵立勤副司长等到会指导工作。会议期间，各植物园分别汇报了各园的工作进展；专家们听取了吐鲁番沙漠植物园、华西亚高山植物园和鼎湖山树木园的"十年发展总体规划"的汇报并进行了认真而严格的评审。专家们肯定了三个园规划的编写工作，并根据三个园所处的地理位置、气候条件和所在地区的植物特点，提出一些如何加强自身优势、发挥区域特点和形成自己特色的建设性意见和建议。会后代表们参观考察了吐鲁番沙漠植物园。

1997年8月26～29日，吐鲁番沙漠植物园受国际植物园协会亚洲分会（IAGB-AD）的委托，在乌鲁木齐市举行国际植物园协会亚洲分会

图165 中国科学院植物园工作委员会第九次会议代表

第三届学术研讨会，与会代表155人，其中国外代表30人，提交论文110篇，到会的50个植物园中中国植物园约占总数的40%，国际植物园协会主席Iwastuki Kunin、副主席贺善安、亚洲分会主席D.B.Sumithraarchchi，秘书长M. Kato，悉尼植物园主任Carrick Chambers等知名学者出席了会议（图166）。潘伯荣任大会副主席，会后组织出版了会议论文集（英文）。

1997年9月18～30日，潘伯荣、雷加强、胡玉昆、徐新文一行四人应第四届国际沙漠技术大会的邀请，出席了澳大利亚西澳卡尔古利召开的本次大会，潘伯荣在大会上作报告。

1997年10月31日，潘伯荣和刘文江应乌兹别克斯坦国家科委的邀请，出席了在塔什干召开的“中亚荒漠保护和发展国际研讨会”，潘伯荣入选该组织的理事会。

1997年12月，潘伯荣当选为新疆生态学会第二届理事会副理事长。尹林克入选国际自然与自然保护同盟物种保存委员会（IUCN. SSC）中国植物专家组成员。

1998年2月，《新疆经济报》以头版大半版篇幅分别刊登《吐鲁番治沙站副站长李正楷应邀到日本作奉献精神的专题报告》和评论员文章《奉献精神永放光芒》。

1998年，李保平研究员陪同美国农业部柽柳研究防治中心的人员来吐鲁番沙漠植物园考察，参观了柽柳专类园，重点考察了柽柳条叶甲虫的情况，并形成双方开展合作研究的意向。

1998年7月7日，研究所联合重组，成立中国科学院新疆生态与地理研究所，院党组批准新所领导班子组成方案，沙漠植物园主任潘伯荣被任命为中国科学院新疆生态与地理研究所党委副书记、纪检书记兼副所长。会后，时任中国科学院副院长陈宜瑜院士等一行视察了吐鲁番沙漠植物园（图167），陈宜瑜院士为吐鲁番沙漠植物园题字（图168）。

1998年8月7～10日，中国科学院植物园工作委员会第十次会议在四川成都召开，潘伯荣参加了会议。时任中国科学院计财局李志刚副局长和资环局佟凤勤副局长分别介绍了中国科学院知识创新工程的最新进展，工委会许再富主任就植物园在知识创新、知识转移和知识传播中发挥更大的作用发表了看法。会议审议通过了吐鲁番沙漠植物园、华西亚高山植物园和鼎湖山树木园的十年发展规划。

1998年8月28日至9月14日，中国科学院生

图166　国际植物园协会亚洲分会第三届学术研讨会与会代表

图167　陈宜瑜院士一行视察吐鲁番沙漠植物园（档案）

保育特殊生物资
源改造极端生态
环境
陈宜瑜 九八年

图168　陈宜瑜院士为吐鲁番沙漠植物园题词（档案）

物学部组织的“西北五省区干旱半干旱区可持续发展的农业问题”咨询组在新疆考察调研，参加人员18人，其中以张新时为组长的院士有7位，潘伯荣和胡文康为考察队成员。

1998年10月15～23日，时任中国科学院副院长白春礼院士在参加新疆第三届青年学术讨论会期间，参观、考察了吐鲁番沙漠植物园，并为吐鲁番沙漠植物园题字（图169）。

1998年12月6日，潘伯荣在深圳仙湖植物园建园15周年庆典之际，参加中国植物学会65周年大会暨学术讨论会，与诸多专家相聚（图170），并提交“我国荒漠种子植物分类区系特殊成分及其迁地保护”交流论文。

1998年12月，潘伯荣赴昆明参加“第三届全国生物多样性保护与持续利用研讨会”，作“荒漠绿洲生态系统多样性”的报告。

1998年12月，潘伯荣被聘为中国科学院生物多样性委员会第三届委员会委员。

1998年，李保平研究员陪同美国农业部柽柳研究防治中心的人员来吐鲁番沙漠植物园考察，

保护生物
绿化沙漠
白春礼
一九九八年十月十八日

图169　白春礼院士视察吐鲁番沙漠植物园并题字（档案）

图170　笔者与贺善安、林有润、许霖庆、李沛琼等专家合影（档案）

参观了柽柳专类园，重点考察了柽柳条叶甲虫的情况，并形成双方开展合作研究的意向。

1999年，由日本世纪财团出资，在吐鲁番沙漠植物园西侧联合栽种了长约1km的“中日友好防风固沙林带”，林带以柽柳、梭梭为主。

1999年，吐鲁番沙漠植物园被命名为“全国科普教育基地”（图171）和“全国青少年科技教育基地”（图172）。

1999年6月2日，日本联合国大学教授小掘岩先生等一行4人赴吐鲁番沙漠植物园参观访问，并对吐鲁番地区水土利用情况进行调查研究。

1999年7月27日，新日本气象海洋株式会社顾问土屋清等6位日本学者考察访问了吐鲁番沙漠植物园。

1999年9月8日，英国南安普敦大学生物多样性与生态学系Michael Fenner教授与地理研究所Julian Ball教授赴吐鲁番沙漠植物园进行考察访问。

1999年12月30日，潘伯荣作为《新疆植物志》编写领导小组组长，《新疆植物志》第一、二、六卷获新疆维吾尔自治区科学技术进步奖二等奖的奖励（图173）。

2000年4月28日至5月14日，吐鲁番沙漠植物园与中国科学院12个植物园联合举办“学生走进大自然，大自然成为大课堂”的科普宣传周，吐鲁番园主题为“防止荒漠化，重建美好家园”。

2000年8月24日至9月1日，尹林克、张道远前往捷克布拉格植物园进行考察和学术交流，与捷克布拉格植物园建立了长期合作关系，并签署了“两园友好合作备忘录”。采集到水柏枝属（*Myricaria*）的模式种：*M. germanica*以及柽柳属的*Tamarix parvifolia*和*T. ramosissima*，并查阅了柽柳科的有关标本。

2000年8月25～28日，中国科学院植物园工作委员会第十二次会议在江西庐山植物园召开，潘伯荣参会。会议由许再富主任主持，时任中国科学院生物局康乐副局长传达了院党组夏季务虚扩大会议上关于中国科学院二期创新工程的整体构思和将原植物园列入创新工程的情况，并对中国科学院植物园的科技创新工程提出了具体的要求，使与会全体代表受到很大鼓舞，增强了建设国际一流植物园的信心。会议期间，还讨论通过了中国科学院植物园工作委员会章程。与会代表认为，这次庐山会议是一次跨世纪的科技创新会议，意义重大。

图171 “全国科普教育基地”牌

图172 “全国青少年科技教育基地”牌

为表彰在促进科学技术进步工作中做出重大贡献者，特颁发此证书，以资鼓励。

پەن - تېخنىكا تەرەققىياتىنى ئىلگىرى سۈرۈشتە زور تۆھپە قوشقانلىقىڭىز ئۈچۈن بۇ گۇۋاھنامە بېرىلدى.

获奖项目：《新疆植物志》第一、二、六卷　　مۇكاپاتلانغان تۈر:

奖励等级：二等奖　　مۇكاپات دەرىجىسى:

获 奖 者：潘伯荣（领导干部和管理人员）　　مۇكاپاتلانغۇچى:

奖励日期：一九九九年十二月三十日　　مۇكاپاتلانغان ۋاقتى:

证 书 号：990[illegible]　　گۇۋاھنامە نومۇرى:

新疆[illegible]人民政府

شىنجاڭ ئۇيغۇر ئاپتونوم رايونلۇق خەلق ھۆكۈمىتى

图173 《新疆植物志》第一、二、六卷获奖证书

2000年9月10日，日本大学文理学部师生代表团一行17人在吐鲁番开展绿洲生态考察并参观访问吐鲁番沙漠植物园。

2000年11月21～23日，潘伯荣赴武汉大学参

加“第四届全国生物多样性保护与持续利用研讨会”。本次大会共收到80余篇论文，内容涉及我国及国际生物多样性研究和保护的各个方面，在一定程度上反映了我国在生物多样性及相关领域的最新研究进展。

2000年12月30日，潘伯荣作为主要负责人之一的“塔中油田生物防沙绿化示范工程技术”项目获新疆维吾尔自治区科学技术进步奖二等奖（图174）。

2001年10月3～7日，“中国西部生态环境建设和生物多样性保护国际研讨会”在乌鲁木齐市举行，潘伯荣任会议秘书长（图175）。出席会议的有6国54名代表，提交论文23篇。新疆外事办公室主任刘宇生和中国科学院生物局局长康乐出席会议开幕式并发表讲话，中国科学院生物多样性委员会秘书长马克平等参会。

2001年11月4日，新疆植物学会第七届代表大会暨学术研讨会在乌鲁木齐市举行。潘伯荣继续当选本届理事会理事长、尹林克当选副理事长。

2001年，吐鲁番沙漠植物园保存植物物种达到470余种，占荒漠植物区系总种数的40%；荒漠珍稀植物保存数由原来的7种增至43种。

2002年，新疆科技厅、党委宣传部、教育厅、科协联合举行“自治区青少年科技教育基地”授牌仪式，吐鲁番沙漠植物园成为首批11个基地之一。

2002年2月，尹林克任绿洲农业与荒漠环境研究室副主任，兼吐鲁番沙漠植物园主任。

2002年4月21日，英国邓迪大学Christopher David Rogers教授和Sergei Vinogradov教授两人赴吐鲁番沙漠植物园进行学术考察。

2002年5月1日，应中国国际交流协会的邀请，以欧洲议会对外关系代表团第一副团长佩尔·加尔彤为团长的欧洲议会绿党党团代表团一行6人，在中共中央对外联络部和新疆维吾尔自治区外事办公室的领导陪同下，对中国科学院新疆生态与地理研究所（以下简称新疆生地所）、吐鲁番沙漠研究站和吐鲁番沙漠植物园进行了参观访问（图176），并听取了时任所长宋郁东关于新疆生态环境建设的汇报（图177）。

2002年5月27日，曾任中国驻比利时大使、驻印度尼西亚大使和驻纽约总领事（大使衔），时任我国外交部发言人、新闻司副司长章启月率领的外国驻京记者团一行50余人在新疆维吾尔自治区外办领导的陪同下，对吐鲁番沙漠研究站和吐鲁番沙漠植物园进行了参观访问（图178）。此次外国驻京记者新疆采访团由10个国家35家新闻机构的共47名记者组成，国际上许多重要新闻媒体，如美联社、路透社、法新社等均在此列。新疆生地所时任所长宋郁东向客人介绍了新疆荒漠化防

证书

为表彰在促进科学技术进步工作中做出重大贡献的单位或集体，特颁发此证书，以资鼓励。

获奖项目：塔中油田生物防沙绿化示范工程技术

获奖单位：中国科学院新疆生态与地理研究所

奖励等级：二等奖

证书号：00-02-003

2000 12 30

为表彰在促进科学技术进步工作中做出重大贡献者，特颁发此证书，以资鼓励。

پەن - تېخنىكا تەرەققىياتىنى ئىلگىرى سۈرۈشتە زور تۆھپە قوشقانلىقىڭىز ئۈچۈن بۇ گۇۋاھنامە بېرىلدى.

获奖项目：塔中油田生物防沙绿化示范工程技术　مۇكاپاتلانغان تۈر:

奖励等级：二等奖　مۇكاپات دەرىجىسى:

获 奖 者：潘伯荣（名列第二）　مۇكاپاتلانغۇچى:

奖励日期：二零零零年十二月三十日　مۇكاپاتلانغان ۋاقتى:

证 书 号：0000　گۇۋاھنامە نومۇرى:

新疆维吾尔自治区人民政府　شىنجاڭ ئۇيغۇر ئاپتونوم رايونلۇق خەلق ھۆكۈمىتى

图174 “塔中油田生物防沙绿化示范工程技术”获奖证书

图175 “中国西部生态环境建设和生物多样性保护国际研讨会”在乌鲁木齐市举行（档案）

图176 欧洲议会绿党党团代表团到访植物园（档案）

图177　宋郁东介绍新疆荒漠化防治成果（档案）

图178　章启月和外宾参观植物园（档案）

图179　宋郁东介绍新疆荒漠化防治成果（档案）

中国科学院文件

科发生字〔2002〕192号

关于成立中国科学院植物园网络建设领导小组、科学指导委员会和项目管理办公室的通知

院属各有关单位：

为落实院野外台站网络与植物园建设工作会议的精神，加强对植物园网络建设的管理和学术指导，顺利完成植物园网络建设项目的实施工作，院决定成立中国科学院植物园网络建设领导小组、科学指导委员会和项目管理办公室，各组成人员如下：

一、领导小组

组　长：陈宜瑜

副组长：施尔畏　康　乐

— 1 —

成　员：李志刚　曹效业　安建基　陈泮勤　邢淑英　韩兴国　黄宏文　刘宏茂　彭少麟

二、科学指导委员会

主　任：陈　竺

副主任：黄宏文

成　员：赵南先　景新明　许再富　管开云　潘伯荣　佟凤勤　陈俊愉　贺善安　沈茂才

外籍顾问：Dr. Peter Raven

Dr. Peter Wyse Jackson

Prof. Peter R. Crane

Dr. Stephen Blackmore

Dr. Dedy Darnaedi

三、项目管理办公室

主任：景新明

成员：陈海山　刘忠义　娄治平　周　桔

二〇〇二年六月四日

— 2 —

图180　关于成立中国科学院植物园网络建设领导小组、科学指导委员会和项目管理办公室的通知

治的科研成果（图179）。

2002年6月4日，中国科学院成立中国科学院植物园网络建设领导小组、科学指导委员会和项目管理办公室（图180），潘伯荣是科学指导委员

会的成员。

2002年6月29日，国家邮政局发行的《沙漠植物》特种邮票（一套四枚），是潘伯荣根据我国荒漠植物区系的特点、沙漠植物的特性及其在荒漠化防治中的应用情况，作为该组邮票的选题，向国家邮政局推荐沙冬青（*Ammopiptanthus mongolicus*）、红皮沙拐枣（*Calligonum rubicundum*）、细枝岩黄蓍（*Hedysarum scoparium*）和细穗柽柳（*Tamarix leptostackys*）4种植物（图181）。同天，邮票设计师天津美术学院郭振山副教授和潘伯荣应邀出席乌鲁木齐举办的首发式，并为广大集邮爱好者签字留念（图182）。吐鲁番市也同时举行了《沙漠植物》邮票的首发式，张海波也应邀出席了首发式。

2002年7月11日，由新疆维吾尔自治区人民政府外办接待的香港特区政府代表团参观了吐鲁番沙漠植物园和吐鲁番沙漠研究站。此次香港特区政府代表团成员来自特区政府中的各个部门，共27人。

2002年7月18日，美国国家农业部盐分实验室Martinus van Genuchten 一行两人参观访问了吐鲁番沙漠植物园。

2002年10月9～24日，由潘伯荣主持的国家重点科普项目“西部科普资源的合理开发及有效利用”的专项“塔河千里巡”大型科普巡展活动举行，经历两地州8县市，行程4 000km，直接宣传教育人数为20 116万。

2002年11月3～7日，中国植物学会植物园分会第17届学术讨论会在深圳仙湖植物园召开，潘伯荣和张海波参会。潘伯荣作了《数字化植物园浅谈》的主题报告。

2002年11月8～9日，中国科学院植物学科科学传播研讨会在深圳仙湖植物园召开，潘伯荣和张海波参加了此次会议。

2002年11月9日，新疆科技厅、区党委宣传

图181 《沙漠植物》特种邮票

图182 邮票首发式签字活动（档案）

图183 新疆维吾尔自治区青少年科技教育基地授牌与证书

部、新疆教育厅、新疆科协联合举行“新疆维吾尔自治区青少年科技教育基地”授牌仪式，新疆生地所标本馆和吐鲁番沙漠植物园成为新疆首批11个基地中的两个基地（图183）。

2002年11月11～16日，国际生物多样性保护和科普教育培训班在中国科学院北京植物园开班，培训班有5位国际植物园保护联盟（BGCI）的成员主讲，吐鲁番沙漠植物园系BGCI的成员单位，张海波参加了培训班。

2002年，张道远与美国的博士后John Gaskin及伊拉克的Luag H.Ali博士建立了联系，互通研究进展，互送发表的文章，并联手对柽柳科代表种的DNA序列进行了测定，共同探讨系统学上的一些分歧问题，最终达成共识，并联合发表了两篇SCI文章。

2002年，潘伯荣当选中国地理学会沙漠分会第四届理事会副理事长。

2002年，吐鲁番沙漠植物园参与的“石西油田沙漠绿化示范”项目获2001年度新疆维吾尔自治区科学技术进步奖三等奖。主要参加人员有尹林克、张海波等。

2003年2月23日至3月2日，潘伯荣应“中泰民族植物学培训班”中方召集人裴盛基教授邀请，参加培训班并授课。

2003年6月，以新疆维吾尔自治区人大常委会常务副主任、科协主席王怀玉为首的专家组一行20余人，参观考察吐鲁番沙漠植物园。

2003年4月，吐鲁番沙漠植物园被授予“首批自治区及科普教育基地”并参加授牌仪式。

2003年7月，潘伯荣应西藏林芝地区行署邀请，赴西藏雅鲁藏布江下游考察植被与风沙灾害现状，协助完成“雅鲁藏布江下游沙漠化治理与林芝机场生态安全建设工程”立项报告初稿。

2003年8月6～7日，新疆维吾尔自治区关心下一代委员会与新疆生地所合作在吐鲁番沙漠植物园开展“大手拉小手，亲近大自然”的科普活动，新疆科协及其所属单位的职工子女参与了这场活动（图184），活动内容包括科普讲座，参观学习。研究所科普工作领导小组负责人胡文康、吐鲁番沙漠植物园张道远和李玉巧分别作了报告（图185）。

2003年10月10～13日，潘伯荣、张元明、张道远、谢静霞等一行4人赴成都参加“中国植物学

图184 开展“大手拉小手，亲近大自然”的科普活动（档案）

图185 胡文康作科普报告（档案）

会70周年年会暨学术研讨会”，共提交交流论文6篇。潘伯荣在“植物资源保护与开发利用”的分会场担任主持，并作《新疆维吾尔族传统知识与生物多样性》的报告。之前，潘伯荣、张道远参加了“西部地区第二届植物科学与开发学术讨论会”，张道远作了题为《新疆植物种质资源及其多样性保护》的大会报告。

2003年9月30日，根据“两园友好合作备忘录”，捷克布拉格植物园一行3人来访，并赴南疆进行植物考察。

2003年10月15日，尹林克赴英国爱丁堡皇家植物园执行3个月的高级学者访问计划。

2003年10月20～24日，张道远赴武汉植物园参加“全国第二届生物多样性保护培训班暨首次科技工作者论坛”，张道远作了题为《新疆植物资源多样性及其保护》的报告。

2003年11月18日，张道远、段士民参加了“第二届国际生物多样性保护培训班暨首届青年科学家论坛（武汉）”，张道远在大会上作了《新疆植物种质资源及其多样性保护——以吐鲁番沙漠植物园为例》的报告，并与国际植物园主席Peter Jackson及其他国家植物园同行交流。

2003年11月24～27日，中国科学院植物园、生物标本馆科普网络委员会第一次会议在海南三亚召开，潘伯荣和张道远作为网络委员会成员参加了此次会议，张道远汇报了吐鲁番沙漠植物园在SARS期间坚持开展的一系列科普活动，获得各单位领导和专家的赞许。

2003年12月2～4日，潘伯荣、张海波、刘文江参加了在巴基斯坦首都伊斯兰堡由世界自然保护基金会巴基斯坦办事处（WWF-Pakistan）举办的“药用与香料植物国际研讨会”，潘伯荣作《新疆生物多样性特点与传统管理和利用》大会发言。会后参观了WWF-Pakistan支持的相关机构。

2003年12月18日，潘伯荣应新疆园林风景学会特邀，在“新疆生态园林建设学术研讨会”上作《干旱区城市园景建设的生态学思考》专题报告。

2003年，吐鲁番沙漠植物园获“2003年自治区级科普先进单位”，张道远副主任获“自治区级科普先进个人”荣誉称号。

2004年3月，张道远参加了在云南西双版纳植物园召开的“International Conference on Botanical Gardens and Sustainable Development”国际会议，并作了大会报告。

2004年4月，潘伯荣被聘为中华人民共和国濒危物种科学委员会野生动植物国际贸易协审专家，尹林克被聘为濒科委专家库专家，聘期均为6年。

2004年5月24日，中国科学院调整“中国科学院植物园网络建设领导小组、科学指导委员会和项目管理办公室”（图186），潘伯荣仍是科学指导委员会的成员。

2004年6月27日，时任中国科学院副院长李家洋院士、资环局傅伯杰局长视察吐鲁番沙漠植物园（图187、图188）。

2004年7月2～3日，英国WWF“人与植物”项目负责人Alan Hamihon先生赴巴基斯坦途经新疆，参观访问了吐鲁番沙漠植物园。

2004年7月，根据科新生字〔2004〕51号文件精神，雷加强任第二研究室主任、尹林克和吕昭智任副主任，尹林克兼吐鲁番沙漠植物园主任。

2004年8月12～14日，潘伯荣参加石河子大学召开的“全国第二届甘草学术研讨会暨新疆第二届植物资源开发、利用与保护学术研讨会”，作《沙拐枣属（*Calligonum* L.）植物的多样性特点》的报告，还提交《刺山柑的利用价值及其人工繁殖技术》的交流论文。

2004年8月22～25日，巴基斯坦民族植物学学会主席、白沙瓦大学杂草科学系主任Mawat教授访问新疆生地所并赴吐鲁番沙漠植物园参观考察。

2004年9～12月，受中国科学院留学经费资助，张道远赴日本进行为期3个月的高级学者访问计划。

2004年9月，潘伯荣和张海波赴江西九江，参加2004年中国植物园学术年会暨庐山植物园建园70周年园庆，以及中国环境科学学会植物园保护分会理事会会议，尹林克当选为该分会的副理事长。

2004年10月28日，经国家科技部、中国科协批准，国际生物多样性计划中国国家科学委员会在北京成立，潘伯荣应邀参会并当选为首届的委员。

2004年11月19日，澳大利亚北部区政府Phillip Rudd先生一行2人参观考察吐鲁番沙漠植物园。

中国科学院文件

科发生字〔2004〕150号

关于调整中国科学院植物园网络建设领导小组和科学指导委员会组成人员的通知

院属各有关单位：

中国科学院植物园网络建设领导小组和科学指导委员会分别是我院植物园网络创新建设的决策机构和学术指导机构，自2002年成立以来，开展了大量的工作，为我院植物园网络创新建设的顺利进行发挥了重要作用。根据工作需要和人事变动情况，经研究，决定对中国科学院植物园网络建设领导小组和科学指导委员会进行调整，调整后的领导小组和科学指导委员会组成人员名单如下：

— 1 —

一、领导小组

组　长：陈　竺

副组长：李志刚　康　乐

成　员：曹效业　邱举良　邢淑英　韩兴国　黄宏文
刘宏茂　陈　勇

二、科学指导委员会

主　任：陈　竺

副主任：黄宏文

成　员：陈俊愉　贺善安　许再富　管开云　潘伯荣
景新明　佟凤勤　沈茂才　任　海

主题词：管理　机构　通知

抄送：院机关各有关部门。

中国科学院办公厅　　2004年6月1日印发

— 2 —

图186　关于调整中国科学院植物园网络建设领导小组和科学指导委员会组成人员的通知

图187 李家洋院士和傅伯杰局长视察植物园

图188 李家洋院士在植物园留影

2004年11月，由于吐鲁番沙漠植物园的积极申报，国际植物园保护协会吸纳了吐鲁番沙漠植物园，成为国际会员单位(International Agenda for Botanic Gardens in Conservation)，寄来会员铜制证书，并被授权为“生物多样性保护公约成员”。

2004年12月13日，潘伯荣受聘乌鲁木齐市专家顾问团生态环境组成员。

2004年10月，潘伯荣参加宁波召开的国际生态城市建设论坛暨SCOPE科学顾问年会。

2004年，吐鲁番沙漠植物园获中国科学院科普工作先进集体奖。

2005年6月1～10日，依据中捷政府间国际合作项目“中捷荒漠植物引种与生物多样性保护”，田长彦、张道远、潘伯荣、张海波、段士民应布拉格植物园邀请，赴捷克考察访问并进行学术交流（图189至图192）。

2005年9月11～13日，潘伯荣赴湖南长沙，参加“中国植物园学术年会”。

2005年10月22～23日，新疆植物学会第八次代表大会暨学术研讨会在乌鲁木齐市举行，潘伯荣当选本届理事会理事长、尹林克当选副理事长。

2005年11月5～8日，“国际菊科艾蒿类植物系统演化与资源利用研讨会”在广东省中山市召开（图193），潘伯荣等3人参加本次大会，共提交论文5篇（均收入大会论文集），潘伯荣作《蒿属植物在中国沙漠治理中的应用》的大会报告。

2005年11月14～17日，田长彦、潘伯荣、尹林克、张元明、张道远、张海波等6人赴香港嘉道理植物园参加“第六届中国植物园生物多样性保护研讨会”，与会代表参观了嘉道理植物园和香港的自然保护地（图194）。潘伯荣应邀作了《新疆生物多样性特点与传统管理和利用》报告，会议期间与胡秀英先生和贺善安先生等诸多专家进行交流（图195）。

2005年，潘伯荣受聘为中国野生植物保护协会科技委员会专家成员。

2006年，国家旅游局授予吐鲁番沙漠植物园

图189　潘伯荣参观布拉格植物园（张海波 摄）

图190　潘伯荣参观捷克科学院树木园（张海波 摄）

图191　潘伯荣一行在捷克自然保护区考察（张海波 摄）

图192　潘伯荣在捷克科学院树木园作报告（张海波 摄）

图193　首届东亚植物园网络研讨会与会代表（档案）

图194　参观嘉道理植物园（档案）

图195　潘伯荣与胡秀英和贺善安先生合影（档案）

图196 吐鲁番沙漠植物园获国家AAA级旅游景区

为国家AAA级旅游景区（图196）。

2006年3月，受新疆林业局野生动植物保护处委托，潘伯荣负责组织并参加《新疆第一批重点保护野生植物名录》的编制，编写小组由潘伯荣（组长）、海鹰（新疆师范大学）、闫平（石河子大学）三人组成。2006年11月24日，《新疆第一批重点保护野生植物名录》通过专家审定。

2006年4月18～20日，潘伯荣和尹林克赴北京参加“中国植物园学术年会暨北京植物园（现国家植物园）建园五十周年庆典”。潘伯荣在大会上作《国产沙拐枣属植物及其迁地保护与利用》的报告。

2006年5月，日本友好人士矢崎胜彦一行5人，在新疆外交学会常务副会长刘宇生及吐鲁番外办艾主任的陪同下，考察了吐鲁番沙漠植物园内的“中日防风固沙经济林带”。“中日防风固沙经济林带”建立于1999年，全长1km。

2006年6月，新疆师范大学崔乃然教授、中国科学院植物研究所陈艺林研究员和靳淑英研究员应潘伯荣邀请前来乌鲁木齐，参加新疆植物学会组织的植物分类学培训班讲课（图197），三位专家还考察了吐鲁番沙漠植物园（图198）。

2006年7月，张道远陪同荷兰国际地理信息科学与地球观测学院（ITC）专家Androw skidmore教授考察天山北坡草地及北疆古尔班通古特沙漠的生态环境，并联合申报欧盟有关生物多样性保护的项目。

2006年7月13日，吐鲁番沙漠植物园主持的“柽柳科植物研究及荒漠区生物多样性保护”项目获2005年度新疆维吾尔自治区科学技术进步奖三等奖。尹林克、张道远、潘伯荣等为主要获奖人员。

2006年7月23～29日，潘伯荣参加中俄“地理信息系统（GIS）在阿尔泰区域可持续发展中的应用和作用”双边学术研讨会（俄罗斯西伯利亚阿尔泰共和国），并作报告。

2006年8月，首届东亚植物园网络研讨会在昆明召开，尹林克代表吐鲁番沙漠植物园参加。

2006年8月3～5日，潘伯荣赴长春参加“第七届全国生物多样性保护与持续利用研讨会”，作《新疆的湿地及其生物多样性特点与保护》的报告。

2006年10月，中捷政府间国际合作项目“中捷荒漠植物引种与生物多样性保护”继续实施。来访的捷克布拉格植物园主任Pavel一行3人考察了塔里木盆地的荒漠植物多样性并引种。

2006年11月5～9日，潘伯荣和刘文江博士出席在泰国清莱召开的第十届国际民族生物学大会，刘文江代表潘伯荣和古丽努尔在大会上作报告。

2007年，进入中国科学院植物园知识创新体系，植物园面积扩大至150hm^2。

2007年3月18～25日，应哈萨克斯坦植物园邀请，潘伯荣、冯缨和古丽努尔三人拜访了巴杜宁院士（图199），参观访问了哈萨克斯坦植物园和植物标本馆，查阅了馆藏标本（图200），拷贝了（拍摄）沙拐枣属标本767份、柽柳科标本212份、列当科标本27份，收集了相关文献资料，并对原签署的合作备忘录进行了细化讨论，达成一定共识。

2007年4月16～20日，第三届世界植物园大会在湖北省武汉市召开（图201），吐鲁番沙漠植物园潘伯荣、王雷涛、谭勇一行3人参加本次大会，1篇研究论文以墙报形式参加交流，2篇论文

图197　陈艺林研究员讲课现场（档案）

图198　崔乃然、陈艺林和靳淑英考察植物园（档案）

图199　拜访巴杜宁院士（冯缨　摄）

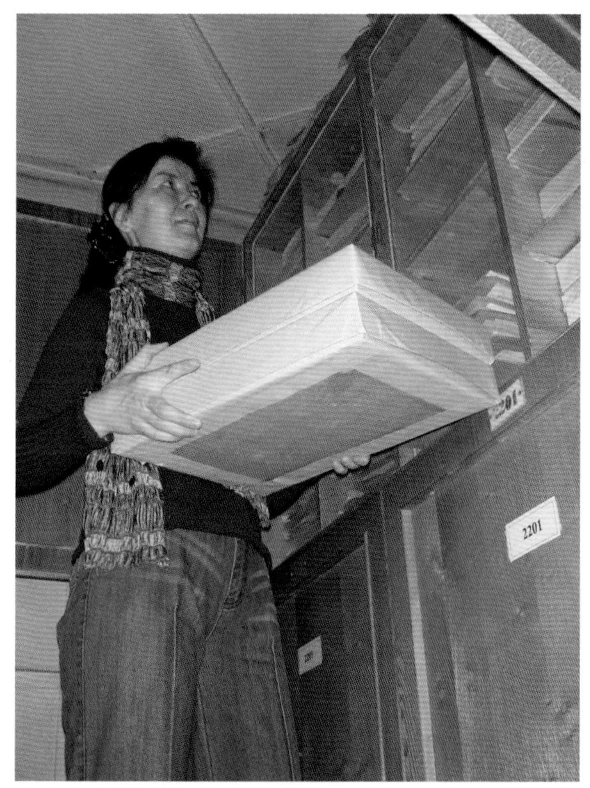

图200　查阅馆藏标本（冯缨　摄）

分别在专题会场报告（图202）。会上同巴基斯坦白沙瓦大学植物和蒙古国乌兰巴托植物园的专家教授会面交流（图203、图204）。

2007年5月14～25日，应乌兹别克斯坦科学院的邀请，潘伯荣参加新疆生态与地理研究所所长陈曦组团对乌兹别克斯坦进行了访问。参观访问乌兹别克斯坦科学院所属的植物科学生产中心，签署了合作备忘录。查阅该中心的沙拐枣果实标本，收集了相关的文献资料，还对天山植物（图205）和克孜勒库姆沙漠进行了野外考察（图206）。

2007年6月19日至7月1日，根据中国科学院植物研究所同韩国首尔大学植物系的合作协议，受中国科学院植物研究所委托，潘伯荣负责接待韩国五位学者。段士民和研究生张强陪同韩方和植物所共7人在新疆西天山开展了植物调查，历时11天。

2007年6月28日，应广东省东莞市的邀请，

图201　第三届世界植物园大会主会场

图202　谭勇在第三届世界植物园大分会场作报告

图203　潘伯荣同巴基斯坦白沙瓦大学的朋友合影（档案）

图204　潘伯荣等同蒙古国植物园的朋友合影（档案）

图205　考察天山植物（档案）

图206　考察克孜勒库姆沙漠的植物（档案）

中国科学院植物园工委会组织专家参加东莞植物园规划建设论证会。

2007年8月4~5日，时任中国科学院副秘书长何岩先后视察了阜康荒漠生态系统观测试验站及吐鲁番沙漠植物园。

2007年8月6~7日，时任中国科学院副院长施尔畏莅临新疆生地所视察，并参观吐鲁番沙漠植物园。

2007年9月12日，时任中国科学院生物局康乐局长，洪德元和陈晓亚院士及生物局娄志平处长和陈进、何兴元、李绍华、李勇、丁朝华、金昌杰、陈玮等有关植物园的专家，参加吐鲁番沙漠植物园“荒漠植物收集与生态景观优化”项目开题和“沙拐枣专类园”项目验收（图207、图208）。陈晓亚和洪德元院士分别为吐鲁番沙漠植物园题词（图209、图210）。

2007年9~10月，根据国际合作项目执行计划，王喜勇与捷克布拉克植物园Paver教授一行3人到一号冰川—南疆—青海沿线进行了野生植物资源联合考察。

2007年10月14~17日，潘伯荣和张海波赴河北石家庄植物园参加“2007年全国植物园学术年会”。

2007年11月，来自巴基斯坦的联合国开发计划署（UNDP）官员参观访问了吐鲁番沙漠植物园。

2007年，吐鲁番沙漠植物园主要参与的“塔里木河中下游荒漠化防治与生态系统管理研究与示范”项目获2010年度新疆维吾尔自治区科技进步奖一等奖。尹林克为第三完成人，获奖人员还有严成。

2008年，潘伯荣申报的科技部国际合作“中亚沙拐枣属植物研究及种质资源保护平台建设”项目获批，合作国家：乌兹别克斯坦，经费99万元，起止年限：2008年6月至2011年6月。

2008年4月，*Science*的亚洲区主编参观访问吐鲁番沙漠植物园。

2008年4月，比利时国家电视台采访吐鲁番沙漠植物园，并制作防风治沙成果专题片。

2008年6月9~13日，第二届东亚植物园网络（EABGN）会议在韩国首都首尔举行，来自东亚

图207 “沙拐枣专类园”项目验收（档案）

图208 “荒漠植物收集与生态景观优化”项目开题（档案）

图209 陈晓亚院士为植物园题词（档案）

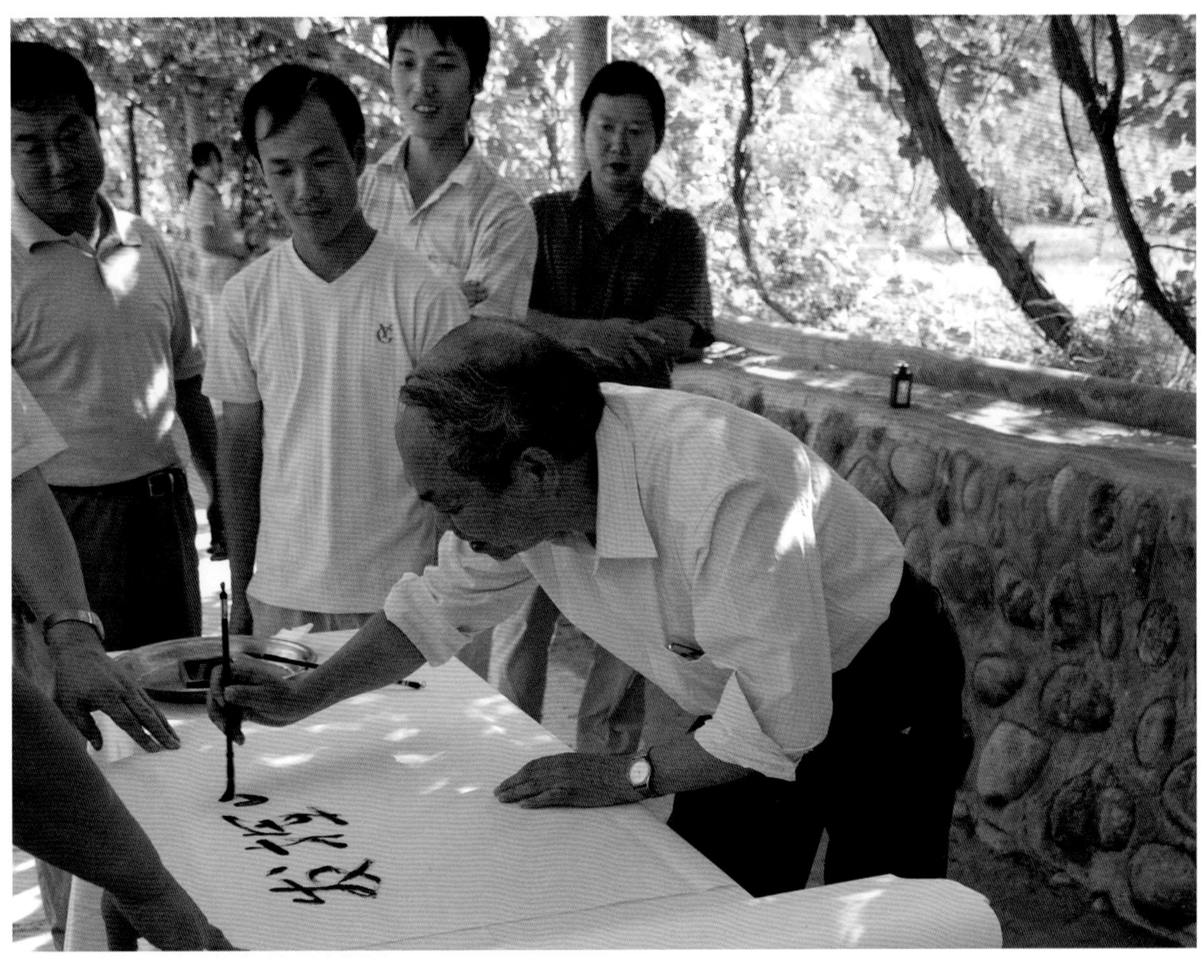

图210　洪德元院士为植物园题词（档案）

各个成员国家和地区、澳大利亚与新西兰等国家的100多名代表参加了该会议。张道远参加了此次会议。

2008年7月12～17日，由潘伯荣、尹林克组团一行13人赴兰州参加“中国植物学会第十四届全国会员代表大会暨75周年学术年会”（图211），提交论文摘要共19篇。

2008年7月20日，潘伯荣赴银川参加“中国西部地区第五届植物科学与开发学术研讨会”，并作《沙拐枣属（*Calligonum* L.）植物在干旱区生态与环境修复中的应用》报告。

2008年7月30日，中国科学院院士曾庆存研究员等一行8人参观访问吐鲁番沙漠植物园（图212、图213）。

2008年8月26～27日，潘伯荣协助新疆林业厅在乌鲁木齐组织召开“中国雪莲保护与可持续发展论坛”，并在会上作“雪莲药用价值研究的综合分析”报告。后与会代表参观访问了吐鲁番沙漠植物园。

2008年8月，美国爱达荷州州立大学Marcelo Serpe博士在张元明研究员陪同下参观访问吐鲁番沙漠植物园。

2008年8月，吐鲁番沙漠植物园被中国野生植物保护协会授予“全国野生植物保护科普教育基地”称号。

2008年9月8日，美国国家自然科学基金代表团一行20余人参观访问吐鲁番沙漠植物园。美国农业部农业研究中心John Gaskin博士在张道远的陪同下考察荒漠植物。

2008年9月，参加“中美气候变化学术研讨会”的代表一行20余人参观考察吐鲁番沙漠植物园。

2008年9月，吐鲁番沙漠植物园与生物多样性研究室共同邀请德国Mainz大学系统植物研究所

图211　植物园组团参加中国植物学会75周年大会（档案）

图212　王喜勇陪同曾庆存院士等参观植物园（档案）

图213　曾庆存院士等在植物园留影（档案）

所长和植物园主任Joachim W. Kadereit 教授来研究所向所内相关科研人员作了报告。

2008年9月20～22日，潘伯荣负责组织召开“第四届中国民族植物学学术研讨会暨第三届亚太地区民族植物学论坛”（乌鲁木齐），并在会上作《吐鲁番绿洲生态系统建设的传统历史与特点》和《雪莲类药用植物（*Saussurea* spp.）的区别与合理利用》报告。会后国内外60余名代表参观考察吐鲁番沙漠植物园。

2008年11月5日，潘伯荣参加“新疆风景园林学会会员代表大会”（吐鲁番），特邀作《干旱区乡土观赏植物资源及其开发利用》报告。

2008年11月，新疆生地所艾利西尔博士陪同德国环境专家一行4人来吐鲁番沙漠植物园参观考察。

2009年1月9日，中共中央、国务院在北京隆重举行国家科学技术奖励大会，新疆生地所共有两项成果荣获国家科学技术进步奖二等奖，吐鲁番沙漠植物园尹林克和严成是获奖项目“塔里木河下游绿洲农业与生态综合治理技术”主要完成人之一（图214）。

2009年4月19日，新疆维吾尔自治区科技进步奖颁奖典礼在新疆人民大会堂举行。吐鲁番沙漠植物园荣获“新疆维吾尔自治区首届科学技术普及奖”（集体类），张道远参加颁奖典礼并接受奖牌及奖金。

2009年4月，来自利比亚的20多名学员接受为期35天的荒漠化防治技术培训。在吐鲁番沙漠植物园，潘伯荣和严成为利比亚学员授课（图215、图216）。

2009年4月，日本非政府（NGO）组织世纪财团一行20余人第三次参观考察吐鲁番沙漠植物园。

2009年6月1～19日，潘伯荣、段士民、古丽努尔·沙比尔哈孜和师玮一行4人与合作方哈比波洛博士等考察了乌兹别克斯坦荒漠自然分布的沙拐枣属（*Calligonum*）植物居群的结构和组成，行程约计2 000km，并采集了沙拐枣属植物的果实和植物标本（图217至图220）。

2009年7月7日，中国科学院资环局佟凤勤副

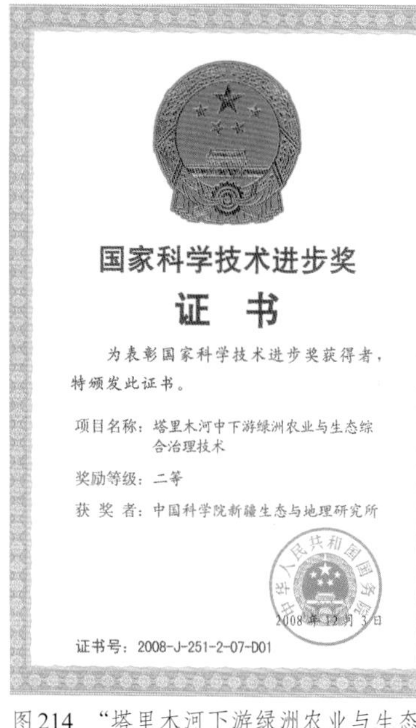

国家科学技术进步奖

证　书

为表彰国家科学技术进步奖获得者，特颁发此证书。

项目名称：塔里木河中下游绿洲农业与生态综合治理技术

奖励等级：二等

获 奖 者：中国科学院新疆生态与地理研究所

中华人民共和国国务院

2008年12月3日

证书号：2008-J-251-2-07-D01

国家科学技术进步奖

证　书

为表彰国家科学技术进步奖获得者，特颁发此证书。

项目名称：塔里木河中下游绿洲农业与生态综合治理技术

奖励等级：二等

获 奖 者：尹林克

中华人民共和国国务院

2008年12月

证书号：2008-J-251-2-07-R04

国家科学技术进步奖

证　书

为表彰国家科学技术进步奖获得者，特颁发此证书。

项目名称：塔里木河中下游绿洲农业与生态综合治理技术

奖励等级：二等

获 奖 者：严　成

中华人民共和国国务院

2008年12月3日

证书号：2008-J-251-2-07-R10

图214　“塔里木河下游绿洲农业与生态综合治理技术”荣获国家科学技术进步奖二等奖

图215　潘伯荣为利比亚学员授课（档案）

图216　严成给利比亚学员介绍（档案）

图217　野外采集沙拐枣果实

图218　沙拐枣样方调查

图219　落实调查记录

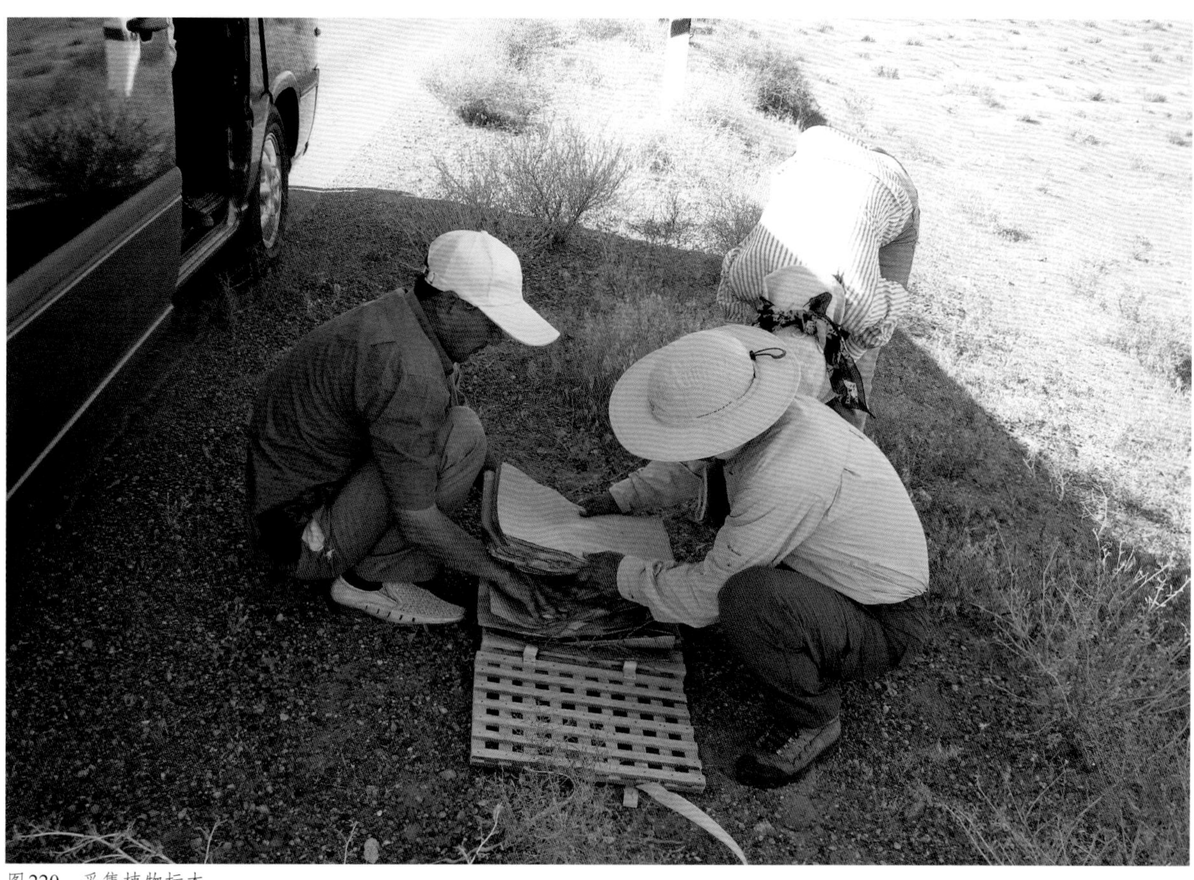
图220 采集植物标本

局长，洪德元院士及生物局娄志平处长和许再富、黄宏文、何兴元、李峰、张全发、景新明、管开云、张青松、郭忠仁、陈玮等有关植物园的专家，参加吐鲁番沙漠植物园“荒漠植物收集与生态景观优化”项目中期评估（图221）。项目组通过近2年的工作，以中亚及温带荒漠植物区系为收集引种研究对象，新增荒漠植物326种，使植物园园内保存荒漠植物总数由原有的240种增至576种，超额完成合同所规定的阶段性物种收集保育任务。

2009年8月22～26日，首届干旱区半干旱区葡萄产业可持续发展国际学术研讨会在吐鲁番市召开。吐鲁番沙漠植物园作为大会协办单位之一，承担了大会的同声翻译、志愿者随同翻译和会后考察专业讲解等服务工作。同时，专门印制了《吐鲁番沙漠植物园》《吐鲁番沙漠研究站》和《神奇的荒漠植物》等宣传材料2万余份。

2009年8月28日至9月10日，受中俄政府间国际合作项目资助，潘伯荣、尹林克、张道远、段士民、古丽努尔5人前往俄罗斯科学院西伯利亚分院进行考察与交流。通过访问、联合野外考察、座谈、资料收集等形式，全面了解了大阿尔泰区俄罗斯境内的地形地貌、植被分布、物种组成、保育现状等信息，为下一步全面开展大阿尔泰区植物资源调查与研究奠定基础。与俄罗斯科学院西伯利亚分院、科马洛夫研究所签署了友好合作备忘录。在俄方科学家的帮助下，引种俄罗斯荒漠草原区系植物标本86份，种子124份（图222至图225）。

2009年10月8日，吐鲁番沙漠植物园通过论证（图226），获中国生物多样性保护基金会授予的“中国生物多样性保护示范基地”称号（图227）。

2009年10月17～18日，潘伯荣等参加了新疆植物学会在石河子召开的“新疆植物学会2009年年会”。

2009年10月18～19日，尹林克主任应邀参加了由江苏省科学技术协会主办、江苏省中国科学院植物研究所（南京中山植物园）、中国环境科学学会—植物环境与多样性专业委员会和江苏省植

图221 “荒漠植物收集与生态景观优化”项目中期评估会与现场勘查（档案）

图222　托莫斯特大学标本馆工作照（档案）

图223　参观阿尔泰山植物园（档案）

图224　在西伯利亚野外采集标本（档案）

图225　在生态中心标本馆整理植物标本（档案）

图226　专家论证会（档案）

图227　获“中国生物多样性保护示范基地”称号（档案）

物学会承办的“植物资源与社会经济发展”学术报告会。参加会议的有国内外植物所（园）的领导、专家、江苏省部分高校院所及南京植物园的相关人员200多人。

2009年10月23日，闻志彬博士陪同英国威廉姆斯教授夫妇访问吐鲁番沙漠植物园。

2009年11月24日，根据中国民政部、中国科学协会的要求，中国环境科学学会—植物园保护分会于2009年3月重新登记注册更名为中国环境科学学会—植物环境与多样性专业委员会，并召开了第一次中国环境科学学会—植物环境与多样性专业会员会委员会议，尹林克主任和张道远副主任分别当选为副主任委员和委员。

2009年11月25～26日，潘伯荣应大会组委会邀请，出席在广西南宁召开的“2009中国植物园学术年会”，并在大会作《荒漠植物群落建园的构想与实践》的报告。

2010年3月9日，中国科学院（2009年11月27日）发文同意管开云研究员挂职担任新疆生态与地理研究所副所长。管开云到任，并兼任吐鲁番沙漠植物园主任，张海波、张道远任副主任，尹林克任园学术委员会主任。

2010年3月25日，中国科学院院士、国家最高科学技术奖获得者吴征镒教授对吐鲁番沙漠植物园的建设和发展提出了三条具体建议。

2010年4月24～25日，吐鲁番地区遭遇罕见大风，瞬间风力达13级。植物园损失约合人民币700万元。

2010年7月23日，吐鲁番沙漠植物园召开学科发展研讨会。全园职工和研究生、干旱区生物地理与生物资源重点实验室、植物学领域的“百人计划”入选者以及研究所科研管理部门有关人员出席了研讨会。植物园学术委员会主任尹林克和副主任张道远分别主持了会议，原中国科学院重点实验室主任张元明、“百人计划”学者刘斌、姚银安和植物园主任管开云出席研讨会并发言。

2010年8月14～16日，潘伯荣赴贵阳参加第六届中国西部植物学科学术研讨会，并作《亚洲荒漠区沙拐枣属（*Calligonum* L.）刺果组植物的分类和地理分布》报告。

2010年8月18日，由外交部新闻司和新疆维吾尔自治区外事办公室共同组织的驻华记者团40人参观访问吐鲁番沙漠植物园。

2010年9月4日，中国科学院战略生物资源保存与可持续利用专项“荒漠植物收集与生态景观优化（KSCX2-YW-Z-0703）”课题通过院生命科学与生物技术局组织的专家验收。

2010年9月18～28日，为执行中哈合作研究，段士民赴哈萨克斯坦进行“中哈联合研究样带考察（植物部分）”，先后调查4个样地，采集了植物标本，并进行了土壤剖面的取样。

2010年11月30日至12月10日，管开云、潘伯荣、尹林克、段士民等一行6人考察访问乌兹别克斯坦。先后访问了乌兹别克斯坦科学院植物科学技术研发中心（塔什干植物园）、动物研究所和微生物研究所，管开云副所长代表研究所分别同三个单位的领导和主要科研人员就今后开展合作事宜交换意见（图228）；对乌兹别克斯坦荒漠植物资源进行了野外考察，行程约计2 000km。收集优良固沙植物和优质能源植物的种子（果实），以及其他经济植物种子；参观并查阅了荒漠植物标本（图229），并采集DNA分析材料，拍摄凭证标本照片，查阅了沙拐枣的模式标本并拍照；还收集复制沙拐枣相关的文献资料。

2010年12月28日，吴征镒院士就建立“中国荒漠区野生生物资源保育与研究中心”给新疆维吾尔自治区党委张春贤书记提出建议。

2010年12月19日，潘伯荣赴北京参加中国生物多样性保护与绿色发展基金会专家委员会成立大会，并获聘为专家委员会委员（图230）。

2011年1月11日，吐鲁番沙漠植物园主要参与的“准噶尔荒漠生物多样性及其环境作用关系研究”项目获2010年度新疆维吾尔自治区科技进步三等奖。张道远为第二完成人。

2011年1月9日，新疆维吾尔自治区党委张春贤书记就吴征镒院士提出的关于建立“中国荒漠区野生生物资源保育与研究中心”的建议作出批示，要求有关部门对此建议提出具体意见。

2011年3月30日，第二届国际生物多样性计划中国国家科学委员会暨中国科学院生物多样性

图228　访问乌兹别克斯坦动物研究所

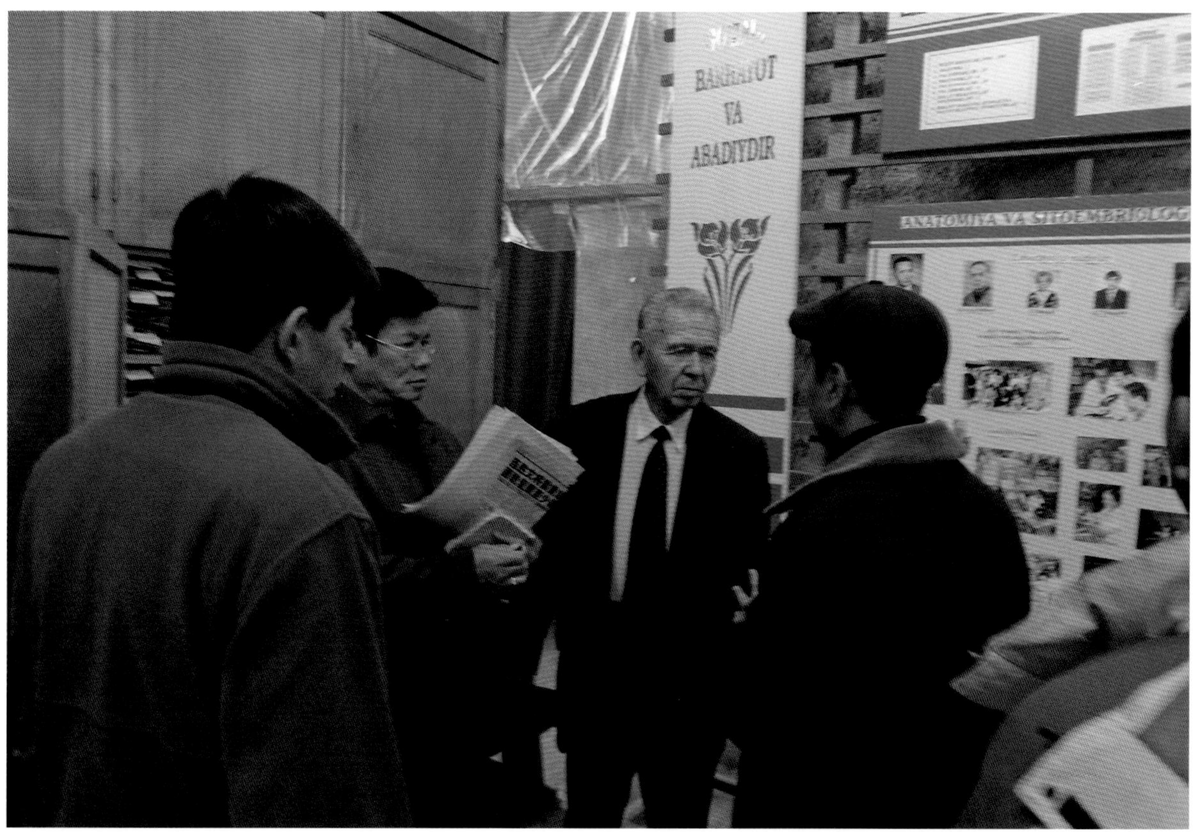

图229　参观塔什干植物园标本馆（档案）

委员会成立会议在中国科学院动物研究所召开，潘伯荣继续当选为两个委员会的委员（图231、图232）。

2011年4月7日，由黄宏文和张征研究员主持的“迁地保育植物编目及信息标准化”项目进展汇报会，在中国科学院华南植物园召开，潘伯荣和童莉参会，潘伯荣代表吐鲁番沙漠植物园作了工作汇报（图233）。

2011年7月7～9日，张道远赴北京参加在人民大会堂召开的“响应《中国生物多样性保护战略与行动计划》大会”；吐鲁番沙漠植物园被中国生物多样性保护与绿色发展基金会重新授予“生物多样性示范基地”称号。

2011年7月23～31日，吐鲁番沙漠植物园4人参加在澳大利亚墨尔本举办的第18届国际植物学大会（图234），其中2篇研究论文以墙报形式参加交流（图235）。会议期间参观访问了墨尔本皇家植物园（图236）。会后张道远访问了新西兰植

聘书

LETTER OF APPOINTMENT

潘伯荣研究员：

兹聘请您为中国生物多样性保护与绿色发展基金会专家委员会委员。

特聘。

理事长：胡德平　二〇一〇年十二月

图230　中国绿色发展基金会专家委员聘书

聘书

潘伯荣 先生：

兹聘请您担任国际生物多样性计划中国委员会（Chinese National Committee For Diversitas）委员，任期四年。

图231　国际生物多样性计划中国委员会委员聘书

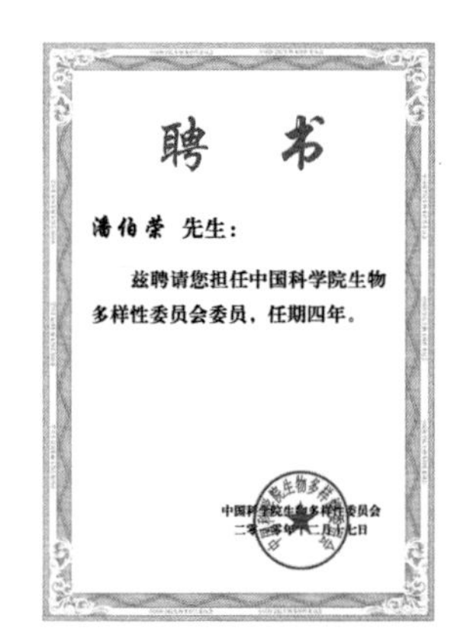
聘书

潘伯荣 先生：

兹聘请您担任中国科学院生物多样性委员会委员，任期四年。

图232　中国科学院生物多样性委员会委员聘书

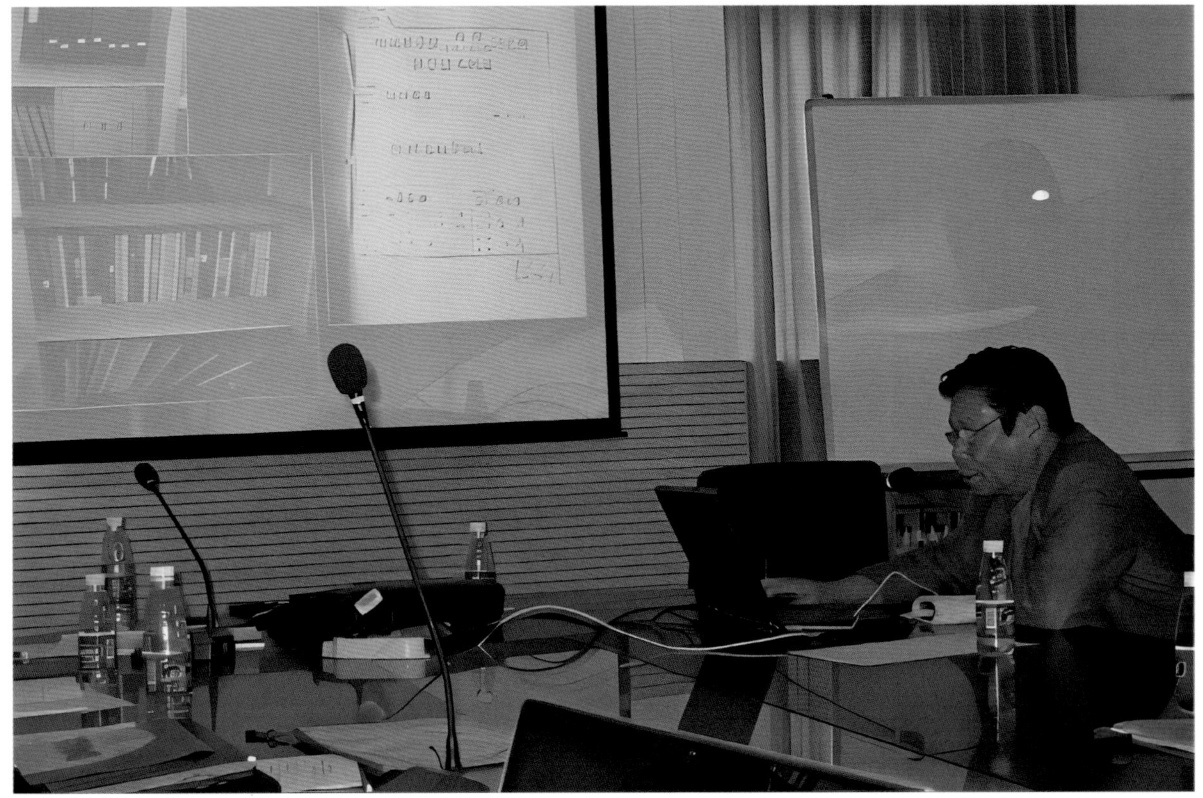
图233　吐鲁番沙漠植物园工作进展汇报（童莉 摄）

物与食品研究所。

2011年8月4～8日，潘伯荣参加在西安植物园召开的“2011年中国植物园学术年会”，并作《干旱区园林建设中的资源合理利用》的报告；在6日举办的“生物多样性保护与植物园管理技术培训班”上作题为《珍稀、濒危植物的迁地保育》讲座（图237）。

2011年8月21～23日，中国科学院科学传播工作研讨及网络科普培训会在新疆乌鲁木齐举行，吐鲁番沙漠植物园承办了此次会议。时任中国科学院副院长李静海院士等有关领导和来自院内外60余家单位的130余名科普工作者和科技人员出参加了会议。

图234　国际植物学大会部分中国代表合影（档案）

2011年9月3～11日，张道远赴美国参加“第二届中美入侵植物与全球变化学术研讨会”，并顺访美国南伊利诺伊州立大学。

2011年9月20日，吐鲁番沙漠植物园承担的“中亚沙拐枣属植物研究及种质资源保护平台建设”项目通过验收，项目得到验收专家好评。

2011年9月26至11月6日，潘伯荣同张明理赴俄罗斯执行中国科学院俄乌白基金“中亚干旱区重要植物类群的分类、进化与生物多样性保

图235　研究论文展示交流（张道远 摄）

08

图236　参观墨尔本皇家植物园留影（张道远 摄）

图237《珍稀、濒危植物的迁地保育》讲座（档案）

护”项目，以圣彼得堡的俄罗斯科学院卡马诺夫植物研究所标本馆为重点，同时查阅圣彼得堡大学、莫斯科大学和俄罗斯科学院莫斯科总植物园标本馆的馆藏标本（图238），拍摄沙拐枣属（*Calligonum* L.）等荒漠专属植物标本及典型形态特征和标牌记录照片合计18 124张，其中标本照片共6 265张（含等模式、同号模式、副模式标本照418张）；获赠及拷贝了有关的文献资料；拍摄地图、文献、植物和莫斯科总植物园景观等照片1 733张。拜会了标本馆馆长卡麦林院士（图239）、参观访问了卡马诺夫植物研究所植物园（图240）、圣彼得堡大学展览温室（图241）、莫斯科大学植物园（图242）和俄罗斯科学院莫斯科总植物园。并于2011年10月7日下午，潘伯荣在俄罗斯科学院卡马诺夫植物研究所标本馆作*Classification and distribution of the genus* ***Calligonum*** *L. (Polyganaceae) in China*的学术报告（图243）。

2011年9月23～30日，乌兹别克斯坦共和国科学院植物生产中心所长Bobokul Tukhtaev教授一行3人访问中国科学院新疆生地所，签署了相关协议与合作谅解备忘录，后赴吐鲁番沙漠植物园考察访问。

2011年10月，吐鲁番植物园参与了新疆战略性生物资源中心的初期建设工作，该项工作在吴征镒院士的建议下，经过张春贤书记、艾肯江常委及靳诺副主席的批示后形成了《新疆战略性生物资源中心建设建议书》，为新疆战略性生物资源中心的筹备工作提供了理论依据和技术支持。

2011年10月26日，古丽努尔和冯缨赴昆明参加“2011全国系统与进化植物学研讨会暨第十届青年学术研讨会”。

2011年12月1～6日，潘伯荣同中国科学院华南植物园和中国科学院遗传所的专家赴日本丸善制药[株]综合研究所，就中日合作项目“甘草资源调查、育种和可持续开发利用”的研究进展进行学术交流，潘伯荣介绍了2011年在吐鲁番沙漠植物园实施的甘草种质资源圃建设工作的进展。

2012年1月21日至2月7日，由中国科学院标本馆网络科普委员会主办的“探秘世界三极2012南极科学考察”活动顺利结束。管开云作为带队科学家之一，全程参与了为期17天的南极考察活动。

2012年3月21日，中美干旱区生态研究中心学术年会参会人员前往吐鲁番沙漠植物园参观访问。

2012年5月26～30日，美国Boyce Thompson Arbortum主任Mark Siegwarth以及该园种子库负责人一行2人参观访问吐鲁番沙漠植物园。

2012年5月30日，《中国迁地栽培植物志》主编黄宏文研究员特聘潘伯荣为《中国迁地栽培植

图238　查阅卡马诺夫植物研究所馆藏标本（档案）

图239　参观卡马诺夫植物研究所植物园（档案）

图240　同标本馆馆长卡麦林院士合影（档案）

图241　参观圣彼得堡大学展览温室（张明理 摄）

图242　参观莫斯科大学植物园（张明理 摄）

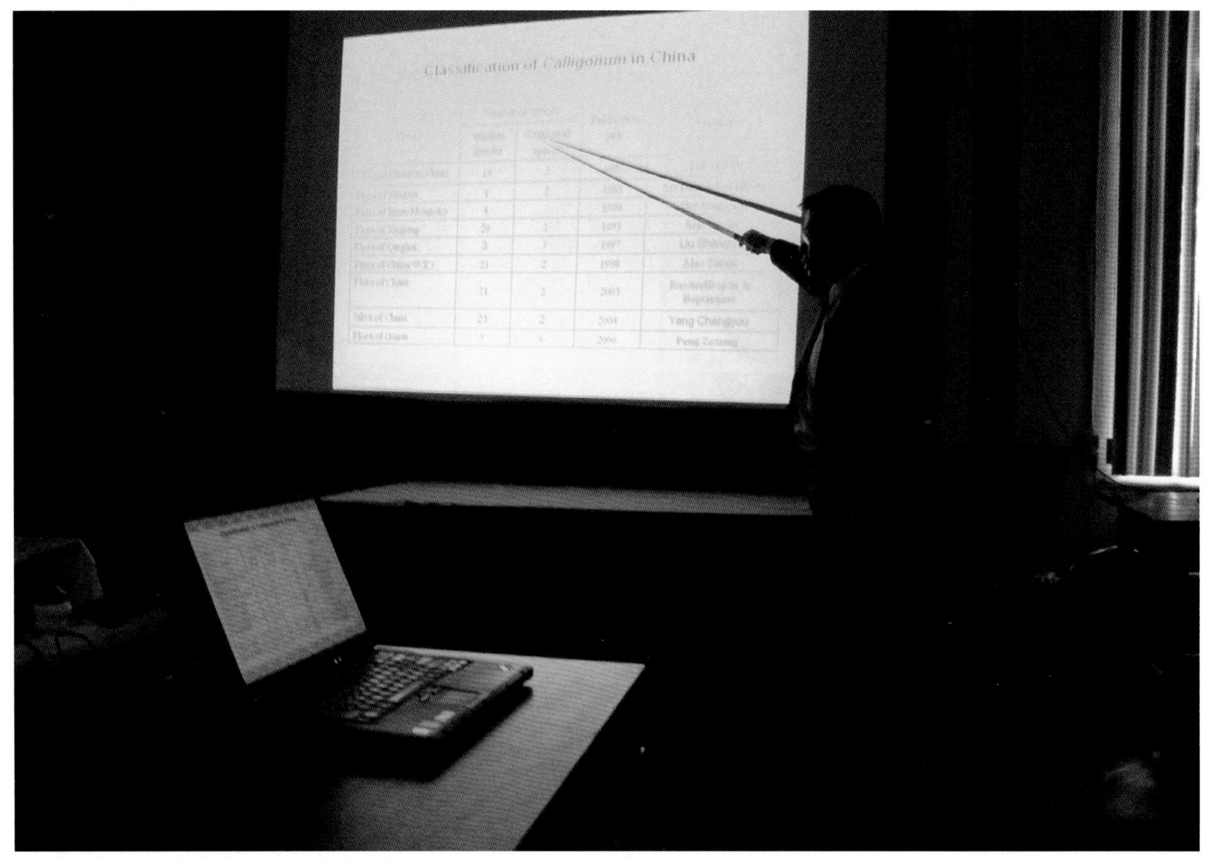

图243　在卡马诺夫植物研究所作报告（张明理 摄）

物志》编研顾问委员会成员；洪德元院士为编研顾问委员会主任，贺善安、许再富、胡启明为副主任，成员还有佟凤勤、葛颂和张全发（图244）。

2012年6月18日，“中亚干旱区生物多样性调查与保护研讨会”在乌鲁木齐召开，来自俄罗斯、哈萨克斯坦、塔吉克斯坦、土库曼斯坦、乌兹别克斯坦和中国的20多名专家学者参加了会议（图245）。会议就中亚干旱区生物多样性的保护以及相关科学问题进行了讨论。

2012年7月5日，管开云和张道远陪同蒙古国代表团一行9人考察访问了吐鲁番沙漠植物园。包括蒙古自然、环境与旅游开发部（MNET）、国家沙漠化防治委员会（NCCD）、国家气象与环境监测局（NAMEM）、国家粮食、农业与轻工业部（MoFALI）、国家土地管理与重建机构（ALAGCaC）、水科学与遥感研究所（IHM）、国家沙漠化研究中心（DSC）、地理–生态研究所（GI）以及沙漠化防治项目组（CODEP）等机构的植物学家、生态学家等人员。

2012年7月8～15日，张道远和段士民考察访问塔吉克斯坦植物与遗传研究所，并参观考察了苦盏市自然保护区、植物园以及吐加依林。引种荒漠植物50余种。

2012年8月1～2日，潘伯荣参加昆明召开的“第七届西部地区植物科学与开发研讨会”，应邀作《西北干旱区盐生植物多样性的特点及其合理利用》的大会报告。

2012年8月9～10日，潘伯荣和管开云参加在陕西榆林举行的“中国植物园建设与发展研讨会暨植物园建设培训班”，潘伯荣在组办方与中国生物多样性保护与绿色发展基金会联合组织的培训班上，作了《固沙植物的引种、筛选与繁育》专题讲座（图246）。

2012年8月，张道远任中国科学院新疆生态与地理所生物地理与生物资源研究室主任，兼吐鲁番沙漠植物园副主任。

2012年9月2～5日，潘伯荣和童莉陪同日本丸善药业株式会社和华南植物园的专家一行5人考

图244 《中国迁地栽培植物志》第一次编审委员会及顾问委员会会议

图245 “中亚干旱区生物多样性调查与保护研讨会”在乌鲁木齐召开（档案）

察访问了吐鲁番沙漠植物园，并就甘草资源进一步调查、保育和可持续开发利用进行了研讨。

2012年9月21日，白春礼院士再次视察吐鲁番沙漠植物园，并题写了中国科学院吐鲁番沙漠植物园（图247）。

2012年9月29日，热烈庆祝吐鲁番沙漠植物园建园40周年的活动在植物园隆重举行（图248、图249）。

2012年10月10～17日，管开云、张海波、潘伯荣、段士民等一行7人访问了蒙古国，参观了乌兰巴托植物园。并与蒙古科学院下属研究所和植物园建立了合作联系（图250）。

图246　潘伯荣在培训班上作专题讲座（档案）

图247　2012年白春礼院士视察吐鲁番沙漠植物园并题字（档案）

图248　中国科学院吐鲁番沙漠植物园建园40周年的主会场（档案）

图249　建园40周年相关活动之桑皮纸制作展示（档案）

图250　和蒙古国的学者进行学术交流（段士民 摄）

图251　参加第十三届国际植物园协会大会（档案）

2012年11月1～2日，潘伯荣赴重庆植物园参加“2012中国植物园学术年会”，并在会上作《植物园保护物种遗传多样性的思考与实践》的报告。

2012年11月13～15日，管开云、张海波、段士民、童莉、师玮等参加了在广州召开的第十三届国际植物园协会（IABG）大会（图251），管开云再次当选为新一届执行委员，并担任副秘书长；师玮在分会场作了报告（图252）。

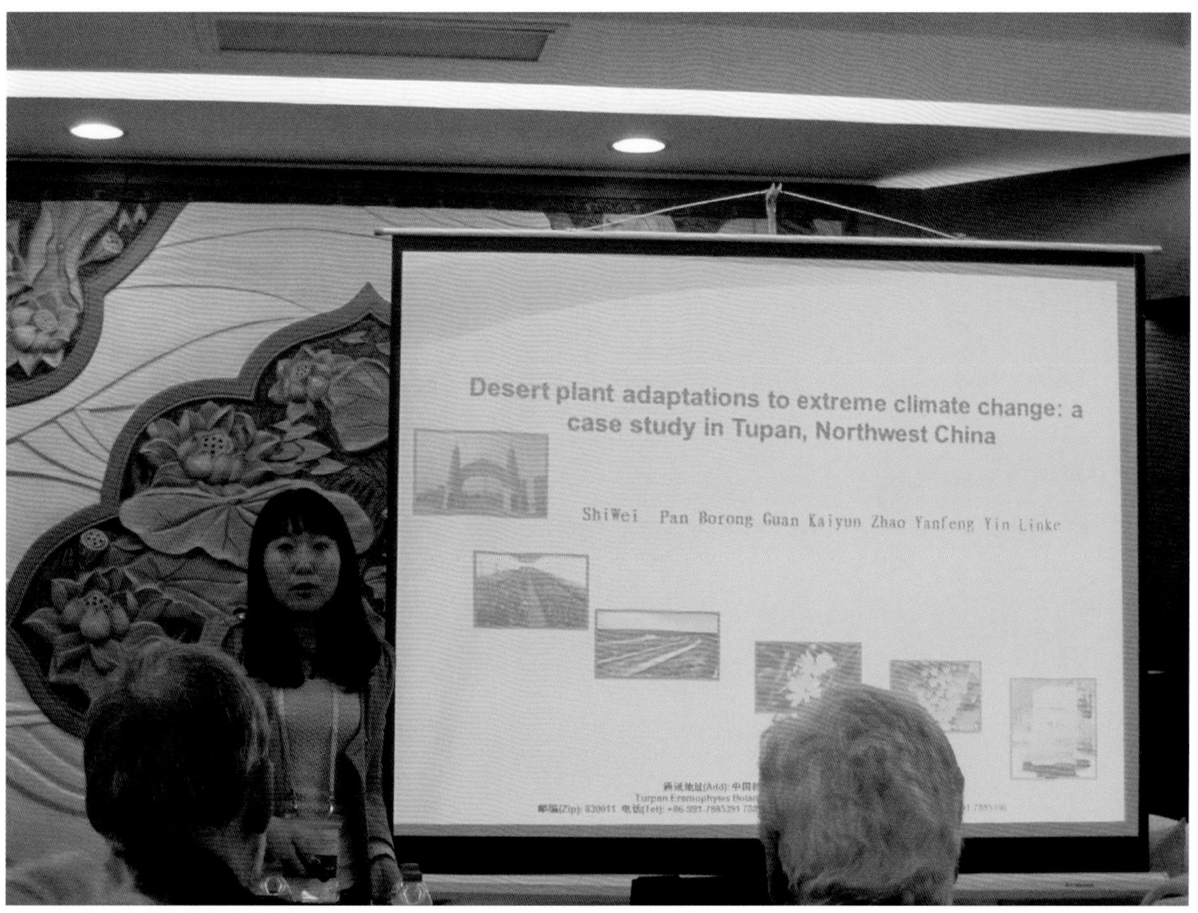

图252 师玮作学术报告（档案）

2013年2月1日至3月30及6月1日至7月2日，吐鲁番沙漠植物园的合作伙伴——俄罗斯托木斯克大学Olonova Marina Vladimirovna教授在中国科学院新疆生地所“外国专家特聘研究员计划”资助下，访问新疆生地所执行项目。

2013年5月8～14日，应日本富山中央植物园的邀请，管开云赴日本参加该园建园20周年庆祝活动和学术研讨会，并在会议上作特邀大会报告。之后，管开云还赴日本东京大学农学部开展学术交流，并应邀作了题为《新疆生物多样性及其保育开发的意义》的专题报告。

2013年6月1～7日，丹麦植物园专家比尔·巴斯岗德（Per Bangsgarrd）先生和夫人在新疆期间，参观考察了吐鲁番沙漠植物园，并与植物园有关人员进行了学术交流。

2013年6月6日，中国植物园联盟建设启动会在北京召开。中国科学院院长、党组书记白春礼，国家林业局局长赵树丛，住房和城乡建设部总工程师陈重，中国科学院副院长施尔畏、张亚平，中国科学院院士许智宏等领导和专家出席会议。白春礼、赵树丛和陈重为“中国植物园联盟”揭牌。吐鲁番沙漠植物园派师玮参加了这次会议。

2013年6月22～25日，刘会良和布海丽且姆前往沈阳参加第四届国际种子生态学大会。2人分别提交会议摘要，刘会良并制作展板参会交流。

2013年6月23～30日，段士民和李文军参加由中国科学院植物研究所系统与进化植物学国家重点实验室面向全社会教学、科研、自然保护、检验检疫等领域有关专业技术人才举办植物分类与鉴定高级研习班。

2013年8月15～16日，“第三届非洲－亚洲干旱适应论坛”在新疆乌鲁木齐顺利召开。会后近25位成员考察了吐鲁番沙漠植物园。管开云向客人介绍了植物园的历史、发展，并带领代表参观了沙漠植物园。吐鲁番沙漠植物园和与会代表建立了友好合作关系，促进了进一步国际合作的开展与国际交流。

2013年8月23日，潘伯荣赴银川参加“2013年中国植物园学术年会”，在组办方与中国生物多样性保护与绿色发展基金会联合组织的培训班上，作《我国干旱区荒漠珍稀濒危植物及其保育》的报告。

2013年9月21日，美国南伊利诺伊州立大学Andrew J Wood教授考察访问了吐鲁番沙漠植物园，了解了温带荒漠植物多样性及其迁地保育现状。

2013年10月18~21日，潘伯荣、段士民、师玮赴江西南昌参加中国植物学会第十五届会员代表大会暨八十周年学术年会，潘伯荣再次当选中国植物学会理事；其间，潘伯荣还参加了中国植物学会民族植物学分会成立大会及第一届理事会，当选为分会副理事长。

2013年10月20~29日，第五届国际植物园大会在新西兰举行，会议的主要议题是“庆祝植物园成果，共同应对未来挑战”。管开云参加并在大会上作《中亚生物多样性及其保护的全球意义》(*Global Significance of Biodiversity and its Conservation in Central Asia*)的报告。

2013年12月8日，《中国迁地栽培植物志》顾问委员会与编委会在深圳仙湖植物园召开工作会，潘伯荣和童莉参会。

2014年10月19~28日，管开云访问德国和丹麦，并应丹麦高山植物协会的邀请作学术报告。

2014年10月22~26日，潘伯荣和康晓珊赴上海辰山植物园参加“2014年中国植物园学术年会”。

2014年11月7~10日，潘伯荣赴杭州浙江大学参加“全国系统与进化植物学研讨会暨第11届青年学术研讨会”。

2015年3月23~26日，张道远在法国召开的“Program New Frontiers in Anhydrobiosis”国际会议上作*Transcriptome characterisation* and *annotation of the* dessication-tolerant *bryophyte Syntrichia caninervis*的大会报告。

2015年4月18日，新疆科技厅聘请洪德元院士、贺善安研究员等专家对潘伯荣为第一完成人的“干旱荒漠区植物资源迁地保育研究及其生态建设应用”项目进行科技成果鉴定。鉴定委员会审阅了完成单位提交的全套技术资料，听取了项目第一完成人的汇报，对相关问题进行了质询。经充分讨论，结合现场勘验意见，形成以下鉴定意见：项目整体上达到国际先进水平，在干旱沙漠地区植物迁地保育和利用方面达到国际领先水平。鉴定委员会专家一致同意通过该项目科技成果鉴定。

2015年4月26~28日，潘伯荣赴甘肃瓜州参加“甘肃省安西极旱荒漠国家级自然保护区生物多样性监测与植物园建设研讨会”，并被聘为安西极旱荒漠国家级自然保护区学术委员会委员。

2015年5月2~15日，张道远参加了由美国莫顿植物园和北京植物园联合发起的“中国植物园美国行”活动，前往美国东海岸对数10家植物园进行交流访问与考察。

2015年5月5~13日，管开云赴加拿大参加第70届国际杜鹃花大会，并应邀作大会报告。

2015年5月23日，新疆植物学会吐鲁番沙漠植物园举行了“首届新疆植物学科研究生学术论坛”。该论坛旨在为即将毕业的植物学科的研究生提供展示研究成果的平台，在领域内发现优秀的青年才俊。新疆植物学会理事长、新疆生态与地理研究所所长助理张元明研究员表示，该论坛将办成新疆植物学会的品牌学术论坛。本次论坛共有来自新疆生地所、新疆大学、新疆师范大学、新疆农业大学、石河子大学的87位专家学者和硕博士研究生参加了当天的学术交流。与会专家还对参评论文进行了优秀论文的评选(图253)。会后，参加论坛的专家学者和硕博士研究生参观了植物园。

2015年7月16~23日，匈牙利国家植物园主任GÉZA KÓSA先生和夫人ERZSÉBET FRÁTER访问新疆，与吐鲁番沙漠植物园开展学术交流。

2015年7月25~28日，张元明率中国科学院新疆生地所(含吐鲁番沙漠植物园)等14人，参加在西藏拉萨举行的“第八届西部地区植物科学与资源利用研讨会”，潘伯荣在会上作《我国沙冬青属植物的地理分布与群落特点》的报告。

图253 “首届新疆植物学科研究生学术论坛”优秀论文获奖人员（档案）

图254 2015年国际植物园保护联盟（BGCI）中国项目报告会

2015年8月5~7日，潘伯荣赴云南香格里拉高山植物园参加“国际植物园保护联盟（BGCI）中国项目报告会”（图254），并汇报了吐鲁番沙漠植物园承担项目的进展（图255）。

2015年8月17日，管开云在国际茶花协会主席换届选举中，成功当选主席。管开云是首位担

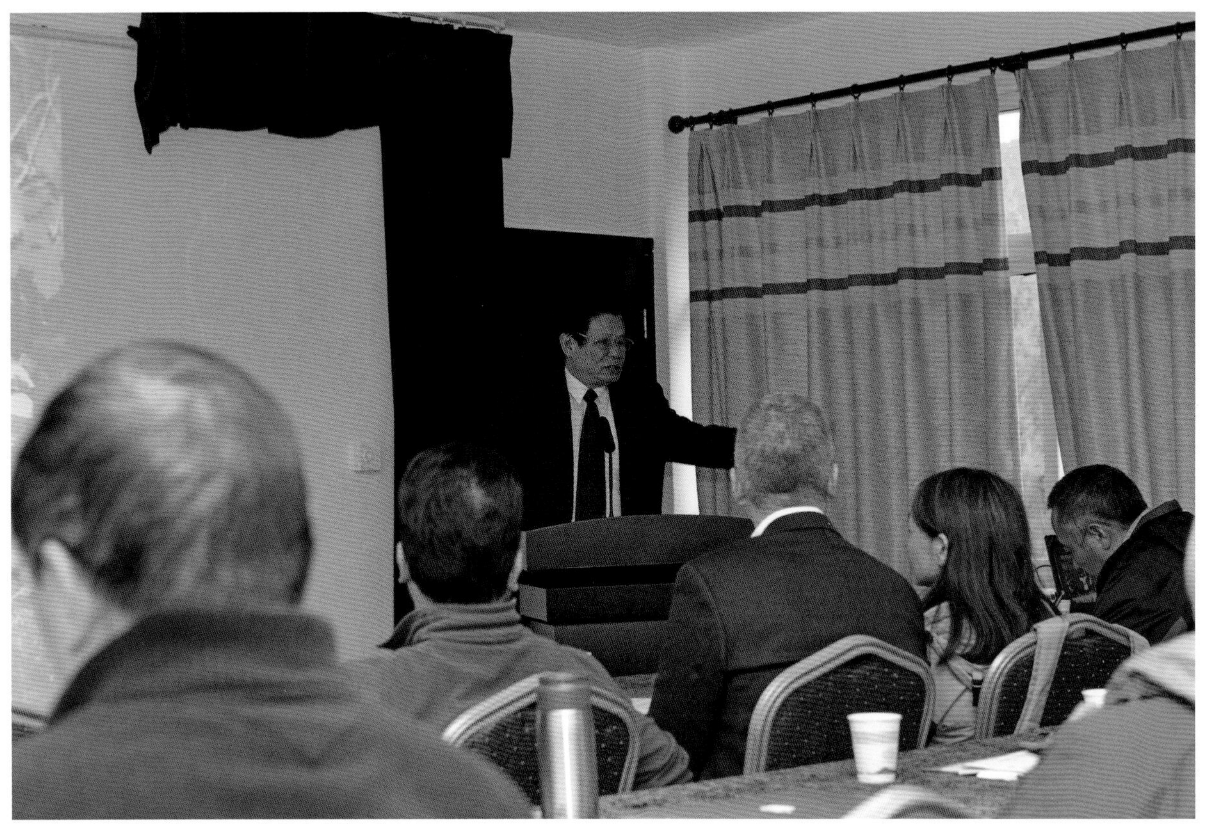

图255 潘伯荣汇报了项目的进展（档案）

任国际茶花协会主席的中国人，同时也是首位担任该职位的亚洲人。

2015年11月10～14日，管开云等一行多人赴哈萨克斯坦考察“中哈友谊苹果园”建设方案。

2015年11月12日，潘伯荣参加在西双版纳植物园召开的“2015年中国植物园学术年会”，在中国生物多样性保护与绿色发展基金会培训班上作“干旱荒漠区植物资源迁地保育研究”的报告。在会上成立了中国野生植物保护协会迁地保护专业委员会，潘伯荣和管开云被聘为中国野生植物保护协会迁地保护委员会第一届委员会顾问。

2015年11月20日，张道远陪同朱健康院士参观访问吐鲁番沙漠植物园（图256）。

2016年3月10～16日，张道远访问乌兹别克斯坦植物研究所及遗传研究所。

2016年3月26日，吐鲁番沙漠植物园完成的“干旱荒漠区植物资源迁地保育研究及其生态建设应用”项目获新疆维吾尔自治区2016年度科技进步奖一等奖。

2016年5月11日，新疆维吾尔自治区党委常委、政府副主席艾尔肯·吐尼亚孜（现任政府主席）赴吐鲁番沙漠植物园调研（图257）。

2016年10月20日，潘伯荣作为第一完成人的“干旱荒漠区植物资源迁地保育研究及其生态建设应用”项目荣获新疆科技进步奖一等奖（2015年度），获奖人员代表童莉参加自治区科技创新大会暨自治区科学技术奖励大会并领奖。

2016年10月25～27日，潘伯荣参加在北京植物园召开的“2016年中国植物园学术年会”上作《干旱区园林景观植物资源的发掘及其引种驯化与苗木培育》的报告。

2017年7月24～27日，管开云、张道远、潘伯荣、刘会良、师玮、梁玉青、陈艳峰等参加在深圳举办的第十六届国际植物学大会。并提交墙报进行学术交流。

2017年8月12～21日，管开云、张道远率“天山野果林生态系统考察团”，对哈萨克斯坦沿天山一带的野果林生态系统进行了调查、采样，对野果林健康状态进行诊断。

2017年8月17日，中国科学技术协会发布通知，

图256　朱健康院士到访吐鲁番沙漠植物园

图257　时任自治区党委常委、政府副主席艾尔肯·吐尼亚孜调研植物园（档案）

聘任276名同志为第五批全国首席科学传播专家，聘期3年。管开云经中国植物学会推荐，被聘为植物学、保护生物学领域全国首席科学传播专家。

2017年8月25～27日，张道远、潘伯荣等参加在云南大理召开的“第九届西部地区植物科学与资源利用研讨会”。张道远作《极端耐干藓类植物基因资源挖掘与利用》报告；潘伯荣作《吐鲁番地区维吾尔族农民种植肉苁蓉现状分析》的报告。

2017年9月7～26日，应管开云邀请，新西兰普克伊提杜鹃花协会副理事长巴伯利兹先生一行37人到访中国科学院新疆生态与地理研究所。

2017年9月15～24日，美国农业部Melvin John Oliver教授应张道远的邀请，访问吐鲁番沙漠植物园。

2017年9月18日，日本完善药业水谷等一行3人访问吐鲁番沙漠植物园，考察甘草引种栽培的效果。

2017年9月29～30日哈萨克斯坦林业所阿拉木图分所所长MAMBETOV BULKAIR和专家KELGENBAYEVB NURZHAN两人应张元明所长邀请，赴新疆天山野果林和吐鲁番沙漠植物园进行考察调研。张元明、管开云、张道远全程陪同。

2017年10月9～13日，潘伯荣参加在重庆植物园召开的“全国植物与健康峰会暨中国植物园学术年会”，并作《青海同德县古柽柳事件的联想兼谈柽柳属植物多样性保护与利用》的报告。

2017年10月13～17日，管开云、张道远率“天山野果林生态系统考察团”一行5人对吉尔吉斯斯坦沿天山一带的野果林生态系统进行了调查、采样，对野果林健康状态进行诊断（图258）；同时，还进行了野生植物的引种（图259）。

2017年12月20日，管开云和潘伯荣赴云南中国科学院昆明植物研究所参加《植物园迁地栽培植物志》编撰项目年会及专家组会议，潘伯荣获聘《中国迁地栽培植物志》编审顾问委员会副主任，管开云获聘编审顾问委员会成员（图260）。

2017年，张道远任吐鲁番沙漠植物园主任，段士民、王建成任副主任。

2018年8月10～11日，“Plant Genomics 2018”国际会议在日本大阪召开。张道远研究员在会议上作了题为*Effects of Deficit Irrigation on the Growth*, *Yield and Quality of Cotton Overexpressing ScALDH21*的会议主题报告。随后，访问了日本东京大学，与Yoichi sakata教授课题组进行研讨。

图258　野果林种质资源收集

图259　伊塞克湖边进行麻黄属植物引种

图260　管开云获聘编审顾问委员会成员

2018年9月15～22日，张道远执行中国和保加利亚政府间国际合作项目“温带植物多样性引种与保育”，与管开云出访保加利亚相关研究所及植物园。

2018年9月20～22日，张道远参加欧洲植物联盟（FEBS）举办的主题为“复苏植物：农作物抗旱性提高新希望”国际耐干生物学大会，并作了题为“极端耐干齿肋赤藓ALDH基因家族研究及转ScALDH21基因棉花育种”的大会报告。

2018年10月10～13日，张道远、潘伯荣等参加中国植物学会第十六届会员代表大会暨八十五周年学术年会（昆明）。张道远在分会场作 *Transcriptome-wide Identification*, *Classification and Characterization of AP2/ERF Family Genes in the Desert Moss Bryum argenteum* 的报告。

2018年11月5～9日，潘伯荣参加在武汉召开的“2018年中国植物园学术年会”，荣获了中国植物园终身成就奖（图261、图262），同时还被聘为中国植物学会植物园分会的顾问（图263）。管开云和张道远当选为新一届植物园分会副会长。

2018年11月13日，潘伯荣应宁波植物园的邀请，参加“钟观光诞辰150周年纪念暨植物园的使命担当研讨会”，并作了《关于植物园科学记录之管见》的报告（图264）。

2018年11月23～26日，师玮参加“2017年植物系统进化青年学术研讨会”，会后和部分专家赴非洲东部进行植物考察（图265）。

2018年12月12～14日，潘伯荣赴烟台参加“首届中国野生植物保护大会”和“中国野生植物保护协会第三届全国会员代表大会第二次会议”。并应鲁东大学生命科学院邀请作《柽柳科植物多样性特点与有效保护》的报告。

2019年3月，张道远荣获新疆维吾尔自治区“三八”红旗手荣誉称号（图266）。

2019年3月21～24日，潘伯荣作为专家顾问组成员，参加了在陕西师范大学举办的国家重点研发计划“科技基础资源调查”专项——“中国荒漠主要植物群落调查”项目的年度总结会。

2019年6月21～25日，吐鲁番沙漠植物园张道远、潘伯荣等6人参加由新疆植物学会和中国科学院新疆生态与地理研究所在乌鲁木齐承办的“第十届西部地区植物科学与资源利用研讨会”。来自全国14个省（自治区、直辖市）的240余名代表参加了会议（图267），会议期间，参会代表

图261　2018年植物园终身成就奖获奖人（档案）

聘书

Certificate of Advisor

敬聘潘伯荣为《中国迁地栽培植物志》编审顾问委员会副主任。浸润您的智慧，《中国迁地栽培植物志》将会成为一部促进我国植物科学事业，传播植物知识的卓越著作。

《中国迁地栽培植物志》主编

二零一七年十二月

We are honored to invite Pan Borong to be the deputy director of the editorial advisory committee of 《Ex-situ flora of China》. With your contribution, we are confident that this botanical series will be an excellent work dedicated to plant science and promoting botanic knowledge.

Chief Editor:

《Ex-situ flora of China》

Date: Dec. 2017

图262　潘伯荣获聘《中国迁地栽培植物志》编审顾问委员会副主任

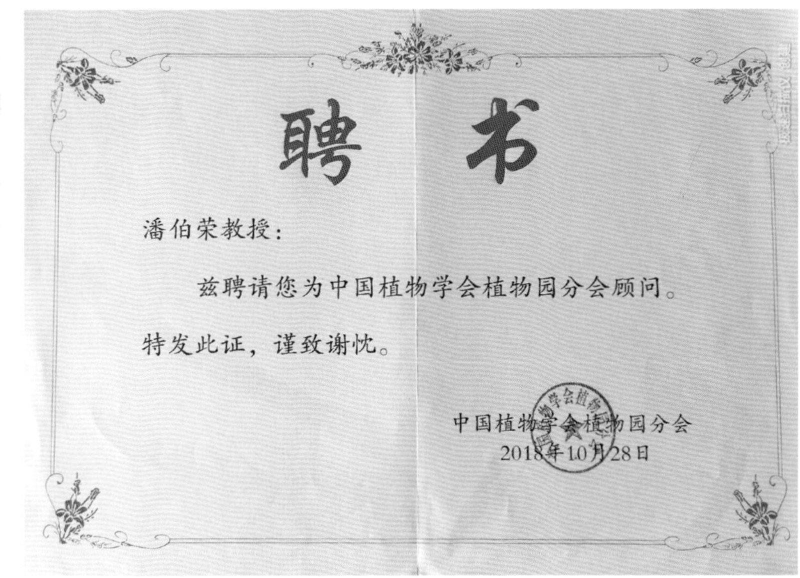

聘书

潘伯荣教授：

兹聘请您为中国植物学会植物园分会顾问。

特发此证，谨致谢忱。

中国植物学会植物园分会

2018年10月28日

图263　中国植物学会植物园分会的顾问聘书

图264　潘伯荣作学术报告（档案）

图265　2017年植物系统进化青年学术研讨会部分专家会后赴非洲东部进行植物考察（档案）

图266 “三八”红旗手荣誉称号

还分别在伊犁植物园和吐鲁番沙漠植物园召开了天山植物多样性分论坛和干旱区植物资源保育研究分论坛。

2019年7月22～25日，乌兹别克斯坦国立大学副校长DJUMABAEV DAVLATBAY教授、生物学院院长ABDRAKHMANOV TOKHTASIN教授一行3人访问了中国科学院新疆生态与地理研究所，并与生物地理与生物资源研究室的科研人员召开了深化双边合作的“中乌科技合作研讨会”。会后，管开云陪同DJUMABAEV DAVLATBAY一行考察了吐鲁番沙漠植物园。

2019年8月，王建成参加了“第二次青藏高原科学考察研究”“天山—帕米尔生物多样性科考分队”对西天山垂直样带的植物多样性进行科考调查（图268）。

图267 “第十届西部地区植物科学与资源利用研讨会”参会代表合影

图268 “第二次青藏高原科学考察研究”科考分队

图269　第三届中国科学院丝绸之路青年论坛代表到访植物园

2019年8月31日，“第三届中国科学院西部丝路青年论坛”的代表参观考察了吐鲁番沙漠植物园（图269）。

2019年9月2~13日，《联合国防治荒漠化公约》第十四次缔约方大会（COP14）在印度首都新德里举行。大会期间，中国科学院新疆生态与地理研究所举办了题为“搭建人地和谐科学和应用的桥梁：生态恢复、可持续发展与绿色生计”的边会，张道远在会上作《荒漠植物引种保育及其应用》的报告。

2019年9月11日，潘伯荣应国家林业和草原局科技司的邀请，出席在山东潍坊召开的“盐碱地生态治理专家研讨会”，在会上作了题为《柽柳属植物多样性特点及合理其开发利用》的报告。

2019年10月，由管开云和郭忠仁（南京中山植物园研究员）为主编，段士民等为副主编的大型植物科普著作《正在消失的美丽——中国濒危动植物寻踪（植物卷）》正式出版（图270）。

2019年10月1～5日，管开云和张道远赴捷克布拉格植物园进行了考察与引种，重点对鸢尾属、萱草属、蔷薇属、观赏禾草等植物进行了引种。引种植物近80种。

2019年12月17日，管开云和潘伯荣参加广西南宁召开的中国野生植物保护协会迁地保护工作委员会换届大会暨第二届委员会第一次会议。两人获聘中国野生植物保护协会迁地保护工作委员会第二

图270《正在消失的美丽-中国濒危动植物寻踪》

图271　中国野生植物保护协会迁地保护工作委员会换届大会暨第二届委员会第一次会议（网站）

届委员会顾问（图271）。12月18～20日，又参加了在南宁广西药用植物园召开的“2019年中国植物学会植物园学术年会”，潘伯荣并在中国生物多样性保护与绿色发展基金会组织的培训班上，参加了“濒危植物迁地保护技术与方法”专题论坛。

2020年7月13日，由新疆科学技术协会和中国科学院新疆生态与地理研究所共同打造的新疆首档科学文化讲坛类节目《天山论道》在新疆电视台12频道开播。节目以科学文化为主线，每期通过邀请一名疆内外知名专家学者，以科学公开课的形式，向广大公众讲述一个方面的科学知识。张道远是第一期节目主讲嘉宾，她以《作物驯化与人类的生活》为主题，讲述植物的重要性及对人类的贡献。

2020年7月，段士民、王喜勇、师玮和刘会良等参与青藏高原科考项目（QTL）第二次科考南线科考分队，野外考察20天，采集大量的植物标本和植物图像信息，为吐鲁番植物园和伊犁植物园采集了大量的野生植物种子（图272）。

2020年8月，张道远等制作的《保护野果林，我们在行动》的绿叶抖音视频科普短片荣获中国植物学会2019年主办的首届“绿叶科抖”全国植物科学科普短视频大赛“最佳人气奖”（图273）。

2020年10月10～13日，潘伯荣参加在沈阳植物园召开的“中国植物园学术年会”上作《珍稀濒危植物、极小种群植物、保护植物及其迁地保育》的报告。

2020年10月，由段士民、潘伯荣、王喜勇共同主编的《中国迁地栽培植物志：荒漠植物》一书由中国林业出版社出版（图274）。

2021年2～12月，邀请美国密苏里大学Melvin Oliver教授网上开展生物耐干机制等相关问题的系列研讨会共计8次。

2021年4月10日至5月29日，吐鲁番沙漠植物园先后接待不同受众的人群，开展科普与宣传，既有乌鲁木齐市第70中学（图275）和吐鲁番市艾丁湖希望小学中小学生（图276），还有中国科学院青年创新促进会新疆生地所小组的科研人员；王喜勇还带“知知营”的学生去野外开展研学活动。

图272　青藏高原科考项目第二次科考分队（考察队）

获奖证书

张道远 刘晓洁 同志：

创作的《保护野苹果，我们在行动》获得2019年“绿叶科抖”全国植物科学科普短视频大赛。

最佳人气奖

中国植物学会

2020年八月

图273　全国植物科学科普短视频大赛“最佳人气奖”

图274《中国迁地栽培植物志：荒漠植物》

图275　乌鲁木齐第70中学的学生在植物园学习

图276　艾丁湖希望小学的小学生探寻植物秘密

2021年8月，中国科学院新疆生态与地理研究所吉力力·阿不都外力、管开云、张道远三位研究员成功入选2021年新疆“最美科技工作者”。

2021年8月，鉴于吐鲁番沙漠植物园和康晓珊在2021年度“国际植物日”科普活动中的工作表现，被中国植物生理与植物分子生物学学会评为“优秀科普活动单位”（图277），康晓珊被评为“科普活动优秀个人”（图278）。

2021年10月9日，潘伯荣参加在太原植物园召开的“中国植物园学术年会”上作《试论植物园植物迁地保护的有效性——以梭梭属（*Haloxylon* Bunge）两种植物引种与合理保护利用为例》的报告。

2021年12月16～17日，由中国科学院新疆生态与地理研究所和“一带一路”国际科学组织联盟

图277 “优秀科普活动单位”表彰

图278 “科普活动优秀个人”表彰

图279 干旱区生物多样性保护与可持续发展国际研讨会（档案）

共同举办的“干旱区生物多样性保护与可持续发展国际研讨会”在线上和线下召开，张道远和潘伯荣参加线下会议，并进行了学术交流（图279）。

2021年，依托中国科学院新疆生态与地理研究所，以吐鲁番沙漠植物园、伊犁植物园和干旱区生物标本馆为支撑平台，申报的“新疆抗逆植物基因资源保育与利用重点实验室”成功获批。

2022年2月15日，“典赞・科普中国”是由中国科学技术协会主办的一项年度盘点活动，自2015年来已举办5届，由中国科学院科学传播局推荐，管开云、朱建国等为主编，段士民等为副主编联合创作的《正在消失的美丽：中国濒危动植物寻踪》(植物卷、动物卷)，被评为“典赞・2021科普中国”年度十大科普作品。

2022年3月，中国科协公布了2021—2025年全国科普教育基地第一批认定名单，中国科学院新疆生态与地理研究所吐鲁番沙漠植物园、策勒荒漠草地生态系统国家野外科学观测研究站、新疆自然博物馆被认定为首批全国科普教育基地。

2022年3月25日，由新疆植物学会、中国科学院新疆生地所和新疆科学技术协会联合组织召开的“天山植物多样性研究成果发布会”在乌鲁木齐举行(图280)，新疆植物学会依托中国科学院新疆生地所，组织新疆植物学界专家联合编撰的《天山维管植物名录》付梓出版。潘伯荣任该专著主编，新疆师范大学海鹰教授和新疆大学努尔巴依教授任副主编(图281)。

2022年4月，中国科学院新疆生地所换届，张

图280 《天山维管植物名录》

图281 “天山植物多样性研究成果发布会”现场(档案)

道远主任被任命为新一届研究所副所长，兼吐鲁番沙漠植物园主任。

2022年6月21日，吐鲁番沙漠植物园举行了建园50周年的活动（图282）。新疆生地所所长张元明从吐鲁番沙漠植物园历史沿革、战略定位、代表成果等多方面向参会代表进行了介绍（图283）；新疆生地所副所长张道远主任带领专家参观了植物园当前的建设情况（图284）；吐鲁番沙漠植物园名誉主任潘伯荣研究员回顾了植物园自1972年寸草不生的沙漠发展为温带荒漠植物迁地保育基地的艰辛历程（图285）。吐鲁番植物园将秉承“红柳精神”，践行“胡杨品格”，立足新疆，

图282　举行建园50周年的活动（档案）

图283　张元明所长向参会代表现场介绍（王喜勇 摄）

图284　张道远向参会代表现场介绍（王喜勇 摄）

图285　潘伯荣回顾植物园建园历史（康晓珊 摄）

面向全国，放眼世界。

2022年6月23日，“伊犁–吐鲁番国家植物园建设构想专家咨询会”（图286）已通过论证，与会专家一致建议：请尽快设立“伊犁—吐鲁番国家植物园”。

2022年7月1日，吐鲁番沙漠植物园所在的

图286 “伊犁–吐鲁番国家植物园建设构想专家咨询会”（刘会良 摄）

中国科学院新疆生态与地理研究所
XINJIANG INSTITUTE OF ECOLOGY AND GEOGRAPHY CHINESE ACADEMY OF SCIENCES, CAS
中国科学院伊犁—吐鲁番植物园
发展现状和未来规划
张道远研究员
2022年12月12日

图287 张道远报告PPT视频截图

“干旱区生物多样性保护与利用”党支部荣获中国科学院“四强”标兵党支部称号。

2022年7月至2023年3月，在中国科学院“外国专家特聘研究员计划（PIFI）”资助下，伊朗学者Mohammad Mahdi Dehshiri教授应师玮邀请，来华访问工作9个月。

2022年11月28日，新疆女科技工作者协会成立并召开第一次代表大会，张道远当选为首届新疆女科技工作者协会副会长。

2022年12月12日，张道远参加第十四届全国生物多样性科学与保护研讨会（线上、线下–华东师范大学），在“国际植物园体系建设与迁地保护”专题会场作《中国科学院伊犁–吐鲁番植物园发展现状和未来规划》的报告（图287），并参与了会议主持工作。吐鲁番植物园的科研人员均参加了线上会议。

2022年12月，中国科学技术协会组织的2022年“科学也偶像”短视频征集活动中，新疆植物学会报送的《科研工作者的生命永远年轻》《边疆中药人——李晓瑾团队》获得优秀奖。《科研工作者的生命永远年轻》短视频的制作者是康晓珊，短视频介绍的是潘伯荣。

13 结语

吐鲁番沙漠植物园经历了50年创建与发展的历史，现已到了“知天命”园龄。吐鲁番沙漠植物园作为中国科学院植物园网络系统中的一员，是西北地区唯一的一座隶属中国科学院的植物园，也是中国植物园系统中的特殊类型之一。干旱区植物园，尤其是沙漠植物园的园景建设问题亟待探索（潘伯荣，2004）。为努力创立"伊犁—吐鲁番国家植物园"，我们的目标非常清晰，广泛收集中亚荒漠植物资源，建成国际先进水平的、特色分明的中亚干旱—半干旱地区荒漠植物迁地保护的物种资源库，使荒漠植物物种引种收集达2 000种以上，并配合干旱区植物种质基因库的建设，达到有效保护战略性植物基因资源的目的。

吐鲁番沙漠植物园必须遵循"坚持人与自然和谐共生，尊重自然、保护第一、惠益分享；坚持以植物迁地保护为重点，体现国家代表性和社会公益性；坚持对植物类群系统收集、完整保存、高水平研究、可持续利用，统筹发挥多种功能作用；坚持将植物知识和园林文化融合展示，讲好中国植物故事，彰显中华文化和生物多样性魅力，强化自主创新，接轨国际标准，建设成为中国特色、世界一流、万物和谐的国家植物园。"

吐鲁番沙漠植物园今后科学研究与科技创新方面的主要任务将集中在荒漠植物保护生物学、荒漠生态系统生态学和资源植物学三个学科领域。根据国家战略需求和区域经济发展需求，重点强化对战略性荒漠植物资源的遴选和发掘利用；进一步加强科学研究的基础设施和平台建设，为提升自主科技创新能力提供技术支撑；将吐鲁番沙漠植物园建设成为不可替代的干旱区荒漠植物多样性保护基地与重要的荒漠生态系统生态学研究基地，并在亚洲温带荒漠生物多样性保护和生态学研究领域发挥先导和引领作用；同时，将吐鲁番沙漠植物园建成中亚地区植物学创新人才培养基地，干旱区优势植物资源开发利用的高新技术成果转化基地。此外，吐鲁番沙漠植物园还充分发挥科学研究和科学普及的双重功能，广泛传播植物科技的新理论、新技术、新知识，普及人与自然协调发展的科学思想和科学方法，坚持将植物知识和园林文化融合展示，讲好中国荒漠植物的故事。

参考文献

贺善安，顾姻，1997. 中国西北地区的植物园[J]. 植物资源与环境，6(3): 48-53.

贺善安，顾姻，褚瑞芝，等，2001. 植物园与植物园学[J]. 植物资源与环境学报，10(4): 48- 51.

贺善安，张佐双，顾姻，等，2005. 植物园学[M]. 北京：中国农业出版社.

黄宏文，廖景平，2022. 论我国国家植物园体系建设－以任务带学科构建国家植物园迁地保护综合体系[J]. 生物多样性，30 (6): 197-213.

黎盛臣，1991. 中国植物园参观指南[M]. 北京：金盾出版社.

潘伯荣，1988. 吐鲁番沙漠研究站简介[J]. 干旱区研究，5(3): 47-48.

潘伯荣，2003. 海平面之下的植物园[J]. 生物学通报，38(11): 23-25.

潘伯荣，2004. 新疆植物园事业的发展与展望[J]. 干旱区研究，21(增刊): 12-17.

佟凤勤，1997. 发展中的中国科学院植物园[M]. 北京：科学出版社.

致谢

五十年的艰苦岁月，五十载的辉煌历程，成就了吐鲁番沙漠植物园今天的发展和业绩。此时此刻，我们绝不应该忘记上级各有关单位和部门对吐鲁番沙漠植物园从创建到发展过程中所给予的关爱和支持；也不会忘记社会各界人士对吐鲁番沙漠植物园给予的关心和帮助；更不会忘记吐鲁番沙漠植物园在创建的前后、在建设发展的不同阶段，所有参与者的辛勤付出和无私奉献。历史不会忘记你们，吐鲁番沙漠植物园不会忘记你们，衷心地谢谢大家！

本文中除有注摄影者或出处及提供者之外的照片均为潘伯荣拍摄。

作者简介

潘伯荣（籍贯天津，1946年1月生于甘肃兰州），1969年毕业于新疆八一农学院（现新疆农业大学）林学系（本科），1970—1972年在部队农场劳动锻炼，1972年分配到新疆生物土壤研究所（现中国科学院新疆生态与地理研究所）。1990年获聘副研究员、1996年获聘研究员、2008年获聘中国科学院首批二级研究员。曾任研究所副所长、党委书记、纪检书记、学术委员会主任、吐鲁番沙漠研究站站长、吐鲁番沙漠植物园主任、硕士和博士研究生导师、中国科学院研究生院教授等职务。现任吐鲁番沙漠植物园名誉主任，并兼任国际生物多样性计划中国国家科学委员会、中国科学院生物多样性委员会和中国绿发会专家委员会委员；中国野生植物保护协会迁地保护委员会、中国植物学会植物园分会、中国生态学会民族生态专业委员会顾问；新疆植物学会、新疆生态学会和新疆老科协常务理事等职。

师玮（女，籍贯陕西，1981年生于新疆额敏），中国海洋大学海洋生命学院生态学专业本科（2003）、硕士（2006）；中国科学院新疆生态与地理研究所生态学专业博士（2009）。2009年入职中国科学院新疆生态与地理研究所，2014年7月至2015年7月，赴美国国家自然历史博物馆植物研究中心访问。现任副研究员、新疆植物学会理事、IABG中国植物园联盟（现称中国植物园联合保护计划）联络员。主要从事荒漠和新疆特色植物的分类学、系统学和遗传学方面的工作。

附录1

丁晓莉, 1988. 大沙冬青组织培养的探讨[J]. 干旱区研究, 5(4): 44-46.

黄玉琳, 潘伯荣, 1991. 15种荒漠珍稀濒危植物化学成分分析初步研究[J]. 干旱区研究, 8(3): 63-67.

蒋进, 1989. 准噶尔无叶豆水分生理生态学特性的初步研究[J]. 干旱区研究, 6(4): 43-46.

蒋进, 高海峰, 1989. 灰杨蒸腾作用的生理生态特征[C]// 乌鲁木齐: 新疆第四届植物学会学术讨论会论文及论文摘要集.

蒋进, 1991. 新疆沙冬青的叶片气孔行为以及对空气湿度的反应[J]. 干旱区研究, 8(2): 31-35.

蒋进, 1991. 极端气候条件下胡杨的水分状况及其与环境的关系[J]. 干旱区研究, 8(2): 35-38.

蒋进, 1991. 八种荒漠珍稀濒危植物的抗旱性研究[J]. 干旱区研究, 8(2): 39-43.

蒋进, 高海峰, 1992. 柽柳属植物抗旱性排序研究[J]. 干旱区研究, 9(4): 41-45.

潘伯荣, 严成, 王烨, 1989. 柽柳属植物扦插繁殖的研究[C]// 乌鲁木齐: 新疆第四届植物学会学术讨论会论文及论文摘要集.

潘伯荣, 王烨, 尹林克, 等, 1989. 应用吸水剂培育梭梭苗木的研究[C]// 乌鲁木齐: 新疆第四届植物学会学术讨论会论文及论文摘要集.

潘伯荣, 尹林克, 王烨, 1991. 三种沙漠牧草的引种比较[J]. 干旱区研究, 8(2): 8-11.

潘伯荣, 尹林克, 1991. 我国干旱荒漠区珍稀濒危植物资源的综合评价及合理利用[J]. 干旱区研究, 8(3): 29-39.

潘伯荣, 余其立, 严成, 1992. 新疆沙冬青生态环境及渐危原因的研究[J]. 植物生态学与地植物学学报, 16(3): 276-282.

潘伯荣, 黄少甫, 1993. 沙冬青属的细胞学研究[J]. 植物学报, 35(4): 314-317.

潘伯荣, 尹林克, 1993. 我国荒漠濒危植物及其迁地保护措施[M]// 中国植物学会植物园协会. 植物引种驯化集刊（第八集）. 北京: 科学出版社: 133-139.

王烨, 尹林克, 1989. 梭梭属不同种源种子品质初评[J]. 干旱区研究, 6(1): 45-49.

王烨, 尹林克, 潘伯荣, 1991. 沙冬青属植物种子特性初步研究[J]. 干旱区研究, 8(2): 12-16.

王烨, 尹林克, 1991. 两种沙冬青耐盐性测定[J]. 干旱区研究, 8(2): 20-22.

王烨, 1991. 14种荒漠珍稀濒危植物的种子特性[J]. 种子, 8(3): 23-26.

王烨, 尹林克, 1991. 19种荒漠珍稀濒危植物的物候研究[J]. 干旱区研究, 8(3): 45-56.

王烨, 尹林克, 潘伯荣, 1992. 药用植物中麻黄的特性及栽培技术[J]. 八一农学院学报, 15(增刊): 35-38.

杨戈, 王烨, 1991. 9种珍稀濒危保护植物营养器官解剖学的观察[J]. 干旱区研究, 8(3): 39-45.

严成, 潘伯荣, 1991. 蒙古沙冬青的园林价值[J]. 干旱区研究, 8(3): 68-69.

尹林克, 潘伯荣, 赵振东, 等, 1988. 沙冬青属植物引种试验研究[J]. 干旱区研究, 5(4): 36-43.

尹林克, 王烨, 1990. 沙冬青幼苗生长规律初步分析[J]. 干旱区研究, 7(1): 59-62.

尹林克, 王烨, 1991. 白梭梭和梭梭柴苗期生长节律变化特点[J]. 干旱区研究, 8(1): 21-29.

尹林克, 潘伯荣, 王烨, 等, 1991. 温带荒漠珍稀濒危植物的引种栽培[J]. 干旱区研究, 8(2): 1-8.

尹林克, 王烨, 潘伯荣, 1991. 几种生根物质及选择采穗母株对灰杨插条生根的影响[J]. 干旱区研究, 8(2): 16-20.

尹林克, 王烨, 潘伯荣, 1991. 高浓度氯化钠溶液对三种柽柳插穗的伤害作用[J]. 干旱区研究, 8(2): 22-27.

尹林克, 王烨, 1991. 氮、磷营养元素的不同配比对新疆沙冬育苗期生长的影响[J]. 干旱区研究, 8(2): 27-31.

尹林克, 王烨, 1991. 灰杨在吐鲁番地区的生长发育规律[J]. 干旱区研究, 8(3): 56-62.

尹林克, 王烨, 1992. 沙冬青属植物花期生物学特性研究初报[J]. 新疆林业科技(2): 19-22.

尹林克, 王烨, 1993. 沙冬青属植物花期生物学特性研究[J]. 植物学通报, 10(2): 54-56.

赵振东, 潘伯荣, 1992. 甘草资源的合理利用及人工种植技术的初步研究[C]// 乌鲁木齐: 新疆八一农学院林业技术交流中心,《林业论文集》: 142-149.

附录2

安尼瓦尔, 尹林克, 1997. 柽柳属植物的生物量研究[J]. 新疆环境保护, 19(1): 46-50.

安尼瓦尔, 尹林克, 杨维康, 等, 1998. 迁地保护条件下柽柳属植物高生长节律特点[C]// 新疆第三届青年学术年会论文集. 乌鲁木齐: 新疆人民出版社: 217-221.

程争鸣, 潘惠霞, 尹林克, 2000. 柽柳属和水柏枝属植物的化学分类学研究[J]. 西北植物学报, 20(2): 275-282.

陈金星, 2009. 柽柳属植物种质资源圃规划设计的理论与实践[D]. 乌鲁木齐: 新疆农业大学.

陈金星, 尹林克, 2010. 不同生境的多枝柽柳种群空间分布点格局分析[J]. 新疆农业科学, 47(1): 115-120.

冯缨, 尹林克, 2000. 柽柳属植物镜下器官特征描述及分类学意义[J]. 干旱区研究, 17(3): 40-45.

华丽, 潘伯荣, 2003. 白花柽柳 nrDNAr ITS 序列片段研究[J]. 干旱区研究, 20(2): 148-151.

华丽, 2003. 用nrDNA的ITS序列探讨柽柳科部分属、种的系统学位置[D]. 北京: 中国科学院研究生院.

华丽, 张道远, 潘伯荣, 2004. 中国柽柳属和水柏枝属的分子系统学研究[J]. 云南植物研究, 26(3): 283-289.

姬慧娟, 严成, 尹林克, 2008. 刚毛柽柳种子萌发特性的研究[J]. 生物技术, 18(6): 35-39.

姬慧娟, 尹林克, 严成, 等, 2009. 多枝柽柳的开花动态及花粉活力和柱头可授性研究[J]. 西北农林科技大学学报(自然科学版)(5): 114-118.

姬慧娟, 2009. 新疆多枝柽柳的两季开花结果特性及其生态适应研究[D]. 乌鲁木齐: 新疆农业大学.

蒋勤安, 王玉成, 张道远, 2005. 渗透胁迫下白花柽柳cDNA文库的构建及EST分析[J]. 生物技术, 15(3): 21-25.

蒋进, 高海峰, 1992. 柽柳属植物抗旱性排序研究[J]. 干旱区研究, 9(4): 41-45.

姜凤琴, 康晓珊, 尹林克, 等, 2012, 株龄和插穗直径对甘蒙柽柳插穗成活率的影响[J]. 植物资源与环境学报, 21(4): 111-113.

潘伯荣, 严成, 王烨, 1989. 柽柳属植物扦插繁殖的研究[C]// 乌鲁木齐: 新疆第四届植物学会学术讨论会论文及论文摘要集.

潘伯荣, 1998. 我国柽柳科植物的多样性及其保护对策[C]// 第二届全国生物多样性保护与持续利用研讨会论文集. 北京: 中国林业出版社: 114-122.

苏志豪，潘伯荣，卓立，等，2018. 未来气候变化对特有物种沙生柽柳分布格局的影响及其保护启示[J]. 干旱区研究，35(1): 150-155.

王雷涛，尹林克，2004. 准噶尔盆地柽柳科植物生物多样性及保护对策[J]. 干旱区资源与环境，18(6): 139-145.

王磊，严成，魏岩，等，2008. 温度、盐分和储藏时间对多花柽柳种子萌发的影响[J]. 干旱区研究，25(6): 797-801.

王霞，1997. 土壤水分胁迫条件下柽柳植物生理特性变化的研究[D]. 乌鲁木齐：新疆农业大学.

王霞，侯平，尹林克，1998. 大气自然回干过程中柽柳植物组织含水量和膜透性的变化及二者的关系[C]// 新疆第三届青年学术年会论文集. 乌鲁木齐：新疆人民出版社：236-238.

王霞，候平，尹林克，等，1999. 水分胁迫对柽柳植物可溶性物质的影响[J]. 干旱区研究，16(2): 7-11.

王霞，候平，尹林克，等，1999. 水分胁迫对柽柳植物组织含水量和膜透性的影响[J]. 干旱区研究，16(2): 12-15.

王霞，侯平，尹林克，等，2000. 土壤缓慢水分胁迫下柽柳植物内源激素的变化[J]. 新疆农业大学学报，23(4): 41-43.

王霞，侯平，尹林克，等，2002. 柽柳植物对干旱胁迫的生理响应和适应性的研究[C]// 新疆第四届青年学术讨论会论文集（下）. 乌鲁木齐：新疆人民出版社：1099-1101.

王霞，侯平，尹林克，等，2002. 土壤水分胁迫对柽柳体内膜保护酶及膜脂过氧化的影响[J]. 干旱区研究，19(3): 17-20.

王烨，尹林克，1991. 19种荒漠珍稀濒危植物的物候研究[J]. 干旱区研究，8(3): 45-56.

刘铭庭，1994. 新疆柽柳属植物研究及推广应用[J]. 中国沙漠 (4): 428-429.

魏岩，谭敦炎，尹林克，1999. 柽柳科植物叶解剖特征与分类关系的探讨[J]. 西北植物学报，19(1): 113-118.

杨维康，张立运，尹林克，1997. 新疆柽柳属植物生境多样性研究[J]. 新疆环境保护，19(1): 27-31.

杨维康，1997. 新疆柽柳属植物生境多样性研究，硕士学位论文[D]. 北京：中国科学院研究生院.

杨维康，尹林克，1998. 柽柳属植物的生态位研究[C]// 中国植物学会六十五周年年会学术报告及论文摘要汇编. 北京：中国林业出版社：307-308.

杨维康，张道远，尹林克，等，2002. 新疆柽柳属植物(Tamarix L.)的分布与群落相似性聚类分析[J]. 干旱区研究，19(3): 6-11.

杨维康，张道远，张立运，等，2004. 新疆主要柽柳属植物的生态类型划分与生境相似性研究[J]. 干旱区地理，27(3): 186-192.

严成，魏岩，王磊，2010. 密花柽柳(Tamarix arceuthoides)春夏季种子的萌发行为[J]. 干旱区研究，27(5): 750-754.

尹林克，1995. 中亚荒漠生态系统中关键种—柽柳(Tamarix spp.)[J]. 干旱区研究，12(3): 43-47.

尹林克，1997. 中国柽柳科植物资源及其评价[J]. 生物多样性，5(专辑): 85-91.

尹林克，安尼瓦尔，1998. 中国柽柳属植物的易地保护与生态适应性[C]// 新疆第三届青年学术年会论文集. 乌鲁木齐：新疆人民出版社：953-955.

尹林克，安尼瓦尔，杨维康，1998. 中国柽柳属植物的分布特征及其生态适应性[C]// 中国植物学会六十五周年年会学术报告及论文摘要汇编. 北京：中国林业出版社：608-609.

尹林克，2002. 柽柳属植物的生态适应性与引种[J]. 干旱区研究，19(3): 12-16.

张道远，1999. 柽柳科植物的系统学研究—秀丽水柏枝的系统学位量[D]. 北京 中国科学院研究生院.

张道远，陈之端，孙海英，等，2000. 用核糖体DNA的ITS序列探讨柽柳科植物系统分类中的几个问题[J]. 西北植物学报，20(3): 421-431.

张道远，尹林克，潘伯荣，2001. Biological and ecological characteristics of Tamarix L. and its effect on the ecological environment [C]// 第六届国际荒漠工程技术大会论文集. 乌鲁木齐.

张道远，2001. 短毛柽柳(Tamarix karelinii Bge)是杂种或变种吗？ [C]// 中国植物学会. 西部地区第二届植物科学与开发学术讨论会论文摘要集. 中国植物学会，1.

张道远，2001. 柽柳(Tamarix L.)的生物生态学特性

[A]. 中国植物学会. 西部地区第二届植物科学与开发学术讨论会论文摘要集[C]. 中国植物学会, 2.
张道远, 2001. 秀丽水柏枝(Myricaria elegans Royle)系统学位置探讨[C]// 中国植物学会. 西部地区第二届植物科学与开发学术讨论会论文摘要集. 中国植物学会, 3.
张道远, 尹林克, 潘伯荣, 2002. 柽柳属植物系统学研究历史及现状[J]. 干旱区研究, 19(2): 41-47.
张道远, 尹林克, 潘伯荣, 2003. 柽柳泌盐腺结构、功能及分泌机制研究进展[J]. 西北植物学报, 23(1): 190-194.
张道远, 曹同, 潘伯荣, 2003. 短毛柽柳的分类学地位探讨[J]. 干旱区研究, 20(2): 144-148.
张道远, 尹林克, 潘伯荣, 2003. 柽柳属植物抗旱性能研究及其应用潜力评价[J]. 中国沙漠, 23(3): 252-257.
张道远, 张娟, 谭敦炎, 等, 2003. 国产柽柳科3属6种植物营养枝的解剖观察[J]. 西北植物学报, (3): 382-388. 92.
张道远, 潘伯荣, 尹林克, 2003. 柽柳科柽柳属的植物地理研究[J]. 云南植物研究, 25(4): 415-434.
张道远, 杨维康, 潘伯荣, 等, 2003. 刚毛柽柳群落特征及其生态、生理适应性[J]. 中国沙漠, 23(4): 446-452.
张道远, 谭敦炎, 张娟, 等, 2003. 国产柽柳属16种植物当年小枝的比较解剖及其生态意义[J]. 云南植物研究, 25(6): 653-662.
张道远, 尹林克, 潘伯荣, 2003. 柽柳科柽柳属的植物地理[C]// 中国植物学会. 中国植物学会七十周年年会论文摘要汇编. 北京: 高等教育出版社: 105.
张道远, 张原, John F. Gaskin, 等, 2003. 山柽柳属作为柽柳科中一独立属的ITS序列证据[C]// 中国植物学会七十周年年会论文摘要汇编. 北京: 高等教育出版社: 106.
张道远, 尹林克, 潘伯荣, 2003. 柽柳(Tamarix L.)的生物生态学特性及其对环境的影响[C]// 中国植物学会. 中国植物学会七十周年年会论文摘要汇编. 北京: 高等教育出版社: 536-537.
张道远, 2003. 柽柳科生物系统学及生态学研究[D]. 北京: 中国科学院研究生院.
张道远, 尹林克, 潘伯荣, 2004. 吐鲁番沙漠植物园—中国柽柳科研究中心[J]. 干旱区研究, 21(S): 44-49.
张道远, 2004. 中国柽柳属植物的分支分类研究[J]. 云南植物研究, 26(3): 275-282.
张娟, 尹林克, 张道远, 2003. 刚毛柽柳天然居群遗传多样性初探[J]. 云南植物研究, 25(5): 557-562.
张娟, 张道远, 尹林克, 2003. 刚毛柽柳基因组DNA的提取及RAPD反应条件的探索[J]. 西北植物学报, 23(2): 253-256.
张娟, 2003. 利用RAPD分子标记探讨新疆刚毛柽柳天然居群的遗传多样性[D]. 北京: 中国科学院研究生院.
张元明, 潘伯荣, 尹林克, 1998. 中国干旱区柽柳科植物种子形态特征及其系统学意义[J]. 植物资源与环境学报, 7(2): 22-27.
张元明, 潘伯荣, 尹林克, 1998. 中国柽柳科植物花粉形态及其分类学、系统学意义[C]// 新疆第三届青年学术年会论文集. 乌鲁木齐: 新疆人民出版社: 239-241.
张元明, 1998. 中国柽柳科植物种子、花粉形态及其分类学、系统学意义[D]. 北京: 中国科学院研究生院.
张元明, 1998. 从花粉形态探讨中国柽柳科植物系统分类的几个问题[C]// 中国植物学会六十五周年年会学术报告及论文摘要汇编. 北京: 中国林业出版社: 161-162.
张元明, 潘伯荣, 尹林克, 等, 2001. 柽柳科(Tamaricaceae)植物的研究历史[J]. 西北植物学报, 21(4): 796-804.
张元明, 潘伯荣, 尹林克, 2001. 中国柽柳科(Tamaricaceae)花粉形态特征及其分类意义的探讨[J]. 西北植物学报, 21(5): 857-864.
张元明, 2004. 中国柽柳科植物花粉形态特征聚类分析[J]. 西北植物学报, 24(9): 1702-1707.
赵艳芬, 孔凡逵, 苏志豪, 等, 2017. 青海省甘蒙柽柳群落植被区系分析[J]. 植物资源与环境学报, 26(2): 90-96.
JOHN F, GASKIN, FARROKH GHAHREMANI-NEJAD, DAO-YUAN ZHANG, et al, 2004. A Systematic Overview of Frankeniaceae and

Tamaricaceae From Nuclear rDNA and Plastid Sequence Data [J]. Annals of Missouri Botanical Garden, 91(3): 401-409.

PAN BORONG, 1998. Biodiversity and protection tactics of Tamaricaceae plants [C]// Proceedings of the Japan-China Joint Research Conference on Environmental Conservation. Ohwashi, Tsukuba, Ibaraki, Japan, 3: 142-151.

YIN LINKE, 1998. The geographic distribution features and ecological adaptability of Tamarix L. in China[C]//Proceedings of the Japan-China Joint Research Conference on Environmental Conservation. Ohwashi, Tsukuba, Ibaraki, Japan, 3: 134-141.

YIN LINKE, YANG WEIKANG, 1998. An evaluation of the plant resources and diversity of Tamaricaceae in China, Journal of Arid Land Studies, 7(S): 201-204.

YANG WEIKANG, YIN LINKE, ZHANG LIYUN, 2000. Habitat Heterogeneity of Tamarix L. in Xinjiang, China[C]//Proceedings of the Third Conference of International Association of Botanical Gardens Asia Division. Urmuqi: Xinjiang People' s Publishing House: 170-173.

ZHANG DAOYUAN, YIN LINKE, PAN BORONG, 2002. Biological and ecological characteristics of Tamarix L. and its effect on the ecological environment, Scinece in China(Series D), 45(S) December: 18-22.

附录3

冯缨，潘伯荣，沈观冕，2008. 新疆沙拐枣属刺果组种子形态及其分类学意义 [J]. 云南植物研究，(1): 47-50.

冯缨，潘伯荣，严成，2008. 新疆沙拐枣属植物多样性特征及分布格局 [J]. 干旱区资源与环境，22(8): 139-144.

古丽努尔·沙比尔哈孜，潘伯荣，2008. 塔里木沙拐枣果实性状的种内变异研究 [J]. 西北植物学报 (2): 2370-2374.

古力努尔·沙比尔哈孜，2008. 塔里木盆地沙拐枣属特有种的研究 [D]. 北京：中国科学院研究生院.

古丽努尔·沙比尔哈孜，潘伯荣，2009. 塔里木沙拐枣生境的土壤特征研究 [J]. 干旱区资源与环境，23(12): 188-192.

古丽努尔·沙比尔哈孜，潘伯荣，尹林克，2010. 不同居群塔里木沙拐枣(Calligonum roborowskii A. Los.)果实形态变异研究 [J]. 植物研究，30(1): 65-69.

古丽努尔·沙比尔哈孜，潘伯荣，段士民，2012. 塔里木盆地塔里木沙拐枣群落特征 [J]. 生态学报，32(10): 3288-3295.

黄丕振，陈洪轩，1979. 沙拐枣的特性及其栽培技术 [J]. 林业科技通讯，(5): 18-19.

黄丕振，陈洪轩，1979. 沙拐枣的特性及其栽培技术(续)[J]. 林业科技通讯，(6): 18-19.

黄丕振，1981. 沙拐枣的特性及栽培技术 [J]. 新疆农业科学 (6): 35-38.

黄丕振，1981. 用沙拐枣造林治沙建绿洲 [J]. 中国林业 (12): 23.

黄丕振，1982. 沙拐枣造林治沙 [J]. 新疆林业 (4): 18-19.

康晓珊，张永智，潘伯荣，2007. 沙拐枣属 (Calligonum L.) 分类学研究进展 [J]. 新疆大学学报 (自然科学版)，24(4): 454-459.

康晓珊，2008. 沙拐枣属 (Calligonum L.) 植物代表种繁殖生物学特性初探 [C]// 中国植物学会. 中国植物学会七十五周年年会论文摘要汇编. 中国植物学会: 中国植物学会.

康晓珊, 张永智, 潘伯荣, 等, 2008. 不同地区精河沙拐枣居群果实形态差异性分析[J]. 西北植物学报(6): 1213-1221.

康晓珊, 潘伯荣, 张永智, 等, 2009. 中国特有植物艾比湖沙拐枣(Calligonum ebi-nuricum)居群内果实性状的变异[J]. 植物研究, 29(6): 747-752.

康晓珊, 2011. 沙拐枣属(Calligonum L.)四种植物的繁殖生物学特性研究[D]. 北京: 中国科学院研究生院.

康晓珊, 潘伯荣, 段士民, 等, 2012. 沙拐枣属4种植物同地栽培开花物候与生殖特性比较[J]. 中国沙漠, 32(5): 1315-1327.

康晓珊, 索菲亚, 段士民, 等, 2015. 迁地保护条件下4种沙拐枣的花部特征和传粉特性[J]. 中国沙漠, 35(5): 1239-1247.

康晓珊, 索菲娅, 段士民, 等, 2016. 北疆地区同域分布的沙拐枣属植物是否存在杂交初探[J]. 植物研究, 36(5): 790-794.

孔凡逵, 2014. 红皮沙拐枣(Calligonum rubicundum Bge.)果实表型多态性及地理分异特点[D]. 北京: 中国科学院大学.

孔凡逵, 师玮, 尹林克, 等, 2016. 红皮沙拐枣(Calligonum rubicundum Bge.)果实多态性[J]. 干旱区研究, 33(1): 159-165.

李银芳, 杨戈, 1991. 头状沙拐枣的解剖学和水分生理特征[J]. 干旱区研究, 8(4): 33-37.

李伟成, 盛海燕, 潘伯荣, 等, 2006. 3种沙漠植物地上部分形结构与生物量的自相似性[J]. 林业科学(5): 11-16.

刘鹏, 2010. 迁地保护条件下沙拐枣属(Calligonum L.)植物传粉特性的比较研究[D]. 乌鲁木齐: 新疆大学.

买尔燕古丽 · 阿不都热合曼, 2013. 基于形态特征及DNA 序列的沙拐枣属几个特有种的分类研究[D]. 北京: 中国科学院大学.

毛祖美, 杨戈, 王常贵, 1983. 从染色体数目、幼枝的解剖特征探讨新疆沙拐枣属内的某些进化关系[J]. 植物分类学报, 21(1): 44-49.

毛祖美, 1984. 中国沙拐枣新植物[J]. 植物分类学报, 12(2): 148-150.

毛祖美, 潘伯荣, 1986. 我国沙拐枣属的分类与分布[J]. 植物分类学报, 24(2): 98-107.

潘伯荣, 1984. 沙拐枣[M]//高尚武. 治沙造林学. 北京: 中国林业出版社: 245-251.

潘伯荣, 沈观冕, 2003. 新疆沙拐枣属的特有成分与新记录种[C]// 中国植物学会. 中国植物学会七十周年年会论文摘要汇编. 中国植物学会: 中国植物学会: 51.

潘伯荣, 2004. 沙拐枣属(Calligonum L.)植物的多样性特点[C]// 中国植物学会. 第二届中国甘草学术研讨会暨第二届新疆植物资源开发、利用与保护学术研讨会论文摘要集. 石河子: 中国植物学会.

潘伯荣, 2006. 国产沙拐枣属植物及其迁地保护与利用[C]// 中国植物学会植物园分会. 中国植物园(第九期). 北京: 中国林业出版社: 78-87.

潘伯荣, 2010. 沙漠圣女—沙拐枣[J]. 生命世界 (6): 30-33.

潘伯荣, 2013. 中国沙拐枣属(Calligonum L.)植物的地理分布格局[C]// 中国植物学会. 中国植物学会第十五届会员代表大会暨八十周年学术年会论文集. 中国植物学会: 中国植物学会.

齐月, 陈建平, 潘伯荣, 2010. 沙拐枣种植资源圃信息管理系统的初步建立[C]// 中国植物学会植物园分会. 中国植物园(第十三期). 北京: 中国林业出版社: 65-69.

齐月, 潘伯荣, 2010. 沙拐枣属植物同化枝和子叶的解剖学研究[J]. 西北植物学报, 30(3): 512-518.

齐月, 2010. 沙拐枣属植物种质资源圃建设及相关数据库构建[D]. 北京: 中国科学院研究生院.

齐月, 师玮, 潘伯荣, 等, 2016. 沙拐枣属植物种质资源圃建设[C]// 中国植物学会植物园分会. 中国植物园(第十九期). 北京: 中国林业出版社: 107-113.

师玮, 2009. 蒙古沙拐枣(Calligonum mongolicum)及其相关种的分类学研究[D]. 北京: 中国科学院研究生院.

师玮, 潘伯荣, 段士民, 等, 2011. 蒙古沙拐枣(Calligonum mongolicum)与其相关种的果实形态差异性分析[J]. 中国沙漠, 31(1): 121-128.

师玮, 2011. 蒙古沙拐枣种群复合体物种生物学研究(一) —表型、核型及分子标记初探[C]// 中国植物学会系统与进化植物学专业委员会、云南省植物学会. 2011年全国系统与进化植物学暨第十届青年学术研讨会论文集. 昆明: 中国植物学会.

谭勇, 张强, 潘伯荣, 等, 2008. 我国沙拐枣属(Calligonum L.)天然群落物种多样性与土壤因子的耦合关系[J]. 干旱区地理 (1): 88-96.

谭勇, 潘伯荣, 段士民, 等, 2008. 中国沙拐枣属天然群落特征及其物种多样性研究[J]. 西北植物学报 (5): 1049-1055.

谭勇, 2008. 准噶尔盆地4种沙拐枣属植物群落特征及土壤环境解释[D]. 北京: 中国科学院研究生院.

谭勇, 张强, 潘伯荣, 等, 2008. 我国沙拐枣属(Calligonum L.)天然群落的土壤理化性质[J]. 干旱区研究 (6): 835-841.

谭勇, 潘伯荣, 段士民, 等, 2009. 准噶尔盆地4种沙拐枣属植物群落的 α 多样性及土壤环境解释[J]. 干旱区资源与环境, 23(6): 136-142.

王常贵, 管绍淳, 1986. 新疆沙拐枣的染色体地理分布[J]. 干旱区研究 (2): 28-31.

王烨, 尹林克, 1991. 19种荒漠珍稀濒危植物的物候研究[J]. 干旱区研究, 8(3): 45-56.

王文基, 2009. 迁地保护条件下四种沙拐枣属(Calligonum L.)植物开花物候比较研究[D]. 乌鲁木齐: 新疆大学.

王涛, 2010. 迁地保护条件下沙拐枣属(Calligonum L.)四种植物结实格局的比较研究[D]. 乌鲁木齐: 新疆大学.

王甜甜, 2011. 沙拐枣属(Calligonum L.) 五种植物的种子萌发特征及染色体特征的比较[D]. 乌鲁木齐: 新疆大学.

徐刚, 尹林克, 段士民, 等, 2010. 中国特有种—奇台沙拐枣(Calligonum klementzii)群落特征及其异地建植模式初探[J]. 干旱区资源与环境, 24(3): 162-168.

徐新文, 胡玉昆, 潘伯荣, 等, 1994. 塔克拉玛干沙漠沙拐枣扦插生长与水分平衡[J]. 新疆林业科技 (2): 18-21.

徐新文, 潘伯荣, 胡玉昆, 等, 1998. 沙漠公路生物防沙耐盐物种选择试验[J]. 新疆林业(1): 10-12.

严成, 尹林克, 魏岩, 2003. 沙拐枣果实吸水特性研究[J]. 干旱区研究, 20(1): 25-26.

严成, 魏岩, 尹林克, 2003. 沙拐枣属(Calligonum L.)植物的系统演化[C]// 中国植物学会七十周年年会论文摘要汇编. 北京: 高等教育出版社: 90

张佃民, 毛祖美, 1989. 新疆的沙拐枣灌木荒漠[J]. 干旱区研究, 2: 13-1811.

张鹤年, 1992. 策勒县流动性沙地沙拐枣属的引种和造林研究[J]. 干旱区研究, 9(2): 8-12.

张强, 2007. 艾比湖沙拐枣群落及其生境特征研究[D]. 北京: 中国科学院研究生院.

张永智, 2006. 精河沙拐枣(Calliginum ebi-nuricum Ivanov ex Soskov)分类特征差异性分析[D]. 北京: 中国科学院研究生院.

张永智, 张强, 康晓珊, 等, 2011. 中国特有种艾比湖沙拐枣(Calligonum ebinuricum)不同生境的土壤特征分析[J]. 植物研究, 31(3): 347-353.

赵艳芬, 师玮, 潘伯荣, 等, 2014. 沙拐枣属(Calligonum L.)植物物候对长期气温变化的响应[J]. 中国沙漠, 34(3): 732-739.

FENG YING, PAN BO RONG, SHEN GUAN MIAN, 2010. On the classification of Calligonum juochiangense and C. pumilum[J]. Nordic Journal of Botany, 28(6): 661-664.

GULNUR SABIRHAZI, PAN BO RONG, 2009. Chromosome numbers of three Calligonum L. species (Polygonaceae) suggests the presence of only one species[J]. Nordic Journal of Botany, 27(4): 284-286.

GULNUR SABIRHAZI, PAN BO RONG, SHEN GUAN MIAN, et al, 2010. Calligonum taklimakanense (Polygonaceae). new species from Xinjiang, China[J]. Nordic Journal of Botany, 28(6): 680-682.

GULNUR SABIRHAZI, YAKUPJAN HAXIM, MARYAMGUL ABDURAHMAN1, et al, 2014. Asiya Ismayil. Genome sizes of some Calligonum species in Xinjiang of China[J]. Vegetos, 27(1): 108-112.

KANG XIAO SHAN, PAN BORONG, DUAN SHIMIN, et al, 2011. Is ex situ conservation suitable for Calligonum L. A research program in

08

Turpan Eremophyte Botanical Garden[J]. Brazilian Journal of Nature Conservation (NATUREZA & CONSERVAÇÃO), 9(1): 47-54.

LIU PEI LIANG, SHI WEI, WEN JUN, et al, 2021. A phylogeny of Calligonum L. (Polygonaceae) yields challenges to current taxonomic classifications[J]. Acta Botanica Brasilica, 12: 1-13.

MARYAMGUL ABDURAHMAN, GULNUR SABIRHAZI, BIN LIU, et al, 2012. Taxonomy of two Calligonum species inferred from morphological and molecular data[J]. Vegetos, 25(2): 232-236.

MARYAMGUL ABDURAHMAN, GULNUR SABIRHAZI, BIN LIU, et al, 2012. The comparison of five Calligonum species in Tarim basin based on the morphological and molecular data[J]. EXCLI Journal, (11): 776-782.

SHI WEI, PAN BO RONG, 2015. Karyotype analysis of 5 species in Calligonum mongolicum complex (Polygonaceae)[J]. Caryologia, 68 (2): 125-131.

SHI WEI, LIU PEI LIANG, WEN JUN, et al, 2019. New morphological and DNA evidence supports the existence of Calligonum jeminaicum Z. M. Mao(Calligoneae, Polygonaceae) in China. Phytokeys, 132: 53-73.

SHI WEI, LIU PEI LIANG, WEN JUN, et al, 2020. A comprehensive phylogeny of Calligonum L. , the only C4 genus in Polygonaceae: yields challenges to current taxonomic classifications and reveals ancient hybridization and current interspecific gene flow[J]. Acta Botanica Brasilica.

SHI WEI, PAN BO RONG, HABIBULLO SHOMURODOV, 2012. Correlation of soil properties and fruit size of Calligonum mongolicum and related species[J]. Journal of Arid Land, 4(1): 63-70.

SHI WEI, PAN BO RONG, KANG XIAO SHAN, et al, 2009. Morphological Variation andchromosome studies of Calligonum mongolicum and C. pumilum (Polygonaceae) [J]. Nordic Journal of Botany, 27(2): 81-85.

SHI WEI, WEN JUN, PAN BO RONG, 2016. A comparison of ITS sequence data and morphology for Calligonum pumilum and C. mongolicum (Polygonaceae) and its taxonomic implications[J]. Phytotaxa, 261: 157-167.

SHI WEI, WEN JUN, ZHAO YAN FEN, et al, 2017. Reproductive biology and variation of nuclear ribosomal ITS and ETS sequences in the Calligonum mongolicum complex (Polygonaceae)[J]. Phytokeys, 76: 71-88.

SHI WEI, ZHAO YAN FENG, PAN BO RONG, 2013. Species redress in the Calligonum mongolicum complex (Polygonaceae) - a multidisciplinary approach[J]. Vegetos, 26(1): 24-28.

SHI WEI, ZHAO YAN FENG, PAN BO RONG, 2013. Species redress in the Calligonum mongolicum complex (Polygonaceae)-a multidisciplinary approach[J]. Vegetos, 26(1): 249-261.

WANG JIAN CHENG, YANG HONG LAN, WANG XI YONG, et al, 2014. Influence of Environmental Variability on Phylogenetic Diversity and Trait Diversity Within Calligonum Communities[J]. Excli Journal, 13: 172-177.

WEN ZHI BIN, LI YAN, ZHANG HONG XIANG, et al, 2016. Species-level phylogeographical history of the endemic species Calligonum roborovskii and its close relatives in Calligonum section Medusa. Polygonaceae in arid north-western China[J]. Botanical Journal of the Linnean Society, 180: 542-553.

WEN ZHI BIN, XU ZHE, ZHANG HONG XIANG, et al, 2015. Chloroplast phylogeographic patterns of Calligonum Sect. Pterococcus (Polygonaceae) in arid Northwest China [J]. Nordic Journal of Botany, 35: 001-008.

WEN ZHI BIN, XU ZHE, ZHANG HONG XIANG, et al, 2015. Chloroplast phylogeography of a desert shrub, Calligonum calliphysa (Calligonum, Polygonaceae) in arid Northwest China[J]. Biochemical Systematics and Ecology, 60: 56-62.

WEN ZHI BIN, XU ZHE, ZHANG HONG XIANG, et al, 2016. Chloroplast phylogeographic patterns of Calligonum sect. Pterococcus. Polygonaceae in arid Northwest China[J]. Nordic Journal of Botany, 34: 335-342.

附录4

安尼瓦尔,尹林克,潘伯荣,2000. 亚洲中部荒漠特有植物沙冬青的濒危原因、迁地保护及可持续利用[J]. 植物引种驯化集刊(13): 1-9.

丁晓莉,1988. 大沙冬青组织培养的探讨[J]. 干旱区研究,5(4): 44-46.

蒋进,1991. 新疆沙冬青的叶片气孔行为以及对空气湿度的反应[J]. 干旱区研究,8(2): 31-35.

刘美,吴世新,潘伯荣,2015. 沙冬青(Ammopiptanthus Cheng f.)高光谱特征提取和分析[J]. 干旱区研究,32(6): 1186-1191.

刘美,吴世新,潘伯荣,等,2017. 中国沙冬青属植物的地理分布及生境特征[J]. 干旱区地理,40(2): 380-387.

鲁春芳,尹林克,牟书勇,等,2007. 新疆沙冬青叶片氨基酸和蛋白质的测试与分离以及抗冻蛋白的鉴定结果分析[J]. 武汉植物学研究,25(5): 531-534.

鲁春芳,2010. 低温环境胁迫对新疆沙冬青蛋白质组的影响[D]. 北京:中国科学院研究生院.

鲁春芳,尹林克,2011. 新疆沙冬青叶片蛋白质的双向电泳技术研究[J]. 中国沙漠,31(1): 96-100.

潘伯荣,余其立,严成,1992. 新疆沙冬青生态环境及渐危原因的研究[J]. 植物生态学与地植物学学报,16(3): 276-282.

潘伯荣,黄少甫,1993. 沙冬青属的细胞学研究[J]. 植物学报,35(4): 314-317.

潘伯荣,尹林克,1993. 我国荒漠濒危植物及其迁地保护措施[M]// 中国植物学会植物园协会. 植物引种驯化集刊(第八集)北京:科学出版社: 133-139.

潘伯荣,2004. 新疆沙冬青果实虫蚀对其自然繁衍的影响[C]// 中国植物学会. 第二届中国甘草学术研讨会暨第二届新疆植物资源开发、利用与保护学术研讨会论文摘要集. 石河子:中国植物学会.

潘伯荣,葛学军,2005. 我国沙冬青属植物保护生物学研究和保护实践的回顾与展望[C]// 中国生物多样性保护与研究进展Ⅵ—第六届全国生物多样性保护与持续利用研讨会论文集. 北京:气象出版社: 373-393.

潘伯荣,刘美,吴世新,等,2015. 我国沙冬青属植物的地理分布与群落特点[C]// 第八届西部地区植物科学与资源利用研讨会大会交流论文. 拉萨: 25-28.

师玮,潘伯荣,张强,2009. 新疆沙冬青和蒙古沙冬青叶片及其生境土壤中15种无机元素的含量比较[J]. 应用与环境生物学报,15(5): 660-665.

苏志豪,师玮,卓立,等,2018. 沙冬青(Ammopiptanthus Cheng f.)的遗传结构与保育[J]. 中国沙漠,38(1): 163-171.

王烨,尹林克,潘伯荣,1991. 沙冬青属植物种子特性初步研究[J]. 干旱区研究,8(2): 12-16.

王烨,尹林克,1991. 两种沙冬青耐盐性测定[J]. 干旱区研究,8(2): 20-22.

王烨,1991. 14种荒漠珍稀濒危植物的种子特性[J]. 种子,8(3): 23-26.

王烨,尹林克,1991. 19种荒漠珍稀濒危植物的物候研究[J]. 干旱区研究,8(3): 45-56.

王凌,李彦,尹林克,等,2011. 燃煤烟气脱硫镁渣对沙冬青种子萌发及幼苗生长的影响[J]. 干旱区研究,28(6): 1031-1037.

谢静霞,2003. 沙冬青属物叶片全量氮、磷、钾和土壤环境的关系[D]. 北京:中国科学院研究生院.

许国英,潘伯荣,谢明玲,1994. 沙冬青生物碱成分研究[J]. 干旱区研究,11(1): 50-52.

尹林克,张娟,2004. 不同环境下沙冬青属植物的蛋白质氨基酸变化[J]. 干旱区研究,21(3): 269-274.

尉姗姗,尹林克,牟书勇,等,2007. 新疆沙冬青抗冻蛋白的提取分离及其热滞活性测定[J]. 云南植物研究, 20(2): 251-255.

尉姗姗, 2010. 新疆沙冬青抗冻蛋白及其特性[D]. 北京: 中国科学院研究生院.

张强, 潘伯荣, 张永智, 等, 2007. 沙冬青属植物群落特征分析[J]. 干旱区研究, 24(4): 487-494.

张永智, 潘伯荣, 尹林克, 等, 2006. 新疆沙冬青群落的区系组成与结构特征[J]. 干旱区研究, 23(2): 320-326.

赵峰侠, 2007. 新疆沙冬青对低温环境的生理生化响应[D]. 北京: 中国科学院研究生院.

赵峰侠, 尹林克, 牟书勇, 2008. 新疆沙冬青渗透调节物质的季节变化与环境因子的关系[J]. 干旱区地理, 31(5): 665-672.

LU CHUNFANG, YIN LINKE, LI KAI HUI, 2010. Proteome expression patterns in the stress tolerant evergreen Ammopiptanthus nanus under conditions of extreme cold[J]. Plant Growth Regul, 62(1): 65-70.

SHI WEI, LIU PEI LIANG, DUAN LEI, et al, 2017. Evolutionary response to the Qinghai-Tibetan Plateau uplift: phylogeny and biogeography of Ammopiptanthus and tribe Thermopsideae (Fabaceae) [J]. Peer J. 5: e3607-e3607.

SHI WEI, PAN BORONG, 2014. Phenological behaviour of desert plants in response to temperature change: a case study from Turpan Eremophytes Botanical Garden, northwest China[J]. Pakistani journal of botany, 46(5): 1601-1609.

SHI WEI, SU ZHI HAO, LIU PEI LIANG, et al, 2017. karyotypic and morphological evidence for Ammopiptanthus (Fabaceae) taxonomy[J]. Annals of the Missouri Botanical Garden, 102(4): 106-122.

SHI WEI, SU ZHI HAO, PAN BO RONG, et al, 2018. Using DNA data to determine the taxonomic status of Ammopiptanthus kamelinii in Kyrgyzstan(Thermopsideae, Leguminosae)[J]. Phytotaxa, 360(2): 103-114.

SU ZHI HAO, PAN BO RONG, ZHANG MING LI, et al, 2016. Conservation genetics and geographic patterns of genetic variation of endangered shrub Ammopiptanthus (Fabaceae) in northwestern China[J]. Conserv Genet, 17: 485-496.

YU SHAN SHAN, YIN LIN KE, MU SHU YONG, 2010. Discovery of an antifreeze protein from the Ammopiptanthus nanus leaves[J]. Canadian Journal of Plant Science, 90(1): 35-40.

YU SHAN SHAN, YIN LIN KE, MU SHU YONG, et al, 2006. Extraction, separation and measuration of the thermal hysteresis activity of antifreeze proteins from Ammopiptanthus nanus. In: Chinese Society for Cell Biology ed. The 5th Asian-Pacific Organization for Cell Biology Congress. Beijing: APOCB: 114.

《中国——二十一世纪的园林之母》第一卷、第二卷勘误表

页码	原文	更正
1-21	产生了这一文中名	中文名
1-44	J.H. Zhiong	Xiong 熊济华
1-69	暹罗苏铁（Cycs siamensis） 越南篦齿苏铁（Cycs elongata）	Cycas
1-78	表格中 仙湖苏铁	四川苏铁
1-83	广西龙虎山自治区自然保护区	广西龙虎山自治区级自然保护区
1-92	Holotype:BSC	IBSC
1-109	植物旅行家玛丽	玛丽斯
1-109	1878年她在江西庐山	他
1-121	图2B天坛侧柏	天坛圆柏
1-135	图7标注1792年斯当东	1793年斯汤顿
1-138	巨柏模式标本采集地Jia-mei-xi, Lang-bei Dong	Jia-ge-xi,Lang-xian Dong
1-176	南沱村（Nanto）	莲沱村
1-360	SCBI	IBSC
1-401	美国人Ernest Henry Wilson	英国人
1-476	珀登（William Purdon）	珀德姆（William Purdom）
1-478	中国乔灌木植物名录	中国木本植物目录
1-484	山茶科紫荆	紫茎
1-506	瑞典植物学家Francis Forbes	美国
1-524	顺利完成了注册等级	顺利完成了注册登记
1-525	巴塘紫菀（Aster bathangensis）	batangensis
1-527	张俊峰	张劲峰
1-527	刘中杰	刘忠杰
1-540	东方陀螺菌（Gomphus orientalis R.H. Petersen & M. Zang）	晶粒小鬼伞（Coprinellus micaceus）(Bull.) Vilgalys, Hopple & Jacq. Johnson
1-557	九江(Kui-Kiang)	Kiu-Kiang
1-557	汶川（Wen Chung）	Wen Chuen
1-575	参考文献1:1919，最后页码623-836	1920，623-638
1-575	参考文献2：2105	2015
1-575	参考文献3：2107	2017
1-580	第16行，1910	1918
1-595	倒数第二行，北京市植物园	中国科学院北京植物园
1-600	倒数第六行，裴慧敏	裴会明
2-12	日文版《水杉-“活化石”》	日文版《水杉-化石与活植物》
2-18	尼亚的多米尼加学院	加利福尼亚的多米尼加学院

植物中文名索引
Plant Names in Chinese

植物学名索引
Plant Names in Latin

T

中文人名索引
Persons Index in Chinese

西文人名索引
Persons Index